Digitale Filter

Herrad Schmidt · Manfred Schwabl-Schmidt

Digitale Filter

Theorie und Praxis mit AVR-Mikrocontrollern

Springer Vieweg

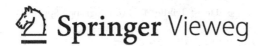

Herrad Schmidt
Institut für Wirtschaftsinformatik
Universität Siegen
Siegen, Deutschland

Manfred Schwabl-Schmidt
Böllenborn, Deutschland

ISBN 978-3-658-03522-8
ISBN 978-3-658-03523-5 (eBook)
DOI 10.1007/978-3-658-03523-5

Die Deutsche Nationalbibliothek verzeichnet diese Publikation in der Deutschen Nationalbibliografie; detaillierte bibliografische Daten sind im Internet über http://dnb.d-nb.de abrufbar.

Springer Vieweg

Gedruckt auf säurefreiem und chlorfrei gebleichtem Papier.

Springer Vieweg ist eine Marke von Springer DE. Springer DE ist Teil der Fachverlagsgruppe Springer Science+Business Media
www.springer-vieweg.de

Vorwort

Die Keimzelle des vorliegenden Buches diente einem eher einfachen Zweck. Ein digitales Filter sollte als ein Programmierungsbeispiel für ein Buch über die Softwareentwicklung mit AVR-Mikrocontrollern dienen. Vom Namen her (digital!) war mit ziemlicher Sicherheit zu erwarten, dass dieses Unterfangen problemlos über die Bühne gehen würde. Doch weit gefehlt!

Zwar gab es einige Anwendungsbeispiele mit digitalen Filtern des Herstellers der Mikrocontroller, die auch etwas „Theorie" enthielten, doch waren diese größtenteils unverständlich. Selbst der Zweck solcher Filter, der vom Namen her eigentlich auf der Hand liegt, wurde eher etwas verdunkelt statt erhellt. Es musste also ein genaueres Studium digitaler Filter absolviert werden, um nicht der Gefahr zu erliegen, dem Leser Unfug zu präsentieren.

Es stellte sich schnell heraus, dass Veröffentlichungen, die dazu gedacht sind, dem Leser einen schnellen Zugang zur Welt der digitalen Filter zu ermöglichen, nicht dazu geeignet waren, wesentliche Erhellungen in das Dunkel zu bringen, das die Theorie der digitalen Filter immer noch darstellte. Welche Bedeutung könnte wohl den starken Sprüngen (Unstetigkeiten) zukommen, die so viele Phasenantworten zeigten. Und weshalb ist die Gruppenlaufzeit eines digitalen Filters, im Wesentlichen definiert als die Ableitung der Phasenantwort, mit der Anzahl der Abtastintervalle als Einheit versehen, ganz abgesehen davon, dass natürlich nicht alle digitalen Filter durch Abtasten eines analogen Signals gewonnen werden, diese Einheit also mindestens nicht universell verwendbar ist. Fragen über Fragen!

Nach längerer Diskussion wurde daher beschlossen, den Stier direkt bei den Hörnern zu packen und das Problem von der anderen Seite her anzugehen. Es sollte versucht werden, durch den Einsatz der den digitalen Filtern übergeordneten Theorie der digitalen Signalverarbeitung (DSP) die offenen Fragen zu klären und die theoretischen Defizite zu beseitigen. Das ist mit einigen kleineren Abstrichen auch gelungen.

Die digitale Signalverarbeitung ist jedoch ein Feld, auf dem sich Rosse vielerlei Provenienz tummeln. Es ist ein Grenzgebiet von Nachrichtentechnik, Elektrotechnik, etwas Physik und natürlich Mathematik. Unglücklicherweise ist es eine altmodische, rechen- und formelorientierte Mathematik, welche die beiden zentralen Objekte der DSP, die Mengen der Signale und Systeme, mit großer Naivität behandelt. Die Welt der modernen Mathematik hat hier noch keinen Einzug gehalten.

Eigentlich müssten hier die Techniken und Methoden der Funktionalanalysis zur Anwendung kommen, denn es wird mit unendlichen Reihen von Signalen gearbeitet, es werden Grenzprozesse durchgeführt, die Stetigkeit verlangen, usw. Es wird jedoch nicht einmal eine präzise Definition eines Systems gegeben, weshalb beispielsweise das (möglicherweise gar nicht existierende) inverse System dann auch nur auf graphischem Wege eingeführt werden kann. Es kommt noch hinzu, dass Signale und Systeme komplexe Zahlen als Werte haben und auf diese Weise die DSP sogar mit der Funktionentheorie in Berührung kommt. Leider werden die sich hier ergebenden Möglichkeiten wenig genutzt. Warum wird die allwichtige Frequenzantwort eines Systems nicht als das eigenständige Objekt studiert, das sie ist, nämlich eine glatte Kurve in der komplexen Ebene? Der sofortige Übergang zu Amplitude und Phase, d. h. vom Zweidimensionalen zum Eindimensionalen, ist mit einem bedauerlichen Informationsverlust verbunden (in der Einleitung wird das am Beispiel der Projektion des vierdimensionalen Würfels anschaulich gemacht).

Allerdings geriet so das ursprüngliche Ziel, ein Programmierbeispiel eines digitalen Filters zu entwickeln, total aus dem Blick. Weil im Laufe der Beschäftigung mit DSP und speziell digitalen Filtern eine ziemliche Menge an Material zusammengetragen werden konnte, wurde der Beschluss gefasst, dieses Material in ein Buch über digitale Filter zu überführen.

Ob die Intention der Autoren, ein Buch über digitale Filter zu schreiben, das theoretische und praktische Aspekte in einer lesbaren Gestalt darstellt, gelungen ist, kann natürlich nur der Leser entscheiden. Jedenfalls wurde darauf gesehen, dass selbst noch wichtige Kleinigkeiten ausführlich erläutert werden, wenn es erforderlich schien auch mit einer Skizze oder Graphik. Die Verständlichkeit war eines der Hauptanliegen bei der Erstellung des Manuskripts, das nachfolgende Zitat gilt daher hier nicht!

> *Zur Frage der Verständlichkeit* – Man will nicht nur verstanden werden, wenn man schreibt, sondern ebenso gewiß auch nicht verstanden werden. Es ist noch ganz und gar kein Einwand gegen ein Buch, wenn irgend jemand es unverständlich findet: vielleicht gehörte eben dies zur Absicht seines Schreibers – er *wollte* nicht von „irgend jemand" verstanden werden. Jeder vornehmere Geist und Geschmack wählt sich, wenn er sich mitteilen will, auch seine Zuhörer; indem er sie wählt, zieht er zugleich gegen „die anderen" seine Schranken.
>
> Friedrich Nietzsche
> Die Fröhliche Wissenschaft (**381**)

Auf den Einsatz eines Programmes wie Matlab wurde bewusst verzichtet, die Autoren gingen den eher umgekehrten Weg, auch einige numerische Methoden und Algorithmen vorzustellen, die zur Analyse und Synthese eines digitalen Filters eingesetzt werden können.

Hoffentlich bereitet dem Leser die Lektüre des Buches einiges Vergnügen. Schon dafür wäre die in das Buch investierte Arbeit nicht vergebens gewesen.

Herrad Schmidt
Manfred Schwabl-Schmidt

Böllenborn, im Februar 2014

Inhaltsverzeichnis

Einleitung

1

1.1 Zum Inhalt

Der erste Abschnitt beginnt mit einer ausführlichen Vorstellung der Polarkoordinaten in der komplexen Ebene. Besonders eingegangen wird auf ihre Anwendung auf die Punkte von Kurven der komplexen Ebene. Es folgt dann ein großes Kapitel mit einer Einführung in die digitale Signalverarbeitung. Ausgangspunkt ist das digitale Signal. Es wird gezeigt, wie Signale auf mannigfaltige Weise verknüpft werden können und wie sich aus Signalen durch Argumenttransformationen neue Signale erzeugen lassen. Spezielle Beachtung findet die Berechnung von Faltungsoperationen.

Nach den Signalen werden die Systeme behandelt, die als Operatoren auf Signale einwirken (Filter sind spezielle Systeme). Wegen der ihr zukommenden Bedeutung ist der Einheitsimpulsantwort eines Systems ein eigener Abschnitt gewidmet. Das gilt auch für die Frequenzantwort eines Systems. Es wird gezeigt, dass sich die Eigenschaften der Frequenzantwort besonders einfach und plausibel ableiten lassen, wenn die Frequenzantwort als eine geschlossene Kurve in der komplexen Ebene betrachtet wird. Der Verlauf der Kurve in der Ebene und spezielle Ereignisse wie das Einmünden in den Koordinatenursprung oder das Überqueren der positiven reellen Achse bestimmen den Verlauf und das Aussehen der Koordinatenprojektionen der Frequenzantwort, also von Amplituden- und Phasengang (Absolutbetrag und Polarwinkel). Diese Aspekte werden sehr ausführlich am Beispiel des Filters der gleitenden Durchschnitte erläutert. Anschließend wird die für die Konstruktion digitaler Filter sehr nützliche diskrete Fouriertransformation mit ihren wichtigsten Eigenschaften und ihrem Zusammenhang mit der Frequenzantwort vorgestellt.

Es folgt ein Abschnitt über Fenster (*windows*). Sie werden als spezielle Signale eingeführt, die mit anderen Signalen verknüpft werden, um ein neues Signal mit speziellen Eigenschaften zu bekommen. Jedem Fenster wird seine Fensterfunktion zugeordnet. Ein System und ein Fenster können ebenfalls zu einem neuen System mit speziellen Eigenschaften verknüpft werden. Die Frequenzantwort des neuen Systems ist gerade die Faltung der Frequenzantwort des alten Systems mit eben der Fensterfunktion des Fensters. Zwei

H. Schmidt, M. Schwabl-Schmidt, *Digitale Filter*, DOI 10.1007/978-3-658-03523-5_1,

Fenster werden näher vorgestellt, nämlich das Rechteckfenster mit einer graphischen Ableitung des Gibbsschen Phänomens und mit dem Einsatz von Sigma-Faktoren, und das von Hann-Fenster mit einer genauen Analyse seiner Fensterfunktion.

Als Nächstes wird untersucht, welchen Einfluss der Polarwinkel (d. h. der Phasengang) der Frequenzantwort eines Systems auf die Gestalt von Eingangssignalen des Systems hat. Es stellt sich heraus, dass der Polarwinkel nicht nur die Gestalt des Eingangssystems ändert sondern auch für eine Verschiebung des Signals verantwortlich ist. Ein ausführlich durchgerechnetes Beispiel illustriert diese Verhältnisse.

Sodann wird erläutert, wie durch Abtasten eines realen Signals echte Frequenzen in das abstrakte Filtermodell eingeführt werden können. Es wird kurz auf das kontinuierliche Spektrum eingegangen, um damit die Nyquist-Frequenz plausibel machen zu können.

Zur Demonstration, dass digitale Filter auf vielerlei Weisen konstruiert werden können, folgt ein Abschnitt zum Aufbau digitaler Filter mit Hilfe bekannter Fourier-Entwicklungen.

Die zur Synthese und Analyse von digitalen Filtern grundlegende z-Transformation wird im nächsten Abschnitt ausführlich und mit sorgfältig durchgerechneten Beispielen vorgestellt. Die Darstellung beginnt mit der Erläuterung des Zusammenhanges der z-Transformation mit der Laurent-Entwicklung komplexer Funktionen und endet damit, zu zeigen, wie die Umkehrung einer z-Transformierten über ein lineares Gleichungssystem numerisch bestimmt werden kann.

Der nächste Abschnitt ist dem zentralen Objekt beim Umgang mit digitalen Filtern gewidmet, nämlich der Systemfunktion eines Filters.

Die Pole der Systemfunktion eines digitalen Filters haben einen starken Einfluss auf die Eigenschaften des Filters. Deshalb werden die Pole einer komplexen Funktion in einem eigenen Abschnitt etwas näher betrachtet.

Für den wichtigen Spezialfall einer rationalen Systemfunktion werden Formeln zur Berechnung des Amplituden- und Phasengangs eines digitalen Filters abgeleitet.

Der nächste Abschnitt ist den kausalen Systemen gewidment. Nach kurzer Diskussion wird eine präzise Definition gegeben. Anschließend werden Kriterien entwickelt, mit welchen die Kausalität eines Systems festgestellt oder abgelehnt werden kann.

Das Thema des nächsten Abschnittes sind die stabilen Systeme. Es wird gezeigt, wie über die Stabilität eines Systems anhand seiner Systemfunktion entschieden werden kann. Die Auswirkungen von Instabilität werden am Beispiel des α-Filters vorgestellt.

Es folgt nun ein Abschnitt über die Verknüpfung von digitalen Systemen. Das Hintereinanderschalten von Systemen wird sehr ausführlich dargestellt, mit besonderer Betonung der Invertierung eines Systems. Als praktisches Beispiel für die Inversion eines Systems wird ein Filter aufgebaut, das ein mit einem Echo verseuchtes Signal von diesem Echo befreit. Parallel verknüpfte Systeme werden nur kurz gestreift, verknüpfte Systeme mit Rückkopplung werden dann wieder ausführlich vorgestellt, mit einem voll durchgerechneten Beispiel zur Stabilisierung eines instabilen Systems.

Das Kapitel über die Konstruktion digitaler Filter beginnt mit dem Zusammenhang von Systemfunktion und Differenzengleichungen sowie Überlegungen, wie die Pole und Nullstellen der Systemfunktion platziert werden können. Anschließend werden zwei Anleihen aus der analogen Welt gemacht: Es werden ein Butterworth-Tiefpass und eine Bessel-Bandsperre konstruiert und analysiert. Daraufhin wird gezeigt, wie die Nullstellen und Pole der Systemfunktion zu legen sind, um ein Kerbfilter für zwei Frequenzen zu bekommen. Das Kerbfilter wird sehr ausführlich analysiert, dazu gehört die Berechnung der Auswirkungen des Filters auf ein Testsignal. Der nächste Abschnitt demonstriert, wie die Nullstellen und Pole der Systemfunktion gewählt werden können, um Hochpässe zu erhalten. Auch die so erhaltenen Filter werden sorgfältig analysiert.

Es schließt sich ein Abschnitt über die Gruppenlaufzeit und die Verschiebungsfunktion eines Filters an.

Filter mit stückweise linearem Phasengang werden im nächsten Abschnitt untersucht. Es werden alle Symmetrieeigenschaften von Filtern vorgestellt, die einen stückweise linearen Phasengang zur Folge haben.

Anschließend wird an drei Beispielen gezeigt, wie Filter mit Wunschfrequenzgängen aufgebaut werden können. Die Beispiele sind ein idealer Tiefpass, ein Filter mit einem logarithmischen Frequenzgang und ein Filter mit der RIAA-Entzerrerkurve als Frequenzgang.

Die Konstruktion eines Filters aus seiner Einheitsimpulsantwort mit Hilfe der Padé-Methode ist das Thema des nächsten Abschnittes.

Das folgende Kapitel behandelt die Realisierung digitaler Filter mit AVR-Mikrocontrollern. Nach einer Einführung in die numerische Berechnung des gefilterten Signals werden einige konkrete Filter implementiert.

Das Buch schließt mit einem Anhang, in dem u. A. numerische Verfahren zur Filterkonstruktion und die Partialbruchzerlegung der Systemfunktion vorgestellt werden.

1.2 Zur Methodik

Man kann auch mit geringen Kenntnissen der digitalen Signalverarbeitung digitale Filter konstruieren und implementieren. Man muss sich dann allerdings mit mehr oder weniger standardisierten Lösungen zufrieden geben. In Abschn. 4.3 gibt es dazu zwei Beispiele. Hat man jedoch höhere Ansprüche an Güte und Funktionalität des Filters als Standardlösungen besitzen, dann ist es unumgänglich, sich näher mit der digitalen Signalverarbeitung zu befassen.

Nun ist das Gebiet der digitalen Signalverarbeitung (*Digital Signal Processing* oder DSP) ein Grenzgebiet, auf dem sich Elektrotechnik, Nachrichtentechnik und Mathematik überlappen. In solchen Grenzgebieten geht es nicht immer so streng zu wie in den beteiligten Gebieten selbst. So sind manche Erläuterungen oder Ableitungen missverständlich oder vage, und manche Tatsachen werden auch gar nicht erklärt. Das Gebiet der digitalen Signalverarbeitung gilt deshalb als schwierig.

Der Aufbau des Buches ist daher nicht so, dass auf eine kurze Einführung in die notwendigsten Grundlagen eine epische Ausbreitung des Filterzoos folgt. Tatsächlich ist es eher umgekehrt, einer ausführlichen Einführung in die Grundlagen stehen die Konstruktion und Analyse einiger ausgewählter digitaler Filter gegenüber. Der Leser soll so in die Lage versetzt werden, Filter nach eigenen Spezifikationen aufzubauen und zu untersuchen.

Damit hängt auch zusammen, dass zur Berechnung und zur Präsentation der Skizzen und Diagramme kein Programm wie z. B. Matlab verwendet wird. Wie Amplituden- und Phasengänge und weitere Funktionen berechnet werden wird genau beschrieben und der Leser sollte diese Rechnungen selbst durchführen, um ein tieferes Verständnis zu erlangen. Für die numerischen Rechnungen genügt bei den ersten Versuchen ein Tabellenkalkulationsprogramm, mit dem auch Diagramme gezeichnet werden können. Als ein Beispiel dazu: Nur wer die Funktionswerte zu Abb. 5.5 selbst bestimmt hat, weiß, dass dort keine Geradenstücke, sondern Abschnitte von Hyperbelästen zu sehen sind!

Auch in dem der Programmierung gewidmeten Teil des Buches sind alle Vorgänge, Verfahrensschritte usw. so durchsichtig wie möglich gehalten. Der Hauptzweck ist wieder, dem Leser so viel Einsicht zu vermitteln, dass dieser eigene Programme schreiben kann, idealerweise auch in einem ganz anderen Kontext.[1] Dazu dienen ganz besonders die üppigen Kommentare und Programmerläuterungen.

Leser, die sich an der Konstruktion und Analyse digitaler Filter selbst versuchen möchten, seien besonders auf Kap. 6 verwiesen, in dem einige dafür nützliche Verfahren und Methoden präsentiert werden, die sonst nur an ganz verschiedenen Orten gefunden werden können.

1.3 Besonderheiten

Bei der Berechnung und Deutung des Phasengangs eines digitalen Filters spielen die Polarkoordinaten eine besondere Rolle. Um die Ausführungen über digitale Filter nicht durch Erklärungen der Eigenschaften von Polarkoordinaten und Hinweise auf Besonderheiten unterbrechen zu müssen, wird im Anfangskapitel ausführlich auf diese eingegangen.

Es wird besonderer Wert darauf gelegt, die Frequenzantwort eines LSI-Systems selbst als eine Kurve in der komplexen Ebene darzustellen, zu kommentieren und Schlüsse auf das Verhalten des Systems daraus zu ziehen, statt nur den Amplituden- und den Phasengang zu verwenden. Die beiden Gänge sind im Wesentlichen Projektionen, die nicht nur mit einem Informationsverlust einhergehen, sondern die auch Artefakte eigener Art erzeugen, die in der Kurve selbst nicht präsent sind. Es ist etwa so wie bei dem in Abb. 1.1 in der zweidimensionalen Ebene dargestellten vierdimensionalen Quader. Die Artefakte sind hier sich durchdringende Seiten und Kanten, die im ursprünglichen Quader nicht vorhanden sind, und der Informationsverlust wäre für ein im vierdimensionalen Raum lebendes Wesen offensichtlich. Der Vergleich ist daher nicht ganz passend, als die Kurve der Frequenzantwort in der zweidimensionalen Ebene von einem Menschen direkt beobachtet werden kann. Jedenfalls können viele Eigenschaften eines digitalen Filters aus der Geometrie der Kurve seiner Frequenzantwort erklärt werden.

[1] Die Programmierung von AVR-Mikrocontrollern wird ausführlich in [Mss3] bis [Mss5] dargestellt.

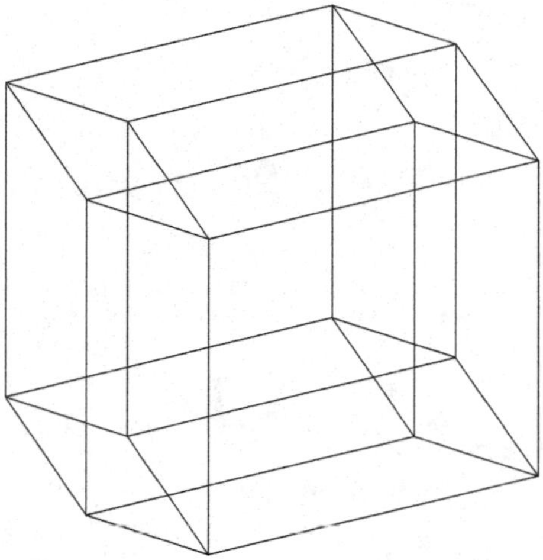

Abb. 1.1 Ein in zwei Dimensionen dargestellter vierdimensionaler Quader

Alle Berechnungen für dieses Buch wurden mit einer von den Autoren entwickelten hochgenauen Fließkommaarithmetik durchgeführt (ca. 64 Dezimalziffern). Diese steht auch den Lesern als C++-Klassenbibliothek zur Verfügung.

Polarkoordinaten in der komplexen Ebene 2

Verbindet man eine komplexe Zahl z mit den cartesischen Koordinaten x und y, also $z = x + iy$, mit dem Nullpunkt der komplexen Ebene durch eine gerade Linie, dann ist die Länge r dieser Linie der Betrag der komplexen Zahl: $r = |z|$. Denn an Abb. 2.1 kann direkt $r^2 = x^2 + y^2$ abgelesen werden. Bestimmt man nun noch den Winkel φ, um den die positive reelle Achse gegen den Uhrzeigersinn gedreht werden muss, um mit der Verbindungslinie von z zum Nullpunkt zur Deckung zu kommen, dann kann man offenbar bei gegebenem Paar (r, φ) auf eindeutige Weise zur Zahl z gelangen: Man hat nur die positive reelle Achse um den Winkel φ gegen den Uhrzeigersinn zu drehen und auf ihr vom Nullpunkt aus die Strecke r abzutragen. Die Eindeutigkeit verlangt allerdings, dass höchstens eine volle Drehung der Achse zugelassen ist, etwa mit der Einschränkung $0 \leq \varphi < 2\pi$. Jedes Paar reeller Zahlen (r, φ) mit $r \geq 0$ und $0 \leq \varphi < 2\pi$ beschreibt daher genau eine komplexe Zahl z. Diese *Polarkoordinaten* bestehen aus dem Betrag r der Zahl und dem *Polarwinkel* (oder kurz Polwinkel).

Die Polarkoordinaten einer komplexen Zahl haben zwar eine handfeste anschauliche Bedeutung, doch ist noch zu klären, wie man bei gegebenen x und y zu den Polarkoordinaten (r, φ) gelangt, und natürlich umgekehrt, wie bei gegebenen r und φ die cartesischen Koordinaten (x, y) berechnet werden können.

Zunächst der etwas einfachere Fall, dass die Polarkoordinaten (r, φ) gegeben sind, und zwar soll $0 \leq \varphi < \frac{\pi}{2}$ gelten. Dann liegt z im ersten Quadranten, das entspricht genau der Darstellung in Abb. 2.2 oben links. Dort liest man die folgenden Beziehungen ab:

$$\sin(\varphi) = \frac{y}{r} \quad \cos(\varphi) = \frac{x}{r}$$

Hier ist natürlich $r > 0$ anzunehmen (zum Sonderfall $r = 0$ siehe unten). Damit sind die cartesischen Koordinaten der durch (r, φ) bestimmten komplexen Zahl auch schon bestimmt und ihr Wert ist gegeben durch

$$z = r\cos\varphi + ir\sin(\varphi) = r(\cos(\varphi) + \sin(\varphi)) = re^{i\varphi}$$

H. Schmidt, M. Schwabl-Schmidt, *Digitale Filter*, DOI 10.1007/978-3-658-03523-5_2,

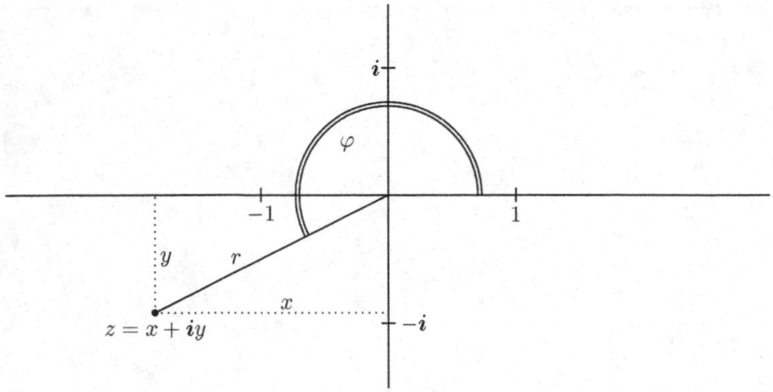

Abb. 2.1 Polarkoordinaten einer komplexen Zahl

Als nächstes wird die Situation behandelt, dass z im zweiten Quadranten gelegen ist, und zwar soll $\frac{\pi}{2} \le \varphi < \pi$ gelten (Abb. 2.2 rechts oben). Die Situation kann auf die im ersten Quadranten zurückgeführt werden, indem man den Ergänzungswinkel ϑ von φ bezüglich π betrachtet, also den durch $\varphi + \vartheta = \pi$ gegebenen Winkel. Dieser nimmt im ersten Quadranten die Stelle von φ ein, mit dem kleinen aber wichtigen Unterschied, dass nun $|x|$ die Gegenkathete ist:

$$\sin(\vartheta) = \frac{y}{r} \quad \cos(\vartheta) = \frac{|x|}{r}$$

Die gesuchten cartesischen Koordinaten gewinnt man daraus wie folgt:

$$\sin(\varphi) = \sin(\pi - \vartheta) = \sin(\vartheta) = \frac{y}{r} \quad \cos(\varphi) = \cos(\pi - \vartheta) = -\cos(\vartheta) = \frac{-|x|}{r} = \frac{x}{r}$$

Die Situationen im dritten und vierten Quadranten werden ganz ähnlich behandelt. Im dritten Quadranten (links unten in Abb. 2.2) bei $\pi \le \varphi < \frac{3}{2}\pi$ verwendet man den Winkel $\vartheta = \varphi - \pi$ und benutzt $\sin(\pi + \vartheta) = -\sin(\vartheta)$ und $\cos(\pi + \vartheta) = -\cos(\vartheta)$, im vierten Quadranten ist der Winkel $\vartheta = 2\pi - \varphi$ mit $\sin(2\pi - \vartheta) = \sin(-\vartheta) = -\sin(\vartheta)$ und $\cos(2\pi - \vartheta) = \cos(-\vartheta) = \cos(\vartheta)$.

Oben war der Fall $r = 0$ ausgelassen worden. Nun gibt es zwar nur eine einzige komplexe Zahl z mit $|z| = 0$, nämlich $z = 0$, d. h. $r = 0$ führt direkt auf $z = 0$, das Problem ist jedoch, dass diese Zuordnung unabhängig von φ ist, jedes Koordinatenpaar $(0, \varphi)$ bestimmt $z = 0$. Eine solche Eindeutigkeitsverletzung kann bei einem Koordinatensystem selbstverständlich nicht zugelassen werden. Es treten damit in der Praxis allerdings überhaupt keine Probleme auf, man kann den Fall daher auf sich beruhen lassen.

Es sind nun noch zu gegebenen x und y die Polarkoordinaten r und φ zu bestimmen. Das ist bei r kein Problem, denn r ist der Betrag der komplexen Zahl $x + \boldsymbol{i}y$:

$$r = \sqrt{x^2 + y^2}$$

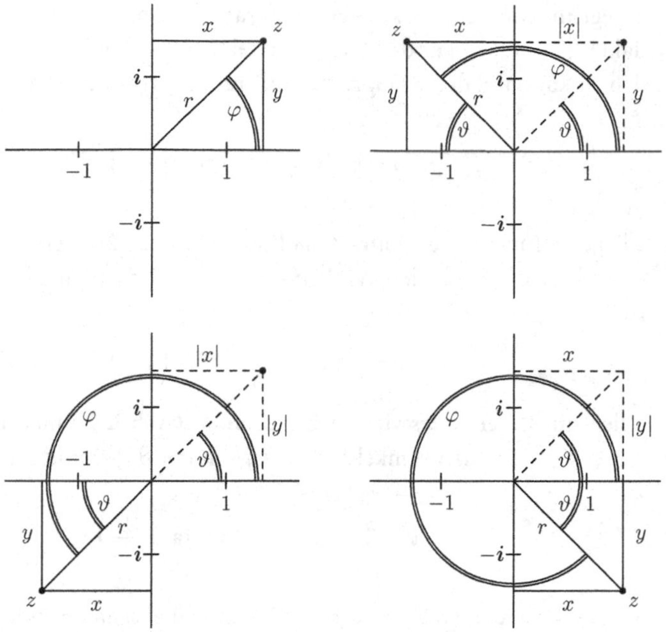

Abb. 2.2 Polarkoordinaten in der komplexen Ebene, $0 \le \varphi < 2\pi$

Zur Berechnung von φ wird noch einmal Abb. 2.2 herangezogen. Um Fehler zu vermeiden sind sorgfältig sechs Fälle zu unterscheiden:

$y = 0$: z liegt auf der reellen Zahlengeraden. Ist $x > 0$, dann ist keine Drehung der positiven reellen Achse nötig, um z zu erreichen, d. h. es ist $\varphi = 0$. Ist andererseits $x < 0$, dann ist eine Drehung um π (d. h. 180°) erforderlich: $\varphi = \pi$.

$x = 0$: z liegt auf der imaginären Achse. Ist $y > 0$, dann ist eine Drehung der positiven reellen Achse um $\frac{\pi}{2}$ (d. h. 90°) nötig, um zu z zu gelangen: $\varphi = \frac{\pi}{2}$. Bei $y < 0$ muss um 270° gegen den Uhrzeigersinn gedreht werden, folglich $\varphi = \frac{3}{2}\pi$.

$x > 0 \wedge y > 0$: z liegt im Inneren des ersten Quadranten (Abb. 2.2 oben links), es ist daher $0 < \varphi < \frac{\pi}{2}$. Der gesuchte Winkel erfüllt natürlich

$$\tan(\varphi) = \frac{y}{x},$$

und wegen $0 < \varphi < \frac{\pi}{2}$ kann der Hauptzweig der Umkehrfunktion von tan benutzt werden, um φ zu bestimmen:

$$\varphi = \arctan\left(\frac{y}{x}\right)$$

$x < 0 \wedge y > 0$: z liegt im Inneren des zweiten Quadranten (Abb. 2.2 oben rechts), es ist daher $\frac{\pi}{2} < \varphi < \pi$. Für den Gegenwinkel $\vartheta = \pi - \varphi$ gilt deshalb $0 < \vartheta < \frac{\pi}{2}$, d. h. er kann mit dem Hauptwert von arctan berechnet werden. Es ist dann

$$\varphi = \pi - \vartheta = \pi - \arctan\left(\frac{y}{|x|}\right)$$

$x < 0 \wedge y < 0$: z liegt im Inneren des dritten Quadranten (Abb. 2.2 unten links), es ist daher $\pi < \varphi < \frac{3}{2}\pi$. Für den Winkel $\vartheta = \varphi - \pi$ gilt deshalb $0 < \vartheta < \frac{\pi}{2}$ und es ist

$$\varphi = \pi + \vartheta = \pi + \arctan\left(\frac{|y|}{|x|}\right)$$

$x > 0 \wedge y < 0$: z liegt im Inneren des vierten Quadranten (Abb. 2.2 unten rechts), es ist $\frac{3}{2} < \varphi < 2\pi$. Für den Winkel $\vartheta = 2\pi - \varphi$ gilt $0 < \vartheta < \frac{\pi}{2}$ und φ errechnet sich zu

$$\varphi = 2\pi - \vartheta = 2\pi - \arctan\left(\frac{|y|}{x}\right)$$

Der auf die soeben beschriebene Weise berechnete Polarwinkel φ einer komplexen Zahl z wird im Buch mit $\boldsymbol{\Phi}(z)$ bezeichnet. Ihr Betrag r ist zwar $|z|$, sollte aber auch als Polarkoordinate eine eigene Bezeichnung besitzen und wird hier als $\boldsymbol{\rho}(z)$ geschrieben.

Dazu ein Beispiel. Zu bestimmen ist die Polarkoordinatenschreibweise $re^{i\varphi}$ von $z = 2 - 2\boldsymbol{i}$. Als Betrag findet man $\boldsymbol{\rho}(2 + 2\boldsymbol{i}) = \sqrt{4+4} = 2\sqrt{2}$. Wegen $x = 2 > 0$ und $y = -2 < 0$ errechnet man ϑ als

$$\vartheta = \arctan\left(\frac{|-2|}{2}\right) = \arctan(1) = \frac{\pi}{4}$$

und daraus $\boldsymbol{\Phi}(2 - 2\boldsymbol{i}) = 2\pi - \frac{\pi}{4} = \frac{7}{4}\pi$. Es ist daher $2 - 2\boldsymbol{i} = 2\sqrt{2}e^{\boldsymbol{i}\frac{7}{4}\pi}$.

In folgenden Kapiteln werden oft komplexwertige Funktionen mit einem reellen Argument betrachtet. Ein Beispiel ist die Frequenzantwort $\boldsymbol{\Theta}_{\mathbf{S}}$ eines Systems $\mathbf{S}$. Allgemein sei $F : [p, q] \longrightarrow \mathbb{C}$ eine auf einem reellen Intervall $[p, q]$ definierte komplexwertige Funktion. Die Werte $F(\lambda)$ der Funktion durchlaufen dann eine Kurve in der komplexen Ebene, beginnend mit $F(p)$ und endend mit $F(q)$. Beispielsweise durchlaufen die Funktionswerte von

$$F(\lambda) = a\cos(\lambda) + b\sin(\lambda)\boldsymbol{i} \quad p \le \lambda \le q$$

einen Ellipsenbogen wie in Abb. 2.3. Jeder Funktionswert $F(\lambda)$ besitzt als komplexe Zahl die Polarkoordinaten $r(\lambda)$ und $\varphi(\lambda)$, oder mit den Funktionen $\boldsymbol{\rho}$ und $\boldsymbol{\Phi}$ geschrieben, $\boldsymbol{\rho}(F(\lambda))$ und $\boldsymbol{\Phi}(F(\lambda))$, die also Funktionen des Argumentes λ sind. In Abb. 2.3 ist das verdeutlicht: Die Verbindungslinie vom Nullpunkt zum Kurvenpunkt $F(\lambda)$ hat die Länge $r(\lambda)$ und diese Linie ist durch eine Drehung um $\varphi(\lambda)$ aus der positiven reellen Achse hervorgegangen. Führt man noch die Koordinatenfunktionen

$$\boldsymbol{\rho}_F(\lambda) = \boldsymbol{\rho}(F(\lambda)) \quad \boldsymbol{\Phi}_F(\lambda) = \boldsymbol{\Phi}(F(\lambda))$$

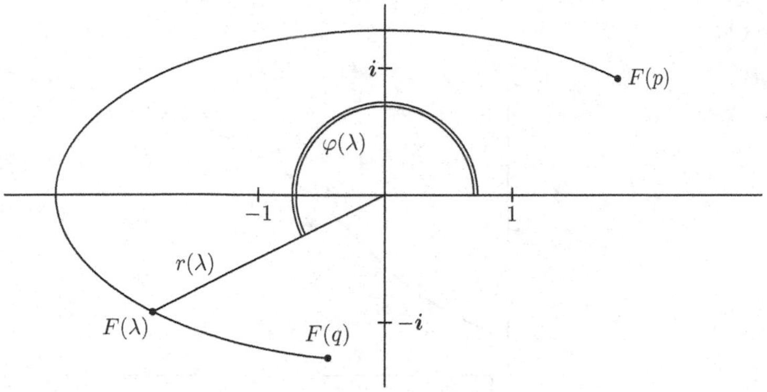

Abb. 2.3 Polarkoordinaten einer komplexen Kurve

ein, dann lässt sich die von F erzeugte Kurve in der komplexen Ebene vollständig mit Polarkoordinatenfunktionen darstellen:

$$\lambda \mapsto \boldsymbol{\rho}_F(\lambda)e^{i\boldsymbol{\Phi}_F(\lambda)}$$

Die Polarkoordinatenfunktionen sind aussagekräftiger als die cartesischen Koordinaten x und y, welche nur die Projektionen der Kurvenpunkte auf die reelle und imaginäre Achse liefern. Sie sind auch als reellwertige Funktionen viel einfacher graphisch darzustellen als die Kurve in der komplexen Ebene selbst. Für den Ellipsenbogen aus Abb. 2.3 ist $\boldsymbol{\rho}_F(\lambda)$ in Abb. 2.4 und $\boldsymbol{\Phi}_F(\lambda)$ in Abb. 2.5 graphisch dargestellt. Mit etwas Übung kann man aus den Eigenschaften der beiden Koordinatenfunktionen (etwa: wo sind ihre Nullstellen, wo ihre Extremwerte, wo ihr Ort größter Steigung? usw.) auf Eigenschaften der Kurve selbst schließen. Beispielsweise sind in beiden Graphen die Parameter gekennzeichnet, bei welchen die Kurve die imaginäre Achse ($\lambda = \frac{\pi}{2}$) und die reelle Achse kreuzt ($\lambda = \pi$): Beim Betrag sind so die Extremwerte, beim Polarwinkel die Wendepunkte gekennzeichnet.

Abb. 2.4 $\boldsymbol{\rho}_F(\lambda)$

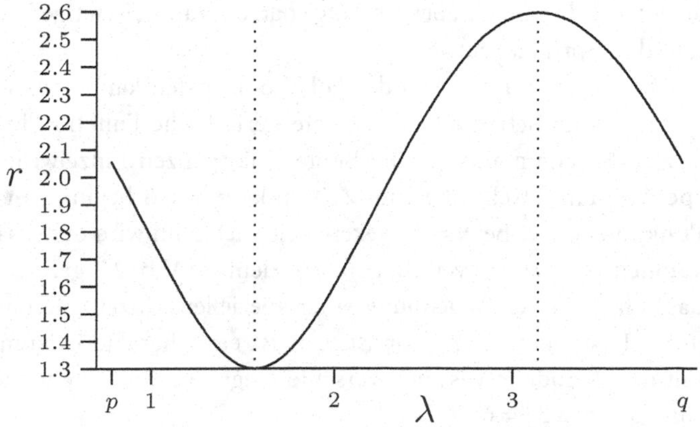

Abb. 2.5 $\Phi_F(\lambda)$

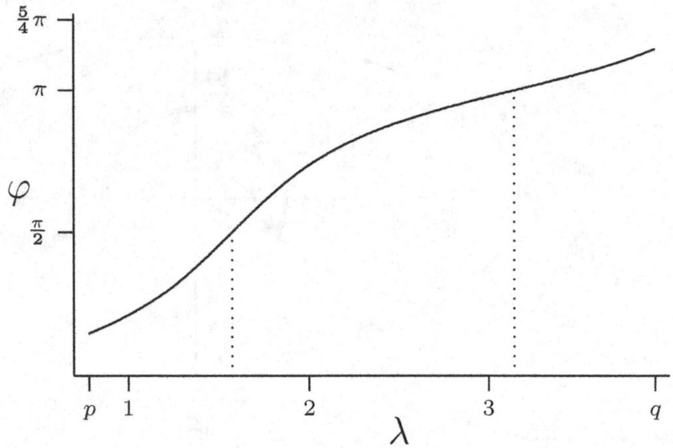

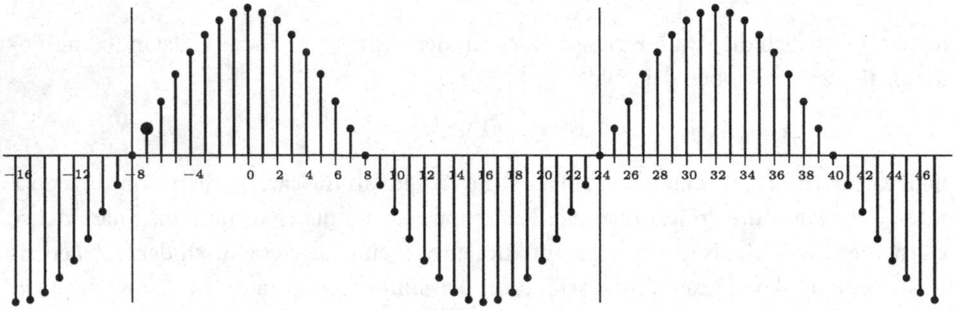

Abb. 2.6 $\cos(n\xi)$, $\xi = \pi/16$

Die Darstellungen von Betrag und Polarwinkel der Punkte einer Kurve in der komplexen Ebene spielen bei der Konstruktion und Beurteilung von digitalen Filtern eine große Rolle. Die Darstellung des Polarwinkels stimmt jedoch meist nicht mit der hier gezeigten überein. Der Grund ist eine etwas andere Definition der Polarkoordinaten, für die es zwar auch Gründe gibt, die aber zur Folge hat, dass an sich stetige Funktionen Unstetigkeitsstellen (d. h. Sprünge) aufweisen.

Diese andere Definition der Polarkoordinaten kann etwa wie folgt plausibel gemacht werden. Man betrachtet die diskrete periodische Funktion in Abb. 2.6. Die beiden vertikalen Striche markieren die Breite einer ganzen Einzelwelle der Periode $P = 32$. Die spezielle Einzelwelle, die zum Zeitpunkt $n = -8$ beginnt, ist durch Hervorheben ihres Funktionswertes bei $n = -7$ gekennzeichnet. Nun wird der gesamte Wellenzug um 38 Positionen nach rechts verschoben, mit dem in Abb. 2.7 gezeigten Ergebnis. Man beachte, dass ohne die Kennzeichnung einer speziellen Einzelwelle nur eine Rechtsverschiebung um 6 Positionen feststellbar ist. Das ist ein Charakteristikum periodischer Funktionen mit der Periode P, dass nur Verschiebungen modulo P effektiv bemerkt werden können (hier 38 mod 32 = 6).

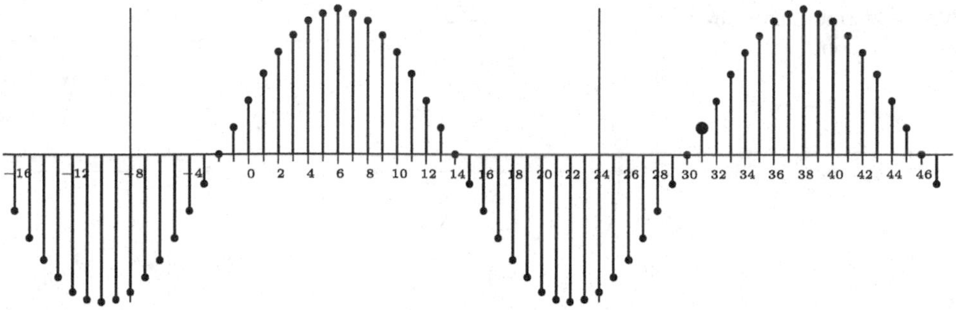

Abb. 2.7 $\cos(n\xi - \frac{38}{16}\pi)$, $\xi = \pi/16$

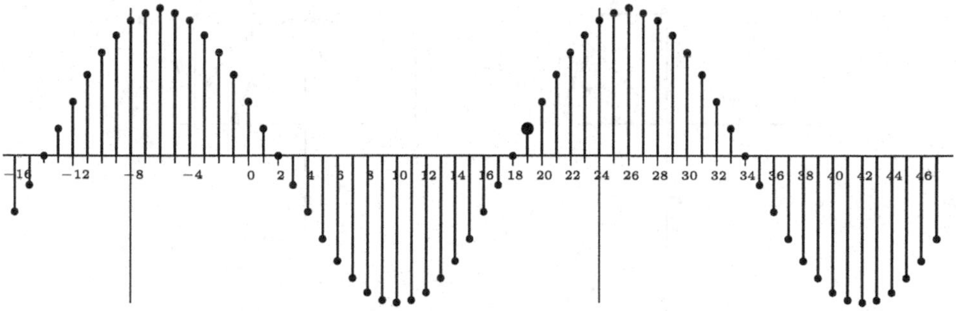

Abb. 2.8 $\cos(n\xi - \frac{26}{16}\pi)$, $\xi = \pi/16$

Die Richtung der Verschiebung hat sich nicht verändert. Jetzt wird aber der ursprüngliche Wellenzug aus Abb. 2.6 um 26 Positionen nach rechts verschoben, mit dem Ergebnis in Abb. 2.8. Ohne die Markierung kann man hier nur eine Bewegung des ganzen Wellenzuges um sechs Positionen nach **links** feststellen. Hier geschieht doch offensichtlich folgendes: Eine Verschiebung nach rechts um $m > 0$ Positionen ergibt eine sichtbare Verschiebung um $k = m \bmod P$ Positionen, und zwar eine Verschiebung nach rechts, falls k in die linke Hälfte der Periode fällt, und eine Verschiebung nach links, falls k in die rechte Hälfte der Periode fällt. Da erscheint es ganz natürlich, eine negative halbe Periode einzuführen und diese mit der Linksverschiebung zu assoziieren. Beachtet man nun noch, dass z. B. in der Elektrotechnik die Sinusfunktion gern mit einer Zeigerrotation erklärt wird, dann ist auf harmonische Weise noch dazu eine Verbindung zu den Polarkoordinaten geschaffen. In Abb. 2.9 ist der Zusammenhang von Sinusfunktion, Zeigerrotation und Polarwinkel dargestellt. Der positive Sinusbogen wird mit einer Rotation gegen den Uhrzeiger erzeugt, mit positivem Winkel, der negative Sinusbogen durch Rotation mit dem Uhrzeiger, mit negativem Winkel. Aus dem Intervall $0 \leq \varphi < 2\pi$ des Polarwinkels wird also nicht einfach das Intervall $-\pi \leq \varphi < \pi$, der Polarwinkel startet für den positiven und den negativen Teil bei $\varphi = 0$. Das bedeutet natürlich, dass der Polarwinkel nicht mehr mit Abb. 2.2 berechnet werden kann, man muss vielmehr Abb. 2.10 heranziehen. Der auf diese Weise berechnete

Abb. 2.9 Sinuskurve durch Zeigerrotation

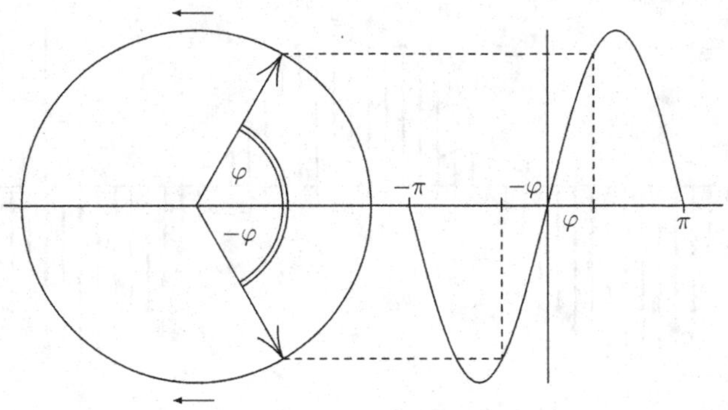

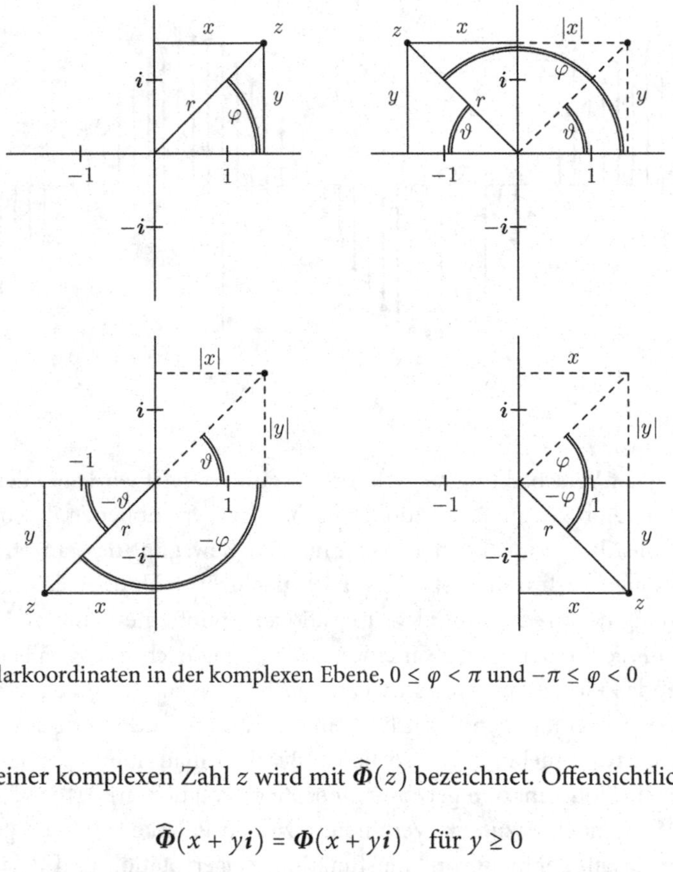

Abb. 2.10 Polarkoordinaten in der komplexen Ebene, $0 \leq \varphi < \pi$ und $-\pi \leq \varphi < 0$

Polarwinkel einer komplexen Zahl z wird mit $\widehat{\boldsymbol{\Phi}}(z)$ bezeichnet. Offensichtlich gilt

$$\widehat{\boldsymbol{\Phi}}(x + y\boldsymbol{i}) = \boldsymbol{\Phi}(x + y\boldsymbol{i}) \quad \text{für } y \geq 0$$

d. h. im ersten und zweiten Quadranten ändert sich nichts. Die in vielen Programmiersprachen vorhandene Funktion ATAN2 zur Berechnung des Polarwinkels einer komplexen Zahl z implementiert $\widehat{\boldsymbol{\Phi}}$.

Welche Auswirkungen die Anwendung von $\widehat{\boldsymbol{\Phi}}$ hat kann an Abb. 2.3 studiert werden. Verfolgt man den Verlauf der Kurve, so stellt man fest, dass $\varphi(\lambda)$ plötzlich von π auf $-\pi$ springt, wenn die Kurve die negative reelle Achse kreuzt. Das ergibt sich aus einem Vergleich von

Abb. 2.11 $\widehat{\Phi}(\lambda)$

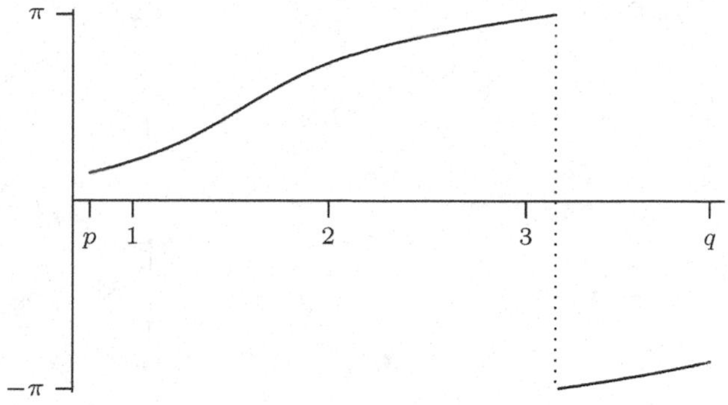

Abb. 2.3 oben rechts mit unten links. Es wird also ein Sprung, eine Unstetigkeitstelle der Koordinatenfunktion erzeugt. Diese Unstetigkeitsstelle ist ein Artefakt der Berechnung des Polarwinkels mit $\widehat{\boldsymbol{\Phi}}$, der „echte" Winkel, um den die positive reelle Achse gedreht wird, führt natürlich keinen Sprung von π nach $-\pi$ aus, wenn die negative reelle Achse erreicht wird, er verändert sich stetig.

Eine solche künstlich erzeugte Unstetigkeit einer Koordinatenfunktion kann unerwünschte Folgen haben, besonders wenn das Verhalten von ATAN2 nicht bekannt ist und nur das mit der Funktion berechnete Endergebnis vorliegt. Ein Beispiel gibt Abb. 2.11, das zeigt, wie sich die Koordinatenfunktion aus Abb. 2.5 ändert wenn $\widehat{\boldsymbol{\Phi}}$ statt $\boldsymbol{\Phi}$ eingesetzt wird.

Es folgt nun noch ein der Praxis der digitalen Filter entnommenes Beispiel. Die Frequenzantwort eines digitalen Filters ist eine komplexwertige Funktion eines reellen Paramters. Die Frequenzantwort eines bestimmten Filters ist die Funktion

$$A(\omega) = \frac{5e^{i\omega} - e^{i2\omega} + e^{-i2\omega} - 4}{5 - 2e^{i\omega} - 2e^{-i\omega}} \qquad 0 \le \omega < 2\pi$$

Die von der Funktion in der komplexen Ebene erzeugte Kurve ist in Abb. 2.12 dargestellt. Die Kurvenpunkte, die bei den Parameterwerten $\omega = \frac{\pi}{4}$, $\omega = \frac{\pi}{2}$, π, $\omega = \frac{3}{2}\pi$ und $\omega = \frac{7}{4}\pi$ erreicht werden, sind markiert. Es ist auch noch einmal angedeutet, dass der Betrag r und der Polarwinkel φ Funktionen des Parameters ω sind. Diese Koordinatenfunktionen, also ρ_A und $\boldsymbol{\Phi}_A$, lassen sich leicht berechnen, wenn A in cartesischen Koordinaten ausgedrückt wird:

$$A(\omega) = \frac{5\cos(\omega) - 4}{5 - 4\cos(\omega)} + \sin(\omega)\boldsymbol{i}$$

Der sich ergebende Betrag ist in Abb. 2.13, der Polarwinkel in Abb. 2.14 gezeichnet. Die Funktionsverläufe lassen sich beim Durchgang durch die von A erzeugte Kurve gut nachvollziehen. Der Frequenzantwort wird meistens das Argumentintervall $-\pi \le \omega < \pi$ zugrunde gelegt, doch sind Frequenzantworten periodisch mit der Periode 2π, das hier gewählte Intervall ist daher zulässig. Es ist aber auch empfehlenswert, denn man vermeidet damit eine artifizielle Sprungstelle im Definitionsbereich von $\boldsymbol{\Phi}_A$. Wird nämlich die Kurve

Abb. 2.12 $A(\omega)$

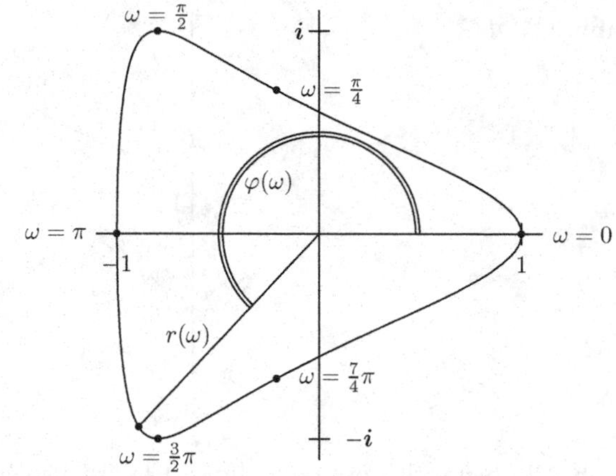

Abb. 2.13 $\rho_A(\omega)$

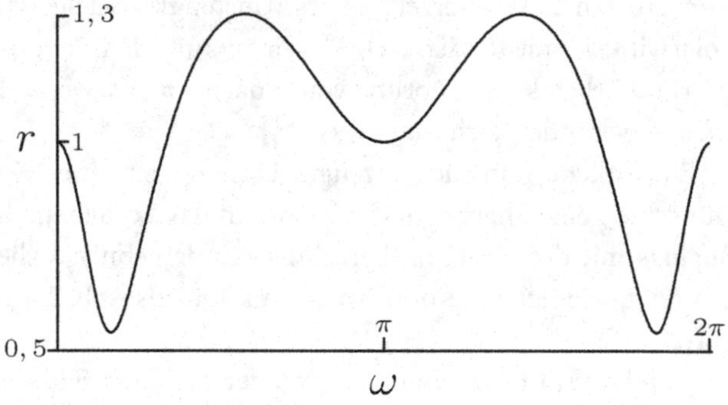

in Abb. 2.12 von $-\pi$ hin zu π durchlaufen, dann beginnt der Polarwinkel bei $\varphi = \pi$, steigt auf zu $\varphi = 2\pi$ und macht dann einen Sprung nach $\varphi = 0$, um wieder zu $\varphi = \pi$ aufzusteigen.

Weil der Polarwinkel einer komplexen Zahl $z = x + iy$ im Wesentlichen als Funktion des Quotienten der Koordinaten berechnet werden kann,

$$\arctan\left(\frac{y}{x}\right)$$

kann man (falsch) schließen, dass die Multiplikation von z mit einer reellen Zahl $a \neq 0$ keinen Einfluss auf den Polarwinkel von z hat, denn beide Koordinaten werden mit a multipliziert, weshalb a bei der Division weggekürzt wird. Wie oben aber ausführlich dargelegt wird, ist der Polarwinkel nicht nur eine Funktion des Koordinatenquotienten, sondern auch abhängig von dem Quadranten, in dem sich z befindet. Tatsächlich erfährt z bei der Multiplikation mit einer negativen reellen Zahl eine Rotation um 180°. Wegen $e^{i\pi} = -1$ ist nämlich für $z = re^{i\varphi}$ in Polarkoordinaten

$$are^{i\varphi} = |a|\, e^{i\pi} re^{i\varphi} = |a|\, re^{i(\varphi+\pi) \bmod 2\pi}$$

Der Polarwinkel von z ist also $\varphi + \pi$, falls $\varphi + \pi < 2\pi$ und $\varphi + \pi - 2\pi$ falls $\varphi + \pi \geq 2\pi$.

Abb. 2.14 $\Phi_A(\omega)$

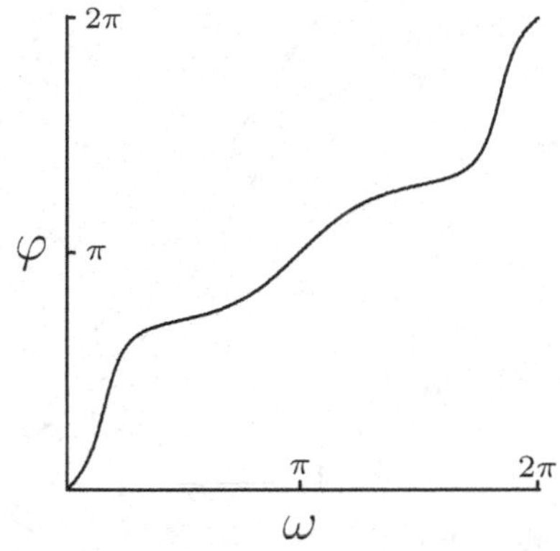

Die Frequenzantwort $\omega \mapsto A(\omega)$ eines Filters ist eine periodische komplexe Funktion mit der Periode 2π. Die Aussage, dass die von der Funktion erzeugte Kurve in der komplexen Ebene deshalb geschlossen sei, ist allerdings nur eingeschränkt wahr, denn sie gilt nur, wenn die Kurve beschränkt ist, d. h. wenn es einen Kreis um den Nullpunkt gibt, der die Kurve ganz enthält. Ein Beispiel dafür ist die Kurve der folgenden Funktion (siehe Abb. 2.15):

$$U(\omega) = \frac{1 - e^{-i4\omega}}{1 + 2e^{-i\omega} + e^{-i2\omega}} \qquad -\pi < \omega < \pi$$

Diese Funktion ist an den Grenzen des Parameterintervalls gar nicht definiert, sondern hat dort die unbestimmte Form $\frac{0}{0}$. Man überzeugt sich aber leicht davon, dass

$$\lim_{\omega \to -\pi} |U(\omega)| = \lim_{\omega \to \pi} |U(\omega)| = \infty$$

gilt, also $U(\omega) \to \infty$ für $\omega \to -\pi$ und $\omega \to \pi$. Allerdings strebt die Funktion an den Intervallgrenzen auf verschiedene Weise gegen ∞:

$$\lim_{\omega \to -\pi} \Re(U(\omega)) = -\infty \qquad \lim_{\omega \to \pi} \Re(U(\omega)) = \infty$$

Anschaulich kann man daher sagen, dass die Funktion aus dem Unendlichen kommt und wieder dorthin verschwindet, also in diesem Sinn doch eine geschlossene Kurve ist! Beim Übergang zur stereographischen Projektion $\mathbb{C}^* = \mathbb{C} \cup \{\infty\}$ (oder zum kompakten Abschluss[1]) wird diese Aussage auch formal wahr:

$$U(-\pi) = \infty = U(\pi)$$

Nicht beschränkte Frequenzantworten spielen in der Praxis natürlich keine Rolle, auch wenn sie große Steilheiten bei geringem rechnerischen Einsatz versprechen. Sie können

[1] Siehe dazu etwa [Dett].

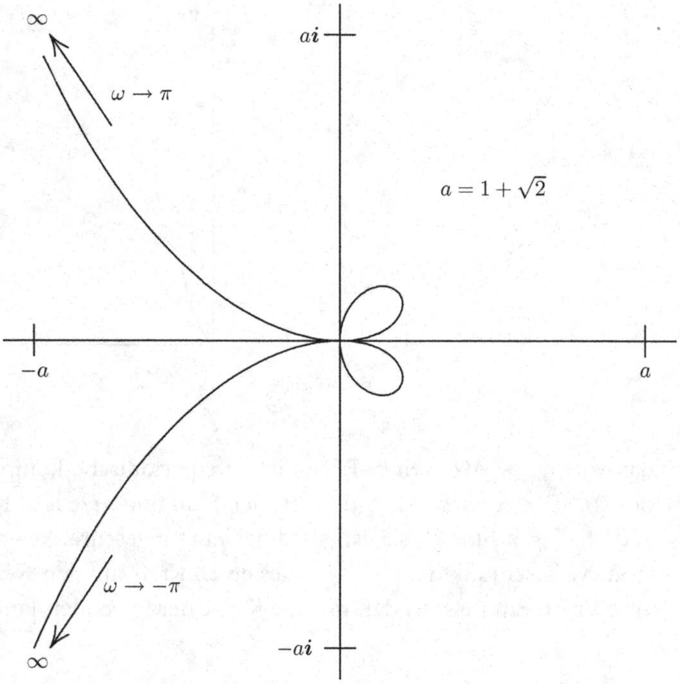

Abb. 2.15 $\omega \mapsto U(\omega), -\pi < \omega < \pi$

sich aber beim Design von Filtern ungewollt einstellen. So ergibt sich die Funktion U aus der folgenden Systemfunktion zur Konstruktion eines Hochpasses:

$$\frac{1 - z^{-4}}{(1 + z^{-1})^2}$$

Diese Funktion besitzt einen Pol bei $z = -1$, der für die Unbeschränktheit der Frequenzantwort verantwortlich ist.

Grundlagen der digitalen Signalverarbeitung 3

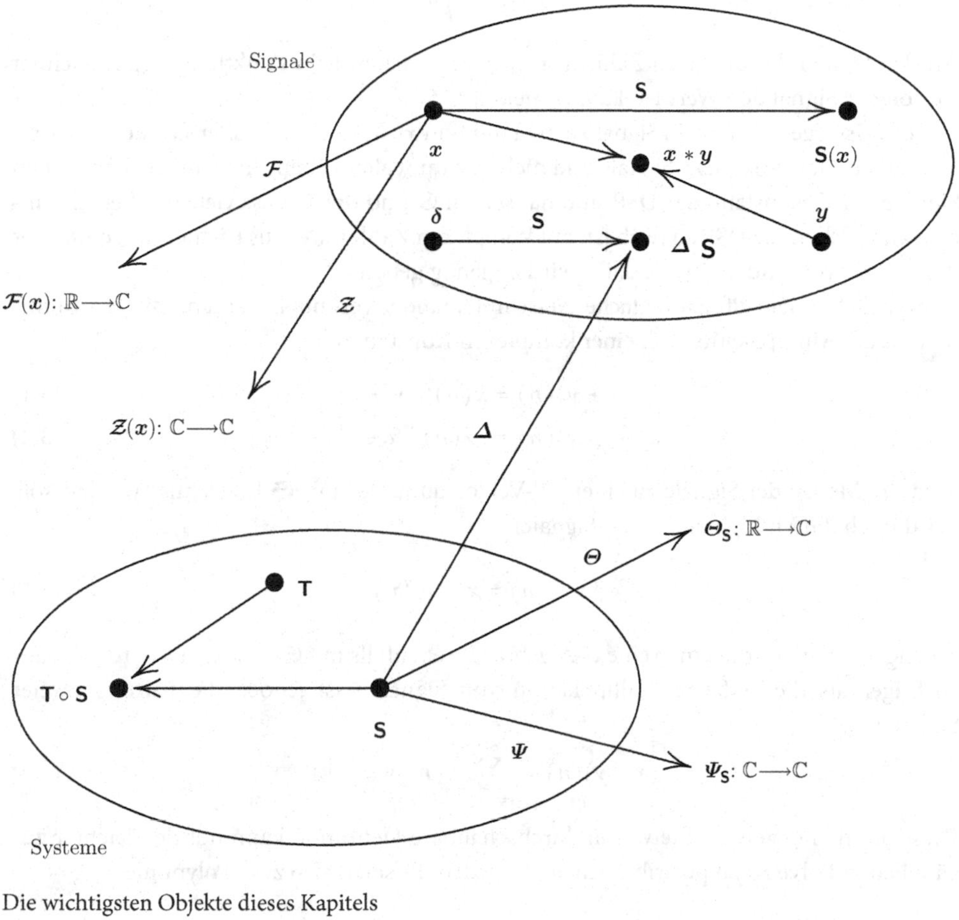

Die wichtigsten Objekte dieses Kapitels

H. Schmidt, M. Schwabl-Schmidt, *Digitale Filter*, DOI 10.1007/978-3-658-03523-5_3,

3.1 Signale

In der **digitalen** Signalverarbeitung ist ein Signal $\boldsymbol{x}$ eine zweifach unendliche Folge komplexer Zahlen $\boldsymbol{x}(n)$, der Index n durchläuft also die Menge $\mathbb{Z}$ der ganzen Zahlen:

$$\ldots, \boldsymbol{x}(-3), \boldsymbol{x}(-2), \boldsymbol{x}(-1), \boldsymbol{x}(0), \boldsymbol{x}(1), \boldsymbol{x}(2), \boldsymbol{x}(3), \ldots$$

Ist ein Signal reell (oder auch rein imaginär), dann lässt es sich auf verschiedene Weisen graphisch darstellen, wenigstens in den interessierenden Teilen. Um die digitale Beschaffenheit der Signale zu betonen, bedient man sich gerne der Darstellung der Folgenglieder als „Lutscher“:

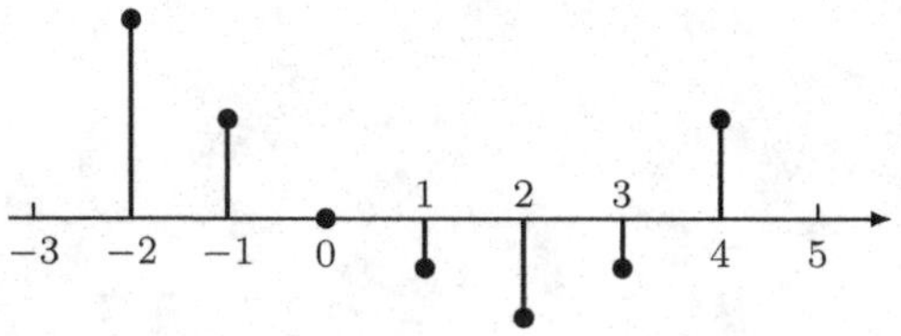

An den Stellen der diskreten Zahlengeraden, an welchen kein Funktionswert gezeichnet ist, soll das Signal den Wert Null annehmen.

Technisch gesehen ist ein Signal $\boldsymbol{x}$ eine Funktion $\boldsymbol{x} : \mathbb{Z} \to \mathbb{C}$ und daher $\mathbb{C}^{\mathbb{Z}}$ die Menge aller Signale. Dass komplexe Signale und nicht die im realen Leben einzig möglichen reellen Signale der Gegenstand der DSP sind hat seinen Grund darin, dass viele der Berechnungen, an welchen die DSP so reich ist, mit komplexen Zahlen weitaus leichter und einfacher durchzuführen sind. Beispiele dafür wird es genug geben.

Signale können auf mannigfache Weise miteinander verknüpft werden. Mit der Addition und der Multiplikation mit einer komplexen Konstanten

$$(\boldsymbol{x} + \boldsymbol{y})(n) = \boldsymbol{x}(n) + \boldsymbol{y}(n) \tag{3.1}$$

$$(c\boldsymbol{x})(n) = c\boldsymbol{x}(n) \quad c \in \mathbb{C} \tag{3.2}$$

wird die Menge der Signale zu einem $\mathbb{C}$-Vektorraum, der mit $\mathfrak{S}$ bezeichnet werden soll. Wird noch die Multiplikation von Signalen

$$(\boldsymbol{x}\boldsymbol{y})(n) = \boldsymbol{x}(n)\boldsymbol{y}(n) \tag{3.3}$$

hinzugenommen, erhält man eine $\mathbb{C}$-Algebra, die ebenfalls mit $\mathfrak{S}$ bezeichnet wird. Weitaus wichtiger als die einfache Multiplikation von Signalen ist jedoch die **Faltung** zweier Signale:

$$(\boldsymbol{x} * \boldsymbol{y})(n) = \sum_{\nu=-\infty}^{\infty} \boldsymbol{x}(n)\boldsymbol{y}(n-\nu) \tag{3.4}$$

Diese auf den ersten Blick etwas undurchschaubare Definition kann mit den leichter zugänglichen Polynomen plausibel gemacht werden. Es seien also zwei Polynome

$$P = p_0 + p_1\mathsf{X} + p_2\mathsf{X}^2 + \cdots + p_n\mathsf{X}^n \qquad Q = q_0 + q_1\mathsf{X} + q_2\mathsf{X}^2 + \cdots + q_n\mathsf{X}^n$$

mit komplexen Koeffizienten gegeben, für die $p_\nu = 0$ für $\nu < 0$ und $n < \nu$ gelten soll, entsprechend für die q_ν. Ein Produktpolynom $U = PQ$ kann nun wie in (3.3) erklärt werden, also durch einfache Multiplikation der Koeffizienten der beiden Polynome:

$$PQ = U = u_0 + u_1\mathrm{X} + u_2\mathrm{X}^2 + \cdots + u_n\mathrm{X}^n = p_0q_0 + p_1q_1\mathrm{X} + p_2q_2\mathrm{X}^2 + \cdots + p_nq_n\mathrm{X}^n$$

Andererseits können die beiden Polynome aber auch **ausmultipliziert** werden, ganz so, als sei die Unbestimmte X eine Zahl. Die Koeffizienten von

$$P * Q = V = v_0 + v_1\mathrm{X} + v_2\mathrm{X}^2 + \cdots + v_{2n}\mathrm{X}^{2n}$$

werden also durch Ausmultiplizieren und Zusammenfassen nach Potenzen von X gewonnen. Für den Fall $n = 2$ erhält man so

$$(p_0 + p_1\mathrm{X})(q_0 + q_1\mathrm{X}) = \underbrace{p_0q_0}_{v_0} + \underbrace{(p_0q_1 + p_1q_1)}_{q_0} + \underbrace{p_1q_1}_{v_2}$$

Nun können die so erhaltenen Produktsummen auch etwas anders geschrieben werden, etwa $v_1 = p_0q_{1-0} + p_1q_{1-1}$, oder in Summenschreibweise

$$v_\nu = \sum_{\mu=0}^{1} p_\mu q_{\nu-\mu}$$

Dabei ist die Vereinbarung $p_\nu = 0$ für $\nu < 0$ und $n < \nu$ und entsprechend für die q_ν zu beachten. Für allgemeines n folgt natürlich

$$v_\nu = \sum_{\mu=0}^{n} p_\mu q_{\nu-\mu}$$

Dieses Ergebnis entspricht ganz augenscheinlich der Faltungsdefinition (3.4). Tatsächlich ist es sogar ein Spezialfall, denn die Signale $\boldsymbol{x}$ mit der Eigenschaft $\boldsymbol{x}(\nu) = 0$ für $\nu < 0$ und $n < \nu$ können durch die Zuordnung $\boldsymbol{x}(\nu) \leftrightarrow x_\nu$ mit den Polynomen $X = x_0 + x_1\mathrm{X} + \cdots + x_n\mathrm{X}^n$ identifiziert werden. Die Faltung von Signalen ist eine Verallgemeinerung der Polynommultiplikation.

Die Faltung zweier Signale existiert natürlich nicht, wenn die Reihe (3.4) nicht konvergiert. So existiert beispielsweise $\mathbf{1} * \mathbf{1}$ nicht, wobei unter $\mathbf{1}$ das konstante Signal $\mathbf{1}(n) = 1$ verstanden wird. Andererseits ist die Existenz gesichert, falls die Signale einen endlichen Träger besitzen (siehe Abschn. 3.2.4 und 3.3.2), falls also $\boldsymbol{x}(n) \neq 0$ und $\boldsymbol{y}(n) \neq 0$ nur für endlich viele $n \in \mathbb{Z}$ gilt. Echte unendliche Reihen sind in der digitalen Signalverarbeitung oft Potenzreihen, die relativ leicht zu behandeln sind, komplizierte Reihenuntersuchungen sind jedenfalls selten nötig.

...	$x(-3)$	$x(-2)$	$x(-1)$	$x(0)$	$x(1)$	$x(2)$	$x(3)$	...
...	$y(3)$	$y(2)$	$y(1)$	$y(0)$	$y(-1)$	$y(-2)$	$y(-3)$	...

Abb. 3.1 Zur Berechnung von $(x * y)(0)$

...	$x(-3)$	$x(-2)$	$x(-1)$	$x(0)$	$x(1)$	$x(2)$	$x(3)$	...
...	$y(4)$	$y(3)$	$y(2)$	$y(1)$	$y(0)$	$y(-1)$	$y(-2)$	...

Abb. 3.2 Zur Berechnung von $(x * y)(1)$

...	$x(-3)$	$x(-2)$	$x(-1)$	$x(0)$	$x(1)$	$x(2)$	$x(3)$	...
...	$y(2)$	$y(1)$	$y(0)$	$y(-1)$	$y(-2)$	$y(-3)$	$y(-4)$	...

Abb. 3.3 Zur Berechnung von $(x * y)(-1)$

Wenn aber alle bei Faltungsoperationen mit Signalen vorkommende Reihen konvergieren, dann ist die Faltung kommutativ, assoziativ und distributiv bezüglich der Addition:

$$x * y = y * x \tag{3.5}$$

$$(x * y) * z = x * (y * z) \tag{3.6}$$

$$(x + y) * z = x * z + y * z \tag{3.7}$$

Dass das Faltungsprodukt nicht für alle Signale existiert bedeutet, dass der Vektorraum $\mathfrak{S}$ mit der Operation $*$ nicht zu einer Algebra gemacht werden kann. Beim Untervektorraum der Signale mit finitem Träger ist das natürlich möglich.

Sind die beiden Signale numerisch gegeben, kann zur Berechnung ihrer Faltung nach folgendem Schema verfahren werden. Man schreibt die Signale untereinander, und zwar y in der Zeitumkehr, d. h. als das Signal $y^\diamond(n) = y(-n)$, wie in Abb. 3.1 angegeben.

Die übereinander stehenden Zahlen werden multipliziert und die Produkte addiert. das ergibt $(x * y)(0)$. Zur Berechnung von $(x * y)(1)$ wird das untere Signal eine Position nach rechts geschoben, dann werden wieder die Produkte addiert (Abb. 3.2). Zur Berechnung von $(x * y)(n)$ für $n > 0$ wird aus der Position von Abb. 3.1 das untere Signal um n Positionen nach rechts verschoben.

Zur Berechnung von $(x * y)(n)$ für $n < 0$ wird aus der Position von Abb. 3.1 das untere Signal um n Positionen nach links verschoben verschoben, dann werden die Produkte übereinander stehender Zahlen addiert. Diese Konstellation ist für $n = -1$ in Abb. 3.3 gezeigt. Wie eine Faltung durch Auswertung der Reihe (3.4) zu berechnen ist wird in Abschn. 3.1.3 vorgeführt. Obiges Schema dient mehr dazu, $(x * y)(n)$ für eine kleine Anzahl n zu bestimmen, z. B. falls wenigstens eines der beiden Signale einen endlichen Träger von geringer Länge besitzt.

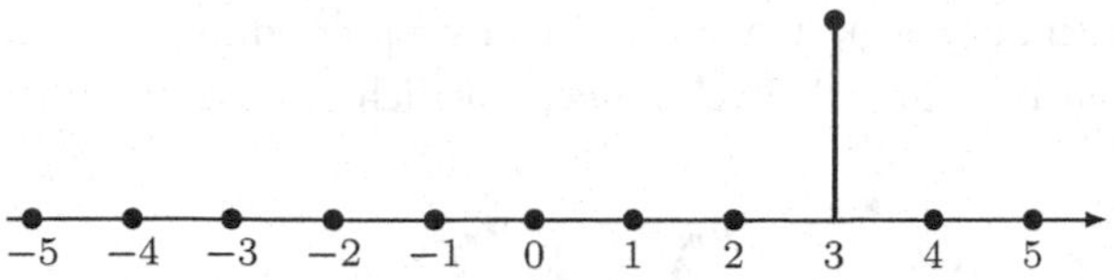

Abb. 3.4 Der Einheitsimpuls $\boldsymbol{\delta}_3$

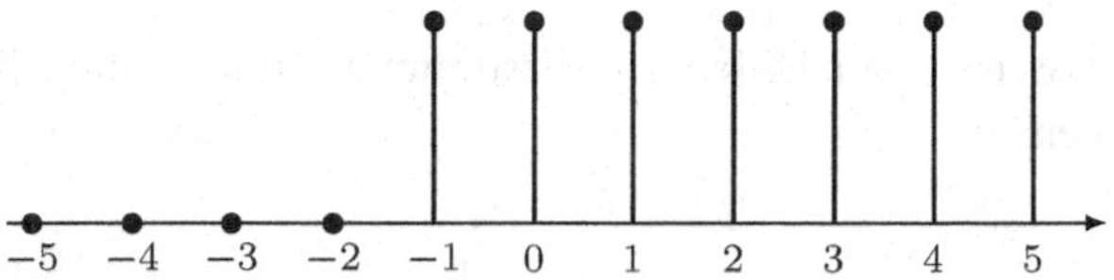

Abb. 3.5 Die Einheitsstufe $\boldsymbol{u}_{-1}$

3.1.1 Elementare Signale

Eines der einfachsten Signale ist der **Einheitsimpuls** (siehe Abb. 3.4). Dieser ist bei kontinuierlichen (analogen) Signalen nur unter Schwierigkeiten als Distribution darstellbar, als diskretes Signal jedoch sehr leicht durch folgende Definition zu erhalten:

$$\boldsymbol{\delta}_m(n) = \begin{cases} 1 & \text{für } n = m \\ 0 & \text{für } n \neq m \end{cases} \tag{3.8}$$

Statt $\boldsymbol{\delta}_0$ wird auch einfach $\boldsymbol{\delta}$ geschrieben. Sieht man die Menge $\mathbb{Z}$ als eine Art von diskreter Zeitachse an, dann hat ein Einheitsimpuls also an einem bestimmten (diskreten) Zeitpunkt den Wert Eins und verschwindet zu allen anderen (diskreten) Zeitpunkten. Offensichtlich lassen sich alle endlichen Signale als Linearkombinationen von Einheitsimpulsen darstellen.

Eine weitere wichtige Signalart sind die Einheitsstufen (*unit step*) oder Einheitssprünge (vgl. Abb. 3.5), die schon nicht mehr endlich sind:

$$\boldsymbol{u}_m(n) = \begin{cases} 1 & \text{für } n \geq m \\ 0 & \text{für } n < m \end{cases} \tag{3.9}$$

Statt $\boldsymbol{u}_0$ wird auch einfach $\boldsymbol{u}$ geschrieben. Die Einheitsstufen werden in der digitalen Datenverarbeitung vielseitig eingesetzt. Beispielsweise kann man mit ihnen ein zweiseitiges Signal, d. h. ein Signal $\boldsymbol{x}$ mit $\boldsymbol{x}(n) \neq 0$ für fast alle $n < 0$ und $n \geq 0$, durch Multiplikation in ein einseitiges Signal überführen, für das z. B. $\boldsymbol{x}(n) = 0$ für alle $n < 0$ gilt.

Wie man sich leicht überlegt, stehen die Einheitsimpulse und die Einheitsstufen in dem folgenden einfachen aber für viele Rechnungen nützlichen Zusammenhang:

$$\boldsymbol{\delta}_m = \boldsymbol{u}_m - \boldsymbol{u}_{m+1} \tag{3.10}$$

$$\boldsymbol{u}_m = \sum_{\nu=-\infty}^{n} \boldsymbol{\delta}_\nu \tag{3.11}$$

Etwas allgemeiner lassen sich mit Differenzen bestimmter Einheitsstufen die Einheitsrechtecksignale $\boldsymbol{\rho}_{p,q}$ bilden:

$$\boldsymbol{\rho}_{p,q} := \boldsymbol{u}_p - \boldsymbol{u}_{q-p+1} \tag{3.12}$$

Sie besitzen tatsächlich Rechteckgestalt, denn man rechnet leicht aus, dass folgendes gilt:

$$\boldsymbol{\rho}_{p,q}(n) = \begin{cases} 1 & \text{für } p \leq n \leq q \\ 0 & \text{für } n < p \wedge q < n \end{cases} \tag{3.13}$$

Hierhin gehört auch das „unendlich lange" Rechtecksignal, nämlich das konstante Signal $\mathbf{1}: n \mapsto 1$. Komplementär dazu könnte man vom „unendlich kurzen" Rechtecksignal, nämlich dem konstanten Signal $\mathbf{0}: n \mapsto 0$, sprechen.

Das Signal **1** und die Einheitssprünge sind zwar keine Signale mit endlichem Träger, also Signale $\boldsymbol{x}$, für die es ein $m \in \mathbb{Z}$ gibt mit $\boldsymbol{x}(n) = 0$ für $n < m$ und $m < n$, aber sie sind immerhin beschränkt, d. h. es sind Signale $\boldsymbol{x}$, für die es eine positive reelle Zahl M gibt mit $|\boldsymbol{x}(n)| \leq M$ für alle $n \in \mathbb{Z}$. Das lässt sich von den folgenden elementaren Signalen nicht mehr behaupten, die **Potenzsignale** besitzen im Allgemeinen weder einen endlichen Träger noch sind sie beschränkt:

$$\boldsymbol{p}_c(n) = c^n \quad c \in \mathbb{C} \tag{3.14}$$

Sie enthalten als Spezialfall die exponentiellen Signale $\boldsymbol{\epsilon}_\omega$, die traditionell mit einer reellen Konstanten (Frequenz genannt) ω geschrieben werden:

$$\boldsymbol{\epsilon}_\omega(n) = e^{in\omega} = \cos(n\omega) + \boldsymbol{i}\sin(n\omega) \tag{3.15}$$

Die Potenzsignale werden meist mit einer Einheitsstufe kombiniert, um sie einseitig zu machen, weil man entweder nur positive oder nur negative Potenzen benötigt, etwa wie folgt:

$$\boldsymbol{q}(n) = c^n \boldsymbol{u}(n) \quad \text{d. h.} \quad \boldsymbol{q}(n) = \begin{cases} c^n & \text{für } n \geq 0 \\ 0 & \text{für } n < 0 \end{cases} \tag{3.16}$$

Abbildung 3.6 zeigt das Signal $\boldsymbol{q}$ für die Konstante $c = \frac{1}{2}$. Offensichtlich ist $\boldsymbol{q}$ für $c \leq 1$ ein beschränktes Signal und für $c > 1$ unbeschränkt. Unbeschränkte Signale gibt es in der

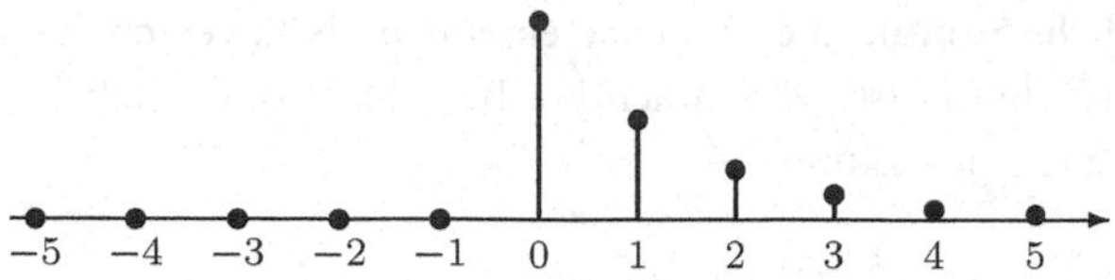

Abb. 3.6 Das Signal $\boldsymbol{q}(n) = \left(\frac{1}{2}\right)^n \boldsymbol{u}(n)$

Wirklichkeit allerdings nicht, jedes reale Signal kann nicht beliebig wachsen und kommt irgendwann in die Sättigung. Rechenergebnisse, die mit Hilfe von unbeschränkten Signalen gewonnen wurden, sind deshalb auf die Wirklichkeit nur mit großer Vorsicht anzuwenden. Die digitale Signalverarbeitung auf beschränkte Signale aufzubauen ist allerdings keine Alternative. Zwar hätte das den Vorteil, dass die Faltung, die diskrete Fourier-Transformation usw. für alle Signale definiert wären, doch müssten beispielsweise die einfach nutzbaren Potenzsignale durch „abgeschnittene" Potenzsignale ersetzt werden, die weitaus schwieriger zu handhaben sind.

Die exponentiellen Signale $\boldsymbol{\epsilon}_\omega$ sind mit den trigonometrischen Signalen $\boldsymbol{c}_\omega$ und $\boldsymbol{s}_\omega$ zu einer festen Frequenz ω verwandt (Abb. 3.7 zeigt ein Kosinussignal):

$$\boldsymbol{c}_\omega(n) = \cos(n\omega) \qquad \boldsymbol{s}_\omega(n) = \sin(n\omega) \qquad n \in \mathbb{Z} \tag{3.17}$$

Für Berechnungen und Ableitungen verwendet man vorzugsweise die exponentiellen Signale, die trigonometrischen Signale eignen sich mehr für praktische Beispiele, Skizzen und Plausibilitätsbetrachtungen. Die Umrechnung erfolgt mit $\boldsymbol{\epsilon}_\omega = \boldsymbol{c}_\omega + i\boldsymbol{s}_\omega$.

Für jedes Signal $\boldsymbol{x}$ gilt $\boldsymbol{x}(\nu)\boldsymbol{\delta}_n(\nu) = 1$ für $n = \nu$ und $\boldsymbol{x}(\nu)\boldsymbol{\delta}_n(\nu) = 0$ für $n \neq \nu$, die formal unendliche Reihe

$$\boldsymbol{x}(n) = \sum_{\nu=-\infty}^{\infty} \boldsymbol{x}(\nu)\boldsymbol{\delta}_n(\nu) \tag{3.18}$$

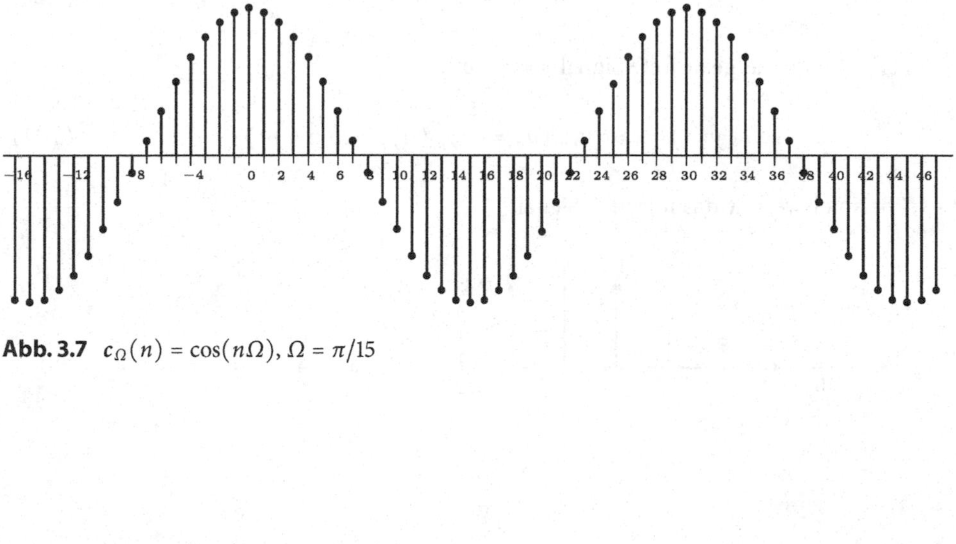

Abb. 3.7 $c_\Omega(n) = \cos(n\Omega)$, $\Omega = \pi/15$

ist daher eine endliche Summe, die aus genau einem von Null verschiedenen Summanden besteht. Diese Entwicklung ist gelegentlich bei Berechnungen nützlich. Wegen $\boldsymbol{\delta}_n(\nu) = \boldsymbol{\delta}(n-\nu)$ ist die Reihe eine Faltung:

$$\boldsymbol{x}(n) = \sum_{\nu=-\infty}^{\infty} \boldsymbol{x}(\nu)\boldsymbol{\delta}(n-\nu) \tag{3.19}$$

was sehr viel kürzer auch als

$$\boldsymbol{x} = \boldsymbol{x} * \boldsymbol{\delta}$$

geschrieben werden kann, d. h. $\boldsymbol{\delta}$ ist das Einselement der Operation $*$.

3.1.2 Bildung neuer Signale durch Argumenttransformationen

Aus einem gegebenen Signal lassen sich neue Signale formen, indem man die Signalwerte anders anordnet oder die Menge der Signalwerte vergrößert oder verkleinert. Man kann das so erreichen, dass dem Signal (der Abbildung) $\boldsymbol{x}$ eine Abbildung τ seines Definitionsbereiches $\mathbb{Z}$ in sich selbst vorgeschaltet wird, um ein neues Signal $\boldsymbol{y}$ zu erzeugen:

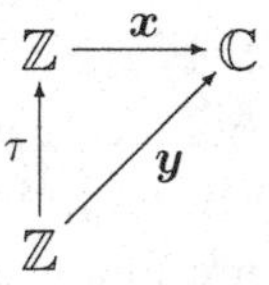

Es ist also $\boldsymbol{y} = \boldsymbol{x} \circ \tau$ oder argumentweise $\boldsymbol{y}(n) = \boldsymbol{x}(\tau(n))$. Im Prinzip ist jede Abbildung von $\mathbb{Z}$ in sich einsetzbar, sinnvoll sind jedoch nur wenige. Wählt man als τ eine Shiftfunktion σ_m, die eine Verschiebung um ein festes $m \in \mathbb{Z}$ bewirkt

$$\sigma_m(n) = n - m \tag{3.20}$$

dann erhält man das **geshiftete** Signal $\boldsymbol{y} = \boldsymbol{x} \circ \sigma_m$, mit

$$\boldsymbol{y}(n) = (\boldsymbol{x} \circ \sigma_m)(n) = \boldsymbol{x}(\sigma_m(n)) = \boldsymbol{x}(n-m) \tag{3.21}$$

Es sei beispielsweise $\boldsymbol{x}$ das folgende Signal:

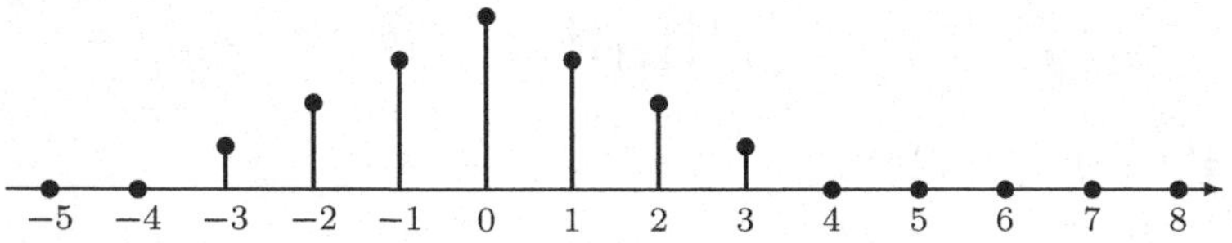

Dann ergibt sich für $m = 2$ das folgende geshiftete Signal $\boldsymbol{y}$:

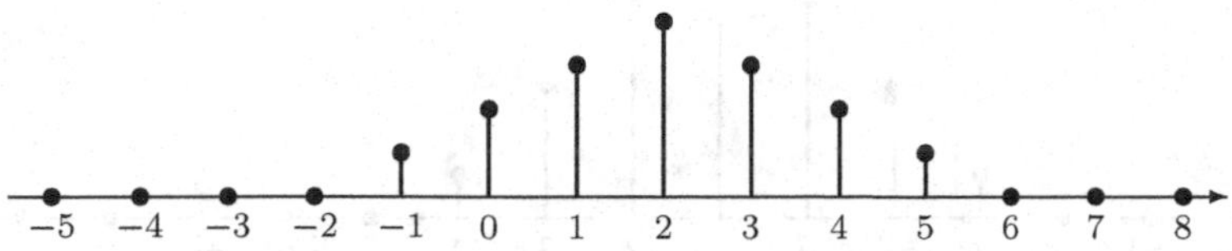

Für positives m wird $\boldsymbol{x}$ um m Positionen nach rechts (vorwärts) verschoben, das Signal wird um m Zeiteinheiten verzögert. Für negatives m wird $\boldsymbol{x}$ um m Positionen nach links (rückwärts) verschoben, das Signal wird um m Zeiteinheiten vorgezogen.

Ebenfalls ein einfacher Funktionstyp zur Manipulation von Signalen über deren Argumente ist die Multiplikation der Argumente mit einer Konstanten:

$$\tau(n) = nm \qquad m \neq 0 \tag{3.22}$$

Es wird dann bei $m > 0$ für das neue Signal $\boldsymbol{y}$ nur jeder m-te Signalwert von $\boldsymbol{x}$ benutzt, d. h. es werden $m - 1$ Signalwerte übersprungen. Ist $m < 0$ so kommt noch die Zeitumkehr des Signals $\boldsymbol{y}$ dazu, d. h. der Übergang von $\boldsymbol{y}$ zu $\boldsymbol{y}^{\diamond}$. Im Falle $m = 0$ ist $\boldsymbol{y}$ natürlich das konstante Signal mit der Konstanten $\boldsymbol{x}(0)$. Ist $\boldsymbol{x}$ noch einmal das Signal

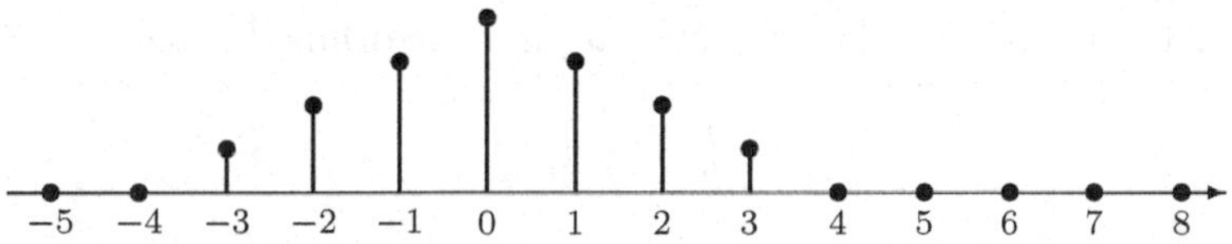

dann wird mit der angegebenen Funktion τ bei $m = 2$ das folgende Signal $\boldsymbol{y}$ erhalten:

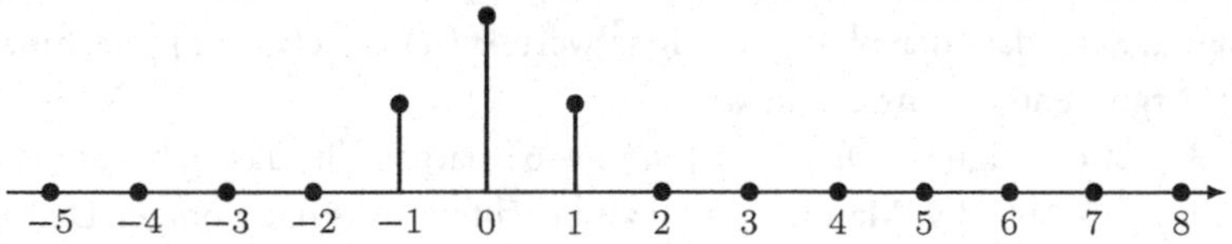

Diese Methode, ein neues Signal zu erzeugen, wird ***down-sampling*** genannt. Das Gegenstück, ***up-sampling***, erhält man natürlich, wenn die Multiplikation durch eine Division ersetzt wird:

$$\tau(n) = \begin{cases} \frac{n}{m} & \text{für } n \in \{km \mid k \in \mathbb{Z}\} \quad m > 0 \\ \infty & \text{für alle übrigen } n \end{cases} \tag{3.23}$$

Allerdings ist dafür die Definition der Signale auf $\mathbb{Z} \cup \{\infty\}$ zu erweitern, und zwar durch $\boldsymbol{x}(\infty) = 0$. Als Beispiel sei hier das folgende Signal $\boldsymbol{x}$ gewählt:

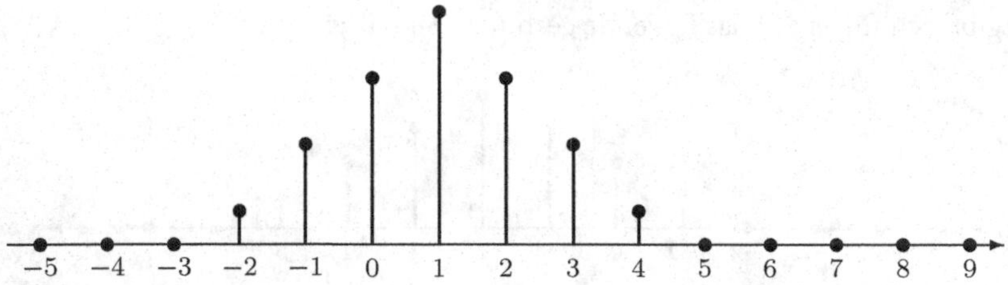

Das ***up-sampling*** mit $m = 2$ ergibt dann ein aufgefächertes Signal:

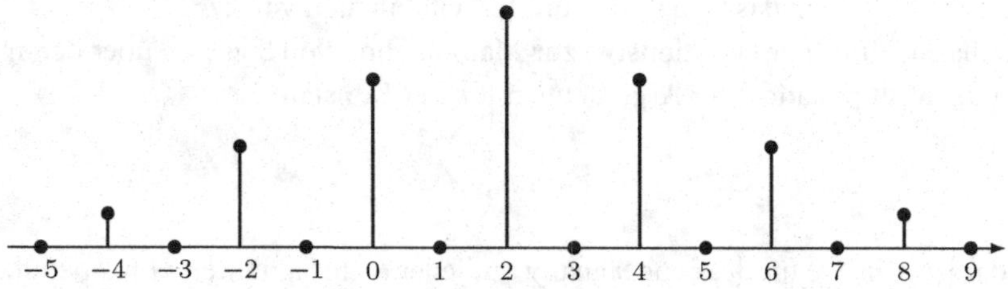

Eine weitere bisweilen nützliche Argumenttransformation ist die modulo-Funktion. Ist m eine positive natürliche Zahl, dann gibt es zu jedem $n \in \mathbb{Z}$ solch ein eindeutig bestimmtes $q \in \mathbb{Z}$ und solch ein eindeutig bestimmtes $r \in \mathbb{N}$ mit der Eigenschaft $0 \le r < m$, dass $n = qm + r$ gilt. Die Argumenttransformation μ_m ist dann definiert durch

$$\mu_m(n) = r \tag{3.24}$$

Es ist also r der Teilerrest, der auftritt, wenn n durch m dividiert wird. Weil n und $n + km$ wegen $n + km = qm + km + r = (k + q)m + r$ denselben Teilerrest haben, ist die Funktion μ_m periodisch mit der Periode m: $\mu_m(n + m) = \mu_m(n)$. Folglich entsteht das Signal $\boldsymbol{x} \circ \mu_m$ aus dem Signal $\boldsymbol{x}$ so, dass der Block der Signalwerte $\boldsymbol{x}(0)$ bis $\boldsymbol{x}(m-1)$ gleichmäßig über den ganzen Argumentbereich verteilt wird.

In Abb. 3.8 ist das Signal $\boldsymbol{x}(n) = \left(\frac{7}{8}\right)^n \boldsymbol{u}(n+6)$ dargestellt, das sich daraus ergebende Signal $\boldsymbol{x} \circ \mu_5$ in Abb. 3.9. Man hat dabei zu beachten, dass nach obiger Definition des Teilerrestes

$$0 \le \mu_m(n) \le m - 1$$

gilt, d. h. es ist $-16 = -4 \cdot 5 + 4$ und nicht $-16 = -3 \cdot 5 - 1$. Das wird gerne übersehen, weil der Teilerrestoperator vieler Programmiersprachen negative Reste erzeugt!

Es ist auch möglich, für eine Argumenttransformation einen Zufallszahlengenerator zu benutzen. Ein solcher ist beispielsweise durch $g_n = (69.069 \cdot g_{n-1} + 1) \bmod 2^{32}$ gegeben, etwa mit dem Anfangswert $g_0 = 918.273.645$. Wird die Generatorfunktion G durch $G(n) = g_{|n|}$ definiert, so entsteht $\boldsymbol{x} \circ \mu_5 \circ G$, indem die Signalwerte $\boldsymbol{x}(0)$ bis $\boldsymbol{x}(4)$ mehr oder weniger zufällig über den Argumentbereich verteilt werden, siehe Abb. 3.10.

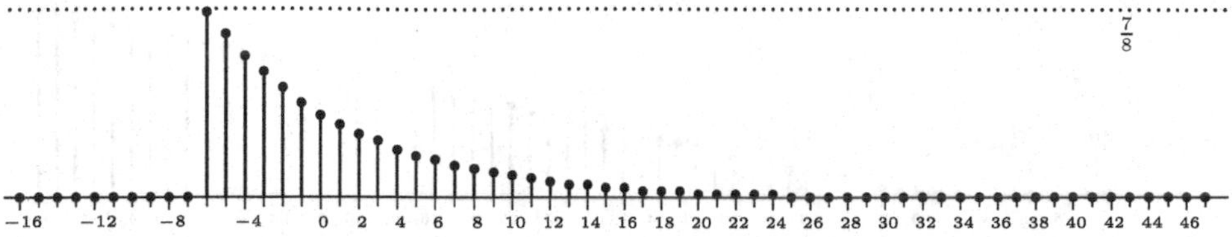

Abb. 3.8 Das Signal $\boldsymbol{x}$

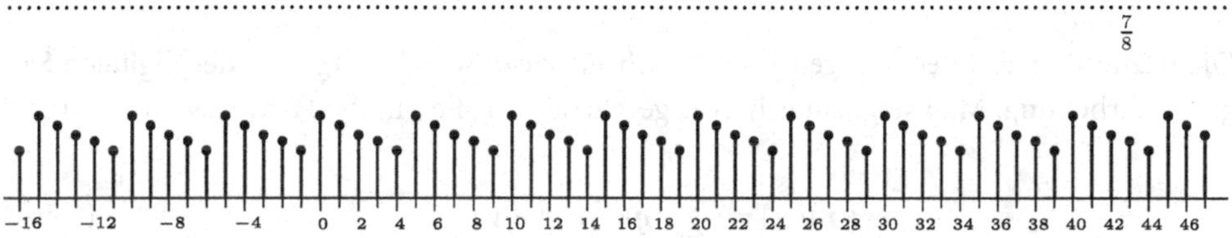

Abb. 3.9 Das Signal $\boldsymbol{x} \circ \mu_5$

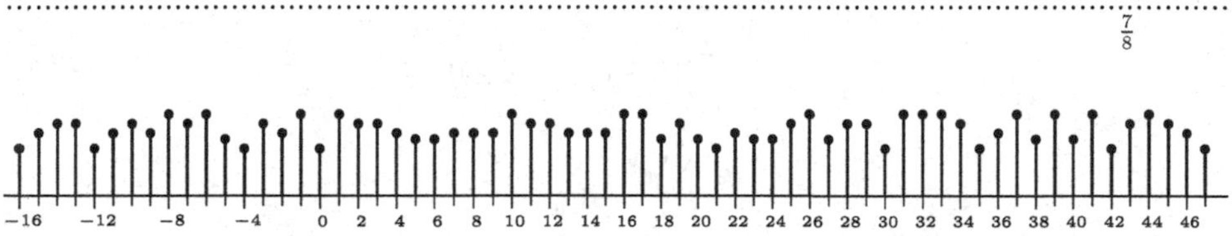

Abb. 3.10 Das Signal $\boldsymbol{x} \circ \mu_5 \circ G$

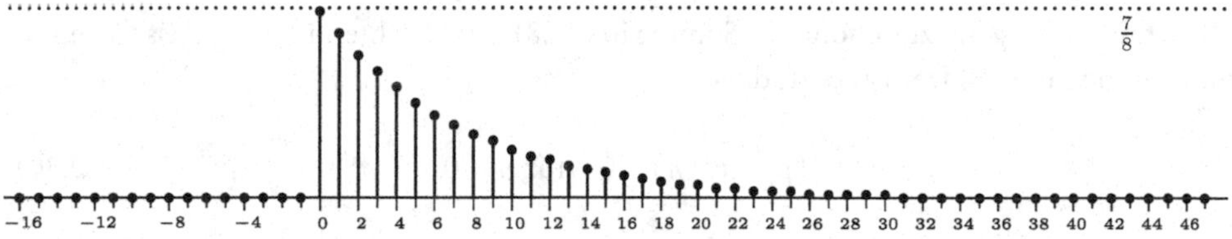

Abb. 3.11 Das Signal $\boldsymbol{p}_c$, $c = \frac{7}{8}$

Von den vier hier vorgestellten Operationen ist sicherlich das Shiften von Signalen die wichtigste. Die Shift-Invarianz von Systemen wird noch eine bedeutende Rolle spielen.

3.1.3 Ein Beispiel zur Berechnung von Faltungen

Es soll die Faltung des Signals $\boldsymbol{p}_c$, $|c| < 1$, (siehe (3.16) und Abb. 3.11) mit einem Rampensignal $\boldsymbol{r}$ (in Abb. 3.12 dargestellt) berechnet werden:

$$\boldsymbol{r}(n) = n\boldsymbol{u}(n) = \begin{cases} 0 & \text{für } n < 0 \\ n & \text{für } n \geq 0 \end{cases} \tag{3.25}$$

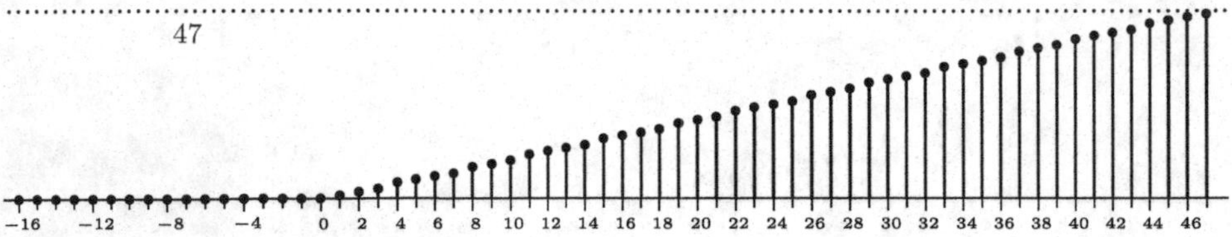

Abb. 3.12 Das Rampensignal $\boldsymbol{r}$

Die dazu nötigen Berechnungen sind typisch für viele Berechnungen in der digitalen Signalverarbeitung. Man setzt zunächst die gegebenen Größen in die Faltungssumme ein:

$$
\begin{aligned}
(\boldsymbol{p}_c * \boldsymbol{r})(n) &= \sum_{\nu=-\infty}^{\infty} \boldsymbol{q}(\nu)\boldsymbol{r}(n-\nu) && (3.26)\\
&= \sum_{\nu=-\infty}^{\infty} c^\nu \boldsymbol{u}(\nu)(n-\nu)\boldsymbol{u}(n-\nu) && (3.27)\\
&= \sum_{\nu=0}^{n}(n-\nu)c^\nu \quad n \geq 0 && (3.28)\\
&= n\sum_{\nu=0}^{n} c^\nu - \sum_{\nu=0}^{n} \nu c^\nu && (3.29)
\end{aligned}
$$

Bei (3.27) ist $\boldsymbol{u}(\nu) = 0$ für $\nu < 0$, die Summierung beginnt daher erst bei $\nu = 0$. Weiter gilt $\boldsymbol{u}(n-\nu) = 0$ für $n - \nu < 0$ oder $n < \nu$, weshalb die Summierung schon bei $\nu = n$ endet. Das erklärt den Übergang zur endlichen Summe in (3.28). Zu beachten ist aber, dass für $n < 0$ die Summe in (3.28) leer ist, es ist daher

$$(\boldsymbol{p}_c * \boldsymbol{r})(n) = 0 \quad \text{für } n < 0 \tag{3.30}$$

Die beiden Summen in (3.29) sind zwar wohlbekannt, ihre geschlossenen Ausdrücke lassen sich jedoch nur für $c \neq 1$ auswerten. Bei $c = 1$ kann aber direkt ausgewertet werden:

$$
\begin{aligned}
n\sum_{\nu=0}^{n} c^\nu - \sum_{\nu=0}^{n} \nu c^\nu &= n\sum_{\nu=0}^{n} 1 - \sum_{\nu=0}^{n} \nu\\
&= n(n+1) - \frac{1}{2}n(n+1)\\
&= \frac{1}{2}n(n+1)
\end{aligned}
$$

Das ergibt insgesamt für $c = 1$ das Faltungsprodukt

$$(\boldsymbol{q} * \boldsymbol{r})(n) = \frac{1}{2}n(n+1)\boldsymbol{u}(n)$$

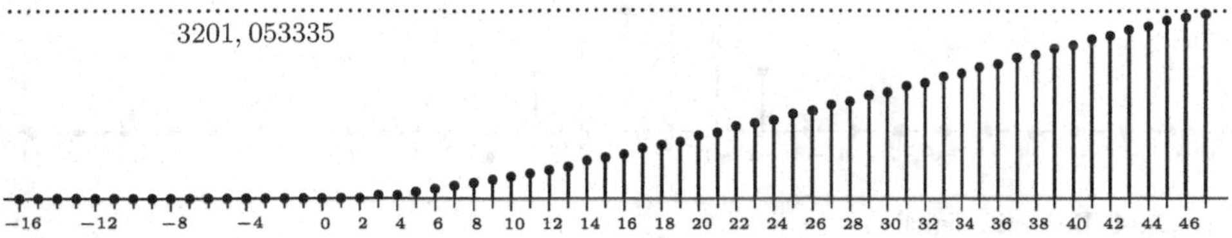

Abb. 3.13 Das Signal $\boldsymbol{p}_c * \boldsymbol{r}$, $c = \frac{7}{8}$

Der Fall $c \neq 1$ erfordert etwas mehr Rechnung. Die direkte Auswertung der Summen in (3.29) ergibt

$$\begin{aligned} n\sum_{\nu=0}^{n} c^\nu - \sum_{\nu=0}^{n} \nu c^\nu &= n\frac{1-c^{n+1}}{1-c} - \frac{nc^{n+2}-(n+1)c^{n+1}+c}{(1-c)^2} \\ &= \frac{n-(n+1)c+c^{n+1}}{(1-c)^2} \end{aligned}$$

Das Gesamtergebnis für $c \neq 1$ ist deshalb das Signal

$$(\boldsymbol{p}_c * \boldsymbol{r})(n) = \frac{n-(n+1)c+c^{n+1}}{(1-c)^2}\boldsymbol{u}(n)$$

Das Faltungsprodukt der Signale $\boldsymbol{p}_c$ und $\boldsymbol{r}$ ist damit gegeben durch

$$(\boldsymbol{p}_c * \boldsymbol{r})(n) = \begin{cases} \frac{1}{2}n(n+1)\boldsymbol{u}(n) & \text{für } c = 1 \\ \frac{n-(n+1)c+c^{n+1}}{(1-c)^2}\boldsymbol{u}(n) & \text{für } c \neq 1 \end{cases}$$

es ist in Abb. 3.13 skizziert.

3.1.4 Das Replizieren finiter Signale mit Faltungen

Unter einem finiten Signal soll ein Signal mit endlichem Träger verstanden werden, das also außerhalb eines endlichen Teilintervalles von $\mathbb{Z}$ verschwindet. Ist $\boldsymbol{x}$ finit, dann gibt es $n_L, n_R \in \mathbb{Z}$ mit $n_L \leq n_R$ und $\boldsymbol{x}(n) = 0$ für $n < n_L$ und $n_R < n$. Abbildung 3.14 zeigt ein finites Signal $\boldsymbol{x}$ mit $n_L = -2$ und $n_R = 3$. Finite Signale sind nicht periodisch. Durch die Faltung mit einem speziellen Signal lässt sich ein finites Signal jedoch zu einem periodischen Signal machen, das aus lauter Repliken des nicht-verschwindenden Teils des finiten Signals besteht. Diese Methode, ein periodisches Signal aus Repliken eines finiten Signals aufzubauen, spielt eine Rolle bei der Abtastung von Signalen und macht das berühmte Abtasttheorem unmittelbar einsichtig.

Die Signale, mit denen das Replizieren zu einem periodischen Signal der Periode p gelingt, sind selbst periodische Signale mit der Periode p, sie setzen sich aus Einheitsimpulsen

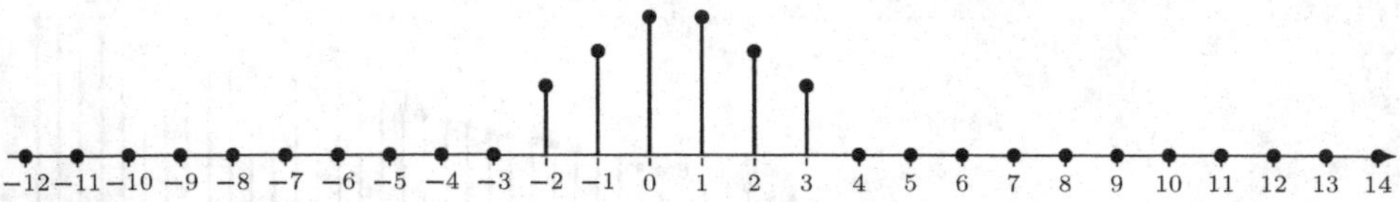

Abb. 3.14 Das finite Signal $\boldsymbol{x}$

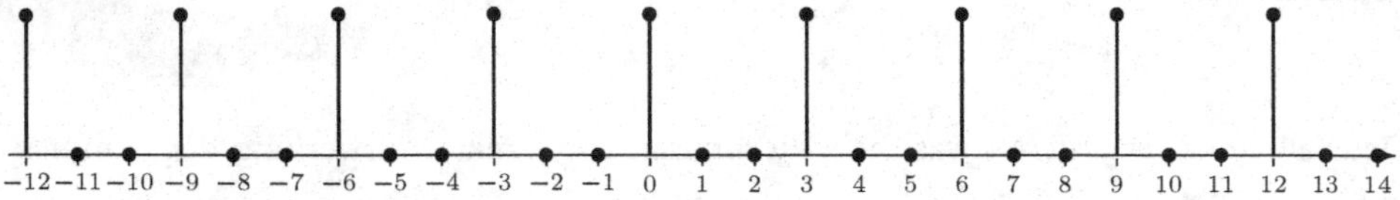

Abb. 3.15 Das Signal $\boldsymbol{r}_3$

zusammen, die im Abstand p angeordnet sind. In Abb. 3.15 ist ein solches Signal mit der Periode $p = 3$ zu sehen. Ihre genaue Definition ist wie folgt:

$$\boldsymbol{r}_p(n) = \begin{cases} 1 & \text{für } n \in \mathbb{Z}_p \\ 0 & \text{für } n \notin \mathbb{Z}_p \end{cases} \tag{3.31}$$

Darin ist $p \in \mathbb{N}$, aber $p > 0$, und $\mathbb{Z}_p = \{kp \mid k \in \mathbb{Z}\}$. Das Signal $\boldsymbol{r}_p$ ist das einfachste periodische Signal mit der Periode p.

Es sei nun $\boldsymbol{x}$ ein finites Signal, mit n_L und n_R wie oben beschrieben. Dann ist $\boldsymbol{y} = \boldsymbol{x} * \boldsymbol{r}_p$ ein periodisches Signal mit der Periode p. Denn weil $\boldsymbol{x}$ finit ist, kann die Faltung mit $\boldsymbol{r}_p$ wie folgt berechnet werden:

$$\boldsymbol{y}(n) = \sum_{\nu=-\infty}^{\infty} \boldsymbol{x}(\nu)\boldsymbol{r}_p(n-\nu) = \sum_{\nu=n_L}^{n_R} \boldsymbol{x}(\nu)\boldsymbol{r}_p(n-\nu)$$

Daraus folgt für Argumente, die ein Vielfaches von p voneinander liegen:

$$\boldsymbol{y}(n+qp) - \boldsymbol{y}(n) = \sum_{\nu=n_L}^{n_R} \boldsymbol{x}(\nu)[\boldsymbol{r}_p(n+qp-\nu) - \boldsymbol{r}_p(n-\nu)] \tag{3.32}$$

Nun ist $\boldsymbol{r}_p(n+qp-\nu) = 1$ genau dann, wenn es ein $k \in \mathbb{Z}$ gibt mit $n + qp - \nu = kp$ oder $\nu = n + (q-k)p$. Andererseits ist ν der laufende Index der Summe (3.32) und muss daher $n_L \leq \nu \leq n_R$ erfüllen, woraus folgt

$$n_L \leq n + (q-k)p \leq n_R \tag{3.33}$$

Weiter ist $\boldsymbol{r}_p(n-\nu) = 1$ genau dann, wenn es ein $k' \in \mathbb{Z}$ gibt mit $n-\nu = k'p$ oder $\nu = n-k'p$. Andererseits ist ν der laufende Index der Summe (3.32) und muss daher $n_L \leq \nu \leq n_R$

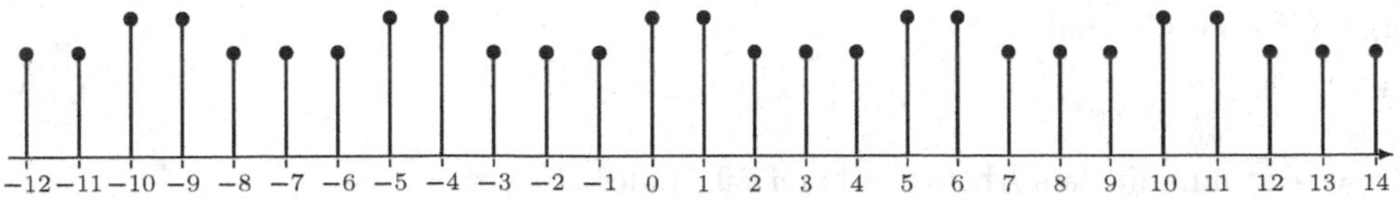

Abb. 3.16 Das Signal $\boldsymbol{x} * \boldsymbol{r}_5$

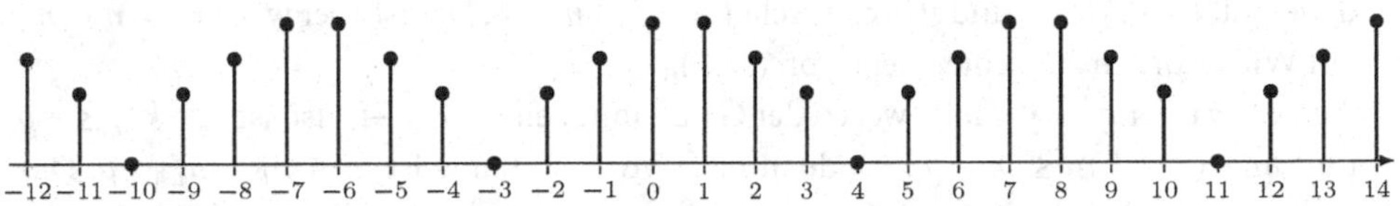

Abb. 3.17 Das Signal $\boldsymbol{x} * \boldsymbol{r}_7$

erfüllen, woraus folgt

$$n_L \leq n - k'p \leq n_R \tag{3.34}$$

Offensichtlich sind (3.33) und (3.34) äquivalent. Denn erfüllt ein k die Ungleichung (3.33), dann erfüllt $k' = k - q$ die Ungleichung (3.34), und erfüllt umgekehrt ein k' die Ungleichung (3.34), dann erfüllt $k = q - k'$ die Ungleichung (3.33). Das bedeutet aber, dass $\boldsymbol{r}_p(n + qp - \nu)$ und $\boldsymbol{r}_p(n - \nu)$ in der Summe (3.32) beide entweder den Wert 0 oder 1 haben, weshalb natürlich die Summe verschwindet, d. h. $\boldsymbol{y}$ hat die Periode p.

Nun ist zwar $\boldsymbol{x} * \boldsymbol{r}_p$ ein periodisches Signal, es ist aber nicht notwendigerweise aus Repliken (oder Kopien) des nicht verschwindenden Teils von $\boldsymbol{x}$ zusammengesetzt. Ein Beispiel dafür ist in Abb. 3.16 zu sehen, dort ist die Faltung des finiten Signals aus Abb. 3.14 mit $\boldsymbol{r}_5$ dargestellt. Die Repliken werden zwar erzeugt, doch sie überlappen sich und werden so verformt. Der Gedanke liegt da nicht fern, dass die Periode p zu klein gewählt wurde, dass bei einer ausreichend großen Periode die Repliken genug Platz haben und sich nicht mehr gegenseitig beeinflussen können. Das ist nun tatsächlich der Fall, und zwar findet keine Überlappung mehr statt, sobald $p > n_R - n_L$ erfüllt ist, der nicht-verschwindende Teil von $\boldsymbol{x}$ daher vollständig in einer Periodenlänge untergebracht werden kann. Abbildung 3.17 illustriert diesen Fall.

Ein Element n des Intervalls $n_L \leq n \leq n_R$ kann dargestellt werden als $n = n_L + m$, mit $0 \leq m \leq n_R - n_L$. Die Behauptung ist dann: Aus $p > n_R - n_L$ folgt

$$\boldsymbol{y}(n_L + m + qp) = \boldsymbol{x}(n_L + m) \tag{3.35}$$

Ausgangspunkt der Überlegungen ist natürlich die Faltungssumme

$$\boldsymbol{y}(n_L + m + qp) = \sum_{\nu=n_L}^{n_R} \boldsymbol{x}(\nu)\boldsymbol{r}_p(n_L + m + qp - \nu) \tag{3.36}$$

Wie schon weiter oben gilt $\boldsymbol{r}_p(n_L + m + qp - \nu) = 1$ genau dann, wenn es ein $k \in \mathbb{Z}$ gibt mit $\nu = n_L + m + (q - k)p$. Andererseits gilt für den laufenden Index ν der Summe natürlich

$n_L \leq \nu \leq n_R$ und damit

$$0 \leq (q-k)p + m \leq n_R - n_L \tag{3.37}$$

Es werden nun die Zahl k betreffend drei Fälle unterschieden:

- Aus $k < q$ oder $q-k > 0$ folgt wegen der Ganzzahligkeit aller beteiligten Größen $q-k \geq 1$, daher gilt $(q-k)p \geq p$ und also erst recht $(q-k)p+m \geq p$. Das ist aber wegen $p > n_R - n_L$ ein Widerspruch zu rechten Seite von (3.37).
- Aus $k > q$ oder $q-k < 0$ folgt wegen der Ganzzahligkeit $q-k \leq -1$, also ist $(q-k)p \leq -p$ und $m + (q-k)p \leq m - p < 0$, denn nach Voraussetzung ist $m \leq n_R - n_L < p$. Das widerspricht aber der linken Seite von (3.37)!
- Es bleibt folglich nur der Fall $q = k$, in welchem die Ungleichungen (3.37) natürlich erfüllt sind.

Es gibt also genau einen Index ν mit $\boldsymbol{r}_p(n_L + m + qp - \nu) = 1$ in der Summe (3.36), nämlich

$$\nu = n_L + m + (q-q)p = n_L + m$$

und daraus folgt direkt obige Behauptung.

In Abschn. 3.5 wird der Vorgang untersucht, durch Abtasten eines realen (kontinuierlichen) Signals x ein digitales Signal $\boldsymbol{x}$ zu erzeugen. Es geht insbesondere darum, das diskrete Spektrum von $\boldsymbol{x}$ aus dem kontinuierlichen Spektrum von x zu gewinnen. Man erreicht das, indem die Abtastung formal als eine Reihe von Einheitsimpulsen dargestellt und das kontinuierliche Signal x damit gefaltet wird. Diese Faltung ist allerdings kontinuierlich, d. h. es wird ein Integral statt einer Reihe verwendet, aber der Vorgang ist im Wesentlichen analog zu dem, was in diesem Abschnitt vorgeht: Ein kontinuierliches Spektrum, hier ein finites Signal (Abb. 3.14), wird mit einer Reihe von Einheitsimpulsen, hier digital wie in Abb. 3.15, gefaltet. Das Ergebnis ist im Kontinuierlichen eine Replikation des Spektrum, analog zur Replikation des finiten Signals in den Abb. 3.16 und 3.17. Sind die Abstände zwischen den Einheitsimpulsen zu klein, dann Überlappen sich die Repliken des kontinuierlichen Spektrums wie hier die Repliken des finiten Signals und das kontinuierliche Signal x ist aus dem digitalisierten Signal nicht mehr zurückzugewinnen.

3.1.5 Komplexe Signale

Die bisher graphisch dargestellten Signale waren sämtlich reell. Die gewählte Darstellungsform ist natürlich auch nur für reelle oder rein imaginäre Signale möglich. Echte komplexe Signale, etwa die Exponentialsignale $n \mapsto e^{in\omega}$, sind als als Figuren diskreter Punkte in der komplexen Ebene darzustellen. Wünscht man das zu vermeiden, können wie im Fall der Frequenzantwort von Systemen der Polarwinkel und der Absolutbetrag der Signalwerte $\boldsymbol{x}(n)$ graphisch dargestellt werden. In Abb. 3.18 ist z. B. der Polarwinkel des exponentiellen Signals $\frac{3}{2}\boldsymbol{\epsilon}_{\sqrt{2}}$ gezeichnet (der Absolutbetrag ist natürlich die Konstante $n \mapsto \frac{3}{2}$). Die Werte

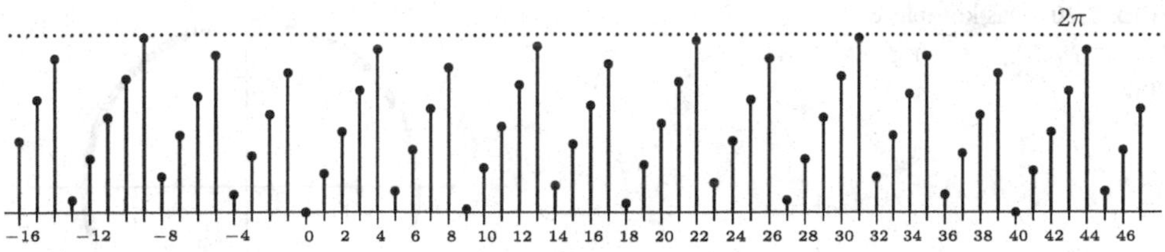

Abb. 3.18 $n \mapsto \Phi\left(\frac{3}{2}e^{in\sqrt{2}}\right)$

Abb. 3.19 Das komplexe Signal $n \mapsto \frac{3}{2}e^{in\sqrt{2}}$, $0 \leq n \leq 200$

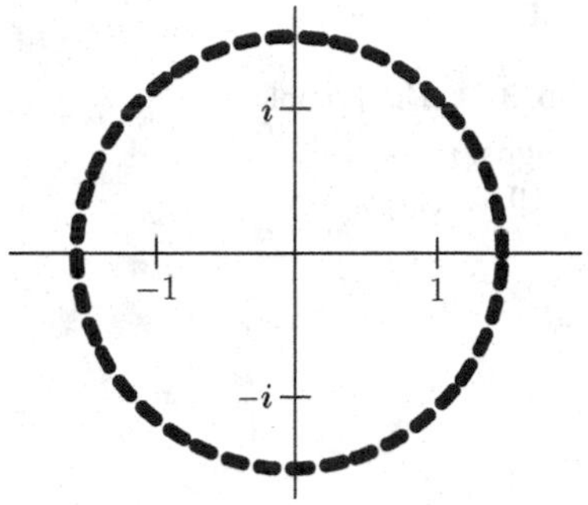

des Signals liegen alle auf dem Kreis um den Nullpunkt mit Radius $\frac{3}{2}$, und zwar wird der Kreis im Gegenuhrzeigersinn durchlaufen. Liegen zwei aufeinanderfolgende Punkte auf verschiedenen Seiten der positiven reellen Achse, dann hat zwischen diesen beiden Signalwerten der Polarwinkel einen Sprung der Höhe 2π durchgeführt, allerdings nur virtuell, denn die reelle Achse selbst wird nur für $n = 0$ berührt. Diese Sprünge sind im Bild leicht zu erkennen, z. B. zwischen $n = -14$ und $n = -13$.

Wird das Signal als Punkteaggregat in der komplexen Ebene dargestellt, hat man das Problem, dass die Reihenfolge der Punkte (d. h. ihr Folgencharakter) nur selten direkt zu erkennen ist. Beispielsweise sind in Abb. 3.19 201 Punkte des obigen Exponentialsignals gezeichnet. Das Signal ist nicht periodisch ($\sqrt{2}$ ist irrational) und füllt daher mit den Darstellungspunkten bei genügend großer Punktezahl die Kreislinie voll aus (siehe Abb. 3.20. Das gilt natürlich nur in der graphischen Darstellung, denn für jedes Signal $\boldsymbol{x}$ ist $\mathbf{ran}(\boldsymbol{x})$ abzählbar, die $\boldsymbol{x}(n)$, $n \in \mathbb{Z}$, können daher eine Kreislinie (überhaupt jedes Stück einer stetigen Kurve) nicht überdecken.

Diese Art der Darstellung ist nur dann aussagekräftig, wenn jedem gezeigten Punkt $\boldsymbol{x}(n)$ seine Herkunft, d. h. sein Index n, beigegeben ist. In Abb. 3.21 ist das für einige Punkte des Exponentialsignals durchgeführt, man kann so den Verlauf des Signals in einem kleinen Indexbereich verfolgen.

Echte komplexe Signale treten allerdings in der Praxis der digitalen Filter wenig in Erscheinung, das Problem ihrer Darstellbarkeit kann daher weitgehend ignoriert werden. Ein Ausnahmefall könnte etwa sein, dass man *sehen* möchte, wie ein Filter ein Exponentialsignal deformiert, weil das Filter nur numerisch gegeben ist.

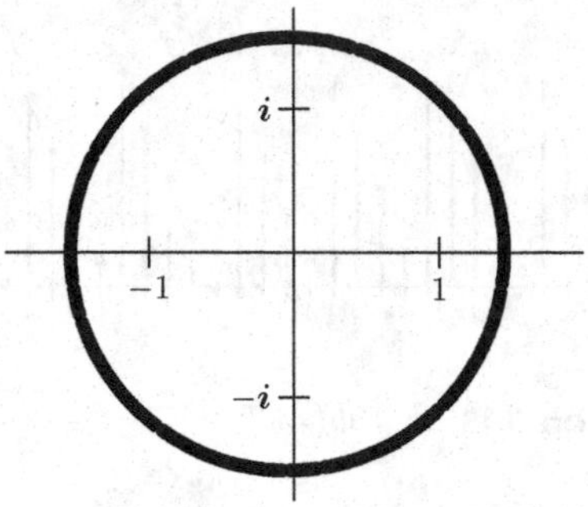

Abb. 3.20 Das komplexe Signal $n \mapsto \frac{3}{2}e^{in\sqrt{2}}, 0 \le n \le 300$

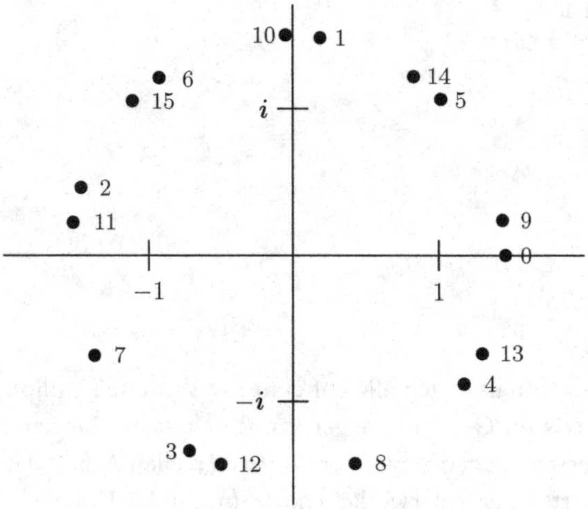

Abb. 3.21 Das komplexe Signal $n \mapsto \frac{3}{2}e^{in\sqrt{2}}$, $n \in \{0,\ldots,15\}$

3.1.6 Konvergenz von Signalfolgen

Das Rechnen mit unendlichen Folgen und Reihen von Signalen lässt sich nicht ganz vermeiden. Einige wesentliche Grundlagen werden deshalb in diesem Abschnitt zusammengefasst, um spätere Überlegungen nicht mit der Darstellung dieser Grundlagen unterbrechen zu müssen.

Der Vektorraum $\mathfrak{S}$ kann leider nicht auf einfache Weise zu einem normierten Vektorraum gemacht werden, was wahrhaft schrecklichen Signalen wie

$$n \mapsto e^{n^{n^n}}$$

geschuldet ist. Es gibt zwar eine Metrik für diesen Raum, nämlich

$$\mathrm{m}(\boldsymbol{x}, \boldsymbol{y}) = \sum_{\nu=-\infty}^{\infty} \frac{1}{2^{|\nu|}} \frac{|\boldsymbol{x}(\nu) - \boldsymbol{y}(\nu)|}{1 + |\boldsymbol{x}(\nu) - \boldsymbol{y}(\nu)|}$$

Auf den ersten Blick scheint diese Metrik auch in eine Norm verwandelbar zu sein, früher oder später bemerkt man jedoch, dass es $c \in \mathbb{C}$ und Signale $\boldsymbol{x}$ und $\boldsymbol{y}$ gibt mit $\mathrm{m}(c\boldsymbol{x}, c\boldsymbol{y}) \neq |c| \, \mathrm{m}(\boldsymbol{x}, \boldsymbol{y})$. Weil die Konvergenz bezüglich dieser Metrik nun nichts weiter ist als die komponentenweise Konvergenz, ist es einfacher, nicht die Metrik, sondern die Konvergenz direkt zu benutzen.

Es sei $(\boldsymbol{x}_\mu)_{\mu \in \mathbb{N}} = (\boldsymbol{x}_0, \boldsymbol{x}_1, \boldsymbol{x}_2, \ldots)$ eine Folge von Signalen aus dem ganzen Signalraum $\mathfrak{S}$. Die Folge heißt konvergent gegen das Signal $\boldsymbol{x} \in \mathfrak{S}$, wenn

$$\lim_{\mu \to \infty} \boldsymbol{x}_\mu(n) = \boldsymbol{x}(n) \quad \text{für alle } n \in \mathbb{Z} \tag{3.38}$$

erfüllt ist. Jede n-te Komponentenfolge $(\boldsymbol{x}_\mu(n))_{\mu \in \mathbb{N}}$ soll also gegen die n-te Komponente $\boldsymbol{x}(n)$ von $\boldsymbol{x}$ konvergieren.

Als Beispiel soll die durch $\boldsymbol{x}_\mu(n) = c^n \boldsymbol{u}_\mu$ definierte Folge dienen, darin ist c eine beliebige komplexe Zahl. Sie besteht im Wesentlichen aus der Folge c^n, von der mit wachsendem μ ein immer größer werdender Anfangsteil ausgeblendet wird. Um den Grenzwert zu bestimmen, schreibt man einige Folgenelemente zeilenweise untereinander, beginnend bei $\mu = 0$:

$$\begin{array}{ccccccccc}
\cdots & 0 & 0 & 1 & c & c^2 & c^3 & c^4 & \cdots \\
\cdots & 0 & 0 & 0 & c & c^2 & c^3 & c^4 & \cdots \\
\cdots & 0 & 0 & 0 & 0 & c^2 & c^3 & c^4 & \cdots \\
\cdots & 0 & 0 & 0 & 0 & 0 & c^3 & c^4 & \cdots \\
\cdots & 0 & 0 & 0 & 0 & 0 & 0 & c^4 & \cdots \\
\cdots & 0 & 0 & 0 & 0 & 0 & 0 & 0 & \cdots
\end{array}$$

Die Spalten der Matrix bestehen aus den Komponentenfolgen, deren Grenzwert zu bestimmen ist. Dazu bedarf es hier allerdings keiner Grenzwertbetrachtung, denn bei festem n enthält jede Spalte nur noch Nullen, wird μ nur groß genug gewählt. Der gesuchte Grenzwert ist daher

$$\lim_{\mu \to \infty} \boldsymbol{x}_\mu = \boldsymbol{0}$$

Dabei ist $\boldsymbol{0}$ natürlich das Nullsignal $n \mapsto 0$. Dem Leser wird es sicher nicht schwer fallen, einige weitere Signalfolgen nach diesem Schema auf ihre Konvergenz zu untersuchen.

Der Begriff der unendlichen Reihe und ihrer Konvergenz wird wie in der Analysis auf die Konvergenz der Folge von Partialsummen zurückgeführt. Es ist also für eine Signalfolge $(\boldsymbol{x}_\mu)_{\mu \in \mathbb{N}}$

$$\sum_{\mu=-\infty}^{\infty} \boldsymbol{x}_\mu = \lim_{m \to \infty} \sum_{\mu=-m}^{m} \boldsymbol{x}_\mu \tag{3.39}$$

Die Grenzwert- und Summenbildung wird dabei also komponentenweise verstanden:

$$\sum_{\mu=-\infty}^{\infty} \boldsymbol{x}_\mu(n) = \lim_{m \to \infty} \sum_{\mu=-m}^{m} \boldsymbol{x}_\mu(n) \tag{3.40}$$

Als Beispiel soll der Wert der zur folgenden Signalfolge gehörigen unendlichen Signalreihe berechnet werden:

$$\boldsymbol{x}_\mu(n) = \frac{1}{(1+(\mu-1)n)(1+\mu n)}\boldsymbol{u}_1(n)$$

Bei der Berechnung wird von (A.15) Gebrauch gemacht, mit $u = 1$ und $v = n$. Die Berechnung zur n-ten Komponente verläuft dann für $n \geq 1$ wie folgt:

$$\sum_{\mu=-m}^{m} \boldsymbol{x}_\mu(n) = \sum_{\mu=-m}^{m} \frac{1}{(1+(\mu-1)n)(1+\mu n)}\boldsymbol{u}_1(n) = \sum_{\mu=1}^{m} \frac{1}{(1+(\mu-1)n)(1+\mu n)} = \frac{1}{\frac{1}{m}+n}$$

Der Grenzübergang $m \to \infty$ ist jetzt leicht auszuführen. Das Ergebnis für alle n ist

$$\left(\sum_{\mu=-\infty}^{\infty} \boldsymbol{x}_\mu\right)(n) = \begin{cases} \lim_{m\to\infty} \frac{1}{\frac{1}{m}+n} = \frac{1}{n} & \text{für } n \geq 1 \\ 0 & \text{für } n < 1 \end{cases}$$

Der $\mathbb{C}$-Vektorraum $\mathfrak{S}$ aller Signale ist nicht immer die geeignete Wahl, denn es wird sich später zeigen, dass zu ihm zu wenig lineare Systeme gehören. Eine alternative Wahl ist der Vektorunterraum $\mathfrak{A}$ der absolut summierbaren Signale.

Ein Signal $\boldsymbol{x}$ heißt absolut summierbar, wenn die mit ihm assoziierte unendliche Reihe

$$\sum_{n=-\infty}^{\infty} |\boldsymbol{x}(n)| \tag{3.41}$$

konvergiert. Die Menge $\mathfrak{A}$ der absolut summierbaren Signale ist ein Untervektorraum des Vektorraums $\mathfrak{S}$ aller Signale.

Die Aussage, dass die absolut summierbaren Signale einen Teilvektorraum bilden folgt aus den Eigenschaften von (reellen) unendlichen Reihen.[1] Offensichtlich gehören alle Signale mit endlichem Träger zu $\mathfrak{A}$ (siehe Abschn. 3.2.4 und 3.3.2), denn die unendliche Reihe (3.41) geht bei solchen Signalen in eine endliche Summe über. Weiter ist zu erkennen, dass alle zu $\mathfrak{A}$ gehörigen Signale $\boldsymbol{x}$ beschränkt sind, d. h. es gibt eine positive reelle Zahl M mit $|\boldsymbol{x}(n)| < M$ für alle $n \in \mathbb{Z}$. Das folgt sofort aus der Tatsache, dass die Glieder einer konvergenten unendlichen Reihe eine Nullfolge bilden. Und weil die Glieder einer absolut konvergenten Reihe beliebig umgeordnet werden können, ohne das Konvergenzverhalten der Reihe zu ändern, ist ein geshiftetes absolut summierbares Signal wieder absolut summierbar:

$$\boldsymbol{x} \in \mathfrak{A} \Longrightarrow \boldsymbol{x} \circ \sigma_m \in \mathfrak{A} \tag{3.42}$$

Absolut summierbare Signale lassen sich oft mit den folgenden einfachen Vergleichskriterien erkennen:

[1] [Knop] ist trotz seines Alters immer noch ein sehr zu empfehlendes Buch über die Theorie der unendlichen Reihen.

Es sei $\boldsymbol{x}$ ein Signal und $(\lambda_n)_{n\in\mathbb{Z}}$ eine Folge positiver reeller Zahlen mit konvergierender unendlicher Reihe

$$\sum_{n=-\infty}^{\infty} \lambda_n .$$

Gibt es eine natürliche Zahl k so, dass für alle $n \in \mathbb{Z}$ mit $|n| > k$

$$|\boldsymbol{x}(n)| \leq \lambda_n \quad \text{oder} \quad \left|\frac{\boldsymbol{x}(n+1)}{\boldsymbol{x}(n)}\right| \leq \frac{\lambda_{n+1}}{\lambda_n} \tag{3.43}$$

erfüllt ist, dann ist $\boldsymbol{x}$ ein absolut summierbares Signal.

Die Nützlichkeit dieser Kriterien ist von der Anzahl der bekannten Vergleichsreihen abhängig. Eine Quelle für solche Reihen ist beispielsweise [Grad]. Ein Beispiel dazu ist das für ein $\omega \in \mathbb{R}$ durch

$$\boldsymbol{x}(n) = \frac{\sin(n\omega)}{n^2} \quad \text{für } n \neq 0 \quad \boldsymbol{x}(0) = 1$$

definierte Signal. Als Vergleichsreihe kann hier die von der Folge

$$\lambda_n = \frac{1}{n^2} \quad \text{für } n \neq 0 \quad \lambda_0 = 1$$

gebildete Reihe dienen. Für $n \neq 0$ erhält man wegen $|\sin(n\omega)| \leq 1$

$$|\boldsymbol{x}(n)| = \left|\frac{\sin(n\omega)}{n^2}\right| \leq \frac{1}{n^2}$$

und für $n = 0$ gilt die Abschätzung *per definitionem*.

Einige oft vorkommende Signale sind nicht absolut summierbar. Dazu gehören offensichtlich die Einheitsstufen $\boldsymbol{u}_k$. Aber auch die Potenzsignale $\boldsymbol{p}_c$ sind nicht absolut summierbar, von dem Spezialfall $\boldsymbol{p}_0$ einmal abgesehen. Es ist nämlich

$$\sum_{n=-\infty}^{\infty} |\boldsymbol{p}_c(n)| = \sum_{n=-1}^{-\infty} |c|^n + 1 + \sum_{n=1}^{\infty} |c|^n$$

Im Falle $|c| < 1$ ist die linke unendliche Reihe divergent, bei $|c| \geq 1$ konvergiert die rechte Reihe nicht. Allgemein ist ein Signal $\boldsymbol{x}$, bei dem die Folge der $|\boldsymbol{x}(n)|$ für $n \to \infty$ und $n \to -\infty$ keine Nullfolgen bildet, aus oben schon genannten Gründen nicht absolut summierbar. Die Negierung beider Aussagen ergibt jedoch keinen wahren Schluss, d. h. ein Signal $\boldsymbol{x}$, bei dem die Folge der $|\boldsymbol{x}(n)|$ für $n \to \infty$ und $n \to -\infty$ Nullfolgen bildet, ist nicht notwendigerweise absolut summierbar.

Der Vektorraum $\mathfrak{A}$ kann auf verschiedene sich selbst anbietende Weisen normiert werden. Weil ein absolut summierbares Signal notwendigerweise beschränkt ist (siehe oben), bietet sich

$$\|\boldsymbol{x}\| = \sup_{n\in\mathbb{Z}} |\boldsymbol{x}(n)| \tag{3.44}$$

als einfachste Norm an. Hier wird jedoch aus Gründen, die sich später noch ergeben werden, die folgende Summennorm für absolut summierbare Signale gewählt:

$$\|\boldsymbol{x}\| = \sum_{n=-\infty}^{\infty} |\boldsymbol{x}(n)| \tag{3.45}$$

Dass damit eine Norm gegeben ist folgt wieder aus den Eigenschaften absolut konvergenter reeller unendlicher Reihen. Als ein Beispiel soll die Norm des durch

$$\boldsymbol{x}(n) = \frac{(-1)^n}{4+n^2}$$

gegebenen Signals berechnet werden. Das Signal ist absolut summierbar, weil wieder mit $\frac{1}{n^2}$ nach oben abgeschätzt werden kann. Die Norm des Signals ist nach [Grad] **1.421** 4.

$$\|\boldsymbol{x}\| = \sum_{n=-\infty}^{\infty} \frac{1}{4+n^2} = \frac{1}{4} + 2\sum_{n=1}^{\infty} \frac{1}{4+n^2} = \frac{\pi}{2}\coth(2\pi)$$

Der Basisbegriff bei endlichdimensionalen Vektorräumen ist bei normierten Räumen nur noch bedingt nützlich und wird durch einen eigenen Basisbegriff ersetzt.

Es sei $\mathfrak{N}$ ein normierter Teilvektorraum von $\mathfrak{S}$ mit der Norm $\|\cdot\|_{\mathrm{N}}$. Eine Folge $(\boldsymbol{b}_n)_{n\in\mathbb{Z}}$ von Signalen aus $\mathfrak{N}$ heißt eine Basis für $\mathfrak{N}$ wenn zwei Bedingungen erfüllt sind.

(i) Die Eindeutigkeit: Für jede Folge $(c_n)_{n\in\mathbb{Z}}$ komplexer Zahlen gilt

$$\sum_{n=-\infty}^{\infty} c_n \boldsymbol{b}_n = \boldsymbol{0} \Longrightarrow c_n = 0 \quad \text{für alle } n \in \mathbb{Z} \tag{3.46}$$

(ii) Die Abgeschlossenheit: Zu jedem $\boldsymbol{x} \in \mathfrak{N}$ gibt es eine Folge $(x_n)_{n\in\mathbb{Z}}$ komplexer Zahlen mit

$$\boldsymbol{x} = \sum_{n=-\infty}^{\infty} x_n \boldsymbol{b}_n \tag{3.47}$$

Aus der Bedingung der Eindeutigkeit folgt die Eindeutigkeit der Darstellung (3.47), jedes Element von $\mathfrak{N}$ kann auf genau eine Weise als eine unendliche Reihe (3.47) dargestellt werden. Um das zu sehen, genügt es, zwei Reihen, die dasselbe Signal darstellen, zu subtrahieren. Die eindeutige Existenz einer Darstellung durch eine unendliche Reihe ist eine stärkere Forderung als in der linearen Algebra für eine unendliche Basis gestellt wird, dass nämlich jeder Vektor als Linearkombination einer endlichen Teilmenge der Basis dargestellt werden kann.

Es kommt sicher nicht als Überraschung, dass die spezielle Folge der Einheitsimpulse

$$(\boldsymbol{\delta}_n)_{n\in\mathbb{Z}}$$

eine Basis des normierten Raumes $\mathfrak{A}$ bildet. Das folgt jedoch nicht schon aus (3.18), denn die dortige unendliche Reihe ist lediglich eine endliche Summe in Verkleidung einer unendlichen Reihe, es ist keine unendliche Reihe (3.47) im Sinne der Normkonvergenz. Die Eindeutigkeit und Abgeschlossenheit sind daher zu beweisen.

Zunächst zur Eindeutigkeit. Es sei $(c_n)_{n\in\mathbb{Z}}$ eine Folge komplexer Zahlen mit

$$\sum_{n=-\infty}^{\infty} c_n \boldsymbol{\delta}_n = \mathbf{0} \quad \text{oder} \quad \lim_{m\to\infty} \left\| \sum_{\mu=-m}^{m} c_\mu \boldsymbol{\delta}_\mu \right\| = 0$$

Nun ist in leicht verständlicher Komponentenschreibweise

$$\sum_{\mu=-m}^{m} c_n \boldsymbol{\delta}_n = (\ldots, 0, c_{-m}, c_{-m+1}, \ldots, c_0, \ldots, c_{m-1}, c_m, 0, \ldots)$$

Daraus folgt für die Norm

$$C_m = \left\| \sum_{\mu=-m}^{m} c_\mu \boldsymbol{\delta}_\mu \right\| = \sum_{\mu=-m}^{-1} |c_\mu| + |c_0| + \sum_{\mu=1}^{m} |c_\mu|$$

Gäbe es ein $k \in \mathbb{Z}$ mit $c_k \neq 0$, dann wäre $C_m \geq |c_k| > 0$ für $m \geq |k|$. Weil die Partialsummen nur aus nichtnegativen Gliedern bestehen, folgte daraus $\lim_{m\to\infty} C_m > 0$, im Widerspruch zur Voraussetzung.

Zum Beweis der Abgeschlossenheit sei $\boldsymbol{x}$ ein absolut summierbares Signal. Zur Abkürzung sei $x_n = \boldsymbol{x}(n)$ gesetzt. Es ist dann in der selben Schreibweise wie oben

$$\boldsymbol{x} - \sum_{\mu=-m}^{m} x_n \boldsymbol{\delta}_n = (\ldots, x_{-m-2}, x_{-m-1}, 0, \ldots, 0, x_{m+1}, x_{m+2}, \ldots)$$

Für die Norm gilt deshalb

$$\left\| \boldsymbol{x} - \sum_{\mu=-m}^{m} x_n \boldsymbol{\delta}_n \right\| = \sum_{\mu=-m}^{-\infty} |x_\mu| + \sum_{\mu=m}^{\infty} |x_\mu|$$

Auf der rechten Seite stehen die Reihenreste konvergenter Reihen und sind deshalb Nullfolgen, denn $\boldsymbol{x}$ ist als absolut summierbar vorausgesetzt. Das ergibt

$$\lim_{m\to\infty} \left\| \boldsymbol{x} - \sum_{\mu=-m}^{m} x_n \boldsymbol{\delta}_n \right\| = \lim_{m\to\infty} \sum_{\mu=m}^{\infty} |x_{-\mu}| + \lim_{m\to\infty} \sum_{\mu=m}^{\infty} |x_\mu| = 0$$

Tatsächlich bilden die $\boldsymbol{\delta}_n$ auch eine Basis für ganz $\mathfrak{S}$, natürlich bezogen auf die komponentenweise Konvergenz. Zunächst zur Eindeutigkeit. Es sei $(c_n)_{n\in\mathbb{Z}}$ solch eine Folge komplexer Zahlen, dass für jedes $n \in \mathbb{Z}$ gilt

$$\lim_{m\to\infty} \left(\sum_{\mu=-m}^{m} c_\mu \boldsymbol{\delta}_\mu \right)(n) = \lim_{m\to\infty} \sum_{\mu=-m}^{m} c_\mu \boldsymbol{\delta}_\mu(n) = 0$$

Wird bei festem aber beliebigem n nun m groß genug gewählt, nämlich $m \geq |n|$, dann ergibt sich

$$\sum_{\mu=-m}^{m} c_\mu \boldsymbol{\delta}_\mu(n) = c_n \boldsymbol{\delta}_n(n) = c_n = 0$$

Zum Beweis der Abgeschlossenheit sei $\boldsymbol{x}$ ein beliebiges Signal. Zu zeigen ist dann

$$\lim_{m\to\infty} \left(\boldsymbol{x} - \sum_{\mu=-m}^{m} \boldsymbol{x}(\mu)\boldsymbol{\delta}_\mu \right)(n) = 0$$

Wird wieder $m \geq |n|$ gewählt, ergibt sich folgendes:

$$\left(\boldsymbol{x} - \sum_{\mu=-m}^{m} \boldsymbol{x}(\mu)\boldsymbol{\delta}_\mu \right)(n) = \boldsymbol{x}(n) - \sum_{\mu=-m}^{m} \boldsymbol{x}(\mu)\boldsymbol{\delta}_\mu(n) = \boldsymbol{x}(n) - \boldsymbol{x}(n) = 0$$

Die Folge $(\boldsymbol{\delta}_n)_{n\in\mathbb{Z}}$ der Einheitsimpulse ist jedoch nicht für alle Unterräume von $\mathfrak{S}$ eine Basis. Das ist z. B. der Fall für den Unterraum $\mathfrak{B}$ der beschränkten Signale versehen mit der sup-Norm. Hier müsste wegen der Eindeutigkeit

$$\boldsymbol{u} = \sum_{n=0}^{\infty} \boldsymbol{\delta}_n$$

gelten, die Reihe konvergiert jedoch nicht. Wegen

$$\boldsymbol{u} - \sum_{\mu=0}^{m} \boldsymbol{\delta}_\mu = (\ldots, 0, 0, 0, 1, 1, 1, \ldots)$$

findet eine Konvergenz nicht statt, denn für die Norm folgt daraus

$$\left\| \boldsymbol{u} - \sum_{\mu=0}^{m} \boldsymbol{\delta}_\mu \right\| = 1$$

Absolut summierbare Signale und beschränkte Signale stehen in einem besonderen Verhältnis zueinander. Und zwar ist das komponentenweise Produkt

$$(\boldsymbol{x} \odot \boldsymbol{y})(n) = \boldsymbol{x}(n)\boldsymbol{y}(n) \tag{3.48}$$

eines absolut summmierbaren Signals $\boldsymbol{x}$ mit einem beschränkten $\boldsymbol{y}$ Signal wieder ein absolut summierbares Signal:

$$\boldsymbol{x} \in \mathfrak{A} \wedge \boldsymbol{y} \in \mathfrak{B} \Longrightarrow \boldsymbol{x} \odot \boldsymbol{y} \in \mathfrak{A} \tag{3.49}$$

Ein Signal $\boldsymbol{y}$ ist beschränkt, wenn es eine reelle Zahl $M \geq 0$ gibt mit $|\boldsymbol{x}(n)| \leq M$ für alle $n \in \mathbb{Z}$.

Die Menge aller Signale $\mathfrak{S}$ kann nicht in einer Folge angeordnet werden, d. h. $\mathfrak{S}$ ist nicht abzählbar oder $\|\mathfrak{S}\| > \aleph_0$ (zu Kardinalzahlen siehe Abschn. 3.2). Ausgangspunkt zum Beweis dieser Behauptung ist die Tatsache, dass jedes $x \in \mathbb{R}$ wie folgt dargestellt werden kann:

$$x = \lfloor x \rfloor + \sum_{n=1}^{\infty} \frac{x_n}{2^n} \qquad x_n \in \{0,1\}$$

Es wird also x in den ganzzahligen und den gebrochenen Teil zerlegt, und letzterer wird als Binärzahl entwickelt. Diese Darstellung ist eindeutig, wenn die Folge der x_n terminiert, d. h. wenn nicht für fast alle n $x_n = 1$ gilt. Statt $0{,}101010111\cdots$ ist also $0{,}101011000\cdots$ zu wählen. Darauf aufbauend wird nun eine Teilmenge $\mathfrak{D}$ von $\mathfrak{S}$ konstruiert:

$$\mathfrak{D} = \left\{ \boldsymbol{x} \in \mathfrak{R} \,|\, \boldsymbol{x}(0) \in \mathbb{Z} \wedge \Big(\bigwedge_{n \in \mathbb{N}_+} \boldsymbol{x}(n) \in \{0,1\} \Big) \wedge \Big(\bigwedge_{n \in \mathbb{N}} \bigvee_{m \in \mathbb{N}} m > n \wedge \boldsymbol{x}(m) = 0 \Big) \right\}$$

Die dritte definierende Aussage ist gerade die Formalisierung von

Es gilt nicht für fast alle n $\boldsymbol{x}(n) = 1$

Diese Signalmenge wird nun in die Menge $\mathbb{R}$ der reellen Zahlen abgebildet:

$$\mathcal{D}\colon \mathfrak{D} \longrightarrow \mathbb{R} \quad \mathcal{D}(\boldsymbol{x}) = \boldsymbol{x}(0) + \sum_{n=1}^{\infty} \frac{\boldsymbol{x}(n)}{2^n} \tag{3.50}$$

Auf der rechten Seite von (3.50) steht gerade die obige Darstellung eines $x \in \mathbb{R}$ im Dualsystem, dabei ist $\boldsymbol{x}(0) = \lfloor x \rfloor$ der ganzzahlige Anteil von x und die Reihe stellt den gebrochenen Anteil von x dar. Aus der Eindeutigkeit dieser Darstellung folgt, dass die Abbildung eine Bijektion ist, und das bedeutet

$$\|\mathfrak{D}\| = 2^{\aleph_0}$$

Daraus folgt schließlich wegen $\mathfrak{D} \subset \mathfrak{S}$ (siehe z. B. [Monk] **Theorem 18.7**) dass auch $\mathfrak{S}$ nicht abzählbar ist:

$$\|\mathfrak{S}\| \geq 2^{\aleph_0} > \aleph_0$$

3.2 Systeme

Ein System $\mathbf{S}$ verwandelt ein Eingangssignal $\boldsymbol{x}$ in ein Ausgangssignal $\boldsymbol{y}$. Diese umgangssprachliche Definition ist für praktische Zwecke jedoch nicht gut geeignet. Man kommt einer brauchbaren Definition schon näher, wenn es so formuliert wird, dass ein System einem Eingangssignal $\boldsymbol{x}$ ein Ausgangssignal zuordnet. Schreibt man diese Zuordnung dann noch als

$$\mathbf{S} : \boldsymbol{x} \mapsto \boldsymbol{y}$$

so wird offensichtlich, dass ein System nur als eine mathematische Abbildung (oder Funktion) angesehen werden kann. Die folgenden Kapitel werden zeigen, dass dieses Vorgehen ausgesprochen praktisch ist, denn auf diese Weise steht der ganze mit Abbildungen verbundene mathematische Apparat zur Verfügung, der präzise Aussagen erlaubt und tatsächlich auch Lösungswege vorzeichnet. Insbesondere wird das Ausgangssignal $\boldsymbol{y}$ nun auch in Funktionsschreibweise als

$$\boldsymbol{y} = \mathsf{S}(\boldsymbol{x})$$

geschrieben. Das Ausgangssignal $\mathsf{S}(\boldsymbol{x})$ besteht dann aus der komplexen Zahlenfolge

$$\mathsf{S}(\boldsymbol{x})(n) \quad n \in \mathbb{Z}$$

Es gibt viele Möglichkeiten, eine Abbildung vorzugeben. Die einfachste ist, eine direkte Zuordnungsvorschrift anzugeben. Beispielsweise kann das System Q als

$$\mathsf{Q}(\boldsymbol{x})(n) = \boldsymbol{x}(n)^2$$

gegeben sein. Hier ist an der Festlegung von $\mathsf{S}(\boldsymbol{x})(n)$ nur $\boldsymbol{x}(n)$ beteiligt, beim nächsten System D werden mehrere Signalwerte zur Definition verwendet:

$$\mathsf{D}(\boldsymbol{x})(n) = \frac{\boldsymbol{x}(n+1) + \boldsymbol{x}(n) + \boldsymbol{x}(n-1)}{3}$$

Auch spricht (jedenfalls in der Theorie) nichts dagegen, sogar unendlich viele Signalwerte des Eingangssignals zu verwenden, sofern das sinnvoll ist:

$$\mathsf{R}(\boldsymbol{x})(n) = \sum_{\nu=n}^{\infty} \boldsymbol{x}(\nu) \quad \text{und} \quad \mathsf{L}(\boldsymbol{x})(n) = \sum_{\nu=n}^{-\infty} \boldsymbol{x}(\nu)$$

Es ist aber auch eine indirekte Festlegung der Systemwerte möglich. Besitzt etwa die Differenzengleichung

$$y_n = y_{n-1} + \boldsymbol{x}(n) \tag{3.51}$$

eine Lösung, dann kann man diese als Systemwert verwenden:

$$\mathsf{Y}(\boldsymbol{x})(n) = y_n$$

Nun sind diese Systemdefinitionen aber unter einem bestimmten Aspekt nicht gleichwertig. Denn das System Q besitzt für **jedes** Eingangssignal ein Ausgangssignal, denn bei jedem Signal $\boldsymbol{x}$ kann jedes $\boldsymbol{x}(n)$ quadriert werden. Auch das System D ist für jedes Signal definiert. Bei dem System R ist das jedoch nicht der Fall, beispielsweise gibt es für das Signal $\mathbf{1}$ kein Ausgangssignal $\mathsf{R}(\mathbf{1})$, wobei $\mathbf{1}$ natürlich durch $\mathbf{1}(n) = 1$ gegeben ist. Und bei Y muss die Differenzengleichung für das Signal $\boldsymbol{x}$ untersucht werden, ehe gesagt werden kann, ob der Systemwert $\mathsf{Y}(\boldsymbol{x})$ existiert und sie muss gegebenenfalls gelöst werden, um den Systemwert auch zu bestimmen. Man kann im Prinzip also nicht einfach von dem System **R** sprechen, sondern muss angeben, für welche Signale $\boldsymbol{x}$ der Systemwert $\mathsf{S}(\boldsymbol{x})$ existiert, um die Abbildung **S** vollständig zu bestimmen. In der Nomenklatur der Abbildungen heißt das, den Definitionsbereich $\mathbf{dom}(\mathsf{S})$ anzugeben, der eine Teilmenge $\mathfrak{M}$ der Menge $\mathfrak{S}$ aller Signale ist, etwa wie folgt:

$$\mathsf{S} : \mathfrak{M} \longrightarrow \mathfrak{S}$$

Der Definitionsbereich von **R** ist leicht anzugeben, er besteht aus der Menge $\mathfrak{R}_\mathsf{k}$ aller rechtsseitig summierbaren Signale. Dabei ist ein Signal $\boldsymbol{x}$ rechtsseitig summierbar, wenn die unendliche Reihe

$$\sum_{\nu=0}^{\infty} \boldsymbol{x}(\nu)$$

konvergiert. Denn der mit dem linken Teil des Signals gebildete endliche Abschnitt der definierenden Reihe von **R** spielt für Konvergenzfragen keine Rolle.

Die Bestimmung der Lösung der Differenzengleichung für das System **Y** bereitet bei einer solch einfachen Gleichung keine Probleme. Man hat nur zu beachten, dass die Differenzengleichung *rekursiv*[2] ist (auf sich selbst rückbezüglich): Um y_n zu kennen, muss y_{n-1} bereits bekannt sein, um y_{n-1} zu kennen, muss y_{n-2} bekannt sein, usw. Diese Kette von Abhängigkeiten muss einmal durchbrochen werden. Das kann durch Vorgabe von Startwerten geschehen, etwa wie folgt:

$$n \leq 0 \Rightarrow \mathsf{Y}(\boldsymbol{x})(n) = 0,$$

Dann lassen sich die Funktionswerte von $\mathsf{Y}(\boldsymbol{x})$ sukzessive berechnen:

$$\begin{aligned}
\mathsf{Y}(\boldsymbol{x})(1) &= \mathsf{Y}(\boldsymbol{x})(0) + \boldsymbol{x}(0) = \boldsymbol{x}(0)\\
\mathsf{Y}(\boldsymbol{x})(2) &= \mathsf{Y}(\boldsymbol{x})(1) + \boldsymbol{x}(1) = \boldsymbol{x}(1) + \boldsymbol{x}(0)\\
\mathsf{Y}(\boldsymbol{x})(3) &= \mathsf{Y}(\boldsymbol{x})(2) + \boldsymbol{x}(2) = \boldsymbol{x}(2) + \boldsymbol{x}(1) + \boldsymbol{x}(0)
\end{aligned}$$

und so weiter. Die rekursive Definition ist daher äquivalent zu der simplen expliziten Definition

$$\mathsf{Y}(\boldsymbol{x})(n) = \begin{cases} 0 & \text{für } n \leq 0 \\ \sum_{\nu=0}^{n-1} \boldsymbol{x}(\nu) & \text{für } n > 0 \end{cases}$$

Das „und so weiter“ kann sehr leicht mit vollständiger Induktion verifiziert werden. Der Definitionsbereich des Systems **Y** ist jetzt leicht als $\mathbf{dom}(\mathsf{Y}) = \mathfrak{S}$ zu identifizieren, d. h. $\mathsf{Y}(\boldsymbol{x})$ existiert für jedes Signal $\boldsymbol{x}$.

---

[2] Die rekursive Definition einer Abbildung darf nicht mit dem rekursiven Aufruf einer Funktion (z. B. in einer Programmiersprache) verwechselt werden. Die Frage ist, ob tatsächlich eine (und nur eine) Abbildung existiert, die ein Definitionsschema wie (3.51) erfüllt. Tatsächlich hat es sehr lange gedauert, bis die Notwendigkeit eines Beweises erkannt wurde (Dedekinds Rekursionstheorem). Siehe z. B. [Monk] **Theorem 13.1** oder (viel besser!) [Sch] §20.

Das System D ist auf den ersten Blick erkennbar auf ganz $\mathfrak{S}$ definiert, es ist jedoch einer anderen Eigenschaft wegen bemerkenswert. Betrachtet man nämlich den Fortlauf des Signalindexes (d. h. des n in $\boldsymbol{x}(n)$) als ein Fortlaufen in der Zeit, was schon durch die Bezeichnung *Signal* nahegelegt wird, dann wird zur Berechnung des neuen laufenden Signalwertes $\mathsf{D}(\boldsymbol{x})(n)$ die Kenntnis des **zukünftigen** Signalwerts[3] $\boldsymbol{x}(n+1)$ benötigt. Das hat einen leichten Anflug von Unmöglichkeit, der jedoch gänzlich verschwindet, ersetzt man *zukünftig* durch *nächst*. Bei einem auf irgendeinem Speichermedium abgelegten digitalen Signal ist es natürlich möglich, auf den nächsten Signalwert zuzugreifen. Auch bei einem *live* verarbeiteten digitalen Signal ist das durch einfaches Warten möglich, führt allerdings zu einer Verzögerung des Signals.

Die bisher vorgebrachten Beispiele für Systeme geben nur ein sehr unvollständiges Bild der Wirklichkeit ab. Die nächsten Beispiele sollen diese Wirklichkeit etwas stärker in das Licht rücken. Zu diesem Zweck wird zunächst der auch an sich sehr nützliche Begriff der charakteristischen Funktion einer Teilmenge eingeführt.

Sei X eine Menge. Dann ist die charakteristische Funktion $\chi_M : X \longrightarrow \{0,1\}$ einer Teilmenge $M \subset X$ definiert als

$$\chi_M(x) = \begin{cases} 1 & \text{falls } x \in M \\ 0 & \text{falls } x \in X \setminus M \end{cases} \tag{3.52}$$

Die Funktion χ_M zeigt also bei jedem $x \in X$ an, ob das Element zur Teilmenge M gehört oder nicht.

In dem Spezialfall $X = \mathbb{Z}$ sind die χ_M für Teilmengen von $\mathbb{Z}$ offenbar Signale. Durch die Zuweisung

$$\mathsf{H}(\boldsymbol{x}) = \chi_{\mathbb{T}_{\boldsymbol{x}}}$$

wird daher ein System $\mathsf{H} : \mathfrak{S} \longrightarrow \mathfrak{B}$ definiert. Es ist $\mathsf{H}(\boldsymbol{x})(n) = 1$ falls $\boldsymbol{x}(n) \neq 0$ und $\mathsf{H}(\boldsymbol{x})(n) = 0$ falls $\boldsymbol{x}(n) = 0$. Dieses System bewirkt eine Klasseneinteilung aller Signale, indem es die individuellen Signalwerte ignoriert: Zwei Signale gehören zu derselben Klasse, gelten in diesem Sinne als „gleich", wenn sie dieselbe Teilmenge von $\mathbb{Z}$ als Träger haben. Umgekehrt gehört zu jeder Teilmenge $M \subset \mathbb{Z}$ die Klasse aller Signale $\boldsymbol{x}$ mit $\mathsf{H}(\boldsymbol{x}) = \chi_M$, d. h. die χ_M können als Klassenrepräsentanten aufgefasst werden. Kommt es daher einmal auf die individuellen Signalwerte nicht an, sondern nur darauf, an welchen Stellen ein Signal nicht verschwindet, kann man sich auf die Signalmenge

$$\mathfrak{H} = \{\chi_M \mid M \subset \mathbb{Z}\}$$

der charakteristischen Funktionen von Teilmengen von $\mathbb{Z}$ beschränken.

Eine gröbere Klasseneinteilung der Signalmenge erhält man, wenn nicht nur die individuellen Signalwerte ignoriert werden, sondern auch die Orte, an welchen Signalwerte von Null verschieden sind: Es soll nur noch zählen, wie viele Signalwerte von Null verschieden

[3] Diesem Themenkreis ist der Abschn. 3.11 gewidmet.

sind. Um einfacher formulieren zu können wird die Kardinalzahl einer Menge M mit $\|M\|$ bezeichnet. Wie üblich sei $\aleph_0 = \|\mathbb{N}\|$ (Aleph null) die Kardinalzahl der Menge der natürlichen Zahlen. Es ist auch $\aleph_0 = \|\mathbb{Z}\| = \|\mathbb{Q}\|$, aber $\|\mathbb{R}\| = 2^{\aleph_0} > \aleph_0$. Damit ist eine Teilmenge $M \subset \mathbb{Z}$ eine endliche Teilmenge falls $\|M\| < \aleph_0$, und sie ist eine unendliche Teilmenge von $\mathbb{Z}$ falls $\|M\| \geq \aleph_0$.

Ein System $\mathbf{Z}$, das die eben beschriebene gröbere Einteilung der Signalmenge $\mathfrak{S}$ bewirkt, kann mit diesen Bezeichnungen wie folgt definiert werden:

$$\mathbf{Z}(x) = \begin{cases} \delta_{\|\mathbb{T}_x\|} & \text{falls } \|\mathbb{T}_x\| < \aleph_0 \\ \delta_{-\|\mathbb{Z}\setminus\mathbb{T}_x\|} & \text{falls } \|\mathbb{Z} \setminus \mathbb{T}_x\| < \aleph_0 \\ \mathbf{1} & \text{falls } \|\mathbb{T}_x\| \geq \aleph_0 \wedge \|\mathbb{Z} \setminus \mathbb{T}_x\| \geq \aleph_0 \end{cases}$$

Es sind nun einmal als Systeme alle Abbildungen zugelassen, die auf einer Teilmenge von $\mathfrak{S}$ definiert sind und deren Wertevorrat ebenfalls eine Teilmenge von $\mathfrak{S}$ ist, man muss sich daher auch auf einige Exemplare extremer Natur gefasst machen. Allerdings ist $\mathbf{Z}$ noch nicht wirklich bizarr (siehe unten), denn es erzeugt eine Klasseneinteilung von $\mathfrak{S}$, die gelegentlich durchaus von Nutzen sein kann:

- Ist der Träger $\mathbb{T}_x$ von x endlich, dann wird x der Einheitsimpuls an der Stelle $\|\mathbb{T}_x\|$ zugeordnet. Jedes Signal x mit $\|\mathbb{T}_x\| = m \in \mathbb{N}$ gehört also zu der Klasse
$$\mathbf{Z}^{-1}[\{\delta_m\}]$$
- Ist das relative Komplement $\mathbb{Z} \setminus \mathbb{T}_x$ des Trägers endlich (ist der Träger *cofinite*), wird x der Einheitsimpuls an der Stelle $-\|\mathbb{Z} \setminus \mathbb{T}_x\|$ zugeordnet. Jedes Signal x mit $\|\mathbb{Z} \setminus \mathbb{T}_x\| = m \in \mathbb{N}$ gehört also zu der Klasse
$$\mathbf{Z}^{-1}[\{\delta_{-m}\}]$$
- Sind weder der Träger noch sein relatives Komplement endlich, dann erhält x als Wert das konstante Signal $\mathbf{1}$.

Die Einheitsstufe u ist ein Beispiel für ein Signal, das zur von $\mathbf{1}$ erzeugten Klasse gehört. Ein Beispiel eines Signales mit kofinitem Träger ist $\mathbf{Z}(\mathbf{1} - \delta) = \delta_{-1}$.

Die Abbildung $\mathcal{D} : \mathfrak{D} \longrightarrow \mathbb{R}$ aus (3.50) (Abschn. 3.1.6) kann dazu verwendet werden, bizarre Systeme zu erzeugen. Ist nämlich $f : \mathbb{R} \longrightarrow \mathbb{R}$ irgendeine Funktion, dann kann ein System $\mathbf{D}_f : \mathfrak{D} \longrightarrow \mathfrak{D}$ durch

$$\mathbf{D}_f = \mathcal{D}^{-1} \circ f \circ \mathcal{D} \quad \mathbf{D}_f(x) = \mathcal{D}^{-1}(f(\mathcal{D}(x)))$$

definiert werden. Die Wahl von f ist vollkommen frei. Einige Beispiele:

- Die charakteristische Funktion des CANTORschen Diskontinuums
- $f(x) = \frac{1}{x} \sin\left(\frac{1}{x}\right)$ für $x \neq 0$ und $f(0) = 0$
- Die charakteristische Funktion einer nicht messbaren Menge
- $f(x) = x^2 \sin\left(\frac{1}{x}\right)$ für $x \neq 0$ und $f(0) = 0$

3.2.1 Systeme, die linear und stetig sind

In nahezu allen Disziplinen spielen lineare Gleichungen, Abbildungen etc. eine Sonderrolle. Das gilt auch für die digitale Signalverarbeitung. Bei Systemen gibt allerdings die Linearität nicht allein den Ausschlag, es kommt noch eine weiter unten vorgestellte Eigenschaft hinzu. Hier ist aber zunächst die Definition eines linearen Systems:

Es sei $\mathfrak{U}$ ein Untervektorraum des $\mathbb{C}$-Vektorraumes $\mathfrak{S}$ aller Signale. Dann heißt ein System $\mathbf{S} : \mathfrak{U} \longrightarrow \mathfrak{S}$ **linear** (genauer $\mathbb{C}$-linear) wenn für alle $\boldsymbol{x} \in \mathfrak{U}$, $\boldsymbol{y} \in \mathfrak{U}$ und jedes $c \in \mathbb{C}$ die beiden folgenden Eigenschaften erfüllt sind:

$$\mathbf{S}(\boldsymbol{x} + \boldsymbol{y}) = \mathbf{S}(\boldsymbol{x}) + \mathbf{S}(\boldsymbol{y}) \tag{3.53}$$

$$\mathbf{S}(c\boldsymbol{x}) = c\mathbf{S}(\boldsymbol{x}) \tag{3.54}$$

$\mathbf{S}$ soll also ein Vektorraumendomorphismus sein. Wichtig ist, dass hier die $\mathbb{C}$-Linearität und nicht die $\mathbb{R}$-Linearität gefordert wird. So ist beispielsweise das durch $\mathbf{S}(\boldsymbol{x})(n) = \mathfrak{I}(\boldsymbol{x}(n))$ auf $\mathfrak{S}$ definierte System zwar $\mathbb{R}$-linear, aber *nicht* linear:

$$\begin{aligned}
\mathbf{S}(\boldsymbol{ix})(n) &= \mathfrak{I}(\boldsymbol{ix}(n)) = \mathfrak{I}(\boldsymbol{i}(\mathfrak{R}(\boldsymbol{x}(n)) + \boldsymbol{i}\mathfrak{I}(\boldsymbol{x}(n)))) \\
&= \mathfrak{I}(\boldsymbol{i}\mathfrak{R}(\boldsymbol{x}(n)) - \mathfrak{I}(\boldsymbol{x}(n))) = \mathfrak{R}(\boldsymbol{x}(n)) \\
\boldsymbol{i}\mathbf{S}(\boldsymbol{x})(n) &= \boldsymbol{i}\mathfrak{I}(\boldsymbol{x}(n)) = \boldsymbol{i}\mathfrak{I}(\mathfrak{R}(\boldsymbol{x}(n)) + \boldsymbol{i}\mathfrak{I}(\boldsymbol{x}(n))) = \boldsymbol{i}\mathfrak{I}(\boldsymbol{x}(n))
\end{aligned}$$

Das System $\mathbf{Q}$ ist wegen $(a+b)^2 \neq a^2+b^2$ in $\mathbb{C}$ ebenfalls nicht linear. Das System $\mathbf{D}$ ist dagegen linear, wie eine einfache Rechnung ergibt. Tatsächlich ist $\mathbf{D}$ ein Spezialfall einer ganzen Klasse von Systemen. Es sei nämlich $\mathbf{I}$ das identische System, gegeben durch $\boldsymbol{x} \mapsto \boldsymbol{x}$. Das identische System ist natürlich linear mit $\mathfrak{S}$ als Definitionsbereich. Die Systeme $\mathbf{I}_m$ seien definiert durch $\mathbf{I}_m(\boldsymbol{x}) = \boldsymbol{x} \circ \sigma_m$. Sie alle sind lineare Systeme mit $\mathfrak{S}$ als Definitionsbereich. Wie man sofort nachrechnet, sind auch alle Systeme

$$\sum_{l=k}^{m} c_l \mathbf{I}_l \quad c_l \in \mathbb{C} \tag{3.55}$$

linear mit $\mathfrak{S}$ als Definitionsbereich. Das System $\mathbf{D}$ erhält man daraus für $k = -1$, $m = 1$ und $c_{-1} = c_0 = c_1 = \frac{1}{3}$. Wie sich sogleich ergeben wird, ist durch (3.55) nur ein Teil aller linearen Systeme auf ganz $\mathfrak{S}$ gegeben.

Die Eigenschaft (3.53) kann natürlich auf mehr Summanden ausgeweitet werden, mit vollständiger Induktion auf beliebig viele Summanden. Nun sind *beliebig viele* Summanden immer noch endlich viele Summanden, d. h. die Additivität (3.53) kann nicht auf unendliche Reihen von Signalen ausgedehnt werden. Kommen unendliche Reihen von Signalen in das Spiel ist die Linearität nutzlos, die folgende Gleichung gilt im Allgemeinen für lineare Systeme $\mathbf{S}$ **nicht**:

$$\mathbf{S}\left(\sum_{m=-\infty}^{\infty} \boldsymbol{x}_m\right) = \sum_{m=-\infty}^{\infty} \mathbf{S}(\boldsymbol{x}_m) \tag{3.56}$$

Darin ist $(\boldsymbol{x}_m)_{m\in\mathbb{Z}}$ eine Folge von Signalen, für welche die unendliche Reihe konvergiert, wobei die Natur dieser Konvergenz noch offen ist. Festgelegt ist jedoch, dass immer die Konvergenz der Folge der Partialsummen der Reihe gemeint ist. Im Wesentlichen wird mit (3.56) gefordert, dass das System konvergente Folgen von Signalen respektiert: Das ist eine **Stetigkeitsforderung**.

Ein System $\mathbf{S}$ heißt stetig bei dem Signal $\boldsymbol{x}$, wenn für **jede** gegen $\boldsymbol{x}$ konvergierende Folge $(\boldsymbol{x}_m)_{m\in\mathbb{N}}$

$$\mathbf{S}\Big(\lim_{m\to\infty} \boldsymbol{x}_m\Big) = \lim_{m\to\infty} \mathbf{S}(\boldsymbol{x}_m) \tag{3.57}$$

gilt. Ist $\mathbf{S}$ auf ganz $\mathfrak{S}$ erklärt, dann ist die Konvergenz die komponentenweise Konvergenz. Ist $\mathbf{S}$ dagegen auf einem normierten Teilvektorraum von $\mathfrak{S}$ definiert, dann ist die Konvergenz die Konvergenz unter der Norm.

Stetige Systeme sind leicht zu finden, beispielsweise wird durch $\boldsymbol{x} \mapsto \boldsymbol{x}^2$ ein solches gegeben. Stetige Systeme an sich werden hier jedoch nicht benötigt und auch nicht benutzt, es werden immer nur Systeme betrachtet, die **zugleich stetig und linear** sind. Lineare Systeme auf normierten Räumen haben bezüglich der Stetigkeit besondere Eigenschaften.

$\mathbf{S}\colon \mathfrak{N} \longrightarrow \mathfrak{S}$ sei ein lineares System auf einem normierten Vektorunterraum von $\mathfrak{S}$. Ist $\mathbf{S}$ in einem $\boldsymbol{x} \in \mathfrak{N}$ stetig, dann ist $\mathbf{S}$ auf ganz $\mathfrak{N}$ stetig.

Lineare Systeme auf normierten Räumen sind daher entweder nirgendwo stetig oder auf dem ganzen Raum stetig.

Ein System $\mathbf{S}\colon \mathfrak{N}_1 \longrightarrow \mathfrak{N}_2$ von einem normierten Raum $\mathfrak{N}_1$ mit der Norm $\|\cdot\|_1$ in einen normierten Raum $\mathfrak{N}_2$ mit der Norm $\|\cdot\|_2$ heißt **beschränkt**, wenn es eine positive reelle Zahl M gibt mit

$$\|\mathbf{S}(\boldsymbol{x})\|_2 \le M\,\|\boldsymbol{x}\|_1 \quad \text{für alle } \boldsymbol{x} \in \mathfrak{N} \tag{3.58}$$

Beschränkte Systeme dürfen nicht mit den stabilen Systemen von Abschn. 3.12 verwechselt werden. Ein stabiles System bildet beschränkte Signale auf ebensolche ab, doch ist nicht vorgeschrieben, wohin nicht beschränkte Signale abgebildet werden. Dagegen ist (3.58) für alle Signale des Definitionsbereiches gültig.

Es sei $\mathbf{S}\colon \mathfrak{N}_1 \longrightarrow \mathfrak{N}_2$ ein lineares System von einem normierten Raum $\mathfrak{N}_1$ in einen normierten Raum $\mathfrak{N}_2$. Dann sind äquivalent:

(i) $\mathbf{S}$ ist stetig
(ii) $\mathbf{S}$ ist beschränkt

In normierten Räumen sind also Stetigkeit und Beschränktheit bei linearen Systemen ein und dasselbe. Dagegen muss z. B. ein lineares und stetiges System $\mathbf{S}\colon \mathfrak{S} \longrightarrow \mathfrak{S}$ nicht beschränkt sein, denn $\mathfrak{S}$ ist nicht genormt.

Es werden nun alle Systeme $\mathbf{S}\colon \mathfrak{S} \longrightarrow \mathfrak{S}$ bestimmt, die zugleich linear und stetig sind. Sei dazu $\mathbf{S}$ ein solches System, und es sei $\boldsymbol{x}$ ein beliebiges Signal. Das Signal kann mit der Basis der $\boldsymbol{\delta}_m$ dargestellt werden (siehe Abschn. 3.1.6), d. h. es gibt eine Folge $(c_m)_{m\in\mathbb{Z}}$ komplexer Zahlen mit (bezüglich der komponentenweisen Konvergenz in $\mathfrak{S}$)

$$\boldsymbol{x} = \sum_{m=-\infty}^{\infty} c_m \boldsymbol{\delta}_m$$

Wegen der Linearität und Stetigkeit von $\mathbf{S}$ folgt daraus

$$\mathbf{S}\left(\sum_{m=-\infty}^{\infty} c_m \boldsymbol{\delta}_m\right) = \sum_{m=-\infty}^{\infty} \mathbf{S}(c_m \boldsymbol{\delta}_m) = \sum_{m=-\infty}^{\infty} c_m \mathbf{S}(\boldsymbol{\delta}_m) \tag{3.59}$$

Die rechte unendliche Signalreihe von (3.59) muss nun konvergieren, und zwar für **jede** mögliche Folge $(c_m)_{m\in\mathbb{Z}}$. Das ist aber nur dann möglich, wenn diese unendliche Reihe in Bezug auf die Konvergenz eine endliche Summe ist! Das gilt daher nicht für die Reihe selbst, diese kann durchaus unendlich viele Glieder haben, sondern für die Komponentenreihen

$$\sum_{m=-\infty}^{\infty} c_m \mathbf{S}(\boldsymbol{\delta}_m)(n) \qquad n \in \mathbb{Z}, \tag{3.60}$$

denn zur Bildung der unendlichen Reihe wird die komponentenweise Konvergenz verwendet. Jede Komponentenreihe kann also nur endlich viele von Null verschiedene Glieder besitzen. Das kann wie folgt präzise formuliert werden:

Zu jedem $n \in \mathbb{Z}$ gibt es eine endliche Teilmenge $Q_n \subset \mathbb{Z}$ mit der Eigenschaft

$$m \in \mathbb{Z} \land m \notin Q_n \Longrightarrow \mathbf{S}(\boldsymbol{\delta}_m)(n) = 0 \tag{3.61}$$

Das ist jetzt allerdings zu beweisen. Ausgangspunkt ist dabei, dass (3.60) für alle möglichen Folgen $(c_m)_{m\in\mathbb{Z}}$ konvergiert. Zum Beweis sei angenommen, dass die Behauptung falsch ist. Dann kann ein $n \in \mathbb{Z}$ so gewählt werden, dass $\mathbf{S}(\boldsymbol{\delta}_m)(n) \neq 0$ gilt für unendlich viele $m \in \mathbb{Z}$. Mit der durch

$$c_m = \begin{cases} \frac{2^{|m|}}{\mathbf{S}(\boldsymbol{\delta}_m)(n)} & \text{falls } \mathbf{S}(\boldsymbol{\delta}_m)(n) \neq 0 \\ 0 & \text{andernfalls} \end{cases}$$

definierten Folge erhält man jedoch eine unendliche Reihe (3.60), die nicht konvergiert, weil unendlich viele ihrer Glieder den Wert $2^{|m|}$ haben!

Um es noch einmal unmissverständlich darzustellen: Auf der rechten Seite von (3.59) steht eine unendliche Reihe von Signalen, dagegen ist (3.60) eine ganz gewöhnliche unendliche Reihe komplexer Zahlen, wie sie aus der Analysis oder Funktionentheorie her bekannt ist. Hier sind eine unendliche Signalreihe und die ihr assoziierten unendlichen Reihen komplexer Zahlen gegenübergestellt:

$$\sum_{m=-\infty}^{\infty} \boldsymbol{v}_m = \boldsymbol{v} \iff \sum_{m=-\infty}^{\infty} \boldsymbol{v}_m(n) = \boldsymbol{v}(n) \quad \text{für alle } n \in \mathbb{Z}$$

Die linke Reihe ist nur eine Kurzschreibweise für die unendlichen Reihen auf der rechten Seite. Ein einfaches Beispiel dafür, dass die Reihe auf der linken Seite unendlich viele Glieder besitzt, die Reihen auf der rechten Seite jedoch nur endlich viele, ist

$$\sum_{m=-\infty}^{\infty} \boldsymbol{\delta}_m = \mathbf{1} \iff \sum_{m=-\infty}^{\infty} \boldsymbol{\delta}_m(n) = \boldsymbol{\delta}_n(n) = 1 \quad \text{für alle } n \in \mathbb{Z}$$

Bezüglich der Abbildungen des Signalvektorraumes $\mathfrak{S}$ in sich, die linear und stetig sind, ist bisher gezeigt worden, dass sie die Bedingung (3.61) erfüllen müssen, d. h. diese Bedingung ist notwendig. Umgekehrt lässt sich nun auch zeigen, dass auf der Basis dieser Bedingung stetige lineare Systemen erhalten werden, d. h. die Bedingung ist auch hinreichend:

Es sei $(\boldsymbol{t}_m)_{m\in\mathbb{Z}}$ eine Signalfolge und $(\mathbf{T}_{\langle n\rangle})_{n\in\mathbb{Z}}$ eine Folge von **endlichen** Teilmengen $\mathbf{T}_{\langle n\rangle} \subset \mathbb{Z}$. Dann ist das wie folgt definierte System $\mathbf{T}$ linear und stetig:

$$\mathbf{T}(\boldsymbol{x})(n) = \sum_{m\in\mathbf{T}_{\langle n\rangle}} \boldsymbol{x}(m)\boldsymbol{t}_m(n) \quad \text{für alle } \boldsymbol{x} \in \mathfrak{S} \tag{3.62}$$

Bezüglich der komponentenweisen Konvergenz bedeutet das

$$\mathbf{T}(\boldsymbol{x}) = \sum_{m=-\infty}^{\infty} \boldsymbol{x}(m)\boldsymbol{t}_m \quad \text{für alle } \boldsymbol{x} \in \mathfrak{S} \tag{3.63}$$

In jeder Komponente n werden also nur endlich viele $\boldsymbol{t}_m$ an der Summenbildung beteiligt. Die Folge der $\boldsymbol{t}_m$ selbst muss nicht endlich sein. Wenn sie es jedoch ist, dann sind die Teilmengen der Teilmengenfolge für alle Komponenten gleich und ganz natürlich durch

$$\mathbf{T}_{\langle n\rangle} = \{m \in \mathbb{Z} \,|\, \boldsymbol{t}_m \neq \mathbf{0}\}$$

gegeben. Speziell für die Einheitsimpulse erhält man

$$\mathbf{T}(\boldsymbol{\delta}_k)(n) = \sum_{m\in\mathbf{T}_{\langle n\rangle}} \boldsymbol{\delta}_k(m)\boldsymbol{t}_m(n) = \begin{cases} \boldsymbol{t}_k(n) & \text{falls } k \in \mathbf{T}_{\langle n\rangle} \\ 0 & \text{andernfalls} \end{cases} \tag{3.64}$$

Die Linearität des Systems $\mathbf{T}$ ist sehr leicht zu zeigen. So ist für jede komplexe Zahl c

$$\begin{aligned} \mathbf{T}(c\boldsymbol{x})(n) &= \sum_{m\in\mathbf{T}_{\langle n\rangle}} (c\boldsymbol{x})(m)\boldsymbol{t}_m(n) = \sum_{m\in\mathbf{T}_{\langle n\rangle}} c\boldsymbol{x}(m)\boldsymbol{t}_m(n) \\ &= c \sum_{m\in\mathbf{T}_{\langle n\rangle}} \boldsymbol{x}(m)\boldsymbol{t}_m(n) = c\mathbf{T}(\boldsymbol{x})(n) \end{aligned}$$

Die Additivität ergibt sich so:

$$\begin{aligned}\mathbf{T}(\boldsymbol{x}+\boldsymbol{y})(n) &= \sum_{m\in\mathbf{T}_{\langle n\rangle}} (\boldsymbol{x}+\boldsymbol{y})(m)\boldsymbol{t}_m(n) = \sum_{m\in\mathbf{T}_{\langle n\rangle}} (\boldsymbol{x}(m)+\boldsymbol{y}(m))\boldsymbol{t}_m(n)\\ &= \sum_{m\in\mathbf{T}_{\langle n\rangle}} \boldsymbol{x}(m)\boldsymbol{t}_m(n) + \sum_{m\in\mathbf{T}_{\langle n\rangle}} \boldsymbol{y}(m)\boldsymbol{t}_m(n)\\ &= \mathbf{T}(\boldsymbol{x})(n)+\mathbf{T}(\boldsymbol{y})(n)\end{aligned}$$

Der Beweis der Stetigkeit ist allerdings verwickelter. Wie weiter oben (Abschn. 3.2.1) schon bemerkt, genügt es, die Stetigkeit an einer Stelle zu beweisen. Hier wird dazu das Nullsignal gewählt. Es sei also $(\boldsymbol{x}_k)_{k\in\mathbb{Z}}$ eine beliebige Nullsignalfolge, d. h. es gelte

$$\lim_{k\to\infty} \boldsymbol{x}_k = \mathbf{0} \quad\Longleftrightarrow\quad \lim_{k\to\infty} \boldsymbol{x}_k(n) = 0 \quad \text{für alle } n\in\mathbb{Z}$$

Für diese Folge ist dann nachzuweisen, dass sie von $\mathbf{T}$ in eine Nullfolge abgebildet wird:

$$\mathbf{0} = \mathbf{T}(\mathbf{0}) = \mathbf{T}\Big(\lim_{k\to\infty} \boldsymbol{x}_k\Big) = \lim_{k\to\infty} \mathbf{T}(\boldsymbol{x}_k)$$

Das hat wieder komponentenweise zu geschehen. Sei also $n\in\mathbb{Z}$ fest gewählt. Zu zeigen ist

$$\lim_{k\to\infty} \mathbf{T}(\boldsymbol{x}_k)(n) = 0 \tag{3.65}$$

Die Menge $\mathbf{T}_{\langle n\rangle}$ ist endlich, die Anzahl ihrer Elemente sei q_n. Wegen der Endlichkeit von $\mathbf{T}_{\langle n\rangle}$ existiert auch

$$\theta_n = \max_{m\in\mathbf{T}_{\langle n\rangle}} |\boldsymbol{t}_m(n)|$$

Sei nun $\epsilon > 0$. Weil für jedes $i\in\mathbf{T}_{\langle n\rangle}$ $k\mapsto \boldsymbol{x}_k(i)$ eine Nullfolge ist, gibt es zu jedem $m\in\mathbf{T}_{\langle n\rangle}$ eine natürliche Zahl k_m mit

$$|\boldsymbol{x}_k(m)| < \frac{\epsilon}{q_n\theta_n} \quad \text{für } k\ge k_m$$

Es sei l das Maximum dieser so gewählten k_m:

$$l = \max_{m\in\mathbf{T}_{\langle n\rangle}} k_m$$

Die Zahlen wurden so gewählt, dass für jedes $m\in\mathbf{T}_{\langle n\rangle}$ die folgende Ungleichung gültig ist:

$$|\boldsymbol{x}_k(m)| < \frac{\epsilon}{q_n\theta_n} \quad \text{für } k\ge l$$

Der Beweis von (3.65) ergibt sich jetzt aus der folgenden Abschätzung: Für $k \geq l$ gilt

$$\begin{aligned}\left|\sum_{m\in \mathsf{T}_{\langle n\rangle}} \boldsymbol{x}_k(m)\boldsymbol{t}_m(n)\right| &\leq \sum_{m\in \mathsf{T}_{\langle n\rangle}} |\boldsymbol{x}_k(m)||\boldsymbol{t}_m(n)| \\ &< \sum_{m\in \mathsf{T}_{\langle n\rangle}} \frac{\epsilon}{q_n\theta_n}\theta_n \\ &= \frac{\epsilon}{q_n\theta_n} q_n\theta_n = \epsilon\end{aligned}$$

Ein einfaches Beispiel ist durch $\boldsymbol{t}_m = 2^m\boldsymbol{\delta}_m$ und $\mathsf{T}_{\langle n\rangle} = \{n\}$ gegeben. Durch (3.62) wird ein lineares und stetiges System erzeugt. Das System ist nicht beschränkt (der Vektorraum $\mathfrak{S}$ ist eben nicht normiert):

$$\mathsf{T}(\boldsymbol{x})(n) = \sum_{m\in\{n\}} \boldsymbol{x}(m)2^m\boldsymbol{\delta}_m(n) = \boldsymbol{x}(n)2^n\boldsymbol{\delta}_n(n) = 2^n\boldsymbol{x}(n)$$

Bei der Wahl $\boldsymbol{t}_m(n) = \boldsymbol{\delta}_{n-k}(m)$ und $\mathsf{T}_{\langle n\rangle} = \{n-k\}$ ergibt (3.62) gerade $\mathsf{T} = \mathsf{I}_k$:

$$\mathsf{T}(\boldsymbol{x})(n) = \sum_{m\in\{n-k\}} \boldsymbol{x}(m)\boldsymbol{\delta}_{n-k}(m) = \boldsymbol{x}(n-k)\boldsymbol{\delta}_{n-k}(n-k) = \boldsymbol{x}(n-k) = \mathsf{I}_k(\boldsymbol{x})(n)$$

Die $\boldsymbol{t}_m$ müssen keinen endlichen Träger besitzen. Die Endlichkeit der Summen wird durch die Summierung über die $\mathsf{T}_{\langle n\rangle}$ sicher gestellt. Es kann beispielsweise $\boldsymbol{t}_m = 2^m\boldsymbol{u}$ und $\mathsf{T}_{\langle n\rangle} = \{n-p\}$ mit $p \in \mathbb{N}_+$ gewählt werden:

$$\mathsf{T}(\boldsymbol{x})(n) = \sum_{m\in\{n-p\}} \boldsymbol{x}(m)2^m\boldsymbol{u}(n) = \boldsymbol{x}(n-p)2^{n-p}\boldsymbol{u}(n) = 2^{n-p}\boldsymbol{x}(n-p)\boldsymbol{u}(n)$$

Speziell ist $\mathsf{T}(\boldsymbol{\delta}) = \boldsymbol{\delta}_p$.

Die $\mathsf{T}_{\langle n\rangle}$ müssen zwar endlich, aber durchaus nicht beschränkt sein, d. h. es muss kein Intervall $\{n \in \mathbb{Z} \mid u \leq n \leq v\} \subset \mathbb{Z}$ geben, das alle $\mathsf{T}_{\langle n\rangle}$ enthält. Als ein Beispiel dafür, dass die $\mathsf{T}_{\langle n\rangle}$ nicht beschränkt zu sein haben, kann $\boldsymbol{t}_m = m\boldsymbol{u}$ mit $\mathsf{T}_{\langle n\rangle} = \{0, 1, \cdots, n\}$ dienen:

$$\mathsf{T}(\boldsymbol{x})(n) = \sum_{m=1}^{n} \boldsymbol{x}(m)m\boldsymbol{u}(n) = \begin{cases}\sum_{m=1}^{n} m\boldsymbol{x}(n) & \text{falls } n \geq 1\\ 0 & \text{falls } n < 1\end{cases} \tag{3.66}$$

Speziell liest man bei diesem System $\mathsf{T}(\boldsymbol{\delta}_k) = 0$ für $k < 0$ und $\mathsf{T}(\boldsymbol{\delta}_k) = k\boldsymbol{\delta}_k$ für $k \geq 0$ ab:

$$\mathsf{T}(\boldsymbol{\delta}_k)(n) = \sum_{m=1}^{n} m\boldsymbol{\delta}_k(m) = \begin{cases}0 & \text{falls } n > k\\ k\boldsymbol{\delta}_k(k) & \text{falls } n = k\\ 0 & \text{falls } n < k\end{cases} \tag{3.67}$$

Legt man also den Vektorraum $\mathfrak{S}$ aller Signale als Definitionsbereich für stetige lineare Systeme fest, dann stehen im Wesentlichen nur Systeme zur Verfügung, die aus endlichen Linearkombinationen von Signalen bestehen. Das ist jedoch nicht genug, in der Praxis der digitalen Filter treten Systeme auf, welche die Struktur einer unendlichen Linearkombination von Signalen besitzen. Beispielsweise wird in Abschn. 4.8.1 das System

$$\mathsf{T}(\boldsymbol{x})(n) = \frac{1}{\pi} \sum_{\nu=-\infty}^{\infty} \frac{\sin(\nu\omega_\gamma)}{\nu} \boldsymbol{x}(n-\nu) \tag{3.68}$$

konstruiert, das mit den Mitteln dieses Abschnittes auch so geschrieben werden kann:

$$\mathsf{T}(\boldsymbol{x}) = \frac{1}{\pi} \sum_{m=-\infty}^{\infty} \frac{\sin(m\omega_\gamma)}{m} \mathsf{I}_m(\boldsymbol{x}) \tag{3.69}$$

Um nun aber mehr stetige lineare Systeme zu erhalten, muss der Definitionsbereich verkleinert werden, d. h. es muss von $\mathfrak{S}$ zu einem Teilvektorraum übergegangen werden. Die offensichtliche Wahl ist der Teilvektorraum aller beschränkten Signale $\mathfrak{B}$ mit der Supremumsnorm, allerdings bildet die Familie $(\boldsymbol{\delta}_m)_{m\in\mathbb{Z}}$ keine Basis für den Raum $(\mathfrak{S}, \|\cdot\|_{\text{sup}})$. Überhaupt lohnt es sich nicht, diesen genauer zu betrachten, weil auch die weitere Verkleinerung auf den Teilvektorraum der **konvergenten** Signale noch keine befriedigende Lösung bringt. Und zwar heißt ein Signal $\boldsymbol{x}$ konvergent, wenn die beiden Grenzwerte

$$\lim_{n\to\infty} \boldsymbol{x}(n) \quad \text{und} \quad \lim_{n\to-\infty} \boldsymbol{x}(n)$$

existieren. Weil ein konvergentes Signal automatisch beschränkt ist, kann der Vektorraum der konvergenten Signale mit der Supremumsnorm versehen werden:

$$\|\boldsymbol{x}\| = \sup_{n\in\mathbb{Z}} |\boldsymbol{x}(n)| \tag{3.70}$$

Die Konvergenz einer Signalfolge bezüglich dieser Norm bedeutet die gleichmäßige Konvergenz über alle Komponenten:

$$\lim_{m\to\infty} \boldsymbol{x}_m = \boldsymbol{x} \quad \Longleftrightarrow \quad \lim_{m\to\infty} \|\boldsymbol{x}_m - \boldsymbol{x}\| = 0 \tag{3.71}$$

Der rechte Ausdruck bedeutet: Zu gegebenem reellem $\epsilon > 0$ gibt es eine natürliche Zahl k so, dass für alle $m \geq k$ und **alle** n die Abschätzung $|\boldsymbol{x}_m(n) - \boldsymbol{x}(n)| < \epsilon$ gilt. Das ϵ kann also unabhängig von n gewählt werden.

Um alle stetigen linearen Systeme auf dem Untervektorraum der konvergenten Signale zu finden, kann so vorgegangen werden wie bei der Bestimmung aller stetigen linearen Systeme auf $\mathfrak{S}$, man erhält dieselbe notwendige Bedingung.

$$\mathsf{S}\left(\sum_{m=-\infty}^{\infty} \boldsymbol{x}(m)\boldsymbol{\delta}_m\right) = \sum_{m=-\infty}^{\infty} \boldsymbol{x}(m)\mathsf{S}(\boldsymbol{\delta}_m) \tag{3.72}$$

Allerdings hat die Reihe hier bezüglich der sup-Norm zu konvergieren, und zwar für alle konvergenten Signale $\boldsymbol{x}$. Leider ist diese Konvergenz auch schon für recht einfach aufgebaute $\mathbf{S}(\boldsymbol{\delta}_m)$ nicht gegeben, beispielsweise nicht für die Wahl

$$\mathbf{S}(\boldsymbol{\delta}_m) = (-1)^{m-1}\mathbf{1}$$

Denn für die offenbar konvergente Folge

$$x_m = \begin{cases} \frac{(-1)^{m-1}}{m} & \text{falls } m \geq 1 \\ 0 & \text{falls } m < 1 \end{cases}$$

erhält man für $m \geq 1$

$$x_m \mathbf{S}(\boldsymbol{\delta}_m) = \frac{(-1)^{m-1}}{m}(-1)^{m-1} = \frac{1}{m}$$

eine Konvergenz in (3.72) findet damit sicher nicht statt, denn die harmonische Reihe ist bekanntlich nicht konvergent.

Der Definitionsbereich muss also noch weiter schrumpfen. Statt nun aber den Signalen immer stärkere Bedingungen aufzuerlegen, könnte man versuchen, (3.72) zu analysieren: Eine unendliche Reihe, die von einer Folge mit gewissen Eigenschaften gebildet wird, wird gliedweise mit den Elementen einer zweiten Folge multipliziert, und die so entstehende unendliche Reihe soll wieder die gewissen Eigenschaften besitzen. Hier sind zwei Beispiele von Szenarien dieser Art:

- Ist $\sum c_n$ eine absolut konvergente Reihe und bilden die t_n eine beschränkte Zahlenfolge, dann ist auch die unendliche Reihe $\sum c_n t_n$ eine absolut konvergente Reihe.
- Ist $\sum c_n$ eine konvergente Reihe und bilden die t_n eine monoton steigende oder monoton fallende und eine beschränkte Folge, dann konvergiert auch $\sum c_n t_n$.

Das sind allerdings Aussagen über reelle Reihen und nur die erste ist ohne weiteres auf Reihen komplexer Zahlen übertragbar. In komplexer Gestalt deutet sie auch auf eine Lösung hin, nämlich zum Untervektorraum $\mathfrak{A}$ der absolut summierbaren Signale überzugehen. In Abschn. 3.1.6 wurde der Vektorraum mit der Summennorm

$$\|\boldsymbol{x}\| = \sum_{n=-\infty}^{\infty} |\boldsymbol{x}(n)|$$

versehen, auf die sich alle Konvergenzaussagen beziehen sollen. Es gilt natürlich die Beziehung $|\boldsymbol{x}(n)| \leq \|\boldsymbol{x}\|$. Die Reihe der Absolutbeträge der Werte eines Signals aus $\mathfrak{A}$ ist eine absolut konvergente unendliche Reihe.

Für diesen normierten Vektorraum sollen nun alle stetigen linearen Systeme $\mathbf{S}$ bestimmt werden. Notwendige Bedingung ist wieder, dass (3.72) für alle Signale des Vektorraums $\mathfrak{A}$

konvergieren muss. Aus der Stetigkeit ergibt sich aber noch eine weitere notwendige Bedingung: Weil eine stetige lineare Abbildung eines normierten Raumes in sich beschränkt ist, muss die Folge $(\mathsf{S}(\boldsymbol{\delta}_m))_{m\in\mathbb{Z}}$ beschränkt sein. Denn die Beschränktheit von S bedeutet die Existenz einer positiven reellen Zahl λ mit der Eigenschaft $\|\mathsf{S}(\boldsymbol{x})\| \le \lambda \|\boldsymbol{x}\|$ für alle $\boldsymbol{x} \in \mathfrak{A}$, woraus wegen $\|\boldsymbol{\delta}_m\| = 1$

$$\|\mathsf{S}(\boldsymbol{\delta}_m)\| \le \lambda \|\boldsymbol{\delta}_m\| = \lambda$$

folgt. Wegen $|\mathsf{S}(\boldsymbol{\delta}_m)(n)| \le \lambda$ ist $\mathsf{S}(\boldsymbol{\delta}_m)$ auch als Signal beschränkt. Andererseits ist die Beschränktheit der Folge aber auch hinreichend zur Konvergenz von (3.72). Die zugleich linearen und stetigen Systeme auf dem normierten Vektorraum aller absolut summierbaren Signale sind daher wie folgt gegeben:

> Jedes stetige lineare System $\mathsf{T} : \mathfrak{A} \longrightarrow \mathfrak{A}$ des normierten $\mathbb{C}$-Vektorraumes $\mathfrak{A}$ in sich selbst ist von der Gestalt
>
> $$\mathsf{T}(\boldsymbol{x}) = \sum_{m=-\infty}^{\infty} x(m)\boldsymbol{t}_m \tag{3.73}$$
>
> mit einer Folge $(\boldsymbol{t}_m)_{m\in\mathbb{Z}}$ **beschränkter** Signale aus $\mathfrak{S}$.

Es ist leicht zu sehen, dass mit (3.73) ein lineares System gegeben ist. Die Stetigkeit ist fast ebenso leicht zu sehen. Es genügt, zu zeigen, dass Nullfolgen wieder in Nullfolgen abgebildet werden. Es sei also $(\boldsymbol{x}_k)_{k\in\mathbb{Z}}$ eine Nullfolge in $\mathfrak{A}$, d. h. es gelte

$$\lim_{k\to\infty} \|\boldsymbol{x}_k\| = 0$$

Dann muss auch diese Aussage wahr sein:

$$\lim_{k\to\infty} \|\mathsf{T}(\boldsymbol{x}_k)\| = 0$$

Sei dazu λ eine nicht negative Schranke für die $\|\boldsymbol{t}_m\|$. Damit erhält man die folgende Abschätzung, aus der die Behauptung unmittelbar folgt:

$$\|\mathsf{T}(\boldsymbol{x}_k)\| = \sum_{n=-\infty}^{\infty} |\boldsymbol{x}_k(n)|\,|\boldsymbol{t}_m(n)| \le \lambda \sum_{n=-\infty}^{\infty} |\boldsymbol{x}_k(n)| = \lambda \|\boldsymbol{x}_k\|$$

Der Vektorraum $\mathfrak{A}$ enthält insbesondere alle Signale mit endlichem Träger (siehe Abschn. 3.2.4), denn deren Norm wird durch eine endliche Summe bestimmt. Damit enthält $\mathfrak{A}$ alle Signale, die numerischer Rechnung zugänglich sind. Auch sind alle Signale in $\mathfrak{A}$ beschränkt:

$$|\boldsymbol{x}_m| \le \sum_{n=-\infty}^{\infty} |\boldsymbol{x}_n| = \|\boldsymbol{x}\|$$

Alle stetigen linearen Systeme von $\mathfrak{A}$ in sich sind daher trivialerweise stabil (siehe Abschn. 3.12). Bei der Wahl $n \mapsto \boldsymbol{t}_m(n) = \boldsymbol{\delta}_{n-k}(m)$ erhält man gerade $\mathbf{I}_k$:

$$\mathbf{T}(\boldsymbol{x})(n) = \sum_{m=-\infty}^{\infty} \boldsymbol{x}(m)\boldsymbol{t}_m(n) = \sum_{m=-\infty}^{\infty} \boldsymbol{x}(m)\boldsymbol{\delta}_{n-k}(m) = \boldsymbol{x}(n-k) = \mathbf{I}_k(\boldsymbol{x})(n)$$

In der Praxis werden viele Systeme in der Gestalt (3.68) erhalten, d. h. sie sind von geshifteten Signalen abhängig, und es stellt sich die Frage, ob solch ein System ein stetiges lineares System ist. Statt nun eine Darstellung (3.73) zu suchen kann auch indirekt vorgegangen werden.

Es sei $\mathfrak{V}$ ein vollständiger normierter Teilvektorraum von $\mathfrak{S}$. Es sei $(\mathbf{U}_k)_{k\in\mathbb{N}}$ eine Folge von stetigen linearen Systemen von $\mathfrak{V}$ in sich selbst. Dann ist das durch

$$\mathbf{U}(\boldsymbol{x}) = \lim_{k\to\infty} \mathbf{U}_k(\boldsymbol{x}) \quad \text{für alle } \boldsymbol{x} \in \mathfrak{V} \tag{3.74}$$

definierte System $\mathbf{U}$ ein stetiges lineares System von $\mathfrak{V}$ in sich selbst.

In diesem Zusammenhang sagt man, dass $\mathbf{U}$ durch die **starke Konvergenz** definiert wird. Die Linearität von $\mathbf{U}$ ist leicht zu sehen, die Stetigkeit (d. h. die Beschränktheit) folgt aus dem Satz von Banach-Steinhaus,[4] für welchen die Vollständigkeit von $\mathfrak{V}$ gegeben sein muss (d. h. $\mathfrak{V}$ muss ein Banachraum sein). Der normierte Vektorraum $\mathfrak{A}$ ist vollständig.

Die $\mathbf{I}_m$ bilden eine Folge von stetigen linearen Systemen von $\mathfrak{A}$ in sich selbst. Jedes System, das durch starke Konvergenz mit den $\mathbf{I}_m$ entsteht, ist daher selbst ein stetiges lineares System. Als ein Beispiel für diese Technik kann das in Abschn. 4.8.1 entwickelte System (3.68) dienen, dessen Umformung in einen Grenzwert starker Konvergenz schon in (3.69) gezeigt wurde:

$$\mathbf{T}(\boldsymbol{x}) = \frac{1}{\pi} \sum_{m=-\infty}^{\infty} \frac{\sin(m\omega_y)}{m} \mathbf{I}_m(\boldsymbol{x}) \tag{3.75}$$

3.2.2 Systeme, die linear, stetig und shift-invariant sind

Eine weitere bedeutende Eigenschaft von Systemen ist die **Shift-Invarianz**, auch weniger präzise Zeit-Invarianz genannt.

Ein System $\mathbf{S} : \mathfrak{M} \longrightarrow \mathfrak{S}$ auf $\mathfrak{M} \subset \mathfrak{S}$ heißt shift-invariant, wenn für **jede** Shift-Funktion $\sigma_m : \mathbb{Z} \to \mathbb{Z}$ die folgende Bedingung erfüllt ist:

$$\text{für alle } \boldsymbol{x} \in \mathfrak{M} \quad \boldsymbol{x} \circ \sigma_m \in \mathfrak{M} \Longrightarrow \mathbf{S}(\boldsymbol{x}) \circ \sigma_m = \mathbf{S}(\boldsymbol{x} \circ \sigma_m) \tag{3.76}$$

[4] Siehe [BaNa] **15.2**.

Ob man also zuerst das Signal $\boldsymbol{x}$ shiftet und dann das System $\mathbf{S}$ darauf anwendet, oder ob man zuerst das System auf das Signal anwendet und das so erzeugte Signal dann shiftet: Es soll Dasselbe herauskommen.

Mit Hilfe der Systeme $\mathbf{I}_m$ erkennt man noch besser, dass eine Vertauschungsbedingung vorliegt: Für alle $m \in \mathbb{Z}$ muss das folgende Diagramm kommutativ sein:

$$
\begin{array}{ccc}
\mathfrak{M} & \xrightarrow{\mathbf{S}} & \mathfrak{M} \\
\Big\downarrow{\scriptstyle \mathbf{I}_m} & & \Big\downarrow{\scriptstyle \mathbf{I}_m} \\
\mathfrak{M} & \xrightarrow[\mathbf{S}]{} & \mathfrak{M}
\end{array}
\qquad \mathbf{I}_m \circ \mathbf{S} = \mathbf{S} \circ \mathbf{I}_m
$$

Dieses Diagramm, das noch die speziellen Systeme $\mathbf{I}_m$ enthält wird in Abschn. 3.13.5 noch allgemeiner gefasst werden (Abschn. 3.13.5).

Ein Beispiel für ein shift-invariantes System ist das quadrierende System $\mathbf{Q}$, das also durch die Formel $\mathbf{Q}(\boldsymbol{x})(n) = \boldsymbol{x}(n)^2$ gegeben ist. Denn setzt man $\boldsymbol{y} = \boldsymbol{x} \circ \sigma_m$ und damit

$$\boldsymbol{y}(k) = (\boldsymbol{x} \circ \sigma_m)(k) = \boldsymbol{x}(k - m),$$

dann ist

$$\mathbf{Q}(\boldsymbol{y})(n) = \boldsymbol{y}(n)^2 = \boldsymbol{x}(n - m)^2,$$

woraus folgt:

$$\mathbf{Q}(\boldsymbol{x} \circ \sigma_m)(n) = \mathbf{Q}(\boldsymbol{y})(n) = \boldsymbol{y}(n)^2 = \boldsymbol{x}(n - m)^2$$

Andererseits ergibt sich aber auch

$$(\mathbf{Q}(\boldsymbol{x}) \circ \sigma_m)(n) = \mathbf{Q}(\boldsymbol{x})(\sigma_m(n)) = \mathbf{Q}(\boldsymbol{x})(n - m) = \boldsymbol{x}(n - m)^2$$

Also ist (3.76) für $\mathbf{Q}$ erfüllt. Ein Beispiel für ein shift-variantes System ist das durch die Formel $\mathbf{T}(\boldsymbol{x})(n) = \boldsymbol{x}(n^2)$ definierte System $\mathbf{T}$, bei dem nicht wie bei $\mathbf{Q}$ der Signalwert, sondern das Signalargument quadriert wird. Um zu zeigen, dass $\mathbf{T}$ nicht shift-invariant ist, genügt es, ein $m \in \mathbb{Z}$ und ein $\boldsymbol{x} \in \mathfrak{S}$ zu finden, für welche (3.76) *nicht* erfüllt ist. Ein erster Versuch mit $m = 1$ und $\boldsymbol{x} = \boldsymbol{\delta}$ führt schon zum Erfolg. Setzt man nämlich ähnlich wie oben $\boldsymbol{y} = \boldsymbol{\delta} \circ \sigma_1$, dann ist

$$\boldsymbol{y}(k) = (\boldsymbol{\delta} \circ \sigma_1)(k) = \boldsymbol{\delta}(k - 1)$$

und es folgt

$$\mathbf{T}(\boldsymbol{\delta} \circ \sigma_1)(n) = \mathbf{T}(\boldsymbol{y})(n) = \boldsymbol{y}(n^2) = \boldsymbol{\delta}(n^2 - 1)$$

Andererseits rechnet man für die andere Seite von (3.76) folgendes aus:

$$(\mathbf{T}(\boldsymbol{\delta}) \circ \sigma_1)(n) = \mathbf{T}(\boldsymbol{\delta})(\sigma_1(n)) = \mathbf{T}(\boldsymbol{\delta})(n - 1) = \boldsymbol{\delta}((n - 1)^2)$$

Die beiden Seiten sind verschieden, das System ist daher nicht shift-invariant. Weitere Beispiele für shift-invariante Systeme sind die $\mathbf{I}_m$:

$$\begin{aligned}((\mathbf{I}_m(\boldsymbol{x}))\circ\sigma_k)(n) &= \mathbf{I}_m(\boldsymbol{x})(\sigma_k(n)) = \mathbf{I}_m(\boldsymbol{x})(n-k) = (\boldsymbol{x}\circ\sigma_m)(n-k) = \boldsymbol{x}(n-k-m)\\ \mathbf{I}_m(\boldsymbol{x}\circ\sigma_k)(n) &= ((\boldsymbol{x}\circ\sigma_k)\circ\sigma_m) = (\boldsymbol{x}\circ\sigma_k)(\sigma_m(n)) = (\boldsymbol{x}\circ\sigma_k)(n-k)\\ &= (\sigma_k(n-m)) = \boldsymbol{x}(n-m-k)\end{aligned}$$

Bei der linearen Verknüpfung von shift-invarianten Systemen bleibt die Shift-Invarianz erhalten:

Sind $\mathbf{S}:\mathfrak{M}\longrightarrow\mathfrak{S}$ und $\mathbf{T}:\mathfrak{M}\longrightarrow\mathfrak{S}$ shift-invariante Systeme, dann sind auch $\mathbf{S}+\mathbf{T}$ und für jedes $c\in\mathbb{C}$ $c\mathbf{S}$ shift-invariant.

Für die Additivität rechnet man wie folgt:

$$\begin{aligned}(\mathbf{S}+\mathbf{T})(\boldsymbol{x}\circ\sigma_m) &= \mathbf{S}(\boldsymbol{x}\circ\sigma_m)+\mathbf{T}(\boldsymbol{x}\circ\sigma_m)\\ &= \mathbf{S}(\boldsymbol{x})\circ\sigma_m+\mathbf{T}(\boldsymbol{x})\circ\sigma_m = (\mathbf{S}(\boldsymbol{x})+\mathbf{T}(\boldsymbol{x}))\circ\sigma_m = (\mathbf{S}+\mathbf{T})(\boldsymbol{x})\circ\sigma_m\end{aligned}$$

Für die Homogenität gibt es eigentlich nichts zu rechnen, hier ist aber doch die Ableitung mit voller Klammerung ($\circ$ bindet stärker als $\cdot$):

$$\begin{aligned}((c\mathbf{S})(\boldsymbol{x}))\circ\sigma_m &= (c\cdot\mathbf{S}(\boldsymbol{x}))\circ\sigma_m = c\cdot\mathbf{S}(\boldsymbol{x})\circ\sigma_m\\ (c\mathbf{S})(\boldsymbol{x}\circ\sigma_m) &= c\cdot\mathbf{S}(\boldsymbol{x}\circ\sigma_m) = c\cdot\mathbf{S}(\boldsymbol{x})\circ\sigma_m\end{aligned}$$

Es ist wirklich nur eine Frage der Interpretation der gegenseitigen Stellung der Faktoren. Das Ergebnis kann natürlich auf endliche Linearkombinationen von shift-invarianten Systemen erweitert werden:

Sind $\mathbf{S}_\kappa:\mathfrak{M}\longrightarrow\mathfrak{S}$ shift-invariante System und $c_\kappa\in\mathbb{C}$, $\kappa\in\{1,\dots,k\}$, dann ist auch deren Linearkombination

$$\sum_{\kappa=1}^{k} c_\kappa\mathbf{S}_\kappa \tag{3.77}$$

ein shift-invariantes System.

Beispielsweise ist das System $\mathbf{D}$ vom Anfang des Abschnittes shift-invariant, denn es lässt sich als Linearkombination von einigen $\mathbf{I}_m$ darstellen:

$$\mathbf{D}(\boldsymbol{x}) = \frac{1}{3}\mathbf{I}_0+\frac{1}{3}\mathbf{I}_1+\frac{1}{3}\mathbf{I}_2$$

Tatsächlich ist noch eine viel stärkere Aussage wahr, dass nämlich die Shift-Invarianz von der starken Konvergenz respektiert wird:

Es sei $(\mathbf{S}_k)_{k\in\mathbb{N}}$ eine Folge stetig linearer Systeme $\mathbf{S}_k : \mathfrak{M} \longrightarrow \mathfrak{S}$ auf einem Teilvektorraum $\mathfrak{M}$, die stark gegen ein System $\mathbf{S} : \mathfrak{M} \longrightarrow \mathfrak{S}$ konvergiert, d. h. es gelte

$$\mathbf{S}(x) = \lim_{k\to\infty} \mathbf{S}_k(x) \quad \text{für alle } x \in \mathfrak{M}$$

Ist jedes der $\mathbf{S}_k$ shift-invariant, dann auch $\mathbf{S}$.

Diese Aussage gilt insbesondere auch für mit solchen Systemen gebildete unendliche Reihen, die als Grenzwerte von Partialsummenfolgen definiert werden. Der Nachweis von $\mathbf{I}_m \circ \mathbf{S} = \mathbf{S} \circ \mathbf{I}_m$ ist sehr einfach zu erbringen:

$$\mathbf{I}_m(\mathbf{S}(x)) = \mathbf{I}_m\Big(\lim_{k\to\infty} \mathbf{S}_k(x)\Big) = \lim_{k\to\infty} \mathbf{I}_m(\mathbf{S}_k(x)) = \lim_{k\to\infty} \mathbf{S}_k(\mathbf{I}_m(x)) = \mathbf{S}(\mathbf{I}_m(x))$$

Damit sind die oft vorkommenden mit den $\mathbf{I}_m$ gebildeten unendlichen Reihen (mit starker Konvergenz)

$$\sum_{m=-\infty}^{\infty} c_m \mathbf{I}_m(x) \quad \text{oder} \quad \sum_{m=-\infty}^{\infty} c_m x(n-m) \quad \text{für alle } n \in \mathbb{Z}$$

stets shift-invariant. Ein Beispiel ist das durch (3.75) gegebene System, allerdings ist dieses System shift-invariant, weil es als solches konstruiert wurde.

Faktoren wie $n - m$ sind fast immer auf eine Faltungsoperation zurückzuführen. Tatsächlich kann die Faltung selbst als eine mit den $\mathbf{I}_m$ gebildete unendliche Reihe dargestellt werden:

$$(x * y)(n) = \sum_{m=-\infty}^{\infty} x(m)y(n-m) = \sum_{m=-\infty}^{\infty} x(m)\mathbf{I}_m(y)(n) \tag{3.78}$$

Bei festem x ist die Faltung daher eine stetige lineare Funktion $y \mapsto x * y$. Das bedeutet natürlich, dass durch $\mathbf{F}(y) = x * y$ ein stetiges lineares System definiert wird. Dabei können x und y wegen der Kommutativität der Faltung vertauscht werden. Ein Zusammenhang der Faltungsoperation mit shift-invarianten Systemen ergibt sich daraus wie folgt:

Es sei $\mathbf{S}$ ein stetiges, lineares und shift-invariantes System $\mathbf{S} : \mathfrak{M} \longrightarrow \mathfrak{M}$ eines normierten Teilraumes $\mathfrak{M} \subset \mathfrak{S}$. Für $x, y \in \mathfrak{M}$ existiere die Faltung $x * y$. Dann gilt

$$\mathbf{S}(x * y) = \mathbf{S}(x) * y = x * \mathbf{S}(y) \tag{3.79}$$

Die Ableitung dieser Gleichungen verwendet (3.78) und verläuft wie folgt:

$$\mathbf{S}(x * y) = \sum_{m=-\infty}^{\infty} x(m)\mathbf{S}(\mathbf{I}_m(y)) = \sum_{m=-\infty}^{\infty} x(m)\mathbf{I}_m(\mathbf{S}(y)) = x * \mathbf{S}(y)$$

Der zweite Teil der Behauptung, d. h. $\mathbf{S}(x * y) = \mathbf{S}(x) * y$, ergibt sich aus der Kommutativität des Faltungsoperators.

Weiter vorne (in Abschn. 3.2.1) wurden alle auf ganz $\mathfrak{S}$ definierten zugleich stetigen und linearen Systeme bestimmt. Welche dieser Systeme sind auch shift-invariant? Ausgangspunkt ist wieder die Darstellung eines linearen, stetigen Systems T durch die Basis der $\boldsymbol{\delta}_m$. Für jedes Signal $\boldsymbol{x}$ hat man die Entwicklung

$$\boldsymbol{x} = \sum_{m=-\infty}^{\infty} \boldsymbol{x}(m)\boldsymbol{\delta}_m$$

Wird ein stetiges lineares System T auf beide Seiten dieser Entwicklung angewandt, erhält man daraus (siehe dazu Abschn. 3.2.1)

$$\mathsf{T}(\boldsymbol{x})(n) = \sum_{m \in \mathsf{T}_{\langle n \rangle}} \boldsymbol{x}(m)(\mathsf{T}(\boldsymbol{\delta}) \circ \sigma_m)(n) = \sum_{m \in \mathsf{T}_{\langle n \rangle}} \boldsymbol{x}(m)\mathsf{T}(\boldsymbol{\delta})(n-m) \tag{3.80}$$

Wird in der Darstellung (3.80) einerseits der Signalwert $\mathsf{T}(\boldsymbol{x})$ von $\boldsymbol{x}$ geshiftet, erhält man das folgende Ergebnis:

$$(\mathsf{T}(\boldsymbol{x}) \circ \sigma_k)(n) = \sum_{m \in \mathsf{T}_{\langle n-k \rangle}} \boldsymbol{x}(m)\mathsf{T}(\boldsymbol{\delta})(n-m-k) \tag{3.81}$$

Wird in (3.80) andererseits nicht der Signalwert, sondern das Signal, also $\boldsymbol{x}$, vor der Anwendung des Systems geshiftet, führt das auf

$$\mathsf{T}(\boldsymbol{x} \circ \sigma_k)(n) = \sum_{m \in \mathsf{T}_{\langle n \rangle}} \boldsymbol{x}(m-k)\mathsf{T}(\boldsymbol{\delta})(n-m) \tag{3.82}$$

Weil T ein shift-invariantes System ist, müssen die rechten Seiten von (3.81) und (3.82) für beliebige $k \in \mathbb{Z}$ übereinstimmen. Aber das ist nur möglich, wenn die Mengen $\mathsf{T}_{\langle \nu \rangle}$ die folgende Bedingung erfüllen:

$$\bigwedge_{k \in \mathbb{Z}} m \in \mathsf{T}_{\langle \nu \rangle} \Longleftrightarrow m-k \in \mathsf{T}_{\langle \nu-k \rangle} \tag{3.83}$$

Denn setzt man $q = m+k$, dann ist $q-k \in \mathsf{T}_{\langle \nu-k \rangle} \Longleftrightarrow q \in \mathsf{T}_{\langle \nu \rangle}$, was nach der Beseitigung von q zu $m \in \mathsf{T}_{\langle \nu-k \rangle} \Longleftrightarrow m+k \in \mathsf{T}_{\langle \nu \rangle}$ führt, und man erhält

$$\begin{aligned}
(\mathsf{T}(\boldsymbol{x}) \circ \sigma_k)(n) &= \sum_{q \in \mathsf{T}_{\langle n \rangle}} \boldsymbol{x}(q-k)\mathsf{T}(\boldsymbol{\delta})(n-q+k-k) \\
&= \sum_{q \in \mathsf{T}_{\langle n \rangle}} \boldsymbol{x}(q-k)\mathsf{T}(\boldsymbol{\delta})(n-q) \\
&= \mathsf{T}(\boldsymbol{x} \circ \sigma_k)(n)
\end{aligned}$$

Damit sind sämtliche auf dem ganzen Vektorraum $\mathfrak{S}$ definierten Systeme $\mathsf{T} : \mathfrak{S} \longrightarrow \mathfrak{S}$, die (bezüglich der komponentenweisen Konvergenz in $\mathfrak{S}$) stetig, linear und darüber hinaus auch shift-invariant sind, bestimmt:

Es sei $(\boldsymbol{t}_m)_{m\in\mathbb{Z}}$ eine Signalfolge und $(\mathbf{T}_{\langle n\rangle})_{n\in\mathbb{Z}}$ eine Folge von **endlichen** Teilmengen $\mathbf{T}_{\langle n\rangle} \subset \mathbb{Z}$. Diese Teilmengen mögen die folgende Bedingung erfüllen:

$$\bigwedge_{n\in\mathbb{Z}} \bigwedge_{k\in\mathbb{Z}} m \in \mathbf{T}_{\langle n\rangle} \iff m - k \in \mathbf{T}_{\langle n-k\rangle} \tag{3.84}$$

Dann ist das durch die folgenden Summen komponentenweise definierte System $\mathbf{T}$ nicht nur linear und stetig, sondern auch shift-invariant:

$$\mathbf{T}(\boldsymbol{x})(n) = \sum_{m\in\mathbf{T}_{\langle n\rangle}} \boldsymbol{x}(m)\boldsymbol{t}_m(n) \quad \text{für alle } \boldsymbol{x} \in \mathfrak{S} \tag{3.85}$$

Das System besitzt eine nur noch von $\mathbf{T}(\boldsymbol{\delta})$ abhängige Summendarstellung mit den Summationsindexmengen $\mathbf{T}_{\langle n\rangle}$:

$$\mathbf{T}(\boldsymbol{x})(n) = \sum_{m\in\mathbf{T}_{\langle n\rangle}} \boldsymbol{x}(m)(\mathbf{T}(\boldsymbol{\delta}) \circ \sigma_m)(n) = \sum_{m\in\mathbf{T}_{\langle n\rangle}} \boldsymbol{x}(m)\mathbf{T}(\boldsymbol{\delta})(n-m) \tag{3.86}$$

Die speziellen Signale $\mathbf{T}(\boldsymbol{\delta}_k)$ hängen von den $\boldsymbol{t}_m$ wie folgt ab:

$$\mathbf{T}(\boldsymbol{\delta}_k)(n) = \sum_{m\in\mathbf{T}_{\langle n\rangle}} \boldsymbol{\delta}_k(m)\boldsymbol{t}_m(n) = \begin{cases} \boldsymbol{t}_k(n) & \text{falls } k \in \mathbf{T}_{\langle n\rangle} \\ 0 & \text{falls } k \notin \mathbf{T}_{\langle n\rangle} \end{cases} \tag{3.87}$$

Alle linearen, stetigen und shift-invarianten Systeme auf $\mathfrak{S}$ haben die durch (3.84) und (3.86) vorgegebene Gestalt.

Der Unterschied zwischen Systemen, die nur linear und stetig sind, und solchen, die noch dazu shift-invariant sind, liegt also darin, dass die Mengen $\mathbf{T}_{\langle n\rangle}$ nicht mehr beliebig gewählt werden können, sondern von (3.84) strukturiert werden.

Es bleibt noch, die von der Bedingung (3.84) erzwungene Struktur der Mengen $\mathbf{T}_{\langle n\rangle}$ zu bestimmen. Man geht dazu von irgendeiner endlichen Teilmenge $\mathbf{T}_{\langle 0\rangle}$ von $\mathbb{Z}$ aus. Damit steht die Größe der $\mathbf{T}_{\langle n\rangle}$, d. h. die Anzahl ihrer Elemente, schon fest. Die Bedingung (3.84) ergibt speziell für $k = 1$ die Aussage

$$q - 1 \in \mathbf{T}_{\langle -1\rangle} \iff q \in \mathbf{T}_{\langle 0\rangle}$$

In die Mengensprache umgeschrieben gibt das

$$\mathbf{T}_{\langle -1\rangle} = \{q - 1 \mid q \in \mathbf{T}_{\langle 0\rangle}\}$$

Bei $k = -1$ wird die Bedingung spezialisiert zu

$$q + 1 \in \mathbf{T}_{\langle 1\rangle} \iff q \in \mathbf{T}_{\langle 0\rangle}$$

womit die Menge $\mathbf{T}_{\langle 1\rangle}$ in ihrer Struktur festliegt:

$$\mathbf{T}_{\langle 1\rangle} = \{q + 1 \mid q \in \mathbf{T}_{\langle 0\rangle}\}$$

Allgemein erhält man für $k = -n$ die Bedingung

$$q + n \in \mathsf{T}_{\langle n \rangle} \iff q \in \mathsf{T}_{\langle 0 \rangle}$$

und damit für das allgemeine $\mathsf{T}_{\langle n \rangle}$

$$\mathsf{T}_{\langle n \rangle} = \{q + n \mid q \in \mathsf{T}_{\langle 0 \rangle}\} \tag{3.88}$$

Die Struktur und die Größe der Mengen $\mathsf{T}_{\langle n \rangle}$ werden also durch die Wahl der Elemente des Spezialfalles $\mathsf{T}_{\langle 0 \rangle}$ festgelegt.

Beispielsweise erhält man für die einfachste Möglichkeit $\mathsf{T}_{\langle 0 \rangle} = \{0\}$ die Mengen $\mathsf{T}_{\langle n \rangle} = \{n\}$, und für $\mathsf{T}_{\langle 0 \rangle} = \{p, q\}$ kommt man auf

$$\mathsf{T}_{\langle n \rangle} = \{p + n, q + n\}$$

und dieses Mengensystem legt ein System T nach (3.86) wie folgt fest:

$$\mathsf{T}(\boldsymbol{x})(n) = \sum_{m \in \mathsf{T}_{\langle n \rangle}} \boldsymbol{x}(m)\mathsf{T}(\boldsymbol{\delta})(n - m) = \boldsymbol{x}(p + n)\mathsf{T}(\boldsymbol{\delta})(-p) + \boldsymbol{x}(q + n)\mathsf{T}(\boldsymbol{\delta})(-q)$$

Die Systeme I_m sind linear, stetig und shift-invariant, es muss deshalb einen Weg gegen, sie mit (3.86) darzustellen. Das gelingt auch mit der Wahl $\mathsf{T}_{\langle 0 \rangle} = \{-m\}$, also mit $\mathsf{T}_{\langle n \rangle} = \{n - m\}$, und mit $\mathsf{T}(\boldsymbol{\delta}) = \boldsymbol{\delta}_m$:

$$\mathsf{T}(\boldsymbol{x})(n) = \boldsymbol{x}(n - m)\mathsf{T}(\boldsymbol{\delta})(m) = \boldsymbol{x}(n - m)\boldsymbol{\delta}_m(m) = \boldsymbol{x}(n - m) = \mathsf{I}_m(\boldsymbol{x})(n)$$

Mit $\mathsf{T}_{\langle 0 \rangle} = \{0, -1, \ldots, -m\}$ und $\mathsf{T}(\boldsymbol{\delta}) = c_0\boldsymbol{\delta}_0 + c_1\boldsymbol{\delta}_1 + \ldots + c_m\boldsymbol{\delta}_m$ erhält man schließlich

$$\mathsf{T}(\boldsymbol{x})(n) = c_0\boldsymbol{x}(n) + c_1\boldsymbol{x}(n - 1) + \cdots + c_m\boldsymbol{x}(n - m)$$

Ein Beispiel für ein System, das zwar stetig linear, aber nicht shift-invariant ist, gibt das durch (3.66) gegebene System (Abschn. 3.2.1). Es gilt nämlich einerseits

$$(\mathsf{T}(\boldsymbol{\delta}_2) \circ \sigma_m)(n) = ((2\boldsymbol{\delta}_2) \circ \sigma_m)(n) = 2\boldsymbol{\delta}_{2+m}(n)$$

und andererseits

$$\mathsf{T}(\boldsymbol{\delta}_2 \circ \sigma_m)(n) = \mathsf{T}(\boldsymbol{\delta}_{2+m})(n) = (2 + m)\boldsymbol{\delta}_{2+m}(n)$$

und die beiden Ergebnisse stimmen nicht überein. Diese Berechnungen sind allerdings ganz und gar überflüssig, denn aus der Beziehung (3.88) folgt unmittelbar

Ist ein stetiges lineares System $\mathsf{T}\colon \mathfrak{S} \longrightarrow \mathfrak{S}$ auch shift-invariant, dann haben alle Indexmengen $\mathsf{T}_{\langle n \rangle}$ dieselbe Anzahl von Elementen.

Die Indexmengen des mit (3.66) definierten Systems sind nämlich die Mengen $\mathsf{T}_{\langle n \rangle} = \{0, 1, \cdots, n\}$ mit der Elementeanzahl $\left\| \mathsf{T}_{\langle n \rangle} \right\| = n + 1$, die damit diese notwendige Bedingung nicht erfüllen.

Bei den normierten Signalvektorräumen ist die Sachlage weniger kompliziert. Stellvertretend für viele andere Räume wird hier nur die Menge aller stetig linearen und zusätzlich shift-invarianten Systeme $\mathsf{T} : \mathfrak{A} \longrightarrow \mathfrak{A}$ auf dem Raum aller absolut konvergenten Signale bestimmt. Die Signale $\boldsymbol{\delta}_m$ bilden eine Basis für diesen Vektorraum, mit (siehe die Diskussion ab Abschn. 3.1.6)

$$\boldsymbol{x} = \sum_{m=-\infty}^{\infty} \boldsymbol{x}(m) \boldsymbol{\delta}_m$$

Es sei T ein stetig lineares und zusätzlich shift-invariantes System auf $\mathfrak{A}$. Aus der Shift-Invarianz folgt dann

$$\mathsf{T}(\boldsymbol{\delta}_m) = \mathsf{T}(\boldsymbol{\delta} \circ \boldsymbol{\delta}_m) = \mathsf{T}(\boldsymbol{\delta}) \circ \boldsymbol{\delta}_m$$

mit der weiteren Folgerung dass jedes solche System die nachfolgende Entwicklung besitzen muss:

$$\mathsf{T}(\boldsymbol{x}) = \mathsf{T}\left(\sum_{m=-\infty}^{\infty} \boldsymbol{x}(m) \boldsymbol{\delta}_m \right) = \sum_{m=-\infty}^{\infty} \boldsymbol{x}(m) \mathsf{T}(\boldsymbol{\delta}_m) = \sum_{m=-\infty}^{\infty} \boldsymbol{x}(m) (\mathsf{T}(\boldsymbol{\delta}) \circ \boldsymbol{\delta}_m) \tag{3.89}$$

Auch hier darf $\mathsf{T}(\boldsymbol{x})$ nur noch von $\mathsf{T}(\boldsymbol{\delta})$ abhängen. Tatsächlich ist diese notwendige Bedingung auch hinreichend:

Es sei $\boldsymbol{t} \in \mathfrak{A}$ ein absolut summierbares Signal. Dann wird durch

$$\mathsf{T}(\boldsymbol{x}) = \sum_{m=-\infty}^{\infty} \boldsymbol{x}(m) (\boldsymbol{t} \circ \sigma_m) \tag{3.90}$$

ein lineares, stetiges und shift-invariantes System $\mathsf{T} : \mathfrak{A} \longrightarrow \mathfrak{A}$ gegeben, und zwar hat jedes lineare, stetige und shift-invariante System auf $\mathfrak{A}$ diese Darstellung.

Als Erstes ist zu zeigen, dass die angegebene Reihe tatsächlich konvergiert. Dazu genügt es, zu zeigen, dass die Reihenreste eine Nullfolge bilden. Es seien also $k, m \in \mathbb{N}$ mit $m < k$. Dann gilt

$$\left\| \sum_{\substack{\mu=-k \\ |\mu| \geq m}}^{k} \boldsymbol{x}(\mu) (\boldsymbol{t} \circ \sigma_\mu) \right\| \leq \sum_{\substack{\mu=-k \\ |\mu| \geq m}}^{k} |\boldsymbol{x}(\mu)| \cdot \left\| \boldsymbol{t} \circ \sigma_\mu \right\| = \sum_{\substack{\mu=-k \\ |\mu| \geq m}}^{k} |\boldsymbol{x}(\mu)| \cdot \|\boldsymbol{t}\| = \|\boldsymbol{t}\| \sum_{\substack{\mu=-k \\ |\mu| \geq m}}^{k} |\boldsymbol{x}(\mu)| \tag{3.91}$$

Wegen der absoluten Summierbarkeit von $\boldsymbol{x}$ steht ganz rechts ein eine Nullfolge bildender Reihenrest. Bei dieser Ableitung wurde von der Eigenschaft

$$\left\| \boldsymbol{x} \circ \sigma_k \right\| = \|\boldsymbol{x}\| \tag{3.92}$$

der Norm Gebrauch gemacht. Aus der absoluten Summierbarkeit von $\boldsymbol{x}$ folgt nämlich, dass es keine Rolle spielt, auf welche Weise der Wert der Normreihe berechnet wird:

$$\|\boldsymbol{x} \circ \sigma_k\| = \sum_{n=-\infty}^{\infty} |\boldsymbol{x}(n-k)| = \sum_{m=-\infty}^{\infty} |\boldsymbol{x}(m)| = \|\boldsymbol{x}\|$$

Die Linearität der durch (3.90) definierten Abbildung kann mit einfacher Standardrechnung bestätigt werden. Die Stetigkeit folgt aus der Beschränktheit:

$$\|\mathsf{T}(\boldsymbol{x})\| \leq \|\boldsymbol{t}\| \sum_{n=-\infty}^{\infty} |\boldsymbol{x}(n)| = \|\boldsymbol{t}\| \, \|\boldsymbol{x}\|$$

Es bleibt noch die Shift-Invarianz zu zeigen. Dabei wird von der folgenden Aussage Gebrauch gemacht:

> Es sei $(c_m)_{m\in\mathbb{Z}}$ eine Folge komplexer Zahlen und $(\boldsymbol{x}_m)_{m\in\mathbb{Z}}$ eine Folge von Signalen aus $\mathfrak{A}$. Die Reihe
>
> $$\sum_{m=-\infty}^{\infty} c_m \boldsymbol{x}_m$$
>
> möge konvergieren (bezüglich der Summennorm). Dann gilt
>
> $$\sum_{m=-\infty}^{\infty} c_m \boldsymbol{x}_m = \left(\sum_{m=-\infty}^{\infty} c_m \boldsymbol{x}_m \right) \circ \sigma_k = \sum_{m=-\infty}^{\infty} c_m (\boldsymbol{x}_m \circ \sigma_k) \tag{3.93}$$
>
> d. h. die beiden Reihen konvergieren und besitzen denselben Reihenwert.

Der einfache Beweis dieser Aussage kann mit (3.92) geführt werden:

$$\left\| \sum_{\mu=-m}^{m} c_m (\boldsymbol{x}_m \circ \sigma_k) \right\| = \left\| \left(\sum_{\mu=-m}^{m} c_m \boldsymbol{x}_m \right) \circ \sigma_k \right\| = \left\| \sum_{\mu=-m}^{m} c_m \boldsymbol{x}_m \right\|$$

Die beiden Reihen konvergieren, und die Aussage über die Reihenwerte erhält man durch Übergang zum Grenzwert.

Jetzt kann die Shift-Invarianz des Systems (3.90) abgeleitet werden. Man erhält einerseits durch Shiften des Eingangssignals

$$\mathsf{T}(\boldsymbol{x} \circ \sigma_k) = \sum_{m=-\infty}^{\infty} \boldsymbol{x}(m-k)(\boldsymbol{t} \circ \sigma_m)$$

andererseits durch Shiften des Ausgangssignals

$$\begin{aligned}
\mathsf{T}(\boldsymbol{x}) \circ \sigma_k &= \left(\sum_{m=-\infty}^{\infty} \boldsymbol{x}(m)(\boldsymbol{t} \circ \sigma_m) \right) \circ \sigma_k \\
&= \sum_{m=-\infty}^{\infty} \boldsymbol{x}(m)(\boldsymbol{t} \circ \sigma_m) \circ \sigma_k = \sum_{m=-\infty}^{\infty} \boldsymbol{x}(m)(\boldsymbol{t} \circ \sigma_{m+k}) \\
&= \sum_{q=-\infty}^{\infty} \boldsymbol{x}(q-k)(\boldsymbol{t} \circ \sigma_q)
\end{aligned}$$

Beide Shifts führen zu demselben Ergebnis, das System ist daher shift-invariant. Damit lässt sich jetzt die wahre Natur von $\boldsymbol{t}$ bestimmen:

$$\mathsf{T}(\boldsymbol{\delta}) = \sum_{m=-\infty}^{\infty} \boldsymbol{\delta}(m)(\boldsymbol{t} \circ \sigma_m) = \boldsymbol{\delta}(0)(\boldsymbol{t} \circ \sigma_0) = \boldsymbol{t} \tag{3.94}$$

Ein einfaches Beispiel erhält man mit $\mathsf{T}(\boldsymbol{\delta}) = \boldsymbol{\delta}_q$. Hier ist $\mathsf{T}(\delta) \circ \sigma_k = \boldsymbol{\delta}_q \circ \sigma_k = \boldsymbol{\delta}_{q+k}$ und daher

$$\mathsf{T}(\boldsymbol{x}) = \sum_{m=-\infty}^{\infty} \boldsymbol{x}(m)\boldsymbol{\delta}_{q+m} = \sum_{p=-\infty}^{\infty} \boldsymbol{x}(p-q)\boldsymbol{\delta}_p = \sum_{p=-\infty}^{\infty} (\boldsymbol{x} \circ \sigma_q)(p)\boldsymbol{\delta}_p$$

Die letzte Reihe ist die Entwicklung von $\boldsymbol{x} \circ \sigma_q$ mit der Basis $(\boldsymbol{\delta}_p)_{p\in\mathbb{Z}}$, d. h. es gilt

$$\mathsf{T}(\boldsymbol{x}) = \boldsymbol{x} \circ \sigma_q = \mathsf{I}_q(\boldsymbol{x})$$

Theorie und Praxis der digitalen Filter werden von Systemen dominiert, die stetig, linear und shift-invariant sind. Es ist daher nicht verwunderlich, dass für sie ein Akronym geschaffen wurde:

▸ **Ein LSI-System** ist ein lineares und shift-invariantes System

In LSI (*linear shift-invariant*) kommt die Stetigkeit nicht vor, sie darf aber nicht ignoriert werden, weil sie (in normierten Räumen) mit der Beschränktheit gleichwertig ist, gegen die man recht leicht unwissentlich oder versehentlich verstoßen kann. In diesem Buch soll also LSI für **stetig, linear und shift-invariant** stehen.

Ganz von der reinen Anwendung der digitalen Filter her gesehen kann es den Anschein haben, dass Linearität und Shift-Invarianz nur dazu dienen, die Theorie zu vereinfachen. Denn sind zwei Signale $\boldsymbol{x}$ und $\boldsymbol{y}$ gegeben, deren Summe mit F gefiltert werden soll, dann wird man mit $\mathsf{F}(\boldsymbol{x}+\boldsymbol{y})$ und nicht mit $\mathsf{F}(\boldsymbol{x})+\mathsf{F}(\boldsymbol{y})$ filtern, denn eine Filterung eines Signals dauert gewöhnlich sehr viel länger als eine Addition von Signalen. Und rechentechnisch gesehen ist es gleichgültig, ob ein Signal, das geshiftet werden soll, vor oder nach der Filterung geshiftet wird. Es kommt noch hinzu, dass die Zahl der zur Verfügung stehenden Filter durch die LSI-Forderung stark eingeschränkt ist und daher der eine oder der andere Filter mit phantastischen Eigenschaften im Verborgenen bleibt. Man betrachte jedoch die Wirkung des Quadraturfiltes $\mathsf{Q}(\boldsymbol{x}) = \boldsymbol{x}^2$ auf das Sinussignal $n \mapsto \boldsymbol{s}(n) = \sin(n\omega)$:

$$\mathsf{Q}(\boldsymbol{s})(n) = \sin(n\omega)^2 = \frac{1}{2}(1-\cos(2n\omega))$$

Das nicht lineare System hat die Frequenz ω des Eingangssignals in die Frequenz 2ω des Ausgangssignals umgewandelt. Das shift-variante (d. h. nicht shift-invariante) Filter $\mathsf{P}(\boldsymbol{x})(n) = \boldsymbol{x}(2n)$ hat den selben Effekt:

$$\mathsf{P}(\boldsymbol{s})(n) = \sin(2n\omega)$$

Mit einem LSI-System ist ein solcher Effekt nicht zu erreichen, d. h. ein LSI-System fügt einem Signal keine Frequenzen hinzu. Dieses Verhalten lässt sich mit Hilfe der diskreten Fourier-Transformation ableiten, die in Abschn. 3.2.6 relativ kurz behandelt wird, und zwar über die Beziehung (3.135).

Lineare Systeme L werden nicht immer mit einem spezifizierten Definitionsbereich definiert, sondern ausschließlich durch die Eigenschaften $\mathsf{L}(x + y) = \mathsf{L}(x) + \mathsf{L}(y)$ und $\mathsf{L}(cx) = c\mathsf{L}(x)$.[5] Aus dem Kontext geht dann allerdings hervor, dass Systeme gemeint sind, die auf irgendwelchen Teilmengen $\mathfrak{M}$ von $\mathfrak{S}$ definiert sind, weil Systeme vorkommen, die nur durch eine Formel spezifiziert werden und die nicht für alle Signale einen Systemwert besitzen. Unter diesen Umständen sind solche Definitionen allerdings nicht sinnvoll, denn selbst wenn $\mathsf{L}(x)$ und $\mathsf{L}(y)$ existieren, ist durch nichts garantiert, dass auch $\mathsf{L}(x + y)$ existiert. Man kann natürlich eine korrekte Definition für beliebige Teilmengen von $\mathfrak{S}$ geben:

> Es sei $\mathfrak{M}$ eine beliebige Teilmenge von $\mathfrak{S}$. Eine Abbildung $\mathsf{L} : \mathfrak{M} \longrightarrow \mathfrak{S}$ heißt partiell linear, wenn sie die folgenden Bedingungen erfüllt:
>
> (i) $x \in \mathfrak{M} \wedge y \in \mathfrak{M} \wedge x + y \in \mathfrak{M} \Longrightarrow \mathsf{L}(x + y) = \mathsf{L}(x) + \mathsf{L}(y)$
> (ii) $x \in \mathfrak{M} \wedge c \in \mathbb{C} \wedge cx \in \mathfrak{M} \Longrightarrow \mathsf{L}(cx) = c\mathsf{L}(x)$

Diese Definition ist zwar korrekt, aber nicht immer sinnvoll. Sie gilt auch für recht merkwürdige Kombinationen von Teilmenge und Abbildung. Es sei z. B.

$$\mathfrak{M} = \{\delta_m \mid m \subset \mathbb{Z}\}$$

Für diese Teilmenge ist *jede* Abbildung $\mathsf{L} : \mathfrak{M} \longrightarrow \mathfrak{S}$ partiell linear. Denn weil es kein $x \in \mathfrak{M}$ und kein $y \in \mathfrak{M}$ gibt mit $x + y \in \mathfrak{M}$, ist es unmöglich, dass die Bedingung (i) nicht erfüllt ist. Und die Voraussetzung $cx \in \mathfrak{M}$ ist nur für $c = 1$ wahr, weshalb die Bedingung (ii) ebenfalls erfüllt ist, weil für jede solche Abbildung $\mathsf{L}(1x) = \mathsf{L}(x) = 1\mathsf{L}(x)$ gilt.

Dieses Beispiel zeigt auch, dass aus der Existenz einer partiell linearen Abbildung L für eine Teilmenge $\mathfrak{M}$ von $\mathfrak{S}$ nicht gefolgert werden kann, dass es einen Vektorunterraum $\mathfrak{U}$ von $\mathfrak{S}$ mit $\mathfrak{U} \subset \mathfrak{M}$ so gibt, dass die Einschränkung $\mathsf{L}_{/\mathfrak{U}}$ von L auf $\mathfrak{U}$ eine lineare Abbildung ist.

3.2.3 Der Median als Beispiel eines nicht-LSI-Systems

Ein für die Praxis wichtiges System, das shift-invariant aber nicht linear ist, ist der Median-Filter. Es sei m eine **ungerade** natürliche Zahl und a_1 bis a_m reelle Zahlen. Es sei $l = \lceil \frac{m}{2} \rceil$,

[5] Man kann auch eckige Klammern wie in $\mathsf{L}[cx] = c\mathsf{L}[x]$ oder sogar geschweifte Klammern wie in $\mathsf{L}\{cx\} = c\mathsf{L}\{x\}$ sehen, was darauf hindeutet, dass Systeme nicht als mathematische Funktionen gesehen werden.

also $l = i + 1$ wenn $m = 2i + 1$. Dann ist der Median definiert als

$$\mathfrak{m}(a_1, \ldots, a_m) = \text{ die } l\text{-größte Zahl der } a_1, \ldots, a_m$$

Die einfachste Art, den Median zu berechnen, ist, die a_μ in die Folge $(b_1, \ldots, b_m)$ zu sortieren, der Median ist dann offensichtlich die Zahl, welche die Mitte der geordneten Folge einnimmt, also b_l. Für kleinere m, etwa bis $m = 50$, ist das eine brauchbare Methode, für größere m wird ein Verfahren in [Aho] **3.6** beschrieben. Ein einfaches Beispiel für den Median mit $m = 5$ und daher $l = 3$ ist $\mathfrak{m}(3, 2, 2, 4, 1) = \mathfrak{m}(1, 2, 2, 3, 4) = 2$. Mit Hilfe des Medians wird nun das System $\mathbf{M}_m : \mathfrak{S} \longrightarrow \mathfrak{S}$ wie folgt definiert:

$$\mathbf{M}_m(\boldsymbol{x})(n) = \mathfrak{m}(\Re(\boldsymbol{x}(n)), \Re(\boldsymbol{x}(n-1)), \ldots, \Re(\boldsymbol{x}(n-m+1))) \tag{3.95}$$

Der Ausgangssignalwert besteht für jedes n aus dem Median der Realteile von $\boldsymbol{x}(n)$ und seinen $m - 1$ Vorgängern $\boldsymbol{x}(n-1)$ bis $\boldsymbol{x}(n-m+1)$. Die Signalwerte selbst können für den Filter nicht benutzt werden, weil sie als komplexe Zahlen nicht angeordnet werden können. Das mögliche Sortieren nach dem Absolutbetrag bringt nicht den gewünschten Median.

Der Median-Filter ist selbstverständlich **nicht linear**, denn die Summe der l-ten kleinsten Zahl von a_1 bis a_m und der l-kleinsten Zahl von b_1 bis b_m stimmt nicht allgemein mit der l-kleinsten Zahl der $a_1 + b_1$ bis $a_m + b_m$ überein, ganz abgesehen davon, dass der Realteil nicht $\mathbb{C}$-linear ist. Das System ist jedoch shift-invariant. Es sei nämlich einerseits $\boldsymbol{r} = \mathbf{M}_m(\boldsymbol{x})$, dann ist

$$(\mathbf{M}_m(\boldsymbol{x}) \circ \sigma_k)(n) = \boldsymbol{r}(n-k) = \mathfrak{m}(\Re(\boldsymbol{x}(n-k)), \ldots, \Re(\boldsymbol{x}(n-k-m+1)))$$

Es sei andererseits $\boldsymbol{s} = \Re(\boldsymbol{x}) \circ \sigma_k$, also $\boldsymbol{s}(n) = \Re(\boldsymbol{x}(n-k))$. Das ergibt

$$\begin{aligned}\mathbf{M}_m(\boldsymbol{x} \circ \sigma_k)(n) &= \mathbf{M}_m(\boldsymbol{s})(n) = \mathfrak{m}(\boldsymbol{s}(n), \ldots, \boldsymbol{s}(n-m+1)) \\ &= \mathfrak{m}(\Re(\boldsymbol{x}(n-k)), \ldots, \Re(\boldsymbol{x}(n-k-m+1)))\end{aligned}$$

Die Ableitung lässt den Sachverhalt schwieriger erscheinen als er wirklich ist, eine einfache Skizze dürfte schon zur Verdeutlichung genügen.

Das System $\mathbf{M}_m$ wird für kleine m in der Praxis eingesetzt, um Einzelimpulse aus einem Signal herauszufiltern, die diesem Signal überlagert wurden. Sie entsprechen etwa einem scharfen Knack beim Abspielen einer Schallplatte oder einer Schmutzpartikel auf einer Photographie, sie wurden also durch eine Störung hervorgerufen, deren Einfluss beseitigt werden muss. Das System hat nämlich die folgende Eigenschaft:

$$\mathbf{M}_m(\boldsymbol{\delta}_k) = \mathbf{0} \tag{3.96}$$

In der Sprache des Abschn. 3.2.4 bedeutet das: Die Einheitsimpulsantwort des Systems $\mathbf{M}_m$ ist das Nullsignal. Denn von

$$\mathbf{M}_m(\boldsymbol{\delta}_k)(n) = \mathfrak{m}(\boldsymbol{\delta}_k(n), \boldsymbol{\delta}_k(n-1), \ldots, \boldsymbol{\delta}_k(n-m+1))$$

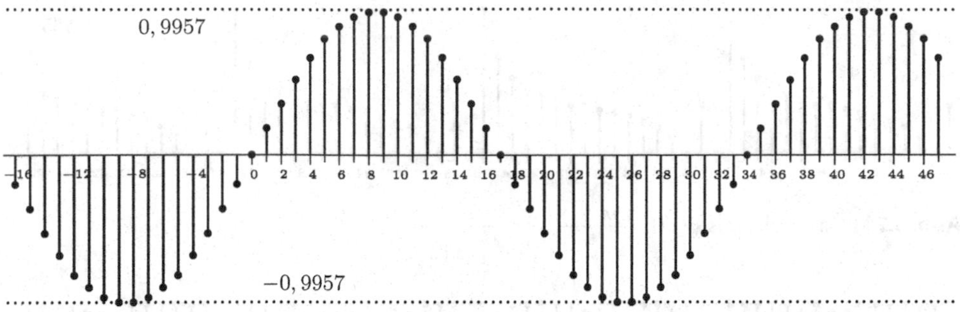

Abb. 3.22 $s_\omega(n) = \sin(n\omega)$, $\omega = \frac{\pi}{17}$

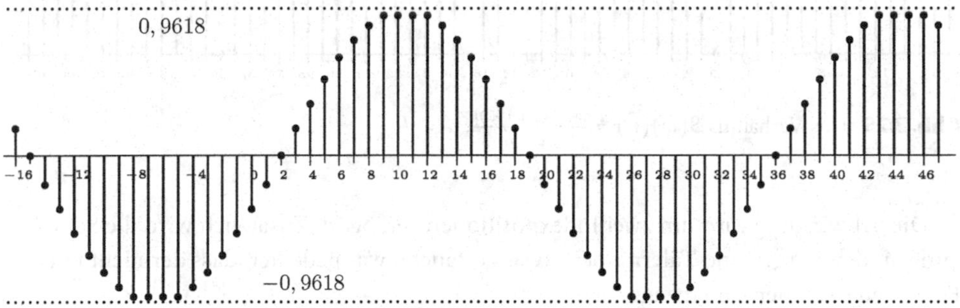

Abb. 3.23 $\mathbf{M}_5(s_\omega)$

liest man ab, dass $\mathbf{M}_m(\boldsymbol{\delta}_k)(n) = 0$ gilt für $n \notin \{k, k+1, \ldots, k+m-1\}$. Für die übrigen n, also für $n \in \{k, k+1, \ldots, k+m-1\}$, hat man

$$\begin{aligned}
\mathbf{M}_m(\boldsymbol{\delta}_k)(k) &= \mathfrak{m}(1,0,0,\ldots,0,0) = 0\\
\mathbf{M}_m(\boldsymbol{\delta}_k)(k+1) &= \mathfrak{m}(0,1,0,\ldots,0,0) = 0\\
\mathbf{M}_m(\boldsymbol{\delta}_k)(k+2) &= \mathfrak{m}(0,0,1,\ldots,0,0) = 0\\
&\vdots \qquad\qquad\qquad\quad \vdots\\
\mathbf{M}_m(\boldsymbol{\delta}_k)(k+m-1) &= \mathfrak{m}(0,0,0,\ldots,0,1) = 0
\end{aligned}$$

Für die $n \in \{k, k+1, \ldots, k+m-1\}$ ist nach dem Sortieren der Median von $\mathfrak{m}(0,0,0,\ldots,0,1)$, d. h. 0, der gesuchte Funktionswert. Ebenso zeigt man

$$\mathbf{M}_m(\boldsymbol{u}) = \boldsymbol{u} \circ \sigma_1 \tag{3.97}$$

Die Einheitsstufe wird also um eine Indexposition verzögert, passiert das Filter sonst aber unbeeinflusst. Wie der Filter auf die reine Sinusschwingung mit der Frequenz $\omega = \frac{\pi}{17}$ in Abb. 3.22 einwirkt kann in Abb. 3.23 studiert werden.

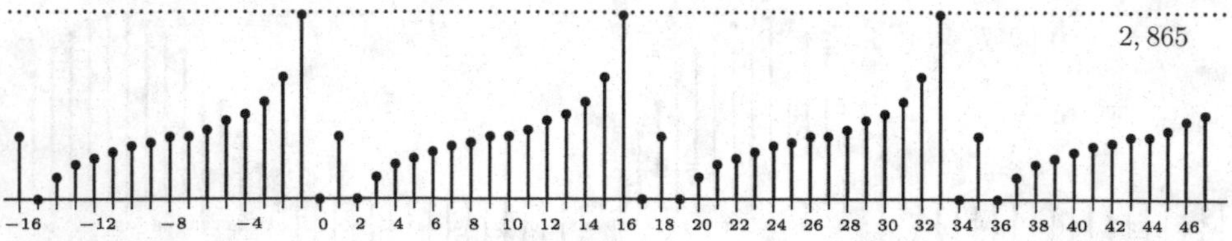

Abb. 3.24 Das Verhältnis $\vartheta(\omega) = \frac{|\mathbf{M}_5(s_\omega)|}{|s_\omega|}$, $\omega = \frac{\pi}{17}$

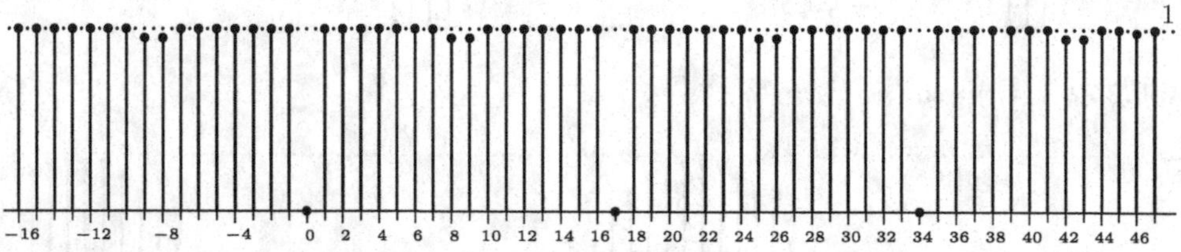

Abb. 3.25 Das Verhältnis $\vartheta(\omega)(n) = \frac{|\mathbf{M}_5(s_\omega)(n+2)|}{|s_\omega(n)|}$, $\omega = \frac{\pi}{17}$

Die Schwingung wird um zwei Indexpositionen verzögert. Zusätzlich wird die Schwingung an den Bergen und Tälern noch etwas gestaucht, was bedeutet, dass der nicht lineare Filter neue Frequenzen erzeugt hat.

Das nicht-lineare System $\mathbf{M}_m$ ist noch relativ einfach aufgebaut, es ist aber schon mühsam, seine Wirkung auf ein Signal mit Papier und Bleistift zu berechnen. Die meisten nicht-LSI Systeme werden mit numerischen Methoden untersucht werden müssen. Wie das geschehen kann, muss von Fall zu Fall, d. h. von System zu System, entschieden werden. Ein Beispiel dazu ist in Abb. 3.24 zu sehen. Es zeigt das Verhältnis

$$\vartheta(\omega)(n) = \frac{|\mathbf{M}_5(s_\omega)(n)|}{|s_\omega(n)|}$$

bei der Frequenz $\omega = \frac{\pi}{17}$. Es stellt selbst ein Signal dar und gibt die Verstärkung (oder Dämpfung) des Systems an jeder Indexposition an. An den Stellen, an welchen das Verhältnis wegen $s_\omega(n) = 0$ nicht existiert ist es zu Null gesetzt worden. Der nach einem visuellen Vergleich von Abb. 3.22 und Abb. 3.23 unerwartete Verlauf des Verhältnisses kommt durch die vom Filter verursachte Signalverschiebung zustande. Wird die Verschiebung herausgerechnet, ergibt sich das erwartete Verhältnis von Ausgang zu Eingang (Abb. 3.25). Allerdings müsste in der Praxis solch eine Untersuchung für viele Frequenzen ω durchgeführt werden.

3.2.4 Die Einheitsimpulsantwort von LSI-Systemen

In diesem Abschnitt wird sich zeigen, weshalb der Bereich der digitalen Filter von LSI-Systemen dominiert wird. Das Verhalten solcher Filter, ihre Effektivität, ihre Schwachpunkte etc. lässt sich nämlich anhand eines einzigen Signals bestimmen und beurteilen. Auch lässt sich mit Hilfe dieses Signals jeder Signalwert des Systems berechnen. Systeme, die nicht stetig linear oder nicht shift-invariant sind, besitzen diese Eigenschaften im Allgemeinen nicht, wie an zwei Beispielen demonstriert werden wird.

In Abschn. 3.2.2 wurden alle auf dem ganzen $\mathbb{C}$-Vektorraum $\mathfrak{S}$ aller Signale definierten LSI-Systeme $\mathbf{T}: \mathfrak{S} \longrightarrow \mathfrak{S}$ bestimmt. Und zwar wurde dort festgestellt, dass ein solches System $\mathbf{T}$ wie folgt mit endlichen Summen darstellbar ist (siehe (3.86) in Abschn. 3.2.2):

$$\mathbf{T}(\boldsymbol{x})(n) = \sum_{m \in \mathbf{T}_{\langle n \rangle}} \boldsymbol{x}(m)(\mathbf{T}(\boldsymbol{\delta}) \circ \sigma_m)(n) = \sum_{m \in \mathbf{T}_{\langle n \rangle}} \boldsymbol{x}(m)\mathbf{T}(\boldsymbol{\delta})(n-m) \tag{3.98}$$

In diesem Abschnitt wurden auch alle LSI-Systeme $\mathbf{T}: \mathfrak{A} \longrightarrow \mathfrak{A}$ bestimmt. Jedes solche System hat die Darstellung (siehe (3.90) in Abschn. 3.2.2)

$$\mathbf{T}(\boldsymbol{x}) = \sum_{m=-\infty}^{\infty} \boldsymbol{x}(m)(\mathbf{T}(\boldsymbol{\delta}) \circ \sigma_m) \tag{3.99}$$

In beiden Fällen wird das System $\mathbf{T}$ vollständig von seinem Wert $\mathbf{T}(\boldsymbol{\delta})$ des Einheitsimpulses $\boldsymbol{\delta}$ bestimmt. Dieses wichtige einem LSI-System zugeordnete Signal heißt die **Einheitsimpulsantwort** des Systems und wird in diesem Buch mit $\Delta_{\mathbf{T}}$ bezeichnet.

Für LSI-Systeme $\mathbf{T}: \mathfrak{S} \longrightarrow \mathfrak{S}$ ist allerdings $\Delta_{\mathbf{T}}$ nicht mit $\mathbf{T}(\boldsymbol{\delta})$ identisch, denn die Einheitsimpulsantwort ist von den Indexmengen $\mathbf{T}_{\langle n \rangle}$ abhängig. Nach (3.87) gilt nämlich

$$\Delta_{\mathbf{T}}(n) = \begin{cases} \mathbf{T}(\boldsymbol{\delta})(n) & \text{falls } 0 \in \mathbf{T}_{\langle n \rangle} \\ 0 & \text{falls } 0 \notin \mathbf{T}_{\langle n \rangle} \end{cases} \tag{3.100}$$

Speziell für $n - m$ statt n erhält man

$$\Delta_{\mathbf{T}}(n-m) = \begin{cases} \mathbf{T}(\boldsymbol{\delta})(n-m) & \text{falls } 0 \in \mathbf{T}_{\langle n-m \rangle} \\ 0 & \text{falls } 0 \notin \mathbf{T}_{\langle n-m \rangle} \end{cases}$$

Nun gilt aber nach (3.84) $0 \in \mathbf{T}_{\langle n-m \rangle} \iff m \in \mathbf{T}_{\langle n-m+m \rangle} = \mathbf{T}_{\langle n \rangle}$. Für die Einheitsimpulsantwort bedeutet das

$$\Delta_{\mathbf{T}}(n-m) = \begin{cases} \mathbf{T}(\boldsymbol{\delta})(n-m) & \text{falls } m \in \mathbf{T}_{\langle n \rangle} \\ 0 & \text{falls } m \notin \mathbf{T}_{\langle n \rangle} \end{cases}$$

Nun wird aber in (3.98) nur über Indizes aus den Indexmengen $\mathbf{T}_{\langle n \rangle}$ summiert, folglich gilt

$$\mathbf{T}(\boldsymbol{x})(n) = \sum_{m \in \mathbf{T}_{\langle n \rangle}} \boldsymbol{x}(m)\mathbf{T}(\boldsymbol{\delta})(n-m) = \sum_{m \in \mathbf{T}_{\langle n \rangle}} \boldsymbol{x}(m)\Delta_{\mathbf{T}}(n-m) = \sum_{m \in \mathbf{T}_{\langle n \rangle}} \boldsymbol{x}(m)(\Delta_{\mathbf{T}} \circ \sigma_m)(n) \tag{3.101}$$

Diese auf den ersten Blick eher theoretische Eigenschaft erweist sich allerdings als auch von erheblich praktischer Bedeutung, es ist nämlich

$$(\boldsymbol{x} * \Delta_{\mathsf{T}})(n) = \sum_{m=-\infty}^{\infty} \boldsymbol{x}(m)\Delta_{\mathsf{T}}(n-m) = \sum_{m \in \mathsf{T}_{\langle n \rangle}} \boldsymbol{x}(m)\Delta_{\mathsf{T}}(n-m)$$

Ein LSI-System $\mathsf{T} : \mathfrak{S} \longrightarrow \mathfrak{S}$ faltet also die Eingangssignale mit seiner Einheitsimpulsantwort, um die Ausgangssignale zu erzeugen:

$$\mathsf{T}(\boldsymbol{x}) = \boldsymbol{x} * \Delta_{\mathsf{T}} \tag{3.102}$$

Es sei noch einmal darauf hingewiesen, dass $\Delta_{\mathsf{T}} \neq \mathsf{T}(\boldsymbol{\delta})$ möglich ist. Ein Beispiel geben die beiden LSI-Systeme (auf ganz $\mathfrak{S}$ definiert) P und Q mit $\mathsf{P}(\boldsymbol{\delta}) = \boldsymbol{u}$ und $\mathsf{Q}(\boldsymbol{\delta}) = \boldsymbol{\delta}$, wenn $\mathsf{P}_{\langle n \rangle} = \mathsf{Q}_{\langle n \rangle} = \{n\}$ gewählt wird. Es gilt nämlich $0 \in \{n\} \iff n = 0$, nach (3.100) ist deshalb

$$\Delta_{\mathsf{P}}(n) = \begin{cases} \boldsymbol{u}(n) & \text{falls } n = 0 \\ 0 & \text{falls } n \neq 0 \end{cases} \qquad \Delta_{\mathsf{Q}}(n) = \begin{cases} \boldsymbol{\delta}(n) & \text{falls } n = 0 \\ 0 & \text{falls } n \neq 0 \end{cases}$$

Das bedeutet natürlich $\Delta_{\mathsf{P}} = \boldsymbol{\delta} = \Delta_{\mathsf{Q}}$, und man hat als Folgerung aus (3.102)

$$\mathsf{P}(\boldsymbol{x}) = \boldsymbol{x} * \Delta_{\mathsf{P}} = \boldsymbol{x} * \boldsymbol{\delta} = \boldsymbol{x} = \boldsymbol{x} * \Delta_{\mathsf{P}} = \mathsf{Q}(\boldsymbol{x})$$

Hier führen also $\boldsymbol{u}$ und $\boldsymbol{\delta}$ auf ein und dasselbe System. Man kann auch gut erkennen, dass Δ_{P} von den Indexmengen $\mathsf{T}_{\langle n \rangle}$ abhängt. Wählt man nämlich $\mathsf{P}_{\langle n \rangle} = \{n-1\}$, dann bekommt man $\Delta_{\mathsf{P}} = \boldsymbol{\delta}_1$. Die Wahl von $\mathsf{P}_{\langle 0 \rangle} = \{-1, 0\}$, also $\mathsf{P}_{\langle n \rangle} = \{n-1, n\}$, ergibt die Einheitsimpulsantwort $\Delta_{\mathsf{P}} = \boldsymbol{\delta} + \boldsymbol{\delta}_1$, was zu $\mathsf{P}(\boldsymbol{x})(n) = \boldsymbol{x}(n) + \boldsymbol{x}(n-1)$ führt.

Bei LSI-Systemen $\mathsf{T} : \mathfrak{A} \longrightarrow \mathfrak{A}$ auf dem normierten Raum der absolut summierbaren Signale folgt die Gl. (3.102) unmittelbar aus der Entwicklung (3.99):

$$(\boldsymbol{x} * \Delta_{\mathsf{T}})(n) = \sum_{m=-\infty}^{\infty} \boldsymbol{x}(m)\mathsf{T}(\boldsymbol{\delta})(n-m) = \sum_{m=-\infty}^{\infty} \boldsymbol{x}(m)(\mathsf{T}(\boldsymbol{\delta}) \circ \sigma_m)(n) = \mathsf{T}(\boldsymbol{x})(n)$$

Auch LSI-Systeme $\mathsf{T} : \mathfrak{A} \longrightarrow \mathfrak{A}$ falten die Eingangssignale mit ihrer Einheitsimpulsantwort, um die Ausgangssignale zu erzeugen. Diese Aussage gilt ganz allgemein für LSI-Systeme auf normierten Teilräumen von $\mathfrak{S}$, die eine Entwicklung (3.99) besitzen, d. h. die $(\boldsymbol{\delta}_m)_{m \in \mathbb{Z}}$ als Basis enthalten.

Es folgt nun ein Beispiel zur Berechnung eines Signalwertes eines LSI-Systems mit Hilfe seiner Einheitsimpulsantwort über die systemdefinierende Gl. (3.102). Dazu sei die Einheitsimpulsantwort Δ_{T} eines LSI-Systems $\mathsf{T} : \mathfrak{A} \longrightarrow \mathfrak{A}$ als das folgende Signal gegeben:

$$\Delta_{\mathsf{T}}(n) = \frac{1}{2^n}\boldsymbol{u}(n-2)$$

Gesucht ist $\mathsf{T}(\boldsymbol{x})$ für ein bestimmtes Signal $\boldsymbol{x}$, nämlich für

$$\boldsymbol{x}(n) = \frac{1}{4^{n-4}}\boldsymbol{u}(n)$$

Das Signal $\boldsymbol{x}$ ist sicherlich absolut summierbar. Es geht also nun darum, eine bestimmte Faltung auszurechnen. Dazu werden die gegebenen Größen in (3.4) eingesetzt:

$$\begin{aligned}
\mathsf{T}(\boldsymbol{x})(n) &= \sum_{\nu=-\infty}^{\infty} \frac{1}{4^{\nu-4}}\boldsymbol{u}(\nu)\frac{1}{2^{n-\nu}}\boldsymbol{u}(n-\nu-2) && \text{nach (3.4)}\\
&= \sum_{\nu=0}^{\infty} \frac{1}{4^{\nu-4}} \cdot \frac{1}{2^{n-\nu}}\boldsymbol{u}(n-\nu-2) && \boldsymbol{u}(\nu) = 0 \text{ für } \nu < 0\\
&= \sum_{\nu=0}^{n-2} \frac{1}{4^{\nu-4}} \cdot \frac{1}{2^{n-\nu}} && \boldsymbol{u}(n-\nu-2) = 0 \text{ für } \nu > n-2
\end{aligned}$$

Weil sich für $n < 2$ die leere Summe ergibt erhält man schon folgendes Resultat:

$$\mathsf{T}(\boldsymbol{x})(n) = 0 \quad \text{für } n < 2$$

Für $n \geq 2$ wird die Rechnung folgendermaßen fortgesetzt:

$$\begin{aligned}
\mathsf{T}(\boldsymbol{x})(n) &= \sum_{\nu=0}^{n-2} \frac{1}{4^{\nu-4}} \cdot \frac{1}{2^{n-\nu}} = \frac{1}{2^n}\sum_{\nu=0}^{n-2} \frac{1}{4^{\nu-4}} \cdot \frac{1}{2^{-\nu}} = \frac{1}{4^{-4}} \cdot \frac{1}{2^n}\sum_{\nu=0}^{n-2}\frac{1}{2^\nu}\\
&= \frac{1}{4^{-4}} \cdot \frac{1}{2^n} \cdot \frac{1-\frac{1}{2^{n-1}}}{1-\frac{1}{2}} = \frac{1}{2^{n-9}}\left(1-\frac{1}{2^{n-1}}\right)
\end{aligned}$$

Insgesamt ergibt sich das gesuchte Signal als

$$\mathsf{T}(\boldsymbol{x})(n) = \frac{1}{2^{n-9}}\left(1-\frac{1}{2^{n-1}}\right)\boldsymbol{u}(n+2)$$

LSI-Systeme werden nach ihrer Einheitsimpulsantwort klassifiziert, genauer gesagt nach einer Eigenschaft des Trägers der Einheitsimpulsantwort. Der Träger eines Signals $\boldsymbol{x}$ ist die Menge der Elemente aus $\mathbb{Z}$, für die das Signal nicht verschwindet:

$$\mathbb{T}_{\boldsymbol{x}} = \{\, n \in \mathbb{Z} \,|\, \boldsymbol{x}(n) \neq 0 \,\}$$

Die Klassifizierung ist dann wie folgt:

- Ein LSI-System heißt FIR-System (*finite-length respons*) wenn der Träger seiner Einheitsimpulsantwort **endlich** ist.
- Ein LSI-System heißt IIR-System (*infinite-length respons*) wenn der Träger seiner Einheitsimpulsantwort **unendlich** ist.

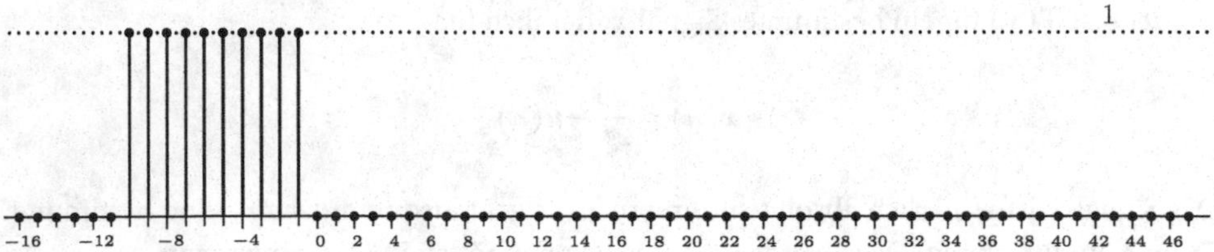

Abb. 3.26 $\Delta_{\mathsf{P}} = \delta_{-10} + \delta_{-9} + \cdots + \delta_{-1}$

Ist die Menge $\mathbb{T}_x$ endlich, dann hat sie ein kleinstes Element n_{K} und ein größtes Element n_{G}. Die Länge des Trägers ist dann $n_{\mathsf{G}} - n_{\mathsf{K}} + 1$. Schreibt man einem unendlichen Träger die Länge ∞ zu, dann ist ein Träger genau dann endlich, wenn seine Länge endlich ist.

$$\text{falls } \mathbb{T}_x \text{ endlich: } \ell(\mathbb{T}_x) = \max(\mathbb{T}_x) - \min(\mathbb{T}_x) + 1 \quad \text{falls } \mathbb{T}_x \text{ unendlich: } \ell(\mathbb{T}_x) = \infty$$

Man kann daher in obiger Klassifikation wie im Amerikanischen mit *finite-length* und *infinite-length* auch die Länge des Trägers statt seiner Kardinalität verwenden. Die Länge des Trägers heißt oft auch die Länge des Signals, doch ist das etwas missverständlich, weil kein digitales Signal, weil auf ganz $\mathbb{Z}$ definiert, eine endliche Länge besitzt.

Die Entscheidung, ob ein auf ganz $\mathfrak{S}$ definiertes LSI-System ein FIR- oder ein IIR-System ist, fällt sehr leicht, denn kein solches System kann die IIR-Eigenschaft besitzen:

Jedes LSI-System $\mathbf{T} : \mathfrak{S} \longrightarrow \mathfrak{S}$ ist ein FIR-System.

Zum Beweis dieser Behauptung ist zu zeigen, dass die Kardinalzahl des Trägers der Einheitsimpulsantwort von $\mathbf{T}$ endlich ist. Nun gilt nach (3.100)

$$\mathbb{T}_{\Delta_{\mathsf{T}}} = \{n \in \mathbb{Z} \mid 0 \in \mathbf{T}_{\langle n \rangle}\}$$

Die Bedingung (3.84) speziell für $k = n$ gibt die Äquivalenz $0 \in \mathbf{T}_{\langle n \rangle} \iff -n \in \mathbf{T}_{\langle 0 \rangle}$, woraus die Behauptung schon folgt, denn die Menge $\mathbf{T}_{\langle 0 \rangle}$ ist endlich.

Beispiele zu IIR-Systemen können nur bei Systemen gefunden werden, die auf einem normierten Teilraum von $\mathfrak{S}$ definiert sind, z. B. auf $\mathfrak{A}$. In den nachfolgenden Beispielen wird auch $\mathfrak{A}$ angenommen.

In Abb. 3.26 ist die Einheitsimpulsantwort eines FIR-Systems $\mathbf{P}$ zu sehen. Dem Bild entnimmt man den Träger $\{-10, -9, \ldots, -1\}$. Das System selbst ist gegeben durch

$$\begin{aligned} \mathbf{P}(x)(n) &= x(n+1) + x(n+2) + \ldots + x(n+10) \\ \mathbf{P}(x) &= \mathbf{I}_{-1}(x) + \mathbf{I}_{-2}(x) + \ldots + \mathbf{I}_{-10}(x) \end{aligned}$$

Das System $\mathbf{P}$ ist linksseitig, es hängt daher nur von zukünftigen Werten des Signals ab.

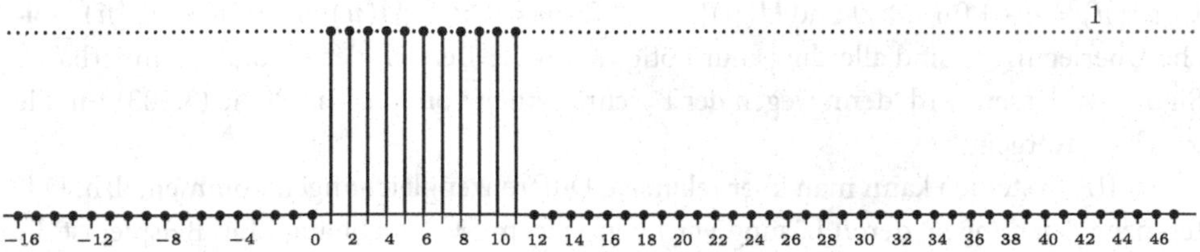

Abb. 3.27 $\Delta_Q = \delta_1 + \delta_2 + \cdots + \delta_{10}$

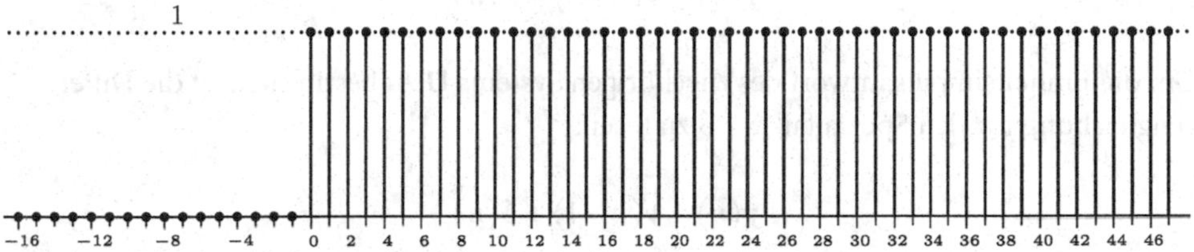

Abb. 3.28 $\Delta_U = u$

Ein rechtsseitiges System **Q** wird in Abb. 3.27 präsentiert, mit dem Träger $\{1, 2, \ldots, 10\}$, das nur von vergangenen Werten des Signals abhängt:

$$\begin{aligned}\mathbf{Q}(\boldsymbol{x})(n) &= \boldsymbol{x}(n-1) + \boldsymbol{x}(n-2) + \ldots + \boldsymbol{x}(n-10)\\ \mathbf{Q}(\boldsymbol{x}) &= \mathbf{I}_1(\boldsymbol{x}) + \mathbf{I}_2(\boldsymbol{x}) + \ldots + \mathbf{I}_{10}(\boldsymbol{x})\end{aligned}$$

Das ist eines der einfachsten Systeme der Klasse von LSI-Systemen, die aus einer Linearkombination von vergangenen Signalwerten bestehen. Sie ergeben sich beispielsweise immer dann, wenn ihrer Konstruktion eine polynomiale Systemfunktion zugrunde liegt (zur Systemfunktion eines LSI-Systems siehe Abschn. 3.8). Wird von einer rationalen Systemfunktion, d. h. einem Quotienten zweier Polynome, ausgegangen, dann kommt zur Linearkombination vergangener Signalwerte noch eine Linearkombination von vergangenen Systemwerten wie etwa $\mathbf{S}(\boldsymbol{x})(n-1)$, $\mathbf{S}(\boldsymbol{x})(n-2)$ usw. hinzu.

Als ein Beispiel für ein IIR-System kann das System **U** mit der Einheitsimpulsantwort $\boldsymbol{u}$ dienen (siehe Abb. 3.28). Die Systemwerte sind

$$\mathbf{U}(\boldsymbol{x})(n) = \sum_{\nu=-\infty}^{\infty} \boldsymbol{u}(\nu)\boldsymbol{x}(n-\nu) = \sum_{\nu=0}^{\infty} \boldsymbol{x}(n-\nu) = \sum_{\nu=0}^{n} \boldsymbol{x}(n-\nu) + \sum_{\nu=n+1}^{\infty} \boldsymbol{x}(n-\nu) \quad (3.103)$$

Die aufgespaltene Summe rechts lässt leichter erkennen, welche Eigenschaften $\boldsymbol{x}$ besitzen muss, damit $\mathbf{U}(\boldsymbol{x})$ definiert ist: Offenbar müssen die $\boldsymbol{x}(n)$ auf der linken Seite des Signals (d. h. $n < 0$) die Glieder einer konvergieren Reihe sein. Das ist insbesondere dann der Fall, wenn das Signal rechtsseitig ist oder wenn der Durchschnitt des Trägers mit der Menge der negativen ganzen Zahlen endlich ist. Ein mögliches System ist beispielsweise

$\mathbf{U}(\boldsymbol{u})(n) = n+1$ für $n \geq 0$ und $\mathbf{U}(\boldsymbol{u})(n) = 0$ für $n < 0$, d. h. $\mathbf{U}(\boldsymbol{u})(n) = (n+1)\boldsymbol{u}(n)$. Solche Überlegungen sind allerdings nur nötig, wenn der Bereich der absolut summierbaren Signale verlassen wird, denn wegen der Beschränktheit von $\boldsymbol{u}$ ist die Reihe (3.103) für alle $\boldsymbol{x} \in \mathfrak{A}$ konvergent.

Zu IIR-Systemen kann man über rekursive Differenzengleichungen kommen, d. h. Differenzengleichungen, deren Lösung $\boldsymbol{y}(n)$ von $\boldsymbol{y}(\nu)$ mit $\nu < n$ abhängt. Ein Beispiel ist die einfache Differenzengleichung

$$\boldsymbol{y}(n) = \boldsymbol{y}(n-1) + \boldsymbol{x}(n)$$

Um die Einheitsimpulsantwort des zugehörigen Systems $\mathbf{U}$ zu bestimmen ist die Differenzengleichung für den Spezialfall $\boldsymbol{x} = \boldsymbol{\delta}$ zu lösen:

$$\boldsymbol{y}(n) = \boldsymbol{y}(n-1) + \boldsymbol{\delta}(n)$$

Man stellt zunächst fest, dass $\boldsymbol{y}(n) = \boldsymbol{y}(n-1)$ gilt für $n < 0$. Mit $c = \boldsymbol{y}(-1)$ ist daher $\boldsymbol{y}(n) = c$ für $n < 0$. Für $n \geq 0$ gilt $\boldsymbol{y}(n) = c+1$. Das ist für $n = 0$ sicher richtig wegen $\boldsymbol{y}(0) = \boldsymbol{y}(-1) + \boldsymbol{\delta}(0) = c+1$. Ist es für ein $n \geq 0$ gültig, dann auch für $n+1$ wegen

$$\boldsymbol{y}(n+1) = \boldsymbol{y}(n) + \boldsymbol{\delta}(n+1) = c+1$$

Wählt man daher $c = 0$, so erhält man

$$\Delta_{\mathbf{U}} = \boldsymbol{u}$$

Die Eigenschaft eines LSI-Systems, durch eine rekursive Differenzengleichung definiert zu werden, kann aber nicht zur Klassifizierung in FIR und IIR benutzt werden, denn nicht alle durch eine rekursive Differenzengleichung definierte Systeme haben eine Einheitsimpulsantwort mit unendlichem Träger. Die Differenzengleichung

$$\boldsymbol{y}(n) = \boldsymbol{x}(n) + \boldsymbol{x}(n-1)$$

ergibt ein System $\mathbf{S}$ mit der einen endlichen Träger besitzenden Einheitsimpulsantwort

$$\Delta_{\mathbf{S}} = \boldsymbol{\delta}_0 + \boldsymbol{\delta}_1$$

Setzt man nun aber

$$\boldsymbol{y}(n+1) = \boldsymbol{x}(n+1) + \boldsymbol{x}(n)$$

in die obige Differenzengleichung ein, dann erhält man eine rekursive Differenzengleichung für $\mathbf{S}$:

$$\boldsymbol{y}(n) = \boldsymbol{y}(n-1) + \boldsymbol{x}(n) - \boldsymbol{x}(n-2)$$

Dass die LSI-Eigenschaft zur Gültigkeit der Gl. (3.102) vorausgesetzt werden muss, zeigen schon sehr einfache Beispiele. So ist das Median-System $\mathbf{M}_m$ (siehe Abschn. 3.2.3) zwar shift-invariant, jedoch nicht linear und daher nicht LSI. Und tatsächlich gilt für dieses System

$$\mathbf{M}_m(\boldsymbol{\delta}_k) = \mathbf{0}$$

Es ist daher (3.102) nicht erfüllt, denn $\mathbf{M}_m$ ist nicht das Nullsystem.

Es folgt nun zum Schluss des Abschnittes noch ein Beispiel mit einem linearen aber nicht shift-invarianten System $\mathbf{V}$, für das $\mathbf{V}(\boldsymbol{x}) = \boldsymbol{x} * \boldsymbol{\Delta}_{\mathbf{V}}$ nicht für jedes Signal aus seinem Definitonsbereich gilt. Es sei dazu $\boldsymbol{v}$ ein (fest gewähltes) Signal. Dann wird durch

$$\mathbf{V}(\boldsymbol{x}) = \boldsymbol{x}\boldsymbol{v} \quad \mathbf{V}(\boldsymbol{x})(n) = \boldsymbol{x}(n)\boldsymbol{v}(n) \tag{3.104}$$

ein lineares System auf ganz $\mathfrak{S}$ definiert. Für dieses System gilt

$$\begin{aligned}\mathbf{V}(\boldsymbol{\delta} \circ \sigma_k)(n) &= \boldsymbol{\delta}(n-k)\boldsymbol{v}(n)\\ (\mathbf{V}(\boldsymbol{\delta}) \circ \sigma_k)(n) &= \boldsymbol{\delta}(n-k)\boldsymbol{v}(n-k)\end{aligned}$$

Das Signal $\boldsymbol{v}$ sei **nicht konstant**. Dann gibt es $n_a, n_b \in \mathbb{Z}$ mit $\boldsymbol{v}(n_a) \neq \boldsymbol{v}(n_b)$. Mit einem so gewählten Signal $\boldsymbol{v}$ ist das System $\mathbf{V}$ nicht shift-invariant. Mit $k = n_a - n_b$ erhält man nämlich

$$\begin{aligned}\mathbf{V}(\boldsymbol{\delta} \circ \sigma_k)(n_a) &= \boldsymbol{\delta}(n_a-k)\boldsymbol{v}(n_a)\\ (\mathbf{V}(\boldsymbol{\delta}) \circ \sigma_k)(n_a) &= \boldsymbol{\delta}(n_a-k)\boldsymbol{v}(n_a-k) = \boldsymbol{\delta}(n_a-k)\boldsymbol{v}(n_b)\end{aligned}$$

und $\mathbf{V}$ ist wegen $\boldsymbol{v}(n_a) \neq \boldsymbol{v}(n_b)$ nicht shift-invariant. Die Einheitsimpulsantwort dieses Systems ist gegeben durch

$$\boldsymbol{\Delta}_{\mathbf{V}} = \mathbf{V}(\boldsymbol{\delta}) = \boldsymbol{v}(0)\mathbf{1} \quad \boldsymbol{\Delta}_{\mathbf{V}}(n) = \mathbf{V}(\boldsymbol{\delta})(n) = \boldsymbol{v}(0)$$

Damit wird die Faltungsoperation (3.102) hier zu

$$(\boldsymbol{\Delta}_{\mathbf{V}} * \boldsymbol{x})(n) = \sum_{\nu=-\infty}^{\infty} \boldsymbol{\Delta}_{\mathbf{V}}(\nu)\boldsymbol{x}(n-\nu) = \boldsymbol{v}(0) \sum_{\nu=-\infty}^{\infty} \boldsymbol{x}(n-\nu)$$

Mit den Signalen $\boldsymbol{x}(n) = 2^{-n}\boldsymbol{u}(n)$ und $\boldsymbol{v}(n) = 2^n\boldsymbol{u}(n)$ erhält man daraus

$$\begin{aligned}\mathbf{V}(\boldsymbol{x})(n) &= 2^{-n}\boldsymbol{u}(n)2^n\boldsymbol{u}(n) = \boldsymbol{u}(n)\\ (\boldsymbol{\Delta}_{\mathbf{V}} * \boldsymbol{x})(n) &= \boldsymbol{v}(0) \sum_{\nu=-\infty}^{\infty} \frac{1}{2^{n-\nu}}\boldsymbol{u}(n-\nu) = \boldsymbol{v}(0) \sum_{\nu=-\infty}^{0} \frac{1}{2^{n-\nu}} = \frac{1}{2^n}\sum_{\nu=0}^{\infty}\frac{1}{2^\nu} = \frac{2}{2^n} = \frac{1}{2^{n-1}}\end{aligned}$$

Für das System $\mathbf{V}$ gilt (3.102) daher nicht.

3.2.5 Die Frequenzantwort von LSI-Systemen

3.2.5.1 Motivation und Definition

Wäre ein System S nur zu dem einen Zweck konstruiert worden, ein bestimmtes Signal $\boldsymbol{v}$ zu filtern, dann wäre eine erschöpfende Analyse seines Verhaltens kein Problem, weil $\boldsymbol{x}(n)$ und $\mathsf{S}(\boldsymbol{x})(n)$ für jedes $n \in \mathbb{Z}$ (theoretisch jedenfalls) zur Verfügung stehen und daher direkt verglichen werden können. Dieser Idealfall ist leider eine extreme Ausnahme, in der Regel ist nicht bekannt, welches Signal $\boldsymbol{x}$ das System zu filtern haben wird. In der analogen Welt umgeht man das Problem, indem man studiert, wie sich ein Filter verhält, wenn es als Eingangssignal ein Sinus- oder Cosinussignal erhält. Denn jedes real mögliche Signal lässt sich zumindest approximativ als eine Linearkombination solcher Signale darstellen. Verändert ein Filter daher Sinus- und Cosinussignale nur wenig, dann verändert es auch allgemeine Signale nur wenig. Die folgenden Überlegungen zeigen nun, dass im digitalen Bereich die Elementarsignale $\boldsymbol{\epsilon}_\omega$ die Rolle der analogen Sinus- und Cosinussignale übernehmen können (siehe dazu auch Abschn. 3.4).

Es sei $\boldsymbol{x}$ ein Signal, das von einer auf ganz $\mathbb{R}$ definierten reellen Funktion $t \mapsto X(t)$ abgetastet wurde, d. h. es gelte

$$\boldsymbol{x}(n) = X(nA) \quad \text{für jedes } n \in \mathbb{Z}$$

dabei ist die positive reelle Zahl A die Abtastrate. Die Funktion X sei periodisch mit der Periode T und besitze die Fourier-Entwicklung

$$X(t) = \sum_{k=-\infty}^{\infty} x_k e^{i2\pi kft} \qquad f = \frac{1}{T}$$

deren Fourier-Koeffizienten x_k durch das folgende Integral gegeben sind:

$$x_k = f \int_0^T X(t) e^{-i2\pi kft} \mathrm{d}t$$

Dann ist diese Entwicklung auch für die $\boldsymbol{x}(n) = X(nA)$ gültig:

$$\boldsymbol{x}(n) = X(nA) = \sum_{k=-\infty}^{\infty} x_k e^{i2\pi kfAn}$$

Die Entwicklung lässt sich in eine Entwicklung nach Elementarsignalen umschreiben:

$$\boldsymbol{x}(n) = \sum_{k=-\infty}^{\infty} x_k \boldsymbol{\epsilon}_{\Omega_k}(n) \qquad \Omega_k = 2\pi kfA \tag{3.105}$$

Es ist also durchaus sinnvoll, in der digitalen Welt die analoge so nachzuahmen, dass ein System durch sein Verhalten gegenüber den Elementarsignalen $\boldsymbol{\epsilon}_\omega$ beurteilt wird. Es ist jedoch nur eine von einer anderen Welt auferlegte Interpretation, im Reich der digitalen Signale gibt die (gleich zu definierende) Frequenzantwort nur an, wie ein System auf gewisse Elementarsignale wirkt. Das ω von $\boldsymbol{\epsilon}_\omega$ ist keine „Frequenz" im Sinne der analogen Welt.

Es wäre nun ideal, wenn zu jedem Parameter ω ein $\vartheta(\omega) \in \mathbb{C}$ gefunden werden könnte mit der Eigenschaft

$$\mathbf{S}(\boldsymbol{\epsilon}_\omega) = \vartheta(\omega)\boldsymbol{\epsilon}_\omega, \tag{3.106}$$

denn dann wäre

$$|\mathbf{S}(\boldsymbol{\epsilon}_\omega)(n)| = |\vartheta(\omega)||\boldsymbol{\epsilon}_\omega(n)| = |\vartheta(\omega)|$$

und $|\vartheta(\omega)|$ gäbe an, welchen Einfluss $\mathbf{S}$ auf den Absolutbetrag von $\boldsymbol{\epsilon}_\omega(n)$ nimmt: Keinen bei $|\vartheta(\omega)| = 1$, Verstärkung bei $|\vartheta(\omega)| > 1$ und Dämpfung bei $|\vartheta(\omega)| < 1$. Die Multiplikation von $\boldsymbol{\epsilon}_\omega(n)$ mit $\vartheta(\omega)$ verändert aber auch den Polarwinkel $\boldsymbol{\Phi}(\boldsymbol{\epsilon}_\omega(n))$. Weil sich bei einem Produkt komplexer Zahlen die Polarwinkel addieren, gibt $\boldsymbol{\Phi}(\vartheta(\omega))$ also an, um welchen Betrag das System $\mathbf{S}$ den Polarwinkel von $\boldsymbol{\epsilon}_\omega(n)$ ändert.

Leider gibt es für beliebige Systeme keine komplexe Zahl $\vartheta(\omega)$, die (3.106) für alle $n \in \mathbb{Z}$ erfüllt. Nun ist in (3.106) aber $\boldsymbol{\epsilon}_\omega$ ein Eigenvektor zum Eigenwert $\vartheta(\omega)$, es könnte daher sein, dass (3.106) für lineare Systeme wahr ist. Ein Beispiel dazu ist das System (3.104), also $\mathbf{V}(\boldsymbol{x}) = \boldsymbol{x}\boldsymbol{v}$ mit einem nicht-konstanten Signal $\boldsymbol{v}$, das linear aber nicht shift-invariant ist. Man erhält

$$\mathbf{V}(\boldsymbol{\epsilon}_\omega)(n) = \boldsymbol{\epsilon}_\omega(n)\boldsymbol{v}(n)$$

Weil es $n_a, n_b \in \mathbb{Z}$ gibt mit $\boldsymbol{v}(n_a) \neq \boldsymbol{v}(n_b)$ gilt hier (3.106) nicht. Die Linearität eines Systems reicht für die Gültigkeit von (3.106) also nicht aus.

Für LSI-Systeme $\mathbf{S}$ ist $\boldsymbol{\epsilon}_\omega$ aber tatsächlich ein Eigenvektor zu einem Eigenwert $\vartheta(\omega)$. Falls $\mathbf{S}$ auf einem normierten Teilraum von $\mathfrak{S}$ definiert ist und $\boldsymbol{\Delta}_\mathbf{S} * \boldsymbol{\epsilon}_\omega$ für jedes $\omega \in \mathbb{R}$ existiert, erhält man nämlich

$$\begin{aligned}\mathbf{S}(\boldsymbol{\epsilon}_\omega)(n) &= (\boldsymbol{\Delta}_\mathbf{S} * \boldsymbol{\epsilon}_\omega)(n) = \sum_{\nu=-\infty}^{\infty} \boldsymbol{\Delta}_\mathbf{S}(\nu)\boldsymbol{\epsilon}_\omega(n-\nu) \\ &= \sum_{\nu=-\infty}^{\infty} \boldsymbol{\Delta}_\mathbf{S}(\nu)e^{i(n-\nu)\omega} = e^{in\omega}\sum_{\nu=-\infty}^{\infty} \boldsymbol{\Delta}_\mathbf{S}(\nu)e^{-i\nu\omega} = \boldsymbol{\epsilon}_\omega(n)\sum_{\nu=-\infty}^{\infty} \boldsymbol{\Delta}_\mathbf{S}(\nu)e^{-i\nu\omega}\end{aligned}$$

Ist $\mathbf{S}$ ein LSI-System auf ganz $\mathfrak{S}$ dann sind zwar alle $\boldsymbol{\Delta}_\mathbf{S} * \boldsymbol{\epsilon}_\omega$ definiert, man hat aber über die $\mathbf{S}_{\langle n\rangle}$ zu summieren (zur Einführung dieser Mengen siehe die Umgebung von (3.84) in Abschn. 3.2.2).

Definiert man daher die komplexwertige Funktion $\boldsymbol{\Theta}_\mathbf{S} : \mathbb{R} \to \mathbb{C}$ des reellen Parameters ω durch die unendliche Reihe (im gewöhnlichen Sinn)

$$\boldsymbol{\Theta}_\mathbf{S}(\omega) = \sum_{\nu=-\infty}^{\infty} \boldsymbol{\Delta}_\mathbf{S}(\nu)e^{-i\nu\omega} \tag{3.107}$$

dann ist $\boldsymbol{\Theta}_{\mathbf{S}}(\omega)$ ein Eigenwert zum Eigensignal $\boldsymbol{\epsilon}_{\omega}$ von $\mathbf{S}$:

$$\mathbf{S}(\boldsymbol{\epsilon}_{\omega}) = \boldsymbol{\Theta}_{\mathbf{S}}(\omega)\boldsymbol{\epsilon}_{\omega} \tag{3.108}$$

Die Funktion $\boldsymbol{\Theta}_{\mathbf{S}}$ heißt aus den oben dargelegten Gründen die **Frequenzantwort**[6] des Systems $\mathbf{S}$. Sie ist nach (3.107) eine periodische Funktion mit der Periode 2π. Es genügt deshalb, die Frequenzantwort in irgendeinem reellen Intervall der Länge 2π zu kennen oder zu berechnen, beispielsweise im Intervall $-\pi \leq \omega < \pi$, das sich aus Symmetriegründen anbietet.

Die Frequenzantwort $\omega \mapsto \boldsymbol{\Theta}_{\mathbf{S}}(\omega)$ erzeugt eine Kurve in der komplexen Ebene.[7] Der Periodizität wegen ist diese Kurve geschlossen: Die Kurve beginnt im Punkt $\boldsymbol{\Theta}_{\mathbf{S}}(-\pi)$ und endet im Kurvenpunkt $\boldsymbol{\Theta}_{\mathbf{S}}(\pi) = \boldsymbol{\Theta}_{\mathbf{S}}(-\pi)$. Zumindest dann, wenn die definierende unendliche Reihe (3.107) tatsächlich eine endliche Summe ist, ist die Frequenzantwort als Linearkombination von Exponentialfunktionen differenzierbar, die von ihr erzeugte Kurve ist also eine stetige Kurve ohne Spitzen.

Eine Kurve in der komplexen Ebene wird informationsreicher mit Polarkoordinaten als mit cartesischen Koordinaten beschrieben. Allerdings tragen die Polarkoordinaten eigene Namen. Da ist einmal der **Amplitudengang**[8] des Systems $\mathbf{S}$:

$$\gamma_{\mathbf{S}}(\omega) = \rho(\boldsymbol{\Theta}_{\mathbf{S}}(\omega)) = |\boldsymbol{\Theta}_{\mathbf{S}}(\omega)| \tag{3.109}$$

Der Amplitudengang bei der Frequenz ω ist also der Betrag des Kurvenpunktes $\boldsymbol{\Theta}_{\mathbf{S}}(\omega)$, d. h. der Abstand des Kurvenpunktes vom Nullpunkt $0 + 0\boldsymbol{i}$ der komplexen Ebene.

Die Entsprechung der zweiten Koordinatenfunktion, des Polarwinkels φ als Funktion von ω, heißt der **Phasengang** des Systems $\mathbf{S}$:[9]

$$\phi_{\mathbf{S}}(\omega) = \boldsymbol{\Phi}(\boldsymbol{\Theta}_{\mathbf{S}}(\omega)) \tag{3.110}$$

Die Frequenzantwort, der Amplitudengang und der Phasengang eines Systems hängen also auf die folgende Art und Weise zusammen:

$$\boldsymbol{\Theta}_{\mathbf{S}}(\omega) = \gamma_{\mathbf{S}}(\omega)e^{\boldsymbol{i}\phi_{\mathbf{S}}(\omega)} \tag{3.111}$$

Der Amplitudengang kann auf zwei Wegen berechnet werden. Der erste Weg verwendet den Konjugationsoperator:

$$|\boldsymbol{\Theta}_{\mathbf{S}}(\omega)|^2 = \boldsymbol{\Theta}_{\mathbf{S}}(\omega)\overline{\boldsymbol{\Theta}_{\mathbf{S}}(\omega)} \tag{3.112}$$

[6] Sie wird aber auch **Frequenzgang** genannt.
[7] Siehe Kap. 2.
[8] Auch *gain* im Amerikanischen.
[9] Zur Definition der Polarwinkelfunktion siehe Kap. 2.

Die andere Methode wertet die Definition des Absolutbetrages als die Quadratwurzel aus den Quadraten der cartesischen Koordinaten direkt aus:

$$|\boldsymbol{\Theta}_{\mathbf{S}}(\omega)|^2 = \Re(\boldsymbol{\Theta}_{\mathbf{S}}(\omega))^2 + \Im(\boldsymbol{\Theta}_{\mathbf{S}}(\omega))^2 \tag{3.113}$$

Manchmal ist der eine manchmal der andere Weg günstiger. Ist beispielsweise $\boldsymbol{\Theta}_{\mathbf{S}}$ eine Funktion einer komplexen Exponentialfunktion, dann ist oft der Weg über die Konjugation günstiger, denn es gilt

$$\overline{e^{i\vartheta}} = e^{-i\vartheta} = \frac{1}{e^{i\vartheta}} \tag{3.114}$$

Im praktisch wichtigen Fall, dass die Einheitsimpulsantwort $\boldsymbol{\Delta}_{\mathbf{S}}$ eine **reelle** Funktion ist, dass $\mathbf{S}$ also reelle Signale aus reellen Signalen erzeugt (aus $\boldsymbol{x}(n) \in \mathbb{R}$ für alle n folgt $\mathbf{S}(\boldsymbol{x})(n) \in \mathbb{R}$ für alle n), ist die Frequenzantwort hermitesch:

$$\boldsymbol{\Delta}_{\mathbf{S}} \text{ reell} \implies \boldsymbol{\Theta}_{\mathbf{S}}(-\omega) = \overline{\boldsymbol{\Theta}_{\mathbf{S}}(\omega)} \tag{3.115}$$

3.2.5.2 Die Frequenzantwort zur Einheitsimpulsantwort $\boldsymbol{\delta} - \boldsymbol{\delta}_1$

Die Einheitsimpulsantwort eines LSI-Systems $\mathbf{S}$ sei gegeben durch

$$\boldsymbol{\Delta}_{\mathbf{S}} = \boldsymbol{\delta} - \boldsymbol{\delta}_1, \quad \boldsymbol{\Delta}_{\mathbf{S}}(n) = \boldsymbol{\delta}(n) - \boldsymbol{\delta}_1(n) = \boldsymbol{\delta}(n) - \boldsymbol{\delta}(n-1) \tag{3.116}$$

Das System erzeugt als Antwort auf den Einheitsimpuls $\boldsymbol{\delta}$ zwei Impulse, nämlich den Einheitsimpuls $\boldsymbol{\delta}$ selbst und einen negativen Einheitsimpuls, der um eine Zeiteinheit verzögert wird. Die Einheitsimpulsantwort kann natürlich auch wie folgt erfasst werden:

$$\boldsymbol{\Delta}_{\mathbf{S}}(n) = \begin{cases} 1 & \text{für } n = 0 \\ -1 & \text{für } n = 1 \\ 0 & \text{für } n \notin \{0,1\} \end{cases} \tag{3.117}$$

Damit wird die Berechnung der Frequenzantwort mit Gl. (3.107) sehr einfach, man erhält

$$\boldsymbol{\Theta}_{\mathbf{S}}(\omega) = \sum_{\nu=-\infty}^{\infty} \boldsymbol{\Delta}_{\mathbf{S}}(\nu)e^{-i\nu\omega} = \sum_{\nu\in\{0,1\}} \boldsymbol{\Delta}_{\mathbf{S}}(\nu)e^{-i\nu\omega} = 1 - e^{-i\omega} = 1 - \cos(\omega) + \boldsymbol{i}\sin(\omega) \tag{3.118}$$

Um die von $\omega \mapsto 1 - \cos(\omega) + \boldsymbol{i}\sin(\omega)$, $-\pi \le \omega < \pi$, erzeugte Kurve zu bestimmen geht man zu den cartesischen Koordinaten $x(\omega) = 1 - \cos(\omega)$ und $y(\omega) = \sin(\omega)$ über, man erhält dann

$$(x(\omega) - 1)^2 + y(\omega)^2 = \cos(\omega)^2 + \sin(\omega)^2 = 1$$

Die Kurve besteht daher aus dem zum Mittelpunkt $1 + 0\boldsymbol{i}$ verschobenen Einheitskreis (Abb. 3.29). Der Durchlauf beginnt mit dem Parameter $\omega = -\pi$ bei $2+0\boldsymbol{i}$. Der nächste eingezeichnete Parameterwert $\omega = -\frac{\pi}{2}$ zeigt, dass der Kreis im Uhrzeigersinn durchlaufen wird.

Abb. 3.29 Die Kurve $\omega \mapsto 1 - \cos(\omega) + \boldsymbol{i}\sin(\omega)$, $-\pi \leq \omega < \pi$

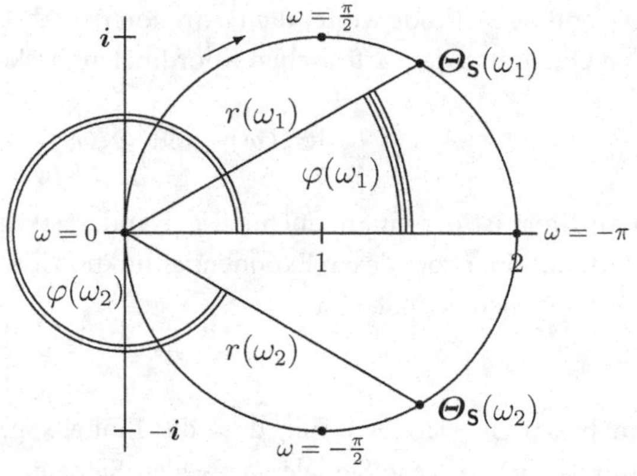

Der mit seinem Betrag $r(\omega_2)$ und Polarwinkel $\varphi(\omega_2)$ eingezeichnete Kurvenpunkt $\boldsymbol{\Theta}_{\mathbf{S}}(\omega_2)$ wird also vor dem zweiten eingezeichneten Kurvenpunkt $\boldsymbol{\Theta}_{\mathbf{S}}(\omega_1)$ erreicht. Betrachtet man den Polarwinkel $\varphi(\omega)$ während eines solchen Umlaufs, werden einige Probleme erkennbar. Es beginnt schon beim Kurvenanfang. Im Kreispunkt $2 + 0\boldsymbol{i}$ ist eigentlich $\varphi(-\pi) = 0$. Weil aber nun offensichtlich

$$\lim_{\substack{\omega \to -\pi \\ -\pi < \omega}} = 2\pi$$

gilt, erhält man einen bei $\omega = -\pi$ stetigen Verlauf des Polarwinkels wenn $\varphi(-\pi) = 2\pi$ gesetzt wird. Das ist zwar nicht der Wert, den die Funktion $\boldsymbol{\Phi}$ dem Punkt $2+0\boldsymbol{i}$ als Polarwinkel zuordnet, doch kennt $\boldsymbol{\Phi}$ natürlich nicht die Bedeutung des Punktes, dessen Polarwinkel bestimmt wird und kann in Spezialfällen nur fest vorgegebene Werte verwenden. Allgemein kann gesagt werden: Produziert $\boldsymbol{\Phi}$ eine hebbare Unstetigkeit, dann sollte diese auch behoben werden.

Ein weiteres Problem ist beim Parameterwert $\omega = 0$ erkennbar. Wenn die positive reelle Achse ganz in die negative imaginäre Achse hineingedreht wurde, wenn also der Polwinkel den Wert $\frac{3}{2}\pi$ (entspricht 270°) erreicht hat, kann die Drehung der Achse (im Uhrzeigersinn) nicht fortgesetzt werden: Die Achse muss zur Fortsetzung der Drehung in die positive imaginäre Achse hochgeklappt werden, um dort mit dem Polarwinkel $\frac{\pi}{2}$ (entspricht 90°) die Drehung im Uhrzeigersinn weiterzuführen. Es entsteht eine Unstetigkeitsstelle, ein Sprung der Weite π, der nicht von der Parametrisierung herrührt oder eine andere artifizielle Ursache hat, sondern aus der Lage des Kreises selbst herstammt. Man erkennt es daran, dass die Sprungstelle verschwindet, wenn der Kreis ein wenig nach links verschoben wird und damit der Nullpunkt $0 + 0\boldsymbol{i}$ in das Innere des Kreises gelangt. Der Sprung ist also eine Eigenschaft der Frequenzantwort $\boldsymbol{\Theta}_{\mathbf{S}}$ und damit auch eine Eigenschaft des Systems $\mathbf{S}$, man kann ihn nicht beheben. Allerdings empfiehlt es sich, dem Parameter $\omega = 0$ doch einen Wert zuzuweisen, um eine auf dem gesamten Parameterintervall definierte Funktion zu bekommen, z. B. den Mittelwert $\varphi(0) = \pi$.

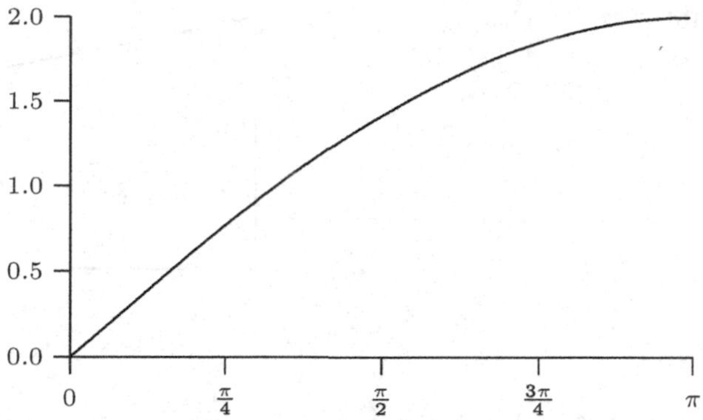

Abb. 3.30 $\gamma_S(\omega) = \sqrt{2(1-\cos(\omega))}, 0 \le \omega < \pi$

Der Amplitudengang wird hier am einfachsten über die Konjugation bestimmt, d. h. mit der Beziehung (3.114):

$$|\Theta_S(\omega)|^2 = (1 - e^{-i\omega})\overline{(1 - e^{-i\omega})} = 1 - e^{-i\omega} - e^{i\omega} + 1 = 2 - 2\cos(\omega)$$

Der symmetrische Amplitudengang ist deshalb gegeben durch

$$\gamma_S(\omega) = \sqrt{2(1 - \cos(\omega))}$$

er ist in Abb. 3.30 nur für die zweite Hälfte des Parameterintervalls gezeichnet.

Nun zur Berechnung des Phasengangs. Die Polwinkel für $\omega = -\pi$ und $\omega = 0$ liegen mit $\Phi(-\pi) = 2\pi$ und $\Phi(0) = \pi$ schon fest, es bleiben daher die beiden Parameterbereiche $-\pi < \omega < 0$ und $0 < \omega < \pi$. Es wird nach Abb. 2.2 vorgegangen. Die cartesischen Koordinaten von $\Theta_S(\omega)$ sind gegeben durch $x(\omega) = 1 - \cos(\omega)$ und $y(\omega) = \sin(\omega)$. In den beiden Parameterintervallen gilt $x(\omega) > 0$, der Quadrant zur Berechnung des Polarwinkels hängt daher nur von $y(\omega)$ ab. Zentral zur Berechnung des Polarwinkels ist die Auswertung der Funktion

$$A(\omega) = \arctan\left(\frac{y(\omega)}{x(\omega)}\right) = \arctan\left(\frac{\sin(\omega)}{1 - \cos(\omega)}\right)$$

Nach Abb. 3.29 kann eine einfache Funktion für den Polarwinkel vermutet werden, möglicherweise ein linearer Zusammenhang. Eine einfache aber nicht ganz kurze Berechnung (die kombinierte Anwendung von Ketten- und Quotientenregel der Differentialrechnung) ergibt tatsächlich das erhoffte Resultat:

$$A'(\omega) = -\frac{1}{2} \quad \text{deshalb} \quad A(\omega) = -\frac{1}{2}\omega + a$$

Mit dem speziellen Wert $A(\frac{\pi}{2}) = \arctan(1) = \frac{\pi}{4}$ erhält man $a = \frac{\pi}{2}$.

Im Parameterbereich $-\pi < \omega < 0$ ist $y(\omega) < 0$, es muss daher nach Abb. 2.2 wie im vierten Quadranten vorgegangen werden. Zur Berechnung von $A(\omega)$ wird $|y(\omega)|$ gebraucht.

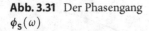

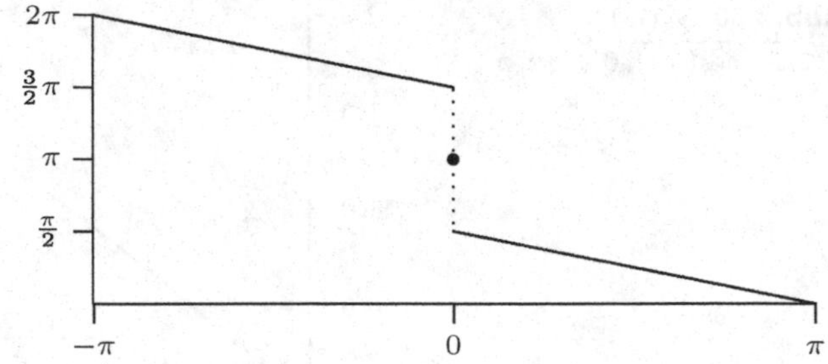

Abb. 3.31 Der Phasengang $\phi_{\mathsf{S}}(\omega)$

Ist aber $y(\omega) = \sin(\omega) < 0$, dann gilt $\sin(-\omega) = -\sin(\omega) > 0$, also $|\sin(\omega)| = \sin(-\omega)$. Das ergibt endlich den gewünschten Polarwinkel:

$$\Phi(\Theta_{\mathsf{S}}(\omega)) = 2\pi - \arctan\left(\frac{\sin(-\omega)}{1-\cos(-\omega)}\right) = 2\pi - \left(-\frac{1}{2}(-\omega) + \frac{\pi}{2}\right) = -\frac{1}{2}\omega + \frac{3}{2}\pi$$

Im Parameterbereich $0 < \omega < \pi$ ist $y(\omega) > 0$, die Berechnung wird nach dem ersten Quadranten in Abb. 2.2 abgewickelt:

$$\Phi(\Theta_{\mathsf{S}}(\omega)) = \arctan\left(\frac{\sin(\omega)}{1-\cos(\omega)}\right) = -\frac{1}{2}\omega + \frac{\pi}{2}$$

Alles zusammengenommen ergibt den in Abb. 3.31 gezeigten Phasengang.

3.2.5.3 Die Frequenzantwort der Filter der gleitenden Durchschnitte

Als ein Beispiel für ein unmittelbar durch eine Formel gegebenes LSI-System wird die Frequenzantwort des Filters $\mathbf{G}_N$ der gleitenden Durchschnitte der Ordnung N berechnet:

$$\mathbf{G}_N(\boldsymbol{x})(n) = \frac{1}{N+1}\sum_{\nu=0}^{N} \boldsymbol{x}(n-\nu) \tag{3.119}$$

Jeder Indexposition n wird der Mittelwert ihres Signalwertes und der Signalwerte an den N vorangehenden Positionen zugeordnet. Wie das Filter auf Signale wirkt macht eine Plausibilitätsbetrachtung deutlich: Bei Signalen $\boldsymbol{x}$, die nur niedrige Frequenzen enthalten (also $\omega \approx 0$), unterscheiden sich $\boldsymbol{x}(n)$, $\boldsymbol{x}(n-1)$ bis $\boldsymbol{x}(n-N)$ nur wenig, folglich gilt $\mathbf{G}_N(\boldsymbol{x}) \approx \boldsymbol{x}$, d. h. niederfrequente Signale werden nur wenig geändert. Das System ist daher ein Tiefpass. Ausgangspunkt zur Berechnung des Frequenzgangs $\Theta_{\mathbf{G}_N}$ ist natürlich (3.107):

$$\Theta_{\mathbf{G}_N}(\omega) = \sum_{\nu=-\infty}^{\infty} \Delta_{\mathbf{G}_N}(\nu)e^{-i\nu\omega} \tag{3.120}$$

Die Bestimmung der Einheitsimpulsantwort von $\mathbf{G}_N$, die zur Auswertung der Reihe erforderlich ist, ist problemlos, man hat die Bezeichnung nur wörtlich zu nehmen: $\Delta_{\mathbf{G}_N} =$

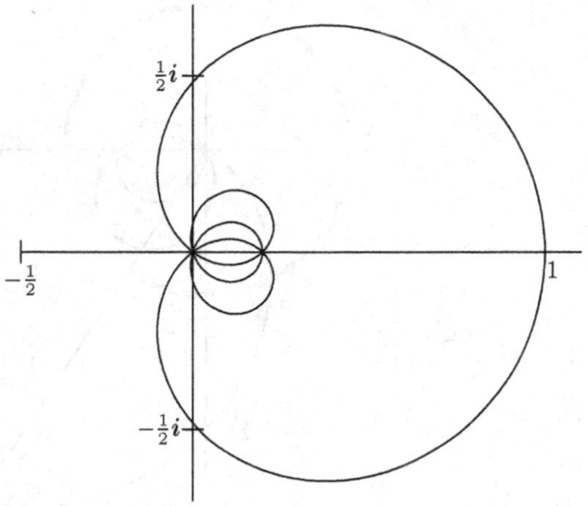

Abb. 3.32 $\Theta_{G_4}(\omega)$, $-\pi \le \omega < \pi$

$\mathbf{G}_N(\boldsymbol{\delta})$. Das ergibt

$$\Delta_{\mathbf{G}_N}(n) = \frac{1}{N+1}\sum_{\nu=0}^{N} \boldsymbol{\delta}(n-\nu)$$
$$= \begin{cases} \frac{1}{N+1} & \text{für } 0 \le n \le N \\ 0 & \text{für } n < 0 \vee N < n \end{cases}$$

Mit dieser simplen Einheitsimpulsantwort ist der Frequenzgang einfach zu berechnen, es ist lediglich eine Potenzsumme auszuwerten:

$$\boldsymbol{\Theta}_{\mathbf{G}_N}(\omega) = \frac{1}{N+1}\sum_{\nu=0}^{N} e^{-i\nu\omega}$$
$$= \frac{1}{N+1}\,\frac{1-e^{-i(N+1)\omega}}{1-e^{-i\omega}}$$
$$= e^{-i\frac{N}{2}\omega}\,V_N(\omega) \quad \text{mit} \quad V_N(\omega) = \frac{\sin\left((N+1)\frac{\omega}{2}\right)}{(N+1)\sin\left(\frac{\omega}{2}\right)}$$
$$= \left(\cos\left(\frac{N}{2}\omega\right) - \sin\left(\frac{N}{2}\omega\right) i\right) V_N(\omega)$$

Der Übergang von der zweiten zur dritten Zeile gelingt mit elementarer jedoch etwas längerer Rechnung. Wichtig ist, dass der multiplikative Faktor $V_N(\omega)$ des Ergebnisses **reell** ist. Einen ersten Eindruck von der Gestalt der Funktion V_N im Basisintervall $-\pi \le \omega < \pi$ kann man sich mit Abb. 3.36 verschaffen.

Abbildung 3.32 zeigt den Graph der Kurve, welche von $\boldsymbol{\Theta}_{\mathbf{G}_4}(\omega)$ durchlaufen wird, wenn ω das Parameterintervall $-\pi \le \omega < \pi$ durchläuft. Das Bild soll nur einen Eindruck der Gestalt der Gesamtkurve geben und ist deshalb einfach gehalten. Es illustriert auch den einfacheren Fall eines geraden N. Genauer betrachtet wird aber der Fall eines ungeraden

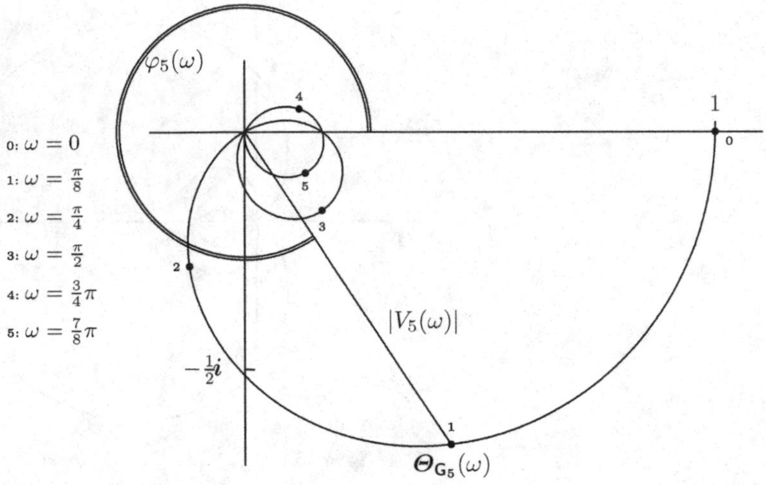

Abb. 3.33 $\Theta_{G_5}(\omega), 0 \leq \omega < \pi$

$N = 2M + 1$. Die Einzelheiten für den Fall eines geraden $N = 2M$ auszuführen sei dem Leser als einfache Übungsaufgabe empfohlen.

In Abb. 3.33 ist der Teil der Kurve für $N = 5$ ausführlicher gezeichnet, der erzeugt wird, wenn die zweite Hälfte $0 \leq \omega < \pi$ des Parameterintervalles durchlaufen wird. Für einen Punkt $\Theta_{G_5}(\omega)$ der Kurve sind der Betrag $r_5(\omega) = |V_N(\omega)|$ und sein Polarwinkel $\varphi_5(\omega)$ eingetragen. Einige Punkte der Kurve mit speziellen Parametern sind gekennzeichnet, man kann so die Orientierung der Kurve erkennen, d. h. in welcher Reihenfolge die Punkte der Kurve durchlaufen werden.

Ausgangspunkt einer Analyse der Frequenzantwort Θ_{G_5} ist die einfache Beobachtung, dass die Multiplikation einer komplexen Zahl z mit einer reellen Zahl v den Polarwinkel der komplexen Zahl auf eine sehr einfache Art ändert. Man muss nur z in Polarkoordinaten ausdrücken:

$$\text{falls } v \geq 0\text{: } vz = vre^{i\varphi} \qquad \text{falls } v < 0\text{: } vz = |v|\, re^{i((\varphi+\pi) \bmod 2\pi)}$$

Eben diese Situation ist aber mit der Frequenzantwort gegeben, die komplexe Zahl $e^{-i\frac{N}{2}\omega}$ wird mit der reellen Zahl $V_N(\omega)$ multipliziert:

$$\Theta_{G_N}(\omega) = e^{-i\frac{N}{2}\omega} V_N(\omega)$$

Folglich genügt es, zur Bestimmung des Polarwinkels von Θ_{G_5} den Polarwinkel der Funktion $\omega \mapsto e^{-i\frac{N}{2}\omega}$ zu berechnen, also den Polarwinkel der Funktion

$$K(\omega) = e^{-i\frac{N}{2}\omega} = \cos\left(\frac{N}{2}\omega\right) - \sin\left(\frac{N}{2}\omega\right) i \qquad -\pi \leq \omega < \pi.$$

Der gesuchte Polarwinkel entsteht daraus durch eine einfache Modifikation. Durchläuft ω das Intervall $-\pi \le \omega < \pi$, dann durchläuft $\cos(\omega) - \sin(\omega)\boldsymbol{i}$ einen ganzen Kreisbogen, folglich durchläuft $\cos\left(\frac{N}{2}\omega\right) - \sin\left(\frac{N}{2}\omega\right)\boldsymbol{i}$ wegen $\frac{N}{2} = M + \frac{1}{2}$ genau M ganze Kreisbögen und einen Halbkreis. Das ist anschaulich klar, aber um den Polarwinkel während des Umlaufes zu bestimmen muss noch bekannt sein, in welchem Punkt der Umlauf beginnt und mit welcher Orientierung er fortschreitet, ob gegen oder mit dem Uhrzeigersinn. Dazu muss die Aussage, dass $M + \frac{1}{2}$ Kreise durchlaufen werden, etwas präziser gefasst werden. Es sei dazu $Q = \frac{N}{2} = M + \frac{1}{2}$ und $\Omega = Q\omega$. Setzt man $p = \frac{2\pi}{Q}$, dann ist damit eine Einteilung des Intervalles $-\pi \le \omega < \pi$ gegeben, und zwar in die M Intervalle I_m gegeben durch

$$-\pi + mp \le \omega < -\pi + (m+1)p \quad m = 0, \dots, M-1$$

und in das Intervall I_M:

$$-\pi + Mp \le \omega < \pi$$

Durchläuft nun ω eines der Intervalle I_m, dann durchläuft Ω das Intervall J_m, definiert durch

$$-\pi Q + mpQ \le \Omega < -\pi Q + (m+1)pQ \quad m = 0, \dots, M-1$$

Wegen

$$-\pi Q + (m+1)pQ - (-\pi Q + mpQ) = pQ = 2\pi$$

hat das Intervall J_m die Länge 2π. Ebenso sieht man, dass das entsprechende Intervall J_M die Länge π hat. Durchläuft daher ω die Intervalle I_m, $m = 0, \dots, M$, dann durchläuft Ω nacheinander die Intervalle J_m und die Funktion

$$\widehat{K}(\Omega) = \cos(\Omega) - \sin(\Omega)\boldsymbol{i}$$

daher M Vollkreise und einen Halbkreis. Es bleibt noch zu bestimmen, wo die Kreisläufe beginnen und ob sie gegen den Uhrzeigersinn gerichtet sind oder nicht. Dazu genügt es natürlich, den Anfang und die Richtung des ersten Kreisdurchlaufes zu ermitteln, denn alle Durchläufe haben denselben Anfang und dieselbe Richtung. Der Anfangspunkt des ersten Durchlaufes ist $K(-\pi)$, und die Bewegungsrichtung kennt man, wenn man den Ort der Kurve nach einer Drehung um $\frac{\pi}{2}$ (d. h. 90°) kennt. Man erhält zunächst

$$\cos(Q\omega) - \sin(Q\omega)\boldsymbol{i} = \cos\left(M\omega + \frac{1}{2}\omega\right) - \sin\left(M\omega + \frac{1}{2}\omega\right)\boldsymbol{i} \tag{3.121}$$

die gewünschten Kurvenpunkte ergeben sich daraus durch Einsetzen von $\omega = -\pi$ und $\omega = -\pi + \frac{p}{4}$. Zur Durchführung der Rechnungen macht man Gebrauch von den Gleichungen

$$\sin\left(x + \frac{\pi}{2}\right) = \cos(x) \quad \cos\left(x + \frac{\pi}{2}\right) = -\sin(x) \tag{3.122}$$

die sich direkt aus den Additionstheoremen herleiten lassen. Einsetzen von $\omega = -\pi$ in (3.121) ergibt

$$\cos\left(-M\pi - \frac{\pi}{2}\right) - \sin\left(-M\pi - \frac{\pi}{2}\omega\right)\boldsymbol{i} = -\sin(M\pi) + \boldsymbol{i}\cos(M\pi) = \boldsymbol{i}(-1)^M$$

wegen $\cos(M\pi) \in \{1, -1\}$. Für gerade M beginnt daher der Kreisdurchlauf bei $\boldsymbol{i}$, für ungerade M bei $-\boldsymbol{i}$. Zur Richtungsbestimmung bemerkt man zunächst, dass $\omega = -\pi + \frac{p}{4}$ im Intervall I_0 der Wert $\Omega = -\pi Q + \frac{\pi}{2}$ im Intervall J_0 entspricht. Bei diesem Wert von Ω ist also genau ein Viertelkreis durchlaufen worden. Zweimalige Anwendung von (3.122) ergibt damit

$$\cos\left(-\pi Q + \frac{\pi}{2}\right) = \cos(M\pi) = (-1)^M$$
$$\sin\left(-\pi Q + \frac{\pi}{2}\right) = \sin(M\pi) = 0$$

Für gerades M ist die Kurve nach einer Drehung um 90° von $\boldsymbol{i}$ aus bei $1 = 1 + 0\boldsymbol{i}$ angekommen, es ist daher eine Drehung im Uhrzeigersinn. Für ungerades M ist die Kurve nach einer Drehung um 90° von $-\boldsymbol{i}$ aus bei $-1 = -1 + 0\boldsymbol{i}$ angekommen, es ist daher ebenfalls eine Drehung im Uhrzeigersinn.

An dieser Stelle ist genug Information vorhanden, um den Polarwinkel $\varphi_N(\omega)$ zu bestimmen. Es sind die beiden Fälle gerades M und ungerades M zu unterscheiden. Die Kurve startet bei geradem M an der Stelle $\boldsymbol{i}$ mit dem Polarwinkel $\varphi = \frac{\pi}{2}$, der in der folgenden Viertelkreisdrehung im Uhrzeigersinn linear absinkt und bei Erreichen der positiven reellen Achse einen Sprung von $\varphi = 0$ auf $\varphi = 2\pi$ ausführt. Der Polarwinkel sinkt dann wieder linear ab bis auf $\varphi = \frac{\pi}{2}$ bei Erreichen des Startpunktes $\boldsymbol{i}$. Insgesamt hat die Polarwinkelfunktion $\boldsymbol{\Phi}(\boldsymbol{\Theta}_{\mathbf{G}_N}(\omega))$ für gerades M also die in Abb. 3.34 gezeigte sägezahnförmige Gestalt. Die Anfänge der Intervalle I_m sind mit einem Punkt markiert (es ist $p = 2{,}5133$ bei $N = 5$).

Bei ungeradem M startet die Kreisbewegung bei $-\boldsymbol{i}$ mit dem Polarwinkel $\varphi = \frac{3}{2}\pi$, sinkt mit einer Drehung um 270° ($\frac{3}{2}\pi$) linear ab bis zum Erreichen der positiven reellen Achse und führt dort einen Sprung von $\varphi = 0$ zu $\varphi = 2\pi$ aus, um dann mit einer letzten Viertelkreisdrehung bis zu $-\boldsymbol{i}$ auf $\varphi = \frac{3}{2}\pi$ abzusinken. Der Polarwinkel hat also die in Abb. 3.35 gezeigte Gestalt, Die Anfänge der Intervalle I_m sind ebenfalls mit einem Punkt markiert (es ist $p = 1{,}7952$ bei $N = 7$).

Der Polarwinkel lässt sich natürlich auch formelmäßig darstellen. Mit etwas längerer aber elementarer Rechnung findet man für gerades M und $0 \le m < M$

$$\varphi_N(\omega) = \begin{cases} \frac{\pi}{2} + \frac{2\pi}{p}(mp - \pi - \omega) & \text{für } -\pi + mp < \omega < -\pi + mp + \frac{p}{4} \\ \frac{\pi}{2} + \frac{2\pi}{p}((m+1)p - \pi - \omega) & \text{für } -\pi + mp + \frac{p}{4} < \omega < -\pi + (m+1)p \end{cases} \tag{3.123}$$

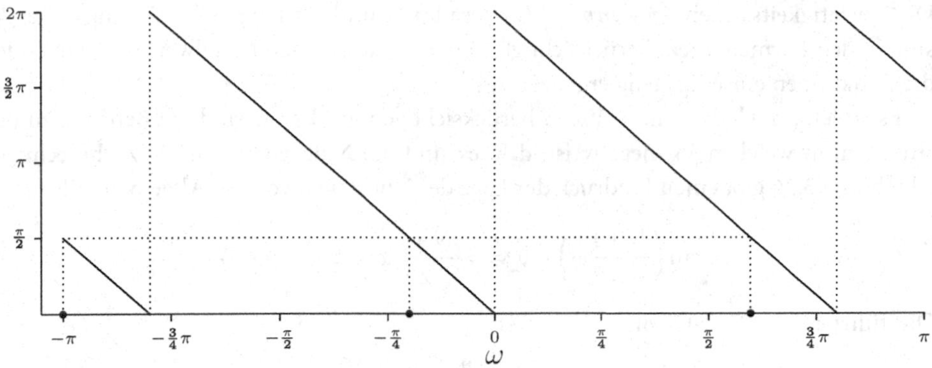

Abb. 3.34 Der Polarwinkel $\varphi_5(\omega)$ von $\omega \mapsto e^{-i\frac{5}{2}\omega}$ $(M = 2)$

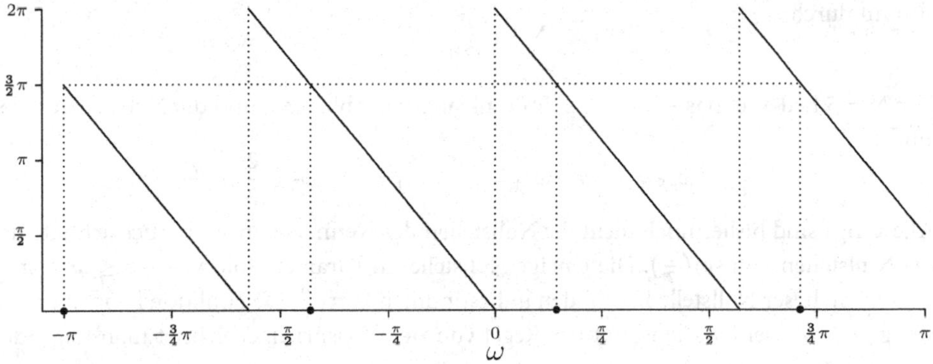

Abb. 3.35 Der Polarwinkel $\varphi_7(\omega)$ von $\omega \mapsto e^{-i\frac{7}{2}\omega}$ $(M = 3)$

Im letzten Teilintervall ($m = M$) ist der Polarwinkel gegeben durch

$$\varphi_N(\omega) = \begin{cases} \frac{\pi}{2} + \frac{2\pi}{p}(mp - \pi - \omega) & \text{für } -\pi + Mp < \omega < -\pi + Mp + \frac{p}{4} \\ \frac{\pi}{2} + \frac{2\pi}{p}((m+1)p - \pi - \omega) & \text{für } -\pi + mp + \frac{p}{4} < \omega < \pi \end{cases} \tag{3.124}$$

Für ungerades M und $0 \leq m < M$ erhält man

$$\varphi_N(\omega) = \begin{cases} \frac{3}{2}\pi + \frac{2\pi}{p}(mp - \pi - \omega) & \text{für } -\pi + mp < \omega < -\pi + mp + \frac{3}{4}p \\ \frac{3}{2}\pi + \frac{2\pi}{p}((m+1)p - \pi - \omega) & \text{für } -\pi + mp + \frac{3}{4}p < \omega < -\pi + (m+1)p \end{cases} \tag{3.125}$$

Im letzten Teilintervall ($m = M$) ergibt sich der Polarwinkel

$$\varphi_N(\omega) = \frac{3}{2}\pi + \frac{2\pi}{p}((m+1)p - \pi - \omega) \quad \text{für } -\pi + Mp < \omega < \pi \tag{3.126}$$

Die Unstetigkeitsstellen $-\pi + mp + \frac{p}{4}$ für gerades M und $-\pi + mp + \frac{3}{4}p$ für ungerades M sind in den Formeln nicht berücksichtigt. Man kann dort einen Mittelwert einsetzen oder die Funktionen einseitig stetig ergänzen.

Es ist jetzt noch der Faktor V_N zu berücksichtigen, und zwar sind die Bereiche zu bestimmen, in welchen V_N negativ ist, d. h. es sind die Nullstellen von V_N zu berechnen. Abbildung 3.36 gibt einen Eindruck der Lage der Nullstellen von V_5. Allgemein gilt

$$\sin\left(\frac{N+1}{2}\omega\right) = 0 \Longleftrightarrow \frac{N+1}{2}\omega = n\pi, \quad n \in \mathbb{Z}$$

Das führt auf die Nullstellen

$$\omega_n = 2\pi\frac{n}{N+1}, \quad n \in \mathbb{Z}$$

Hier werden allerdings nur die Nullstellen $-\pi \le \omega_n < \pi$ benötigt, und diese werden bestimmt durch

$$-\frac{N+1}{2} \le n < \frac{N+1}{2}$$

Für $N = 5$ bedeutet das $-3 \le n \le 2$, im Einklang mit Abb. 3.36, und die Nullstellen selbst sind

$$\omega_{-2} = -\frac{2}{3}\pi \quad \omega_{-1} = -\frac{\pi}{3} \quad \omega_1 = \frac{\pi}{3} \quad \omega_2 = \frac{2}{3}\pi$$

Allerdings sind bisher noch nicht die Nullstellen des Nenners von V_N berücksichtigt, also die Nullstellen von $\sin(\frac{\omega}{2})$. Die einzige Nullstelle im Parameterintervall $-\pi \le \omega < \pi$ ist $\omega = 0$. An dieser Nullstelle hat V_N den unbestimmten Wert $\frac{0}{0}$, die Funktion kann aber dort stetig ergänzt werden, denn mit der Regel von DE L'HOSPITAL errechnet man folgenden Grenzwert:

$$\lim_{\omega\to 0}\frac{\sin\left((N+1)\frac{\omega}{2}\right)}{(N+1)\sin\left(\frac{\omega}{2}\right)} = \lim_{\omega\to 0}\frac{\frac{N+1}{2}\cos\left((N+1)\frac{\omega}{2}\right)}{\frac{N+1}{2}\cos\left(\frac{\omega}{2}\right)} = 1$$

Es ist daher $V_N(0) = 1 > 0$ und man kann die Bereiche des Parameterintervalls, in welchen V_N negativ wird, mit Hilfe der bekannten Nullstellen direkt angeben. Wegen $V_N(0) > 0$ ist die Funktion bis zur ersten Nullstelle ω_{-1} im negativen und ω_1 im positiven Bereich des Parameterintervalls natürlich positiv und die ersten Teilintervalle mit negativen Funktionswerten reichen von ω_1 bis zu ω_2 bzw. von ω_{-1} bis zu ω_{-2}. Die nächsten Teilintervalle mit negativen Funktionswerten reichen dann von ω_3 bis ω_4 bzw. von ω_{-3} bis ω_{-4}, usw. Allgemein ist $V_N(\omega) < 0$ für $\omega_{2k+1} < \omega < \omega_{2k+2}$ und für $\omega_{-2k-2} < \omega < \omega_{-2k-1}$, mit $k \ge 0$ aber $2k + 1 < \frac{N+1}{2}$. Für $N = 5$ erhält man die Bereiche $-\frac{2}{3}\pi < \omega < -\frac{\pi}{3}$ und $\frac{\pi}{3} < \omega < \frac{2}{3}\pi$.

Der Polarwinkel ψ_N von $\boldsymbol{\Theta}_{\mathbf{G}_N}$ kann jetzt als Modifikation von φ_N erhalten werden. Gehört ω einem der Bereiche an, in welchen $V_N(\omega)$ negativ ist, dann wird $e^{-i\frac{N}{2}\omega}V_N(\omega)$ durch eine Rotation von $e^{-i\frac{N}{2}\omega}|V_N(\omega)|$ um 180° gegen den Uhrzeigersinn erhalten. Man kann daher ψ_N wie folgt definieren:

$$\psi_N(\omega) = \begin{cases} \varphi_N(\omega) & \text{falls } V_N(\omega) \ge 0 \\ (\varphi_N(\omega) + \pi) \bmod 2\pi & \text{falls } V_N(\omega) < 0 \end{cases}$$

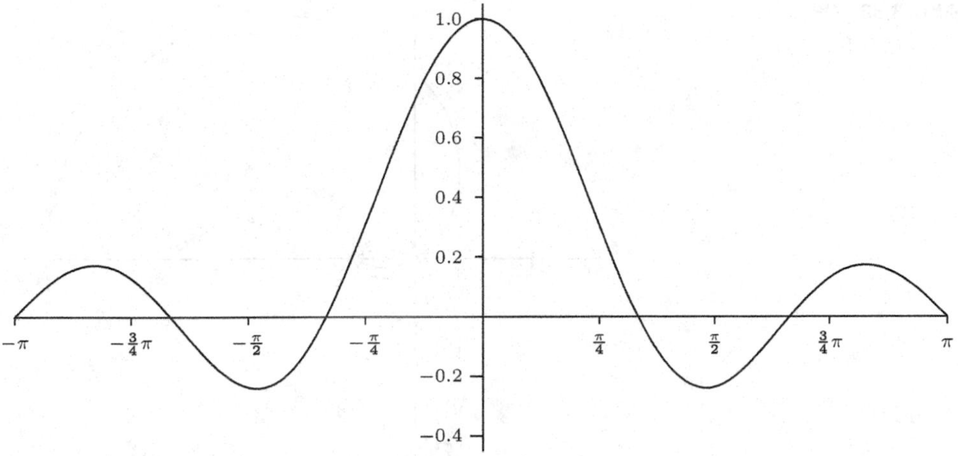

Abb. 3.36 $V_5(\omega), -\pi \leq \omega < \pi$

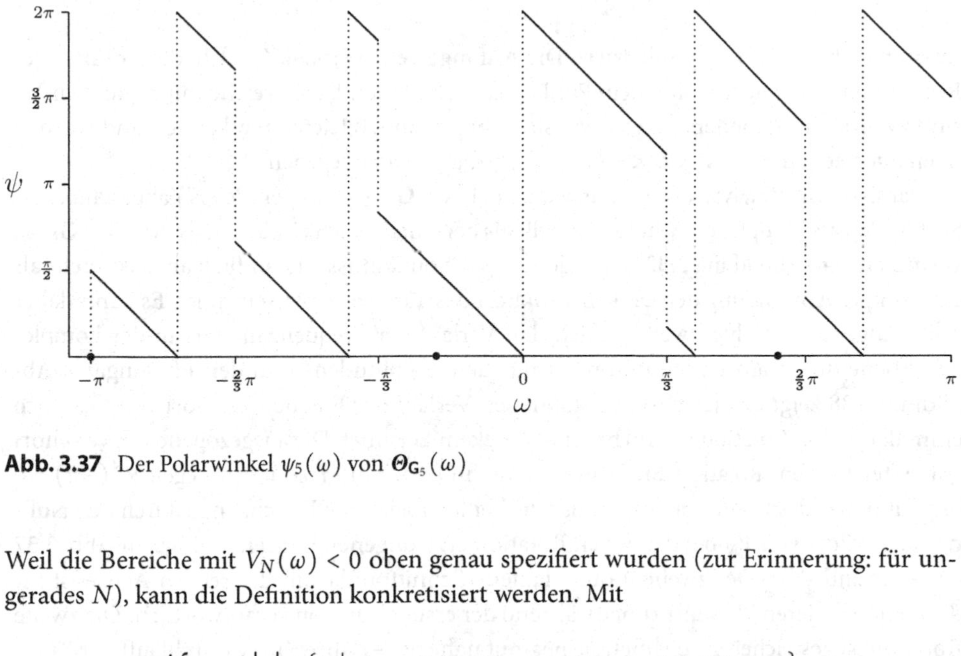

Abb. 3.37 Der Polarwinkel $\psi_5(\omega)$ von $\Theta_{G_5}(\omega)$

Weil die Bereiche mit $V_N(\omega) < 0$ oben genau spezifiert wurden (zur Erinnerung: für ungerades N), kann die Definition konkretisiert werden. Mit

$$\mathcal{N}_N = \bigcup_{0 \leq k < \frac{N-1}{4}} \{\omega \mid \omega_{2k+1} < \omega < \omega_{2k+2} \vee \omega_{-2k-2} < \omega < \omega_{-2k-1}\}$$

als der Menge der Parameter ω mit $V_N(\omega) < 0$ erhält man für den Polarwinkel

$$\psi_N(\omega) = \begin{cases} \varphi_N(\omega) & \text{falls } \omega \notin \mathcal{N}_N \\ (\varphi_N(\omega) + \pi) \bmod 2\pi & \text{falls } \omega \in \mathcal{N}_N \end{cases}$$

Abb. 3.38 $\Theta_{G_5}(\omega)$, $-\pi \le \omega < \pi$

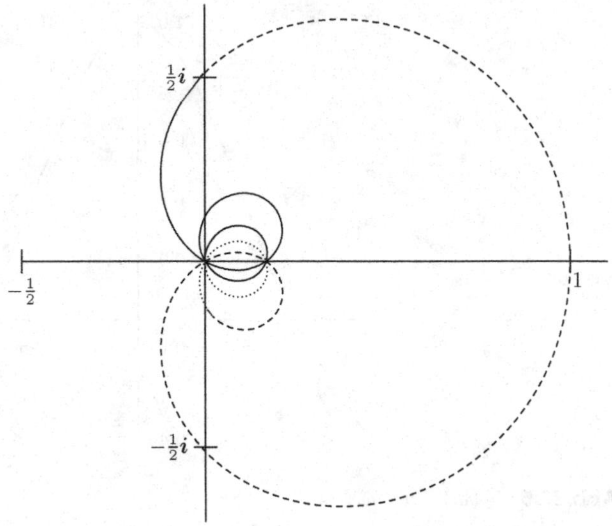

Er ist in Abb. 3.37 für $N = 5$ skizziert. Die Anfänge der Intervalle I_m, d. h. die Anfänge der Rotationen, sind wieder mit einem Punkt gekennzeichnet. Die Bereiche mit negativem V_N sind zwar nicht besonders bezeichnet, sind aber dennoch leicht zu erkennen und wurden oben auch schon als $-\frac{2}{3}\pi < \omega < -\frac{1}{3}\pi$ und $\frac{1}{3}\pi < \omega < \frac{2}{3}\pi$ angegeben.

Damit ist die Analyse der Frequenzantwort von $\mathbf{G}_N$ (für ungerades N) abgeschlossen. Sie hat sich als komplizierter herausgestellt als bei einem solch einfachen System wie $\mathbf{G}_N$ zu vermuten war. Abbildung 3.32 zeigt allerdings schon unmissverständlich an, dass mehr als eine simple Anwendung der Umkehrfunktion des Tangens einzusetzen ist. Es kann daher nur dringend empfohlen werden, sich den Verlauf der Frequenzantwort in der komplexen Ebene direkt anzusehen und nicht nur den Amplituden- und den Phasengang. Abbildung 3.38 zeigt den jetzt voll verstandenen Verlauf der Frequenzantwort von $\mathbf{G}_N$ noch einmal. Die drei Rotationen sind besonders gekennzeichnet. Die ausgezogene Kurve gehört zur ersten (vollen) Rotation. Sie beginnt weder in $\boldsymbol{i}$ noch in $-\boldsymbol{i}$, sondern wegen $V_N(-\pi) = 0$ im Nullpunkt des Koordinatensystems. Die beiden folgenden Durchgänge durch den Nullpunkt sind die von V_N bei der ersten Rotation erzwungenen Phasensprünge, in Abb. 3.37 bei $-\frac{2}{3}\pi$ und $-\frac{1}{3}\pi$. Der zweimal durchlaufene Schnittpunkt mit der reellen Achse ist für die beiden anderen Phasensprünge während der ersten Rotation verantwortlich. Die zweite Rotation ist gestrichelt gezeichnet, sie beginnt nahe bei $\frac{1}{2}\boldsymbol{i}$. Ihre Kurve durchläuft den Nullpunkt nur einmal, d. h. es gibt nur einen von V_N erzwungenen Phasensprung, in Abb. 3.37 bei $\frac{1}{3}\pi$. Die beiden Überquerungen der reellen Achse liefern die beiden übrigen Phasensprünge der zweiten Rotation. Die dritte (halbe) Rotation ist gepunktet, sie beginnt auf der negativen imaginären Achse. Es gibt einen Nulldurchgang mit dem Phasensprung beim Austritt des Paramters aus Intervall I_1, in Abb. 3.37 bei $\frac{2}{3}\pi$, und eine Überquerung der reellen Achse nach einer Viertelrotation (Durchlauf einer Parameterstrecke der Länge $\frac{p}{4}$) mit dem entsprechenden Phasensprung.

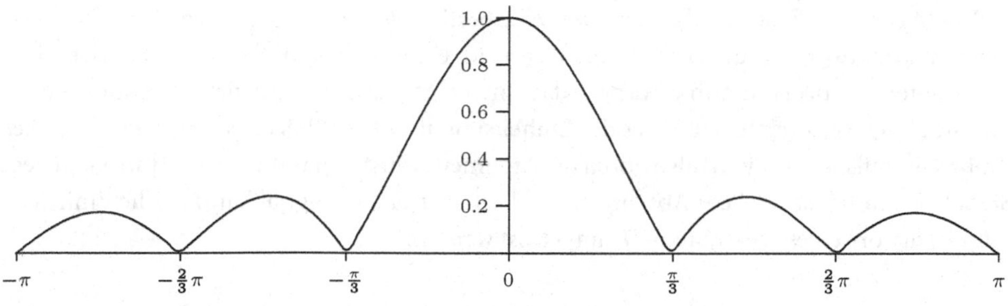

Abb. 3.39 $\gamma_{G_5}(\omega)$, $-\pi \le \omega < \pi$

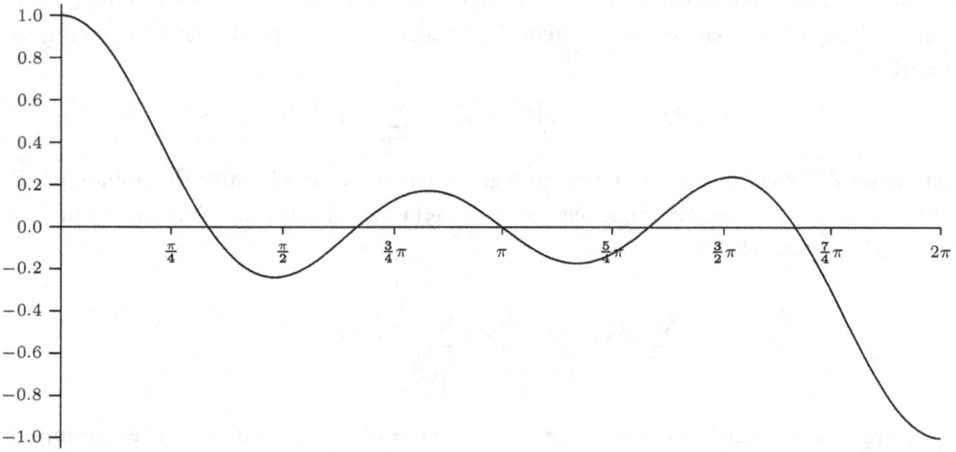

Abb. 3.40 $V_5(\omega)$ über $0 \le \omega < 2\pi$

Und um es abschließend noch einmal zu erwähnen, der Amplitudengang des Filters ist $|V_N|$. Man erhält ihn aus Abb. 3.36, indem die negativen Teile der Funktion um die reelle Achse nach oben geklappt werden, was zu Abb. 3.39 führt. Die einfache Symmetrie von V_N im Intervall $-\pi \le \omega \le \pi$ hat die Analyse des Systems etwas erleichtert. Zwar lässt sich im Prinzip auch jedes andere Parameterintervall der Länge 2π einsetzen, doch kann das durchaus Einfluss auf die Gestalt und die Eigenschaften der Funktionen haben, die untersucht werden müssen. Legt man z. B. das Parameterintervall $0 \le \omega < 2\pi$ zugrunde, dann hat V_5 die in Abb. 3.40 gezeigte Gestalt. Die Bereiche, in welchen V_5 negativ ist, besitzen keine Symmetrie mehr, und es gibt nun drei solcher Bereiche.

3.2.5.4 Frequenzantwort und Argumenttransformation bei Signalen

Bisher wurde die Frequenzantwort eines LSI-Systems nur dazu benutzt, Aussagen über das Verhalten des Systems gegenüber exponentiellen Signalen zu machen. Der Zusammenhang zwischen der Frequenzantwort und der Einheitsimpulsantwort eines Systems, d. h. (3.107), kann aber auch ganz anders genutzt werden, wie das folgende Beispiel illustriert.

Ein LSI-System **S** ist so aufgebaut, dass eine bestimmte Filterwirkung entsteht. Die Einheitsimpulsantwort Δ_{S} und die Frequenzantwort Θ_{S} sind bekannt. Die Gestalt der Einheitsimpulsantwort lässt nun erwarten, dass man eine bessere Filterwirkung erhält, wenn nur die Signalwerte gerader Indizes der Einheitsimpulsantwort berücksichtigt werden. Die Einheitsimpulsantwort wird also durch die Argumenttransformation $\tau\colon \nu \mapsto 2\nu$ in ein neues Signal überführt (siehe dazu Abschn. 3.1.2). Das so erhaltene Signal kann als die Einheitsimpulsantwort eines LSI-Systems **T** aufgefasst werden:

$$\Delta_{\mathsf{T}}(\nu) = \Delta_{\mathsf{S}}(2\nu)$$

Es soll nun bestimmt werden, in welcher Weise die Frequenzantwort Θ_{T} des Systems **T** von der Frequenzantwort Θ_{S} des Systems **S** abhängt. Ausgangspunkt der Überlegung ist natürlich

$$\Theta_{\mathsf{T}}(\omega) = \sum_{\nu=-\infty}^{\infty} \Delta_{\mathsf{T}}(\nu)e^{-i\nu\omega} = \sum_{\nu=-\infty}^{\infty} \Delta_{\mathsf{S}}(2\nu)e^{-i\nu\omega}$$

Um dieses Ziel zu erreichen ist (etwas grob gesagt) in der letzten Summe die Abhängigkeit von $\nu \mapsto \Delta_{\mathsf{S}}(2\nu)$ in die Abhängigkeit von $\nu \mapsto \Delta_{\mathsf{S}}(\nu)$ zu überführen. Auf rein formalem Wege gelingt das mühelos:

$$\sum_{\nu=-\infty}^{\infty} \Delta_{\mathsf{S}}(2\nu)e^{-i\nu\omega} = \sum_{\substack{\nu=-\infty \\ \nu\equiv 0\,(2)}}^{\infty} \Delta_{\mathsf{S}}(\nu)e^{-i\frac{\nu}{2}\omega}$$

Allerdings wird in der Reihe auf der rechten Seite nur über die geraden Indizes summiert und es ist ein Weg zur Standardsummation über alle $\nu \in \mathbb{Z}$ zu finden. Hier gibt es nun einen kleinen Kunstgriff, der recht oft bei der Berechnung von Summen oder unendlichen Reihen weiterhilft. Ganz allgemein kommt man zu einer Standardsummation, wenn eine Funktion $\psi\colon \mathbb{Z} \to \mathbb{C}$ angegeben werden kann mit folgender Eigenschaft:

$$\psi(\nu) = \begin{cases} 1 & \text{falls } \nu \equiv 0\,(2) \\ 0 & \text{falls } \nu \equiv 1\,(2) \end{cases}$$

Die Funktion soll also für gerade ν den Wert 1 und für ungerade ν den Wert 0 annehmen. Denn mit einer solchen Funktion erhält man

$$\sum_{\substack{\nu=-\infty \\ \nu\equiv 0\,(2)}}^{\infty} \Delta_{\mathsf{S}}(\nu)e^{-i\frac{\nu}{2}\omega} = \sum_{\nu=-\infty}^{\infty} \psi(\nu)\Delta_{\mathsf{S}}(\nu)e^{-i\frac{\nu}{2}\omega}$$

Es ist nun nicht schwierig, eine Funktion mit dieser Eigenschaft zu finden:

$$\psi(\nu) = \frac{1 + (-1)^{\nu}}{2}$$

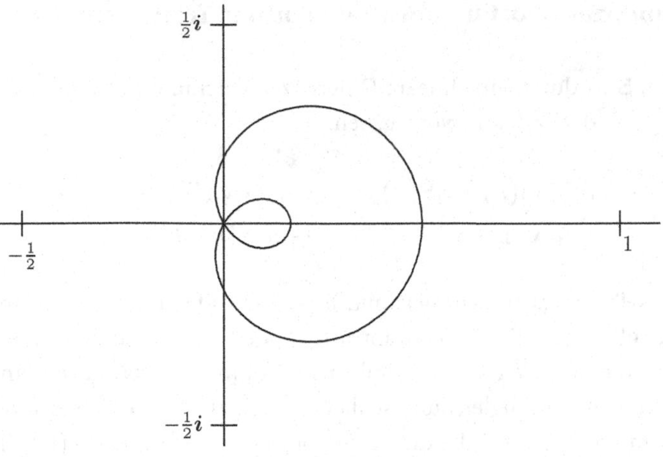

Abb. 3.41 $\Theta_{\mathsf{G}_5^h}(\omega)$, $-\pi \le \omega < \pi$

Das führt auf die folgende Entwicklung:

$$\sum_{\substack{\nu=-\infty \\ \nu\equiv 0\,(2)}}^{\infty} \Delta_{\mathsf{S}}(\nu)e^{-i\frac{\nu}{2}\omega} = \frac{1}{2}\sum_{\nu=-\infty}^{\infty} \Delta_{\mathsf{S}}(\nu)e^{-i\nu\frac{\omega}{2}} + \frac{1}{2}\sum_{\nu=-\infty}^{\infty} (-1)^{\nu}\Delta_{\mathsf{S}}(\nu)e^{-i\frac{\nu}{2}\omega}$$

Das ist ein schon recht befriedigendes Zwischenergebnis, denn der erste Term der Summe ist gerade die Funktion $\omega \mapsto \frac{1}{2}\Theta_{\mathsf{S}}\left(\frac{\omega}{2}\right)$. Im zweiten Term stört allerdings noch der Faktor $(-1)^{\nu}$. Er kann jedoch auf einfache Weise beseitigt werden, wenn man sich der wohlbekannten elementaren Relation $-1 = \cos(\pi) + \boldsymbol{i}\sin(\pi) = e^{i\pi}$ erinnert. Daraus folgt natürlich $(-1)^{\nu} = e^{i\nu\pi}$, und dieser Funktionswert der Exponentialfunktion führt auf eine bereits bekannte Reihe:

$$\sum_{\nu=-\infty}^{\infty} (-1)^{\nu}\Delta_{\mathsf{S}}(\nu)e^{-i\frac{\nu}{2}\omega} = \sum_{\nu=-\infty}^{\infty} \Delta_{\mathsf{S}}(\nu)e^{i\nu\pi}e^{-i\frac{\nu}{2}\omega} = \sum_{\nu=-\infty}^{\infty} \Delta_{\mathsf{S}}(\nu)e^{-i\nu\frac{\omega-2\pi}{2}}$$

Die gesuchte Abhängigkeit der Frequenzantwort Θ_{T} von der Frequenzantwort Θ_{S} ist also wie folgt gegeben:

$$\Theta_{\mathsf{T}}(\omega) = \frac{\Theta_{\mathsf{S}}\left(\frac{\omega}{2}\right) + \Theta_{\mathsf{S}}\left(\frac{\omega}{2} - \pi\right)}{2}$$

Das Ergebnis ist im Wesentlichen eine Mittelwertbildung, von der man ein beruhigtes Verhalten der Funktionskurve erwarten kann. Wird das Verfahren auf das System G_5 angewandt (siehe (3.119)), mit der in Abb. 3.38 gezeigten Frequenzantwort, erhält man ein System G_5^h mit der Frequenzantwort von Abb. 3.41. Tatsächlich besitzt die Kurve in Abb. 3.41 einen viel „ruhigeren" Verlauf als die in Abb. 3.38 gezeigte Kurve, statt der vier kleinen Schleifen gibt es nur noch eine.

3.2.6 Frequenzantwort und diskrete Fourier-Transformation

Ein LSI-System **S** ist durch eine lineare Differenzengleichung mit konstanten komplexen Koeffizienten u_κ und v_μ rekursiv vorgegeben:

$$\begin{aligned} &v_0\mathbf{S}(\boldsymbol{x})(n) + v_1\mathbf{S}(\boldsymbol{x})(n-1) + \cdots + v_m\mathbf{S}(\boldsymbol{x})(n-m) \\ &= u_0\boldsymbol{x}(n) + u_1\boldsymbol{x}(n-1) + \cdots + u_k\boldsymbol{x}(n-k) \end{aligned} \tag{3.127}$$

Das System **S** selbst ist also nicht bekannt. Eine Methode, mit der es gelänge, direkt aus der Differenzengleichung die Frequenzantwort $\boldsymbol{\Theta}_{\mathbf{S}}$ des Systems zu bestimmen, wäre sicher von großem praktischen Wert. In der Umkehrung kann $\boldsymbol{\Theta}_{\mathbf{S}}$ bekannt sein und man möchte direkt auf die Differenzengleichung schließen, z. B. zur Implementierung eines Filters. Beides gelingt mit dem Einsatz der diskreten Fourier-Transformation (DFT).

Die DFT wird im Buch als ein rein formales Werkzeug zur Lösung bestimmter Rechenprobleme angesehen, auf eine längere Motivation wird daher verzichtet. Die DFT ist ein Operator $\mathcal{F}$ auf der Menge der Signale, der geeigneten Signalen $\boldsymbol{x}$ eine Funktion $\mathcal{F}(\boldsymbol{x}) : H \longrightarrow \mathbb{C}$ zuordnet, mit $H \subset \mathbb{R}$, die wie folgt definiert ist:

$$\mathcal{F}(\boldsymbol{x})(\omega) = \sum_{n=-\infty}^{\infty} \boldsymbol{x}(n)e^{-in\omega} \tag{3.128}$$

Nun ist niemand, der sich mit digitalen Filtern beschäftigt, dazu gezwungen, sich in die Schwierigkeiten der Theorie der Fourier-Reihen zu vertiefen, denn es kommt recht selten vor, dass die Reihe direkt ausgewertet werden muss, weil die Eigenschaften von $\mathcal{F}$ es erlauben, die Berechnung der DFT eines Signals auf die Berechnung der DFT einiger einfacher Grundsignale zurückzuführen. Ein Beispiel einer direkten Berechnung dürft allerdings willkommen sein. Das Signal $\boldsymbol{x}$ sei gegeben durch

$$\boldsymbol{x}(n) = \frac{1}{3^n}\boldsymbol{u}(n+1).$$

Die direkte Berechnung durch Auswertung der Reihe (3.128) läuft dann wie folgt ab:

$$\begin{aligned} \mathcal{F}(\boldsymbol{x})(\omega) &= \sum_{n=-\infty}^{\infty} \boldsymbol{x}(n)e^{-in\omega} = \sum_{n=-1}^{\infty} \frac{1}{3^n}e^{-in\omega} = \sum_{n=-1}^{\infty} \left(\frac{1}{3}e^{-i\omega}\right)^n \\ &= \left(\frac{1}{3}e^{-i\omega}\right)^{-1} + \sum_{n=0}^{\infty} \left(\frac{1}{3}e^{-i\omega}\right)^n \\ &= 3e^{i\omega} + \frac{1}{1-\frac{1}{3}e^{-i\omega}} \\ &= \frac{3e^{i\omega}}{1-\frac{1}{3}e^{-i\omega}} \end{aligned}$$

In diesem Fall ist die Funktion $\mathcal{F}(\boldsymbol{x})$ auf ganz $\mathbb{R}$ definiert, denn die Funktion $\omega \mapsto 3 - e^{-i\omega}$ besitzt keine Nullstelle. Im nächsten Beispiel ist $\mathcal{F}(\boldsymbol{x})$ nicht mehr auf ganz $\mathbb{R}$ definiert, die Funktion hat wesentliche Singularitäten in den Punkten $\omega = n\pi$, $n \in \mathbb{Z}$. Sie ist auch ein Beispiel einer wesentlich schwieriger zu berechnenden Fourier-Transformation als die soeben berechnete. Die Ableitung wird deshalb unterlassen und nur das Ergebnis vorgeführt. Das Argument der Transformation ist das Signal

$$\boldsymbol{x}(n) = \begin{cases} \frac{(-1)^{n-1}}{n} & \text{falls } n \geq 1 \\ 0 & \text{falls } n < 1 \end{cases}$$

Die Ergebnisfunktion der Transformation ist für den Bereich $-\pi < \omega < \pi$ angegeben und ist periodisch auf ganz $\mathbb{R}$ fortzusetzen, die Singularitäten natürlich ausgenommen:

$$\mathcal{F}(\boldsymbol{x})(\omega) = \sum_{n=1}^{\infty} \frac{(-1)^{n-1}}{n} e^{-in\omega} = \sum_{n=1}^{\infty} \frac{(-1)^{n-1}}{n} (\cos(n\omega) - \boldsymbol{i}\sin(n\omega)) = \ln\left(2\cos\left(\frac{\omega}{2}\right)\right) - \boldsymbol{i}\frac{\omega}{2}$$

Die Singularität der Transformierten ist die Singularität des Logarithmus im Nullpunkt.

Wie eben schon angedeutet ist die Funktion $\mathcal{F}(\boldsymbol{x})$ periodisch mit der Periode 2π. Sie erzeugt wie die Frequenzantwort eines Systems eine Kurve in der komplexen Ebene $\mathbb{C}$. Für die Präsentation der weiteren Eigenschaften der diskreten Fourier-Transformation wird angenommen, dass alle Transformierten $\mathcal{F}(\boldsymbol{x})$, $\mathcal{F}(\boldsymbol{y})$ usw. einen gemeinsamen Definitionsbereich haben. Falls erforderlich muss allen Beteiligten der kleinste Definitionsbereich (im Sinne der Teilmengenrelation) zugrunde gelegt werden. Weitere Eigenschaften der DFT sind:

(i) Der Operator $\mathcal{F}$ ist linear, d. h. sind Signale $\boldsymbol{x}$ und $\boldsymbol{y}$ und komplexe Zahlen u und v gegeben, dann gilt

$$\mathcal{F}(u\boldsymbol{x} + v\boldsymbol{y})(\omega) = u\mathcal{F}(\boldsymbol{x})(\omega) + v\mathcal{F}(\boldsymbol{y})(\omega) \tag{3.129}$$

(ii) Der Operator $\mathcal{F}$ bildet Faltungen von Signalen in Produkte ab, d. h. sind Signale $\boldsymbol{x}$ und $\boldsymbol{y}$ gegeben, dann gilt

$$\mathcal{F}(\boldsymbol{x} * \boldsymbol{y})(\omega) = \mathcal{F}(\boldsymbol{x})(\omega)\mathcal{F}(\boldsymbol{y})(\omega) \tag{3.130}$$

(iii) Die Verschiebung eines Signals bewirkt die Multiplikation der DFT des Signals mit einem Phasenfaktor:

$$\mathcal{F}(\boldsymbol{x} \circ \sigma_k)(\omega) = e^{-ik\omega}\mathcal{F}(\boldsymbol{x})(\omega) \tag{3.131}$$

(iv) Die Modulation eines Signals $\boldsymbol{x}$ mit einer Kreisfrequenz Ω bewirkt eine Verschiebung der DFT um Ω:

$$\boldsymbol{x}_{\Omega}(n) = e^{in\Omega}\boldsymbol{x}(n) \quad \Longrightarrow \quad \mathcal{F}(\boldsymbol{x}_{\Omega})(\omega) = \mathcal{F}(\boldsymbol{x})(\omega - \Omega) \tag{3.132}$$

(v) Gelegentlich ist die Ableitungsregel nützlich:

$$\widehat{x}(n) = nx(n) \quad \Longrightarrow \quad \mathcal{F}(\widehat{x})(\omega) = i\mathcal{F}(x)'(\omega) \tag{3.133}$$

Der Zusammenhang zwischen der Frequenzantwort eines LSI-Systems $\mathbf{S}$ und der DFT ist mit (3.128) schnell hergestellt:

$$\Theta_{\mathbf{S}}(\omega) = \sum_{\nu=-\infty}^{\infty} \Delta_{\mathbf{S}}(\nu)e^{-i\nu\omega} = \mathcal{F}(\Delta_{\mathbf{S}})(\omega) \tag{3.134}$$

Die Frequenzantwort eines LSI-Systems ist nichts anderes als die DFT der Einheitsimpulsantwort des Systems. Weiter ergibt sich mit $\mathbf{S}(x) = x * \Delta_{\mathbf{S}}$

$$\mathcal{F}(\mathbf{S}(x)) = \mathcal{F}(x * \Delta_{\mathbf{S}}) = \mathcal{F}(x)\mathcal{F}(\Delta_{\mathbf{S}}) = \mathcal{F}(x)\Theta_{\mathbf{S}} \tag{3.135}$$

oder in die Gestalt gebracht in der es meistens eingesetzt wird:

$$\frac{\mathcal{F}(\mathbf{S}(x))}{\mathcal{F}(x)} = \Theta_{\mathbf{S}} \tag{3.136}$$

Kennt man eine Differenzengleichung des Systems, wie sie oben angegeben wurde, aber für Rechnungen bequemer in Kurzform ausgedrückt,

$$\sum_{\mu=0}^{m} \nu_\mu \mathbf{S}(x) \circ \sigma_\mu = \sum_{\kappa=0}^{k} u_\kappa x \circ \sigma_\kappa \tag{3.137}$$

dann erhält man daraus durch Anwendung der DFT auf die linke Seite der Differenzengleichung unter Beachtung von *(i)* und *(iii)*

$$\begin{aligned}\mathcal{F}\left(\sum_{\mu=0}^{m} \nu_\mu \mathbf{S}(x) \circ \sigma_\mu\right)(\omega) &= \sum_{\mu=0}^{m} \nu_\mu \mathcal{F}(\mathbf{S}(x) \circ \sigma_\mu)(\omega) = \sum_{\mu=0}^{m} \nu_\mu e^{-i\mu\omega} \mathcal{F}(\mathbf{S}(x))(\omega)\\ &= \mathcal{F}(\mathbf{S}(x)(\omega)) \sum_{\mu=0}^{m} \nu_\mu e^{-i\mu\omega}\end{aligned}$$

Ein entsprechendes Resultat ergibt sich bei Anwendung der DFT auf die rechte Seite der Differenzengleichung (3.137). Fasst man beide Ergebnisse zusammen, dann kommt man zusammen mit (3.136) auf die folgende Darstellung der Frequenzantwort:

$$\Theta_{\mathbf{S}}(\omega) = \frac{\mathcal{F}(\mathbf{S}(x))(\omega)}{\mathcal{F}(x)(\omega)} = \frac{\sum_{\kappa=0}^{k} u_\kappa e^{-i\kappa\omega}}{\sum_{\mu=0}^{m} \nu_\mu e^{-i\mu\omega}} \tag{3.138}$$

Diese Gleichung kann sowohl von links nach rechts als auch von rechts nach links gelesen werden. Dazu einige Beispiele, welche die Nützlichkeit von (3.138) demonstrieren.

Zunächst die Lesart von links nach rechts. In diesem Fall ist die Frequenzantwort eines LSI-Systems direkt gegeben, in diesem Beispiel als

$$\boldsymbol{\Theta}_{\mathbf{S}}(\omega) = \frac{e^{i\omega}}{2+\cos(\omega)},$$

und zu bestimmen ist das System **S** dargestellt als eine Differenzengleichung. Dazu wird die Formel für die Frequenzantwort so umgeformt, dass ein Quotient von Summen von Exponentialfunktionen wie in (3.138) rechts entsteht:

$$\begin{aligned}\boldsymbol{\Theta}_{\mathbf{S}}(\omega) &= \frac{e^{i\omega}}{2+\cos(\omega)} = \frac{e^{i\omega}}{2+\frac{1}{2}e^{i\omega}+\frac{1}{2}e^{-i\omega}} = \frac{e^{i\omega}\cdot 2e^{-i\omega}}{\left(2+\frac{1}{2}e^{i\omega}+\frac{1}{2}e^{-i\omega}\right)2e^{-i\omega}}\\ &= \frac{2}{1+4e^{-i\omega}+e^{-i2\omega}} = \frac{\mathcal{F}(\mathbf{S}(\boldsymbol{x}))}{\mathcal{F}(\boldsymbol{x})}\end{aligned}$$

Davon lässt sich dann die gesuchte Differenzengleichung direkt ablesen:

$$\mathbf{S}(\boldsymbol{x})(n) + 4\mathbf{S}(\boldsymbol{x})(n-1) + \mathbf{S}(\boldsymbol{x})(n-2) = 2\boldsymbol{x}(n)$$

In der Richtung von rechts nach links in (3.138) ist eine Differenzengleichung für das LSI-System **S** gegeben und es ist die Frequenzantwort des Systems zu berechnen. Ist z. B. die Differenzengleichung gegeben als

$$\mathbf{S}(\boldsymbol{x})(n) - 2\mathbf{S}(\boldsymbol{x})(n-1) = \boldsymbol{x}(n) + 2\boldsymbol{x}(n-1) + 3\boldsymbol{x}(n-2),$$

dann erhält man sofort ohne Rechnung

$$\boldsymbol{\Theta}_{\mathbf{S}}(\omega) = \frac{\mathcal{F}(\mathbf{S}(\boldsymbol{x}))}{\mathcal{F}(\boldsymbol{x})} = \frac{1+2e^{-i}+3e^{-i2\omega}}{1-2e^{-i\omega}}$$

Offenbar ist es leichter, in (3.138) von rechts nach links als von links nach rechts zu gelangen, deshalb noch ein etwas komplizierteres Beispiel für den Weg von links nach rechts. Es ist aber nicht die Frequenzantwort direkt, sondern nur die Einheitsimpulsantwort eines LSI-Systems gegeben:

$$\boldsymbol{\Delta}_{\mathbf{S}}(n) = \frac{1}{3^n}\cos\left(\frac{n}{2}\omega\right)\boldsymbol{u}(n)$$

Die Frequenzantwort des Systems ist also noch zu berechnen. Das kann wegen (3.134) mit Hilfe der DFT geschehen, die Frequenzantwort des Systems ist die DFT seiner Einheitsimpulsantwort. Dazu wird $\boldsymbol{\Delta}_{\mathbf{S}}$ so umgeformt, dass es ganz aus Grundbausteinen für die DFT zusammengesetzt ist (siehe Tab. 3.1):

$$\begin{aligned}\boldsymbol{\Delta}_{\mathbf{S}}(n) &= \frac{1}{3^n}\frac{1}{2}\left(e^{i\frac{n}{2}\omega}+e^{-i\frac{n}{2}\omega}\right)\boldsymbol{u}(n)\\ &= \frac{1}{2}\left(\frac{1}{3}e^{i\frac{\omega}{2}}\right)^n\boldsymbol{u}(n) + \frac{1}{2}\left(\frac{1}{3}e^{-i\frac{\omega}{2}}\right)^n\boldsymbol{u}(n)\end{aligned}$$

Tab. 3.1 DFT-Bausteine

$x(n)$		$\mathcal{F}(x)(\omega)$
δ		1
δ_m		$e^{-im\omega}$
$c^n u(n)$	$\lvert c\rvert < 1$	$\frac{1}{1-ce^{-i\omega}}$
$-c^n u(-(n+1))$	$\lvert c\rvert > 1$	$\frac{1}{1-ce^{-i\omega}}$
$(n+1)c^n u(n)$	$\lvert c\rvert < 1$	$\frac{1}{(1-ce^{-i\omega})^2}$
$c^{\lvert n\rvert}$	$\lvert c\rvert < 1$	$\frac{2-c^2}{1+c^2-2c\cos(\omega)}$

Anwendung der DFT auf beide Seiten der Gleichung, Erweitern, Ausmultiplizieren und Zusammenfassen ergibt

$$\begin{aligned}2\Theta_{\mathsf{S}}(\omega) = \mathcal{F}(\Delta_{\mathsf{S}})(\omega) &= \frac{1}{1-3e^{i\frac{\omega}{2}}e^{-i\omega}} + \frac{1}{1-3e^{-i\frac{\omega}{2}}e^{-i\omega}} \\ &= \frac{1-3e^{-i\frac{\omega}{2}}e^{-i\omega}+1-3e^{i\frac{\omega}{2}}e^{-i\omega}}{\left(1-3e^{i\frac{\omega}{2}}e^{-i\omega}\right)\left(1-3e^{-i\frac{\omega}{2}}e^{-i\omega}\right)} \\ &= \frac{2-\frac{2}{3}\cos\left(\frac{\omega}{2}\right)e^{-i\omega}}{1-\frac{2}{3}\cos\left(\frac{\omega}{2}\right)e^{-i\omega}+\frac{1}{9}e^{-i2\omega}}\end{aligned}$$

Die Differenzengleichung ist daher

$$\mathsf{S}(x)(n) - \frac{2}{3}\cos\left(\frac{\omega}{2}\right)\mathsf{S}(x)(n-1) + \frac{1}{9}\mathsf{S}(x)(n-2) = x(n) - \frac{1}{3}\cos\left(\frac{\omega}{2}\right)x(n-1)$$

Zum Schluss noch ein Beispiel dafür, dass sich nicht immer reelle Differenzengleichungen ergeben. Die Frequenzantwort

$$\Theta_{\mathsf{S}}(\omega) = \tan(\omega)$$

führt nämlich auf die komplexe Differenzengleichung

$$\mathsf{S}(x)(n+1) + \mathsf{S}(x)(n-1) = -ix(n+1) + ix(n-1)$$

wovon sich der Leser durch Entwickeln der Tangensfunktion in einen Quotienten von Summen von Exponentialfunktionen selbst überzeugen kann.

3.3 Fenster

3.3.1 Die Faltung 2π-periodischer Funktionen

Auf die Faltungsoperation für komplexwertige Funktionen mit reellem Argument und der Periode 2π kommt man bei der Beantwortung der folgenden Frage: Gegeben seien zwei periodische Fourier-Reihen mit der Periode 2π:

$$U(\vartheta) = \sum_{\nu=-\infty}^{\infty} u_\nu e^{i\nu\vartheta} \quad V(\vartheta) = \sum_{\nu=-\infty}^{\infty} v_\nu e^{i\nu\vartheta} \tag{3.139}$$

Welche Funktion stellt dann die Reihe mit den Koeffizienten $u_\nu v_\nu$ dar (falls konvergent)? Gesucht ist also eine Funktion

$$\vartheta \mapsto \sum_{\nu=-\infty}^{\infty} u_\nu v_\nu e^{i\nu\vartheta}$$

Es stellt sich heraus, dass die Funktion durch ein Integral gegeben ist, das mit $U * V$ bezeichnet wird und die **Faltung** der Funktionen $U, V : \mathbb{R} \to \mathbb{C}$ genannt wird:

$$\sum_{\nu=-\infty}^{\infty} u_\nu v_\nu e^{i\nu\vartheta} = (U * V)(\vartheta) = \frac{1}{2\pi} \int_{-\pi}^{\pi} U(\lambda)V(\vartheta - \lambda)\mathrm{d}\lambda \tag{3.140}$$

Das kann man durch Berechnung der Koeffizienten f_ν der Fourier-Reihe

$$(U * V)(\vartheta) = \sum_{\nu=-\infty}^{\infty} f_\nu e^{i\nu\vartheta}$$

bestätigen, die man über das folgende Integral erhält:

$$f_\nu = \frac{1}{2\pi} \int_{-\pi}^{\pi} (U * V)(\lambda) e^{-i\nu\lambda} \mathrm{d}\lambda$$

Das Ergebnis ist eben $f_\nu = u_\nu v_\nu$, womit die gesuchte Funktion tatsächlich gefunden ist. Dass $U * V$ als das Integral (3.140) darstellbar ist sagt allerdings noch nichts darüber aus, was diese Funktion eigentlich bedeutet. Für beliebige U und V ist die Bedeutung auch schwer zu fassen, doch für den Spezialfall einer reellen Rechteckfunktion als V – und nur dieser Fall wird hier benötigt – kann die Bedeutung der Faltung anschaulich gemacht werden. Es sei also

$$V(\lambda) = \begin{cases} 1 & \text{für } \alpha \le \lambda \le \beta \\ 0 & \text{für } -\pi \le \lambda < \alpha \vee \beta < \lambda \le \pi \end{cases}$$

Das Rechteck V ist natürlich periodisch auf ganz $\mathbb{R}$ fortgesetzt zu denken. Die beiden Funktionen sind in Abb. 3.42a in ihrer Ausgangslage skizziert, wobei angenommen ist, dass auch U eine reelle Funktion ist. Um $2\pi(U * V)(\vartheta)$ über (3.140) zu erhalten, wird V zunächst an der imaginären Achse gespiegelt, d. h. es wird zu $V(-\lambda)$ übergegangen. Das ist in Abb. 3.42b dargestellt. Dann wird V um ϑ verschoben, und zwar nach links für $\vartheta < 0$ wie in Abb. 3.42c oder nach rechts für $\vartheta > 0$ wie in Abb. 3.42d. Nun bedeutet das Produkt $U(\lambda)V(\vartheta - \lambda)$ wegen der speziellen Rechtecksgestalt von V aber nichts anderes als eine Beschränkung der Integration, und zwar kann man aus Abb. 3.42 unten ablesen, dass eigentlich die Funktion $\lambda \mapsto U(\lambda)$ über das Intervall von $-\beta + \vartheta$ bis $-\alpha + \vartheta$ integriert wird.

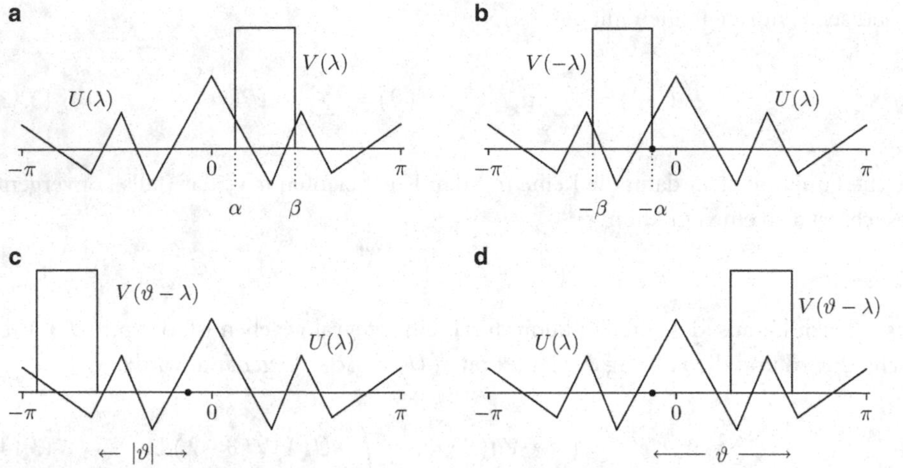

Abb. 3.42 Faltung mit einem Rechteck

Die Faltung der beiden Funktionen wird also auf das Integral

$$(U * V)(\vartheta) = \frac{1}{2\pi} \int_{-\beta+\vartheta}^{-\alpha+\vartheta} U(\lambda) \mathrm{d}\lambda \tag{3.141}$$

reduziert. Anders ausgedrückt: $(U * V)(\vartheta)$ entspricht der Fläche, welche die Kurve der Funktion U zusammen mit der reellen Achse im Bereich von $-\beta+\vartheta$ bis $-\alpha+\vartheta$ (d. h. im vom Rechteck überdeckten Bereich) einschließt. Dabei werden Flächen unterhalb der reellen Achse negativ gewertet! Besitzt daher U wie im Bild angedeutet eine Wellenstruktur, dann überträgt sich diese auf die Faltung $U * V$. Natürlich ist $U * V$ kein direktes Abbild von U, sondern eher so, dass, während das Rechteck über die Funktion U hingleitet, ein hoher Wellenberg oder ein tiefes Wellental eine größere Fläche unter dem Rechteck besitzen als ein flacher Berg oder ein flaches Tal.

3.3.2 Die multiplikative Fensteroperation und die Fensterfunktion

Fenster (*windows*) sind spezielle Signale, die dazu dienen, Werte anderer Signale auszublenden, d. h. auf Null zu setzen. Für multiplikative Fenster wird zu diesem Zweck die Fensteroperation $\boxdot$ eingeführt:

$$(\boldsymbol{x} \boxdot \boldsymbol{y})(n) = \boldsymbol{x}(n)\boldsymbol{y}(n) \quad \text{für alle } n \in \mathbb{Z} \text{ und alle Signale } \boldsymbol{x} \text{ und } \boldsymbol{y} \tag{3.142}$$

Die Fensterwirkung, d. h. die ausblendende Wirkung, erhält man durch die Auswahl spezieller Signale für $\boldsymbol{y}$. Will man z. B. alle Werte von $\boldsymbol{x}$ bis auf $\boldsymbol{x}(m)$ ausblenden, dann fenstert man mit dem Einheitsimpuls $\boldsymbol{\delta}_m$:

$$(\boldsymbol{x} \boxdot \boldsymbol{\delta}_m)(n) = \boldsymbol{x}(n)\boldsymbol{\delta}_m(n) \quad \text{also} \quad \boldsymbol{x} \boxdot \boldsymbol{\delta}_m = \boldsymbol{x}(m)\boldsymbol{\delta}_m \tag{3.143}$$

Sollen alle Werte zu Argumenten unterhalb von m ausgeblendet werden, dann wird mit der Einheitsstufe $\boldsymbol{u}_m$ gefenstert:

$$(\boldsymbol{x} \boxdot \boldsymbol{u}_m)(n) = \boldsymbol{x}(n)\boldsymbol{u}_m(n) = \begin{cases} \boldsymbol{x}(n) & \text{für } m \le n \\ 0 & \text{für } n < m \end{cases} \tag{3.144}$$

Und sollen schließlich alle Werte bis auf den Argumentebereich $p \le n \le q$ ausgeblendet werden, dann verwendet man dazu die Einheitsrechtecksignale $\boldsymbol{\rho}_{p,q}$:

$$(\boldsymbol{x} \boxdot \boldsymbol{\rho}_{p,q})(n) = \boldsymbol{x}(n)\boldsymbol{\rho}_{p,q}(n) = \begin{cases} \boldsymbol{x}(n) & \text{für } p \le n \le q \\ 0 & \text{für } n < p \text{ oder } q < n \end{cases} \tag{3.145}$$

Zu jedem Fenster $\boldsymbol{f}$ gehört eine Fensterfunktion F_f, die Fourier-Entwicklung des Fensters:

$$\mathsf{F}_f(\omega) = \sum_{n=-\infty}^{\infty} f(n)e^{in\omega} \tag{3.146}$$

Die Fourier-Entwicklung konvergiert nicht für jedes Fenster, aber für finite Fenster ist das natürlich der Fall, weil die Fourier-Entwicklung aus einer endlichen Summe besteht.

Allgemein heißt ein Signal $\boldsymbol{x}$ **finit** (oder auch mit endlichem Träger), wenn es ein $m \in \mathbb{N}$ gibt mit $\boldsymbol{x}(n) = 0$ für $|n| > m$. Anders gesagt: Die Menge $\mathbb{T}_x = \{n \in \mathbb{Z} | \boldsymbol{x}(n) \neq 0\}$ (eben der Träger) ist endlich. In der Umkehrung ist ein Signal $\boldsymbol{x}$ **nicht-finit**, wenn es zu jedem $m \in \mathbb{Z}$ ein $n \in \mathbb{Z}$ gibt mit $|n| \ge |m|$ und $\boldsymbol{x}(n) \neq 0$.Der Träger ist also keine endliche Menge.

Der Einheitsimpuls $\boldsymbol{\delta}_m$ ist natürlich finit und seine Fensterfunktion ist

$$\mathsf{F}_{\delta_m}(\omega) = e^{im\omega} \tag{3.147}$$

Für die ebenfalls finiten Einheitsrechtecksignale $\boldsymbol{\rho}_{p,q}$ erhält man

$$\mathsf{F}_{\rho_{p,q}}(\omega) = \sum_{n=p}^{q} e^{in\omega} \tag{3.148}$$

Eine Sonderrolle wegen seiner Symmetrie spielt das Fenster $\boldsymbol{\rho}_{-k,k}$, in diesem Fall ergibt sich nämlich eine reelle Fensterfunktion:

$$\mathsf{F}_{\rho_{-k,k}}(\omega) = \sum_{\kappa=-k}^{k} e^{i\kappa\omega} = \frac{e^{i(\kappa+\frac{1}{2})\omega} - e^{-i(\kappa+\frac{1}{2})\omega}}{e^{i\frac{1}{2}\omega} - e^{-i\frac{1}{2}\omega}} = \frac{\sin\left(\left(k+\frac{1}{2}\right)\omega\right)}{\sin\left(\frac{1}{2}\omega\right)} \tag{3.149}$$

Es sei nun $\mathbf{S}$ ein LSI-System und f ein Fenster. Dann ist $\Delta_{\mathbf{S}} \boxdot f$ die Einheitsimpulsantwort eines Systems $\mathbf{S} \boxdot f$ mit der Frequenzantwort $\Theta_{\mathbf{S}\boxdot f}$:

$$\Theta_{\mathbf{S}\boxdot f}(\omega) = \sum_{n=-\infty}^{\infty} (\Delta_{\mathbf{S}} \boxdot f)(n) e^{-in\omega} \tag{3.150}$$

Um nun (3.140) anwenden zu können, werden formal korrekte Fourier-Entwicklungen (3.139) der Frequenzantworten benötigt, die der Übergang zu den an der imaginären Achse gespiegelten Frequenzantworten liefert:

$$\Theta^{\diamond}_{\mathbf{S}}(\omega) = \sum_{n=-\infty}^{\infty} \Delta_{\mathbf{S}}(n) e^{in\omega} \qquad \Theta^{\diamond}_{\mathbf{S}\boxdot f}(\omega) = \sum_{n=-\infty}^{\infty} (\Delta_{\mathbf{S}} \boxdot f)(n) e^{in\omega} \tag{3.151}$$

Damit lässt sich mit (3.140) die gespiegelte Frequenzantwort von $\mathbf{S} \boxdot f$ als die Faltung der gespiegelten Frequenzantwort von $\mathbf{S}$ mit der Fensterfunktion von f darstellen:

$$\Theta^{\diamond}_{\mathbf{S}\boxdot f} = \Theta^{\diamond}_{\mathbf{S}} * \mathbf{F}_f \tag{3.152}$$

Sind die Impulsantwort $\Delta_{\mathbf{S}}$ und das Fenster f symmetrisch, dann sind die Frequenzantworten ebenfalls symmetrisch, also $\Theta^{\diamond}_{\mathbf{S}} = \Theta_{\mathbf{S}}$ und $\Theta^{\diamond}_{\mathbf{S}\boxdot f} = \Theta_{\mathbf{S}\boxdot f}$, und man erhält einfach

$$\Theta_{\mathbf{S}\boxdot f} = \Theta_{\mathbf{S}} * \mathbf{F}_f \tag{3.153}$$

Wird also auf die Einheitsimpulsantwort des Systems $\mathbf{S}$ das Fenster f angewandt, dann erhält man die Frequenzantwort des Systems mit der so entstandenen Einheitsimpulsantwort als die Faltung der ursprünglichen Frequenzantwort mit der Fensterfunktion von f.

Als einfacher Test wird $\Theta_{\mathbf{S}\boxdot\delta}$ direkt und über die Faltung mit $\mathbf{F}_\delta$ berechnet. Auf direktem Wege ergibt sich wegen $\Delta_{\mathbf{S}} \boxdot \delta = \Delta_{\mathbf{S}}(0)\delta$ sofort

$$\Theta_{\mathbf{S}\boxdot\delta}(\omega) = \sum_{n=-\infty}^{\infty} (\Delta_{\mathbf{S}} \boxdot \delta)(n) e^{in\omega} = \Delta_{\mathbf{S}}(0)$$

Über die Faltung gelangt man wegen $\mathbf{F}_\delta = 1$ wie folgt zum Ergebnis:

$$(\Theta_{\mathbf{S}} * \mathbf{F}_\delta)(\omega) = \frac{1}{2\pi} \int_{-\pi}^{\pi} \Theta_{\mathbf{S}}(\lambda) \mathrm{d}\lambda = \sum_{n=-\infty}^{\infty} \Delta_{\mathbf{S}}(n) \frac{1}{2\pi} \int_{-\pi}^{\pi} e^{in\lambda} \mathrm{d}\lambda$$

Die Integrale in der Summe verschwinden für $n \neq 0$ und für $n = 0$ hat das Integral natürlich den Wert 2π. Folglich ergibt sich auch auf dem Weg über (3.153) das Ergebnis $\Theta_{\mathbf{S}\boxdot\delta}(\omega) = \Delta_{\mathbf{S}}(0)$.

3.3.3 Das Rechteckfenster und das Gibbssche Phänomen

Das „Abschneiden der Schwänze" $\boldsymbol{x}(n)$, $n < -k$ und $k < n$, eines Signals $\boldsymbol{x}$ wird durch das Fenster $\boldsymbol{\rho}_{-k,k}$ bewirkt. Allerdings ist es üblich, Fenster zu normieren, und zwar so, dass die Summe der Werte des Trägers gerade 1 ergibt. Das führt auf das folgende normierte Fenster:

$$\boldsymbol{w}_k(n) = \frac{1}{2k+1}\boldsymbol{\rho}_{-k,k}(n) = \begin{cases} \frac{1}{2k+1} & \text{für } -k \le n \le k \\ 0 & \text{für } n < k \text{ oder } k < n \end{cases} \tag{3.154}$$

Dessen Fensterfunktion ist wegen (3.149) natürlich gegeben durch

$$\mathsf{F}_{w_k}(\omega) = \frac{\sin\left(\left(k+\frac{1}{2}\right)\omega\right)}{(2k+1)\sin\left(\frac{1}{2}\omega\right)} \tag{3.155}$$

Diese Fensterfunktion ist für $k = 8$ in Abb. 3.43 skizziert. Sie besteht aus einem dominierenden Wellenberg bei $\omega = 0$ und aus allmählich immer kleiner werdenden Nebenbergen und Nebentälern. Die Nebenberge und -täler sind halb so breit wie der Hauptberg. Die Höhe des Hauptberges erhält man durch Anwendung der Regel von DE L'HOSPITAL:

$$\mathsf{F}_{w_k}(0) = \lim_{\omega\to 0}\frac{\sin\left(\left(k+\frac{1}{2}\right)\omega\right)}{(2k+1)\sin\left(\frac{1}{2}\omega\right)} = \lim_{\omega\to 0}\frac{\left(k+\frac{1}{2}\right)\cos\left(\left(k+\frac{1}{2}\right)\omega\right)}{\frac{1}{2}(2k+1)\cos\left(\frac{1}{2}\omega\right)} = 1 \tag{3.156}$$

Das gilt *unabhängig* von der Abschneidestelle k: Der dominierende Wellenberg aller Fensterfunktionen F_{w_k} hat die Höhe 1. Der Effekt, den die Normierung auf die Einheitsimpulsantwort und damit auch auf die Frequenzantwort und den Amplitudengang hat, ist allerdings, dass alle diese Funktionen mit dem Normalisierungsfaktor $\frac{1}{2k+1}$ multipliziert werden und deshalb noch einmal mit dem Faktor $2k+1$ multipliziert werden müssen, um im Durchlassbereich eine Verstärkung von 1 zu erhalten! Hinzu kommt, wie sich gleich herausstellen wird, dass es nicht auf die für alle k konstante Höhe des Hauptberges ankommt, sondern seine für alle k konstante Fläche. Die Fensterfunktion $\mathsf{F}_{\rho_{-k,k}}$ besitzt diese Eigenschaft: Die Höhe ihres Hauptberges wächst mit dem Faktor $2k+1$, aber seine Breite schrumpft mit dem Faktor $\frac{1}{2k+1}$, weil die den Hauptberg begrenzenden Nullstellen bei $\pm\frac{2\pi}{2k+1}$ liegen. Die Fensternormierung ist also eine zwecklose Übung und wird nicht weiter beachtet, es wird mit dem Fenster $\boldsymbol{\rho}_{-k,k}$ fortgefahren, dessen Fensterfunktion in Abb. 3.44 gezeigt ist.

Das Fenster $\boldsymbol{\rho}_{-k,k}$ wird jetzt auf die Einheitsimpulsantwort des idealen Tiefpasses T in Abschn. 4.8.1 angewandt, und zwar mit der Grenzfrequenz $\omega_\gamma = \gamma\pi$, $0 < \gamma < \pi$ (um ein schmaleres Rechteck zu bekommen ist hier konkret $\gamma = \frac{1}{7}$). Die Einheitsimpulsantwort von T ist

$$\Delta_{\mathsf{T}}(n) = \frac{\sin(\gamma n\pi)}{n\pi} \quad n \in \mathbb{Z} \tag{3.157}$$

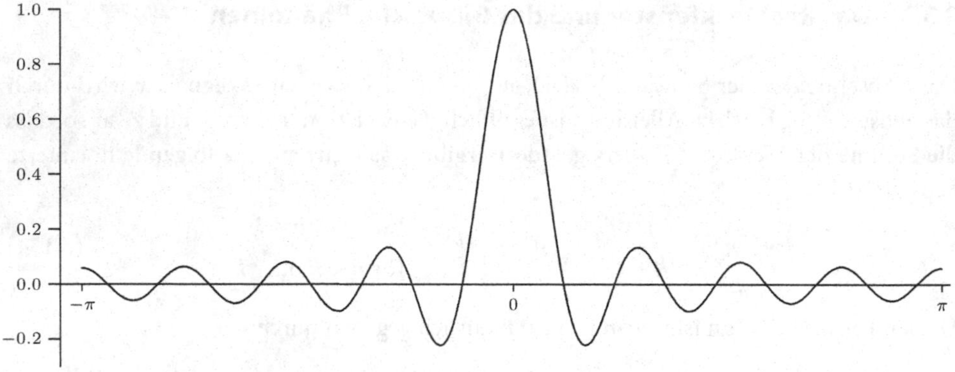

Abb. 3.43 Die Fensterfunktion $\mathbf{F}_{w_k}$, $k = 8$

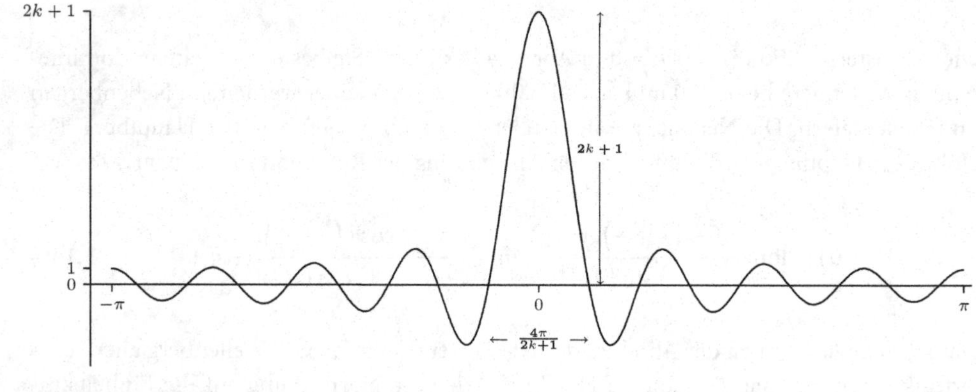

Abb. 3.44 Die Fensterfunktion $\mathbf{F}_{\rho_{-k,k}}$, $k = 8$

Die Anwendung des Fensters $\boldsymbol{\rho}_{-k,k}$ ergibt die Einheitsimpulsantwort $\Delta_{\mathsf{T}} \boxdot \boldsymbol{\rho}_{-k,k}$ des Systems $\mathsf{T} \boxdot \boldsymbol{\rho}_{-k,k}$ mit der Frequenzantwort $\Theta_{\mathsf{T}\boxdot\rho_{-k,k}}$:

$$\begin{aligned}\Theta_{\mathsf{T}\boxdot\rho_{-k,k}}(\omega) &= \sum_{n=-\infty}^{\infty} (\Delta_{\mathsf{T}} \boxdot \boldsymbol{\rho}_{-k,k})(n)e^{-in\omega} = \sum_{\kappa=-k}^{k} \frac{\sin(\gamma\kappa\pi)}{\kappa\pi} e^{-in\omega} \\ &= \gamma + 2\sum_{\kappa=1}^{k} \frac{\sin(\gamma\kappa\pi)}{\kappa\pi} \cos(\kappa\omega)\end{aligned}$$

Sie ist für $k = 16$ und $k = 32$ in Abb. 3.45 skizziert. Der erste Eindruck beim Vergleich der oberen mit der unteren Bildhälfte ist, dass die Restwelligkeit der Approximation zwar mit wachsendem k abnimmt, dass die Abnahme jedoch recht langsam erfolgt. Bei näherem Hinsehen stellt man jedoch fest, dass die Welligkeit in zwei Bereichen *nicht* abgenommen hat: Die Höhe des Wellenberges, der direkt oben an die Rechteckflanke anschließt, und die Tiefe des Wellentals, das direkt unten an die Flanke des Rechtecks anschließt,

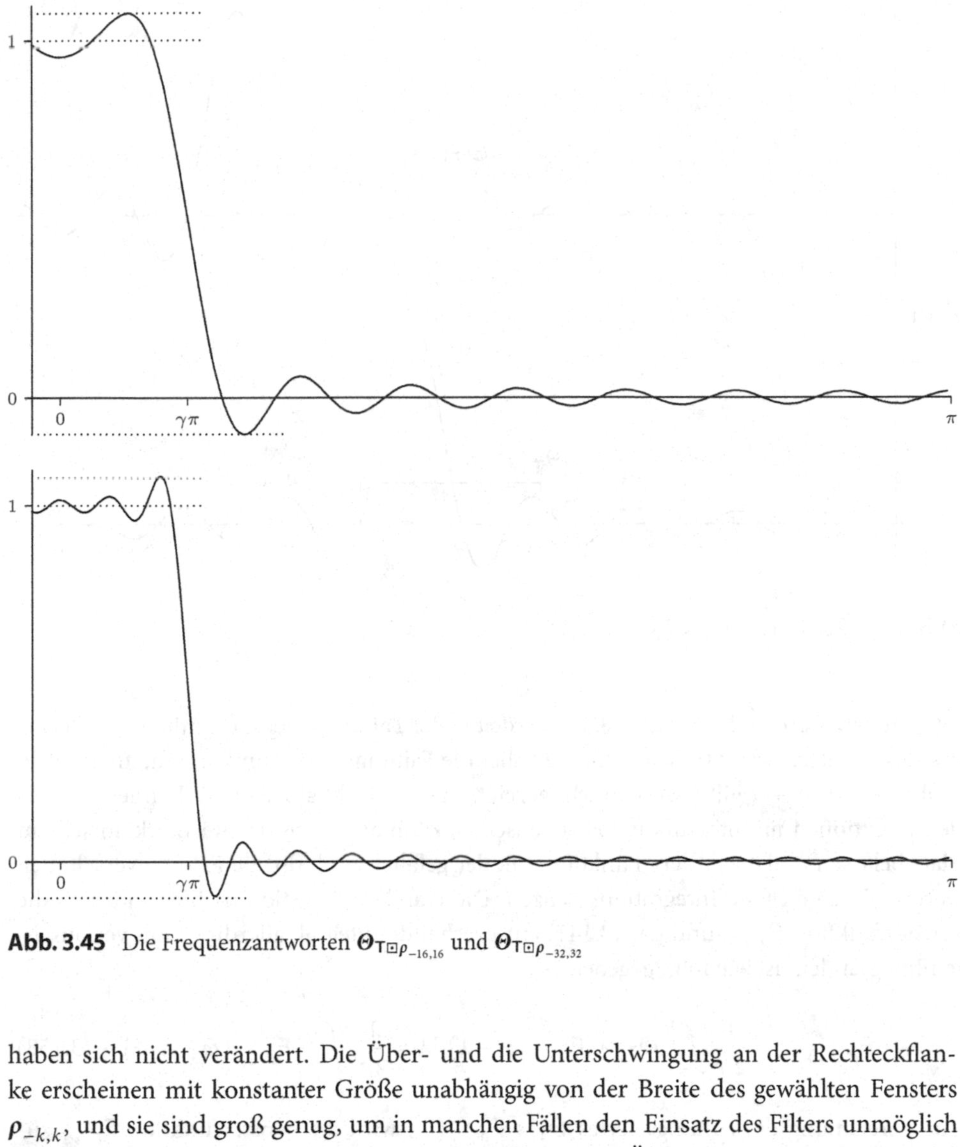

Abb. 3.45 Die Frequenzantworten $\Theta_{\mathrm{T}\boxdot\rho_{-16,16}}$ und $\Theta_{\mathrm{T}\boxdot\rho_{-32,32}}$

haben sich nicht verändert. Die Über- und die Unterschwingung an der Rechteckflanke erscheinen mit konstanter Größe unabhängig von der Breite des gewählten Fensters $\rho_{-k,k}$, und sie sind groß genug, um in manchen Fällen den Einsatz des Filters unmöglich zu machen. Dass diese in der Höhe von k unabhängigen Überschwingungen nur an der Rechteckflanke auftreten deutet darauf hin, dass das Abschneiden als Fensteroperation zu drastisch ist, mit zu abruptem Übergang an der Rändern des Fensters. Tatsächlich bringen Fenster mit mehr fließendem Übergang an den Fensterrändern bessere Ergebnisse (siehe Abschn. 3.3.4).

Wie kommen aber nun diese Überschwingungen zustande? Können sie (ohne komplizierte mathematische Analyse) plausibel gemacht werden? Das ist mit den in Abschn. 3.3.1 vorgestellten Hilfsmitteln tatsächlich möglich (siehe insbesondere Abb. 3.42), und zwar können, falls mit einer Rechteckfunktion gefaltet wird, die Werte der Faltung als eine Fläche

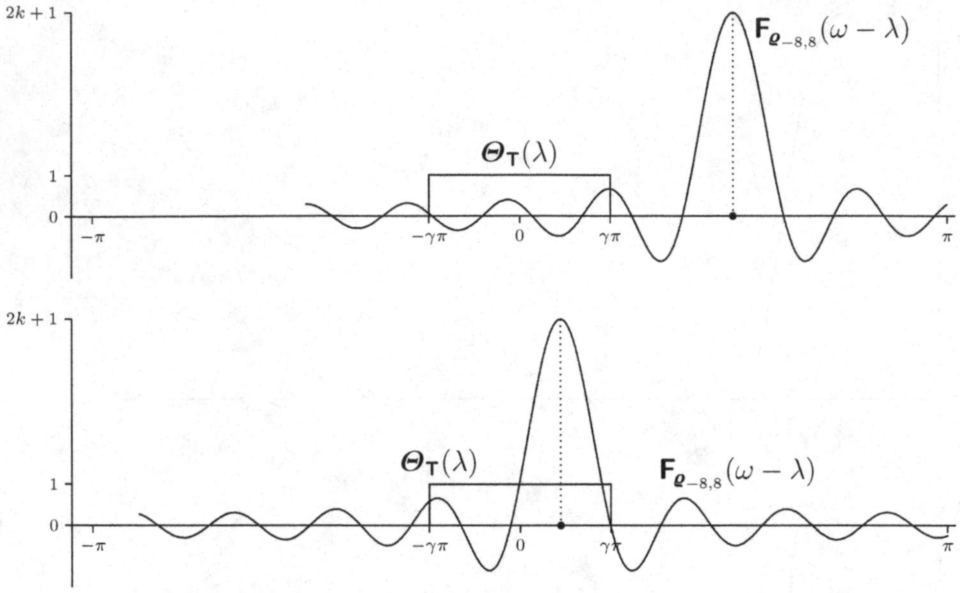

Abb. 3.46 Zur Faltung $\boldsymbol{\Theta}_\mathsf{T} * \mathbf{F}_{\rho_{-k,k}}$, $k = 8$

interpretiert werden. In Abschn. 3.3.1 wurde bei der Faltungsoperation mit einem Rechteck das Rechteck selbst verschoben. Weil aber die Faltungsoperation kommutativ ist, d. h. weil $U * V = V * U$ gilt (wurde nicht gezeigt, ist aber leicht abzuleiten), können die beiden Funktionen im Integral die Plätze tauschen, kann also auch das Rechteck an seinem Platz belassen und die andere Funktion, mit der gefaltet wird, für die Faltung verschoben werden. Das gibt feste Integrationsgrenzen. Diese andere Funktion ist hier natürlich die Fensterfunktion $\mathbf{F}_{\rho_{-k,k}}$, und das (3.141) entsprechende Integral, allerdings mit vertauschten Integranden, ist wie folgt gegeben:

$$\boldsymbol{\Theta}_\mathsf{T} * \mathbf{F}_{\rho_{-k,k}}(\omega) = \frac{1}{2\pi}\int_{-\pi}^{\pi} \boldsymbol{\Theta}_\mathsf{T}(\lambda)\mathbf{F}_{\rho_{-k,k}}(\omega - \lambda)\mathrm{d}\lambda = \frac{1}{2\pi}\int_{-\gamma\pi}^{\gamma\pi} \mathbf{F}_{\rho_{-k,k}}(\omega - \lambda)\mathrm{d}\lambda \quad (3.158)$$

Zur Berechnung des Faltungswertes $\boldsymbol{\Theta}_\mathsf{T} * \mathbf{F}_{\rho_{-k,k}}(\omega)$ wird die Fensterfunktion $\mathbf{F}_{\rho_{-k,k}}$ zuerst an der imaginären Achse gespiegelt (was hier allerdings keinen Effekt zeigt, denn die Fensterfunktion ist symmetrisch) und dann um den Betrag ω verschoben. In Abb. 3.46 ist gezeigt, wie mit laufendem ω die verschobene Fensterfunktion durch das Rechteck wandert. Das Integral (3.158) bedeutet nun (von dem Faktor 2π abgesehen), dass der Faltungswert $\boldsymbol{\Theta}_\mathsf{T} * \mathbf{F}_{\rho_{-k,k}}(\omega)$ gerade der Fläche entspricht, welche der Teil der Fensterfunktion im Rechteck mit der reellen Achse bildet. *Flächen unterhalb der reellen Achse werden negativ gewertet.*

Im oberen Teil des Bildes ist der Hauptberg der Fensterfunktion noch weit vom Rechteck entfernt. Die von der Funktion gebildete Fläche ist daher klein, aber beim Durchlauf der

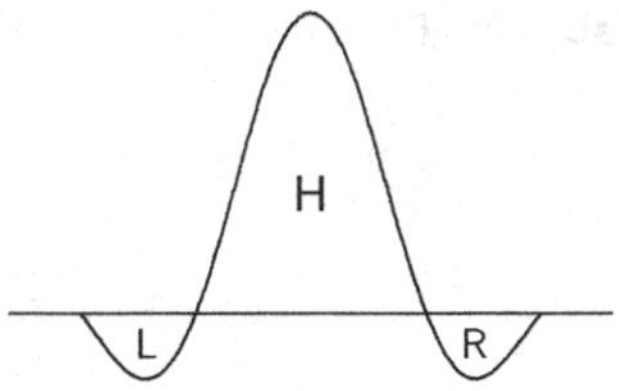

Abb. 3.47 Der Hauptberg der Fensterfunktion mit seinen Seitentälern

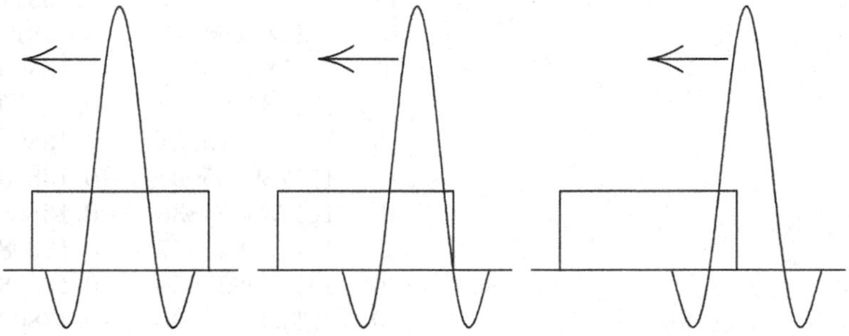

Abb. 3.48 Zur Entstehung des Überschwingens

Nebenberge und Nebentäler durch das Rechteck schwankt die Fläche und damit auch die Faltung im Takt der Wellen. Die Faltung ist also selbst eine Welle, und zwar mit kleinen Amplituden.

Im unteren Teil von Abb. 3.46 hat der Hauptberg das Rechteck von Θ_T erreicht. Um besser zu verstehen, was bei der Wanderung des Hauptberges durch das Rechteck geschieht, werden nur der Hauptberg der Fensterfunktion mit seinen beiden Seitentälern betrachtet (Abb. 3.47). Die Fläche, die der Hauptberg mit der reellen Achse bildet, sei H, die Fläche des linken Seitentales sei L, die des linken Seitentales R. Es gilt natürlich L = R, und die beiden Seitenflächen sind *negativ*. Auch soll k so groß gewählt werden, dass das Rechteck von Θ_T breiter ist als der Hauptberg mit den Seitentälern (andernfalls wäre $\Theta_{\mathsf{T}\boxdot\rho_{-k,k}}$ eine sehr schlechte Approximation an Θ_T). Der Teil der Flächen L, H und R, der vom Rechteck nicht ausgeblendet wird, also der gesuchte Wert der Faltung, sei F.

Der Hauptberg gleitet also von rechts her auf das Rechteck von Θ_T zu und berührt es zuerst mit dem linken Seitental. Weil L negativen Wert hat, ist F eine Weile negativ, und zwar so lange, bis ein genügend großer Teil von H in das Rechteck eingedrungen ist, um L zu kompensieren. Genau diese Situation ist in Abb. 3.48 rechts gezeigt. Mit dem weiteren Vordringen des Hauptberges nimmt F nun zu, bis das Maximum erreicht ist. Dieser Teil des Vorgangs erzeugt natürlich die ansteigende rechte Flanke des Rechtecks von $\Theta_{\mathsf{T}\boxdot\rho_{-k,k}}$. Das Maximum von F ist genau dann erreicht, wenn der Hauptberg ganz im Inneren des Rechtecks liegt, das rechte Seitental aber noch ganz außerhalb. Diese spezielle Situation ist im mittleren Teil von Abb. 3.48 skizziert. Das weitere Vordringen der Fensterfunktion reduziert nun F wieder, und zwar so lange, bis auch das rechte Seitental ganz in das Rechteck hineingewandert ist. Das ist im linken Teil von Abb. 3.48 dargestellt. F bleibt während der weiteren Fortbewegung konstant, bis das linke Seitental beginnt, das Rechteck zu verlassen.

Tab. 3.2 H und R als Funktion von k

k	H	−R
10	1,1797363771	−0,1392191168
20	1,1791780924	−0,1383761355
30	1,1790693369	−0,1382126774
40	1,1790305532	−0,1381544453
50	1,1790124224	−0,1381272334
60	1,1790025122	−0,1381123625
70	1,1789965112	−0,1381033585
80	1,1789926042	−0,1380974968
90	1,1789899193	−0,1380934687
100	1,1789879951	−0,1380905822
110	1,1789865694	−0,1380884433
120	1,1789854836	−0,1380868145
130	1,1789846377	−0,1380855456
140	1,1789839659	−0,1380845379
150	1,1789834236	−0,1380837243
160	1,1789829794	−0,1380830580
170	1,1789826111	−0,1380825054
180	1,1789823022	−0,1380820422
190	1,1789820407	−0,1380816499
200	1,1789818174	−0,1380813149

Dieser Teil der Bewegung mit konstantem F erzeugt offenbar das Dach des Rechtecks von $\boldsymbol{\Theta}_{\mathsf{T}\boxdot\rho_{-k,k}}$.

Das Erzeugen der rechten Flanke des Rechtecks von $\boldsymbol{\Theta}_{\mathsf{T}\boxdot\rho_{-k,k}}$ schießt also über das Dach des Rechtecks hinaus! Der dabei erreichte maximale Wert ist H – L und damit unabhängig von k, denn die Flächen H, L und R sind unabhängig von k (siehe Tab. 3.2). Das mit der Bewegung erzeugte Rechteckdach hat etwa die Höhe H – L – R, die natürlich auch unabhängig von k ist.

Beim Verlassen des Rechtecks wird in spiegelbildlicher Weise die linke Flanke des Rechtecks von $\boldsymbol{\Theta}_{\mathsf{T}\boxdot\rho_{-k,k}}$ erzeugt. Auch lässt sich das Unterschwingen an den Flankenfüßen dieses Rechtecks auf dieselbe Weise wie das Überschwingen erklären.

3.3.4 Das Dämpfen der Restwelligkeit mit Sigma-Faktoren

Der Einsatz des Fensters $\boldsymbol{\rho}_{-k,k}$ ist mit einer Restwelligkeit verbunden, die bei manchen Anwendungen nicht akzeptabel ist. Das gilt insbesondere für das Überschwingen, das mit zunehmendem k, d. h. mit zunehmender Fensterbreite, nicht gedämpft werden kann. Eine Dämpfung der Restwelligkeit gelingt jedoch mit lokaler Mittelwertbildung. Die Methode besteht darin, die abgeschnittene Fourier-Entwicklung

$$\varphi(\omega) = \sum_{\kappa=-k}^{k} u_\kappa e^{-i\kappa\omega} \tag{3.159}$$

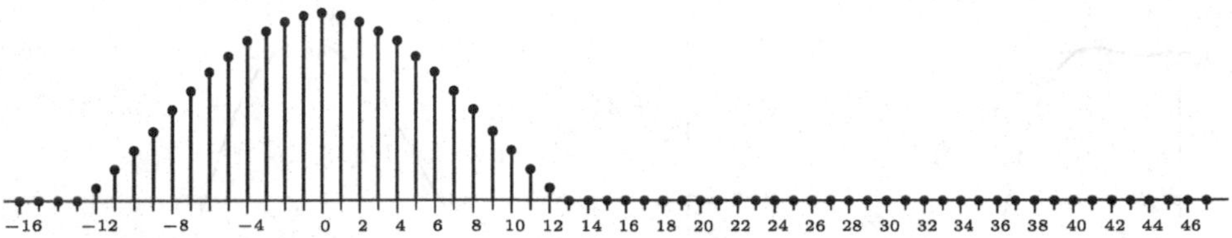

Abb. 3.49 Das Fenster $\rho^{\sigma}_{-k,k}$, $k = 13$

durch die folgende mit lokaler Mittelwertbildung über das Intervall $\left\{\vartheta \mid \omega - \frac{\pi}{k} \le \vartheta \le \omega + \frac{\pi}{k}\right\}$ gebildete Funktion zu ersetzen:

$$\psi(\omega) = \frac{k}{2\pi} \int_{\omega-\frac{\pi}{k}}^{\omega+\frac{\pi}{k}} \varphi(\vartheta) \mathrm{d}\vartheta \tag{3.160}$$

Die Bestimmung des Integrals ist nur eine elementare Übung in komplexer Arithmetik:

$$\begin{aligned}\psi(\omega) &= \frac{k}{2\pi} \sum_{\kappa=-k}^{k} u_\kappa \int_{\omega-\frac{\pi}{k}}^{\omega+\frac{\pi}{k}} e^{-i\kappa\vartheta} \mathrm{d}\vartheta = \frac{k}{2\pi} \sum_{\kappa=-k}^{k} u_\kappa \frac{-e^{-i\kappa(\omega+\frac{\pi}{k})} + e^{-i\kappa(\omega-\frac{\pi}{k})}}{i\kappa} \\ &= \sum_{\kappa=-k}^{k} u_\kappa \frac{1}{\pi\frac{\kappa}{k}} \frac{e^{i\pi\frac{\kappa}{k}} - e^{i\pi\frac{\kappa}{k}}}{2i} e^{-i\kappa\omega} = \sum_{\kappa=-k}^{k} u_\kappa \frac{\sin\left(\pi\frac{\kappa}{k}\right)}{\pi\frac{\kappa}{k}} e^{-i\kappa\omega}\end{aligned}$$

Das Ergebnis ist also, dass die Koeffizienten der Fourier-Entwicklung mit den Sigma-Faktoren

$$\sigma_{\kappa,k} = \frac{\sin\left(\pi\frac{\kappa}{k}\right)}{\pi\frac{\kappa}{k}} \tag{3.161}$$

multipliziert werden. Das bedeutet in der Anwendung auf Fenster, dass von $\boldsymbol{\rho}_{-k,k}$ zu folgendem Fenster übergegangen wird (siehe Abb. 3.49):

$$\boldsymbol{\rho}^{\sigma}_{-k,k} = \begin{cases} \sigma_{n,k} & \text{für } -k \le n \le k \\ 0 & \text{für } n < k \text{ oder } k < n \end{cases} \tag{3.162}$$

Die Sigma-Faktoren dämpfen Restwelligkeit so weit, dass die immer noch verbleibende Welligkeit nur noch selten stören dürfte. Das kann mit der Gegenüberstellung von $\boldsymbol{\Theta}_{\mathrm{T}\boxdot\rho^{\sigma}_{-k,k}}$ in Abb. 3.50 und $\boldsymbol{\Theta}_{\mathrm{T}\boxdot\rho_{-k,k}}$ in Abb. 3.45 demonstriert werden. Die Größe der Verbesserung wird so verdeutlicht, dass die gepunkteten Hilfslinien zur Messung von Über- und Unterschwingen von $\boldsymbol{\Theta}_{\mathrm{T}\boxdot\rho_{-k,k}}$ in Abb. 3.45 in Abb. 3.50 übernommen wurden. Die Restwelligkeit im Durchlass- und im Sperrbereich ist in größerem Maßstab dargestellt. Sie wird im Durchlassbereich natürlich durch Subtraktion vom Idealwert 1 erhalten.

Mit der Methode der Sigma-Faktoren können die Eigenschaften eines Fensters signifikant verbessert werden. Die eingesetzte Mittelwertbildung zur Glättung erscheint jedoch

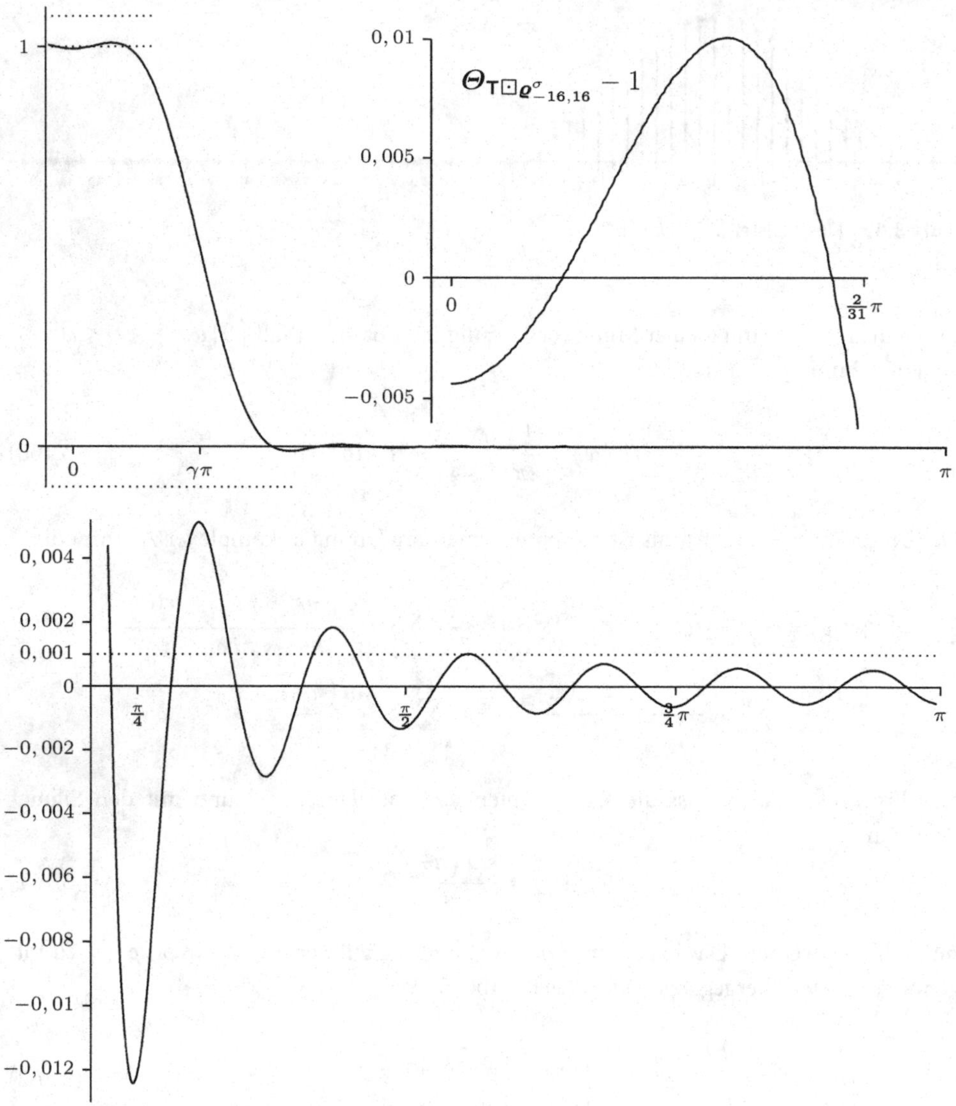

Abb. 3.50 Die Frequenzantwort $\Theta_{\mathsf{T}\boxdot\rho^{\sigma}_{-k,k}}$, $k = 16$

artifiziell. Vorzuziehen wäre ein Fenster, das an sich schon gute Eigenschaften besitzt und keiner Verbesserungen mehr durch artifizielle Faktoren bedarf. In Abschn. 3.3.5 wird solch ein Fenster vorgestellt.

3.3.5 Das von Hann-Fenster

In diesem Abschnitt wird ein Fenster vorgestellt, das nicht als Modifikation des Rechteckfensters $\boldsymbol{\rho}_{-k,k}$ entstanden ist, nämlich das *von Hann*-Fenster[10] $\boldsymbol{h}_k$:

$$\boldsymbol{h}_k(n) = \begin{cases} \frac{1}{2}\left(1 + \cos\left(\pi\frac{n}{k}\right)\right) & \text{für } |n| \leq k \\ 0 & \text{für } |n| > k \end{cases} \qquad k \in \mathbb{N}_+ \tag{3.163}$$

Es ist eigentlich kein Fenster der Breite $2k + 1$, sondern wegen $\boldsymbol{h}_k(-k) = \boldsymbol{h}_k(k) = 0$ von der Breite $2k - 1$. Es ist in Abb. 3.51 dargestellt. Es hat an den Ecken sehr glatte Übergänge: Ersetzt man in (3.163) n durch eine reelle Variable, dann verschwinden die Ableitungen der so entstehenden Funktion $h : x \mapsto \boldsymbol{h}_k(x)$ in $-k$ und k: $h'(-k) = h'(k) = 0$. Die reelle Achse ist in den Fenstereckpunkten daher die Tangente an die Funktion h.

Die Fensterfunktion $\mathsf{F}_{\boldsymbol{h}_k}$ ist wegen der Symmetrie von $\boldsymbol{h}_k$ eine reelle Funktion. Sie ergibt sich nach Definition (3.146) wie folgt:

$$\begin{aligned}
\mathsf{F}_{\boldsymbol{h}_k}(\omega) &= \sum_{n=-\infty}^{\infty} \boldsymbol{h}_k(n)e^{in\omega} \\
&= \sum_{\kappa=-k}^{k} \boldsymbol{h}_k(\kappa)e^{i\kappa\omega} \\
&= \frac{1}{2}\sum_{\kappa=-k}^{k}\left(1 + \cos\left(\pi\frac{\kappa}{k}\right)\right)e^{i\kappa\omega} \\
&= \frac{1}{2}\sum_{\kappa=-k}^{k}\left(1 + \frac{1}{2}\left(e^{i\pi\frac{\kappa}{k}} + e^{-i\pi\frac{\kappa}{k}}\right)\right)e^{i\kappa\omega} \\
&= \frac{1}{2}\sum_{\kappa=-k}^{k} e^{i\kappa\omega} + \frac{1}{4}\sum_{\kappa=-k}^{k} e^{i\kappa(\omega+\frac{\pi}{k})} + \frac{1}{4}\sum_{\kappa=-k}^{k} e^{i\kappa(\omega-\frac{\pi}{k})} \\
&= H_{\mathsf{M}}(\omega) + H_{\mathsf{L}}(\omega) + H_{\mathsf{R}}(\omega)
\end{aligned}$$

Die Fensterfunktion ist additiv aus drei Funktionen zusammengesetzt, die so gewählt sind, dass sich deren Wellen durch die Addition in einigen Bereichen nahezu auslöschen. Die Welligkeit der Fensterfunktion ist daher sehr gering. Die drei Funktionen sind in Abb. 3.52 dargestellt, die Auslöschung in den Außenbereichen ist gut nachzuvollziehen: Die Summe der beiden Funktionen H_{L} und H_{R} hebt sich gegen die Funktion H_{M} auf, d. h. $H_{\mathsf{L}}(\omega) + H_{\mathsf{R}}(\omega) \approx H_{\mathsf{M}}(\omega)$. Im Bereich um den Nullpunkt herum addieren sich die drei Funktionen dagegen zum Hauptberg der Fensterfunktion. Mit Hilfe von Formel (A.11) zur Bestimmung der geometrischen Summen, aus welchen die drei Funktionen bestehen, und durch

[10] Manchmal auch *Hanning*-Fenster genannt.

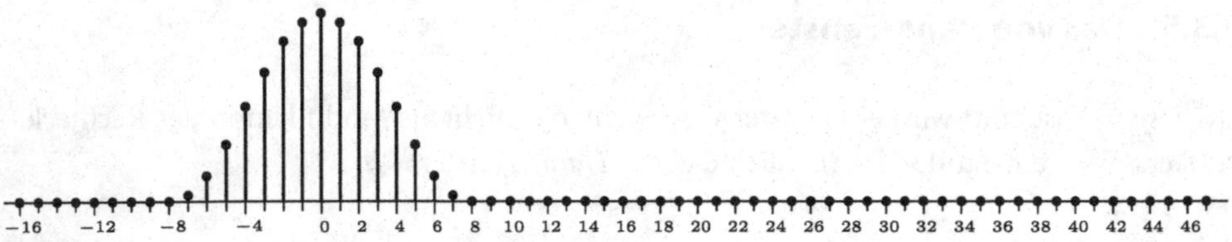

Abb. 3.51 Das *von Hann*-Fenster $\boldsymbol{h}_k$, $k = 8$

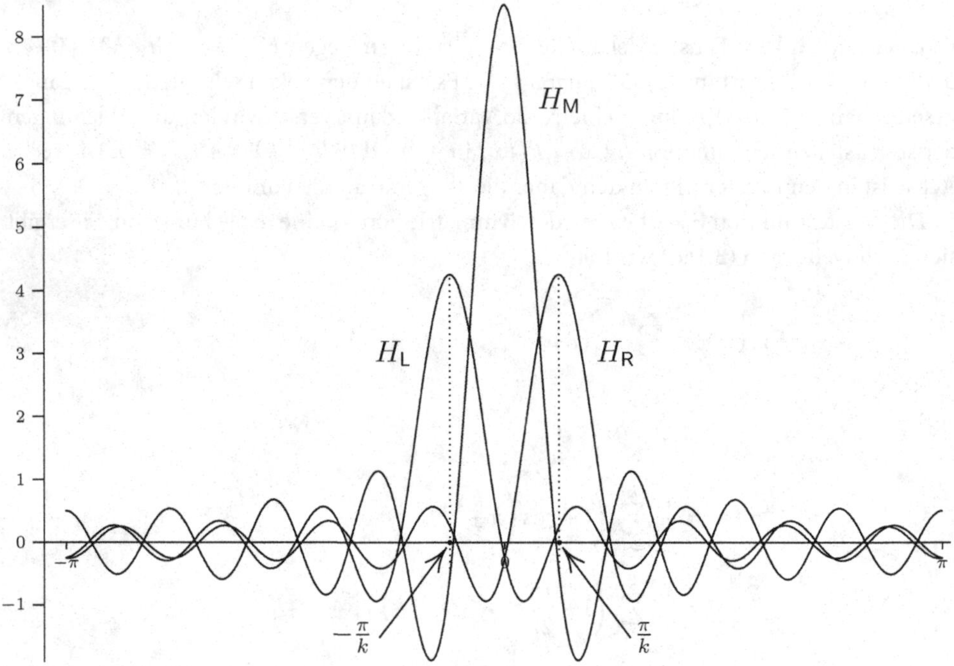

Abb. 3.52 Die drei Funktionen H_M, H_L und H_R, $k = 8$

Erweitern mit $1 + e^{i\omega}$ erhält man die drei Funktionen in einer ihrer reellen Gestalten:[11]

$$H_\mathsf{L}(\omega) = \frac{1}{4}\,\frac{\sin\left(k\left(\omega + \frac{\pi}{k}\right)\right) + \sin\left((k+1)\left(\omega + \frac{\pi}{k}\right)\right)}{\sin\left(\omega + \frac{\pi}{k}\right)} \tag{3.164}$$

$$H_\mathsf{M}(\omega) = \frac{1}{2}\,\frac{\sin(k\omega) + \sin((k+1)\omega)}{\sin(\omega)} \tag{3.165}$$

$$H_\mathsf{R}(\omega) = \frac{1}{4}\,\frac{\sin\left(k\left(\omega - \frac{\pi}{k}\right)\right) + \sin\left((k+1)\left(\omega - \frac{\pi}{k}\right)\right)}{\sin\left(\omega - \frac{\pi}{k}\right)} \tag{3.166}$$

[11] Direkte Summierung gibt eine reelle Summe von Ausdrücken $\cos(\kappa\omega\lambda)$.

Tab. 3.3 Besondere Werte der Teilfunktionen der Fensterfunktion $\mathbf{F}_{h_k}$

ω	$H_L(\omega)$	$H_M(\omega)$	$H_R(\omega)$	$\mathbf{F}_{h_k}(\omega)$
$-\frac{2\pi}{k}$	$-\frac{1}{4}$	$\frac{1}{2}$	$-\frac{1}{4}$	0
$-\frac{\pi}{k}$	$\frac{1}{4}(2k+1)$	$-\frac{1}{2}$	$\frac{1}{4}$	$\frac{k}{2}$
0	$-\frac{1}{4}$	$\frac{1}{2}(2k+1)$	$-\frac{1}{4}$	k
$\frac{\pi}{k}$	$\frac{1}{4}$	$-\frac{1}{2}$	$\frac{1}{4}(2k+1)$	$\frac{k}{2}$
$\frac{2\pi}{k}$	$-\frac{1}{4}$	$\frac{1}{2}$	$-\frac{1}{4}$	0

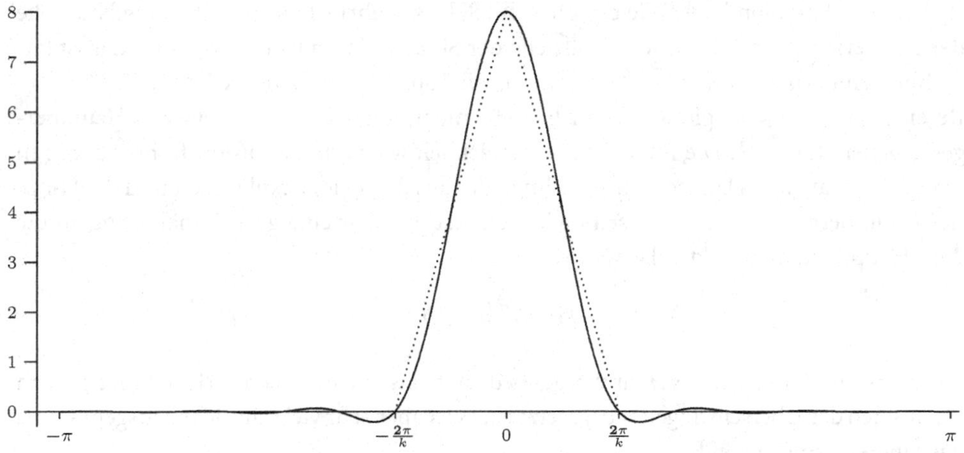

Abb. 3.53 Die Fensterfunktion $\mathbf{F}_{h_k}$, $k = 8$

Zu beachten ist, dass einige Funktionswerte bei $\omega = 0$, $\omega = -\frac{\pi}{k}$ und $\omega = \frac{\pi}{k}$ durch Grenzwertbildung bestimmt werden müssen (z. B. mit den Regeln von DE L'HOSPITAL), sie sind in Tab. 3.3 aufgeführt. Die bisher entwickelte Darstellung der Fensterfunktion ist numerisch brauchbar, mit ihr konnte der Verlauf der Funktion ohne Probleme skizziert werden (siehe Abb. 3.53). Es lässt sich auch eine allgemeine Aussage über die Höhe des Hauptberges ableiten, man erhält nämlich mit Hilfe von Tab. 3.3

$$\mathbf{F}_{h_k}(0) = H_L(0) + H_M(0) + H_R(0) = -\frac{1}{4} - \frac{1}{4} + \frac{1}{2}(2k+1) = k \tag{3.167}$$

Soll jedoch eine Aussage über die vom Hauptberg eingenommene Fläche gemacht werden, dann muss auch dessen Breite bekannt sein, die man als die Entfernung zwischen der größten negativen und der kleinsten positiven Nullstelle der Fensterfunktion festlegen kann. Leider lassen sich diese Nullstellen an den Darstellungen (3.164) bis (3.166) nicht direkt ablesen. Sie ließen sich zwar ohne große Probleme numerisch bestimmen, und die Ergebnisse würden auch die Vermutung, dass die Breite proportional zu k^{-1} ist, untermauern, aber Stichproben für einige, selbst für viele k können die Vermutung eben nicht bestätigen. Man sollte deshalb versuchen, die drei Darstellungen so zusammenzufassen und umzuformen, dass ein Ausdruck entsteht, der es gestattet, für die Nullstellen eine Formel zu finden.

Das gelingt auch tatsächlich durch Einsatz verschiedener trigonometrischer Formeln (die in der Formelsammlung angeführt sind). Nach längerer Rechnung erhält man folgendes:

$$\mathsf{F}_{\boldsymbol{h}_k}(\omega) = \sin(k\omega)F_k(\omega) \tag{3.168}$$

Darin ist F_k eine reelle Funktion, deren (recht komplizierter) Aufbau hier nicht weiter interessiert, denn die relevanten Nullstellen lassen sich ohne diese Kenntnis ermitteln. Offenbar ist jede Nullstelle von $\omega \to \sin(k\omega)$ eine Nullstelle der Fensterfunktion. Die kleinste Nullstelle dieser Funktion ist $\frac{\pi}{k}$. Wie ein Blick auf Tab. 3.3 lehrt ist das jedoch keine Nullstelle der Fensterfunktion! Die nächste Nullstelle der Sinusfunktion ist $\omega_1 = \frac{2\pi}{k}$, und das ist tatsächlich eine Nullstelle der Fensterfunktion, wie Tab. 3.3 zeigt. Andere Nullstellen in dem Bereich $-\omega_1 < \omega < \omega_1$ gibt es nach Abb. 3.53 nicht, folglich ist die Breite des Hauptberges gegeben durch $\frac{4\pi}{k}$. Die Breite ist also tatsächlich wie vermutet proportional zu k^{-1}. In Abb. 3.53 ist auch das Dreieck eingezeichnet, das aus den beiden Nullstellen und der Spitze des Hauptberges gebildet wird, seine Fläche D ist offenbar eine gute Annäherung an die vom Hauptberg überdeckte Fläche:

$$D = \frac{1}{2}\frac{4\pi}{k}k = 2\pi$$

Die Konstanz der Fläche des Hauptberges bedeutet, dass auch die Fensterfunktion $\mathsf{F}_{\boldsymbol{h}_k}$ dem Phänomen des Überschwingens ausgesetzt ist, es ist aber sehr viel schwächer ausgeprägt als das Überschwingen von $\mathsf{F}_{\rho_{-k,k}}$.

Die Welligkeit der Fensterfunktion $\mathsf{F}_{\boldsymbol{h}_k}$ des *von Hann*-Fensters (Abb. 3.53) ist viel geringer als die der Fensterfunktion $\mathsf{F}_{\rho_{-k,k}}$ (Abb. 3.44 in Abschn. 3.3.3), man kann daher bei der Frequenzantwort eine geringe Restwelligkeit und geringes Überschwingen erwarten. Wie Abb. 3.54 zeigt, wird diese Erwartung nicht enttäuscht. Das Überschwingen und die Restwelligkeit werden noch stärker reduziert als bei der Anwendung von Sigma-Faktoren. Wenn daher ein Fenster eingesetzt werden muss, ist das *von Hann*-Fenster vorzuziehen. Eine ausführliche Analyse der Frequenzantwort des idealen Hochpasses bei Einsatz des Rechteckfensters (d. h. bei Abschneiden) wird in Abschn. 4.8.1 vorgestellt.

In diesem Abschnitt wird allerdings auch eine kausale Version des Hochpassfilters behandelt, also eines Filters, dessen Einheitsimpulsantwort auf dem negativen Indexbereich verschwindet. Das *von Hann*-Fenster muss für diesen Fall etwas modifiziert werden:

$$\tilde{\boldsymbol{h}}_k(n) = \begin{cases} \frac{1}{2}\left(1 + \cos\left(2\pi\frac{n}{k}\right)\right) & \text{für } 0 \le n \le k \\ 0 & \text{für } n < 0 \text{ und } n > k \end{cases} \qquad k \in \mathbb{N}_+ \tag{3.169}$$

Allerdings ist das Fenster nicht mehr nullsymmetrisch, weshalb die Fensterfunktion auch keine reelle Funktion mehr ist. Die mit $\boldsymbol{i}$ multiplizierte (d. h. um 90° gedrehte) Fensterfunktion $\mathsf{F}_{\tilde{\boldsymbol{h}}_4}$ ist zum Teil in Abb. 3.55 skizziert. Die von ihr durchlaufene Kurve in der komplexen Ebene ist geschlossen, wenn ∞ hinzugenommen wird (siehe auch Kap. 2). Hier stellt sich natürlich die Frage, welche Auswirkungen die Singularitäten der Fensterfunktion haben. Die Beantwortung dieser Frage bleibt allerdings dem interessierten Leser überlassen.

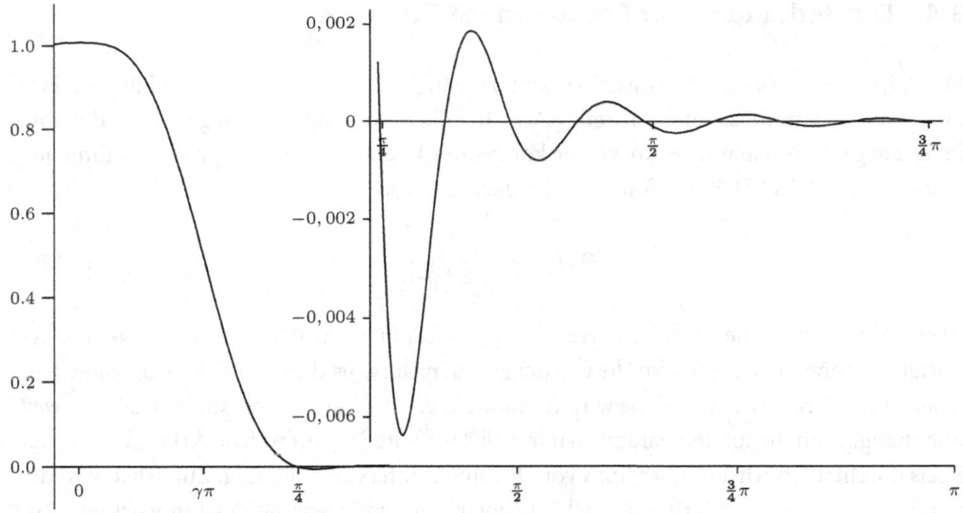

Abb. 3.54 Die Frequenzantwort $\Theta_{\mathsf{T}\boxdot h_k}$, $k = 16$

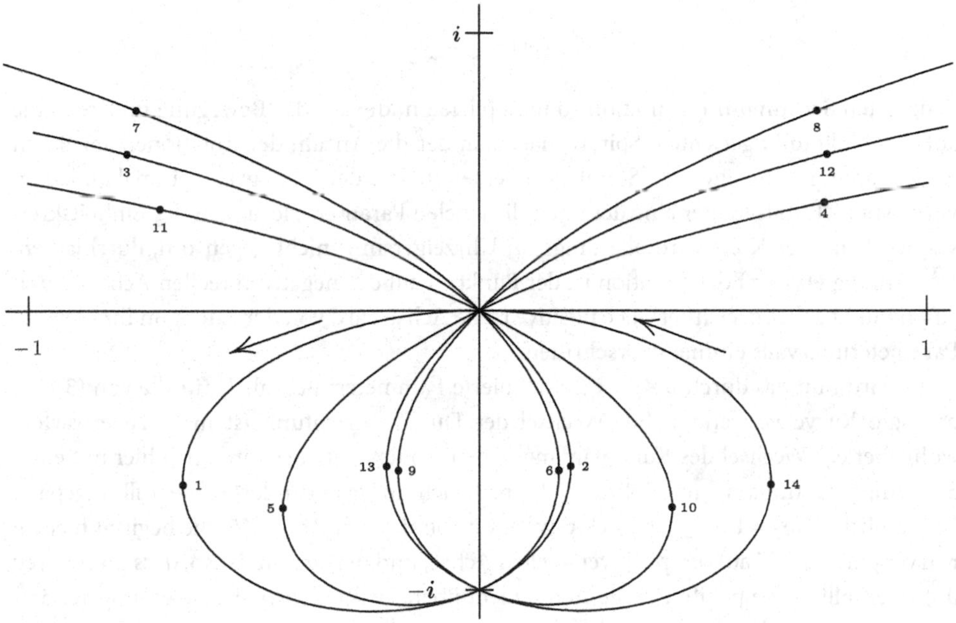

Abb. 3.55 Die Funktion $i\mathbf{F}_{\bar{h}_k}$, $k = 4$

3.4 Die Bedeutung der Phase von LSI-Systemen

Ein Allpass ist ein Filter **F**, dessen Amplitudengang die Konstante Eins ist: Für jede Frequenz ω des Parameterintervalls gilt $|\boldsymbol{\Theta}_{\mathsf{F}}(\omega)| = 1$. Man kann auch sagen, dass die vom Frequenzgang durchlaufene Kurve der komplexen Ebene $\omega \mapsto \boldsymbol{\Theta}_{\mathsf{F}}(\omega)$ ganz im Einheitskreis verläuft. Das LSI-Filter **A** mit der Frequenzantwort

$$\boldsymbol{\Theta}_{\mathsf{A}}(\omega) = \frac{-\frac{1}{2} + e^{-i\omega}}{1 - \frac{1}{2}e^{-i\omega}} \tag{3.170}$$

ist ein Allpass, wie eine einfache Berechnung der Absolutwerte von Zähler und Nenner bestätigt. Zeichnet man die Kurve, die von der Frequenzantwort durchlaufen wird, erhält man einen vollen Kreis, d. h. der Kreis wird mindestens einmal ganz durchlaufen. Das ist soweit unabhängig vom benutzten Parameterintervall der Breite 2π. Auf welche Art und Weise der Kreis durchlaufen wird ist allerdings vom Parameterintervall abhängig. Zunächst wird das durch $-\pi \leq \omega < \pi$ definierte Intervall I_1 benutzt. Die Frage, wie oft der Einheitskreis umlaufen wird, wenn das Intervall durchlaufen wird, kann auf graphischem Wege beantwortet werden, man hat nur die Frequenzantwort mit der durch

$$S(\omega) = \frac{1}{2} - \frac{\omega}{2\pi}$$

definierten Schrumpfungsfunktion zu multiplizieren, die aus der Bewegung im Kreis eine auf den Nullpunkt gerichtete Spirale macht, an der die Anzahl der Rotationen abzulesen ist. Abbildung 3.56 zeigt diese Spirale, man erkennt, dass der Kreis genau einmal umlaufen wird. Mit (3.170) ist daher eine der unendlich vielen Parametrisierungen des Einheitskreises gegeben. Der Kreis wird allerdings im Uhrzeigersinn, nicht gegen ihn, durchlaufen. Der Anfang $\boldsymbol{\Theta}_{\mathsf{A}}(-\pi)$ der Rotation ist der Punkt -1 auf der negativen reellen Achse (durch einen Punkt gekennzeichnet). Die positive reelle Achse wird von der Kurve im Inneren des Parameterintervalls einmal überschritten.

Es wird nun das durch $0 \leq \omega < 2\pi$ definierte Parameterintervall I_2 für die von (3.170) erzeugte Kurve verwendet. Ein Wechsel der Durchlaufrichtung ist nicht zu erwarten, wohl aber ein Wechsel des Kurvenanfangs. Die Frequenzantwort wird auch hier mit einer Schrumpfungsfunktion multipliziert, die natürlich an das geänderte Intervall angepasst ist, nämlich $S(\omega) = 1 - \frac{\omega}{2\pi}$. Die sich ergebende Spirale zeigt Abb. 3.57. Sie beginnt hier im Kurvenpunkt $1 + 0\boldsymbol{i}$ auf der positiven reellen Achse, und der Verlauf ist so, dass im Inneren des Intervalls I_2 die positive reelle Achse nicht überschritten wird, die Bewegung verläuft vom vierten Quadranten durch den dritten und zweiten in den ersten Quadranten. Der Polarwinkel macht daher nirgendwo im Inneren des Intervalles einen Sprung der Höhe 2π.

Der Filter **A** ist also ein Allpass, der die Amplitude aller Frequenzen nicht verändert. Das bedeutet allerdings nicht, dass der Filter auch Signale nicht verändert, wie am Beispiel des Signals, das in Abb. 3.58 skizziert ist,

$$\boldsymbol{x}(n) = \frac{1}{2^n}\boldsymbol{u}(n)$$

Abb. 3.56 $\Theta_{\mathsf{A}}(\omega)S(\omega)$, $\omega \in I_1$

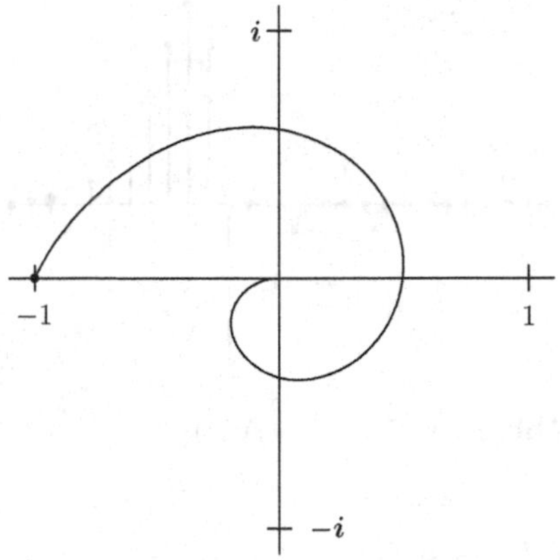

Abb. 3.57 $\Theta_{\mathsf{A}}(\omega)S(\omega)$, $\omega \in I_2$

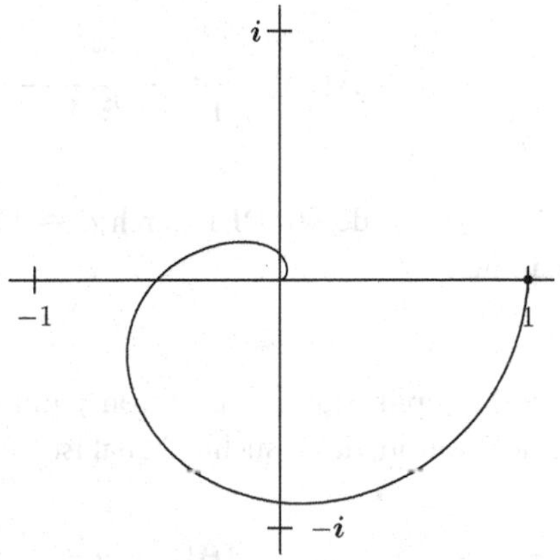

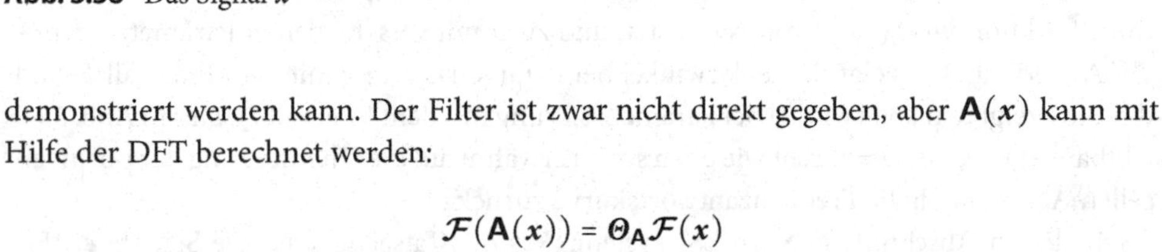

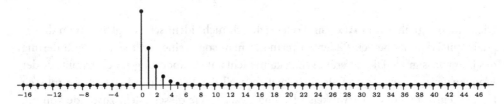

Abb. 3.58 Das Signal $\boldsymbol{x}$

demonstriert werden kann. Der Filter ist zwar nicht direkt gegeben, aber $\mathsf{A}(\boldsymbol{x})$ kann mit Hilfe der DFT berechnet werden:

$$\mathcal{F}(\mathsf{A}(\boldsymbol{x})) = \Theta_{\mathsf{A}}\mathcal{F}(\boldsymbol{x})$$

Die DFT von $\boldsymbol{x}$ kann der Tab. 3.1 entnommen werden:

$$\mathcal{F}(\boldsymbol{x})(\omega) = \frac{1}{1 - \frac{1}{2}e^{-i\omega}}$$

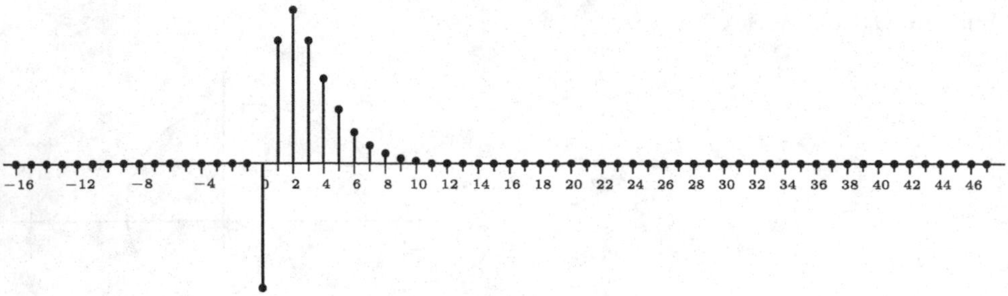

Abb. 3.59 Das Signal $\mathsf{A}(x)$

Das ergibt

$$\mathcal{F}(\mathsf{A}(x)) = \frac{-\frac{1}{2} + e^{-i\omega}}{1 - \frac{1}{2}e^{-i\omega}} \frac{1}{1 - \frac{1}{2}e^{-i\omega}} = -\frac{1}{2}\frac{1}{\left(1 - \frac{1}{2}e^{-i\omega}\right)^2} + \frac{e^{-i\omega}}{\left(1 - \frac{1}{2}e^{-i\omega}\right)^2}$$

Ein Signal y, dessen DFT durch $\omega \mapsto \left(1 - \frac{1}{2}e^{-i\omega}\right)^{-2}$ gegeben ist, ist in Tab. 3.1 zu finden, nämlich

$$y(n) = \frac{n+1}{2^n}u(n)$$

Die Multiplikation der DFT von y mit $e^{-i\omega}$ bedeutet eine Verzögerung von y um genau eine Position, das gesuchte Signal ist daher (siehe Abb. 3.59)

$$\mathsf{A}(x)(n) = -\frac{1}{2}\frac{n+1}{2^n}u(n) + \frac{n}{2^{n-1}}u(n-1)$$

Die beiden Signale x und $\mathsf{A}(x)$ sind offensichtlich nicht identisch. Vergleicht man die Signale mit Hilfe der beiden Bilder, so vermerkt man sogar eine recht starke Veränderung des Eingangssignals. Diese Veränderung kann nicht auf Veränderungen der Amplitude der Frequenzen des Eingangssignals zurückgehen, weil der Filter ein Allpass ist, sie müssen folglich ein Effekt des Polarwinkels (der Phase) sein. Wie dieser Effekt zustande kommt, wird im Rest des Abschnitts untersucht werden. In den Beispielen wird auch die Polarwinkelfunktion $\Phi(\Theta_{\mathsf{A}}(\omega))$ von A benutzt, und zwar mit verschiedenen Parametrisierungen. Abbildung 3.60 zeigt den Polarwinkel bei Parametrisierung mit dem Intervall I_1 und Abb. 3.61 zeigt den Polarwinkel bei Parametrisierung mit dem Intervall I_2. Der in Abb. 3.60 sichtbare Sprung bei $\omega = 0$ geht wie oben schon erwähnt auf die Überquerung der positiven reellen Achse durch die Frequenzantwortskurve zurück.

Für diesen Abschnitt sei S ein LSI-System. Aus der Tatsache, dass die Signale ϵ_Ω Eigenfunktionen des Systems sind (siehe (3.108)), erhält man eine einfache Darstellung von $\mathsf{S}(\epsilon_\Omega)$ mittels Amplituden- und Phasengang:

$$\mathsf{S}(\epsilon_\Omega)(n) = \Theta_{\mathsf{S}}(\Omega)\epsilon_\Omega(n) = \gamma_{\mathsf{S}}(\Omega)e^{i\phi_{\mathsf{S}}(\Omega)}e^{in\Omega} = \gamma_{\mathsf{S}}(\Omega)e^{i(n\Omega+\phi_{\mathsf{S}}(\Omega))} \quad (3.171)$$

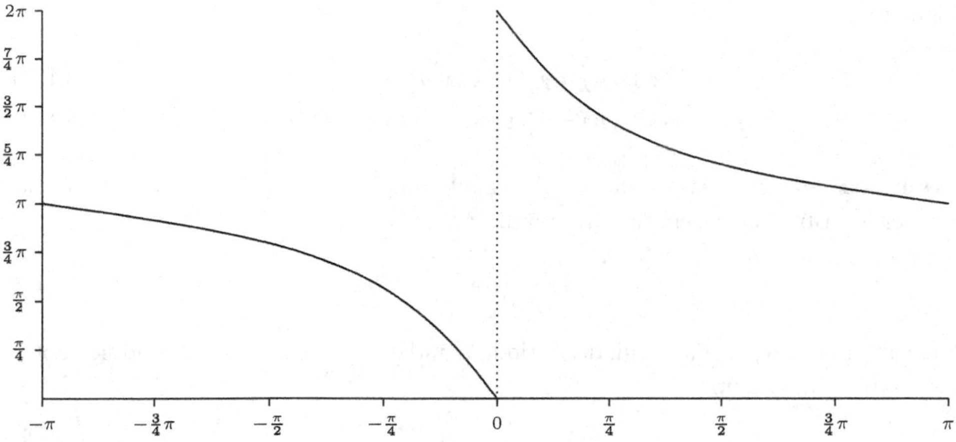

Abb. 3.60 $\Phi(\Theta_{\mathsf{A}}(\omega)), \omega \in I_1$

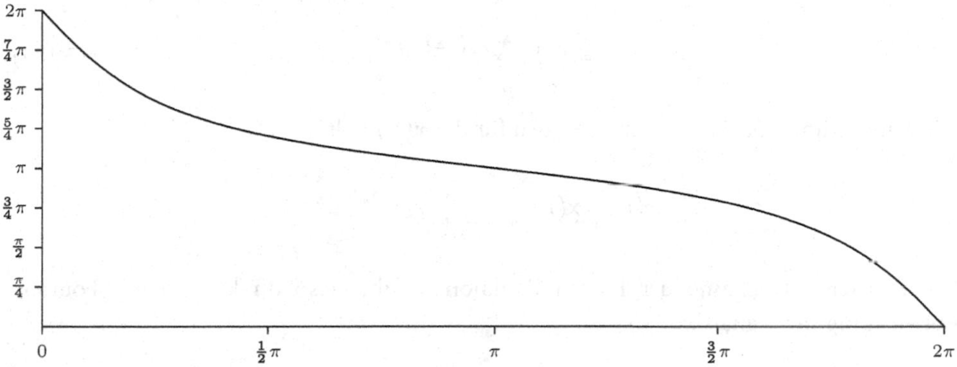

Abb. 3.61 $\Phi(\Theta_{\mathsf{A}}(\omega)), \omega \in I_2$

Diese einfache Darstellung gilt natürlich auch für die Signale c_Ω und s_Ω. Denn wegen

$$c_\Omega(n) = \cos(n\Omega) = \frac{1}{2}e^{in\Omega} + \frac{1}{2}e^{-in\Omega} = \frac{1}{2}\epsilon_\Omega(n) + \frac{1}{2}\epsilon_{-\Omega}(n)$$

folgt aus der Linearität des Operators **S**

$$\begin{aligned}\mathsf{S}(c_\Omega)(n) &= \frac{1}{2}\mathsf{S}(\epsilon_\Omega)(n) + \frac{1}{2}\mathsf{S}(\epsilon_{-\Omega})(n)\\ &= \frac{1}{2}\gamma_{\mathsf{S}}(\Omega)e^{i(n\Omega+\phi_{\mathsf{S}}(\Omega))} + \frac{1}{2}\gamma_{\mathsf{S}}(\Omega)e^{-i(n\Omega+\phi_{\mathsf{S}}(\Omega))}\\ &= \gamma_{\mathsf{S}}(\Omega)\cos(n\Omega + \phi_{\mathsf{S}}(\Omega))\end{aligned}$$

Eine ganz entsprechende Darstellung mit Amplitude und Phase existiert auch für das andere trigonometrische Signal. Es stehen also die folgenden Darstellungen zur Verfügung:

$$\mathbf{S}(c_\Omega)(n) = \gamma_\mathbf{S}(\Omega)\cos(n\Omega + \phi_\mathbf{S}(\Omega)) \tag{3.172}$$

$$\mathbf{S}(s_\Omega)(n) = \gamma_\mathbf{S}(\Omega)\sin(n\Omega + \phi_\mathbf{S}(\Omega)) \tag{3.173}$$

Es sei nun $\boldsymbol{x}$ ein Signal, das von einer reellen Funktion $t \mapsto \mathrm{x}(t)$ abgetastet wurde, und zwar mit der Abtastrate oder dem Abtastintervall A:

$$\boldsymbol{x}(n) = \mathrm{x}(nA) \quad n \in \mathbb{Z}$$

Die Funktion x sei periodisch mit der Periode T und der Frequenz $f = 1/T$, und sie besitze die Fourier-Entwicklung

$$\mathrm{x}(t) = \sum_{k=-\infty}^{\infty} \mathrm{x}_k e^{i2\pi kft} \tag{3.174}$$

deren Fourier-Koeffizienten x_k durch das folgende Integral gegeben sind:

$$\mathrm{x}_k = f\int_0^T \mathrm{x}(t)e^{-i2\pi kft}\mathrm{d}t \tag{3.175}$$

Die Entwicklung (3.174) ist natürlich auch für die $\boldsymbol{x}(n)$ gültig:

$$\boldsymbol{x}(n) = \mathrm{x}(nA) = \sum_{k=-\infty}^{\infty} \mathrm{x}_k e^{i2\pi kfAn}$$

Die Fourier-Entwicklung der reellen Funktion x führt also direkt zu einer Fourier-Entwicklung des Signals $\boldsymbol{x}$:

$$\boldsymbol{x}(n) = \sum_{k=-\infty}^{\infty} \mathrm{x}_k \boldsymbol{e}_{\Omega_k}(n) = \sum_{k=-\infty}^{\infty} \mathrm{x}_k e^{i\Omega_k n} \quad \Omega_k = 2\pi kfA \tag{3.176}$$

Wird weiterhin berücksichtigt, dass das System (der Operator) $\mathbf{S}$ stetig ist, dass also insbesondere die Grenzwertbildung mit der Funktionswertbildung vertauschbar ist, dann ergibt sich aus der Entwicklung von $\boldsymbol{x}$ und aus (3.171) auch eine Reihenentwicklung von $\mathbf{S}(\boldsymbol{x})$:

$$\mathbf{S}(\boldsymbol{x})(n) = \sum_{k=-\infty}^{\infty} \mathrm{x}_k \gamma_\mathbf{S}(\Omega_k) e^{i(\Omega_k n + \phi_\mathbf{S}(\Omega_k))} \tag{3.177}$$

Mit dieser Entwicklung lässt sich der Einfluss der Phase $\gamma_\mathbf{S}$ auf den Systemwert $\mathbf{S}(\boldsymbol{x})$ direkt bestimmen und berechnen. Weil es in diesem Abschnitt nur auf die Phase ankommt, wird für den Rest des Abschnittes vereinfacht angenommen, dass das System ein Allpass ist, dass also $\gamma_\mathbf{S}(\omega) = 1$ gilt für jede Frequenz ω. Das ergibt die einfachere Entwicklung

$$\mathbf{S}(\boldsymbol{x})(n) = \sum_{k=-\infty}^{\infty} \mathrm{x}_k e^{i(\Omega_k n + \phi_\mathbf{S}(\Omega_k))} \tag{3.178}$$

Eine einfache Umformung lässt nun ganz klar erkennen, welche Rolle die Phase $\phi_{\mathbf{S}}$ bei der Anwendung von LSI-Systemen auf Signale spielt:

$$\mathbf{S}(\boldsymbol{x})(n) = \sum_{k=-\infty}^{\infty} \mathrm{x}_k \exp\left(i\Omega_k\left(n + \frac{\phi_{\mathbf{S}}(\Omega_k)}{\Omega_k}\right)\right) \tag{3.179}$$

Ist nämlich der Ausdruck $\phi_{\mathbf{S}}(\Omega_k)/\Omega_k$ ganzzahlig, ist etwa

$$\frac{\phi_{\mathbf{S}}(\Omega_k)}{\Omega_k} = l \in \mathbb{Z},$$

dann erhält man aus (3.179) eine einfache Beziehung für das Signal $\boldsymbol{x}$:

$$\mathbf{S}(\boldsymbol{x})(n) = \sum_{k=-\infty}^{\infty} \mathrm{x}_k e^{i\Omega_k(n+l)} = \mathbf{S}(\boldsymbol{x})(n+l) \tag{3.180}$$

Das Signal wird verzögert bei $l < 0$ oder beschleunigt bei $l > 0$. Die Phase bewirkt also in diesem Fall eine Verschiebung des Signals um l Positionen. Ist andererseits $\phi_{\mathbf{S}}(\Omega_k)/\Omega_k$ zwar konstant, aber nicht mehr ganzzahlig,

$$\frac{\phi_{\mathbf{S}}(\Omega_k)}{\Omega_k} = \lambda \in \mathbb{R} \setminus \mathbb{Z},$$

dann kann sich natürlich keine echte Verschiebung des Signals selbst ergeben, aber weil das Signal $\boldsymbol{x}$ durch Abtastung entsteht, weil also $\boldsymbol{x}(n) = \mathrm{x}(nA)$ gilt, kann der Faktor λ dann so interpretiert werden, dass $\mathbf{S}(\boldsymbol{x})(n)$ durch Interpolation entsteht. Setzt man nämlich $\lambda = m + \vartheta$, mit $m \in \mathbb{Z}$ und $0 < \vartheta < 1$, dann erhält man die Interpolationsformel

$$\mathbf{S}(\boldsymbol{x})(n) = \sum_{k=-\infty}^{\infty} \mathrm{x}_k e^{i\Omega_k(n+\lambda)} = \mathrm{x}((n+\lambda)A) = \mathrm{x}((n+m+\vartheta)A) \tag{3.181}$$

Auch hier liegt eine Verschiebung vor, aber es wird nicht das Signal $\boldsymbol{x}$ verschoben, sondern die verschobene Funktion x wird abgetastet, und zwar zwischen $\boldsymbol{x}(n+m)$ und $\boldsymbol{x}(n+m+1)$. Es entsteht der Eindruck einer kontinuierlichen Verschiebung von $\boldsymbol{x}$ um ungefähr m Positionen. Falls $\boldsymbol{x}$ nicht durch Abtasten entsteht, sondern anderweitig gegeben ist, kann man sich die Bildung von $\mathbf{S}(\boldsymbol{x})(n)$ als eine Extrapolation von $\boldsymbol{x}(n+m)$ vorstellen.

Die Einführung der folgenden mit einem LSI-System $\mathbf{S}$ assoziierten **Verschiebungsfunktion $\Lambda_{\mathbf{S}}$** kommt nun sicher nicht als Überraschung:

$$\Lambda_{\mathbf{S}}(\omega) = -\frac{\phi_{\mathbf{S}}(\omega)}{\omega} \quad \text{für } \omega \neq 0 \tag{3.182}$$

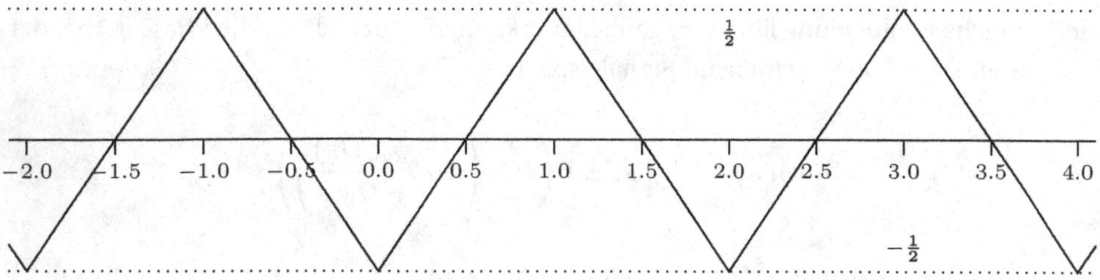

Abb. 3.62 Der „Wellenzug" w

Wegen des negativen Vorzeichens misst die Funktion die Verzögerung eines Signals. Für $\omega = 0$ kann die Funktion durch einen Grenzprozess definiert werden, falls der Grenzwert dort existiert:

$$\Lambda_\mathsf{S}(0) = -\lim_{\omega \to 0} \frac{\phi_\mathsf{S}(\omega)}{\omega} \tag{3.183}$$

Andernfalls bleibt $\Lambda_\mathsf{S}(0)$ undefiniert.

Die bisherigen Überlegungen waren noch rein formal, es empfiehlt sich jedoch, die Auswirkungen verschiedener Phasenantworten auf das Eingangssystem eines LSI-Systems auch mit Beispielen zu demonstrieren. Dazu wird zunächst ein Signal $\boldsymbol{w}$ eingeführt, das durch Abtasten des „Wellenzuges"

$$\mathrm{w}(t) = \begin{cases} t - 2k - \frac{1}{2} & \text{für } 2k \le t < 2k+1 \\ -t - 2k + \frac{3}{2} & \text{für } 2k - 1 \le t < 2k \end{cases} \qquad k \in \mathbb{Z}$$

erhalten wird. Abbildung 3.62 enthält einen kleinen Ausschnitt. Die Periode der Funktion ist offenbar $T = 2$, die Basisfrequenz ist daher $f_\mathrm{w} = \frac{1}{2}$.

Die nachfolgenden Berechnungen stützen sich auf die Gl. (3.178), es ist daher die Fourier-Entwicklung von w zu bestimmen. Die Berechnungen werden zwar im Anhang durchgeführt (siehe Abschn. A.1.2), doch sollten Leser, die mit komplexer Arithmetik noch wenig vertraut sind, versuchen, die Entwicklung selbst zu berechnen. Das Ergebnis der Berechnungen ist jedenfalls die Entwicklung

$$\mathrm{w}(t) = -\frac{4}{\pi^2} \sum_{m=1}^{\infty} \frac{1}{(2m-1)^2} \cos((2m-1)\pi t) \tag{3.184}$$

Durch Abtasten der Funktion w gelangt man zum assoziierten Signal $\boldsymbol{w}$. Als Abtastrate wird $A = \frac{1}{16}$ gewählt, das bedeutet 32 Abtastungen im Periodenintervall.

$$\boldsymbol{w}(n) = \mathrm{w}(nA) = \mathrm{w}\left(\frac{n}{16}\right) \qquad n \in \mathbb{Z}$$

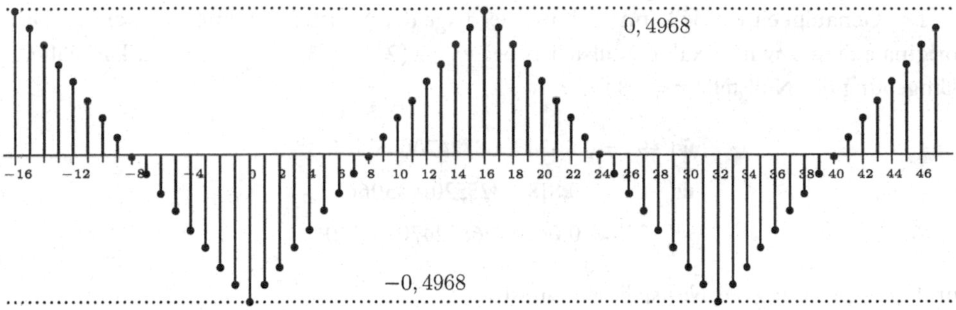

Abb. 3.63 Das approximative Signal $\widehat{w}$

Die Entwicklung (3.184) liefert für das Signal die Reihenentwicklung

$$\begin{aligned} w(n) &= -\frac{4}{\pi^2}\sum_{m=1}^{\infty}\frac{1}{(2m-1)^2}\cos\left(\frac{(2m-1)n\pi}{16}\right) \\ &= -\frac{4}{\pi^2}\sum_{m=1}^{\infty}\frac{1}{(2m-1)^2}\cos(\Omega_m n) \end{aligned} \tag{3.185}$$

mit den Frequenzen

$$\Omega_m = \frac{(2m-1)}{16}\pi.$$

Bricht man die Reihe nach 32 Gliedern ab, erhält man eine gute Approximation $\widehat{w}$ an das Signal. In Abb. 3.63 ist das auf diesem Wege erzeugte Signal gezeigt. Die Amplitude von $\widehat{w}$ kann als ein Maß für die Güte der Approximation genommen werden. Falls ihr Wert 0,4968 nicht nahe genug bei der Amplitude $\frac{1}{2}$ von w liegt, kann die Anzahl der ausgewerteten Reihenglieder erhöht werden. Allerdings ist $\widehat{w}$ eine Approximation des idealen Signals w. In der Praxis liegt jedoch das abgetastete Signal vor, und das muss wegen der Nyquist-Bedingung bandbegrenzt sein. In das normierte Frequenzintervall umgesetzt bedeutet diese Bedingung $\Omega_m \leq \pi$ oder $m \leq 8$. Eine ideale Filterung – d. h. ein vollständiges Abschneiden des Seitenbandes – vorausgesetzt, ergibt daher die folgende bandbegrenzte Version des Signals:

$$\hat{w}(n) = -\frac{4}{\pi^2}\sum_{m=1}^{8}\frac{1}{(2m-1)^2}\cos(\Omega_m n)$$

Die Länge der abgebrochenen Reihenentwicklung ergibt sich in diesem Fall automatisch, auch ist $\hat{w}$ keine Approximation, sondern das Signal selbst. Zwar sind mit dem bloßen Auge zwischen $\widehat{w}$ und $\hat{w}$ keine Unterschiede auszumachen, von der Amplitudengröße einmal abgesehen, doch enthält $\hat{w}$ keine hohen Frequenzanteile, weshalb bei Berechnungen Feinheiten verlorengehen könnten. Auch spielt bei den Überlegungen und Berechnungen dieses Abschnittes die Abtastung keine Rolle, es wird daher weiter mit dem Signal $\widehat{w}$ gearbeitet.

Die Genauigkeit von $\widehat{\boldsymbol{w}}$ kann auch mit der Lage der Nullstellen gemessen werden. Das originale Signal $\boldsymbol{w}$ hat exakte Nullstellen bei $n = \pm(2k-1)8$, $k = 1, 2, 3, \ldots$. Die nähere Umgebung der Nullstelle $n = -8$ für $\widehat{\boldsymbol{w}}$ ist

$$\begin{aligned}\tilde{\boldsymbol{w}}(-9) &= 0{,}06249968724706551401\\ \tilde{\boldsymbol{w}}(-8) &= -0{,}81885325520144506627_{10^{-67}}\\ \tilde{\boldsymbol{w}}(-7) &= -0{,}06249968724706551401\end{aligned}$$

und die Umgebung der Nullstelle $n = 40$ ist

$$\begin{aligned}\tilde{\boldsymbol{w}}(39) &= -0{,}06249968724706551401\\ \tilde{\boldsymbol{w}}(40) &= -0{,}16277061246219952587_{10^{-66}}\\ \tilde{\boldsymbol{w}}(41) &= 0{,}06249968724706551401\end{aligned}$$

Die Nullstellen liegen nicht ganz genau auf einer Signalposition, was aber mit der Näherungsreihe auch gar nicht erreicht werden kann.

Aus der Reihenentwicklung für $\boldsymbol{w}(n)$ gewinnt man nun wie oben beschrieben eine Reihenentwicklung für $\mathsf{S}(\boldsymbol{w})(n)$:

$$\mathsf{S}(\boldsymbol{w})(n) = -\frac{4}{\pi^2}\sum_{m=1}^{\infty}\frac{1}{(2m-1)^2}\gamma_{\mathsf{S}}(\Omega_m)\cos(\Omega_m n + \phi_{\mathsf{S}}(\Omega_m)) \tag{3.186}$$

Tatsächlich ist damit eine Methode gegeben, ein LSI-System S über seinen Amplitudengang und seinen Phasengang vorzugeben. Allerdings ist die Methode sehr unpraktisch, weil zur Anwendung von S auf ein Signal $\boldsymbol{x}$ die Fourier-Entwicklung von $\boldsymbol{x}$ gegeben sein muss. Zur Analyse von Systemen ist sie andererseits recht gut geeignet.

Es sei daran erinnert, dass $\gamma_{\mathsf{S}} = 1$ angenommen wird. Die weiteren Untersuchungen basieren daher auf der Reihenentwicklung

$$\mathsf{S}(\boldsymbol{w})(n) = -\frac{4}{\pi^2}\sum_{m=1}^{\infty}\frac{1}{(2m-1)^2}\cos(\Omega_m n + \phi_{\mathsf{S}}(\Omega_m)) \tag{3.187}$$

Zur Verschiebungsfunktion sei noch angemerkt, dass man bei kleinen Frequenzen $\omega \approx 0$ sehr große Verschiebungen bekommen kann (wegen der Division durch eine kleine Zahl). Bei periodischen Signalen ist die Verschiebung allerdings durch die Periode begrenzt. Hat das Signal $\boldsymbol{x}$ nämlich die Periode P_x, und ist l eine ganzzahlige Verschiebung, dann wird nicht l selbst, sondern $l' = l \bmod P_x$ als Verschiebung wirksam. Denn aus $l = kP_x + r$, mit $k \in \mathbb{Z}$ und $0 < r < P_w$, folgt

$$\boldsymbol{x}(n+l) = \boldsymbol{x}(n + kP_x + r) = \boldsymbol{x}(r)$$

Als erstes Beispiel zum Einfluss der Phase auf das Verhalten eines Systems wird der Allpass A vom Anfang des Abschnittes auf das Testsignal $\boldsymbol{w}$ angewandt. Das Parameterintervall ist zunächst $I_1 = \{\omega \mid -\pi \le \omega < \pi\}$. Die Reihenentwicklung (3.187) ergibt das Signal

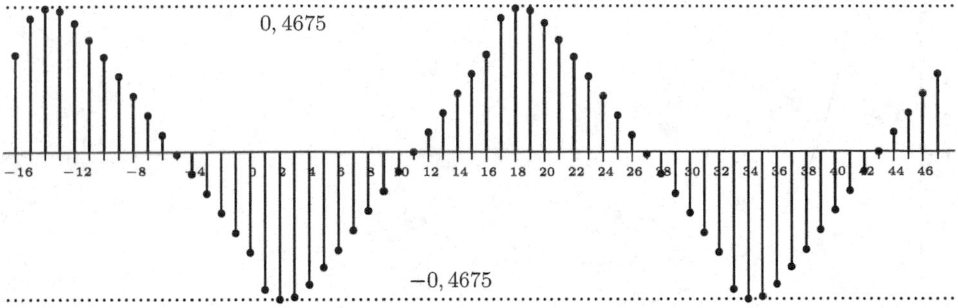

Abb. 3.64 Das Signal $a = \mathbf{A}(w)$

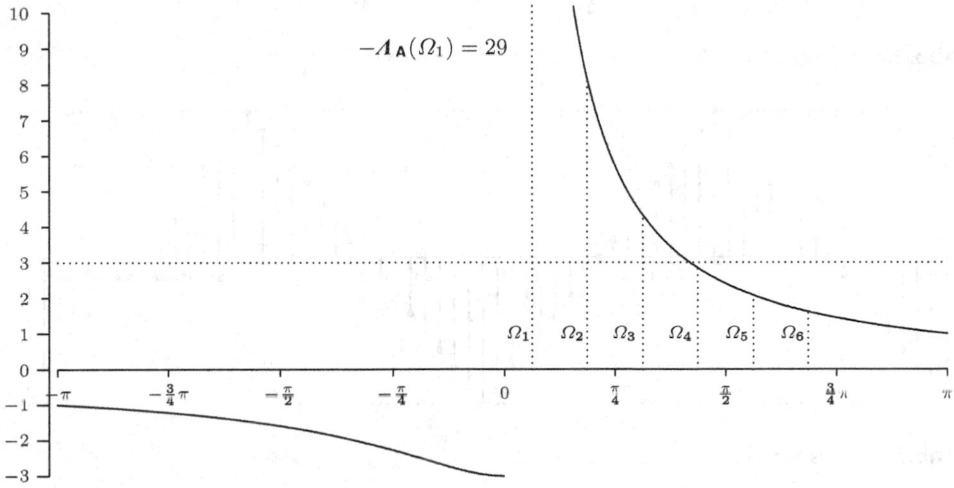

Abb. 3.65 $-\Lambda_{\mathbf{A}}(\omega)$, $\omega \in I_1$

$\mathbf{A}(w)$ in Abb. 3.64. Das Signal ist ein wenig verzerrt und um einige Positionen verschoben. Eine gute Abschätzung der Größe der Verschiebung kann man so gewinnen, dass man abschätzt, wie weit eine bestimmte Nullstelle verschoben wurde, beispielsweise die Nullstelle $w(8)$. Diese Nullstelle liegt jetzt zwischen $n = 10$ und $n = 11$, ein extrapolierter Wert ist $n = 10{,}997$. Das Signal ist also ziemlich genau um 3 Positionen vorwärts verschoben worden, d. h. um drei Positionen verzögert worden: Die Nullstelle, die w bei $n = 8$ besitzt, manifestiert sich für $a = \mathbf{A}(w)$ erst bei $n = 11$.

Genauere Informationen können an der Verschiebungsfunktion $\Lambda_{\mathbf{A}}$ aus Abb. 3.65 abgelesen werden. In das Bild sind auch die ersten fünf Frequenzen des Spektrums von w eingezeichnet. Wegen $\Lambda_{\mathbf{A}}(\Omega_1) = -29$ ist die Grundfunktion von w um $-29 \bmod P_w = 3$ verschoben, d. h. um 3 Takte verzögert. Weil die Amplitude der zweiten Harmonischen (mit der Frequenz Ω_2) nur $1/9$ der Amplitude der Grundfrequenz beträgt, also nur noch wenig Einfluss auf das Gesamtsignal hat, kann man erwarten, dass das gesamte Signal w

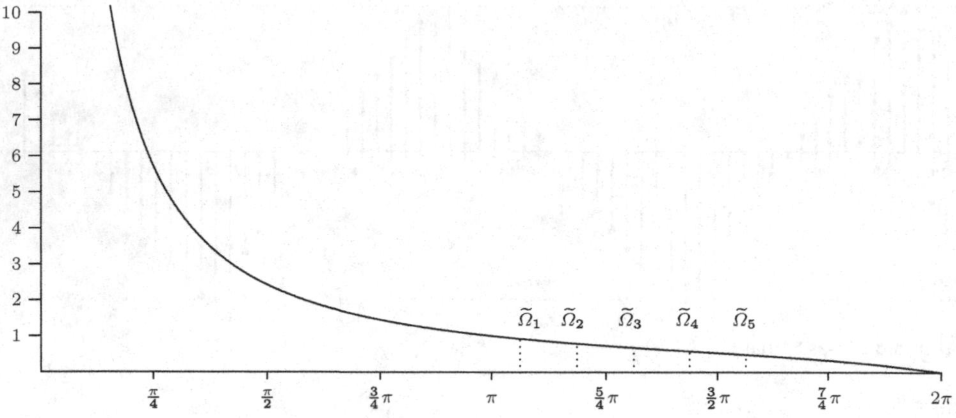

Abb. 3.66 $-\Lambda_{\mathbf{A}}(\omega),\ \omega \in I_2$

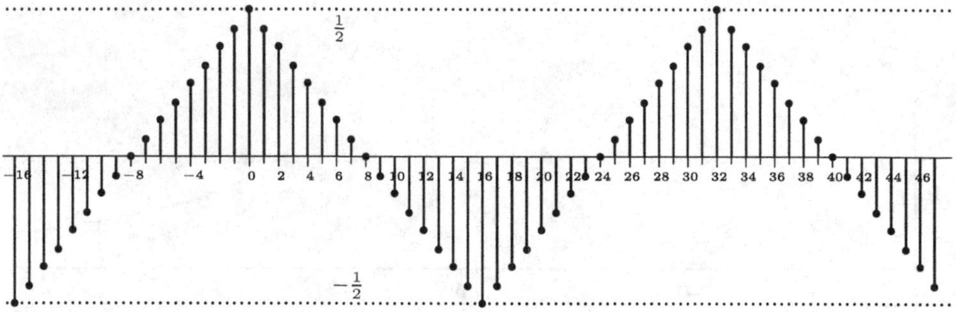

Abb. 3.67 Das Signal $\widetilde{w}$

um etwa 3 Positionen (entspricht drei Abtastintervallen) verzögert ist. Das entspricht ganz genau dem Ergebnis der direkten Berechnung von $\boldsymbol{a}$ mit (3.187).

Es wird jetzt das Parameterintervall $I_2 = \{\omega \,|\, 0 \le \omega < 2\pi\}$ zugrunde gelegt. Der Phasengang ist dann wie in Abb. 3.61 gezeigt, er führt zur Verschiebungsfunktion in Abb. 3.66. In der rechten Intervallhälfte sind die Verschiebungen klein, weshalb es sich empfiehlt, das Spektrum von $\boldsymbol{w}$ in die rechte Hälfte von I_2 zu transformieren, d. h. es wird zu den Frequenzen $\widetilde{\Omega}_m = \Omega_m + \pi$ übergegangen. Die ersten fünf Frequenzen des Spektrums sind in Abb. 3.66 mit ihren Verschiebungswerten eingetragen. Natürlich bedeutet der Übergang von den Frequenzen Ω_m zu den Frequenzen $\widetilde{\Omega}_m$ auch, dass von dem Signal $\boldsymbol{w}$ zu einem verschobenen Signal $\widetilde{\boldsymbol{w}}$ überzugehen ist: Der Addition von π zu den Frequenzen entspricht eine Verschiebung des Signals um eine halbe Periode. Abb. 3.67 zeigt das transformierte Signal $\widetilde{\boldsymbol{w}}$. Es ist $\Lambda_{\mathbf{A}}(\widetilde{\Omega}_1) = -0{,}9215$, aber eine Verschiebung dieser Größe ist hier nicht zu erwarten, denn die Verschiebungen bei den nächsten Frequenzen des Spektrums haben auch noch diese Größenordnung (z. B. $\Lambda_{\mathbf{A}}(\widetilde{\Omega}_2) = -0{,}7881$). Die Verschiebung bei $\widetilde{\Omega}_1$ als Schätzwert für die Verschiebung des ganzen Signals zu nehmen ist nur sinnvoll, wenn die-

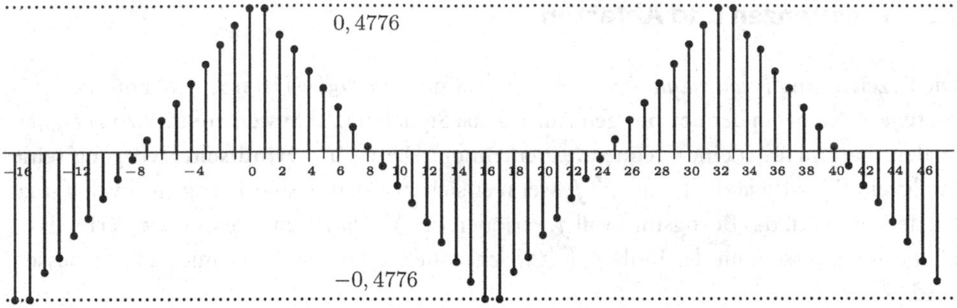

Abb. 3.68 Das Signal $\widetilde{a} = \mathbf{A}(\widetilde{w})$

se Verschiebung gegenüber den Verschiebungen des übrigen Spektrums dominant ist. Das ist hier nicht der Fall, die genaue Gesamtverschiebung muss am Signal $\widetilde{a} = \mathbf{A}(\widetilde{w})$ selbst abgelesen werden, beispielsweise wieder durch eine Abschätzung, wie weit die Nullstelle $\widetilde{w}(8)$ in $\widetilde{a}$ verschoben ist. Wie Abb. 3.68 zeigt, liegt diese Nullstelle zwischen $\widetilde{a}(8) =$ 0,0206886 und $\widetilde{a}(9) = -0{,}0415942$, eine einfache Extrapolation erbringt den Schätzwert $n \approx 8{,}33$, also eine Verzögerung um 0,33 Positionen. Der Übergang vom Parameterintervall I_1 zum Intervall I_2 und die Verschiebung des Spektrums haben also eine beträchtlich kleinere Gesamtverschiebung erbracht. Wie bei einem Vergleich von Abb. 3.64 mit Abb. 3.68 festgestellt werden kann, sind auch die Verzerrungen der Signalgestalt geringer. Sie sind allerdings noch vorhanden, selbst bei einem solch glatten Verlauf des Polarwinkels wie in Abb. 3.61.

Es bleibt noch zu überlegen, in welcher Einheit die Verschiebung $\Lambda_{\mathbf{S}}(\omega)$ zu messen ist. Zwar heißt die Funktion $\Theta_{\mathbf{S}}(\omega)$ die Antwort auf die „Frequenz" ω, doch ist ω keine echte Frequenz, sondern ein dimensionsloser Parameter, mit dem die speziellen Basissignale

$$n \mapsto \boldsymbol{\epsilon}_\omega(n) = e^{in\omega} = \cos(n\omega) + \boldsymbol{i}\sin(n\omega)$$

durchlaufen werden. Auch $\phi_{\mathbf{S}}(\omega)$ ist, als Winkel, dimensionslos. Folglich besitzt auch die Verschiebung keine Einheit, es ist eine reine Zahl. Andererseits hat diese Zahl nach (3.179) eine Bedeutung: Es ist die Zahl der Indexpositionen, um die der Signalwert $\boldsymbol{x}(n)$ durch das System verschoben wird. Man kann das als eine dimensionslose Einheit ähnlich wie die Einheit *rad* ansehen, d. h. $\Lambda_{\mathbf{S}}(\omega)$ kann in der „Einheit" *Indexposition* gemessen werden. Wird das Signal durch Abtasten eines kontinuierlichen Signals gewonnen, dann entspricht eine Verschiebung um eine Indexposition genau einem Abtastintervall, weshalb in diesem Fall die Verschiebung in Anzahlen von Abtastintervallen (*samples*) gemessen wird. Digitale Filter sind an sich unabhängig davon, wie das Signal entstanden ist, das sie beeinflussen. Es ist also nicht sehr sinnvoll, bei einem allgemeinen abstrakten digitalen Filter der Verschiebung in einem Diagramm die Einheit *samples* zu geben.

3.5 Frequenzen und Abtasten

Die Bezeichnung *Frequenzantwort* für die Funktion $\omega \mapsto \boldsymbol{\Theta}_S(\omega)$ ist noch vollkommen unmotiviert. Nichts in dem bisherigen Aufbau aus Signalen und Systemen ist dazu geeignet, in dem Parameter ω eine Frequenz zu erkennen. Denn ein **periodischer** Vorgang (eine Welle, ein Signal) hat die Frequenz f, wenn er sich in einem festen Bezugsintervall f-mal wiederholt. Weil das Bezugsintervall f Perioden des Vorgangs enthält, hat die Periode die Länge $\frac{1}{f}$, gemessen mit der Einheit, mit welcher die Länge des Bezugsintervalls gemessen wird.

Wird beispielsweise $0 \leq x \leq 2\pi$ als Bezugsintervall mit der Einheit π gewählt, dann wiederholt sich die Funktion $x \mapsto \sin(3x)$ in dem Intervall dreimal, die Frequenz ist daher $f = 3$. Die Periode in der Einheit π ist $\frac{1}{3}2\pi = \frac{2}{3}\pi$.

Der Parameter ω kann also im Rahmen des bisher Dargestellten mit keinem periodischen Vorgang in Verbindung gebracht werden, dessen Frequenz er sein könnte. Die Frequenzantwort ist zwar periodisch und hat, bezogen auf das Parameterintervall, die Frequenz $f = 1$, aber diese Frequenz steht natürlich in keiner Relation zu den Elementen ω des Parameterintervalles. Auch ist das Signal $n \mapsto \cos(n\Omega)$ keineswegs periodisch mit der Periode Ω. Abbildung 3.69 zeigt beispielsweise einen Teil des Signals $n \mapsto \cos\left(n\frac{4}{5}\pi\right)$, das offenbar die Periode $p = 5$ besitzt. Legt man daher $0 \leq n \leq 15$ als Bezugsintervall fest, dann ist die Frequenz $f = 3$. Das Signal $n \mapsto \cos(n\Omega)$ ist nicht einmal für alle Ω periodisch. Denn für eine ganzzahlige p Periode muss[12]

$$e^{in\Omega} = e^{i(n+p)\Omega} = e^{in\Omega} + e^{ip\Omega}$$

gelten, was wie folgt umgeschrieben werden kann:

$$1 = e^{ip\Omega} = \cos(p\Omega) + \boldsymbol{i}\sin(p\Omega)$$

Daraus folgt $\cos(p\Omega) = 1$ und $\sin(p\Omega) = 0$. Das ist nur möglich für $p\Omega = k\pi$ **und** $p\Omega = 2k\pi$ mit ganzem k, d. h. es muss $p\Omega = 2k\pi$ gelten. Mit $\Omega = a\pi$ ergibt das $p = \frac{2k}{a}$. Es gibt nur für rationales a ein ganzes k, mit dem p eine ganze Zahl wird, d. h. nur für rationales a ist $n \mapsto e^{in\Omega}$ überhaupt periodisch. Ist a allerdings eine rationale Zahl, dann kann leicht eine Periode gefunden werden. Im Beispiel ist $a = \frac{4}{5}$ und daher wie schon vom Bild abgelesen $p = 5$.

Die Bedeutung eines Parameters ω als Frequenz eines periodischen Vorgangs muss also außerhalb der abstrakten Signale und Systeme gesucht werden. Sie ergibt sich aus der Art und Weise, wie die meisten (wenn auch nicht alle) Signale entstehen, nämlich durch das Abtasten eines kontinuierlichen Signals der realen (physikalischen) Welt. In diesem Zusammenhang ist der Begriff des Spektrums sehr wichtig und wird deshalb zunächst vorgestellt, aber natürlich nicht auf mathematisch-rigorose Weise (Distributionen z. B. liegen außerhalb der Reichweite des Buches).

---

[12] Wie üblich wird für Rechnungen zu den Exponentialfunktionen übergegangen.

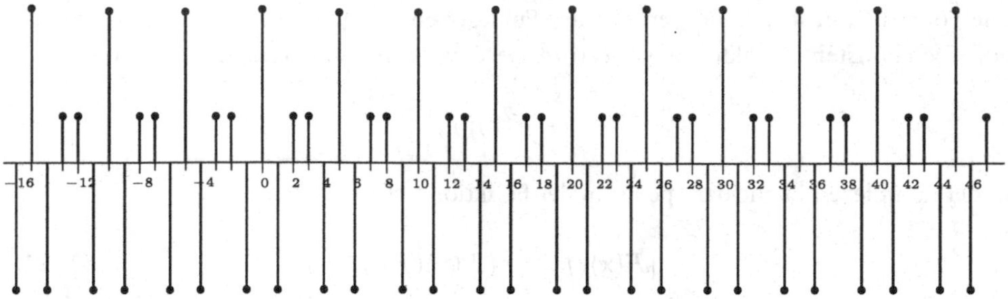

Abb. 3.69 $n \mapsto \cos(n\Omega)$, $\Omega = \frac{4}{5}\pi$

Die (allgemeine) Fourier-Transformation $\mathcal{F}$ bildet reelle Funktionen $\mathsf{x} : \mathbb{R} \to \mathbb{R}$ in die Menge $\mathbb{C}$ der komplexen Zahlen ab. Das geschieht mit Hilfe des Fourier-Integrals:

$$\mathcal{F}(\mathsf{x})(f) = \int_{\mathbb{R}} \mathsf{x}(t)e^{-i2\pi f t}\mathrm{d}t \tag{3.188}$$

Der Bedeutung dieser Transformation kann man sich über den Spezialfall einer periodischen Funktion x nähern. Eine solche Funktion besitzt unter gewissen Bedingungen (die hier beiseite gelassen werden können) eine Reihenentwicklung in trigonometrische Funktionen, die Fourier-Entwicklung, oder äquivalent dazu in komplexe Exponentiale:

$$\mathsf{x}(t) = \sum_{n=-\infty}^{\infty} \mathsf{x}_n e^{i2\pi n \tilde{f} t} \tag{3.189}$$

Darin ist $\tilde{f}$ die Grund- oder Basisfrequenz, die sich aus der Periode $\tilde{T}$ als $\tilde{f} = \frac{1}{\tilde{T}}$ ableitet. Der Funktionswert $\mathsf{x}(t)$ ist also eine Summe von komplexen Exponentialen (und damit implizit von trigonometrischen Funktionen) mit den Frequenzen $f_n = n\tilde{f}$, und die komplexen Reihenkoeffizienten x_n geben an, wie stark der Anteil der Frequenz f_n an der Gesamtsumme ist. Die Folge der x_n heißt das Spektrum der Funktion x.

Die komplexe Gestalt des Spektrums ist in der Anwendung weitaus praktischer als die trigonometrische. Sie hat nichts mysteriöses an sich, es werden nur die beiden Grundfunktionen $\vartheta \mapsto \sin(\vartheta)$ und $\vartheta \mapsto \cos(\vartheta)$ gegen die beiden Grundfunktionen $\vartheta \mapsto e^{i\vartheta}$ und $\vartheta \mapsto e^{-i\vartheta}$ ausgetauscht. Die Paare hängen bekanntermaßen wie folgt zusammen: $2\boldsymbol{i}\sin(\vartheta) = e^{i\vartheta} - e^{-i\vartheta}$ und $2\cos(\vartheta) = e^{i\vartheta} + e^{-i\vartheta}$. Eine Folge ist allerdings, dass in der komplexen Sichtweise statt mit der einen nicht negativen reellen Frequenz f mit dem Frequenzenpaar f und $-f$ gearbeitet wird.

Der Zusammenhang zwischen der Fourier-Transformierten und der Fourier-Entwicklung ist nun sehr einfach:

$$\mathsf{x}_n = \frac{1}{\tilde{T}}\mathcal{F}(\mathsf{x})(f_n)$$

Die Fourier-Transformation periodischer Funktionen x ergibt also im Wesentlichen (bis auf einen konstanten Faktor) das Spektrum der Funktion. Man nennt daher die Kurve

$$f \mapsto \mathcal{F}(\mathrm{x})(f) \tag{3.190}$$

in der komplexen Ebene das Spektrum der Funktion x. Der Absolutbetrag

$$|\mathcal{F}(\mathrm{x})(f)| = \rho(\mathcal{F}(\mathrm{x})(f)), \tag{3.191}$$

Amplitude genannt, ist der Anteil der Frequenz f am Spektrum von x. Die Begriffsbildung ähnelt also derjenigen bei der Frequenzantwort oder der DFT. Üblicherweise geht man zur Darstellung des Spektrums zu Polarkoordinaten über. Es ist jedoch zu beachten, dass es beim Spektrum keine Periodizität gibt, die Kurve des Spektrums nähert sich für große $|f|$ dem Nullpunkt der komplexen Ebene. Für symmetrische x, d. h. $\mathrm{x}(-t) = \mathrm{x}(t)$, ist $\mathcal{F}(\mathrm{x})$ eine reelle und für schiefsymmetrische x, d. h. $\mathrm{x}(-t) = -\mathrm{x}(t)$, eine rein imaginäre Funktion.

Als erstes Beispiel wird das Spektrum der (verallgemeinerten) reellen Exponentialfunktion vorgestellt, und zwar sei die Funktion u mit positiven reellen Konstanten p und q wie folgt definiert:

$$\mathrm{u}(t) = \begin{cases} pe^{-qt} & \text{für } t \geq 0 \\ 0 & \text{für } < 0 \end{cases}$$

Die Funktion (siehe Abb. 3.70) ist vollkommen unsymmetrisch und ihre Fourier-Transformierte daher eine echt komplexe Funktion. Die Berechnung des Integrals (3.188) ist für die Funktion u wirklich sehr einfach (trotz der Integration über die gesamte reelle Achse) und kann dem Leser als kleine Fingerübung überlassen werden. Diese Fingerübung ergibt die folgende Funktion:

$$\mathcal{F}(\mathrm{u})(f) = \frac{pq}{q^2 + (2\pi f)^2} - \boldsymbol{i}\frac{2\pi f p}{q^2 + (2\pi f)^2} = x_{\mathrm{u}}(f) + \boldsymbol{i} y_{\mathrm{u}}(f) \tag{3.192}$$

Sie ist in ihren reellen Teil x_{u} und imaginären Teil y_{u} zerlegt, so kann man sich schnell einen Überblick über ihren Verlauf machen. Das Maximum $\frac{p}{q}$ des Realteils wird offensichtlich für $f = 0$ angenommen. Ein bisschen Rechnung zeigt, dass der Imaginärteil ein Minumum $-\frac{p}{2q}$ bei $f = -\frac{q}{2\pi}$ und ein Maximum $\frac{p}{2q}$ bei $f = \frac{q}{2\pi}$ einnimmt. Es gilt auch noch

$$\lim_{f\to\infty} x_{\mathrm{u}}(f) = \lim_{f\to\infty} y_{\mathrm{u}}(f) = \lim_{f\to-\infty} x_{\mathrm{u}}(f) = \lim_{f\to-\infty} y_{\mathrm{u}}(f) = 0$$

d. h. die Kurve liegt ganz in einem Rechteck der komplexen Ebene. Man kann sich auch die Mühe machen und in (3.192) die Frequenz f eliminieren, um auf die folgende Gleichung in cartesischen Koordinaten zu kommen:

$$qy^2 - px + qx^2 = 0$$

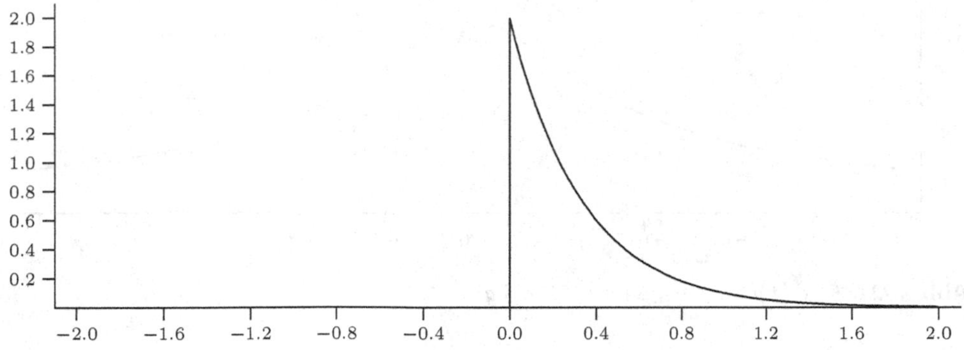

Abb. 3.70 Die Funktion u mit $p = 2$ und $q = 3$

Das ist die Scheitelgleichung einer Ellipse, d. h. einer Ellipse, deren Mittelpunkt auf der reellen Achse liegt, und welche die imaginäre Achse als Tangente hat. Der Teil der Kurve, welcher mit dem Frequenzbereich $-2 \leq f \leq 2$ durchlaufen wird, ist in Abb. 3.71 gezeigt. Weil nicht der gesamte Frequenzbereich durchlaufen wird, ist natürlich nicht die ganze Ellipse zu sehen.

Bei dieser einfachen Fourier-Transformierten fällt es nicht schwer, sich ein Bild von der Amplitude $|\mathcal{F}(\mathrm{u})|$ zu machen. Es ist die Länge des Vektors, der jeden Kurvenpunkt mit dem Mittelpunkt des Koordinatensystems (d. h. mit dem Nullpunkt der komplexen Ebene) verbindet. Die Amplitude ist in Abb. 3.72 gezeigt. Es erfordert allerdings auch keine besonderen Rechentechniken, um eine direkte Formel für die Amplitude abzuleiten:

$$|\mathcal{F}(\mathrm{u})(f)| = \sqrt{\frac{p}{q^2 + (2\pi f)^2}}$$

Soweit die Fourier-Transformierte einer (extrem) asymmetrischen Funktion. Bei symmetrischen Funktionen ergibt sich keine echte Kurve der komplexen Ebene, sondern der Spezialfall einer reellen Funktion. Es werden dazu noch die klassischen Beispiele vorgestellt, nämlich das symmetrische Rechteck und das symmetrische Dreieck. Zunächst die Recht-

Abb. 3.71 $\mathcal{F}(\mathrm{u})(f)$, $-2 \leq f \leq 2$, für $p = 2$ und $q = 3$

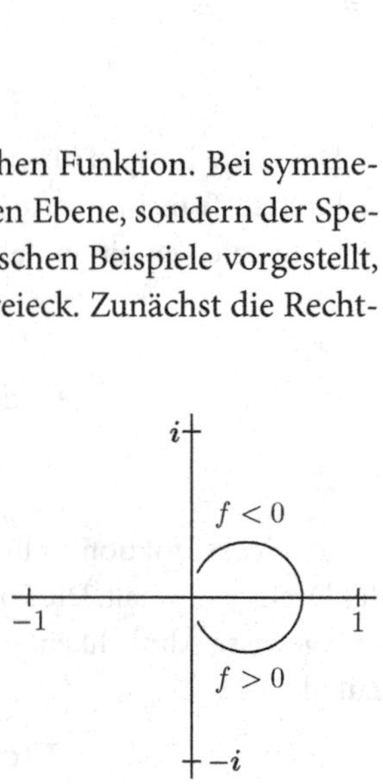

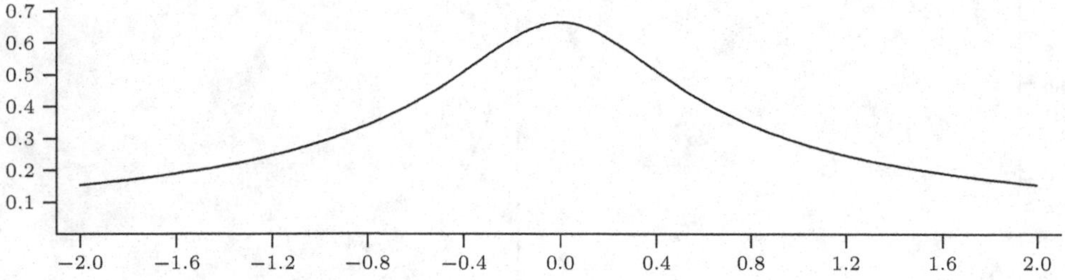

Abb. 3.72 $|\mathcal{F}(\mathsf{u})(f)|, -2 \le f \le 2$, für $p = 2$ und $q = 3$

eckfunktion r:

$$\mathsf{r}(t) = \begin{cases} a & \text{für } |t| < T \\ \frac{a}{2} & \text{für } t \in \{-T, T\} \\ 0 & \text{für } |t| > T \end{cases}$$

Darin ist a eine beliebige und T eine positive reelle Konstante. Der seltsame Funktionswert an den Ecken des Rechtecks sorgt für einfache Formeln. Die Rechteckfunktion r und ihre Fourier-Transformierte sind in Abb. 3.73 gegenübergestellt. Bemerkenswert daran ist, dass die Vielfachen der zur Rechteckbreite $2T$ gehörigen Frequenz $\hat{f} = \frac{1}{2T}$ keinen Anteil am Spektrum haben. Man beachte, dass im Bild das Spektrum und nicht die Amplitude zu sehen ist. Man gewinnt die Amplitude aus dem Spektrum natürlich durch Umklappen der negativen Teile nach oben.

Die Formel für die Fourier-Transformierte des Rechtecks enthält die Funktion $\frac{\sin(z)}{z}$, die Teil vieler Formeln ist, die Spektren darstellen, und die überhaupt in DSP oft zu sehen ist:

$$\mathcal{F}(\mathsf{r})(f) = 2aT\frac{\sin(2\pi f T)}{2\pi f T} \tag{3.193}$$

Das letzte Beispiel für eine Fourier-Transformation ist das symmetrische Dreieck d. Seine Fourier-Transformierte hängt auf kuriose Weise mit der des Rechtecks zusammen. Aber zunächst die Definition des Dreiecks:

$$\mathsf{d}(t) = \begin{cases} \frac{a^2}{2T}t + a^2 & \text{für } -2T \le t \le 0 \\ -\frac{a^2}{2T}t + a^2 & \text{für } 0 < t \le 2T \\ 0 & \text{für } |t| > 2T \end{cases}$$

Die Dreiecksfunktion ist links in Abb. 3.74 zu sehen, das rechts die Fourier-Transformierte des Dreiecks enthält. Die Fourier-Transformierte des Dreiecks und die des Rechtecks haben eine gewisse Ähnlichkeit, wie ein Vergleich von Abb. 3.74 und Abb. 3.73 zeigt. Das ist kein Zufall:

$$\mathcal{F}(\mathsf{d})(f) = \left(2aT\frac{\sin(2\pi f T)}{2\pi f T}\right)^2 = \mathcal{F}(\mathsf{r})(f)^2 \tag{3.194}$$

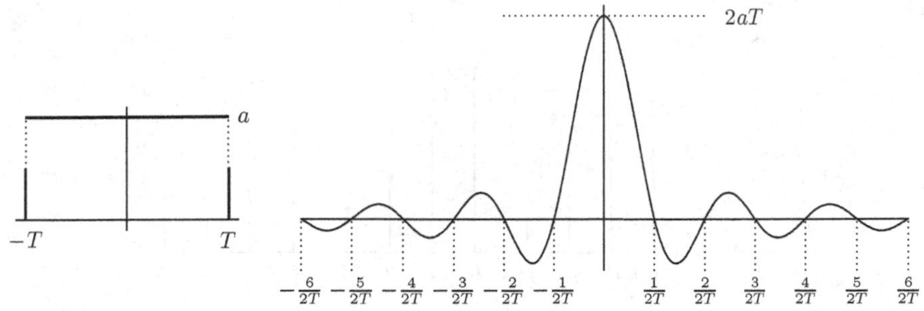

Abb. 3.73 Die Rechteckfunktion r und ihre Fourier-Transformierte $\mathcal{F}(\mathrm{r})$

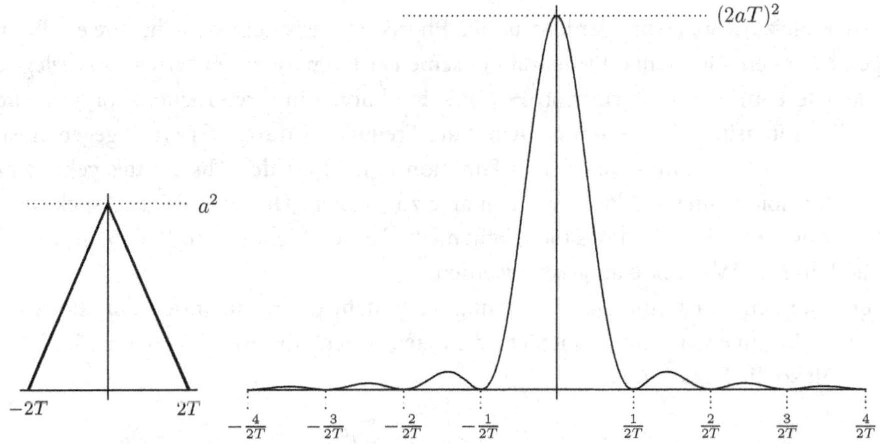

Abb. 3.74 Die Dreieckfunktion d und ihre Fourier-Transformierte $\mathcal{F}(\mathrm{d})$

Die Fourier-Transformierte des Dreiecks ist also das Quadrat der Fourier-Transformierten des Rechtecks.[13] Offenbar ist hier $\mathcal{F}(\mathrm{d})$ als nichtnegative Funktion auch die Amplitude des Rechtecks. Die scharfe Spitze des Dreiecks findet ihr Abbild im Spektrum, in dem die Frequenzen zwischen $-\hat{f}$ und $\hat{f}$ sehr viel stärker dominieren als beim Spektrum des Rechtecks, das Spektrum ist praktisch bandbegrenzt.

Der etwas weiter oben gemachte Versuch, das Spektrum einer Funktion x mit dem Spektrum einer periodischen Funktion x zu motivieren überzeugt nicht recht. Eine weit bessere Motivation gelingt mit Hilfe der Umkehrung der Fourier-Transformation, die es gestattet, eine Funktion aus ihrem Spektrum zurückzugewinnen:

$$\mathrm{x}(t) = \int_{\mathbb{R}} \mathcal{F}(\mathrm{x})(f) e^{i2\pi f t} \mathrm{d}f \tag{3.195}$$

[13] Die Parameter der Funktionen sind natürlich so gewählt worden, dass sich diese einfache Relation einstellt.

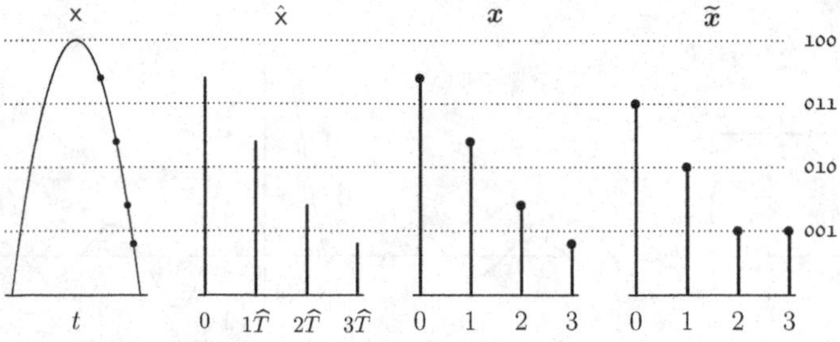

Abb. 3.75 Abtasten: Diskretisieren und Digitalisieren

Die Analogie zum Spektrum der klassischen Physik ist hier offensichtlich. Wie ein Prisma aus geschliffenem Glas einen Lichtstrahl in seine Farbkomponenten zerlegt, so zerlegt die umgekehrte Fourier-Transformation $\mathcal{F}^{-1}$ eine Funktion x in ihre Frequenzkomponenten, wobei die „Intensität" der Komponente mit der Frequenz f durch $\mathcal{F}(\mathrm{x})(f)$ gegeben ist.

So viel zum Spektrum einer reellen Funktion x. Im Rest des Abschnittes geht es nun darum, aus solch einer Funktion ein Signal $\boldsymbol{x}$ zu formen. Der technische Aspekt dieser Umformung wird hier allerdings nicht behandelt, das geschieht erst in Kap. 5, in welchem digitale Filter in AVR-Code umgesetzt werden.

Der erste Schritt ist eine Diskretisierung, er besteht darin, nur noch Funktionswerte von x von Argumenten t zu betrachten, die einen festen Abstand $\widehat{T}$ voneinander haben, man erhält so die Funktion $\widehat{\mathrm{x}}$:

$$\widehat{\mathrm{x}}(t) = \begin{cases} \mathrm{x}(t) & \text{falls } t = n\widehat{T}, n \in \mathbb{Z} \\ 0 & \text{andernfalls} \end{cases} \tag{3.196}$$

In Abb. 3.75 ist neben einer Funktion x das Resultat $\widehat{\mathrm{x}}$ der Diskretisierung zu sehen. Es ist noch kein Signal, denn Signale sind Folgen komplexer Zahlen, nicht diskrete Funktionen. Aus der diskreten Funktion ist aber unschwer ein Signal abzuleiten, man hat nur die Argumente auszuwechseln:

$$\boldsymbol{x}(n) = \mathrm{x}(n\widehat{T}) \tag{3.197}$$

Der nächste Schritt, das Digitalisieren, also das Runden der Signalwerte auf ein fest gewähltes Gitter von Binärzahlen, ist eines der Themen von Kap. 5, wird aber in Abb. 3.75 als digitalisiertes Signal $\widetilde{\boldsymbol{x}}$ schon berücksichtigt.

Das Abtastintervall $\widehat{T}$ kann allerdings nicht beliebig gewählt werden. Denn der alleinige Zweck der Abtastung ist nicht die Gewinnung des Signals $\boldsymbol{x}$, sondern die Anwendung eines Systems $\mathbf{S}$ und die Rücktransformation des Ergebnisses $\boldsymbol{y} = \mathbf{S}(\boldsymbol{x})$ in eine kontinuierliche Funktion y. Insbesondere sollte es möglich sein, x aus $\boldsymbol{x}$ unverändert zurückzuerhalten. Eine (berühmte) Bedingung, die $\widehat{T}$ erfüllen muss, um die korrekte Rücktransformation zu gewährleisten, leitet sich aus den Spektren $\mathcal{F}(\mathrm{x})$ und $\mathcal{F}(\boldsymbol{x})$ ab. Nun ist es nicht allzu schwer, das diskrete Spektrum von $\boldsymbol{x}$ aus dem kontinuierlichen Spektrum von x zu berechnen. Der Verfahrenstrick besteht im Wesentlichen darin, die Abtastung formal als eine Reihe von Einheitsimpulsen darzustellen und das kontinuierliche Signal x damit zu falten. Das Problem ist jedoch, dass im Kontinuierlichen die Einheitsimpulse von Distributionen „verkörpert" werden und das korrekte Operieren mit Distributionen einen beträchtlichen mathematischen Apparat voraussetzt.[14] Welchen Effekt die Faltung eines diskreten Signals mit einer Reihe von Einheitsimpulsen hat, kann der Leser in Abschn. 3.1.4 studieren.[15] Es kann daher nur das Ergebnis angegeben werden:

$$\mathcal{F}(\boldsymbol{x})(\omega) = \frac{1}{\widehat{T}} \sum_{\nu=-\infty}^{\infty} \mathcal{F}(\mathrm{x})\left(\frac{\omega}{\widehat{T}} - \nu\frac{2\pi}{\widehat{T}}\right) = \frac{1}{\widehat{T}} \sum_{\nu=-\infty}^{\infty} \mathcal{F}(\mathrm{x})(f - \nu\hat{f}) \tag{3.198}$$

Darin sind also die kontinuierliche Frequenz f und die Abtastfrequenz $\hat{f}$ gegeben durch $f = \frac{\omega}{\widehat{T}}$ und $\hat{f} = \frac{2\pi}{\widehat{T}}$ jeweils mit der Einheit $[\mathrm{rad} \times \mathrm{sec}^{-1}]$. Die Gleichung ist nicht schwer zu lesen: Das kontinuierliche Spektrum wird um $\hat{f}, 2\hat{f}, 3\hat{f}$ usw. verschoben und das Spektrum selbst und die durch die Verschiebungen entstandenen Spektren werden aufsummiert.

Das diskrete Spektrum muss eine periodische Funktion sein mit der Periode 2π. Das zu bestätigen ist ein einfacher Test der Korrektheit der Gl. (3.198):

$$\begin{aligned}\mathcal{F}(\boldsymbol{x})(\omega + 2\pi) &= \frac{1}{\widehat{T}} \sum_{\nu=-\infty}^{\infty} \mathcal{F}(\mathrm{x})\left(\frac{\omega + 2\pi}{\widehat{T}} - \nu\frac{2\pi}{\widehat{T}}\right)\\ &= \frac{1}{\widehat{T}} \sum_{\nu=-\infty}^{\infty} \mathcal{F}(\mathrm{x})\left(\frac{\omega}{\widehat{T}} - (\nu - 1)\frac{2\pi}{\widehat{T}}\right) = \mathcal{F}(\boldsymbol{x})(\omega)\end{aligned}$$

Die Frage, ob das kontinuierliche Signal aus dem abgetasteten diskreten Signal zurückgewonnen werden kann, lässt sich nun so beantworten: Enthält das diskrete Spektrum das kontinuierliche als Teilspektrum, dann kann das kontinuierliche Signal mit der inversen Fourier-Transformation (3.195) zurückgewonnen werden.

Daraus folgt sofort, dass Signale mit Spektren wie in Abb. 3.73 oder in Abb. 3.74 nicht zurückgewonnen werden können. Diese Spektren haben keinen endlichen Träger, die verschobenen Spektren in (3.198) überlappen sich daher und nach den Additionen ist das kontinuierliche Spektrum im diskreten sicherlich nicht als Teilspektrum enthalten. Eine notwendige Bedingung ist also, dass das kontinuierliche Spektrum einen endlichen Träger besitzt. Das ist der Fall, wenn das Spektrum außerhalb eines endlichen Intervalles verschwindet, was sich wegen der Symmetrie des Spektrums wie folgt ausdrücken lässt:

$$\mathcal{F}(\mathrm{x})(f) = 0 \quad \text{für } |f| > f_{\mathrm{B}} \tag{3.199}$$

Das kontinuierliche Signal x muss also bandbegrenzt sein. Abbildung 3.76 zeigt ein einfaches bandbegrenztes Spektrum $\mathcal{F}(\mathrm{x})$. Es gibt keine Bedingungen für das Verhalten des

[14] Distributionen sind Funktionale auf einem geeignet gewählten Funktionsraum.

[15] Der Überlappung von Spektren hier entspricht die Überlappung von Signalen dort.

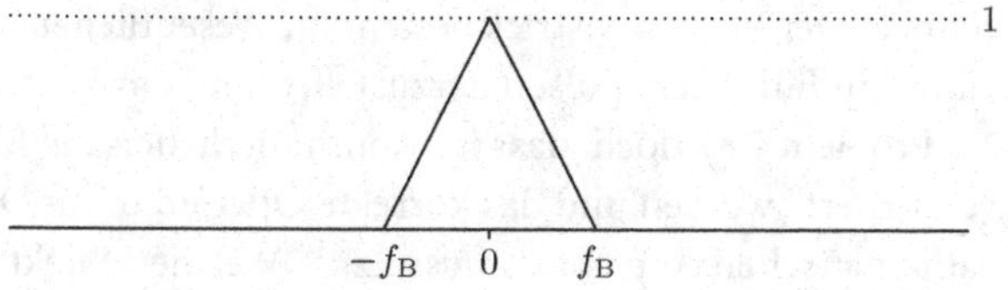

Abb. 3.76 Das kontinuierliche Spektrum $\mathcal{F}(\mathrm{x})$

Spektrums innerhalb des Frequenzbandes $-f_B \le f \le f_B$. Bei einem gegebenen bandbegrenzten Signal hängt es nun von der Abtastfrequenz $\hat{f}$ ab, ob das Signal aus dem abgetasteten Signal zurückgewonnen werden kann, denn diese bestimmt, wie weit das kontinuierliche Spektrum zur Bildung der diskreten Teilspektren verschoben wird. Ist die Verschiebung so groß, dass die entstehenden Teilspektren sich nicht überlappen, dann ist die Summierung in (3.198) gar keine Summierung, denn für jedes ω verschwinden alle Glieder der Reihe bis auf eines. Für $\nu = 1$ wird das Spektrum in das Intervall $\hat{f} - f_B \le f \le \hat{f} - f_B$ verschoben (siehe Abb. 3.77). Die beiden Spektra überlappen sich offensichtlich genau dann nicht, wenn

$$\hat{f} - f_B > f_B \quad \text{oder} \quad \hat{f} > 2f_B$$

gilt. Allgemein gilt für positives ν, dass sich die zu ν und $\nu - 1$ gehörigen Spektra genau dann nicht überlappen, wenn die Bedingung

$$\nu\hat{f} - f_B > (\nu - 1)\hat{f} + f_B \quad \text{oder} \quad \hat{f} > 2f_B$$

erfüllt ist. Ganz entsprechend kann für negatives ν argumentiert werden. Das Signal x kann also aus dem Signal $\boldsymbol{x}$ rekonstruiert werden, wenn die Abtastfrequenz $\hat{f}$ mindestens doppelt so groß ist wie die Grenzfrequenz f_B des Frequenzbandes von x. Mathematisch kann in (3.195) über das Frequenzband integriert werden, technisch-praktisch können die Teilspektren von $\boldsymbol{x}$ mit einem Bandpass herausgefiltert und das gefilterte Signal in einen DAC gegeben werden.

Welches Ergebnis der Fall $\hat{f} \le 2f_B$ bringt ist in Abb. 3.78 gezeigt. Die Teilspektren überlagern sich und in der Reihe (3.198) wird echt summiert.[16] Das führt dazu, dass das ursprüngliche kontinuierliche Spektrum als solches nicht mehr im diskreten Spektrum enthalten ist und das kontinuierliche Signal nicht mehr mit (3.195) oder technisch mit Filterung und DAC rekonstruiert werden kann.

Allerdings ist die Bedingung $\hat{f} > 2f_B$ zwar hinreichend, sie ist aber nicht notwendig, d. h. es gibt kontinuierliche Spektren, die es gestatten, ein kontinuierliches Signal auch dann aus dem diskreten Signal zurückzugewinnen, wenn tatsächlich die Bedingung $\hat{f} > 2f_B$ nicht erfüllt ist. Dazu betrachte man das kontinuierliche Spektrum in Abb. 3.79 oben. Das Spektrum ist bandbegrenzt mit $f_B = 2\,\mathrm{Hz}$. Es soll $\mathcal{F}(\mathrm{x})(f_B) = 0$ gelten. Wird das Spektrum um Vielfache von $\hat{f} = 2\,\mathrm{Hz}$ verschoben, so überlappen sich die Teilspektren nur dort, wo sie verschwinden, d. h. bei der Bildung der Reihe (3.198) verschwindet das ursprüngliche

[16] Der Sonderfall $\mathcal{F}(\mathrm{x})(f_B) = 0$ bei $\hat{f} = 2f_B$ natürlich ausgenommen.

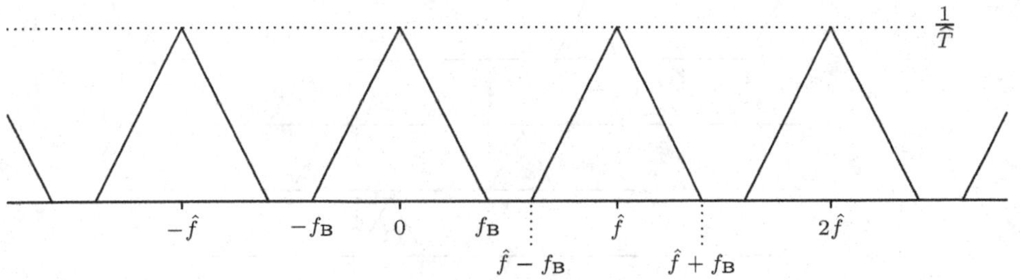

Abb. 3.77 Das diskrete Spektrum $\mathcal{F}(\boldsymbol{x})$ bei $\hat{f} > 2f_B$

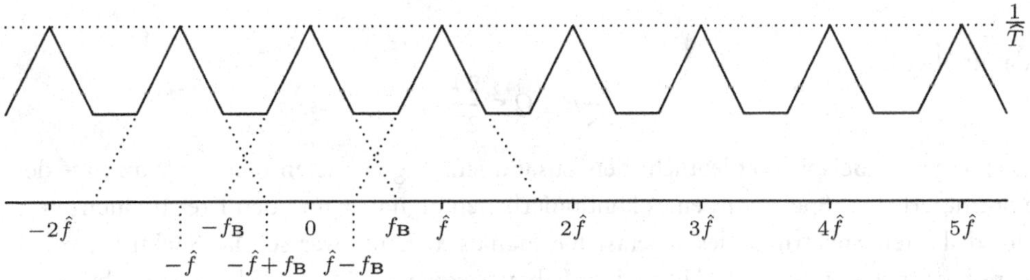

Abb. 3.78 Das diskrete Spektrum $\mathcal{F}(\boldsymbol{x})$ bei $\hat{f} \leq 2f_B$

kontinuierliche Spektrum nicht, obwohl $\hat{f} = f_B$ gilt, die Bedingung $\hat{f} > 2f_B$ also nicht erfüllt ist. Ein einfacher Bandpass ist zum Herausfiltern des ursprünglichen Spektrums allerdings nicht mehr geeignet.

In den Abb. 3.77 und 3.78 werden zwar kontinuierliche Frequenzen benutzt, es sind jedoch diskrete Spektren, folglich sind die Frequenzen in Wirklichkeit natürlich Kreisfrequenzen:

$$f = \frac{\omega}{\hat{T}} \quad \hat{f} = \frac{2\pi}{\hat{T}} \quad \Longrightarrow \quad \omega = 2\pi\frac{f}{\hat{f}} \tag{3.200}$$

Wählt man die Abtastfrequenz $\hat{f}$ so, dass die Rekonstruktion des kontinuierlichen Signals möglich ist, also $\hat{f} > 2f_B$, dann wird das Frequenzband $-f_B \leq f \leq f_B$ wegen (3.200) auf das Parameterintervall $-\pi < \omega < \pi$ der Frequenzantwort abgebildet.

Ist beispielsweise $f_B = 10\,\text{Hz}$ und $\hat{f} = 25\,\text{Hz}$, wo erscheint dann im Parameterintervall das Frequenzband $1\,\text{Hz} \leq f \leq 2\,\text{Hz}$? Die Antwort:

$$1 \leq f \leq 2 \quad \Longrightarrow \quad \frac{2\pi}{\hat{f}} \leq \omega \leq \frac{4\pi}{\hat{f}} \quad \Longrightarrow \quad \frac{2}{25}\pi \leq \omega \leq \frac{4}{25}\pi$$

Manchmal ist es günstiger, ein anderes Parameterintervall zu verwenden, dann muss eine passende Parametertransformation durchgeführt werden. Für das Parameterintervall $0 \leq \Omega < 2\pi$ ist das die Transformation $\Omega = \omega + \pi$. Das Frequenzband $1\,\text{Hz} \leq f \leq 2\,\text{Hz}$ geht

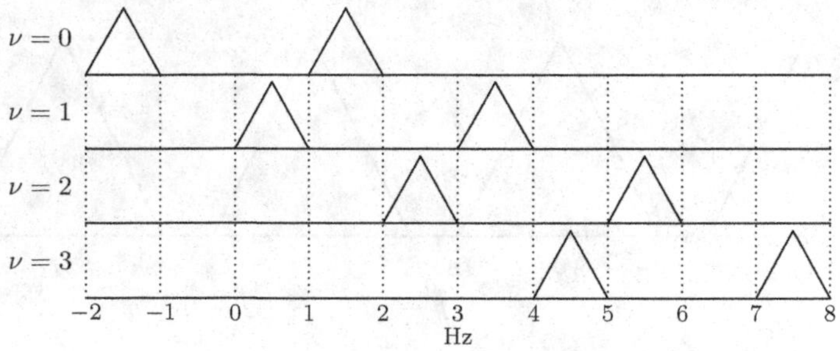

Abb. 3.79 Rekonstruktion bei Abtasten mit $\hat{f} = f_B = 2\,\text{Hz}$ möglich

damit über in

$$\frac{27}{25}\pi \leq \Omega \leq \frac{29}{25}\pi$$

Das folgende Beispiel verdeutlicht den Zusammenhang zwischen den Frequenzen f des kontinuierlichen Spektrums eines kontinuierlichen Signals x und den Kreisfrequenzen ω des diskreten Spektrums des abgetasteten Signals $\boldsymbol{x}$. Und zwar sei das Spektrum von x bandbegrenzt mit $f_B = 10\,\text{kHz}$ und die Abtastfrequenz sei $\hat{f} = 25\,\text{kHz}$. Die Abtastung beginnt bei $\mathrm{x}(0)$, d. h. es ist $\boldsymbol{x}(n) = 0$ für $n < 0$. Eine Approximation der diskreten Fourier-Transformierten von $\boldsymbol{x}$ kann dann mit N Signalwerten berechnet werden als

$$\mathcal{F}(\boldsymbol{x})(\omega_\nu) \approx \sum_{n=0}^{N-1} \boldsymbol{x}(n)e^{-in\omega_\nu} \qquad \omega_\nu = 2\pi\frac{\nu}{N}$$

Die Frage ist nun: Welche kontinuierliche Frequenz f_ν im Spektrum von x wird von der Kreisfrequenz ω_ν repräsentiert?

Der Zusammenhang zwischen beiden Frequenzen ist durch $\omega_\nu = f_\nu \widehat{T}$ gegeben. Die Abtastrate $\widehat{T}$ kann über die bekannte Abtastfrequenz berechnet werden:

$$\widehat{T} = \frac{2\pi}{\hat{f}} = \frac{2\pi}{25.000}$$

Das ergibt für die gesuchte Frequenz f_ν

$$f_\nu = \frac{\omega_\nu}{\widehat{T}} = \nu\frac{25.000}{N}$$

Für $N = 100$ ergibt das $f_\nu = 250\nu$. Damit steht ω_1 für die Frequenz $f_1 = 250\,\text{Hz}$, ω_2 für die Frequenz $f_2 = 500\,\text{Hz}$, usw. Allerdings erhält man mit dem „usw" für $\nu \geq 41$ eine Frequenz $f_\nu \geq 10.250$, und diese Frequenzen sind im Spektrum von x gar nicht enthalten. Hier ist zu berücksichtigen, dass die DFT periodisch ist mit der Periode 2π, und das gilt offensichtlich auch für die hier berechnete Approximation. Beispielsweise erhält man dieselbe

Approximation auch mit

$$\omega_\nu - 2\pi = 2\pi\frac{\nu}{N} - 2\pi = 2\pi\frac{\nu}{N} - 2\pi\frac{N}{N} = 2\pi\frac{\nu - N}{N}$$

Im Spezialfall $N = 100$ bedeutet das $f_\nu = 250(\nu - 100)$. Für $\nu = 90$ führt das auf die Spektralfrequenz $f_{90} = -2500\,\text{Hz}$. Allerdings ist $f_{41} = 14.750\,\text{Hz}$ keine Spektralfrequenz, hier muss die Periodizität der DFT noch einmal bemüht werden.

Die Abtastrate $\widehat{T}$ ist auch als *Nyquist*-Rate und die Frequenz $\frac{1}{2}\hat{f}$ als *Nyquist*-Frequenz bekannt. Die *Nyquist*-Frequenz ist also die größte erlaubte Bandbegrenzung des Spektrums von x, wenn x aus $\boldsymbol{x}$ rekonstruiert werden soll:

$$|f| < \frac{1}{2}\hat{f}$$

3.6 Die Konstruktion von LSI-Systemen über Fourier-Entwicklungen

Jedes Signal $\boldsymbol{d}$ kann zum Aufbau eines Systems $\mathbf{S}_d$ herangezogen werden, indem $\boldsymbol{d}$ als die Einheitsimpulsantwort des Systems verwendet wird. Das System ist dann mit Hilfe des Faltungsoperators berechenbar:

$$\mathbf{S}_d(\boldsymbol{x})(n) = (\boldsymbol{d} * \boldsymbol{x})(n) = \sum_{\nu=-\infty}^{\infty} \boldsymbol{d}(\nu)\boldsymbol{x}(n-\nu)$$

Die Frequenzantwort des so gebildeten Systems kann über Fourier-Reihen (trigonometrische Reihen) berechnet werden:

$$\begin{aligned}
\boldsymbol{\Theta}_{\mathbf{S}_d}(\omega) &= \sum_{\nu=-\infty}^{\infty} \boldsymbol{d}(\nu)e^{-i\nu\omega} \\
&= \sum_{\nu=-\infty}^{\infty} (\boldsymbol{d}(\nu)\cos(\nu\omega) - \boldsymbol{i}\boldsymbol{d}(\nu)\sin(\nu\omega)) \\
&= \sum_{\nu=-\infty}^{\infty} \boldsymbol{d}(\nu)\cos(\nu\omega) - \boldsymbol{i}\sum_{\nu=-\infty}^{\infty} \boldsymbol{d}(\nu)\cos(\nu\omega) \\
&= C(\omega) - \boldsymbol{i}S(\omega)
\end{aligned}$$

Ist $\boldsymbol{d}$ ein reelles Signal, dann sind C und S reelle Funktionen. Der Amplitudengang ergibt sich mit den beiden Funktionen wie folgt:

$$\gamma_{\mathbf{S}_d}(\omega) = \sqrt{C(\omega)^2 + S(\omega)^2}$$

Der Phasengang ist schließlich gegeben durch[17]

$$\phi_{\mathbf{S}_d}(\omega) = \boldsymbol{\Phi}(C(\omega) - \boldsymbol{i}S(\omega))$$

[17] Zur Definition und Bedeutung von $\boldsymbol{\Phi}$ siehe Kap. 2.

Kann man also die Funktionen, gegen die ein Paar trigonometrischer Reihen konvergiert, formelmäßig darstellen, dann ist damit ein LSI-System gegeben, dessen Eigenschaften relativ leicht ermittelt werden können.[18] Dazu nun einige Beispiele.

Beispiel 1: Die einfache Summe Die trigonometrischen Reihen sind einfache endliche Summen:

$$C_1(\omega) = \sum_{\nu=0}^{m} \cos(\nu\omega) = \frac{\sin\left((m+1)\frac{\omega}{2}\right)\cos\left(m\frac{\omega}{2}\right)}{\sin\left(\frac{\omega}{2}\right)}$$

$$S_1(\omega) = \sum_{\nu=0}^{m} \sin(\nu\omega) = \frac{\sin\left((m+1)\frac{\omega}{2}\right)\sin\left(m\frac{\omega}{2}\right)}{\sin\left(\frac{\omega}{2}\right)}$$

Die Einheitsimpulsantwort des Systems ist wie folgt gegeben:

$$\boldsymbol{\Delta}_{\mathbf{S}_1}(n) = \begin{cases} 1 & \text{falls } 0 \le n \le m \\ 0 & \text{falls } n < 0 \vee m < n \end{cases}$$

Das zugehörige System ist natürlich

$$\mathbf{S}_1(\boldsymbol{x})(n) = \sum_{\mu=0}^{m} \boldsymbol{x}(n-\mu)$$

Wie so oft sind diese auf den ersten Blick etwas kompliziert erscheinenden trigonometrischen Ausdrücke leicht zu behandeln. Die Frequenzantwort ist

$$\boldsymbol{\Theta}_{\mathbf{S}_1}(\omega) = \frac{\sin\left((m+1)\frac{\omega}{2}\right)}{\sin\left(\frac{\omega}{2}\right)}\left(\cos\left(\frac{\omega}{2}\right) - \boldsymbol{i}\sin\left(\frac{\omega}{2}\right)\right),$$

woran sich wegen $\cos^2 + \sin^2 = 1$ der Amplitudengang direkt ablesen lässt:

$$\gamma_{\mathbf{S}_1}(\omega) = \left|\frac{\sin\left((m+1)\frac{\omega}{2}\right)}{\sin\left(\frac{\omega}{2}\right)}\right|$$

Er ist in Abb. 3.80 dargestellt. Wie das Bild zeigt, handelt es sich um einen einfachen Tiefpass. Wie der Amplitudengang, so lässt sich auch der Phasengang direkt von der Frequenzantwort ablesen. Sein Verlauf ist keine Überraschung, er wird für Einheitsimpulsantworten dieses Typs in Abschn. 4.7 allgemein abgeleitet:

$$\phi_{\mathbf{S}_1}(\omega) = \arctan\left(-\frac{\sin\left(\frac{m}{2}\omega\right)}{\cos\left(\frac{m}{2}\omega\right)}\right) = \arctan\left(-\tan\left(\frac{m}{2}\omega\right)\right) = -\frac{m}{2}\omega$$

Der Phasengang ist zwar eine lineare Funktion, aber ihre Steigung $\frac{m}{2}$ ist für ungerade m nicht ganzzahlig. Solche Phasengänge werden in Abschn. 3.4 näher betrachtet.

---

[18] Solche formelmäßigen Darstellungen von trigonometrischen Reihen findet man z. B. in [Grad].

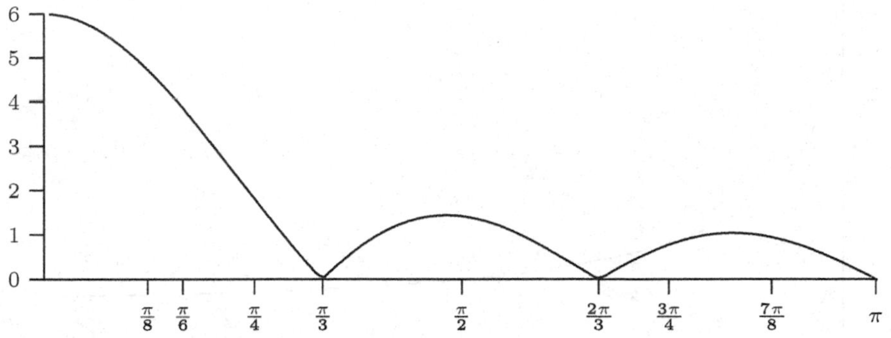

Abb. 3.80 Amplitudengang $\gamma_{\mathbf{S}_1}(\omega)$ $m = 5$

Beispiel 2: Lineare Abnahme der Entwicklungskoeffizienten Das nächste System wird mit unendlichen trigonometrischen Reihen gebildet, deren Koeffizienten nur langsam (linear) abnehmen.

$$C_2(\omega) = \sum_{\nu=1}^{\infty} \frac{1}{\nu} \cos(\nu\omega) = \frac{1}{2}(\pi - \omega)$$

$$S_2(\omega) = \sum_{\nu=1}^{\infty} \frac{1}{\nu} \sin(\nu\omega) = \frac{1}{2} \ln(2(1 - \cos(\omega)))$$

Die Reihen konvergieren für $0 < \omega < 2\pi$. Es ist $\boldsymbol{d}(n) = \frac{1}{n}$ für $n \geq 1$ und $\boldsymbol{d}(n) = 0$ für $n < 1$ und so ergibt sich das folgende System:

$$\boldsymbol{\Delta}_{\mathbf{S}_2}(n) = \begin{cases} \frac{1}{n} & \text{falls } 1 \leq n \\ 0 & \text{falls } n < 1 \end{cases}$$

$$\mathbf{S}_2(\boldsymbol{x})(n) = \sum_{\nu=1}^{\infty} \frac{1}{\nu} \boldsymbol{x}(n - \nu)$$

Als Frequenzantwort des Systems liest man ab

$$\boldsymbol{\Theta}_{\mathbf{S}_2}(\omega) = \frac{1}{2}(\ln(2(1 - \cos(\omega))) - \boldsymbol{i}(\pi - \omega))$$

mit dem Amplitudengang

$$\gamma_{\mathbf{S}_2}(\omega) = \frac{1}{2}\sqrt{\ln(2(1 - \cos(\omega)))^2 + (\pi - \omega)^2}$$

Nach Abb. 3.81 ist auch das zweite System ein Tiefpass, allerdings mit für kleine Frequenzen ins Unendliche wachsender Verstärkung. Das System ist deshalb natürlich völlig praxisuntauglich. Was passiert aber, wenn zur Systembildung zu den nahe verwandten folgenden

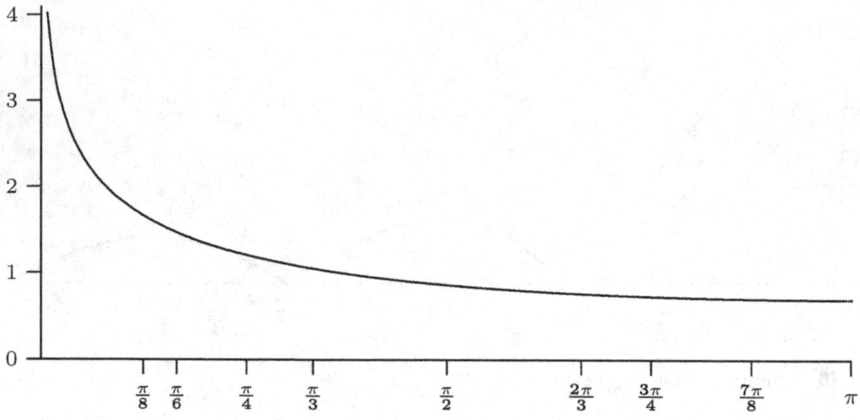

Abb. 3.81 Amplitudengang $\gamma_{\mathbf{S}_2}(\omega)$

trigonometrischen Reihen übergegangen wird, bei welchen die Koeffizienten mit wechselnden Vorzeichen versehen werden?

$$C_2'(\omega) = \sum_{\nu=1}^{\infty}(-1)^{\nu}\frac{1}{\nu}\cos(\nu\omega) = \frac{\omega}{2}$$

$$S_2'(\omega) = \sum_{\nu=1}^{\infty}(-1)^{\nu}\frac{1}{\nu}\sin(\nu\omega) = \ln\left(2\cos\left(\frac{\omega}{2}\right)\right)$$

Diese Frage lässt sich ganz allgemein beantworten. Es sei $\Delta_{\mathbf{A}}$ die Einheitsimpulsantwort eines LSI-Systems **A**. Die Einheitsimpulsantwort des Systems $\mathbf{A}'$ sei gegeben durch

$$\Delta_{\mathbf{A}'}(n) = (-1)^n\Delta_{\mathbf{A}}(n).$$

Wie hängen die Frequenzantworten der beiden Systeme zusammen? Die Antwort gibt folgende Rechnung:

$$\begin{aligned}
\Theta_{\mathbf{A}'}(\omega) &= \sum_{\nu=-\infty}^{\infty}\Delta_{\mathbf{A}'}(\nu)e^{-i\nu\omega} \\
&= \sum_{\nu=-\infty}^{\infty}(-1)^{\nu}\Delta_{\mathbf{A}}(\nu)e^{-i\nu\omega} \\
&= \sum_{\nu=-\infty}^{\infty}\Delta_{\mathbf{A}}(\nu)e^{-i\nu\omega}e^{i\nu\pi} \qquad \text{wegen } (-1)^{\nu} = \cos(\nu\pi) = e^{i\nu\pi} \\
&= \sum_{\nu=-\infty}^{\infty}\Delta_{\mathbf{A}}(\nu)e^{-i\nu(\omega-\pi)} \\
&= \Theta_{\mathbf{A}}(\omega-\pi) \\
&= \Theta_{\mathbf{A}}(\pi-\omega) \qquad \Theta_{\mathbf{A}} \text{ reell angenommen}
\end{aligned}$$

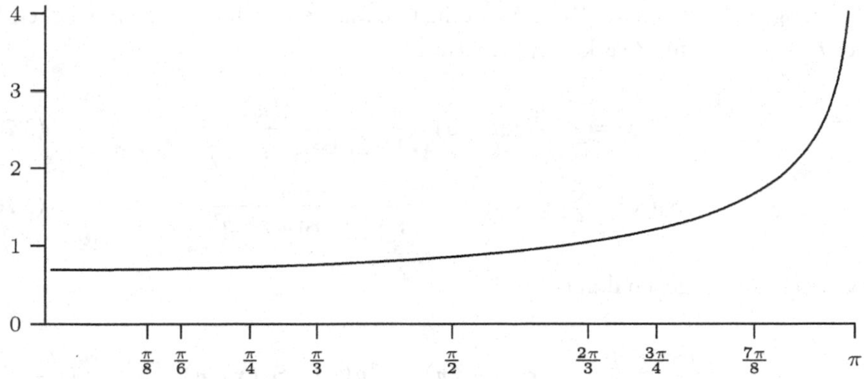

Abb. 3.82 Amplitudengang $\gamma_{\mathbf{S}_2'}(\omega)$

Das lässt sich am Beispiel natürlich auch direkt verifizieren, es ist nämlich

$$C_2'(\pi - \omega) = C_2(\omega) \quad S_2'(\pi - \omega) = S_2(\omega)$$

und deshalb auch

$$\boldsymbol{\Theta}_{\mathbf{S}_2'}(\pi - \omega) = \boldsymbol{\Theta}_{\mathbf{S}_2}(\omega) \tag{3.201}$$

Die Aussage über S_2' und S_2 ist allerdings nicht unmittelbar einsichtig. Man kommt aber durch den Einsatz der Formel für den doppelten Cosinuswinkel

$$\cos(x) = 2\cos\left(\frac{x}{2}\right)^2 - 1$$

schnell zur Gleichung

$$\ln\left(2\cos\left(\frac{\omega}{2}\right)\right) = \frac{1}{2}\ln(2(1 + \cos(\omega)))$$

aus welcher wegen $\cos(\pi - \omega) = -\cos(\omega)$ das Gewünschte folgt.

Die Bedeutung von 3.201 ist nicht schwer zu erkennen: Das Verhalten von $\boldsymbol{\Theta}_{\mathbf{S}_2}$ bei $\omega \approx 0$ ist das Verhalten von $\boldsymbol{\Theta}_{\mathbf{S}_2'}$ bei $\omega \approx \pi$, d. h. der Tiefpass $\mathbf{S}_2$ geht in den Hochpass $\mathbf{S}_2'$ über. Abbildung 3.82 zeigt, dass es sich bei $\mathbf{S}_2'$ tatsächlich um einen Hochpass handelt. Das Umgekehrte gilt natürlich auch, Hochpässe gehen in Tiefpässe über, und dem Leser wird es nicht schwer fallen, sich die Wirkung der Transformation auf andere Arten von Systemen zurechtzulegen.

Beispiel 3: Die Entwicklungskoeffizienten als geometrische Folge Lässt man die Koeffizienten der trigonometrischen Reihen eine geometrische Folge bilden, besteht etwas Grund zur Hoffnung, ein brauchbares System zu erhalten. Man erhält auch einen nützlichen Parameter p, $-1 < p < 1$, für Zwecke der Justierung:

$$C_3(\omega) = \sum_{\nu=0}^{\infty} p^\nu \cos(\nu\omega) = \frac{1 - p\cos(\omega)}{1 - 2p\cos(\omega) + p^2} \tag{3.202}$$

$$S_3(\omega) = \sum_{\nu=0}^{\infty} p^\nu \sin(\nu\omega) = \frac{p\sin(\omega)}{1 - 2p\cos(\omega) + p^2} \tag{3.203}$$

Das System ist hier gegeben durch

$$\boldsymbol{\Delta}_{\mathbf{S}_3}(n) = \begin{cases} p^n & \text{falls } 0 \le n \\ 0 & \text{falls } n < 0 \end{cases} \quad \text{oder} \quad \boldsymbol{\Delta}_{\mathbf{S}_3}(n) = p^n \boldsymbol{u}(n) \quad \mathbf{S}_3(\boldsymbol{x})(n) = \sum_{\nu=0}^{\infty} p^\nu \boldsymbol{x}(n-\nu)$$

und besitzt die Frequenzantwort

$$\boldsymbol{\Theta}_{\mathbf{S}_3}(\omega) = \frac{1 - p\cos(\omega) - \boldsymbol{i}p\sin(\omega)}{1 - 2p\cos(\omega) + p^2}$$

und daher den Amplitudengang

$$\boldsymbol{\gamma}_{\mathbf{S}_3}(\omega) = \frac{\sqrt{(1 - p\cos(\omega))^2 + p^2\sin(\omega)^2}}{|1 - 2p\cos(\omega) + p^2|}$$

Für einige spezielle Frequenzen sind die Funktionswerte schnell berechnet. Z. B. gilt an den Ecken des Frequenzbereiches

$$\boldsymbol{\gamma}_{\mathbf{S}_3}(0) = \frac{1}{1-p} \quad \text{und} \quad \boldsymbol{\gamma}_{\mathbf{S}_3}(\pi) = \frac{1}{1+p},$$

weshalb ein Tiefpass vorzuliegen scheint, denn es ist $\lim_{p\to 1} \boldsymbol{\gamma}_{\mathbf{S}_3}(0) = \infty$ und $\lim_{p\to 1} \boldsymbol{\gamma}_{\mathbf{S}_3}(\pi) = \frac{1}{2}$. Das ist auch tatsächlich der Fall, denn eine etwas längere aber ganz elementare Rechnung zeigt, dass $\boldsymbol{\gamma}_{\mathbf{S}_3}$ eine monoton absteigende Funktion ist. Abbildung 3.83 zeigt die Funktion für zwei Werte des Parameters p. Der Parameter bestimmt die Steilheit des Filters bei kleinen Frequenzen: Je näher p der Eins ist, desto steiler das Filter.

Das System $\mathbf{S}_3$ kann natürlich nicht als unendliche Reihe eingesetzt werden, die Reihe muss an geeigneter Stelle abgebrochen werden. Damit ändern sich auch die Frequenzantwort und die Gänge. Glücklicherweise enthält [Grad] arithmetische Ausdrücke für die Werte der abgebrochenen Reihen:

$$C_3^m(\omega) = \sum_{\nu=0}^{m-1} p^\nu \cos(\nu\omega) = \frac{1 - p\cos(\omega) - p^m\cos(m\omega) + p^{m+1}\cos((m-1)\omega)}{1 - 2p\cos(\omega) + p^2} \tag{3.204}$$

$$S_3^m(\omega) = \sum_{\nu=0}^{m-1} p^\nu \sin(\nu\omega) = \frac{p\sin(\omega) - p^m\sin(m\omega) + p^{m+1}\sin((m-1)\omega)}{1 - 2p\cos(\omega) + p^2} \tag{3.205}$$

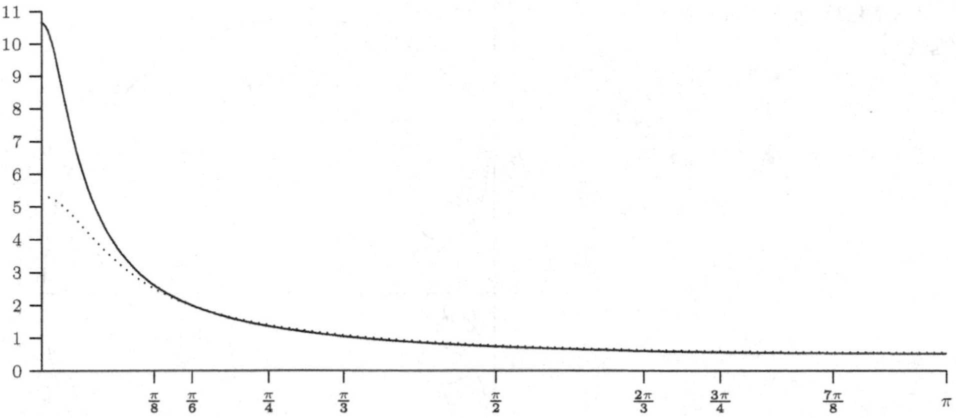

Abb. 3.83 Amplitudengang $\gamma_{\mathbf{S}_3}(\omega)$ $p = \frac{29}{32}$ $(p = \frac{13}{32}\cdots)$

Die zu den Ausdrücken C_3 und S_3 von $\mathbf{S}_3$ hinzukommenden Korrekturglieder enthalten leider stark wellige Anteile, die sich bei den Systemfunktionen sehr bemerkbar machen.

Das Abbrechen der beiden trigonometrischen Reihen führt zu dem folgenden System:

$$\Delta_{\mathbf{S}_3^m}(n) = \begin{cases} p^n & \text{falls } 0 \le n \le m-1 \\ 0 & \text{falls } n < 0 \end{cases} \qquad \mathbf{S}_3^m(\boldsymbol{x})(n) = \sum_{\nu=0}^{m-1} p^\nu \boldsymbol{x}(n-\nu)$$

Die Frequenzantwort, der Amplitudengang und der Phasengang können wie am Anfang des Abschnitts angegeben mit C_3^m und S_3^m berechnet werden. Die Kurve, welche die Frequenzantwort als Ergebnis der Rechnung durchläuft, ist in Abb. 3.84 gezeigt. Die Kurve beginnt in der positiven reellen Achse (bei etwa $x = 0{,}328$), bildet eine halbe Schleife im vierten Quadranten und vervollständigt die Schleife im ersten Quadranten. Danach werden einige immer größer werdende Schleifen im vierten Quadranten durchlaufen, bis schließlich bei $\omega = 0$ der Übergang vom vierten in den ersten Quadranten erfolgt. Die zweite Hälfte der Kurve ist klappsymmetrisch zur ersten Hälfte, was natürlich die graphische Entsprechung von $\boldsymbol{\Theta}_{\mathbf{S}}(-\omega) = \overline{\boldsymbol{\Theta}_{\mathbf{S}}(\omega)}$ ist: der Übergang von $\boldsymbol{i}$ zu $-\boldsymbol{i}$ bedeutet eine Drehung um 180°. An der Kurve lässt sich auch der Verlauf des Polarwinkels ablesen. Die Punkte der kleinen halben Schleife im vierten Quadranten am Anfang der Kurve besitzen einen Polarwinkel nahe bei 2π, und die folgende Vervollständigung der Schleife im ersten Quadranten bedeutet einen Polarwinkel nahe bei Null mit je einem Sprung der Höhe 2π bei der Überquerung der positiven reellen Achse. Nach dem Ausflug in den ersten Quadranten steigt der Polarwinkel bis zum Erreichen von 2π bei $\omega = 0$ wellenartig an. Die Überquerung der positiven reellen Achse bei $\omega = 0$ ergibt wieder einen Sprung des Winkels von 2π auf Null. Offensichtlich gilt $\varphi(\omega) = 2\pi - \varphi(-\omega)$ für $0 \le \omega < \pi$ (siehe z. B. Abb. 2.2 rechts unten). Abbildung 3.85 zeigt den berechneten Polarwinkel für die zweite Hälfte der Kurve, der genau dem an Abb. 3.84 abgelesenen Verlauf entspricht.

Abb. 3.84 Frequenzantwort $\Theta_{S_3^{10}}(\omega)$ $p = \frac{29}{32}$

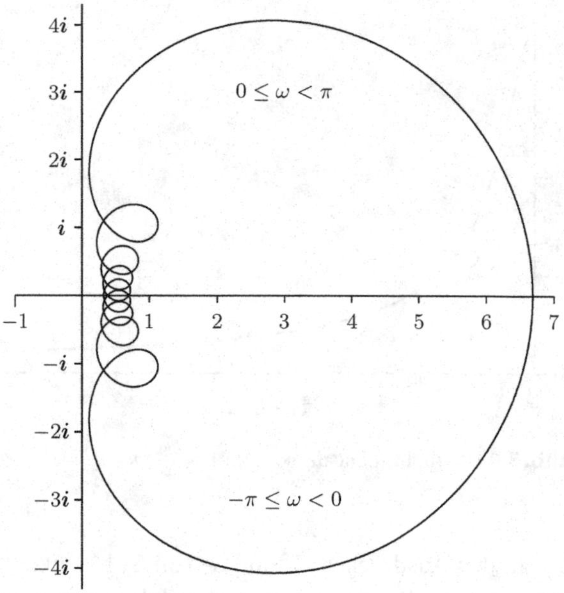

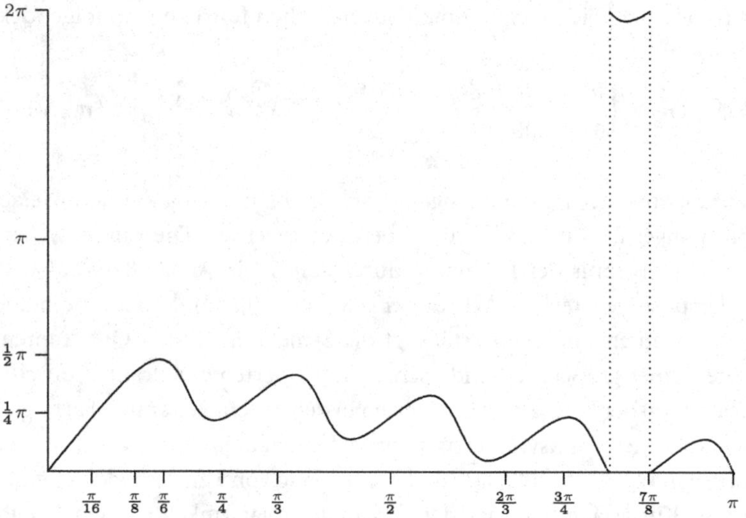

Abb. 3.85 Phasengang $\phi_{S_3^{10}}(\omega)$ $p = \frac{29}{32}$

Die Betrachtung der von der Frequenzantwort durchlaufenen Kurve selbst statt nur der von Amplituden- und Phasengang geht mit einigen Vorzügen einher. Besonders einfach zu erkennen und zu deuten sind die Überquerungen der positiven reellen Achse, man erhält so einen guten Test, ob die Berechnung des Phasenganges das korrekte Ergebnis gebracht hat. Unstetigkeitsstellen sind besonders anfällig für Fehlrechnungen, hier kann ein durch Auslöschung oder Rundung hervorgerufener numerischer Fehler beispielsweise zu einem

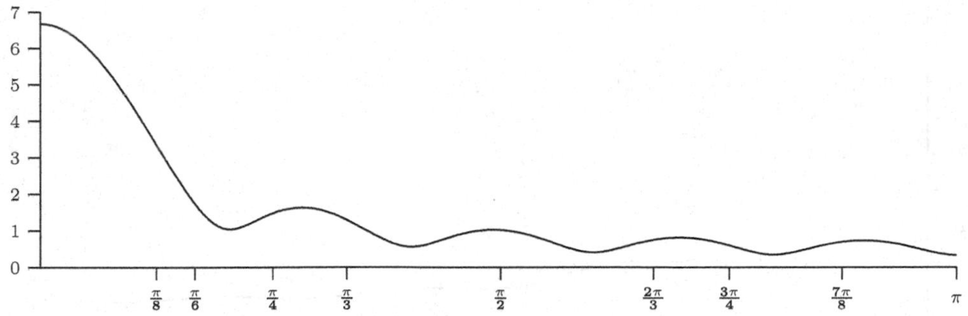

Abb. 3.86 Amplitudengang $\gamma_{\mathbf{S}_3^{10}}(\omega)$ $p = \frac{29}{32}$

verfrühten oder verspäteten Sprung führen. Mögliche Stellen der Auslöschung sind bei den zur Rechnung zu verwendenden Formeln durch bloße Inspektion meist nicht mehr zu erkennen.

Der Amplitudengang ist in Abb. 3.86 zu sehen. Die Welligkeit ist klar ersichtlich, auch hat die Steilheit des Filters gelitten. Die Welligkeit kann allerdings mit einem größeren Abbruchindex m vermindert werden, und die Steilheit lässt sich mit einem größeren Parameter p verbessern. Übrigens kann man den Verlauf der Amplitude, also den Betrag der komplexen Zahlen der von der Frequenzantwort erzeugten Kurve ganz so an Abb. 3.84 ablesen wie den Verlauf des Polarwinkels, z. B. mit der Hilfe eines Lineals, das man beim ersten Teilstrich am Nullpunkt der komplexen Ebene fixiert und mit dem man den Polarvektor imitierend dem Verlauf der Kurve folgt.

Beispiel 4: Lineare Zunahme der Entwicklungskoeffizienten Als Kuriosum wird auch ein System $\mathbf{S}_4^m$ mit trigonometrischen Summen gebildet, deren Koeffizienten linear zunehmen:

$$C_4^m(\omega) = \sum_{\mu=1}^{m-1} \mu \sin(\mu\omega) = \frac{m \sin\left((2m-1)\frac{\omega}{2}\right)}{2\sin\left(\frac{\omega}{2}\right)} - \frac{1-\cos(m\omega)}{4\sin\left(\frac{\omega}{2}\right)^2}$$

$$S_4^m(\omega) = \sum_{\mu=1}^{m-1} \mu \cos(\mu\omega) = \frac{\sin(m\omega)}{4\sin\left(\frac{\omega}{2}\right)^2} - \frac{m \cos\left((2m-1)\frac{\omega}{2}\right)}{2\sin\left(\frac{\omega}{2}\right)}$$

Das zugeordnete System ist

$$\Delta_{\mathbf{S}_4^m}(n) = \begin{cases} n & \text{falls } 1 \le n \le m-1 \\ 0 & \text{falls } n < 1 \text{ oder } m-1 < n \end{cases} \qquad \mathbf{S}_4^m(\boldsymbol{x})(n) = \sum_{\mu=1}^{m-1} \mu \boldsymbol{x}(n-\mu)$$

Es wird nur über vergangene Signalwerte summiert, d. h. $\boldsymbol{x}(n)$ ist an der Bildung von $\mathbf{S}_4^m(\boldsymbol{x})(n)$ gar nicht beteiligt, und je weiter ein Signalwert zurückliegt, desto stärker ist sein Anteil an $\mathbf{S}_4^m(\boldsymbol{x})(n)$. Nach Abb. 3.87 ist dabei ein Tiefpass herausgekommen.

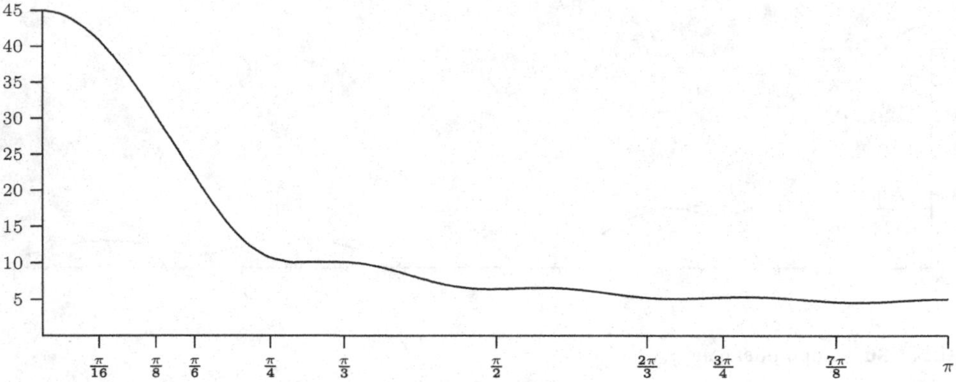

Abb. 3.87 Amplitudengang $\gamma_{S_4^{10}}(\omega)$

3.7 Die z-Transformation

3.7.1 Vorbereitungen

Es sei eine Folge $c : \mathbb{Z} \to \mathbb{C}$, $\nu \mapsto c_\nu$ von komplexen Zahlen gegeben, die man sich wie folgt veranschaulichen kann:

$$\ldots, c_{-3}, c_{-2}, c_{-1}, c_0, c_1, c_2, c_3, \ldots$$

Wie schon seit langer Zeit bekannt, konvergiert die Potenzreihe, die wie folgt aus den Folgeelementen mit nicht positiven Indizes gebildet wird,

$$\sum_{\nu=-\infty}^{0} c_\nu z^{-\nu} = \sum_{\nu=0}^{\infty} c_{-\nu} z^\nu = c_0 + c_{-1}z + c_{-2}z^2 + c_{-3}z^3 + \cdots$$

im Inneren eines Kreises $\{z \in \mathbb{C} \mid |z| < R\}$. Darin ist R eine nicht negative reelle Zahl oder $R = \infty$. Die Reihe kann auf dem ganzen Rand des Kreises konvergieren oder nur auf einer seiner Teilmengen, $\varnothing$ eingeschlossen. Die Extreme sind $R = 0$, dann konvergiert die Reihe möglicherweise nur im Nullpunkt, und $R = \infty$, dann konvergiert die Reihe für jede komplexe Zahl z.

Bildet man die analoge Reihe aus den Folgeelementen mit positiven Indizes, so erhält man ebenfalls eine Potenzreihe, allerdings nicht in z, sondern in $\frac{1}{z}$:

$$\sum_{\nu=1}^{\infty} c_\nu z^{-\nu} = \sum_{\nu=1}^{\infty} c_\nu \frac{1}{z^\nu}$$

Diese Reihe konvergiert also im Äußeren eines Kreises $\{z \in \mathbb{C} \mid |z| > r\}$. Die Extremwerte sind hier $r = 0$, dann konvergiert die Reihe für jede komplexe Zahl $z \neq 0$, und $r = \infty$, dann konvergiert die Reihe nirgendwo, der Konvergenzbereich ist $\varnothing$.

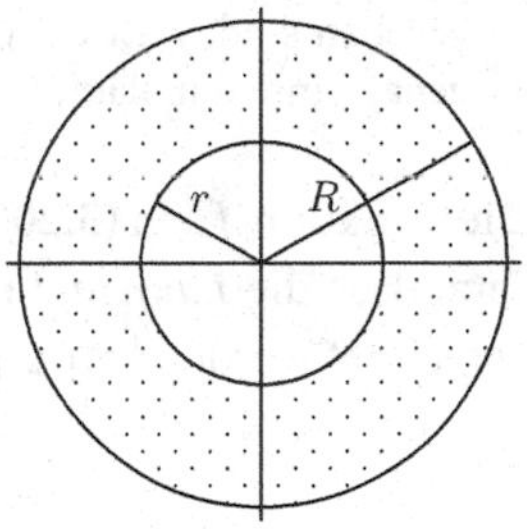

Abb. 3.88 Ein Konvergenzkreisring

Beide Reihen können nun additiv kombiniert werden, dazu fasst man die Reihen in einem Symbol zusammen:

$$\sum_{\nu=-\infty}^{\infty} c_\nu z^{-\nu} = \sum_{\nu=-\infty}^{0} c_\nu z^{-\nu} + \sum_{\nu=1}^{\infty} c_\nu z^{-\nu} \tag{3.206}$$

Die so gebildete Reihe konvergiert natürlich genau dann, wenn **beide** Teilreihen konvergieren. Die Reihe konvergiert deshalb im Inneren eines **Kreisringes** $\{z \in \mathbb{C} \,|\, r < |z| < R\}$, der in Abb. 3.88 skizziert ist. Die Reihe kann auf dem gesamten Rand des Ringes, nur auf einem seiner Teile oder nirgendwo auf ihm konvergieren. Die Extremfälle sind hier $r = 0$ und $R = \infty$ mit den offensichtlichen Bedeutungen.

Im Konvergenzkreisring stellt (3.206) als Summe zweier Potenzreihen eine holomorphe Funktion dar, d. h. eine im ganzen Ring komplex differenzierbare Funktion $f : \{z \in \mathbb{C} \,|\, r < |z| < R\} \to \mathbb{C}$:

$$f(z) = \sum_{\nu=-\infty}^{\infty} c_\nu z^{-\nu} \tag{3.207}$$

Geht man zur Funktion

$$f^*(z) = f\left(\frac{1}{z}\right) = \sum_{\nu=-\infty}^{\infty} c_\nu z^{\nu} \quad \frac{1}{R} < |z| < \frac{1}{r} \tag{3.208}$$

über, dann hat man die *Laurent*-Entwicklung der Funktion f^* erhalten. Sie entsteht aus (3.207) durch Vertauschen der positiven und negativen Exponenten von z. Dieser Zusammenhang erlaubt es nun, in (3.207) bei gegebenem f auf die Existenz und Eindeutigkeit der Folge $\boldsymbol{c}$ zu schließen, und man erhält eine Möglichkeit zur Berechnung der c_ν. in der Funktionentheorie wird nämlich der folgende Satz von *Laurent* bewiesen:

Es sei g eine in einem Kreisring $\{z \in \mathbb{C} \,|\, u < |z| < U\}$ holomorphe Funktion. Dann kann f auf genau eine Weise in eine *Laurent*-Reihe

$$g(z) = \sum_{\nu=-\infty}^{\infty} g_\nu z^{\nu}$$

entwickelt werden, deren Koeffizienten durch das Integral

$$g_\nu = \frac{1}{2\pi i} \oint_\Gamma \frac{g(\zeta)}{\zeta^{\nu+1}} \mathrm{d}\zeta \tag{3.209}$$

gegeben sind. Γ ist ein ganz im Konvergenzkreisring verlaufender Weg, der den Nullpunkt genau einmal umläuft.

Die Funktion f^* in (3.208) ist im angegebenen Kreisring holomorph, es folgt also aus dem Satz, dass die *Laurent*-Entwicklung der Funktion existiert, eindeutig ist und mit (3.209) berechnet werden kann:

$$c_\nu = \frac{1}{2\pi i} \oint_\Gamma \frac{f^*(\zeta)}{\zeta^{\nu+1}} \mathrm{d}\zeta \tag{3.210}$$

Auf das Integral kann die Substitutionsregel, die auch für Linienintegrale gilt, mit der Substitutionsfunktion $z \mapsto \varphi(z) = \frac{1}{z}$ angewandt werden:

$$\oint_\Gamma \frac{f^*(\zeta)}{\zeta^{\nu+1}} \mathrm{d}\zeta = \oint_\Gamma f\left(\frac{1}{z}\right)\left(\frac{1}{z}\right)^{\nu-1} \frac{1}{z^2} \mathrm{d}z = -\oint_{\varphi[\Gamma]} f(z) z^{\nu-1} \mathrm{d}z \tag{3.211}$$

Γ ist eine geschlossene Kurve, die ganz im Kreisring von (3.208) verläuft. Sie wird (standardmäßig) so durchlaufen, dass das Innere der Kurve stets zur Linken liegt. Γ umschlingt den Nullpunkt und wird daher im Gegenuhrzeigersinn durchlaufen. Nun bildet aber die Funktion $z \mapsto \frac{1}{z}$ Kurven um den Nullpunkt in Kurven um ∞ ab, und das bedeutet, dass die Kurve $\varphi[\Gamma]$ im Uhrzeigersinn durchlaufen wird. Das ist natürlich nicht erwünscht, die Kurve soll standardmäßig durchlaufen werden, um das Integral standardmäßig berechnen zu können, d. h. um zur Berechnung keinen nicht standardmäßigen Umlaufsinn zu fordern. Die Lösung ist einfach: Um den Durchlauf im Gegenuhrzeigersinn zu erreichen muss nur das Vorzeichen des Integrals geändert werden.

Zusammengefasst ergibt sich als Resultat, dass die Koeffizienten c_ν von (3.207) mit dem folgenden Integral berechnet werden können:

$$c_\nu = \frac{1}{2\pi i} \oint_\Gamma f(\zeta) \zeta^{\nu-1} \mathrm{d}\zeta \tag{3.212}$$

Darin ist Γ ein geschlossener Weg, der ganz im Kreisring $\{z \in \mathbb{C} \mid r < |z| < R\}$ liegt und einmal durchlaufen wird.

Hat eine holomorphe Funktion g Pole, die im Inneren einer geschlossenen Kurve Γ liegen, dann kann das Integral

$$\frac{1}{2\pi i} \oint_\Gamma g(z) \mathrm{d}z \tag{3.213}$$

über die Residuen berechnet werden. Man definiert dazu für einen Pol p der Ordnung k

$$R(p) = \lim_{z \to p} \frac{\left((z-p)^k g(z)\right)^{(k-1)}}{(k-1)!} \tag{3.214}$$

Darin bedeutet ein Exponent (i) die i-te Ableitung der Funktion in der Klammer. Liegen nun m Pole p_1 bis p_m von g im Inneren der Kurve Γ, dann ergibt sich das Integral als

Summe der $R(p_\mu)$:

$$\frac{1}{2\pi i}\oint_\Gamma g(z)\mathrm{d}z = \sum_{\mu=1}^{m} R(p_\mu) \tag{3.215}$$

Die Berechnung des Integrals ist in der Regel ein schwieriges Unterfangen. Es kann sich lohnen, wenn nur wenige Koeffizienten zu berechnen sind, etwa c_{-1}, c_0 und c_1. Dazu ein einfaches Beispiel. Zu berechnen sind die Koeffizienten von

$$f(z) = \frac{z}{z-1} \quad 1 < |z|$$

Die zu berechnenden Integrale sind

$$\oint_\Gamma \frac{z}{z-1} z^{\nu-1}\mathrm{d}z = \oint_\Gamma \frac{z^\nu}{z-1}\mathrm{d}z$$

Als Kurve kann z. B. der Kreis um den Nullpunkt mit Radius 2, d. h. $\{z \in \mathbb{C} \mid |z| = 2\}$ gewählt werden. Dann hat der Integrand für $\nu \geq 0$ genau einen Pol der Ordnung 1 im Inneren des Kreises, nämlich $p = 1$. Man erhält $c_\nu = R(p) = \lim_{z\to 1} z^\nu = 1$.

Für $\nu < 0$ besitzt der Integrand zwei Pole im Kreis, nämlich $p = 1$ und dazu $q = 0$ von der Ordnung $|\nu|$. Allerdings verläuft die Berechnung von $R(q)$ nicht ganz so einfach wie die von $R(p)$, denn es ist der folgende Grenzwert zu berechnen:

$$R(q) = \lim_{z\to 0}\frac{1}{|\nu|!}\left(z^{|\nu|}\frac{z^\nu}{z-1}\right)^{(|\nu|)} = \lim_{z\to 0}\frac{1}{|\nu|!}\left(\frac{1}{z-1}\right)^{(|\nu|)}$$

Die Berechnung der Ableitung ist nicht schwierig, man erhält

$$\left(\frac{1}{z-1}\right)^{(k)} = (-k)!(z-1)^k \quad \text{also} \quad \lim_{z\to 0}(-k)!(z-1)^k = (-k)!(-1)^k = -k!$$

Das gesuchte Residuum ist daher

$$R(q) = \frac{-(|k|!)}{|k|!} = -1$$

Daraus folgt direkt $c_\nu = R(p) + R(q) = 1 - 1 = 0$ für $\nu < 0$. Zusammen mit $c_\nu = 1$ für $\nu \geq 0$ wird die gesuchte Reihendarstellung zu

$$\frac{z}{z-1} = \sum_{\nu=-\infty}^{\infty} c_\nu z^{-\nu} = \sum_{\nu=0}^{\infty} z^{-\nu} \quad 1 < |z|$$

3.7.2 Definition

Die Folge in (3.207) ist natürlich nichts anderes als ein Signal. Man kann daher (3.207) so interpretieren, dass einem Signal $\boldsymbol{x}$ eine komplexe Funktion f_x zugeordnet wird:

$$f_x(z) = \sum_{\nu=-\infty}^{\infty} \boldsymbol{x}(\nu)z^{-\nu} \tag{3.216}$$

Das ist auch schon die Grundidee der z-Transformation. Diese Transformation hat sehr gute Eigenschaften, die sie zu einem ausgezeichneten Instrument zur Analyse und zur Konstruktion von digitalen Filtern machen. Nachteilig ist jedoch, dass man bei ihrer Anwendung stets mitdenken muss, um nicht zu falschen Ergebnissen zu kommen. Es beginnt schon bei (3.216), denn dort wird nicht wirklich einem Signal eine komplexe Funktion zugeordnet, weil es viele komplexe Funktionen gibt, welche die Gleichung erfüllen. Was fehlt ist die Angabe des Definitionsbereiches der Funktion, erst dann liegt wirklich eine Abbildung vor. Als ganz natürlicher Definitionsbereich bietet sich der maximale Konvergenzbereich der Reihe an:

$$\mathcal{D}\langle \boldsymbol{x}\rangle = \left\{ z \in \mathbb{C} \mid \sum_{\nu=-\infty}^{\infty} \boldsymbol{x}(\nu)z^{-\nu} \text{ konvergiert} \right\} \tag{3.217}$$

Zu beachten ist, dass $\mathcal{D}\langle \boldsymbol{x}\rangle = \varnothing$ möglich ist. Beispielsweise erhält man für das Signal $\mathbf{1}$, das natürlich durch $\mathbf{1}(n) = 1$ definiert ist, die Reihe

$$\cdots + z^3 + z^2 + z^1 + 1 + \frac{1}{z} + \frac{1}{z^2} + \frac{1}{z^3} + \cdots$$

bei welcher für $|z| \geq 1$ der linke und für $|z| < 1$ der rechte Teil nicht konvergiert. Gilt jedoch $\mathcal{D}\langle \boldsymbol{x}\rangle \neq \varnothing$, dann besteht $\mathcal{D}\langle \boldsymbol{x}\rangle$ aus dem Inneren und möglicherweise noch aus einem Teil des Randes eines Kreisringes.

Es sei nun $\boldsymbol{x}$ ein beliebiges Signal. Die z-Transformierte von $\boldsymbol{x}$ ist die wie folgt definierte komplexe Funktion:

$$\mathcal{Z}(\boldsymbol{x}) \colon \mathcal{D}\langle \boldsymbol{x}\rangle \longrightarrow \mathbb{C} \quad \mathcal{Z}(\boldsymbol{x})(z) = \sum_{n=-\infty}^{\infty} \boldsymbol{x}(n)z^{-n} \tag{3.218}$$

Bei $\mathcal{D}\langle \boldsymbol{x}\rangle = \varnothing$ sei $\mathcal{Z}(\boldsymbol{x}) = \varnothing$. Die leere Menge ist eine komplexe Funktion $\varnothing \colon \varnothing \longrightarrow \mathbb{C}$, weil sie kein Element hat, das nicht nach $\mathbb{C}$ abgebildet werden könnte. Damit hat jedes Signal eine z-Transformierte. Die Abbildung $\mathcal{Z}$ selbst heißt die **z-Transformation**.

Zwei Beispiele für z-Transformierte sind schon bekannt. Es ist $\mathcal{Z}(\mathbf{1}) = \varnothing$, und die Einheitsstufe $\boldsymbol{u}$ hat nach dem vorigen Abschnitt die z-Transformierte

$$\mathcal{Z}(\boldsymbol{u}) \colon \{ z \in \mathbb{C} \mid 1 < |z| \} \longrightarrow \mathbb{C} \quad \mathcal{Z}(\boldsymbol{u})(z) = \sum_{n=0}^{\infty} z^{-n} = \frac{z}{z-1} \tag{3.219}$$

Allerdings wurde dort das Pferd vom Schwanz her aufgezäumt, d. h. es wurde das zur gegebenen Funktion passende Signal berechnet. Bei gegebenem Signal, also hier $\boldsymbol{u}$, verläuft die Rechnung wie folgt:

$$\mathcal{Z}(\boldsymbol{u})(z) = \sum_{n=-\infty}^{\infty} \frac{\boldsymbol{u}(n)}{z^n} = \sum_{n=0}^{\infty} \left(\frac{1}{z}\right)^n = \frac{1}{1-\frac{1}{z}} = \frac{z}{z-1}$$

Die Reihe konvergiert nur für $\left|\frac{1}{z}\right| < 1$ oder $|z| > 1$, d. h. $\mathcal{D}\langle \boldsymbol{u}\rangle = \{ z \in \mathbb{C} \mid |z| > 1 \}$.

Ein weiteres einfaches aber lehrreiches Beispiel gibt das Signal $\boldsymbol{v}$, das durch $\boldsymbol{v}(n) = \boldsymbol{u}(-n-1)$ definiert ist. Es hat die Eigenschaft $\boldsymbol{v}(n) = 0$ für $-n-1 < 0$ oder $-1 < n$, weshalb sich die Reihe der z-Transformierten wie folgt berechnet:

$$\sum_{n=-\infty}^{\infty} \boldsymbol{v}(n) z^n = \sum_{n=-\infty}^{-1} z^{-n} = \sum_{n=1}^{\infty} z^n = -1 + \sum_{n=0}^{\infty} z^n = \frac{1}{1-z} - 1 = \frac{z}{1-z}$$

Diese Reihe konvergiert für $|z| < 1$, die z-Transformierte ist daher

$$\mathcal{Z}(\boldsymbol{v})\colon \{ z \in \mathbb{C} \mid |z| < 1 \} \longrightarrow \mathbb{C} \quad \mathcal{Z}(\boldsymbol{v})(z) = \sum_{n=1}^{\infty} z^n = \frac{z}{1-z} \tag{3.220}$$

Die Beispiele (3.219) und (3.220) zeigen, dass die z-Transformierten verschiedener Signale mit derselben Formel gebildet werden können, nämlich $\boldsymbol{u}$ und $-\boldsymbol{v}$. Das widerspricht aber nicht der Eindeutigkeit, denn die Funktionen $\mathcal{Z}(\boldsymbol{u})$ und $\mathcal{Z}(\boldsymbol{v})$ haben verschiedene Definitionsbereiche.

Ein Signal $\boldsymbol{x}$ heißt *linksseitig*, wenn $\boldsymbol{x}(n) = 0$ gilt für $n \geq 0$ und es ein $m < 0$ gibt mit $\boldsymbol{x}(m) \neq 0$. Entsprechend heißt ein Signal $\boldsymbol{x}$ *rechtsseitig*, wenn $\boldsymbol{x}(n) = 0$ gilt für $n < 0$ und es ein $m \geq 0$ gibt mit $\boldsymbol{x}(m) \neq 0$. Die Einheitsstufe $\boldsymbol{u}$ ist ein Beispiel für ein rechtsseitiges Signal, und ihr Definitionsbereich ist das *Äußere* eines Kreises um den Nullpunkt. Das Signal $\boldsymbol{v}$ ist linksseitig, und sein Definitionsbereich ist das *Innere* eines Kreises um den Nullpunkt.

Das ist ganz allgemein gültig. Es sei $\boldsymbol{x}$ ein Signal mit $\mathcal{D}\langle \boldsymbol{x}\rangle \neq \varnothing$. Ist $\boldsymbol{x}$ rechtsseitig, dann ist die Reihe eine Potenzreihe in $\frac{1}{z}$, die natürlich außerhalb eines Kreises um den Nullpunkt konvergiert. Ist $\boldsymbol{x}$ dagegen linksseitig, dann ist die Reihe eine Potenzreihe in z und deshalb innerhalb eines Kreises um den Nullpunkt konvergent. In beiden Fällen kann auch Konvergenz auf dem Kreis stattfinden.

3.7.3 Eigenschaften

Für zwei Signale $\boldsymbol{x}$ und $\boldsymbol{y}$ ist $\mathcal{D}\langle \boldsymbol{x}, \boldsymbol{y}\rangle = \mathcal{D}\langle \boldsymbol{x}\rangle \cap \mathcal{D}\langle \boldsymbol{y}\rangle$ ein gemeinsamer wenn auch i. A. eingeschränkter Definitionsbereich für die Funktionen $\mathcal{Z}(\boldsymbol{x})$ und $\mathcal{Z}(\boldsymbol{y})$. Schränkt man beide Funktionen auf $\mathcal{D}\langle \boldsymbol{x}, \boldsymbol{y}\rangle$ ein, geht man also zu den Funktionen

$$\mathcal{Z}(\boldsymbol{x})\colon \mathcal{D}\langle \boldsymbol{x}, \boldsymbol{y}\rangle \longrightarrow \mathbb{C} \quad \mathcal{Z}(\boldsymbol{y})\colon \mathcal{D}\langle \boldsymbol{x}, \boldsymbol{y}\rangle \longrightarrow \mathbb{C}$$

über, dann können diese Funktionen auf ihrem gemeinsamen Definitionsbereich addiert und multipliziert werden, oder ganz allgemein mit einer binären Operation verknüpft werden. Im Prinzip müssten diese eingeschränkten Funktionen als solche bezeichnet werden, gewöhnlich mit

$$\mathcal{Z}(\boldsymbol{x})_{/\mathcal{D}\langle x,y\rangle},$$

es ist aber weitaus praktischer, die Einschränkung nicht extra zu bezeichnen, sondern sie mitzudenken. Also:

$$\mathcal{Z}(\boldsymbol{x}) + \mathcal{Z}(\boldsymbol{y}) \textbf{ steht immer für } \mathcal{Z}(\boldsymbol{x})_{/\mathcal{D}\langle x,y\rangle} + \mathcal{Z}(\boldsymbol{y})_{/\mathcal{D}\langle x,y\rangle}$$

Das gilt natürlich auch für alle anderen binären Verknüpfungen. Es gilt entsprechend auch für binäre Relationen. Es ist immer der kleinste gemeinsame Definitionsbereich aller teilnehmenden Funktionen zu verwenden. Ein Beispiel:

$$\mathcal{Z}(\boldsymbol{x}+\boldsymbol{y}) = \mathcal{Z}(\boldsymbol{x}) + \mathcal{Z}(\boldsymbol{y})$$

steht für

$$\mathcal{Z}(\boldsymbol{x}+\boldsymbol{y})_{/\mathcal{D}\langle x\rangle\cap\mathcal{D}\langle y\rangle\cap\mathcal{D}\langle x+y\rangle} = \mathcal{Z}(\boldsymbol{x})_{/\mathcal{D}\langle x\rangle\cap\mathcal{D}\langle y\rangle\cap\mathcal{D}\langle x+y\rangle} + \mathcal{Z}(\boldsymbol{y})_{/\mathcal{D}\langle x\rangle\cap\mathcal{D}\langle y\rangle\cap\mathcal{D}\langle x+y\rangle}$$

Es ist noch der Fall zu berücksichtigen, dass der gemeinsame Definitionsbereich leer ist, z. B. $\mathcal{D}\langle \boldsymbol{x}, \boldsymbol{y}\rangle = \varnothing$. Dann soll die Verknüpfung der Funktionen die leere Menge sein, z. B. $\mathcal{Z}(\boldsymbol{x}) + \mathcal{Z}(\boldsymbol{y}) = \varnothing$ falls $\mathcal{D}\langle \boldsymbol{x}, \boldsymbol{y}\rangle = \varnothing$. Dann sind bei leerem Definitionsbereich Vergleiche (wie der obige) stets wahr!

Für den Rest des Abschnittes seien $\boldsymbol{x}$ und $\boldsymbol{y}$ beliebige Signale und a und b irgendwelche komplexe Zahlen.

Fakt 3.7.3.1 *Die z-Transformation ist ein linearer Operator:*

$$\mathcal{Z}(a\boldsymbol{x} + b\boldsymbol{y}) = a\mathcal{Z}(\boldsymbol{x}) + b\mathcal{Z}(\boldsymbol{y}) \tag{3.221}$$

Fakt 3.7.3.2 *Die z-Transformation verwandelt das Faltungsprodukt von Signalen in das gewöhnliche Produkt von Funktionen:*

$$\mathcal{Z}(\boldsymbol{x} * \boldsymbol{y}) = \mathcal{Z}(\boldsymbol{x})\mathcal{Z}(\boldsymbol{y}) \tag{3.222}$$

Diese Eigenschaft ist besonders wichtig für den praktischen Einsatz der z-Transformation. Das gilt auch für die nächste Eigenschaft.

Fakt 3.7.3.3 *Die z-Transformation überführt eine Verschiebung des Signals in eine Multiplikation mit dem Faktor z^{-1} im z-Bereich:*

$$\mathcal{Z}(\boldsymbol{x} \circ \boldsymbol{\sigma}_m)(z) = z^{-m}\mathcal{Z}(\boldsymbol{x})(z) \tag{3.223}$$

Der Übergang von einem Signal $\boldsymbol{x}$ zu seiner Zeitumkehr $\boldsymbol{x}^{\diamond}$ bedeutet ein Vertauschen der positiven und negativen Indizes und damit einen Übergang von z zu $\frac{1}{z}$:

Fakt 3.7.3.4 *Für die Zeitumkehr eines Signals $\boldsymbol{x}$ gilt*

$$\mathcal{Z}(\boldsymbol{x}^{\circ})(z) = \mathcal{Z}(\boldsymbol{x})\left(\frac{1}{z}\right) \tag{3.224}$$

Eine oft gebrauchte Signaltransformation ist die Modulation. Ist $\boldsymbol{x}$ ein Signal und $c \in \mathbb{C}$, dann ist das mit c modulierte Signal $\boldsymbol{x}_{\sim c}$ definiert durch $\boldsymbol{x}_{\sim c}(n) = c^n \boldsymbol{x}(n)$.

Fakt 3.7.3.5 *Die Modulation eines Signals bedeutet eine Skalierung im z-Bereich:*

$$\mathcal{Z}(\boldsymbol{x}_{\sim c})(z) = \mathcal{Z}(\boldsymbol{x})\left(\frac{z}{c}\right) \tag{3.225}$$

Die Abbildung $\boldsymbol{x} \mapsto \mathcal{Z}(\boldsymbol{x}_{\sim c})$ ist additiv:

$$\mathcal{Z}((\boldsymbol{x}+\boldsymbol{y})_{\sim c}) = \mathcal{Z}(\boldsymbol{x}_{\sim c}) + \mathcal{Z}(\boldsymbol{y}_{\sim c}) \tag{3.226}$$

Ist nämlich $\mathcal{D}\langle\boldsymbol{x}\rangle = \{\, z \in \mathbb{C} \mid u < |z| < U \,\}$, dann ist $\mathcal{D}\langle\boldsymbol{x}_{\sim c}\rangle = \{\, z \in \mathbb{C} \mid |c|\,u < |z| < |c|\,U \,\}$. Ist insbesondere $c = e^{i\vartheta}$, dann bewirkt $e^{-i\vartheta}z$ eine Drehung von z in der komplexen Ebene um den Winkel ϑ.

Die mit einem Signal $\boldsymbol{x}$ gebildete Rampe $\boldsymbol{x}_{\angle}$ ist definiert durch $\boldsymbol{x}_{\angle}(n) = n\boldsymbol{x}(n)$.

Fakt 3.7.3.6 *Die z-Transformierte einer Rampe $\boldsymbol{x}_{\angle}$ wird mit der Ableitung der z-Transformierten von $\boldsymbol{x}$ gebildet:*

$$\mathcal{Z}(\boldsymbol{x}_{\angle})(z) = -z\mathcal{Z}(\boldsymbol{x})'(z) \tag{3.227}$$

Die folgende Regularitätseigenschaft hat insbesondere Konsequenzen für reelle Signale, beispielsweise für die Lage von Nullstellen und Polen der z-Transformierten.

Fakt 3.7.3.7 *Die z-Transformierte eines konjugierten Signals $\overline{\boldsymbol{x}}$ erhält man durch Konjugieren von Argument und Funktionswert der z-Transformierten von $\boldsymbol{x}$:*

$$\mathcal{Z}(\overline{\boldsymbol{x}})(z) = \overline{\mathcal{Z}(\boldsymbol{x})(\overline{z})} \tag{3.228}$$

Für ein reelles Signal $\boldsymbol{x}$, falls also $\overline{\boldsymbol{x}(n)} = \boldsymbol{x}(n)$ gilt, folgt daraus sofort

$$\mathcal{Z}(\boldsymbol{x})(z) = \mathcal{Z}(\overline{\boldsymbol{x}})(z) = \overline{\mathcal{Z}(\boldsymbol{x})(\overline{z})} \tag{3.229}$$

oder die Tatsache ausnutzend, dass die Konjugation eine Involution ist:

$$\overline{\mathcal{Z}(\boldsymbol{x})(z)} = \mathcal{Z}(\boldsymbol{x})(\overline{z}) \tag{3.230}$$

Alle angegebenen Eigenschaften der z-Transformation sind nützlich zu ihrer Berechnung. Sie sind besonders nützlich, wenn bereits ein Fundus bekannter z-Transformierter zur Verfügung steht. Allerdings beziehen sich alle Eigenschaften nur auf Signale. Die Nützlichkeit der z-Transformation für die Konstruktion eines LSI-Systems **S** mit vorgegebenen Eigenschaften leitet sich von der folgenden Eigenschaft ab.

Fakt 3.7.3.8 *Die z-Transformierte der Einheitsimpulsantwort eines LSI-Systems stellt auf dem Einheitskreis* $\mathbf{K}_1$ *die Frequenzantwort des Systems dar:*

$$\mathcal{Z}(\boldsymbol{\Delta}_{\mathsf{S}})(e^{i\omega}) = \sum_{\nu=-\infty}^{\infty} \boldsymbol{\Delta}_{\mathsf{S}}(\nu)e^{-i\nu\omega} = \boldsymbol{\Theta}_{\mathsf{S}}(\omega) \tag{3.231}$$

Genauer gesagt wird der Einheitskreis mit der Kreisfrequenz ω parametrisiert, beispielsweise im Intervall $-\pi \le \omega < \pi$, und $\mathcal{Z}(\boldsymbol{\Delta}_{\mathsf{S}})$ eingeschränkt auf den Einheitskreis als Funktion der Kreisfrequenz ergibt die Frequenzantwort des Systems.

3.7.4 Beispiele

Für das einfachste aller Signale, den Einheitsimpuls, gilt natürlich

$$\mathcal{Z}(\boldsymbol{\delta})\colon \mathbb{C} \longrightarrow \mathbb{C} \quad \mathcal{Z}(\boldsymbol{\delta})(z) = 1 \tag{3.232}$$

Mit (3.223) erhält man daraus

$$m > 0: \quad \mathcal{Z}(\boldsymbol{\delta}\circ\sigma_m)\colon \{z \in \mathbb{C} \mid |z| > 0\} \longrightarrow \mathbb{C} \qquad \mathcal{Z}(\boldsymbol{\delta}\circ\sigma_m)(z) = z^{-m} \tag{3.233}$$
$$m \le 0: \quad \mathcal{Z}(\boldsymbol{\delta}\circ\sigma_m)\colon \mathbb{C} \longrightarrow \mathbb{C} \qquad \mathcal{Z}(\boldsymbol{\delta}\circ\sigma_m)(z) = z^{-m} \tag{3.234}$$

Als nächstes ist die z-Transformierte des Signals $\boldsymbol{u} - \boldsymbol{u}\circ\sigma_m\colon n \mapsto \boldsymbol{u}(n) - \boldsymbol{u}(n-m)$ zu bestimmen, und zwar für $m > 0$. Nach (3.219) gilt

$$\mathcal{Z}(\boldsymbol{u})\colon \{z \in \mathbb{C} \mid 1 < |z|\} \longrightarrow \mathbb{C} \quad \mathcal{Z}(\boldsymbol{u})(z) = \frac{z}{1-z}$$

Der Einsatz von (3.223) führt auf

$$\mathcal{Z}(\boldsymbol{u}\circ\sigma_m)\colon \{z \in \mathbb{C} \mid |z| > 1\} \longrightarrow \mathbb{C} \quad \mathcal{Z}(\boldsymbol{u}\circ\sigma_m)(z) = z^{-m}\frac{z}{1-z}$$

Die Linearität der z-Transformation bringt schließlich

$$\mathcal{Z}(\boldsymbol{u} - \boldsymbol{u}\circ\sigma_m)_{/\{\zeta\in\mathbb{C}\mid 1<|\zeta|\}}(z) = \frac{z}{1-z} - z^{-m}\frac{z}{1-z} = \frac{z^m - 1}{z^{m-1}(z-1)}$$

Man beachte, dass $\mathcal{Z}(\boldsymbol{u} - \boldsymbol{u}\circ\sigma_m)$ selbst damit noch nicht bekannt ist, sondern nur seine Einschränkung auf den Kreisring $\{z \in \mathbb{C} \mid |z| > 1\}$. Die Frage ist also: Gibt es einen größeren Kreisring, auf dem $\mathcal{Z}(\boldsymbol{u} - \boldsymbol{u}\circ\sigma_m)$ definiert ist? Denn die z-Transformierte hat (nach Vereinbarung) den größten Konvergenzbereich $\mathcal{D}\langle\boldsymbol{u} - \boldsymbol{u}\circ\sigma_m\rangle$ als Definitionsbereich. Nun wird der Kreisring nach unten durch den von $z-1$ erzeugten Pol beschränkt. Kann dieser Pol beseitigt werden, dann kann der Kreisring vergrößert werden. Hier zahlt sich die Kenntnis von Summenformeln aus. Nach (A.12) ist nämlich $z^m - 1$ ohne Rest durch $z - 1$ teilbar. Das bedeutet, dass sich der den Pol erzeugende Faktor $z - 1$ des Nenners gegen einen eine Nullstelle erzeugenden Faktoren $z - 1$ des Zählers herauskürzt. Die dadurch entstehende Funktion $z^{1-m}(1 + z + z^2 + \cdots + z^{m-1})$ ist tatsächlich auf dem größeren Kreisring $\{ z \in \mathbb{C} \mid 0 < |z| \}$ definiert. Damit ist die eigentliche z-Transformierte von $\boldsymbol{u} - \boldsymbol{u} \circ \sigma_m$ gefunden:

$$\mathcal{Z}(\boldsymbol{u}-\boldsymbol{u}\circ\sigma_m)\colon \{ z \in \mathbb{C} \mid |z| > 0 \} \longrightarrow \mathbb{C} \quad \mathcal{Z}(\boldsymbol{u}-\boldsymbol{u}\circ\sigma_m)(z) = \frac{1 + z + z^2 + \cdots + z^{m-1}}{z^{m-1}} \tag{3.235}$$

Das einseitige Signal $\boldsymbol{q}_c : n \mapsto c^n \boldsymbol{u}(n)$ für eine beliebige komplexe Zahl $c \neq 0$ kommt recht häufig vor. Mit (3.225) erhält man

$$\mathcal{Z}(\boldsymbol{q}_c)(z) = \mathcal{Z}(\boldsymbol{u}_c)\left(\frac{z}{c}\right) = \frac{\frac{z}{c}}{\frac{z}{c} - 1} = \frac{z}{z - c}$$

Das Signal $\boldsymbol{q}_c$ ist rechtsseitig, als Definitionsbereich kommt also nur das Äußere eines Kreisringes in Betracht. Der kleinstmögliche Kreisring wird durch den Pol $z = c$ bestimmt, die vollständige z-Transformierte ist

$$\mathcal{Z}(\boldsymbol{q}_c)\colon \{ z \in \mathbb{C} \mid |z| > |c| \} \longrightarrow \mathbb{C} \quad \mathcal{Z}(\boldsymbol{q}_c)(z) = \frac{z}{z - c} \tag{3.236}$$

Das nächste Beispiel demonstriert, dass der Definitionsbereich einer Faltung sehr viel größer sein kann als die Definitionsbereiche der Faltungsoperanden. Die z-Transformierte des simplen Signals $\boldsymbol{d}_c = \boldsymbol{\delta} - c\boldsymbol{\delta} \circ \sigma_1$ kann direkt abgelesen werden:

$$\mathcal{Z}(\boldsymbol{d}_c)\colon \{ z \in \mathbb{C} \mid |z| > 0 \} \longrightarrow \mathbb{C} \quad \mathcal{Z}(\boldsymbol{d}_c)(z) = 1 - c\frac{1}{z} = \frac{z - c}{z}$$

Die z-Transformierte der Faltung $\boldsymbol{q}_c * \boldsymbol{d}_c$ errechnet sich mit (3.222) wie folgt:

$$\mathcal{Z}(\boldsymbol{q}_c * \boldsymbol{d}_c)(z) = \mathcal{Z}(\boldsymbol{q}_c)(z)\mathcal{Z}(\boldsymbol{d}_c)(z) = \frac{z}{z - c}\frac{z - c}{z} = 1$$

Die z-Transformierte der Faltung von $\boldsymbol{q}_c$ und $\boldsymbol{d}_c$ ist daher in der gesamten komplexen Ebene definiert:

$$\mathcal{Z}(\boldsymbol{q}_c * \boldsymbol{d}_c)\colon \mathbb{C} \longrightarrow \mathbb{C} \quad \mathcal{Z}(\boldsymbol{q}_c * \boldsymbol{d}_c)(z) = 1$$

Ist ein System $\mathbf{S}$ gegeben, dann kann man fragen, wie die z-Transformierte $\mathcal{Z}(\mathbf{S}(\boldsymbol{x}))$ von der z-Transformierten $\mathcal{Z}(\boldsymbol{x})$ abhängt. Dazu ein Beispiel.

Der Summierer oder auch Integrator $\mathbf{J}$ ist definiert durch

$$\mathbf{J}(\boldsymbol{x})(n) = \sum_{\nu=-\infty}^{n} \boldsymbol{x}(\nu)$$

Die Konvergenz der Reihe ist dabei vorausgesetzt. Der Schlüssel zur Bestimmung der z-Transformierten ist die folgende Zerlegung:

$$\mathbf{J}(\boldsymbol{x})(n) = \sum_{\nu=-\infty}^{n} \boldsymbol{x}(\nu) = \sum_{\nu=-\infty}^{n-1} \boldsymbol{x}(\nu) + \boldsymbol{x}(n) = \mathbf{J}(\boldsymbol{x})(n-1) + \boldsymbol{x}(n)$$

Um die z-Transformation anwenden zu können, ist von der Gleichung zwischen Signalwerten zur entsprechenden Gleichung zwischen Signalen überzugehen. Die Signalgleichung ist natürlich

$$\mathbf{J}(\boldsymbol{x}) = \mathbf{J}(\boldsymbol{x}) \circ \sigma_1 + \boldsymbol{x}$$

Die Anwendung der z-Transformation auf beide Seiten der Gleichung liefert

$$\mathcal{Z}(\mathbf{J}(\boldsymbol{x}))(z) = \mathcal{Z}(\mathbf{J}(\boldsymbol{x}) \circ \sigma_1)(z) + \mathcal{Z}(\boldsymbol{x})(z) = \frac{1}{z}\mathcal{Z}(\mathbf{J}(\boldsymbol{x}))(z) + \mathcal{Z}(\boldsymbol{x})(z)$$

Die Auflösung der Gleichung nach $\mathcal{Z}(\mathbf{J}(\boldsymbol{x}))(z)$ bringt jetzt die gewünschte Abhängigkeit:

$$\mathcal{Z}(\mathbf{J}(\boldsymbol{x}))(z) = \frac{\mathcal{Z}(\boldsymbol{x})(z)}{1 - z^{-1}} = \frac{z}{z-1}\mathcal{Z}(\boldsymbol{x})(z)$$

Über den Definitionsbereich $\mathcal{D}\langle \mathbf{J}(\boldsymbol{x})\rangle$ kann nicht viel mehr gesagt werden, als dass er natürlich vom Definitionsbereich von $\boldsymbol{x}$ und dem Pol bei $z = 1$ abhängt. Im Fall $1 \notin \mathcal{D}\langle \boldsymbol{x}\rangle$ gilt jedoch $\mathcal{D}\langle \mathbf{J}(\boldsymbol{x})\rangle = \mathcal{D}\langle \boldsymbol{x}\rangle$.

Ähnlich wie beim Integrator kann auch die z-Transformierte des Rampenintegrators $\mathbf{R}$ bestimmt werden. Dieser ist definiert durch

$$\mathbf{R}(\boldsymbol{x})(n) = \sum_{\nu=-\infty}^{n} \nu \boldsymbol{x}(\nu)$$

Die Durchführung der Rechnung sei dem Leser als einfache Übungsaufgabe überlassen (es kommt natürlich (3.227) ins Spiel). Das Ergebnis ist

$$\mathcal{Z}(\mathbf{R}(\boldsymbol{x}))(z) = -\frac{z^2}{z-1}\mathcal{Z}(\boldsymbol{x})'(z)$$

Ist $\boldsymbol{x}$ ein reelles Signal, und ist $\boldsymbol{x}$ symmetrisch, d. h. gilt $\boldsymbol{x}(-n) = \boldsymbol{x}(n)$ oder $\boldsymbol{x}^\diamond = \boldsymbol{x}$, dann folgt aus (3.224) direkt $\mathcal{Z}(\boldsymbol{x})(z) = \mathcal{Z}(\boldsymbol{x})(z^{-1})$. Hat daher $\mathcal{Z}(\boldsymbol{x})$ einen Pol in p, dann ist auch $\frac{1}{p}$ ein Pol, und Analoges gilt auch für Nullstellen. Diese Tatsache vereinfacht gelegentlich das Auffinden von Nullstellen und Polen.

3.7.5 Die Bestimmung der Umkehrung

Nach Abschn. 3.7.1 ist jede auf einem Kreisring und auf einem Teil seines Randes holomorphe Funktion f die z-Transformierte eines Signals $\boldsymbol{f}$. Eine Möglichkeit, $\boldsymbol{f}$ aus f zu berechnen, ist (3.212), die Auswertung der Linienintegrale ist jedoch in den meisten Fällen mit Schwierigkeiten verbunden.

Am schnellsten kommt man zum Ziel, wenn die Potenzreihenentwicklung von f um $z = 0$ bekannt ist:

$$f(z) = \sum_{\nu=0}^{\infty} f_\nu z^\nu \quad \Longrightarrow \quad f(n) = \begin{cases} 0 & \text{für } n > 0 \\ f_{-n} & \text{für } n \leq 0 \end{cases} \tag{3.237}$$

Das lässt sich auch mit der Einheitsstufe ausdrücken: $f(n) = f_n \boldsymbol{u}(-n)$, setzt man $f_n = 0$ für $n > 0$. Diese Methode kann oft eingesetzt werden, weil die Potenzreihenentwicklung vieler Funktionen bekannt ist (d. h. nachgeschlagen werden kann) oder relativ leicht zu bestimmen ist. Man hat aber den Definitionsbereich der Funktion zu beachten. Dazu ein Beispiel. Die Funktion

$$f \colon \{ z \in \mathbb{C} \mid |z| < |c| \} \longrightarrow \mathbb{C} \quad f(z) = \frac{1}{z - c}$$

kann so umgeformt werden, dass man eine geometrische Reihe als Reihenentwicklung bekommt:

$$\frac{1}{z-c} = -\frac{1}{c}\frac{1}{1-\frac{z}{c}} = -\frac{1}{c}\sum_{\nu=0}^{\infty}\left(\frac{z}{c}\right)^\nu = -\sum_{\nu=0}^{\infty}\frac{1}{c^{\nu+1}}z^\nu = -\left(\frac{1}{c} + \frac{1}{c^2}z + \frac{1}{c^3}z^2 + \frac{1}{c^4}z^3 + \cdots\right)$$

Die umgekehrte z-Transformierte von f ist daher

$$f(n) = \begin{cases} 0 & \text{für } n > 0 \\ -\frac{1}{c^{-n+1}} & \text{für } n \leq 0 \end{cases}$$

Auch dieses Signal lässt sich mit der Einheitsstufe $\boldsymbol{u}$ darstellen:

$$f(n) = -\frac{1}{c^{-n+1}}\boldsymbol{u}(-n) = c^{n-1}\boldsymbol{u}(-n)$$

Diese Entwicklung gilt nur für den angegebenen Definitionsbereich. Bei der Funktion

$$g \colon \{ z \in \mathbb{C} \mid |z| > |c| \} \longrightarrow \mathbb{C} \quad g(z) = \frac{1}{z - c}$$

die sich vom obigen f nur durch den Definitionsbereich unterscheidet, muss man etwas anders vorgehen (d. h. die Laurent-Reihe berechnen):

$$\frac{1}{z-c} = \frac{1}{z(z-\frac{c}{z})} = \frac{1}{z}\sum_{\nu=0}^{\infty}\left(\frac{c}{z}\right)^\nu = \sum_{\nu=0}^{\infty} c^\nu \frac{1}{z^{\nu+1}} = \left(\frac{1}{z} + \frac{c}{z^2} + \frac{c^2}{z^3} + \cdots\right)$$

Tab. 3.4 Einige Signale und ihre z-Transformierte

$x(n)$	$\mathcal{Z}(x)(z)$		$\mathcal{D}\langle x\rangle$
$c^{n-1}u(-n)$	$\frac{1}{z-c}$	$\frac{z^{-1}}{1-cz^{-1}}$	$\{z\in\mathbb{C} \mid \lvert z\rvert < \lvert c\rvert\}$
$c^{n-1}u(n) - \frac{1}{c}\delta(n)$	$\frac{1}{z-c}$	$\frac{z^{-1}}{1-cz^{-1}}$	$\{z\in\mathbb{C} \mid \lvert z\rvert > \lvert c\rvert\}$
$\frac{1}{2}n(1-n)c^{n-2}u(-n)$	$\frac{1}{(z-c)^2}$	$\frac{z^{-2}}{(1-cz^{-1})^2}$	$\{z\in\mathbb{C} \mid \lvert z\rvert < \lvert c\rvert\}$
$c^n u(n)$	$\frac{z}{z-c}$	$\frac{1}{1-cz^{-1}}$	$\{z\in\mathbb{C} \mid \lvert z\rvert > \lvert c\rvert\}$
$-c^n u(-n-1)$	$\frac{z}{z-c}$	$\frac{1}{1-cz^{-1}}$	$\{z\in\mathbb{C} \mid \lvert z\rvert < \lvert c\rvert\}$
$c^n u(-n)$	$\frac{1}{1-\frac{z}{c}}$	$\frac{z^{-1}}{z^{-1}-\frac{1}{c}}$	$\{z\in\mathbb{C} \mid \lvert z\rvert < \lvert c\rvert\}$
$nc^n u(n)$	$\frac{cz}{(z-c)^2}$	$\frac{cz^{-1}}{(1-cz^{-1})^2}$	$\{z\in\mathbb{C} \mid \lvert z\rvert > \lvert c\rvert\}$
$-nc^n u(-n-1)$	$\frac{cz}{(z-c)^2}$	$\frac{cz^{-1}}{(1-cz^{-1})^2}$	$\{z\in\mathbb{C} \mid \lvert z\rvert < \lvert c\rvert\}$

Die umgekehrte z-Transformierte von g ist deshalb

$$g(n) = \begin{cases} 0 & \text{für } n \le 0 \\ c^{n-1} & \text{für } n > 0 \end{cases}$$

Hier genügt die Einheitsstufe zur Darstellung nicht mehr, man benötigt zusätzlich den Einheitsimpuls, um in der Darstellung $g(0) = 0$ zu erzwingen:

$$g(n) = c^{n-1}u(n) - \frac{1}{c}\delta(n)$$

Als ein einfacher Test kann dienen, dass bei einem Äußeren eines Kreises um den Nullpunkt als Definitionsbereich die Rechnung tatsächlich ein rechtsseitiges Signal liefert.

Steht keine Reihenentwicklung zur Verfügung, dann kann man versuchen, die Funktion in Summen oder Differenzen einfacherer Funktionen zu zerlegen, deren Umkehrung der z-Transformierten bekannt ist. Einige solcher Funktionsbausteine stehen bereits zur Verfügung, diese und einige weitere Bausteine sind in Tab. 3.4 aufgeführt. Die Tabelle lässt sich natürlich in beiden Richtungen lesen: Von rechts nach links, um von der z-Transformierten auf das Signal, und von links nach rechts, um vom Signal auf die z-Transformierte zu schließen.

Die weiter unten noch besprochene Partialbruchzerlegung einer rationalen Funktion führt auf Funktionen des in den ersten drei Zeilen der Tabelle aufgeführten Typs $(z-c)^{-k}$. Leider werden die zugehörigen Signale rasch kompliziert.

Als ein Beispiel dafür, wie die Umkehrung der z-Transformation durch eine Kombination elementarer Summierung und Ausnützen der Eigenschaften der z-Transformation berechnet werden kann, wird der dritte Tabelleneintrag bestimmt, also die Bestimmung des Signals x mit der z-Transformierten $(z-c)^{-2}$ mit dem angegebenen Definitionsbereich. Man bemerkt zunächst, dass die gegebene Funktion ein Produkt ist: $(z-c)^{-1}(z-c)^{-1}$. Kennt man daher das Signal y, dessen z-Transformierte $(z-c)^{-1}$ ist, dann ist x schon gefunden, denn nach (3.222) gilt $\boldsymbol{x} = \boldsymbol{y} * \boldsymbol{y}$. Nun ist aber

$$\frac{1}{z-c} = -\frac{1}{c}\frac{1}{1-\frac{z}{c}}$$

d. h. die Umkehrung der z-Transformierten auf der rechten Seite der Gleichung kann der Tab. 3.4 entnommen werden (deren sechster Eintrag als gegeben vorausgesetzt werden soll):

$$g\colon \{z \in \mathbb{C} \mid |z| < |c|\} \longrightarrow \mathbb{C} \quad g(z) = \frac{1}{\left(1-\frac{z}{c}\right)^2} \quad \Longrightarrow \quad \mathcal{Z}^{-1}(g) = \boldsymbol{g}_c * \boldsymbol{g}_c$$

mit dem Signal $\boldsymbol{g}_c(n) = c^n \boldsymbol{u}(-n)$. Diese Faltung gilt es nun zu berechnen:

$$\boldsymbol{g}_c * \boldsymbol{g}_c(n) = \sum_{\nu=-\infty}^{\infty} \boldsymbol{g}_c(\nu)\boldsymbol{g}_c(n-\nu)$$

Die Eigenschaften des Signals $\boldsymbol{g}_c$ machen aus der unendlichen Reihe eine endliche Summe. Man bemerkt zunächst $\boldsymbol{g}_c(n) = 0$ für $-n < 0$ oder $n > 0$. Das vereinfacht die Reihe zu

$$\sum_{\nu=-\infty}^{\infty} \boldsymbol{g}_c(\nu)\boldsymbol{g}_c(n-\nu) = \sum_{\nu=-\infty}^{-1} \boldsymbol{g}_c(\nu)\boldsymbol{g}_c(n-\nu)$$

Man bemerkt weiter $\boldsymbol{g}_c(n-\nu) = 0$ für $-(n-\nu) < 0$ oder $\nu < n$. Es werden jetzt die beiden Fälle $n \geq 0$ und $n < 0$ unterschieden. Es sei $n \geq 0$. Dann gilt bei $\nu \leq -1$ erst recht $\nu < n$, d. h. für $\nu \leq -1$ ist $\boldsymbol{g}_c(n-\nu) = 0$, woraus folgt

$$\sum_{\nu=-\infty}^{-1} \boldsymbol{g}_c(\nu)\boldsymbol{g}_c(n-\nu) = 0$$

Es sei nun $n < 0$. Wegen $\boldsymbol{g}_c(n-\nu) = 0$ für $\nu < n$ wird die Reihe hier zur endlichen Summe:

$$\begin{aligned}\sum_{\nu=-\infty}^{-1} \boldsymbol{g}_c(\nu)\boldsymbol{g}_c(n-\nu) &= \sum_{\nu=n}^{-1} \boldsymbol{g}_c(\nu)\boldsymbol{g}_c(n-\nu) = \sum_{\nu=n}^{-1} c^\nu c^{n-\nu} \\ &= c^n \sum_{\nu=n}^{-1} 1 = -c^n \sum_{\nu=1}^{|n|} 1 = -\frac{1}{2} c^n\, |n|\,(|n|+1)\end{aligned}$$

Das Gesamtergebnis ist also bisher wie folgt:

$$\boldsymbol{g}_c * \boldsymbol{g}_c(n) = \begin{cases} 0 & \text{für } n \geq 0 \\ -\frac{1}{2} c^n\, |n|\,(|n|+1) & \text{für } n < 0 \end{cases}$$

Nun kommt es für $n \geq 0$ auf den Wert von $|n|$ nicht an, und für $n < 0$ ist $|n| = -n$, es gilt daher $-\frac{1}{2}c^n\,|n|\,(|n|+1) = \frac{1}{2}c^n n(1-n)$. Außerdem muss $\boldsymbol{g}_c * \boldsymbol{g}_c$ noch mit c^{-2} multipliziert werden, um auf das gesuchte Signal $\boldsymbol{x}$ zu kommen. Das ergibt

$$\begin{aligned}\boldsymbol{x}(n) &= \begin{cases} 0 & \text{für } n \geq 0 \\ \frac{1}{2}c^{n-2}n(1-n) & \text{für } n < 0 \end{cases} \\ &= \frac{1}{2}n(1-n)c^{n-2}\boldsymbol{u}(-n)\end{aligned}$$

Das Signal ist linksseitig, der für die z-Transformierte angegebene Definitionsbereich $|z| < |c|$ ist daher korrekt.

Es muss allerdings noch die Frage beantwortet werden, wie zur Bestimmung der umgekehrten z-Transformierten einer komplexen Funktion die Funktion in einfachere Bausteine zerlegt werden kann, deren umgekehrte z-Transformationen bekannt ist. Ist die Funktion eine rationale Funktion, d. h. ein Quotient aus Polynomen, dann ist die Methode der Partialbruchzerlegung anwendbar, wie sie in Abschn. 6.4 vorgestellt wird. Diese Methode ist gut anwendbar (auch numerisch), wenn das Nennerpolynom in lauter verschiedene Linearfaktoren zerfällt. Systemfunktionen von Filtern besitzen allerdings nicht selten mehrfache Pole, d. h. mehrfache Nullstellen des Nennerpolynoms. Die Bestimmung des Gleichungssystems zur Partialbruchzerlegung kann in solchen Fällen recht mühsam sein. Bei höheren Polynomgraden und numerisch bestimmten Nullstellen des Nennerpolynoms wird man gar keine andere Wahl haben als das lineare Gleichungssystem ebenfalls numerisch zu lösen.[19]

Dazu ein Beispiel. Sind Signale $\boldsymbol{f}$ und $\boldsymbol{g}$ gegeben, deren z-Transformierte bekannt sind, dann kann die Faltung $\boldsymbol{f} * \boldsymbol{g}$ der Signale über die umgekehrte z-Transformierte des Produktes der beiden z-Transformierten bestimmt werden. Konkret seien die beiden Signale

$$\boldsymbol{f}(n) = \frac{1}{2^n}\boldsymbol{u}(n) \qquad \boldsymbol{g}(n) = 2^n\boldsymbol{u}(-n)$$

gegeben. Deren z-Transformierte $f = \mathcal{Z}(\boldsymbol{f})$ und $g = \mathcal{Z}(\boldsymbol{g})$ sind aus Tab. 3.4 bekannt:

$$\begin{aligned} f\colon \left\{z \in \mathbb{C} \,\middle|\, |z| > \frac{1}{2}\right\} &\longrightarrow \mathbb{C} \quad f(z) = \frac{z}{z-\frac{1}{2}} \\ g\colon \left\{z \in \mathbb{C} \,\middle|\, |z| < 2\right\} &\longrightarrow \mathbb{C} \quad g(z) = -\frac{2}{z-2}\end{aligned}$$

Die z-Transformierte $h = \mathcal{Z}(\boldsymbol{f} * \boldsymbol{g})$ ist deshalb

$$h\colon \left\{z \in \mathbb{C} \,\middle|\, \frac{1}{2} < |z| < 2\right\} \longrightarrow \mathbb{C} \quad h(z) = \frac{-2z}{\left(z-\frac{1}{2}\right)(z-2)}$$

[19] Ausgefeilte Programme zum Lösen linearer Gleichungssysteme findet man in [Wlk2].

Es gilt nun, $\mathcal{Z}^{-1}(h) = \boldsymbol{h}$ zu berechnen. Es ist dann $\boldsymbol{h} = \boldsymbol{f} * \boldsymbol{g}$. Dazu wird die rationale Funktion h wie in Abschn. 6.4 beschrieben in eine Summe von Partialbrüchen zerlegt, in der Hoffnung, dass die inverse z-Transformation dieser Partialbrüche bekannt oder doch einfacher zu bestimmen ist. Es ist der einfachste Fall gegeben, dass nämlich das Nennerpolynom vollständig in verschiedene Linearfaktoren zerfällt. Die Gleichung für die Koeffizienten der Zerlegung könnte zwar von Abschn. 6.4 übernommen werden (angepasst an $k = 2$), es ist aber nicht schwierig, die Rechnung direkt auszuführen. Der Zerlegungsansatz ist

$$\frac{-2z}{\left(z - \frac{1}{2}\right)(z-2)} = \frac{c_1}{z - \frac{1}{2}} + \frac{c_2}{z-2}$$

Geeignete Erweiterungen der Brüche der rechten Seite und Herauskürzen des dann gemeinsamen Nenners beider Seiten gibt die Gleichung

$$-2z = (z-2)c_1 + \left(z - \frac{1}{2}\right)c_2 = (c_1 + c_2)z - 2c_1 - \frac{1}{2}c_2$$

und daraus erhält man durch Vergleich der Koeffizienten von z^0 und z^1 auf beiden Seiten das lineare Gleichungssystem

$$\begin{aligned} c_1 + c_2 &= -2 \\ 2c_1 + \frac{1}{2}c_2 &= 0 \end{aligned}$$

mit der Lösung $c_1 = -\frac{2}{3}$ und $c_2 = \frac{8}{3}$. Die Partialbruchzerlegung ist daher

$$\frac{-2z}{\left(z - \frac{1}{2}\right)(z-2)} = -\frac{2}{3}\frac{1}{z - \frac{1}{2}} + \frac{8}{3}\frac{1}{z-2}$$

Die Koeffizienten c_1 und c_2 haben sich hier als reelle Zahlen ergeben, können abhängig von den Nullstellen des Nennerpolynoms allerdings auch komplexe Zahlen sein.

Unter Ausnutzen der Linearität der z-Transformation lässt sich das gesuchte Signal direkt von Tab. 3.4 ablesen, man erhält

$$\begin{aligned} \mathcal{Z}^{-1}(h)(n) = \boldsymbol{h}(n) &= -\frac{2}{3}\left(\left(\frac{1}{2}\right)^{n-1}\boldsymbol{u}(n) - \frac{1}{\frac{1}{2}}\boldsymbol{\delta}(n)\right) - \frac{8}{3}2^{n-1}\boldsymbol{u}(-n) \\ &= -\frac{1}{3}\frac{1}{2^{n-2}}\boldsymbol{u}(n) + \frac{1}{3}2^{n+2}\boldsymbol{u}(-n) + \frac{4}{3}\boldsymbol{\delta}(n) \end{aligned}$$

Ist die z-Transformierte f als eine rationale Funktion in z^{-1} gegeben, dann kann für die inverse z-Transformierte $\boldsymbol{f}$ eine Rekursionsformel abgeleitet werden. Diese macht es möglich, $\boldsymbol{f}$ oder wenigstens eine Anzahl Werte $\boldsymbol{f}(n)$ von $\boldsymbol{f}$ numerisch zu bestimmen. Es sei f also gegeben als

$$f(z) = \mathcal{Z}(\boldsymbol{f})(z) = \frac{\sum_{\kappa=0}^{k} s_\kappa z^{-\kappa}}{\sum_{\mu=0}^{m} t_\mu z^{-\mu}} \tag{3.238}$$

Definiert man Signale $\boldsymbol{s}$ und $\boldsymbol{t}$ mit Hilfe der Koeffizienten der Polynome als

$$\boldsymbol{s}(n) = \begin{cases} s_n & \text{für } n \in \{0, \dots, k\} \\ 0 & \text{für } n < 0 \text{ oder } k < n \end{cases} \qquad \boldsymbol{t}(n) = \begin{cases} t_n & \text{für } n \in \{0, \dots, m\} \\ 0 & \text{für } n < 0 \text{ oder } m < n \end{cases} \tag{3.239}$$

dann geht (3.238) über in

$$\mathcal{Z}(\boldsymbol{f})(z) = \frac{\mathcal{Z}(\boldsymbol{s})(z)}{\mathcal{Z}(\boldsymbol{t})(z)} \tag{3.240}$$

oder in ein Produkt umgeformt

$$\mathcal{Z}(\boldsymbol{f})\mathcal{Z}(\boldsymbol{t}) = \mathcal{Z}(\boldsymbol{f} * \boldsymbol{t}) = \mathcal{Z}(\boldsymbol{s}) \tag{3.241}$$

Für die Signale bedeutet das $\boldsymbol{f} * \boldsymbol{t} = \boldsymbol{s}$, oder ausgeschrieben

$$\boldsymbol{s}(n) = \sum_{\nu=-\infty}^{\infty} \boldsymbol{t}(\nu)\boldsymbol{f}(n-\nu) = \sum_{\mu=0}^{m} t_\mu \boldsymbol{f}(n-\mu) = t_0\boldsymbol{f}(n) + \sum_{\mu=1}^{m} t_\mu \boldsymbol{f}(n-\mu) \tag{3.242}$$

und nach $\boldsymbol{f}(n)$ aufgelöst

$$\boldsymbol{f}(n) = \frac{\boldsymbol{s}(n)}{t_0} - \sum_{\mu=1}^{m} t_\mu \boldsymbol{f}(n-\mu) \tag{3.243}$$

Um die Rekursion starten zu können müssen m Startwerte bekannt sein. Ist z. B. $\boldsymbol{f}$ rechtsseitig, etwa weil der Definitionsbereich von f das Äußere eines Kreisringes ist, gilt also $\boldsymbol{f}(n) = 0$ für $n < 0$, dann können $\boldsymbol{f}(-1)$ bis $\boldsymbol{f}(-m)$ als Startwerte herangezogen werden. Jedenfalls erhält man als genaue Rekursionsformel

$$\boldsymbol{f}(n) = \begin{cases} \frac{s_n}{t_0} - \sum_{\mu=1}^{m} t_\mu \boldsymbol{f}(n-\mu) & \text{für } 0 \le n \le k \\ -\sum_{\mu=1}^{m} t_\mu \boldsymbol{f}(n-\mu) & \text{für } n < 0 \text{ oder } n > k \end{cases} \tag{3.244}$$

Bei dem oben erwähnten rechtsseitigen Signal $\boldsymbol{f}$ ergibt sich im **Spezialfall** $k = m$

$$\begin{aligned}
\boldsymbol{f}(0) &= \frac{s_0}{t_0} \\
\boldsymbol{f}(1) &= \frac{s_1}{t_0} - t_1\boldsymbol{f}(0) \\
\boldsymbol{f}(2) &= \frac{s_2}{t_0} - t_1\boldsymbol{f}(1) - t_2\boldsymbol{f}(0) \\
&\vdots \\
\boldsymbol{f}(m) &= \frac{s_m}{t_0} - t_1\boldsymbol{f}(m-1) - t_2\boldsymbol{f}(m-2) - \dots - t_m\boldsymbol{f}(0) \\
\boldsymbol{f}(m+1) &= -t_1\boldsymbol{f}(m) - t_2\boldsymbol{f}(m-1) - \dots - t_m\boldsymbol{f}(1) \\
\boldsymbol{f}(m+2) &= -t_1\boldsymbol{f}(m+1) - t_2\boldsymbol{f}(m) - \dots - t_m\boldsymbol{f}(2) \\
&\vdots
\end{aligned}$$

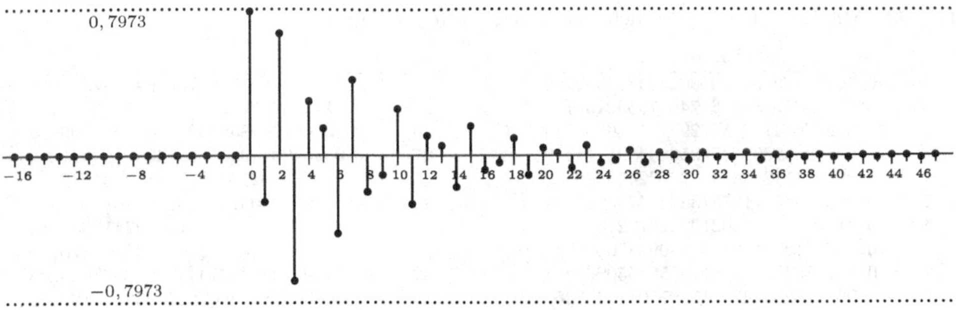

Abb. 3.89 Die Einheitsimpulsantwort $\Delta_{\mathbf{B}_4}$

Im Vorgriff auf den Abschn. 3.8 sei die Funktion f in (3.238) die Systemfunktion eines LSI-Systems **S**:

$$f(z) = \Psi_{\mathbf{S}}(z) = \mathcal{Z}(\boldsymbol{\Delta}_{\mathbf{S}})(z) \tag{3.245}$$

Dann ist die umgekehrte z-Transformierte $\boldsymbol{f}$ der Funktion f gerade die Einheitsimpulsantwort des Systems **S**:

$$\boldsymbol{f} = \mathcal{Z}^{-1}(f) = \mathcal{Z}^{-1}(\Psi_{\mathbf{S}}) = \mathcal{Z}^{-1}(\mathcal{Z}(\boldsymbol{\Delta}_{\mathbf{S}})) = \boldsymbol{\Delta}_{\mathbf{S}} \tag{3.246}$$

Mit den Rekursionsformeln (3.244) werden daher die Werte der Einheitsimpulsantwort von **S** berechnet. An der Systemfunktion (3.238) kann direkt die Differenzengleichung des Systems zur Berechnung von $\mathbf{S}(\boldsymbol{x})(n)$ für ein Signal $\boldsymbol{x}$ abgelesen werden (siehe (3.253) und (3.255)):

$$\begin{aligned}&t_0\mathbf{S}(\boldsymbol{x})(n) + t_1\mathbf{S}(\boldsymbol{x})(n-1) + \cdots + t_m\mathbf{S}(\boldsymbol{x})(n-m)\\ &= s_0\boldsymbol{x}(n) + s_1\boldsymbol{x}(n-1) + \cdots + s_k\boldsymbol{x}(n-k)\end{aligned}$$

Zur Berechnung von $\mathbf{S}(\boldsymbol{x})(n)$ werden nur $\mathbf{S}(\boldsymbol{x})(v)$ und $\boldsymbol{x}(v)$ mit $v \leq n$ verwendet, d. h. das System ist kausal. Nach Abschn. 3.11 folgt daraus, dass die Einheitsimpulsantwort $\boldsymbol{\Delta}_{\mathbf{S}}$ rechtsseitig ist: $\boldsymbol{\Delta}_{\mathbf{S}}(n) = 0$ für $n < 0$. Zur Berechnung von $\boldsymbol{\Delta}_{\mathbf{S}}(n)$ für $n \geq 0$ mit den Rekursionsformeln stehen daher die benötigten m Startwerte $\boldsymbol{\Delta}_{\mathbf{S}}(-1)$ bis $\boldsymbol{\Delta}_{\mathbf{S}}(-m)$ zur Verfügung.

Als Beispiel wird die *Bessel*-Bandsperre vierten Grades $\mathbf{B}_4$ aus Abschn. 4.3.2 herangezogen. Die Koeffizienten der Systemfunktion wurden numerisch durch Auswertung von Formeln in [All] gewonnen (siehe Abschn. 4.3.2). Das Ergebnis der Rekursionsrechnung ist numerisch in Tab. 3.5 und graphisch in Abb. 3.89 wiedergegeben.

Die Auswertung der Rekursionsformeln ist eine schnell durchführbare Methode, sich einen Überblick über den Verlauf der Einheitsimpulsantwort eines numerisch gegebenen Systems zu verschaffen. Die Formeln sind so einfach aufgebaut, dass schon ein Tabellenkalkulationsprogramm zur Auswertung genügt.

Tab. 3.5 Mit den Rekursionsformeln berechnete Werte von Δ_{B_4}

n	$\Delta_{\mathsf{B}_4}(n)$	n	$\Delta_{\mathsf{B}_4}(n)$
0	0,7973077920666000021943343362569	24	−0,0283840907399773640415573166l9
1	−0,245196762835964746579592157176	25	−0,014495386642357499081726765174
2	0,669976741005567297755810766773	26	0,039607259859133200846906199547
3	−0,668996573029375856844895711410	27	−0,039549314910655814095784377279
4	0,299671719653332723022463420533	28	0,017715802573875074172281632098
5	0,153038456716781358514753065884	29	0,009047230377766053612070571953
6	−0,418162969583021020267221427714	30	−0,024720693101798139327419855884
7	0,417551202149125898099470095115	31	0,024684527022821618784506470739
8	−0,187038756005481798501550961421	32	−0,011057238497144439232673603043
9	−0,095518264447571536750144497363	33	−0,005646788149078346438125776086
10	0,260994536717861267798946264400	34	0,015429309414656998270444188649
11	−0,260612704825506600188294084600	35	−0,015406736519125882771992166378
12	0,116739398327436045279627333256	36	0,006901325676491204440733228467
13	0,059617295147983215444527767574	37	0,003524417426015078136659325628
14	−0,162898566232433999275385449439	38	−0,009630134075646396815022078607
15	0,162660247574164031904087884583	39	0,009616045304425456587019225556
16	−0,072862370414035264932729381635	40	−0,004307431381289000203314380976
17	−0,037209866629356516076757350531	41	−0,002199749284879078655505569199
18	0,101672407454522354758268843781	42	0,006010604870418144341833397465
19	−0,101523661935835187920911705148	43	−0,006001811427226845235573514270
20	0,045476720785054621392121559005	44	0,002688463923346758289244369976
21	0,023224370900049768653708820719	45	0,001372963622472259393970258052
22	−0,063458375826638822669848783973	46	−0,003751491996321906375633204467
23	0,063365536980154336174113725131	47	0,003746003608303817437271930558

3.8 Die Systemfunktion

Die Verträglichkeit der z-Transformation mit der Faltungsoperation von Signalen erlaubt es nun, die **Systemfunktion** eines LSI-Systems S zu definieren. Für ein solches System gilt

$$\mathsf{S}(\boldsymbol{x}) = \Delta_{\mathsf{S}} * \boldsymbol{x} \tag{3.247}$$

und daraus folgt direkt mit Hilfe von (3.222)

$$\mathcal{Z}(\mathsf{S}(\boldsymbol{x})) = \mathcal{Z}(\Delta_{\mathsf{S}})\mathcal{Z}(\boldsymbol{x}) \tag{3.248}$$

Definiert man nun die Systemfunktion Ψ_{S} von S als die z-Transformierte der Einheitsimpulsantwort von S,

$$\Psi_{\mathsf{S}} = \mathcal{Z}(\Delta_{\mathsf{S}}) \tag{3.249}$$

dann geht die Gl. (3.247) über in die Gleichung

$$\mathcal{Z}(\mathsf{S}(\boldsymbol{x})) = \Psi_{\mathsf{S}}\mathcal{Z}(\boldsymbol{x}) \tag{3.250}$$

Daraus folgt, dass die Systemfunktion eines LSI-Systems S der Quotient aus der z-Transformierten von $\mathsf{S}(\boldsymbol{x})$ und der z-Transformierten von $\boldsymbol{x}$ ist:

$$\Psi_{\mathsf{S}} = \frac{\mathcal{Z}(\mathsf{S}(\boldsymbol{x}))}{\mathcal{Z}(\boldsymbol{x})} \tag{3.251}$$

Oder mit Argument z geschrieben

$$\boldsymbol{\Psi}_{\mathbf{S}}(z) = \frac{\mathcal{Z}(\mathbf{S}(\boldsymbol{x}))(z)}{\mathcal{Z}(\boldsymbol{x})(z)} \tag{3.252}$$

Die Systemfunktion von Systemen $\mathbf{S}$, die über rekursive Differenzengleichungen definiert werden, ist leicht zu bestimmen. Die Differenzengleichung sei wie folgt gegeben:

$$\begin{aligned} &v_0\mathbf{S}(\boldsymbol{x})(n) + v_1\mathbf{S}(\boldsymbol{x})(n-1) + \cdots + v_m\mathbf{S}(\boldsymbol{x})(n-m) \\ &= u_0\boldsymbol{x}(n) + u_1\boldsymbol{x}(n-1) + \cdots + u_k\boldsymbol{x}(n-k) \end{aligned} \tag{3.253}$$

mit komplexen Koeffizienten u_κ und v_μ.[20] In kürzerer Schreibweise:

$$\sum_{\mu=0}^{m} v_\mu \mathbf{S}(\boldsymbol{x}) \circ \sigma_\mu = \sum_{\kappa=0}^{k} u_\kappa \boldsymbol{x} \circ \sigma_\kappa \tag{3.254}$$

Wird auf beiden Seiten die z-Transformation angewendet, erhält man als Resultat

$$\sum_{\mu=0}^{m} v_\mu z^{-\mu} \mathcal{Z}(\mathbf{S}(\boldsymbol{x}))(z) = \sum_{\kappa=0}^{k} u_\kappa z^{-\kappa} \mathcal{Z}(\boldsymbol{x})(z),$$

also nach Herausziehen der Konstanten

$$\mathcal{Z}(\mathbf{S}(\boldsymbol{x}))(z) \sum_{\mu=0}^{m} v_\mu z^{-\mu} = \mathcal{Z}(\boldsymbol{x})(z) \sum_{\kappa=0}^{k} u_\kappa z^{-\kappa}.$$

Die Systemfunktion von $\mathbf{S}$ kann direkt abgelesen werden:

$$\boldsymbol{\Psi}_{\mathbf{S}}(z) = \frac{\mathcal{Z}(\mathbf{S}(\boldsymbol{x}))(z)}{\mathcal{Z}(\boldsymbol{x})(z)} = \frac{\sum_{\kappa=0}^{k} u_\kappa z^{-\kappa}}{\sum_{\mu=0}^{m} v_\mu z^{-\mu}} \tag{3.255}$$

Wegen der Eindeutigkeit der z-Transformation kann man auch umgekehrt schließen: Kann die Systemfunktion eines LSI-Systems $\mathbf{S}$ in die Gestalt (3.255) gebracht werden oder wird sie direkt wie (3.255) vorgegeben, dann hat das System selbst die Gestalt (3.253).

In der Differenzengleichung (3.253) hängt $\mathbf{S}(\boldsymbol{x})(n)$ nur von $\mathbf{S}(\boldsymbol{x})(\nu)$ und $\boldsymbol{x}(\nu)$ mit $\nu < n$ ab, das so definierte System ist daher kausal.[21] Daraus folgt, dass die Einheitsimpulsantwort des Systems rechtsseitig ist, d. h. der Definitionsbereich der Systemfunktion als z-Transformierte der Einheitsimpulsantwort ist das Äußere eines Kreisringes. Es ist natürlich das Äußere des kleinsten Kreises um den Nullpunkt, der alle Pole der Systemfunktion enthält.

[20] Man kann natürlich so normieren, dass $v_0 = 1$ gilt, doch ist es sehr unbequem, stets diesen Spezialfall zu berücksichtigen.

[21] Zur Kausalität siehe Abschn. 3.11.

Dazu ein einfaches Beispiel. Das LSI-System **S** sei durch die folgende Differenzengleichung definiert:

$$\mathbf{S}(\boldsymbol{x})(n) = \boldsymbol{x}(n) + 5\boldsymbol{x}(n-1) + 6\boldsymbol{x}(n-2) - \mathbf{S}(\boldsymbol{x})(n-1) + 6\mathbf{S}(\boldsymbol{x})(n-2)$$

Die aus dieser Differenzengleichung abgeleitete rationale Funktion ist

$$\frac{1+5z^{-1}+6z^{-2}}{1+z^{-1}+6z^{-2}} = \frac{z^2+5z+6}{z^2+z-6}$$

Die Pole der rationalen Funktion (die Nullstellen des Nennerpolynoms) sind schnell gefunden, es ist $z^2 + z - 6 = (z-2)(z+3)$. Der Pol mit dem größten Betrag ist $z = -3$, damit ist die Systemfunktion erkannt:

$$\boldsymbol{\Psi}_{\mathbf{S}}\colon \left\{ z \in \mathbb{C} \mid |z| > 3 \right\} \longrightarrow \mathbb{C} \quad \boldsymbol{\Psi}_{\mathbf{S}}(z) = \frac{z^2+5z+6}{z^2+z-6} \qquad ☹$$

Allerdings muss auch das Zählerpolynom in Betracht gezogen werden! Es ist nämlich $z^2 + 5z + 6 = (z+2)(z+3)$, d. h. der Nenner und der Zähler haben den Linearfaktor $x + 3$ gemeinsam, der herausgekürzt werden kann. Dann bleibt nur noch der Pol $z = 2$ übrig und die Systemfunktion ist tatsächlich

$$\boldsymbol{\Psi}_{\mathbf{S}}\colon \left\{ z \in \mathbb{C} \mid |z| > 2 \right\} \longrightarrow \mathbb{C} \quad \boldsymbol{\Psi}_{\mathbf{S}}(z) = \frac{z^2+5z+6}{z^2+z-6} = \frac{z+2}{z-2}$$

Die Systemfunktion $\boldsymbol{\Psi}_{\mathbf{S}}$ eines LSI-Systems **S** trüge ihren Namen sicher nicht zurecht, wenn es nicht gelänge, mit ihrer Hilfe $\mathbf{S}(\boldsymbol{x})$ für ein vorgegebenes Signal $\boldsymbol{x}$ zu bestimmen. Der Schlüssel ist natürlich (3.250). Als Beispiel sei die Systemfunktion

$$\boldsymbol{\Psi}_{\mathbf{S}}\colon \left\{ z \in \mathbb{C} \mid |z| > 1 \right\} \longrightarrow \mathbb{C} \quad \boldsymbol{\Psi}_{\mathbf{S}}(z) = \frac{1+z^{-1}}{1-z^{-1}} = \frac{z+1}{z-1}$$

gewählt. Das Signal $\boldsymbol{x}$, für das $\mathbf{S}(\boldsymbol{x})$ zu bestimmen ist, sei

$$\boldsymbol{x}(n) = -\boldsymbol{a}(n) + \boldsymbol{b}(n) \quad \text{mit} \quad \boldsymbol{a}(n) = \frac{1}{2^n}\boldsymbol{u}(n) \quad \text{und} \quad \boldsymbol{b}(n) = 2^n\boldsymbol{u}(-n)$$

Zunächst gilt es, die z-Transformierte von $\boldsymbol{x}$ zu bestimmen. Dazu können die z-Transformierten von $\boldsymbol{a}$ und $\boldsymbol{b}$ der Tab. 3.4 entnommen werden. Das Signal $\boldsymbol{a}$ ist rechtsseitig, der Definitionsbereich der z-Transformierten also das Äußere eines Kreises. Das Signal $\boldsymbol{b}$ ist linksseitig, der Definitionsbereich der z-Transformierten daher das Innere eines Kreises. Das ergibt

$$\mathcal{Z}(\boldsymbol{a})\colon \left\{ z \in \mathbb{C} \mid |z| > \frac{1}{2} \right\} \longrightarrow \mathbb{C} \quad \mathcal{Z}(\boldsymbol{a})(z) = \frac{z}{z-\frac{1}{2}}$$

$$\mathcal{Z}(\boldsymbol{b})\colon \left\{ z \in \mathbb{C} \mid |z| < 2 \right\} \longrightarrow \mathbb{C} \quad \mathcal{Z}(\boldsymbol{b})(z) = \frac{1}{1-\frac{z}{2}}$$

Die z-Transformierte von $\boldsymbol{x}$ erhält man daraus als

$$\mathcal{Z}(\boldsymbol{x}): \left\{z \in \mathbb{C} \,|\, \frac{1}{2} < |z| < 2\right\} \longrightarrow \mathbb{C} \quad \mathcal{Z}(\boldsymbol{x})(z) = -\frac{z}{z-\frac{1}{2}} + \frac{1}{1-\frac{z}{2}}$$

Daraus folgt für die z-Transformierte von $\mathbf{S}(\boldsymbol{x})$ noch ohne Berücksichtigung ihres eigentlichen Definitionsbereiches

$$\begin{aligned} \mathcal{Z}(\mathbf{S}(\boldsymbol{x}))(z) &= \Psi_{\mathbf{S}}(z)\mathcal{Z}(\boldsymbol{x})(z) \\ &= \frac{z+1}{z-1}\left(\frac{1}{1-\frac{z}{2}} - \frac{z}{z-\frac{1}{2}}\right) \\ &= -\frac{(z+1)(z^2-1)}{\left(z-\frac{1}{2}\right)(z-1)(z-2)} \end{aligned}$$

Es scheint noch der Pol $z = 1$ hinzugekommen zu sein, tatsächlich enthalten aber das Zähler- und das Nennerpolynom wegen $z^2 - 1 = (z-1)(z+1)$ den gemeinsamen Linearfaktor $z - 1$. Die Frage nach dem Definitionsbereich erledigt sich daher von selbst, und man erhält

$$\mathcal{Z}(\mathbf{S}(\boldsymbol{x})): \left\{z \in \mathbb{C} \,|\, \frac{1}{2} < |z| < 2\right\} \longrightarrow \mathbb{C} \quad \mathcal{Z}(\mathbf{S}(\boldsymbol{x}))(z) = -\frac{(z+1)^2}{\left(z-\frac{1}{2}\right)(z-2)}$$

Zur Ermittlung von $\mathbf{S}(\boldsymbol{x})$ ist nun die inverse z-Transformierte $\mathcal{Z}^{-1}(\mathcal{Z}(\mathbf{S}(\boldsymbol{x})))$ zu bestimmen. Leider kann $\mathcal{Z}(\mathbf{S}(\boldsymbol{x}))$ nicht direkt in Partialbrüche zerlegt werden, weil das Zählerpolynom $U(z) = (z+1)^2$ denselben Grad hat wie das Nennerpolynom $V(z) = \left(z-\frac{1}{2}\right)(z-2)$. Es sind daher ein Polynom Q und ein Polynom R mit $\operatorname{grad}(R) < \operatorname{grad}(V)$ zu bestimmen mit

$$U = QV + R \quad \text{oder} \quad \frac{U}{V} = Q + \frac{R}{V}$$

Nun bedeutet $\operatorname{grad}(R) < \operatorname{grad}(U)$ natürlich $\operatorname{grad}(R) \leq 1$, aber dann *muss* $\operatorname{grad}(Q) = 0$ gelten. Das Polynom Q entspricht also einer komplexen Zahl q und das Restpolynom ist höchstens linear (kann daher ebenfalls einer komplexen Zahl entsprechen):

$$R(z) = r_0 + r_1 z$$

Ausmultiplizieren liefert die Polynomgleichung

$$z^2 + 2z + 1 = qz^2 + \left(r_1 - q\frac{5}{2}\right) + q + r_0$$

Durch Koeffizientenvergleich der Monome z^2, z^1 und z^0 auf beiden Seiten der Gleichung erhält man die Lösungen $q = 1$, $r_0 = 0$ und $r_1 = \frac{9}{2}$. Das führt auf

$$\frac{(z+1)^2}{\left(z-\frac{1}{2}\right)(z-2)} = 1 + \frac{9}{2}\frac{z}{\left(z-\frac{1}{2}\right)(z-2)}$$

Die rationale Funktion auf der rechten Seite der Gleichung kann jetzt in Partialbrüche zerlegt werden, und zwar mit dem Ansatz

$$\frac{z}{(z-\frac{1}{2})(z-2)} = \frac{a}{z-\frac{1}{2}} + \frac{b}{z-2}$$

Erweitern auf einen gemeinsamen Nenner, Ausmultiplizieren und Koeffizientenvergleich der auf beiden Seiten erhaltenen Monome ergibt $a = -\frac{1}{3}$ und $b = \frac{4}{3}$. Alles zusammengenommen erhält die z-Transformierte $\mathcal{Z}(\mathbf{S}(\boldsymbol{x}))$ die folgende Gestalt:

$$\mathcal{Z}(\mathbf{S}(\boldsymbol{x}))(z) = -1 + \frac{\frac{3}{2}}{z-\frac{1}{2}} - \frac{6}{z-2}$$

Sie ist eine Linearkombination der konstanten Funktion $z \mapsto 1$ und der beiden Funktionen

$$f\colon \left\{ z \in \mathbb{C} \mid |z| > \frac{1}{2} \right\} \longrightarrow \mathbb{C} \quad f(z) = \frac{1}{z-\frac{1}{2}}$$
$$g\colon \{ z \in \mathbb{C} \mid |z| < 2 \} \longrightarrow \mathbb{C} \quad g(z) = \frac{1}{z-2}$$

Ihre Definitionsbereiche sind vom Definitionsbereich der z-Transformierten $\mathcal{Z}(\mathbf{S}(\boldsymbol{x}))$ abgeleitet. Der Tab. 3.4 in Abschn. 3.7.5 können die inversen z-Transformierten $\boldsymbol{f}$ von f und $\boldsymbol{g}$ von g wie folgt entnommen werden:

$$\boldsymbol{f}(n) = \frac{1}{2^{n-1}}\boldsymbol{u}(n) - 2\boldsymbol{\delta}(n)$$
$$\boldsymbol{g}(n) = 2^{n-1}\boldsymbol{u}(-n)$$

Und natürlich ist $\boldsymbol{\delta}$ die umgekehrte z-Transformierte der konstanten Funktion $z \mapsto 1$. Das gesuchte Signal ist damit bestimmt:

$$\begin{aligned}\mathbf{S}(\boldsymbol{x})(n) &= -\boldsymbol{\delta}(n) + \frac{3}{2}\boldsymbol{f}(n) - 6\boldsymbol{g}(n)\\ &= \frac{6}{2^{n+1}}\boldsymbol{u}(n) - 6 \cdot 2^{n-1}\boldsymbol{u}(-n) - 4\boldsymbol{\delta}(n)\end{aligned}$$

Ist die Impulsantwort des Systems reell, d. h. $\boldsymbol{\Delta}_{\mathbf{S}}(n) \in \mathbb{R}$, dann gilt für die Systemfunktion nach der Eigenschaft (3.230) der z-Transformation

$$\overline{\boldsymbol{\Psi}_{\mathbf{S}}(z)} = \boldsymbol{\Psi}_{\mathbf{S}}(\overline{z}) \tag{3.256}$$

Die Systemfunktion ist dann also hermitesch (Siehe dazu Abschn. 3.9). Daraus folgt unmittelbar, dass die Nullstellen der Systemfunktion eines Systems mit reeller Impulsantwort immer in konjugierten Paaren auftreten, d. h. mit z ist auch $\overline{z}$ eine Nullstelle:

$$\boldsymbol{\Psi}_{\mathbf{S}}(z) = 0 \implies \boldsymbol{\Psi}_{\mathbf{S}}(\overline{z}) = \overline{\boldsymbol{\Psi}_{\mathbf{S}}(z)} = \overline{0} = 0$$

Ist die Systemfunktion eine rationale Funktion, dann gilt das auch für deren Pole, denn diese Pole sind gerade die Nullstellen des Nennerpolynoms. Tatsächlich gilt das für die Pole *aller* Funktionen mit der Eigenschaft (3.256) (siehe Abschn. 3.9).

Die Bedeutung der Systemfunktion von LSI-Systemen für die Konstruktion und Analyse digitaler Filter gründet darin, dass gemäß (3.231) die Systemfunktion des LSI-Systems **S** eingeschränkt auf den Einheitskreis die Frequenzantwort des Systems ist:

$$\boldsymbol{\Psi}_{\mathbf{S}}(e^{i\omega}) = \boldsymbol{\Theta}_{\mathbf{S}}(\omega) \tag{3.257}$$

Dazu muss die Systemfunktion natürlich auf dem Einheitskreis überhaupt definiert sein. Ist das der Fall, dann übertragen sich alle Eigenschaften der Systemfunktion als einer z-Transformierten direkt auf die Frequenzantwort.

3.9 Pole

Viele komplexe Funktionen sind nur auf einer echten Teilmenge von $\mathbb{C}$ definiert. Die komplexen Zahlen, für die kein Funktionswert existiert, können einen ganz verschiedenen Charakter annehmen, was ihren Einfluss auf die existierenden Funktionswerte betrifft. Beispielsweise ist die Funktion

$$h\colon \{\, z \in \mathbb{C} \mid \Re(z) \geq 0 \,\} \longrightarrow \mathbb{C} \quad f(z) = \sqrt{z + \overline{z}}$$

auf der Halbebene links der imaginären Achse nicht definiert. Ist u eine komplexe Zahl, für die $h(z)$ nicht existiert, gilt also $\Re(u) < 0$, dann existiert der Grenzwert

$$\lim_{\substack{z \to u \\ \Re(z) \geq 0}} h(z) \qquad ☹$$

nicht, wie nahe auch u bei der imaginären Achse gelegen ist. Denn um jedes solche u kann eine Kreisscheibe gelegt werden, die ganz links von der imaginären Achse gelegen ist. Das ist bei der folgenden Funktion anders:

$$g\colon \mathbb{C} \smallsetminus \{1\} \longrightarrow \mathbb{C} \quad g(z) = \frac{1}{(z-1)^2}$$

Hier hat die Zahl 1 **ohne** existierenden Funktionswert $g(1)$ einen großen Einfluss auf die sie umgebenden Zahlen z **mit** existierendem Funktionswert. Ist nämlich eine positive reelle Zahl λ gegeben, dann lässt sich eine positive reelle Zahl δ finden mit

$$z \neq 1 \land |z-1| < \delta \Longrightarrow |g(z)| > \lambda \tag{3.258}$$

Zu jedem positiven λ, und sei es noch so groß, lässt sich also eine Kreisscheibe um 1 so finden, dass für jedes von 1 verschiedene z aus dieser Kreisscheibe $g(z)$ einen Betrag größer als λ besitzt. Man hat dazu nur $\delta = \sqrt{\lambda^{-1}}$ zu wählen:

$$|z-1| < \sqrt{\frac{1}{\lambda}} \Longrightarrow \left|(z-1)^2\right| = |z-1|^2 < \frac{1}{\lambda}$$

Mit anderen Worten: Der Betrag von g kann in der Nähe von 1 beliebig groß gemacht werden. Geht man zur erweiterten komplexen Ebene $\mathbb{C}^* = \mathbb{C} \cup \{\infty\}$ über, dann bedeutet (3.258) folgendes:

$$\lim_{z \to 1} g(z) = \infty \tag{3.259}$$

Es ist in der erweiterten komplexen Ebenen $\mathbb{C}^*$ daher möglich, die Funktion g in $z = 1$ auf sinnvolle Weise zu ergänzen, nämlich durch

$$g(1) = \infty$$

Es sei f eine rationale Funktion.[22] Weil in der stereographischen Projektion[23] von $\mathbb{C}^*$ dem Element ∞ ein **Pol** der RIEMANNschen Zahlenkugel entspricht (der Nordpol), heißt eine Zahl z, deren Funktionswert $f(z)$ nicht existiert, aber (sinnvoll, d. h. bei Gültigkeit von (3.259)) durch $f(z) = \infty$ ergänzt werden kann, ein **Pol** der Funktion f. Die Pole einer rationalen Funktion $f = \frac{U}{V}$ sind gerade die Nullstellen des Nennerpolynoms, und zwar nur dann, wenn diese Nullstellen nicht auch Nullstellen des Zählerpolynoms U sind, andernfalls man die Linearfaktoren für diese Nullstellen herauskürzen könnte. Es gibt daher zu einem Pol p von f eine positive natürliche Zahl k so, dass der folgende Grenzwert existiert und einen von Null verschiedenen Wert c besitzt:

$$\lim_{z \to p} (z-p)^k \frac{U(z)}{V(z)} = c \neq 0 \tag{3.260}$$

Denn wenn p eine k-fache Nullstelle von V ist, dann enthält V den Faktor $(z-p)^k$, der für $z \neq p$ in (3.260) herausgekürzt werden kann, und der Grenzwert ist der Wert der nach dem Kürzen verbliebenen rationalen Funktion an der Stelle p. Weil p keine Nullstelle von U ist, ist der Grenzwert von Null verschieden.

Es sei nun umgekehrt (3.260) gegeben. Dann enthält V den Faktor $(z-p)^k$ und p ist deshalb ein Pol von f. Denn andernfalls ließe sich eine (kleine) Kreisscheibe um p legen, in der $V(z)$ von Null verschieden und f daher beschränkt ist. Dann wäre aber $c = 0$ in (3.260)!

Eine beliebige auf einer echten Teilmenge D von $\mathbb{C}$ definierte komplexe Funktion soll an der Stelle $p \notin D$ einen Pol besitzen, *wenn sie sich dort wie eine rationale Funktion* $(z-p)^{-k}$ *verhält!*

Sei D eine echte Teilmenge von $\mathbb{C}$ und f eine auf D definierte komplexe Funktion. Dann heißt $q \notin D$ ein Pol der Ordnung k, wenn es eine natürlichen Zahl $k > 0$ gibt, für die der folgende

[22] D.h. der Quotient zweier Polynome.

[23] Siehe z. B. [Dett].

Grenzwert existiert und einen von Null verschiedenen Wert hat:

$$\lim_{\substack{z\to p\\ z\in D}}(z-p)^k f(z) = c \neq 0 \tag{3.261}$$

Existiert der Grenzwert (3.261), dann gibt es eine Kreisscheibe K um p so, dass $g(z) = (z-p)^k f(z)$ auf $K \smallsetminus \{p\}$ definiert und beschränkt ist. Daraus folgt

$$\lim_{\substack{z\to p\\ z\in K\smallsetminus\{p\}}} f(z) = \lim_{\substack{z\to p\\ z\in K\smallsetminus\{p\}}} \frac{g(z)}{(z-p)^k} = \infty$$

Auch im allgemeinen Fall kann also f in einem Pol p durch $f(p) = \infty$ ergänzt werden.

Dazu ein Beispiel. Die Funktion

$$f_1\colon \{z \in \mathbb{C} \mid \cos(\boldsymbol{i}z) \neq 0\} \longrightarrow \mathbb{C} \quad f_1(z) = \frac{1}{\cos(\boldsymbol{i}z)}$$

ist in den Nullstellen der Funktion $z \mapsto \cos(\boldsymbol{i}z)$ nicht definiert. Diese Nullstellen sind gegeben durch $\boldsymbol{i}z = (2n+1)\frac{\pi}{2}$, $n \in \mathbb{Z}$:

$$z_n = -\boldsymbol{i}(2n+1)\frac{\pi}{2}$$

Es sind tatsächlich Pole der Ordnung 1 von f_1:

$$\lim_{z\to z_n} \frac{z-z_n}{\cos(\boldsymbol{i}z)} = \lim_{z\to z_n} \frac{1}{-\sin(\boldsymbol{i}z)\boldsymbol{i}} = \frac{\boldsymbol{i}}{\sin\left((2n+1)\frac{\pi}{2}\right)} = \pm\boldsymbol{i} \neq 0$$

Dabei ist natürlich die Regel von DE L'HOSPITAL verwendet worden. Die Funktion f_1 verhält sich also in der Nähe der z_n wie die Funktion $z \mapsto (z-z_n)^{-1}$. Man kann hier vermuten, dass die z_n Pole der Ordnung 2 der Funktion

$$f_2\colon \mathbb{C} \smallsetminus \{z_n \mid n \in \mathbb{Z}\} \longrightarrow \mathbb{C} \quad f_2(z) = \frac{1}{\cos(\boldsymbol{i}z)^2}$$

sind. Das ist auch tatsächlich der Fall:

$$\begin{aligned}\lim_{z\to z_n} \frac{(z-z_n)^2}{\cos(\boldsymbol{i}z)^2} &= \lim_{z\to z_n} \frac{2z}{-2\boldsymbol{i}\cos(\boldsymbol{i}z)\sin(\boldsymbol{i}z)} = \lim_{z\to z_n} \frac{1}{\cos(\boldsymbol{i}z)^2 - \sin(\boldsymbol{i}z)^2}\\ &= \frac{1}{-\sin(\boldsymbol{i}z_n)^2} = -1 \neq 0\end{aligned}$$

Hier wurde die Regel von DE L'HOSPITAL zweimal eingesetzt.

Aus (3.256) konnte für rationale Funktionen abgeleitet werden, dass Pole in Paaren auftreten: Ist z ein Pol, dann auch $\overline{z}$. Tatsächlich gilt diese Eigenschaft für alle Funktionen, die (3.256) erfüllen. Dazu die folgende Definition:

Eine auf einer Teilmenge D von $\mathbb{C}$ definierte Funktion $f: D \longrightarrow \mathbb{C}$ heiße **hermitesch**, wenn für alle $z \in \mathbb{C}$

$$z \in D \wedge \overline{z} \in D \Longrightarrow f(\overline{z}) = \overline{f(z)} \tag{3.262}$$

erfüllt ist: Der Funktionswert einer Konjugierten ist die Konjugierte des Funktionswertes.

Dank der Eigenschaften der Konjugation ($z \mapsto \overline{z}$ ist ein Automorphismus von $\mathbb{C}$) sind sehr viele praktisch bedeutsame Funktionen hermitesch. Ganz offensichtlich sind Polynome mit **reellen** Koeffizienten hermitesch. Die Exponentialfunktion ist dann als Grenzwert einer Folge von Polynomen mit reellen Koeffizienten ebenfalls hermitesch. Folglich sind auch alle Funktionen, die mit Hilfe der Grundrechenarten mit der Exponentialfunktion gebildet werden können, hermitesch. Dazu zählen beispielsweise

$$\sin \quad \cos \quad \tan \quad \cot \quad \sinh \quad \cosh$$

Dass mit p auch $\overline{p}$ ein Pol ist gilt nun nicht nur für rationale Funktionen, sondern ganz allgemein für jede hermitesche Funktion:

Es sei $f: D \longrightarrow \mathbb{C}$ eine hermitesche Funktion. Ist $p \in D$ ein Pol und ist $\overline{p} \in D$, dann ist auch $\overline{p}$ ein Pol.

Sei p ein Pol der Ordnung k von f. Dann gilt (3.261). Es gibt daher zu jedem reellen $\varepsilon > 0$ ein reelles $\delta > 0$ mit

$$z \in D \wedge |z - p| < \delta \Longrightarrow \left|(z-p)^k f(z) - c\right| < \varepsilon \tag{3.263}$$

Eben das muss auch für $\overline{p}$ statt p gezeigt werden. Es sei also $\varepsilon > 0$ vorgegeben. Ein $\delta > 0$ sei so gewählt, dass (3.263) erfüllt ist. Es sei z ein Element von D in der δ-Umgebung von $\overline{p}$, d. h. es ist $z \in D$ und $|z - \overline{p}| < \delta$. Wegen

$$|z - \overline{p}| = \left|\overline{z - \overline{p}}\right| = |\overline{z} - p|$$

folgt daraus mit (3.263)

$$\left|(\overline{z} - p)^k f(\overline{z}) - c\right| < \varepsilon$$

und die Behauptung ergibt sich aus

$$\left|(\overline{z} - p)^k f(\overline{z}) - c\right| = \left|(\overline{z} - \overline{\overline{p}})^k \overline{f(z)} - \overline{\overline{c}}\right| = \left|\overline{(z - \overline{p})^k f(z) - \overline{c}}\right| = \left|(z - \overline{p})^k f(z) - \overline{c}\right|$$

3.10 Die Berechnung von Amplituden- und Phasengang für LSI-Systeme mit rationaler Systemfunktion

Die Frequenzantwort eines LSI-Systems **S** ist seine auf den Einheitskreis eingeschränkte Systemfunktion und der Amplitudengang ist der Betrag der Frequenzantwort:

$$\gamma_{\mathbf{S}}(\omega) = |\Theta_{\mathbf{S}}(\omega)| = \left|\Psi_{\mathbf{S}}(e^{i\omega})\right| \tag{3.264}$$

Ist die Systemfunktion eine rationale Funktion von z^{-1}, d. h. ist die Systemfunktion durch

$$\Psi_{\mathbf{S}}(z) = \frac{P(z)}{Q(z)} = \frac{\sum_{\kappa=0}^{k} u_\kappa z^{-\kappa}}{\sum_{\mu=0}^{m} v_\mu z^{-\mu}} \tag{3.265}$$

gegeben, dann erhält man als Amplitudengang den folgenden Ausdruck:

$$\begin{aligned} \gamma_{\mathbf{S}}(\omega) &= \left|\Psi_{\mathbf{S}}(e^{i\omega})\right| \\ &= \left|\frac{P(e^{i\omega})}{Q(e^{i\omega})}\right| \qquad (3.266) \\ &= \frac{\left|P(e^{i\omega})\right|}{\left|Q(e^{i\omega})\right|} \qquad (3.267) \end{aligned}$$

Ist nur der Amplitudengang zu berechnen, dann kann (3.267) benutzt werden, d. h. es ist der Betrag eines Polynoms in $e^{i\omega}$ zu berechnen. Es sei dazu

$$R_n(z) = \sum_{\nu=0}^{n} a_\nu z^{-\nu} \tag{3.268}$$

mit reellen Koeffizienten a_ν. Man erhält

$$\left|R_n(e^{i\omega})\right|^2 = R_n(e^{i\omega})\overline{R_n(e^{i\omega})} = R_n(e^{i\omega})R_n(e^{-i\omega}) \tag{3.269}$$

Der Fall $n = 2$ zeigt schon, wie die Rechnung im allgemeinen Fall abläuft:

$$\begin{aligned} \left|R_2(e^{i\omega})\right|^2 &= R_2(e^{i\omega})R_2(e^{-i\omega}) \\ &= a_0^2 + a_1^2 + a_2^2 + (a_0a_1 + a_1a_2)e^{-i\omega} + a_0a_2e^{-2i\omega} + (a_0a_1 + a_1a_2)e^{i\omega} \\ &\quad + a_0a_2e^{-2i\omega} \\ &= a_0^2 + a_1^2 + a_2^2 + (a_0a_1 + a_1a_2)(e^{i\omega} + e^{-i\omega}) + a_0a_2(e^{2i\omega} + e^{-2i\omega}) \\ &= a_0^2 + a_1^2 + a_2^2 + 2(a_0a_1 + a_1a_2)\cos(\omega) + 2a_0a_2\cos(2\omega) \end{aligned}$$

Jeder Term von $R_2(e^{-i\omega})$ wird mit jedem Term von $R_2(e^{i\omega})$ multipliziert und die Produkte werden nach Potenzen von $e^{i\omega}$ zusammengefasst. Dabei wird natürlich wieder vom

Zusammenhang $2\cos(\theta) = e^{i\theta} + e^{-i\theta}$ zwischen der Cosinusfunktion und der komplexen Exponentialfunktion Gebrauch gemacht. Man kann jetzt mühelos auf den allgemeinen Fall schließen. Definiert man die reellen Koeffizienten $r_{n,\nu}$ für $\nu \in \{0, 1, \ldots, n\}$ durch

$$r_{n,0} = \sum_{\mu=0}^{n} a_\mu^2 \tag{3.270a}$$

$$r_{n,\nu} = \sum_{\mu=0}^{n-\nu} a_\mu a_{\nu+\mu} \tag{3.270b}$$

dann erhält man in Verallgemeinerung der obigen Gleichung für $n = 2$

$$\left|R_n(e^{i\omega})\right|^2 = \left|\sum_{\nu=0}^{n} r_{n,\nu} \cos(\nu\omega)\right| \tag{3.271}$$

Werden nun für P und Q Koeffizienten $p_{k,\kappa}$ und $q_{m,\mu}$ gemäß (3.270a) und (3.270b) definiert, dann erhält man für den gesuchten Amplitudengang

$$\gamma_{\mathbf{S}}(\omega) = \sqrt{\frac{\left|\sum_{\kappa=0}^{k} p_{k,\kappa} \cos(\kappa\omega)\right|}{\left|\sum_{\mu=0}^{m} q_{m,\mu} \cos(\mu\omega)\right|}} \tag{3.272}$$

Bei dieser Methode zur Berechnung des Amplitudengangs werden der Real- und Imaginärteil von $\boldsymbol{\Psi}_{\mathbf{S}}(e^{i\omega})$ nicht erhalten, sie kann also nicht dazu verwendet werden, den Phasengang

$$\phi_{\mathbf{S}}(\omega) = \boldsymbol{\Phi}(\boldsymbol{\Psi}_{\mathbf{S}}(e^{i\omega})) \tag{3.273}$$

zu ermitteln. Die Berechnung des Real- und des Imaginärteils ist jedoch einfach genug:

$$\begin{aligned} R_n(e^{i\omega}) &= \sum_{\nu=0}^{n} a_\nu e^{-i\omega} \\ &= \sum_{\nu=0}^{n} a_\nu(\cos(-\nu\omega) + \boldsymbol{i}\sin(-\nu\omega)) \\ &= \sum_{\nu=0}^{n} a_\nu \cos(\nu\omega) - \boldsymbol{i}\sum_{\nu=1}^{n} a_\nu \sin(\nu\omega) \end{aligned}$$

Die Trennung in Realteil und Imaginärteil ergibt

$$\Re(R_n(e^{i\omega})) = \sum_{\nu=0}^{n} a_\nu \cos(\nu\omega) \tag{3.274a}$$

$$\Im(R_n(e^{i\omega})) = -\sum_{\nu=1}^{n} a_\nu \sin(\nu\omega) \tag{3.274b}$$

Damit sind die Realteile $P_x(\omega)$ und $Q_x(\omega)$ und die Imaginärteile $P_y(\omega)$ und $Q_y(\omega)$ von $P(e^{i\omega})$ und $Q(e^{i\omega})$ bestimmt. Die Zerlegung von $\boldsymbol{\Psi}_\mathsf{S}(e^{i\omega})$ in Real- und Imaginärteil erfolgt dann über die bekannte Formel für den Quotienten zweier komplexer Zahlen:

$$\frac{P_x(\omega) + \boldsymbol{i}P_y(\omega)}{Q_x(\omega) + \boldsymbol{i}Q_y(\omega)} = \frac{P_x(\omega)Q_x(\omega) + P_y(\omega)Q_y(\omega)}{Q_x(\omega)^2 + Q_y(\omega)^2} + \boldsymbol{i}\frac{P_y(\omega)Q_x(\omega) - P_x(\omega)Q_y(\omega)}{Q_x(\omega)^2 + Q_y(\omega)^2}$$

Der Amplitudengang ist folglich gegeben durch

$$\gamma_\mathsf{S}(\omega) = \sqrt{\left(\frac{P_x(\omega)Q_x(\omega) + P_y(\omega)Q_y(\omega)}{Q_x(\omega)^2 + Q_y(\omega)^2}\right)^2 + \left(\frac{P_y(\omega)Q_x(\omega) - P_x(\omega)Q_y(\omega)}{Q_x(\omega)^2 + Q_y(\omega)^2}\right)^2} \tag{3.275}$$

und der Phasengang durch

$$\phi_\mathsf{S}(\omega) = \boldsymbol{\Phi}\left(\frac{P_x(\omega)Q_x(\omega) + P_y(\omega)Q_y(\omega)}{Q_x(\omega)^2 + Q_y(\omega)^2} + \boldsymbol{i}\frac{P_y(\omega)Q_x(\omega) - P_x(\omega)Q_y(\omega)}{Q_x(\omega)^2 + Q_y(\omega)^2}\right) \tag{3.276}$$

Man vergleiche dazu auch die Ausführungen im Abschn. 2 (Definition von ϕ_S in Kap. 2). Insbesondere gilt i. A. **nicht**

$$\phi_\mathsf{S}(\omega) = \arctan\left(\frac{P_y(\omega)Q_x(\omega) - P_x(\omega)Q_y(\omega)}{P_x(\omega)Q_x(\omega) + P_y(\omega)Q_y(\omega)}\right)$$

so verführerisch das Herauskürzen von $Q_x(\omega)^2 + Q_y(\omega)^2$ im Argument der arctan-Funktion auch sein mag.

3.11 Kausale Systeme

Als noch nicht Alles und Jedes digitalisiert war, spielten *kausale* Systeme eine große Rolle. Noch 1993 heißt es (siehe [Hes] S. 18) *Alle in der Praxis realisierten Systeme sind kausal.* Dabei ist Kausalität in [Hes] wie folgt definiert:

> Ein System ist *kausal*, wenn jeder Abtastwert des Ausgangssignals $y(n)$ nur von zeitlich zurückliegenden, höchstens aber gleichzeitigen Abtastwerten des Eingangssignals $x(n)$ abhängt:
>
> $$y(n) = y[x(k), k = \ldots(1)n]. \tag{3.277}$$

Andere Autoren definieren kausale Systeme ähnlich vage. So heißt es z. B. in [Ham] page 7

> *Filters that use only past and current values of the data are called causal, for if time is the independent variable, they do not react to future events but only past ones (causes).*

Abhängen und *use* sind unscharfe Begriffe, die zur Untersuchung konkreter Systeme nicht taugen. Es gibt jedoch eine präzise und operative Definition eines kausalen Systems, die in Worten wie folgt lautet:

> Ein System **S** heißt **kausal**, wenn für alle Signale x und y und jedes $m \in \mathbb{Z}$ aus $x(n) = y(n)$ für $n \leq m$ auch $\mathsf{S}(x)(n) = \mathsf{S}(y)(n)$ für $n \leq m$ folgt.

Weil nun die Verneinung dieser Aussage ebenso wichtig ist wie die Aussage selbst, empfiehlt es sich, die Definition auch rein formal aufzuschreiben:

$$\bigwedge_{x\in\mathfrak{S}} \bigwedge_{y\in\mathfrak{S}} \bigwedge_{m\in\mathbb{Z}} \Big(\bigwedge_{n\in\mathbb{Z}} n \leq m \Longrightarrow x(n) = y(n) \Big) \Longrightarrow \Big(\bigwedge_{n\in\mathbb{Z}} n \leq m \Longrightarrow \mathsf{S}(x(n)) = \mathsf{S}(y(n)) \Big) \tag{3.278}$$

Die Verneinung dieser Aussage ist mit den bekannten Regeln der Logik schnell (und fehlerfrei) zu bestimmen:

$$\bigvee_{x_0\in\mathfrak{S}} \bigvee_{y_0\in\mathfrak{S}} \bigvee_{m_0\in\mathbb{Z}} \Big(\bigwedge_{n\in\mathbb{Z}} n \leq m_0 \Longrightarrow x_0(n) = y_0(n) \Big)$$
$$\wedge \Big(\bigvee_{n_0\in\mathbb{Z}} n_0 \leq m_0 \wedge \mathsf{S}(x_0(n_0)) \neq \mathsf{S}(y_0(n_0)) \Big)$$

Es sei **S** ein **nichtkausales** System, mit x_0, y_0 und m_0 wie in der negierten Aussage angegeben. Es sei $m_0 \geq 0$. Dann kann **S** z. B. nicht von der Gestalt

$$\mathsf{S}(x)(n) = \sum_{\mu=0}^{m_0} a_\mu x(n-\mu)$$

sein, also $\mathsf{S}(x)(n)$ nicht nur von gegenwärtigen und vergangenen Signalwerten $x(n)$ bis $x(n-m_0)$ abhängen. Denn dann erhielte man für jedes $n \leq m_0$

$$\mathsf{S}(x_0)(n) = \sum_{\mu=0}^{m_0} a_\mu x(n-\mu) = \sum_{\mu=0}^{m_0} a_\mu y(n-\mu) = \mathsf{S}(y_0)(n),$$

im Widerspruch zur negierten Aussage, dass es ein $n_0 \leq m_0$ geben muss, auf dem $\mathsf{S}(x_0)$ und $\mathsf{S}(y_0)$ nicht übereinstimmen.

Die Bedingung (3.278) kann direkt für den Beweis der Kausalität, ihre Verneinung für den Beweis der Antikausalität eines Systems herangezogen werden. So ist Beispielsweise das durch

$$\mathsf{S}(x)(n) = \log(1 + x(n)^2)$$

definierte System (weder linear noch shift-invariant) kausal, denn aus $x(n) = y(n)$ für $n \leq m$ folgt natürlich für solche n

$$\mathsf{S}(x)(n) = \log(1 + x(n)^2) = \log(1 + y(n)^2) = \mathsf{S}(y)(n).$$

Dagegen ist das durch

$$\mathbf{S}(\boldsymbol{x})(n) = \boldsymbol{x}(n) + \boldsymbol{x}(n+1)$$

gegebene System nicht kausal, denn für $\boldsymbol{x} = 2\boldsymbol{\delta}$ und $\boldsymbol{y} = 3\boldsymbol{\delta}$ gilt $\boldsymbol{x}(n) = \boldsymbol{y}(n)$ für $n \leq -1$, es ist aber $\mathbf{S}(\boldsymbol{x})(-1) \neq \mathbf{S}(\boldsymbol{y})(-1)$, denn

$$\mathbf{S}(\boldsymbol{x})(-1) = 2\boldsymbol{\delta}(-1) + 2\boldsymbol{\delta}(0) = 2$$
$$\mathbf{S}(\boldsymbol{y})(-1) = 3\boldsymbol{\delta}(-1) + 3\boldsymbol{\delta}(0) = 3.$$

Die Antikausalität hat ihren Grund offenbar darin, dass zur Berechnung von $\mathbf{S}(\boldsymbol{x})(n)$ ein „zukünftiger" Signalwert $\boldsymbol{x}(n+1)$ verwendet wird.

Die Bedingung (3.278) ist allerdings nicht immer so leicht zu testen. Für LSI-System gibt es aber ein einfach nachzuprüfendes Kriterium:

Es sei $\mathbf{S}$ ein LSI-System. Dann sind die folgenden beiden Aussagen äquivalent:

- $\mathbf{S}$ ist ein kausales System
- Für alle $n \in \mathbb{Z}$ mit $n < 0$ gilt $\boldsymbol{\Delta}_{\mathbf{S}}(n) = 0$

LSI-Systeme sind also genau dann kausal, wenn ihre Einheitsimpulsantwort für negative Argumente verschwindet. Das ist leicht einzusehen.

Es gelte $\boldsymbol{\Delta}_{\mathbf{S}}(n) = 0$ für $n < 0$.

Es seien $\boldsymbol{x}$ und $\boldsymbol{y}$ Signale mit $\boldsymbol{x}(n) = \boldsymbol{y}(n)$ für $n \leq m$. Bei einem LSI-System erhält man für die Differenz von $\mathbf{S}(\boldsymbol{x})$ und $\mathbf{S}(\boldsymbol{y})$ folgendes:

$$\begin{aligned}
\mathbf{S}(\boldsymbol{x})(n) - \mathbf{S}(\boldsymbol{y})(n) &= \sum_{\nu=-\infty}^{\infty} \boldsymbol{\Delta}_{\mathbf{S}}(n-\nu)\boldsymbol{x}_\nu - \sum_{\nu=-\infty}^{\infty} \boldsymbol{\Delta}_{\mathbf{S}}(n-\nu)\boldsymbol{y}_\nu \\
&= \sum_{\nu=-\infty}^{\infty} \boldsymbol{\Delta}_{\mathbf{S}}(n-\nu)(\boldsymbol{x}_\nu - \boldsymbol{y}_\nu) \\
&= \sum_{\nu=m+1}^{\infty} \boldsymbol{\Delta}_{\mathbf{S}}(n-\nu)(\boldsymbol{x}_\nu - \boldsymbol{y}_\nu)
\end{aligned}$$

Es gelte $n - \nu < 0$, d. h. $n < \nu$. Für solche ν innerhalb der Summationsgrenzen folgt daraus wegen der Annahme $n \leq m$

$$\nu \geq m + 1 \geq n + 1 > n,$$

d. h. die Koeffizienten der letzten Reihe sind alle Null:

$$\nu \geq m + 1 \Longrightarrow \boldsymbol{\Delta}_{\mathbf{S}}(n-\nu) = 0$$

Daraus folgt unmittelbar $\mathbf{S}(\boldsymbol{x})(n) = \mathbf{S}(\boldsymbol{y})(n)$ für $n \leq m$, d. h. $\mathbf{S}$ ist kausal.

Umgekehrt sei nun **S** kausal.

Die Signale $\boldsymbol{x}$ und $\boldsymbol{y}$ seien wie folgt definiert: Es ist $\boldsymbol{x}(1) = 2$, $\boldsymbol{y}(1) = 1$ und $\boldsymbol{x}(n) = \boldsymbol{y}(n) = 0$ für alle übrigen n. Die Differenz beider Signale ist

$$\begin{aligned}\mathbf{S}(\boldsymbol{x})(n) - \mathbf{S}(\boldsymbol{y})(n) &= \sum_{\nu=-\infty}^{\infty} \boldsymbol{\Delta}_{\mathbf{S}}(n-\nu)(\boldsymbol{x}_\nu - \boldsymbol{y}_\nu) \\ &= \boldsymbol{\Delta}_{\mathbf{S}}(n-1)(2-1) \\ &= \boldsymbol{\Delta}_{\mathbf{S}}(n-1)\end{aligned}$$

Wegen $\boldsymbol{x}(n) = \boldsymbol{y}(n)$ für $n \le 0$ und wegen der Kausalität von **S** folgt daraus

$$n \le 0 \Longrightarrow 0 = \boldsymbol{x}_n - \boldsymbol{y}_n = \boldsymbol{\Delta}_{\mathbf{S}}(n-1)$$

d. h. es gilt tatsächlich $\boldsymbol{\Delta}_{\mathbf{S}}(n) = 0$ für $n < 0$.

Aus dem Kriterium ergibt sich sofort eine notwendige Eigenschaft der Systemfunktion von LSI-Systemen. Ist nämlich **S** ein solches System, dann ergibt sich aus $\boldsymbol{\Delta}_{\mathbf{S}}(n) = 0$ für $n < 0$ für die Systemfunktion

$$\boldsymbol{\Psi}_{\mathbf{S}}(z) = \mathcal{Z}(\boldsymbol{\Delta}_{\mathbf{S}})(z) = \sum_{\nu=0}^{\infty} \boldsymbol{\Delta}_{\mathbf{S}}(\nu) z^{-\nu} \tag{3.279}$$

Solch eine Reihe konvergiert im ganzen Äußeren einer Kreisscheibe, d. h. es gibt eine positive reelle Zahl R so, dass die Menge

$$\{z \in \mathbb{C} \mid |z| > R\} \tag{3.280}$$

zum Definitionsbereich der Systemfunktion gehört. Notwendig für die Kausalität eines LSI-Systems ist daher, dass seine Systemfunktion außerhalb einer Kreisscheibe definiert ist.

Daraus folgt beispielsweise, dass die Gammafunktion $\boldsymbol{\Gamma}$ nicht die Systemfunktion eines kausalen LSI-Systems sein kann, denn die Funktion $\boldsymbol{\Gamma}$ hat bekanntlich einfache Pole bei $z = -n$, $n \in \mathbb{N}$, es gibt also keine Kreisscheibe, außerhalb welcher die Gammafunktion überall definiert wäre.

Für die Systemfunktion eines kausalen LSI-Systems ist $z = \infty$ keine Singularität, d. h. weder ein Pol noch eine wesentliche Singularität. Dabei hat eine komplexe Funktion f eine Singularität bei $z = \infty$, wenn die Funktion

$$z \mapsto f\left(\frac{1}{z}\right)$$

eine solche Singularität bei $z = 0$ besitzt. Es ist nämlich

$$\boldsymbol{\Psi}_{\mathbf{S}}\left(\frac{1}{z}\right) = \boldsymbol{\Delta}_{\mathbf{S}}(0) + \sum_{\nu=1}^{\infty} \boldsymbol{\Delta}_{\mathbf{S}}(\nu) z^{\nu},$$

woraus sich sofort ergibt, dass ∞ eine hebbare (d. h. keine) Singularität ist:

$$\lim_{z\to 0} \boldsymbol{\Psi}_{\mathbf{S}}\left(\frac{1}{z}\right) = \boldsymbol{\Delta}_{\mathbf{S}}(0)$$

Es ist daher festzuhalten: Die Singularitäten der Systemfunktion eines kausalen LSI-Systems liegen **alle** innerhalb einer Kreisscheibe $|z| \le r$.

Zu beachten ist aber, dass die beiden Bedingungen

- Der Definitionsbereich von $\boldsymbol{\Psi}_{\mathbf{S}}$ enthält das Äußere einer Kreisscheibe
- ∞ ist eine hebbare Singularität von $\boldsymbol{\Psi}_{\mathbf{S}}$

wirklich nur **notwendige** Bedingungen sind. Aus der Tatsache, dass beide Bedingungen erfüllt sind, kann also nicht geschlossen werden, dass **S** kausal ist. Ein Gegenbeispiel ist die Systemfunktion

$$\boldsymbol{\Psi}_{\mathbf{S}}(z) = e^{-z} + \frac{1}{z}.$$

Der Definitionsbereich ist $|z| > 0$, das Äußere einer Kreisscheibe, und wegen $\lim_{z\leftarrow\infty} \boldsymbol{\Psi}_{\mathbf{S}}(z) = 0$ ist ∞ eine hebbare Singularität. Es ist jedoch

$$\boldsymbol{\Psi}_{\mathbf{S}}(z) = \sum_{n=0}^{\infty} \frac{(-1)^n}{n!} z^n + z^{-1} = \sum_{n=-1}^{-\infty} \frac{(-1)^{|n|}}{|n|!} z^{-n} + 1 + z^{-1}$$

Die Koeffizienten dieser Entwicklung sind die Werte der Einheitsimpulsantwort von **S**, wegen

$$\boldsymbol{\Delta}_{\mathbf{S}}(-n) = \frac{(-1)^n}{n!} \neq 0 \quad \text{für } n \in \mathbb{N}$$

ist das System nicht kausal.

Ist die Systemfunktion eine rationale Funktion, dann sind die beiden Bedingungen allerdings **hinreichend**. Gibt es also komplexe Polynome P und Q mit

$$\boldsymbol{\Psi}_{\mathbf{S}}(z) = \frac{P(z)}{Q(z)}$$

und sind für diese Systemfunktion die beiden Bedingungen

- Der Definitionsbereich von $\boldsymbol{\Psi}_{\mathbf{S}}$ enthält das Äußere einer Kreisscheibe
- Es gibt ein $c \in \mathbb{C}$ mit $\lim_{z\to\infty} \boldsymbol{\Psi}_{\mathbf{S}}(z) = c$

erfüllt, dann ist das System **S** kausal.

Der nicht schwierige Beweis wird nur für den Fall skizziert, dass Q nur einfache Nullstellen besitzt.[24] Es ist also

$$Q(z) = (z - a_1)(z - a_2)\cdots(z - a_n)$$

[24] Falls mehrfache Wurzeln des Polynoms Q existieren muss eine kompliziertere Partialbruchzerlegung durchgeführt werden.

mit komplexen Konstanten a_i. Es existiert die folgende Partialbruchzerlegung mit komplexen Konstanten b_i:

$$\frac{1}{Q(z)} = \frac{b_1}{z - a_1} + \frac{b_2}{z - a_2} + \cdots + \frac{b_n}{z - a_n} \tag{3.281}$$

Das kann man durch tatsächliches Berechnen der b_i zeigen: Multiplikation der Gleichung mit $Q(z)$ ergibt auf beiden Seiten der Gleichung ein Polynom, und die b_i können durch Koeffizientenvergleiche der z^k bestimmt werden. Es ergeben sich gerade so viele Gleichungen, wie zur Bestimmung der b_i benötigt werden. Die b_i selbst werden hier aber nicht gebraucht. Man erhält jedenfalls die folgende Entwicklung nach Potenzen von z^{-1}:

$$\begin{aligned}\frac{1}{z - a_i} &= \frac{1}{z}\frac{1}{1 - \frac{a_i}{z}}\\ &= \frac{1}{z}\left(1 + \frac{a_i}{z} + \frac{a_i^2}{z^2} + \frac{a_i^3}{z^3} + \cdots\right)\\ &= \frac{1}{z} + \frac{a_i}{z^2} + \frac{a_i^2}{z^3} + \frac{a_i^3}{z^4} + \cdots\end{aligned}$$

Weil jeder Summand in (3.281) eine solche Entwicklung hat, gilt das natürlich auch für die Summe:

$$\frac{1}{Q(z)} = \sum_{\nu=1}^{\infty} \frac{c_\nu}{z^\nu} = \frac{c_1}{z} + \frac{c_2}{z^2} + \frac{c_3}{z^3} + \cdots$$

Daraus folgt sofort eine Entwicklung für die speziellen Zählerpolynome $P(z) = z^m$:

$$\frac{z^m}{Q(z)} = c_1 z^{m-1} + c_2 z^{m-2} + \cdots + c_m + \frac{c_{m+1}}{z} + \frac{c_{m+2}}{z^2} + \frac{c_{m+3}}{z^3} + \cdots$$

Dann erhält man für ein allgemeines Zählerpolynom P eine ebensolche Entwicklung (mit einer geeigneteren Indizierung):

$$\frac{P(z)}{Q(z)} = d_{-k} z^k + d_{-k+1} z^{k-1} + \cdots + d_0 + \frac{d_1}{z} + \frac{d_2}{z^2} + \frac{d_3}{z^3} + \cdots$$

Die Koeffizienten d_i sind gerade die Werte der Einheitsimpulsantwort $\boldsymbol{\Delta}_{\mathbf{S}}$ von **S**:

$$\boldsymbol{\Psi}_{\mathbf{S}}(z) = \boldsymbol{\Delta}_{\mathbf{S}}(-k) z^k + \boldsymbol{\Delta}_{\mathbf{S}}(-k+1) z^{k-1} + \cdots + \boldsymbol{\Delta}_{\mathbf{S}}(0) + \frac{\boldsymbol{\Delta}_{\mathbf{S}}(1)}{z} + \frac{\boldsymbol{\Delta}_{\mathbf{S}}(2)}{z^2} + \cdots$$

Nach Voraussetzung konvergiert die Reihe außerhalb einer Kreisscheibe, und der Grenzwert der Funktion für $z \to \infty$ existiert und ist eine komplexe Zahl. Dann kann aber die Reihe keine Glieder mit z^j, $j > 0$, enthalten, denn dann gelte bereits $\lim_{z\to\infty} z^k = \infty$ und damit erst recht $\lim_{z\to\infty} \boldsymbol{\Psi}_{\mathbf{S}}(z) = \infty$. Also gilt $\boldsymbol{\Delta}_{\mathbf{S}}(j) = 0$ für $j < 0$: Das System **S** ist kausal.

Als Beispiel kann die Systemfunktion

$$\boldsymbol{\Psi}_{\mathbf{S}}(z) = \frac{z - 2}{z(z-1)} = \frac{z^{-2}(z-2)}{z^{-2} z(z-1)} = \frac{z^{-1} - 2z^{-2}}{1 - z^{-1}} \quad |z| > 1 \tag{3.282}$$

dienen. Aus der Darstellung mit z^{-1} folgt sofort $\lim_{z\to\infty} \boldsymbol{\Psi}_{\mathsf{S}}(z) = 0$, das System ist daher kausal. Die Berechnung der Reihenentwicklung der Systemfunktion bestätigt diesen Schluss:

$$\begin{aligned}\boldsymbol{\Psi}_{\mathsf{S}}(z) &= (z^{-1} - 2z^{-2})\frac{1}{1-z^{-1}} = (z^{-1} - 2z^{-2})\sum_{\nu=0}^{\infty} z^{-\nu}\\ &= (z^{-1} - 2z^{-2})(1 + z^{-1} + z^{-2} + \cdots)\\ &= z^{-1} - z^{-2} - z^{-3} - z^{-4} - \ldots\end{aligned}$$

Daraus liest man ab:

$$\boldsymbol{\Delta}_{\mathsf{S}}(n) = \begin{cases} 0 & \text{für } n \le 0\\ 1 & \text{für } n = 1\\ -1 & \text{für } n > 1 \end{cases}$$

Es hat sich die Reihenentwicklung der Systemfunktion eines kausalen Systems ergeben.

Bei der (nicht konstanten) Systemfunktion eines kausalen LSI-Systems **S** können zwei Fälle unterschieden werden.

Der finite Fall Im ersten Fall ist die Einheitsimpulsantwort $\boldsymbol{\Delta}_{\mathsf{S}}$ **finit**, d. h. es gibt eine positive natürliche Zahl m mit $\boldsymbol{\Delta}_{\mathsf{S}}(m) \neq 0$ und $\boldsymbol{\Delta}_{\mathsf{S}}(n) = 0$ für $n > m$. Für die Systemfunktion ergibt sich daraus

$$\begin{aligned}\boldsymbol{\Psi}_{\mathsf{S}}(z) &= \sum_{\mu=0}^{m} \boldsymbol{\Delta}_{\mathsf{S}}(\mu) z^{-\mu}\\ &= \frac{1}{z^m}\sum_{\mu=0}^{m} \boldsymbol{\Delta}_{\mathsf{S}}(\mu) z^{m-\mu}\\ &= \frac{1}{z^m}\sum_{\mu=0}^{m} \boldsymbol{\Delta}_{\mathsf{S}}(m-\mu) z^{\mu}\\ &= \frac{1}{z^m}\sum_{\mu=0}^{m} a_\mu z^{\mu}\end{aligned}$$

Eine solche Systemfunktion $\boldsymbol{\Psi}_{\mathsf{S}}$ ist demnach eine rationale Funktion, die genau einen Pol der Ordnung m im Nullpunkt und bei komplexen Koeffizienten a_μ m Nullstellen besitzt. Durch den im Nullpunkt festliegenden Pol sind sie allerdings recht unflexibel. Ein Pol z_{P} einer komplexen Funktion f hat nämlich die Eigenschaft

$$\lim_{z\to z_{\mathrm{P}}} |f(z)| = \infty. \tag{3.283}$$

Will man also erreichen, dass ein Filter **F** eine bestimmte Frequenz ω nicht dämpft, dann kann man einen Pol der Systemfunktion in die Nähe von $e^{i\omega}$ legen und so für einen großen Wert der Frequenzantwort sorgen (die Systemfunktion ist auf dem Einheitskreis die Frequenzantwort des Systems, siehe Abschn. 3.8). Das ist also bei finiten Systemfunktionen von LSI-Systemen nicht möglich.

Der nicht-finite Fall Im zweiten Fall ist die Einheitsimpulsantwort $\Delta_\mathbf{S}$ **nicht finit**. Ein Beispiel einer Systemfunktion, die keine rationale Funktion ist, ist die Systemfunktion

$$\Psi_\mathbf{S}(z) = (z-1)\sin\left(\frac{1}{z}\right) \qquad |z| > 0$$

Um definitiv festzustellen, ob das LSI-System **S** kausal ist, bestimmt man die Reihenentwicklung der Systemfunktion, um an deren Koeffizienten, also den Werten der Einheitsimpulsantwort $\Delta_\mathbf{S}$, die Kausalität oder Antikausalität abzulesen. Falls die Berechnung der Reihenentwicklung sehr aufwendig ist, hat man die Möglichkeit, erst die notwendige Bedingung, dass ∞ keine Singularität ist, zu testen. Das ist hier kein Problem. Es ist nämlich

$$\lim_{z\to\infty} \sin(z^{-1}) = 0$$

$$\lim_{z\to\infty} z\sin(z^{-1}) = \lim_{z\to\infty} \frac{\sin(z^{-1})}{z^{-1}} = \lim_{z\to\infty} \frac{-z^{-2}\cos(z^{-1})}{-z^{-2}} \lim_{z\to\infty} \cos(z^{-1}) = 1$$

Daraus erhält man direkt den zu bestimmenden Grenzwert:

$$\lim_{z\to\infty} \Psi_\mathbf{S}(z) = \lim_{z\to\infty} z\sin(z^{-1}) - \lim_{z\to\infty} \sin(z^{-1}) = 1$$

Die notwendige Bedingung ist damit erfüllt, die Kausalität des Systems ist nicht ausgeschlossen und man kann daran gehen, die (angenommenerweise schwierig zu erlangende) Reihenentwicklung der Systemfunktion zu berechnen:

$$\begin{aligned}
\Psi_\mathbf{S}(z) &= (z-1)\sin\left(\frac{1}{z}\right)\\
&= (z-1)\left(\frac{1}{z} - \frac{1}{3!z^3} + \frac{1}{5!z^5} - \dots\right)\\
&= 1 - \frac{1}{z} - \frac{1}{3!z^2} + \frac{1}{3!z^3} + \frac{1}{5!z^4} - \frac{1}{5!z^5} - \frac{1}{7!z^6} + \frac{1}{7!z^7} + \dots
\end{aligned}$$

Die Koeffizienten der Reihe geben die Werte der Einheitsimpulsantwort $\Delta_\mathbf{S}$ des Systems:

$$\Delta_\mathbf{S}(n) = \begin{cases} 0 & \text{falls } n < 0\\ \frac{(-1)^{\frac{n}{2}}}{(n+1)!z^n} & \text{falls } n \geq 0 \text{ gerade}\\ \frac{(-1)^{\frac{(n+1)}{2}}}{n!z^n} & \text{falls } n \geq 0 \text{ ungerade} \end{cases}$$

Die Einheitsimpulsantwort verschwindet für negative n, das System ist daher tatsächlich kausal.

Digitale antikausale Systeme sind mit Mikroprozessoren oder DSP-Prozessoren auf einfache Weise zu realisieren, aber immer mit einer Verzögerung des Eingangssignals verbunden. Wenn also, besonders beim Einsatz von Mikroprozessoren oder Mikrocontrollern, diese Verzögerung nicht toleriert werden kann oder darf, dann wird man ein kausales System einsetzen. Kausale Systeme verdienen deshalb durchaus einen eigenen Abschnitt!

3.12 Stabile Systeme

Signale der realen (physikalischen) Welt können nicht beliebig große Werte annehmen, irgendwann setzt immer eine Begrenzung ein. In der Welt der digitalen Signalverarbeitung sind Signale allerdings Funktionen mit komplexen Werten, die beliebige Werte annehmen können. Die folgende Definition ist daher sinnvoll:

Ein Signal $\boldsymbol{x}$ heißt **beschränkt**, wenn es eine reelle Zahl $M \geq 0$ gibt mit $|\boldsymbol{x}(n)| \leq M$ für alle $n \in \mathbb{Z}$.

Insbesondere Eingangssignale $\boldsymbol{x}$ für ein System S sind, weil aus der realen Welt stammend, beschränkt. Weil nun die Ausgangssignale $\mathsf{S}(\boldsymbol{x})$ wieder für die reale Welt bestimmt sind, müssen diese notwendigerweise ebenfalls beschränkt sein. Ein System, das aus (gewissen) beschränkten Eingangssignalen unbeschränkte Ausgangssignale erzeugt, ist daher für die Praxis untauglich. Die tauglichen Systeme werden also wie folgt charakterisiert:

Ein System S heißt **stabil**, wenn für jedes beschränkte Signal $\boldsymbol{x}$ auch das Signal $\mathsf{S}(\boldsymbol{x})$ beschränkt ist.

Ist die Einheitsimpulsantwort $\boldsymbol{\Delta}_\mathsf{S}$ eines Systems S bekannt, dann kann die Stabilitätseigenschaft mit Hilfe der Darstellung $\mathsf{S}(\boldsymbol{x}) = \boldsymbol{\Delta}_\mathsf{S} * \boldsymbol{x}$ überprüft werden. Es sei beispielsweise ein LSI-System S durch seine Systemfunktion

$$\boldsymbol{\Psi}_\mathsf{S}(z) = \frac{z}{z - \frac{1}{2}} \quad \text{für } |z| > \frac{1}{2}$$

gegeben. $\boldsymbol{\Delta}_\mathsf{S}$ ist dafür leicht zu berechnen, man erhält die Reihenentwicklung

$$\boldsymbol{\Psi}_\mathsf{S}(z) = \frac{z}{z - \frac{1}{2}} = \frac{1}{1 - \frac{1}{2z}} = \sum_{\nu=0}^{\infty} \left(\frac{1}{2z}\right)^{\nu} = \sum_{\nu=0}^{\infty} \frac{1}{2^{\nu}} z^{-\nu}$$

und liest aus ihr die Funktionswerte der Einheitsimpulsantwort ab:

$$\boldsymbol{\Delta}_\mathsf{S}(n) = \begin{cases} 0 & \text{für } n < 0 \\ \frac{1}{2^n} & \text{für } n \geq 0 \end{cases}$$

Es sei nun $\boldsymbol{x}$ ein beschränktes Signal, es gelte etwa $|\boldsymbol{x}(n)| \leq M$ für alle n. Dann kann wie folgt abgeschätzt werden:

$$\begin{aligned} \left| \sum_{\nu=-n}^{n} \boldsymbol{x}(m-\nu)\boldsymbol{\Delta}_\mathsf{S}(\nu) \right| &\leq \sum_{\nu=-n}^{n} |\boldsymbol{x}(m-\nu)|\,|\boldsymbol{\Delta}_\mathsf{S}(\nu)| \\ &\leq M \sum_{\nu=-n}^{n} |\boldsymbol{\Delta}_\mathsf{S}(\nu)| = M \sum_{\nu=0}^{n} 2^{-\nu} \leq M \sum_{\nu=0}^{\infty} 2^{-\nu} = \frac{M}{1 - \frac{1}{2}} = 2M \end{aligned}$$

Aus dieser Abschätzung folgt unmittelbar die Beschränktheit von $\mathbf{S}(\boldsymbol{x})$ und damit die Stabilität von $\mathbf{S}$:

$$|\mathbf{S}(\boldsymbol{x})(m)| = |\Delta_{\mathbf{S}} * \boldsymbol{x}(m)| = \lim_{n\to\infty} \left| \sum_{v=-n}^{n} \boldsymbol{x}(m-v)\Delta_{\mathbf{S}}(v) \right| \leq 2M$$

Das System $\mathbf{T}$ mit der ganz ähnlichen Systemfunktion

$$\Psi_{\mathbf{T}}(z) = \frac{z}{z-1} \quad \text{für } |z| > 1$$

stellt sich dagegen als nicht stabil heraus. Hier ist zunächst die Reihenentwicklung der Systemfunktion zur Bestimmung der Einheitsimpulsantwort:

$$\Psi_{\mathbf{T}}(z) = \frac{z}{z-1} = \frac{1}{1-z^{-1}} = \sum_{v=0}^{\infty} z^{-v}$$

Das Ergebnis ist offenbar gerade die Einheitsstufe: $\Delta_{\mathbf{T}} = \boldsymbol{u}$, d. h. $\Delta_{\mathbf{T}}(n) = 1$ für $n \geq 0$ und $\Delta_{\mathbf{T}}(n) = 0$ für $n < 0$. Um nun zu zeigen, dass $\mathbf{T}$ nicht stabil ist, muss solch ein beschränktes Signal $\boldsymbol{x}$ angegeben werden, dass $\mathbf{T}(\boldsymbol{x})$ nicht beschränkt ist. Das gelingt mit $\boldsymbol{x} = \boldsymbol{u}$. Für $n \geq 0$ gilt nämlich wegen $\boldsymbol{u}(n-v) = 0$ für $n < v$

$$\mathbf{T}(\boldsymbol{u})(n) = \sum_{v=-\infty}^{\infty} \boldsymbol{u}(n-v)\Delta_{\mathbf{T}}(v) = \sum_{v=0}^{\infty} \boldsymbol{u}(n-v), = \sum_{v=0}^{n} 1 = n+1$$

d. h. $\mathbf{T}(\boldsymbol{u})(n)$ kann beliebig groß gemacht werden: Zu jeder reellen Zahl $M > 0$ gibt es ein n mit $\mathbf{T}(\boldsymbol{u})(n) > M$.

Die Systemfunktion des stabilen Systems $\mathbf{S}$ besitzt einen Pol im Inneren des Einheitskreises. Der Pol der Systemfunktion des instabilen Systems $\mathbf{T}$ liegt genau auf dem Rand des Einheitskreises. Hier ist noch ein Beispiel für ein System $\mathbf{R}$, dessen Systemfunktion einem Pol außerhalb des Einheitskreises hat:

$$\Psi_{\mathbf{R}}(z) = \frac{z}{z-2} \quad \text{für } |z| > 2$$

Die Reihenentwicklung lässt sich wie bei den vorangehenden Beispielen berechnen. Man erhält

$$\Delta_{\mathbf{R}}(n) = 2^n \boldsymbol{u}(n)$$

oder $\Delta_{\mathbf{R}}(n) = 2^n$ für $n \geq 0$ und $\Delta_{\mathbf{R}}(n) = 0$ für $n < 0$. Das sieht ganz offensichtlich nicht nach einem stabilen System aus, und tatsächlich ist das Signal

$$\mathbf{R}(\boldsymbol{\delta})(n) = \Delta_{\mathbf{R}}(n) = 2^n \boldsymbol{u}(n)$$

nicht beschränkt, obwohl $\boldsymbol{\delta}$ natürlich beschränkt ist.

Man ist versucht, daraus eine Regel abzuleiten: Ein System mit einer rationalen Systemfunktion ist stabil, wenn alle Pole der Systemfunktion im Innern des Einheitskreises liegen. Das ist nun tatsächlich eine gültige Regel, die aus einem hinreichenden Kriterium für die Stabilität von LSI-Systemen folgt. Es ist auch eine praktische Regel, denn einerseits sind die Pole einer rationalen Funktion recht einfach zu bestimmen, und andererseits gibt man in vielen Fällen die Pole selbst vor, um zu Filtern mit vorgeschriebenen Eigenschaften zu gelangen (Darauf wird weiter unten noch ausführlich mit vielen Beispielen eingegangen). Das angekündigte hinreichende Kriterium für Stabilität lautet nun wie folgt:

Ist die Einheitsimpulsantwort eines LSI-Systems $\mathbf{S}$ absolut summierbar, d. h. gilt

$$\sum_{\nu=-\infty}^{\infty} |\Delta_{\mathbf{T}}(\nu)| < \infty \tag{3.284}$$

dann ist das System $\mathbf{S}$ stabil.

Das Kriterium ergibt sich leicht aus einer offensichtlichen Abschätzung von $\mathbf{S}(\boldsymbol{x}) = \Delta_{\mathbf{S}} * \boldsymbol{x}$. Nun ist natürlich

$$\sum_{\nu=-\infty}^{\infty} |\Delta_{\mathbf{T}}(\nu)| = \sum_{\nu=-\infty}^{\infty} |\Delta_{\mathbf{T}}(\nu)|\,|z^{-\nu}| \quad \text{für } |z| = 1$$

woraus sofort folgt, dass (3.284) damit äquivalent ist, dass die Systemfunktion $\Psi_{\mathbf{S}}$ auf dem Einheitskreis und außerhalb desselben konvergiert. Das ergibt ein neues hinreichendes Kriterium für die Stabilität:

Konvergiert die Systemfunktion $\Psi_{\mathbf{S}}$ eines LSI-Systems $\mathbf{S}$ für $|z| \geq 1$, dann ist das System stabil.

Ist nun $\Psi_{\mathbf{S}}$ eine rationale Funktion, dann konvergiert sie genau dann für $|z| \geq 1$, d. h. auf dem Einheitskreis und außerhalb desselben, wenn alle Pole der Funktion im Inneren des Einheitskreises liegen. Das liefert eine weitere Variante des hinreichenden Kriteriums:

Ist die Systemfunktion $\Psi_{\mathbf{S}}$ eines LSI-Systems $\mathbf{S}$ eine rationale Funktion, deren Pole alle innerhalb des Einheitskreises liegen, dann ist das System stabil.

Ein gutes Beispiel ist durch das α-Filter $\mathbf{A}_\alpha$ gegeben. Es ist durch eine einfache Differenzengleichung definiert:

$$\mathbf{A}_\alpha(\boldsymbol{x})(n) = \alpha\boldsymbol{x}(n) + (1-\alpha)\mathbf{A}_\alpha(\boldsymbol{x})(n-1)$$

Darin ist α eine reelle Zahl. $\mathbf{A}_\alpha(\boldsymbol{x})(n)$ ist eine gewichtete Summe von $\boldsymbol{x}(n)$ und $\mathbf{A}_\alpha(\boldsymbol{x})(n-1)$. Wird die Differenzengleichung in der Gestalt

$$\mathbf{A}_\alpha(\boldsymbol{x})(n) - (1-\alpha)\mathbf{A}_\alpha(\boldsymbol{x})(n-1) = \alpha\boldsymbol{x}(n)$$

geschrieben, kann die Systemfunktion mit (3.255) direkt hingeschrieben werden:

$$\boldsymbol{\Psi}_{\mathbf{A}_\alpha}(z) = \frac{\alpha}{1-(1-\alpha)z^{-1}} = \frac{\alpha z}{z+\alpha-1}$$

Die Funktion hat einen Pol $z_\alpha = 1 - \alpha$, und dieser Pol liegt im Inneren des Einheitskreises falls $|z_\alpha| = |1-\alpha| < 1$ gilt, d. h. der Filter ist für $0 < \alpha < 2$ stabil. Um ein gewisses Gefühl dafür zu bekommen, was Stabilität für ein Filter bedeutet, kann man dessen Wirkung auf die Einheitsstufe $\boldsymbol{u}$, d. h. $\mathbf{A}_\alpha(\boldsymbol{u})$, untersuchen. Wie verhält sich also der Filter, wenn er mit einem Strom von Einsen „gefüttert" wird? Nun kann $\mathbf{A}_\alpha(\boldsymbol{u})$ leicht über die Faltung $\boldsymbol{u} * \boldsymbol{\Delta}_{\mathbf{A}_\alpha}$ berechnet werden, die dazu benötigte Einheitsimpulsantwort erhält man durch die Reihenentwicklung der Systemfunktion, die sehr leicht zu bekommen ist, weil $\boldsymbol{\Psi}_{\mathbf{A}_\alpha}$ eine simple rationale Funktion in z^{-1} ist, die durch eine geometrische Reihe ausgedrückt werden kann:

$$\boldsymbol{\Psi}_{\mathbf{A}_\alpha}(z) = \frac{\alpha}{1-(1-\alpha)z^{-1}} = \alpha \sum_{\nu=0}^{\infty} \left(\frac{1-\alpha}{z}\right)^{\nu} = \alpha \sum_{\nu=0}^{\infty} (1-\alpha)^{\nu} z^{-\nu}$$

Die Einheitsimpulsantwort ist daher gegeben durch

$$\boldsymbol{\Delta}_{\mathbf{A}_\alpha}(n) = \begin{cases} 0 & \text{für } n < 0 \\ \alpha(1-\alpha)^n & \text{für } n \ge 0 \end{cases}$$

mit ihr berechnet sich die gesuchte Faltung wie folgt:

$$\begin{aligned}
\boldsymbol{u} * \boldsymbol{\Delta}_{\mathbf{A}_\alpha}(n) &= \sum_{\nu=-\infty}^{\infty} \boldsymbol{u}(n-\nu)\boldsymbol{\Delta}_{\mathbf{A}_\alpha}(\nu) \\
&= \sum_{\nu=0}^{\infty} \boldsymbol{u}(n-\nu)\boldsymbol{\Delta}_{\mathbf{A}_\alpha}(\nu) && \text{weil } \boldsymbol{\Delta}_{\mathbf{A}_\alpha}(\nu) = 0 \text{ für } n < 0 \\
&= \sum_{\nu=0}^{n} \boldsymbol{\Delta}_{\mathbf{A}_\alpha}(\nu) && \text{weil } \boldsymbol{u}(n-\nu) = 0 \text{ für } \nu > n \\
&= \alpha \sum_{\nu=0}^{n} (1-\alpha)^{\nu} && \text{daher } \mathbf{A}_\alpha(\boldsymbol{u})(n) = 0 \text{ für } n < 0 \\
&= \alpha \frac{1-(1-\alpha)^{n+1}}{1-(1-\alpha)} \\
&= 1-(1-\alpha)^{n+1}
\end{aligned}$$

Die gesuchte Wirkung des Filters auf die Einheitsstufe ist damit

$$\mathbf{A}_\alpha(\boldsymbol{u})(n) = \begin{cases} 0 & \text{für } n < 0 \\ 1-(1-\alpha)^{n+1} & \text{für } n \ge 0 \end{cases}$$

Im Zentrum des Stabilitätsbereiches, bei $\alpha = 1$, mit dem Pol im Zentrum des Einheitskreises, ist $\mathbf{A}_1(\boldsymbol{u}) = \boldsymbol{u}$. Im übrigen Stabilitätsbereich ist wegen $\lim_{n\to\infty}(1-(1-\alpha)^{n+1}) = 1$ noch

$\mathbf{A}_\alpha(\boldsymbol{u}) \approx \boldsymbol{u}$, diese Ähnlichkeit schwindet jedoch je mehr, desto stärker sich der Pol dem Rand des Einheitskreises nähert, also bei $\alpha \to 0$ und $\alpha \to 2$. Auf dem Rand des Einheitskreises, d. h. für $\alpha = 0$ oder $\alpha = 2$ setzt dann Oszillation ein, doch sind $\mathbf{A}_0(\boldsymbol{u})$ und $\mathbf{A}_2(\boldsymbol{u})$ noch beschränkt. Außerhalb des Einheitskreises setzt sich die Oszillation fort, ist jedoch nicht mehr beschränkt, die Ausschläge der Schwingung werden mit wachsendem n größer und größer. Diese wilde Schwingung ist natürlich genau das, was man sich unter Instabilität vorstellt. Eine solche Instabilität kann allerdings dazu verwendet werden, einen Oszillator aufzubauen!

3.13 Die Verknüpfung von Systemen

In der realen Welt können komplexe Systeme aus einfachen Systemen mit genau definierter Schnittstelle zusammengesetzt werden. Mit der Ausnahme des gleichzeitigen parallelen Ablaufs von Systemen kann das mit digitalen Systemen nachgeahmt werden. Sehr hilfreich ist dafür, dass digitale Systeme als Abbildungen implementiert werden. Das Hintereinanderschalten von Systemen kann so zwanglos durch das Hintereinanderausführen von Abbildungen realisiert werden.

Die rigorose Anwendung des Abbildungskalküls der Mengenlehre hat den großen Vorteil, dass zwangsläufig Fehler vermieden werden, die entstehen, wenn die Verknüpfung von Systemen auf graphischem Wege geschieht, indem Systeme darstellende Rechtecke mit Pfeilen verbunden werden, die den Signalfluss zwischen den Systemen anzeigen sollen. Systeme können nicht nach Belieben verbunden werden, Ausgänge und Eingänge müssen zueinander passen (siehe dazu die Ausführungen in Abschn. 3.13.1).

Besonders gewichtig ist der mit der Verwendung des Abbildungskalküls verbundene Vorteil bei der Bestimmung des inversen Systems, so es denn überhaupt existiert. Die gelegentlich gemachte Annahme, ein System könne zwei Inverse haben, kann hier gar nicht erst aufkommen.

Selbstverständlich gibt es auch Nachteile. So ist der Abbildungskalkül nicht für Jeden problemlos zu meistern. Beispielsweise ist die Abbildung selbst von ihren Werten streng zu unterscheiden, was in der digitalen Signalverarbeitung nur selten geschieht: Nur zu oft heißt es die Funktion $h(z)$ oder sogar die Funktion $H(e^{i\omega})$. Besonders nachteilig ist diese Schreibweise bei der Behandlung der Shift-Invarianz (vergleiche dazu die präzise Definition in Abschn. 3.2.2).

Die Tatsache, dass das Hintereinanderausführen von Systemen der Multiplikation ihrer Systemfunktionen entspricht, befreit zwar von der zumeist schwierigen Aufgabe, mit den Systemen selbst umzugehen, die nicht immer bekannt sind. Das gilt ganz besonders für die Umkehrung eines Systems. Ganz problemlos ist dieses Vorgehen allerdings nicht. Denn ob zwei Systemfunktionen überhaupt multipliziert werden dürfen, hängt nicht nur von ihren Definitionsbereichen ab, sondern auch davon, ob die zugehörigen Systeme hintereinandergeschaltet werden können, was man eben nur bei Kenntnis der Systeme feststellen kann.

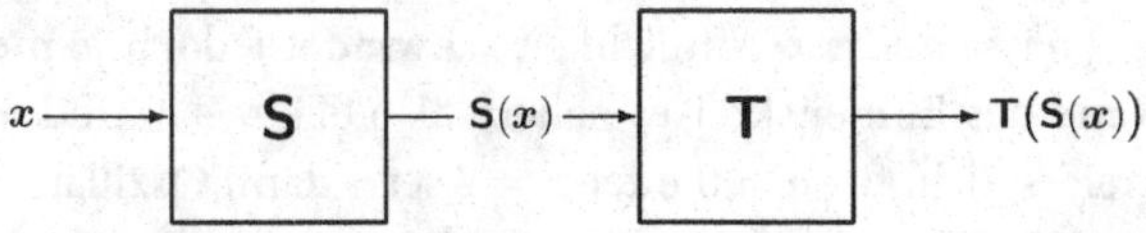

Abb. 3.90 Das Hintereinanderschalten von Systemen

Dieser Abschnitt enthält deshalb einige akribisch durchgerechnete Beispiele zur Illustration der eben erwähnten und noch vieler weiterer Probleme. Es mag sein, dass an einigen Stellen die Akribie an Pedanterie grenzt, doch ist es sicherlich besser, bei Problemlösungen zuviel als zuwenig Ableitungsschritte zu durchlaufen.

3.13.1 Das Hintereinanderschalten von Systemen

Systeme bilden Signale auf Signale ab, folglich kann der Ausgang eines Systems der Eingang eines weiteren (aber auch desselben) Systems sein. Sind $\mathbf{S}$ und $\mathbf{T}$ zwei Systeme, dann ist die Hintereinanderschaltung definiert durch[25]

$$(\mathbf{T} \circ \mathbf{S})(\boldsymbol{x}) = \mathbf{T}(\mathbf{S}(\boldsymbol{x})) \tag{3.285}$$

und in Abb. 3.90 skizziert: Beispielsweise erhält man durch Hintereinanderschalten eines Hochpasses und eines Tiefpasses eine Bandsperre. Man kann daher komplexe Filter in modularer Bauweise aus einfacheren Systemen zusammensetzen. Allerdings muss man bei wenig potenten Prozessoren oft aus Effizienzgründen auf einen modularen Aufbau verzichten.

Für ein einfaches Beispiel seien die Systeme $\mathbf{S}$ und $\mathbf{T}$ definiert durch

$$\mathbf{S}(\boldsymbol{x})(n) = n\boldsymbol{x}(n) \quad \mathbf{T}(\boldsymbol{x})(n) = \boldsymbol{x}(n) - \boldsymbol{x}(n-1).$$

Mit dem Hilfssignal $\boldsymbol{y} = \mathbf{S}(\boldsymbol{x})$ erhält man die Hintereinanderschaltung wie folgt:

$$(\mathbf{T} \circ \mathbf{S})(\boldsymbol{x})(n) = \mathbf{T}(\mathbf{S}(\boldsymbol{x}))(n) = \mathbf{T}(\boldsymbol{y})(n) = \boldsymbol{y}(n) - \boldsymbol{y}(n-1) = n\boldsymbol{x}(n) - (n-1)\boldsymbol{x}(n-1)$$

Sind die Systeme $\mathbf{S}$ und $\mathbf{T}$ als Differenzengleichungen gegeben, etwa als

$$\mathbf{S}(\boldsymbol{x})(n) = \sum_{\kappa=0}^{k} s_\kappa \boldsymbol{x}(n-\kappa) \quad \mathbf{T}(\boldsymbol{x})(n) = \sum_{\lambda=0}^{l} t_\lambda \boldsymbol{x}(n-\lambda),$$

dann erhält man die Hintereinanderschaltung $(\mathbf{T} \circ \mathbf{S})$ natürlich durch

$$(\mathbf{T} \circ \mathbf{S})(\boldsymbol{x})(n) = \sum_{\lambda=0}^{l} t_\lambda \mathbf{S}(\boldsymbol{x})(n-\lambda)$$

[25] Zu lesen als *T nach S von x*.

Um Systeme sinnvoll hintereinanderschalten zu können, sollte man wissen, welche Eigenschaften von $\mathbf{S}$ und $\mathbf{T}$ sich auf $\mathbf{T} \circ \mathbf{S}$ übertragen. Wäre z. B. die Hintereinanderschaltung von LSI-Systemen nicht wieder ein LSI-System, dann brächte die Hintereinanderschaltung wenig Nutzen, weil Systeme ohne die LSI-Eigenschaft schwierig zu handhaben sind. Auch möchte man sicher sein, dass Kausalität und Stabilität durch Hintereinanderschalten nicht verloren gehen können. Die folgende Reihe von Fakten gibt Auskunft über das Verhalten von $\mathbf{T} \circ \mathbf{S}$ in Abhängigkeit von $\mathbf{S}$ und $\mathbf{T}$.

Fakt 3.13.1.1 *Sind $\mathbf{S}$ und $\mathbf{T}$ LSI-Systeme, dann ist auch $\mathbf{T} \circ \mathbf{S}$ ein LSI-System*

Dass mit $\mathbf{S}$ und $\mathbf{T}$ auch $\mathbf{T} \circ \mathbf{S}$ linear (d. h. additiv und homogen) ist, kann durch eine ganz einfache Rechnung bestätigt werden, die dem Leser als kleine Fingerübung überlassen wird. Zur Shift-Invarianz (siehe (3.76) in Abschn. 3.2.2):

$$\begin{aligned}(\mathbf{T} \circ \mathbf{S})(\boldsymbol{x}) \circ \sigma_m &= \mathbf{T}(\mathbf{S}(\boldsymbol{x})) \circ \sigma_m \\ &= \mathbf{T}(\mathbf{S}(\boldsymbol{x}) \circ \sigma_m) && \text{weil } \mathbf{T} \text{ shift-invariant ist} \\ &= \mathbf{T}(\mathbf{S}(\boldsymbol{x} \circ \sigma_m)) && \text{weil } \mathbf{S} \text{ shift-invariant ist} \\ &= (\mathbf{T} \circ \mathbf{S})(\boldsymbol{x} \circ \sigma_m)\end{aligned}$$

Fakt 3.13.1.2 *Sind $\mathbf{S}$ und $\mathbf{T}$ LSI-Systeme, dann ist die Einheitsimpulsantwort von $\mathbf{T} \circ \mathbf{S}$ die Faltung der Einheitsimpulsantworten von $\mathbf{T}$ und $\mathbf{S}$:*

$$\Delta_{\mathbf{T} \circ \mathbf{S}} = \Delta_{\mathbf{T}} * \Delta_{\mathbf{S}} \tag{3.286}$$

Die Behauptung folgt direkt aus der Definition der Einheitsimpulsantwort:

$$\begin{aligned}\Delta_{\mathbf{T} \circ \mathbf{S}}(n) &= (\mathbf{T} \circ \mathbf{S})(\boldsymbol{\delta})(n) = \mathbf{T}(\mathbf{S}(\boldsymbol{\delta}))(n) = \mathbf{T}(\Delta_{\mathbf{S}})(n) = \sum_{\nu=-\infty}^{\infty} \Delta_{\mathbf{T}}(\nu)\Delta_{\mathbf{S}}(n-\nu) \\ &= (\Delta_{\mathbf{T}} * \Delta_{\mathbf{S}})(n)\end{aligned}$$

Fakt 3.13.1.3 *Sind $\mathbf{S}$ und $\mathbf{T}$ LSI-Systeme, dann gilt*

$$\Psi_{\mathbf{T} \circ \mathbf{S}} = \Psi_{\mathbf{T}} \Psi_{\mathbf{S}} \tag{3.287}$$

Mit der Definition der Systemfunktion und weil der Operator $\mathcal{Z}$ Faltungen von Signalen in Produkte abbildet erhält man

$$\Psi_{\mathbf{T} \circ \mathbf{S}} = \mathcal{Z}(\Delta_{\mathbf{T} \circ \mathbf{S}}) = \mathcal{Z}(\Delta_{\mathbf{T}} * \Delta_{\mathbf{S}}) = \mathcal{Z}(\Delta_{\mathbf{T}})\mathcal{Z}(\Delta_{\mathbf{S}}) = \Psi_{\mathbf{T}} \Psi_{\mathbf{S}}$$

Fakt 3.13.1.4 *Sind $\mathbf{S}$ und $\mathbf{T}$ LSI-Systeme, dann gilt*

$$\Theta_{\mathbf{T} \circ \mathbf{S}} = \Theta_{\mathbf{T}} \Theta_{\mathbf{S}} \tag{3.288}$$

Das ist eine direkte Folgerung aus dem vorigen Faktum.

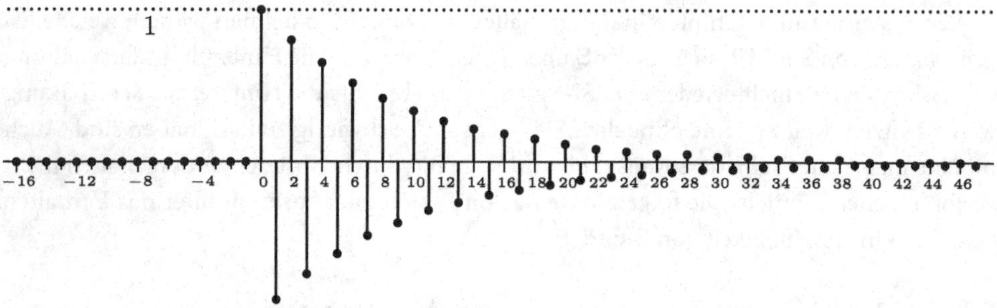

Abb. 3.91 $\Delta_\mathbf{S}$

Fakt 3.13.1.5 *Sind* **S** *und* **T** *kausale Systeme, dann ist auch* $\mathbf{T} \circ \mathbf{S}$ *ein kausales System*

Denn seien $\boldsymbol{x}$ und $\boldsymbol{y}$ Signale mit $\boldsymbol{x}(n) = \boldsymbol{y}(n)$ für $n \leq m$. Weil **S** kausal ist, folgt daraus $\mathbf{S}(\boldsymbol{x})(n) = \mathbf{S}(\boldsymbol{y})(n)$ für $n \leq m$. Daraus folgt wiederum wegen der Kausalität von **T** dass $\mathbf{T}(\mathbf{S}(\boldsymbol{x}))(n) = \mathbf{T}(\mathbf{S}(\boldsymbol{y}))(n)$ gilt für $n \leq m$.

Fakt 3.13.1.6 *Sind* **S** *und* **T** *stabile Systeme, dann ist auch* $\mathbf{T} \circ \mathbf{S}$ *ein stabiles System*

Denn ein beschränktes Signal geht mit **S** in ein beschränktes Signal über, das dann mit **T** in ein beschränktes Signal übergeht.

Als ein Beispiel soll für das LSI-System **S** mit der Einheitsimpulsantwort $\Delta_\mathbf{S}(n) = c^n \boldsymbol{u}(n)$ für eine komplexe Zahl $|c| < 1$ (die in Abb. 3.91 skizziert ist) die Einheitsimpulsantwort von $\mathbf{S} \circ \mathbf{S}$ bestimmt werden. Mit (3.286) erhält man zunächst

$$\begin{aligned}\Delta_{\mathbf{S}\circ\mathbf{S}}(n) &= \Delta_\mathbf{S} * \Delta_\mathbf{S}(n) = \sum_{\nu=-\infty}^{\infty} \Delta_\mathbf{S}(\nu)\Delta_\mathbf{S}(n-\nu) = \sum_{\nu=-\infty}^{\infty} c^\nu \boldsymbol{u}(\nu) c^{n-\nu} \boldsymbol{u}(n-\nu) \\ &= c^n \sum_{\nu=-\infty}^{\infty} \boldsymbol{u}(\nu)\boldsymbol{u}(n-\nu)\end{aligned}$$

Es sei $n < 0$. Dann ist $\boldsymbol{u}(n-\nu) = 0$ für $\nu \geq 0$ und $\boldsymbol{u}(\nu) = 0$ für $\nu < 0$, d. h. für $n < 0$ ist $\boldsymbol{u}(n-\nu) = 0$ oder $\boldsymbol{u}(\nu) = 0$. Das bedeutet $\Delta_{\mathbf{S}\circ\mathbf{S}}(n) = 0$ für $n < 0$.

Es sei $n \geq 0$. Dann ist natürlich wieder $\boldsymbol{u}(\nu) = 0$ für $\nu < 0$, aber auch $\boldsymbol{u}(n-\nu) = 0$ für $n < \nu$. Das ergibt

$$\Delta_{\mathbf{S}\circ\mathbf{S}}(n) = \sum_{\nu=0}^{n} c^\nu c^{n-\nu} = \sum_{\nu=0}^{n} c^n = (n+1)c^n$$

Die gesuchte Einheitsimpulsantwort ist also $\Delta_{\mathbf{S}\circ\mathbf{S}}(n) = (n+1)c^n \boldsymbol{u}(n)$ (sie wird in Abb. 3.92 dargestellt).

Einer der vielen Gründe, zwei Systeme zu verknüpfen, ist die Absicht, mit dem zweiten System die Wirkung des ersten zurückzunehmen. Es sei beispielsweise ein Signal $\boldsymbol{u}$ gegeben, das allerdings nicht selbst vorliegt, sondern in einer mit zwei Echos verzerrten Gestalt $\boldsymbol{v}$:

$$\boldsymbol{v}(n) = \boldsymbol{u}(n) + \frac{1}{4}\boldsymbol{u}(n-3) + \frac{1}{8}\boldsymbol{u}(n-5)$$

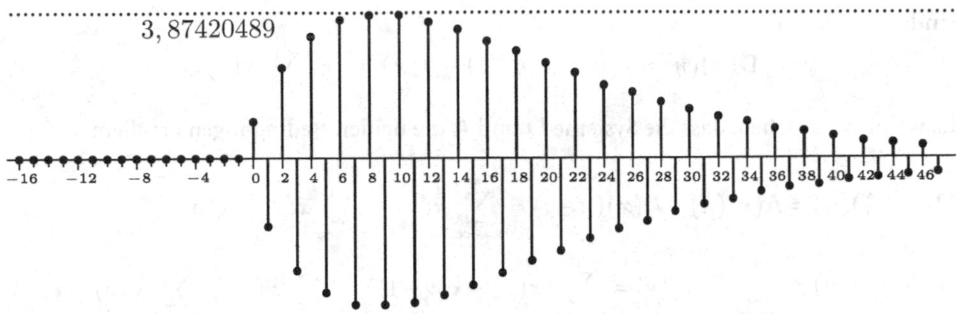

Abb. 3.92 $\Delta_{\mathsf{S}\circ\mathsf{S}}$

Die Aufgabe besteht natürlich darin, das ursprüngliche „saubere" Signal $\boldsymbol{s}$ aus dem verzerrten Signal $\boldsymbol{v}$ mit Hilfe eines geeigneten Filters zurückzugewinnen. Um sich solch ein Filter zu verschaffen betrachtet man das verzerrte Signal $\boldsymbol{v}$ als von einen LSI-System V erzeugt:

$$\mathsf{V}(\boldsymbol{x})(n) = \boldsymbol{x}(n) + \frac{1}{4}\boldsymbol{x}(n-4) + \frac{1}{8}\boldsymbol{x}(n-8)$$

Was nun noch gebraucht wird ist ein System G mit $\mathsf{G}(\mathsf{V}(\boldsymbol{x})) = \boldsymbol{x}$., denn dann lässt sich $\boldsymbol{s}$ mit $\mathsf{G}(\boldsymbol{v}) = \mathsf{G}(\mathsf{V}(\boldsymbol{s})) = \boldsymbol{s}$. zurückgewinnen. Das motiviert also die folgende Definition.

Ein System T heißt zum System S *invers*, oder seine Umkehrung, wenn für irgendein Signal $\boldsymbol{x}$

- die Anwendung von T auf $\mathsf{S}(\boldsymbol{x})$ die Anwendung von S auf $\boldsymbol{x}$ aufhebt,
- die Anwendung von S auf $\mathsf{T}(\boldsymbol{x})$ die Anwendung von T auf $\boldsymbol{x}$ aufhebt.

Damit ein System T zum System S invers ist (und umgekehrt), müssen also die folgenden Bedingungen erfüllt sein:

$$\mathsf{T}(\mathsf{S}(\boldsymbol{x})) = \boldsymbol{x} = \mathsf{S}(\mathsf{T}(\boldsymbol{x})) \tag{3.289}$$

Diese Bedingung kann mit dem *identischen* System $\mathsf{I}(\boldsymbol{x}) = \boldsymbol{x}$ auch wie folgt geschrieben werden:

$$\mathsf{T} \circ \mathsf{S} = \mathsf{I} = \mathsf{S} \circ \mathsf{T} \tag{3.290}$$

Wenn man beachtet, dass I natürlich ein LSI-System ist und dass die Einheitsimpulsantwort von I selbstverständlich der Einheitsimpuls ist, dass also $\Delta_{\mathsf{I}} = \boldsymbol{\delta}$ gilt, dann folgt aus (3.290) mit (3.287)

$$1 = \Psi_{\mathsf{I}}(z) = \Psi_{\mathsf{T}\circ\mathsf{S}}(z) = \Psi_{\mathsf{T}}(z)\Psi_{\mathsf{S}}(z) \tag{3.291}$$

Die wesentlichen Fakten wurden soweit vorgestellt. Das nächste Beispiel zeigt jedoch, dass im Interesse einer einfachen und leicht nachvollziehbaren Darstellung diese Fakten beträchtlich vereinfacht wurden. Zwei Systeme, welche die Bedingungen (3.289) formal erfüllen, sind der Differenzbildner D und der Addierer A, die wie folgt definiert sind:

$$\mathsf{D}(\boldsymbol{x})(n) = \boldsymbol{x}(n) - \boldsymbol{x}(n-1) \quad \mathsf{A}(\boldsymbol{x})(n) = \sum_{\nu=-\infty}^{n} \boldsymbol{x}(\nu)$$

Es ist leicht zu sehen, dass die Systeme **D** und **A** die beiden Bedingungen erfüllen:

$$\mathsf{D}(\mathsf{A}(\boldsymbol{x}))(n) = \mathsf{A}(\boldsymbol{x})(n) - \mathsf{A}(\boldsymbol{x})(n-1) = \sum_{\nu=-\infty}^{n} \boldsymbol{x}(\nu) - \sum_{\nu=-\infty}^{n-1} \boldsymbol{x}(\nu) = \boldsymbol{x}(n)$$

$$\mathsf{A}(\mathsf{D}(\boldsymbol{x}))(n) = \sum_{\nu=-\infty}^{n} \mathsf{D}(\boldsymbol{x})(\nu) = \sum_{\nu=-\infty}^{n} (\boldsymbol{x}(\nu) - \boldsymbol{x}(\nu-1)) = \sum_{\nu=-\infty}^{n} \boldsymbol{x}(\nu) - \sum_{\nu=-\infty}^{n-1} \boldsymbol{x}(\nu) = \boldsymbol{x}(n)$$

Es ist andererseits aber leicht zu sehen, dass **D** keine Umkehrung besitzen kann. Wird nämlich das Signal $n \mapsto 0$ mit $\mathbf{0}$ und das Signal $n \mapsto 1$ mit $\mathbf{1}$ bezeichnet, dann gilt offenbar $\mathsf{D}(\mathbf{0}) = \mathbf{0} = \mathsf{S}(\mathbf{1})$. Gilt also $\mathsf{D}(\boldsymbol{x}) = \mathbf{0}$, dann kann die Anwendung von **D** auf $\boldsymbol{x}$ nicht rückgängig gemacht werden, weil es mindestens zwei Signale gibt, die auf $\mathbf{0}$ abgebildet werden. Die Abbildung **D** ist nicht injektiv und daher nicht invertierbar.

Liegt also ein Widerspruch vor? Es ist nur ein scheinbarer Widerspruch, der davon ausgelöst wird, dass (3.289) für **D** und **A** gar nicht gilt. Diese Bedingungen müssen nämlich für **jedes** Signal $\boldsymbol{x}$ erfüllt sein, und das können sie nicht, weil **A** gar nicht für alle Signale definiert ist. Beispielsweise existiert $\mathsf{A}(\mathbf{1})$ nicht, weil die resultierende unendliche Reihe divergiert.

Das Problem ist daher, dass Signale keine Abbildungen der Signalmenge $\mathfrak{S}$ in sich sind, sondern von Teilmengen von $\mathfrak{S}$ in $\mathfrak{S}$. Der Definitionsbereich $\mathbf{dom}(\mathsf{U})$ eines Systems **U** kann eine echte Teilmenge der Menge aller Signale sein. Das hat Konsequenzen.

i) Die Hintereinanderschaltung $\mathsf{T} \circ \mathsf{S}$ zweier Systeme **S** und **T** ist nur dann definiert, wenn die Bedingung

$$\mathbf{ran}(\mathsf{S}) \subset \mathbf{dom}(\mathsf{T}) \tag{3.292}$$

erfüllt ist, d. h. der Bildbereich des Systems **S** muss eine Teilmenge des Definitionsbereiches von **T** sein.

ii) Die Summe $\mathsf{T} + \mathsf{S}$ zweier Systeme **S** und **T** hat den Definitionsbereich

$$\mathbf{dom}(\mathsf{S} + \mathsf{T}) = \mathbf{dom}(\mathsf{S}) \cap \mathbf{dom}(\mathsf{T}) \tag{3.293}$$

Die Summe kann allerdings auch nirgendwo existieren, d. h. es ist $\mathbf{dom}(\mathsf{S} + \mathsf{T}) = \varnothing$ möglich. Entsprechendes gilt für jede Art von binärer Verknüpfung zweier Systeme (also Multiplikation, Maximumbildung etc.).

Das bedeutet nun nicht, dass stets der Definitions- und Bildbereich aller betrachteten Systeme bestimmt werden müssten. Eine solche Bestimmung ist in vielen Fällen auch gar nicht möglich. Was ist z. B. $\mathbf{dom}(\mathsf{A})$? Die Formulierung

$$\mathbf{dom}(\mathsf{A}) = \left\{ \boldsymbol{x} \in \mathfrak{S} \mid \sum_{\nu=-\infty}^{n} |\boldsymbol{x}(\nu)| < \infty \right\}$$

ist wenig hilfreich, denn sie besagt im Wesentlichen, dass der Definitionsbereich von A aus solchen $\boldsymbol{x}$ besteht, für die $\mathbf{A}(\boldsymbol{x})$ definiert ist. Gehört z. B. das durch

$$r(n) = (-1)^{-n}\binom{\alpha}{-n} \quad \alpha \in \mathbb{R}$$

definierte Signal zu $\mathbf{dom}(\mathbf{A})$?[26] Für alle praktischen Zwecke ist der genaue Inhalt von $\mathbf{dom}(\mathbf{A})$ unbekannt. Wesentlich ist, dass Kriterien wie (3.290) nicht blindlings benutzt werden dürfen, um nicht zu falschen Schlüssen zu kommen. Im Falle von $\mathbf{D}$ und $\mathbf{A}$ bedeutet das, zu bemerken, dass die uneingeschränkte Aussage, $\mathbf{D}$ und $\mathbf{A}$ seien zueinander invers, falsch ist, und diese Aussage nicht in weiteren Rechnungen und Schlüssen einzusetzen. Man kann natürlich versuchen, eine Teilmenge $\mathfrak{X}$ von $\mathfrak{S}$ zu finden, auf der die Einschränkungen von $\mathbf{D}$ und $\mathbf{A}$ zueinander invers sind. Auf den ersten Blick ist $\mathfrak{X} = \mathbf{dom}(\mathbf{A})$ ein Kandidat, denn es gilt offensichtlich

$$\boldsymbol{x} \in \mathbf{dom}(\mathbf{A}) \Longrightarrow \mathbf{D}(\boldsymbol{x}) \in \mathbf{dom}(\mathbf{A})$$

d. h. auf $\mathbf{dom}(\mathbf{A})$ ist $\mathbf{A} \circ \mathbf{D}$ definiert. Leider gilt die Umkehrung

$$\boldsymbol{x} \in \mathbf{dom}(\mathbf{A}) \Longrightarrow \mathbf{A}(\boldsymbol{x}) \in \mathbf{dom}(\mathbf{A})$$

jedoch nicht, d. h. $\mathbf{D} \circ \mathbf{A}$ ist nicht auf ganz $\mathbf{dom}(\mathbf{A})$ definiert. Um das zu zeigen, muss ein summierbares Signal $\boldsymbol{x}$ so angegeben werden, dass $\mathbf{A}(\boldsymbol{x})$ nicht summierbar ist. Dazu kann das Signal

$$\boldsymbol{x}(n) = \begin{cases} \frac{1}{(2|n|-1)(2|n|+1)} & \text{für } n < 0 \\ 0 & \text{für } n \geq 0 \end{cases}$$

dienen. Eine elementare Rechnung ergibt nämlich

$$\mathbf{A}(\boldsymbol{x})(n) = \frac{1}{4|n| - 2} \quad \text{für } n < 0$$

d. h. $\mathbf{A}(\boldsymbol{x})$ ist nicht summierbar und es gilt $\mathbf{A}(\boldsymbol{x}) \notin \mathbf{dom}(\mathbf{A})$.

Zu **ii)** ist noch zu bemerken, dass für zwei LSI-Systeme der Durchschnitt ihrer Definitionsbereiche niemals leer ist. Denn der Definitionsbereich einer linearen Abbildung $\mathbf{U}$ ist ein Untervektorraum $\mathfrak{U}$ des Vektorraumes $\mathfrak{S}$, und alle Untervektorräume enthalten das Signal $\mathbf{0}$. Weil die Signale $\boldsymbol{\delta}_n$ linear unabhängige Elemente von $\mathfrak{S}$ sind, ist es leicht, Systeme $\mathbf{U}$ und $\mathbf{V}$ anzugeben, für die tatsächlich $\mathbf{dom}(\mathbf{U}) \cap \mathbf{dom}(\mathbf{V}) = \{\mathbf{0}\}$ gilt.

Übrigens gibt es auch bei Signalen Probleme mit dem Definitionsbereich. Allerdings nicht bei den Signalen selbst, sondern dann, wenn Signale verknüpft werden. So existiert nicht für alle Signalpaare die Faltung, wie das Beispiel $\mathbf{1} * \mathbf{1}$ zeigt.

---

[26] Ja für $\alpha \geq 0$, nein für $\alpha < 0$ (Nach dem RAABEschen Kriterium).

Die Gl. (3.287) (und dann auch die Folgerung (3.291)) ist im Hinblick auf Abschn. 3.8 ebenfalls zu schön, um wahr zu sein. Die tatsächlichen Verhältnisse können selbst bei recht einfachen Systemen (d. h. Systemen mit einfacher Systemfunktion) von verwickelter Art sein. Dazu ein Beispiel. Ausgangspunkt ist das LSI-System S, definiert durch die Differenzengleichung

$$\mathsf{S}(\boldsymbol{x})(n) = \frac{3}{4}\mathsf{S}(\boldsymbol{x})(n-1) + \boldsymbol{x}(n) - \frac{1}{2}\boldsymbol{x}(n-1)$$

Die der Differenzengleichung abzulesende Formel für die Systemfunktion ist

$$\frac{1-\frac{1}{2}z^{-1}}{1-\frac{3}{4}z^{-1}} = \frac{z-\frac{1}{2}}{z-\frac{3}{4}}$$

Die Differenzengleichung definiert ein kausales System S, der Definitionsbereich der Systemfunktion ist deshalb ein Kreisring um den Nullpunkt, und zwar der größte solcher Kreisringe. Das ergibt die folgende Systemfunktion:

$$\boldsymbol{\Psi}_{\mathsf{S}}\colon \left\{ z \in \mathbb{C} \mid |z| > \frac{3}{4} \right\} \longrightarrow \mathbb{C} \quad \boldsymbol{\Psi}_{\mathsf{S}}(z) = \frac{z-\frac{1}{2}}{z-\frac{3}{4}} = \frac{1-\frac{1}{2}z^{-1}}{1-\frac{3}{4}z^{-1}}$$

Nach (3.291) ist die Systemfunktion des inversen Systems T des Systems S formelmäßig, d. h. rein formal ohne Berücksichtigung des Definitionsbereiches, gegeben durch

$$\boldsymbol{\Psi}_{\mathsf{T}}(z) = \frac{1}{\boldsymbol{\Psi}_{\mathsf{S}}(z)} = \frac{z-\frac{3}{4}}{z-\frac{1}{2}} = \frac{1-\frac{3}{4}z^{-1}}{1-\frac{1}{2}z^{-1}}$$

Es gibt zwei Funktionen, die als Systemfunktion für T in Frage kommen, nämlich

$$f\colon \left\{ z \in \mathbb{C} \mid |z| < \frac{1}{2} \right\} \longrightarrow \mathbb{C} \quad \text{und} \quad g\colon \left\{ z \in \mathbb{C} \mid |z| > \frac{1}{2} \right\} \longrightarrow \mathbb{C}$$

Wenn $\mathsf{T} \circ \mathsf{S}$ auf einer Teilmenge von $\mathfrak{S}$ definiert ist, was bei LSI-Systemen der Fall ist,, wenn also neben $\boldsymbol{\Psi}_{\mathsf{S}}$ und $\boldsymbol{\Psi}_{\mathsf{T}}$ auch $\boldsymbol{\Psi}_{\mathsf{T}\circ\mathsf{S}}$ auf einem Kreisring um den Nullpunkt existiert, dann gibt es nach (3.291) eine nicht leere Teilmenge $D \subset \mathbb{C}$ mit der Eigenschaft

$$z \in D \Longrightarrow \boldsymbol{\Psi}_{\mathsf{T}}(z)\boldsymbol{\Psi}_{\mathsf{S}}(z) = \boldsymbol{\Psi}_{\mathsf{T}\circ\mathsf{S}}(z)$$

Diese Bedingung ist für die Funktion f sicher für keine Teilmenge von $\mathbb{C}$ erfüllt, denn es gilt offensichtlich

$$\mathbf{dom}(\boldsymbol{\Psi}_{\mathsf{S}}) \cap \mathbf{dom}(f) = \varnothing$$

Die Funktion g erfüllt diese Bedingung jedoch. Setzt man

$$\boldsymbol{\Psi}_{\mathsf{T}}\colon \left\{ z \in \mathbb{C} \mid |z| > \frac{1}{2} \right\} \longrightarrow \mathbb{C} \quad \boldsymbol{\Psi}_{\mathsf{T}}(z) = \frac{z-\frac{3}{4}}{z-\frac{1}{2}} = \frac{1-\frac{3}{4}z^{-1}}{1-\frac{1}{2}z^{-1}}$$

dann gilt für $D = \left\{ z \in \mathbb{C} \mid |z| > \tfrac{3}{4} \right\}$

$$z \in D \Longrightarrow \boldsymbol{\Psi}_{\mathsf{T}}(z)\boldsymbol{\Psi}_{\mathsf{S}}(z) = \boldsymbol{\Psi}_{\mathsf{T}\circ\mathsf{S}}(z) = 1$$

An der Systemfunktion lässt sich nun wieder eine Differenzengleichung für das System ablesen:

$$\mathsf{T}(\boldsymbol{x})(n) = \frac{1}{2}\mathsf{T}(\boldsymbol{x})(n-1) + \boldsymbol{x}(n) - \frac{3}{4}\boldsymbol{x}(n-1)$$

Wenn die bisherigen Überlegungen stimmen, dann müsste die Bedingung (3.289) auch mit Hilfe der Differenzengleichungen ableitbar sein. Um zu zeigen, dass das tatsächlich der Fall ist, werden die beiden Differenzengleichungen noch einmal in einer für das Rechnen bequemen Gestalt (ohne Argumente) angeführt:

$$\mathsf{S}(\boldsymbol{x}) = \frac{3}{4}\mathsf{S}(\boldsymbol{x}) \circ \sigma_1 + \boldsymbol{x} - \frac{1}{2}\boldsymbol{x} \circ \sigma_1 \tag{3.294}$$

$$\mathsf{T}(\boldsymbol{x}) = \frac{1}{2}\mathsf{T}(\boldsymbol{x}) \circ \sigma_1 + \boldsymbol{x} - \frac{3}{4}\boldsymbol{x} \circ \sigma_1 \tag{3.295}$$

Die Rechnung zur Verifikation von $\mathsf{T}(\mathsf{S}(\boldsymbol{x})) = \boldsymbol{x}$ verläuft dann wie folgt:

$$\begin{aligned}
\mathsf{T}(\mathsf{S}(\boldsymbol{x})) &= \frac{3}{4}\mathsf{T}(\mathsf{S}(\boldsymbol{x})) \circ \sigma_1 + \mathsf{T}(\boldsymbol{x}) - \frac{1}{2}\mathsf{T}(\boldsymbol{x}) \circ \sigma_1 && \mathsf{T}\text{ ist LSI}\\
&= \frac{3}{4}\mathsf{T}(\mathsf{S}(\boldsymbol{x})) \circ \sigma_1 + \frac{1}{2}\mathsf{T}(\boldsymbol{x}) \circ \sigma_1 + \boldsymbol{x} - \frac{3}{4}\boldsymbol{x} \circ \sigma_1 - \frac{1}{2}\mathsf{T}(\boldsymbol{x}) \circ \sigma_1 && \text{(3.295) eingesetzt}\\
&= \frac{3}{4}\mathsf{T}(\mathsf{S}(\boldsymbol{x})) \circ \sigma_1 + \boldsymbol{x} - \frac{3}{4}\boldsymbol{x} \circ \sigma_1\\
&= \frac{3}{2}\left(\mathsf{T}(\mathsf{S}(\boldsymbol{x})) - \mathsf{S}(\boldsymbol{x}) + \frac{3}{4}\mathsf{S}(\boldsymbol{x}) \circ \sigma_1\right) + \boldsymbol{x} - \frac{3}{4}\boldsymbol{x} \circ \sigma_1 && \text{wieder (3.295)}\\
&= \frac{3}{2}\left(\mathsf{T}(\mathsf{S}(\boldsymbol{x})) - \boldsymbol{x} + \frac{1}{2}\boldsymbol{x} \circ \sigma_1\right) + \boldsymbol{x} - \frac{3}{4}\boldsymbol{x} \circ \sigma_1 && \text{(3.294) eingesetzt}\\
&= \frac{3}{2}\mathsf{T}(\mathsf{S}(\boldsymbol{x})) - \frac{1}{2}\boldsymbol{x}
\end{aligned}$$

Daraus folgt nach einfacher Umstellung die gewünschte Beziehung. Die Verifikation der Inversen Beziehung $\mathsf{S}(\mathsf{T}(\boldsymbol{x})) = \boldsymbol{x}$ verläuft ganz ähnlich und bleibe dem Leser als einfache Übungsaufgabe überlassen.

Diese Ableitung ist jedoch rein formal und zeigt nur folgendes: Falls es ein Signal $\boldsymbol{x}$ gibt, für das $\mathsf{T}(\mathsf{S}(\boldsymbol{x}))$ definiert ist, d. h. $\mathsf{S}(\boldsymbol{x})$ existiert und es gilt $\mathsf{S}(\boldsymbol{x}) \in \mathbf{dom}(\mathsf{T})$, dann ist $\mathsf{T}(\mathsf{S}(\boldsymbol{x})) = \boldsymbol{x}$. Solche Signale sind allerdings leicht zu finden. Weil die Pole der beiden Systemfunktionen innerhalb des Einheitskreises liegen, sind die Systeme **S** und **T** stabil, d. h. sie bilden beschränkte Signale auf beschränkte Signale ab. Anders ausgedrückt: **S** und **T** bilden den Untervektorraum $\mathfrak{B}$ der beschränkten Signale in $\mathfrak{S}$ in sich ab ($\mathfrak{B} \subset \mathbf{dom}(\mathsf{S})$ und $\mathfrak{B} \subset \mathbf{dom}(\mathsf{T})$ vorausgesetzt).

$$\mathsf{S}[\mathfrak{B}] \subset \mathfrak{B} \quad \text{und} \quad \mathsf{T}[\mathfrak{B}] \subset \mathfrak{B}$$

S und **T** sind also zueinander invers zumindest eingeschränkt auf den Unterraum $\mathfrak{B}$, der insbesondere alle in der realen Welt vorkommenenden Signale enthält.

Es ist zwar richtig, dass man zur Anwendung eines Systems **U** nur eine Differenzengleichung benötigt und dass zur Beurteilung der Güte von **U** die Kenntnis der Systemfunktion ausreicht, die völlige Anonymität des Systems **U** selbst erzeugt jedoch ein ungutes Gefühl. Es sollte schon versucht werden, wenigstens $\mathbf{U}(\boldsymbol{\delta}) = \Delta_{\mathsf{U}}$ und möglichst noch $\mathbf{U}(\boldsymbol{u})$ zu bestimmen.[27] Aus dem Aufbau von Δ_{U} lassen sich oft Erkenntnisse über den Definitionsbereich $\mathbf{dom}(\mathbf{U})$ und den Bildbereich $\mathbf{ran}(\mathbf{U})$ von **U** gewinnen.

Hier soll beispielhaft die Einheitsimpulsantwort Δ_{S} von **S** bestimmt werden. Wie das geschehen kann wurde bereits in Abschn. 3.7.5 gezeigt:

$$\Delta_{\mathsf{S}} = \mathcal{Z}^{-1}(\boldsymbol{\Psi}_{\mathsf{S}})$$

Leider gibt es für $\boldsymbol{\Psi}_{\mathsf{S}}$ keinen Eintrag in Tab. 3.4 (in Abschn. 3.7.5), was bedeutet, dass die Partialbruchzerlegung von $\boldsymbol{\Psi}_{\mathsf{S}}$ zu bestimmen ist. Der Ansatz ist

$$z - \frac{1}{2} = Q(z)\left(z - \frac{3}{4}\right) + R(z) \tag{3.296}$$

mit Polynomen Q und R, mit $\mathrm{grad}(R) < \mathrm{grad}\big(z - \frac{1}{2}\big) = 1$. Sind Q und R gefunden, dann ist die Partialbruchzerlegung gegeben durch

$$\frac{z - \frac{1}{2}}{z - \frac{3}{4}} = Q(z) + \frac{R(z)}{z - \frac{3}{4}}$$

Man sieht sofort, dass auch $\mathrm{grad}(Q) = 0$ gelten muss, d. h. es Q und R sind konstante Polynome: $Q(z) = q$ und $R(z) = r$. Die beiden Koeffizienten werden durch einen schnell durchgeführten Koeffizientenvergleich der rechten und linken Seite von (3.296) als $q = 1$ und $r = \frac{1}{4}$ ermittelt, was auf die folgende Partialbruchzerlegung führt:

$$\frac{z - \frac{1}{2}}{z - \frac{3}{4}} = 1 + \frac{1}{4}\frac{1}{z - \frac{3}{4}}$$

Unter Beachtung von $|z| > \frac{3}{4}$ liefert jetzt der zweite Eintrag in Tab. 3.4 zusammen mit der Linearität der z-Transformation

$$\begin{aligned}\Delta_{\mathsf{S}}(n) &= \boldsymbol{\delta}(n) + \frac{1}{4}\left(\left(\frac{3}{4}\right)^{n-1}\boldsymbol{u}(n) - \frac{4}{3}\boldsymbol{\delta}(n)\right)\\ &= \frac{2}{3}\boldsymbol{\delta}(n) + \frac{1}{4}\left(\frac{3}{4}\right)^{n-1}\boldsymbol{u}(n)\end{aligned}$$

Das Signal Δ_{S} ist als Einheitsimpulsantwort eines kausalen Systems natürlich rechtsseitig, es ist in Abb. 3.93 skizziert.

[27] In Abschn. 3.7.5 wurde gezeigt, wie man die Einheitsimpulsantwort bei numerisch gegebener Systemfunktion numerisch bestimmen kann.

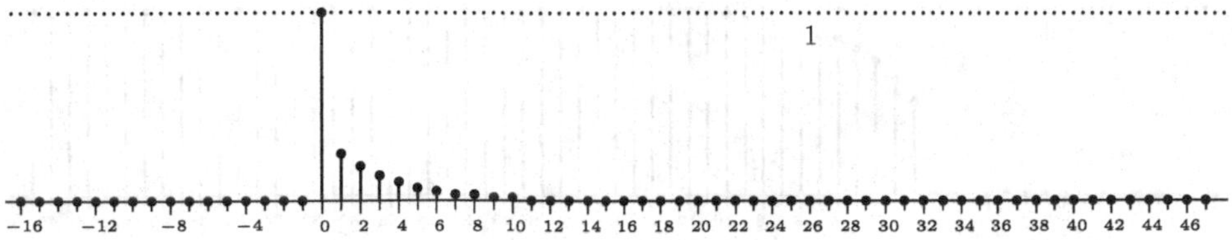

Abb. 3.93 Die Einheitsimpulsantwort Δ_S

Für ein beliebiges Signal $\boldsymbol{x}$ wird nun $\mathsf{S}(\boldsymbol{x})$ als Faltung von $\boldsymbol{x}$ mit Δ_S berechnet. Das Ergebnis ist eine unendliche Differenzengleichung für $\mathsf{S}(\boldsymbol{x})$:

$$\begin{aligned}
\mathsf{S}(\boldsymbol{x})(n) &= \sum_{\nu=-\infty}^{\infty} \Delta_\mathsf{S}(\nu)\boldsymbol{x}(n-\nu) \\
&= \sum_{\nu=-\infty}^{\infty} \left(\frac{2}{3}\boldsymbol{\delta}(\nu) + \frac{1}{4}\left(\frac{3}{4}\right)^{\nu-1} \boldsymbol{u}(\nu)\right)\boldsymbol{x}(n-\nu) \\
&= \frac{2}{3}\boldsymbol{x}(n) + \frac{1}{4}\sum_{\nu=-\infty}^{\infty}\left(\frac{3}{4}\right)^{\nu-1} \boldsymbol{u}(\nu)\boldsymbol{x}(n-\nu) \\
&= \frac{2}{3}\boldsymbol{x}(n) + \frac{1}{3}\sum_{\nu=0}^{\infty}\left(\frac{3}{4}\right)^{\nu} \boldsymbol{x}(n-\nu) \\
&= \boldsymbol{x}(n) + \frac{1}{3}\sum_{\nu=1}^{\infty}\left(\frac{3}{4}\right)^{\nu} \boldsymbol{x}(n-\nu)
\end{aligned}$$

Etwas weiter oben war $\mathfrak{B} \subset \mathbf{dom}(\mathsf{S})$ angenommen worden. Das kann jetzt leicht verifiziert werden. Es sei $\boldsymbol{x}$ ein beschränktes Signal, etwa $|\boldsymbol{x}(n)| \leq \xi$ für alle n. Aus der soeben gewonnenen Darstellung für $\mathsf{S}(\boldsymbol{x})$ folgt dann[28]

$$|\mathsf{S}(\boldsymbol{x})(n)| \leq \frac{2}{3}|\boldsymbol{x}(n)| + \frac{1}{3}\sum_{\nu=0}^{\infty}\left|\frac{3}{4}\right|^{\nu} |\boldsymbol{x}(n-\nu)| \leq \frac{2}{3}\xi + \frac{1}{3}\xi\sum_{\nu=0}^{\infty}\left|\frac{3}{4}\right|^{\nu} = \frac{2}{3}\xi + \frac{4}{3}\xi = 2\xi$$

Es ist auch zu erkennen, dass $\mathsf{S}(\boldsymbol{x})$ für rechtsseitige Signale $\boldsymbol{x}$ existiert (d. h. für Signale $\boldsymbol{x}$ mit $\boldsymbol{x}(n) = 0$ für $n < 0$), und dass rechtsseitige Signale auf rechtsseitige Signale abgebildet werden. Denn für $n < 0$ gilt $\boldsymbol{x}(n-\nu) = 0$ für alle $\nu \geq 0$ und für $n \geq 0$ ist $\boldsymbol{x}(n-\nu) = 0$ für $\nu > n$:

$$\sum_{\nu=0}^{\infty}\left(\frac{3}{4}\right)^{\nu} \boldsymbol{x}(n-\nu) = \begin{cases} 0 & \text{für } n < 0 \\ \sum_{\nu=0}^{n}\left(\frac{3}{4}\right)^{\nu}\boldsymbol{x}(n-\nu) & \text{für } n \geq 0 \end{cases}$$

Der Untervektorraum $\mathfrak{R}$ der rechtsseitigen Signale wird also von S in sich selbst abgebildet:

$$\mathsf{S}[\mathfrak{R}] \subset \mathfrak{R}$$

---

[28] Ist $\sum a_\nu$ eine absolut konvergente Reihe und bilden die α_ν eine beschränkte Folge, dann ist auch die Reihe $\sum \alpha_\nu a_\nu$ absolut konvergent.

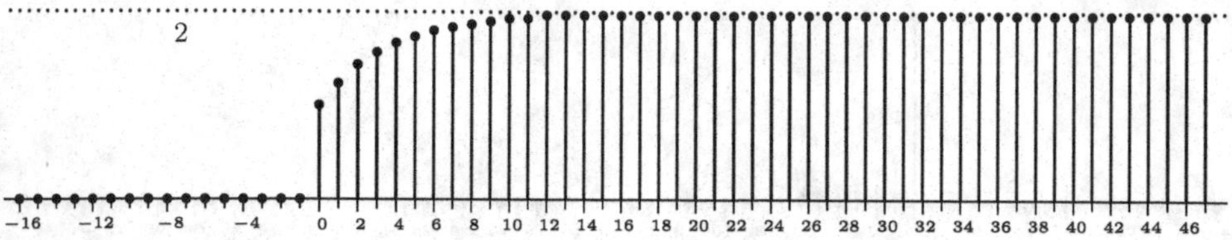

Abb. 3.94 Die Einheitsstufenantwort $\mathsf{S}(\boldsymbol{u})$

Weil die Unterräume $\mathfrak{B}$ und $\mathfrak{R}$ in sich abgebildet werden, gilt das auch für ihre Summe:

$$\mathsf{S}[\mathfrak{B} + \mathfrak{R}] \subset \mathfrak{B} + \mathfrak{R}$$

Für das spezielle rechtsseitige Signal $\boldsymbol{u}$, die Einheitsstufe, erhält man für $n \geq 0$

$$\mathsf{S}(\boldsymbol{u})(n) = \frac{2}{3} + \frac{1}{3}\sum_{\nu=0}^{n}\left(\frac{3}{4}\right)^{\nu} = \frac{2}{3} + \frac{1}{3}\frac{1-\left(\frac{3}{4}\right)^{n+1}}{1-\frac{3}{4}} = 2 - \left(\frac{3}{4}\right)^{n}$$

oder mit $\boldsymbol{u}$ dargestellt als $\mathsf{S}(\boldsymbol{u})(n) = 2\boldsymbol{u}(n) - \left(\frac{3}{4}\right)^{n}\boldsymbol{u}(n)$ (siehe Abb. 3.94).

Die eben für S durchgeführten Berechnungen können vollkommen analog auch für das System T durchgeführt werden. Die tatsächliche Ausführung sei dem Leser als Übungsaufgabe überlassen, es werden nur die Ergebnisse präsentiert:

$$\begin{aligned}
\Delta_{\mathsf{T}}(n) &= \frac{3}{2}\boldsymbol{\delta}(n) - \left(\frac{1}{2}\right)^{n+1}\boldsymbol{u}(n)\\
\mathsf{T}(\boldsymbol{x})(n) &= \boldsymbol{x}(n) - \frac{1}{2}\sum_{\nu=1}^{\infty}\left(\frac{1}{2}\right)^{\nu}\boldsymbol{x}(n-\nu)\\
\mathsf{T}(\boldsymbol{u})(n) &= \frac{1}{2}\boldsymbol{u}(n) + \left(\frac{1}{2}\right)^{n+1}\boldsymbol{u}(n)
\end{aligned}$$

Wie S bildet auch das System T die Unterräume $\mathfrak{B}$ und $\mathfrak{R}$ in sich selbst ab. Das bedeutet, dass S und T auch eingeschränkt auf $\mathfrak{B} + \mathfrak{R}$ zueinander invers sind.

In dem eben präsentierten Beispiel war es sehr einfach, zu der gegebenen Systemfunktion Ψ_{S} die Systemfunktion Ψ_{T} des zu S inversen Systems T zu finden. Es ist jedoch nicht immer so einfach, wie das nachfolgende Beispiel zeigt. Das LSI-System P habe die Systemfunktion

$$\Psi_{\mathsf{P}}\colon \left\{ z \in \mathbb{C} \mid |z| > \frac{3}{4} \right\} \longrightarrow \mathbb{C} \quad \Psi_{\mathsf{P}}(z) = \frac{\frac{1}{2}z - 1}{z - \frac{3}{4}} = \frac{\frac{1}{2} - z^{-1}}{1 - \frac{3}{4}z^{-1}}$$

Die zugehörige Differenzengleichung ist

$$\mathsf{P}(\boldsymbol{x})(n) - \frac{3}{4}\mathsf{P}(\boldsymbol{x})(n-1) = \frac{1}{2}\boldsymbol{x}(n) - \boldsymbol{x}(n-1)$$

Es ist wieder über (3.291) die Systemfunktion $\Psi_{\mathbf{Q}}$ des inversen Systems **Q** des Systems **P** zu finden. Auch hier gibt es zwei Kandidaten für die gesuchte Systemfunktion, die sich nur durch ihren Definitionsbereich unterscheiden:

$$r\colon \{ z \in \mathbb{C} \mid |z| < 2 \} \longrightarrow \mathbb{C} \quad r(z) = \frac{1 - \frac{3}{4}z^{-1}}{\frac{1}{2} - z^{-1}} = \frac{2z - \frac{1}{2}}{z - 2}$$

$$s\colon \{ z \in \mathbb{C} \mid |z| > 2 \} \longrightarrow \mathbb{C} \quad s(z) = \frac{1 - \frac{3}{4}z^{-1}}{\frac{1}{2} - z^{-1}} = \frac{2z - \frac{1}{2}}{z - 2}$$

Die Definitionsbereiche können aber nicht zur Auswahl der richtigen Funktion herangezogen werden, weil beide Bereiche Anteil am Definitonsbereich von $\Psi_{\mathbf{P}}$ haben:

$$\mathbf{dom}(\Psi_{\mathbf{P}}) \cap \mathbf{dom}(r) \neq \emptyset \quad \text{und} \quad \mathbf{dom}(\Psi_{\mathbf{P}}) \cap \mathbf{dom}(s) \neq \emptyset$$

Es muss eine anderer Weg gefunden werden, zwischen r und s zu unterscheiden. Unabhängig von dieser Wahl ist die Differenzengleichung des Systems **Q** natürlich gegeben durch

$$\frac{1}{2}\mathbf{Q}(\boldsymbol{x})(n) - \mathbf{Q}(\boldsymbol{x})(n-1) = \boldsymbol{x}(n) - \frac{3}{4}\boldsymbol{x}(n-1)$$

Der Leser möge sich davon überzeugen, dass das Einsetzen der Differenzengleichungen ineinander $\mathbf{Q}(\mathbf{P}(\boldsymbol{x})) = \mathbf{P}(\mathbf{Q}(\boldsymbol{x})) = \boldsymbol{x}$ ergibt.

Um zwischen r und s zu unterscheiden, findet man die zugeordneten Systeme $\mathbf{Q}_r$ und $\mathbf{Q}_s$ und prüft, welches der beiden Systeme das inverse System zu **P** ist. Gilt z. B.

$$\mathbf{Q}_r(\mathbf{P}(\boldsymbol{\delta})) \neq \boldsymbol{\delta} \quad \text{etwa} \quad \mathbf{Q}_r(\mathbf{P}(\boldsymbol{\delta}))(0) \neq 1$$

dann ist $\mathbf{Q}_r$ nicht invers zu **P**, folglich[29] ist $\mathbf{Q}_s$ das gesuchte inverse System. Um nun $\mathbf{Q}_r$ und $\mathbf{Q}_s$ zu bestimmen, berechnet man

$$\Delta_{\mathbf{Q}_r} = \mathcal{Z}^{-1}(r) \quad \text{und} \quad \Delta_{\mathbf{Q}_s} = \mathcal{Z}^{-1}(s)$$

dann ist wie üblich

$$\mathbf{Q}_r(\boldsymbol{x}) = \Delta_{\mathbf{Q}_r} * \boldsymbol{x} \quad \text{und} \quad \mathbf{Q}_s(\boldsymbol{x}) = \Delta_{\mathbf{Q}_s} * \boldsymbol{x}$$

Zunächst aber wird $\Delta_{\mathbf{P}} = \mathcal{Z}^{-1}(\Psi_{\mathbf{P}})$ berechnet. Die Tab. 3.4 (in Abschn. 3.7.5) enthält keinen passenden Eintrag, folglich ist die Partialbruchzerlegung der Systemfunktion von **P** zu berechnen:

$$\frac{\frac{1}{2}z - 1}{z - \frac{3}{4}} = \frac{1}{2} + \frac{5}{8}\frac{1}{z - \frac{3}{4}}$$

29 Wenn bezüglich irgendeiner binären Operation ein Element ein Inverses besitzt, dann ist dieses eindeutig bestimmt.

Die Bedingung $|z| > \frac{3}{4}$ führt zum zweiten Tabelleneintrag mit dem Ergebnis

$$\begin{aligned}\boldsymbol{\Delta}_{\mathsf{P}}(n) &= \frac{1}{2}\boldsymbol{\delta}(n) - \frac{5}{8}\left(\left(\frac{3}{4}\right)^{n-1}\boldsymbol{u}(n) - \frac{4}{3}\boldsymbol{\delta}(n)\right)\\ &= \frac{4}{3}\boldsymbol{\delta}(n) - \frac{5}{8}\left(\frac{3}{4}\right)^{n-1}\boldsymbol{u}(n)\end{aligned}$$

Um zu einem Signal $\boldsymbol{x}$ aus dem Definitionsbereich von P den Funktionswert $\mathsf{P}(\boldsymbol{x})$ zu bestimmen, ist das Faltungsprodukt $\boldsymbol{\Delta}_{\mathsf{P}} * \boldsymbol{x}$ zu berechnen:

$$\begin{aligned}\mathsf{P}(\boldsymbol{x})(n) &= \sum_{\nu=-\infty}^{\infty}\boldsymbol{\Delta}_{\mathsf{P}}(\nu)\boldsymbol{x}(n-\nu)\\ &= \sum_{\nu=-\infty}^{\infty}\left(\frac{4}{3}\boldsymbol{\delta}(\nu) - \frac{5}{8}\left(\frac{3}{4}\right)^{\nu-1}\boldsymbol{u}(\nu)\right)\boldsymbol{x}(n-\nu)\\ &= \frac{4}{3}\boldsymbol{x}(n) - \frac{5}{8}\sum_{\nu=-\infty}^{\infty}\left(\frac{3}{4}\right)^{\nu-1}\boldsymbol{u}(\nu)\boldsymbol{x}(n-\nu)\\ &= \frac{4}{3}\boldsymbol{x}(n) - \frac{5}{6}\sum_{\nu=0}^{\infty}\left(\frac{3}{4}\right)^{\nu}\boldsymbol{x}(n-\nu)\\ &= \frac{4}{3}\boldsymbol{x}(n) - \frac{5}{6}\boldsymbol{x}(n) - \frac{5}{6}\sum_{\nu=1}^{\infty}\left(\frac{3}{4}\right)^{\nu}\boldsymbol{x}(n-\nu)\\ &= \frac{1}{2}\boldsymbol{x}(n) - \frac{5}{6}\sum_{\nu=1}^{\infty}\left(\frac{3}{4}\right)^{\nu}\boldsymbol{x}(n-\nu)\end{aligned}$$

Zur Berechnung von $\boldsymbol{\Delta}_{\mathsf{Q}_r}$ und $\boldsymbol{\Delta}_{\mathsf{Q}_s}$ wird die Partialbruchzerlegung der rationalen Funktion von r (oder s) gebraucht:

$$\frac{2z - \frac{3}{2}}{z-2} = 2 + \frac{5}{2}\frac{1}{z-2}$$

Für $\boldsymbol{\Delta}_{\mathsf{Q}_r}$ gilt die Bedingung $|z| < 2$, folglich ist der erste Eintrag von Tab. 3.4 zu verwenden:

$$\boldsymbol{\Delta}_{\mathsf{Q}_r}(n) = 2\boldsymbol{\delta}(n) + \frac{5}{2}(2^{n-1}\boldsymbol{u}(-n)) = 2\boldsymbol{\delta}(n) + 5\cdot 2^{n-2}\boldsymbol{u}(-n)$$

Das ergibt nun

$$\mathsf{P}(\boldsymbol{\Delta}_{\mathsf{Q}_r})(n) = \boldsymbol{\delta}(n) + 5\cdot 2^{n-3}\boldsymbol{u}(-n) - \frac{5}{6}\sum_{\nu=1}^{\infty}\left(\frac{3}{4}\right)^{\nu}(2\boldsymbol{\delta}(n-\nu) + 5\cdot 2^{n-\nu-2}\boldsymbol{u}(-n+\nu))$$

Der erste Versuch, eine Entscheidung zwischen $\boldsymbol{\Delta}_{\mathsf{Q}_r}$ und $\boldsymbol{\Delta}_{\mathsf{Q}_s}$ herbeizuführen, schlägt fehl, es ist nämlich

$$\mathsf{P}(\mathsf{Q}_r(\boldsymbol{\delta}))(0) = \mathsf{P}(\boldsymbol{\Delta}_{\mathsf{Q}_r})(0) = 1 + \frac{5}{8} - \frac{25}{24}\sum_{\nu=1}^{\infty}\left(\frac{3}{4}\right)^{\nu}2^{-\nu} = 1 + \frac{5}{8} - \frac{5}{8} = 1 = \boldsymbol{\delta}(0)$$

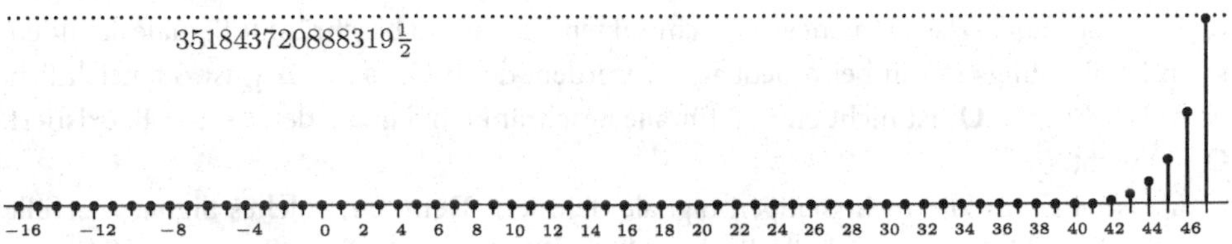

Abb. 3.95 Die Einheitsstufenantwort $\mathbf{Q}_s(\boldsymbol{u})(n) = \left(2 + \frac{5}{2}(2^n - 1)\right)\boldsymbol{u}(n)$

Das ist leider korrekt. Es sei daher $n > 0$. Dann ist $\boldsymbol{\delta}(n) = 0 = \boldsymbol{u}(-n)$ und $\boldsymbol{u}(-n+\nu) = 0$ für $\nu < n$. Für die Rechnung wird noch folgendes benötigt:

$$\sum_{\nu=n+1}^{\infty} \left(\frac{3}{4}\right)^{\nu} 2^{-\nu} = \sum_{\nu=0}^{\infty} \left(\frac{3}{8}\right)^{\nu} - \sum_{\nu=0}^{n} \left(\frac{3}{8}\right)^{\nu} = \frac{1}{1-\frac{3}{8}} - \frac{1-\left(\frac{3}{8}\right)^{n+1}}{1-\frac{3}{8}} = \frac{8}{5}\left(\frac{3}{8}\right)^{n+1}$$

Die Hoffnung ist also, dass sich $\mathbf{P}(\Delta_{\mathbf{Q}_r})(n) \neq 0$ herausstellt für $n > 0$, denn das bedeutet $\mathbf{P}(\mathbf{Q}_r(\boldsymbol{\delta})) \neq \boldsymbol{\delta}$ und $\mathbf{Q}_r$ kann dann keine Inverse von $\mathbf{P}$ sein. Diese Hoffnung bewahrheitet sich hier wie folgt:

$$\mathbf{P}(\Delta_{\mathbf{Q}_r})(n) = -\frac{5}{6}\left(\frac{3}{4}\right)^n - \frac{5}{6} \cdot 5 \cdot 2^{n-2} \sum_{\nu=n+1}^{\infty} \left(\frac{3}{4}\right)^{\nu} 2^{-\nu} = -\frac{5}{6}\left(\frac{3}{4}\right)^n \cdot \frac{3}{4} = -\frac{35}{24}\left(\frac{3}{4}\right)^n \neq 0$$

Damit ist $\mathbf{Q}_s$ als das zu $\mathbf{P}$ inverse System gefunden. Ähnlich wie bei $\mathbf{P}$ wird auch für $\mathbf{Q}_s$ eine explizite Darstellung von $\mathbf{Q}_s(\boldsymbol{x})$ angegeben, damit insbesondere $\mathbf{Q}_s(\boldsymbol{u})$ (siehe Abb. 3.95) berechnet werden kann, und um etwas über den Definitionsbereich aussagen zu können. Zunächst wird wieder über die Partialbruchzerlegung von $\Psi_{\mathbf{Q}_s}$ mit Tab. 3.4 die Einheitsimpulsantwort $\Delta_{\mathbf{Q}_s}$ bestimmt. Wegen $|z| > 2$ erhält man

$$\Delta_{\mathbf{Q}_s}(n) = 2\boldsymbol{\delta}(n) + \frac{5}{2}\left(2^{n-1}\boldsymbol{u}(n) - \frac{1}{2}\boldsymbol{\delta}(n)\right) = \frac{3}{4}\boldsymbol{\delta}(n) + 5 \cdot 2^{n-2}\boldsymbol{u}(n)$$

Das Faltungsprodukt ergibt sich damit zu

$$\begin{aligned}
\mathbf{Q}_s(\boldsymbol{x})(n) &= \sum_{\nu=-\infty}^{\infty} \left(\frac{3}{4}\boldsymbol{\delta}(\nu) + 5 \cdot 2^{\nu-2}\boldsymbol{u}(\nu)\right)\boldsymbol{x}(n-\nu) \\
&= \frac{3}{4}\boldsymbol{x}(n) + \frac{5}{4}\boldsymbol{x}(n) + \frac{5}{4}\sum_{\nu=1}^{\infty} 2^{\nu}\boldsymbol{x}(n-\nu) \\
&= 2\boldsymbol{x}(n) + \frac{5}{4}\sum_{\nu=1}^{\infty} 2^{\nu}\boldsymbol{x}(n-\nu)
\end{aligned}$$

Ganz so wie oben bei $\mathbf{S}$ gilt offenbar auch hier, dass $\mathbf{P}$ die Unterräume $\mathfrak{B}$ und $\mathfrak{R}$ in sich selbst abbildet. $\Psi_{\mathbf{Q}_s}$ hat jedoch den Pol $z = 2$, der außerhalb des Einheitskreises liegt, d. h.

$\mathbf{Q}_s$ ist nicht stabil. Dass $\mathbf{Q}_s$ nicht alle beschränkten Signale auf beschränkte Signale abbilden kann ist allerdings schon bei $\boldsymbol{\delta}$ beobachtet werden, denn $\mathbf{Q}_r(\boldsymbol{\delta}) = \Delta_{\mathbf{Q}_s}$ ist offensichtlich nicht beschränkt. $\mathbf{Q}_s$ ist nicht einmal für alle beschränkten Signale definiert, z. B. existiert $\mathbf{Q}_s(\mathbf{1})$ nicht.

$\mathbf{Q}_s$ ist aber für alle rechtsseitigen Signale definiert. Denn ein solches Signal $\boldsymbol{x}$ erfüllt $\boldsymbol{x}(n-\nu) = 0$ für $n < \nu$, weshalb die unendliche Reihe in der Darstellung von $\mathbf{Q}_s(\boldsymbol{x})$ zu einer endlichen Summe wird:

$$\mathbf{Q}_s(\boldsymbol{x})(n) = 2\boldsymbol{x}(n) + \frac{5}{4}\sum_{\nu=1}^{n} 2^{\nu}\boldsymbol{x}(n-\nu)$$

Wegen $\boldsymbol{x}(n) = 0$ für $n < 0$ gilt $\boldsymbol{x}(n-\nu) = 0$ für $\nu > 0$, d. h. $\mathbf{Q}_s$ bildet ein rechtsseitiges Signal in ein rechtsseitigs ab, d. h. es ist $\mathbf{Q}_s[\mathfrak{R}] \subset \mathfrak{R}$. Das bedeutet, dass $\mathbf{P}$ und $\mathbf{Q}_s$ zumindest auf $\mathfrak{R}$ eingeschränkt zueinander invers sind.

Weiter oben wurde das Inverse eines Systems damit motiviert, dass ein Signal von vorhandenen Echos befreit werden sollte. Das ursprüngliche (d. h. gereinigte) Signal ohne Echos konnte durch das zum Verzerrungssignal $\mathbf{V}$ inverse Signal $\mathbf{G}$ zurückgewonnen werden. Die Differenzengleichung

$$\mathbf{V}(\boldsymbol{x})(n) = \boldsymbol{x}(n) + \frac{1}{4}\boldsymbol{x}(n-4) + \frac{1}{8}\boldsymbol{x}(n-8)$$

des Systems $\mathbf{V}$ führt auf die Systemfunktion

$$\boldsymbol{\Psi}_{\mathbf{V}}(z) = 1 + \frac{1}{4}z^{-4} + \frac{1}{8}z^{-8} = \frac{z^8 + \frac{1}{4}z^4 + \frac{1}{8}}{z^8}$$

mit der Umkehrung

$$\boldsymbol{\Psi}_{\mathbf{G}}(z) = \frac{1}{\boldsymbol{\Psi}_{\mathbf{V}}(z)} = \frac{1}{1 + \frac{1}{4}z^{-4} + \frac{1}{8}z^{-8}} = \frac{z^8}{z^8 + \frac{1}{4}z^4 + \frac{1}{8}}$$

mit unspezifizierten Definitionsbereichen, auf die es aber nicht ankommt, weil die Systeme selbst hier nicht interessieren. Die Differenzengleichung des säubernden Systems $\mathbf{G}$ ist

$$\mathbf{G}(\boldsymbol{x})(n) = \boldsymbol{x}(n) - \frac{1}{4}\mathbf{G}(\boldsymbol{x})(n-4) - \frac{1}{8}\mathbf{G}(\boldsymbol{x})(n-8)$$

Es bleibt allerdings noch die Frage zu klären, ob das System $\mathbf{G}$ stabil ist. Dazu sind die Pole der Systemfunktion zu bestimmen. Liegen diese alle im Inneren des Einheitskreises, dann ist das System stabil. Setzt man $w = z^4$, dann kann w mit der quadratischen Gleichung $w^2 + \frac{1}{4}w + \frac{1}{4}$ bestimmt werden. Die beiden Lösungen sind

$$w_0 = -\frac{1}{8} + \frac{1}{8}\sqrt{7}\boldsymbol{i} \qquad w_1 = -\frac{1}{8} - \frac{1}{8}\sqrt{7}\boldsymbol{i}$$

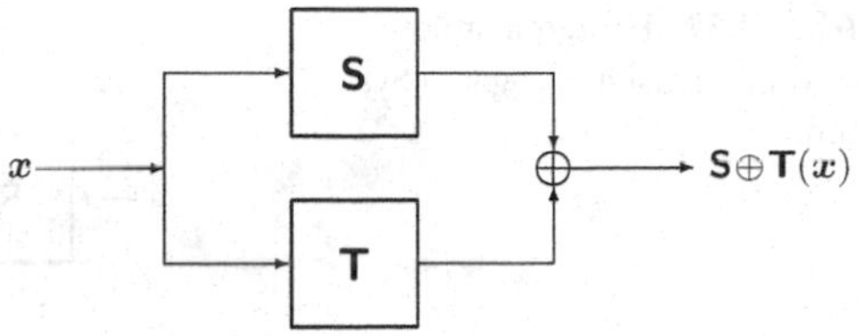

Abb. 3.96 Parallelgeschaltete Systeme

Die acht Lösungen sind dann die vierten Wurzeln aus w_0 und w_1. Ist allgemein $z = x + \boldsymbol{i}y$ eine komplexe Zahl, dann sind die n-ten Wurzeln gegeben durch

$$z_\nu = \sqrt[n]{r}\left(\cos\left(\frac{1}{n}(\vartheta + 2\nu\pi)\right) + \boldsymbol{i}\sin\left(\frac{1}{n}(\vartheta + 2\nu\pi)\right)\right) \qquad \nu \in \{0, \ldots, n-1\}$$

Darin ist (die Polarkoordinaten werden ausführlich in Kap. 2 besprochen)

$$r = \sqrt{x^2 + y^2} \qquad \sin(\vartheta) = \frac{y}{r}$$

Die Pole liegen also alle auf dem Kreis mit Radius $\sqrt[n]{r}$ um den Nullpunkt, und daraus folgt: Gilt $\sqrt[n]{r} < 1$, dann ist das System stabil. Die Nullstellen selbst müssen also gar nicht bekannt sein. $\sqrt[4]{r}$ ist schnell berechnet:

$$\sqrt[4]{r} = 0{,}7711054127039704118061459310\,45$$

Das System **G** ist stabil.

3.13.2 Das Parallelschalten von Systemen

Die Parallelschaltung realer Systeme, also z. B. die Parallelschaltung von elektronischen Schaltungen, lässt sich mit **einem** Prozessor oder Controller nicht nachbilden. Die digitalen Systeme werden nacheinander ausgeführt und die Ergebnisse dann addiert (oder multipliziert usw.). Das entspricht daher einer einfachen Addition (oder Multiplikation usw.) von Systemen, die nicht weiter erläutert werden muss. Ein einfaches paralleles System ist in Abb. 3.96 skizziert.

Stehen mehrere Prozessoren zur Verfügung, kann die gleichzeitige Ausführung von Systemen natürlich real verwirklicht werden. Dieser Problemkreis kann im Rahmen des Buches jedoch nicht behandelt werden. Natürlich können Systeme beliebig mit Parallel- und Hintereinanderschaltung verbunden werden. Ein einfaches Beispiel ist in Abb. 3.97 zu sehen. Es ist das System

$$\mathbf{V}(x) = (\mathbf{T} \circ \mathbf{S} + \mathbf{U}) \circ \mathbf{R}$$

mit der Frequenzantwort (nach (3.288))

$$\Theta_{\mathsf{V}} = (\Theta_{\mathsf{T}}\Theta_{\mathsf{S}} + \Theta_{\mathsf{U}})\Theta_{\mathsf{R}}$$

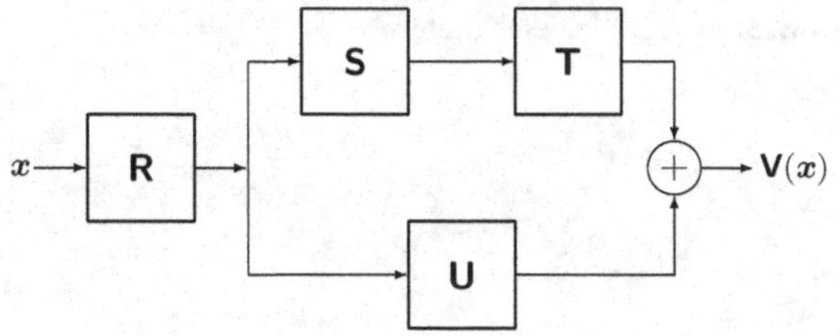

Abb. 3.97 Hintereinander- und Parallelschaltung von Systemen

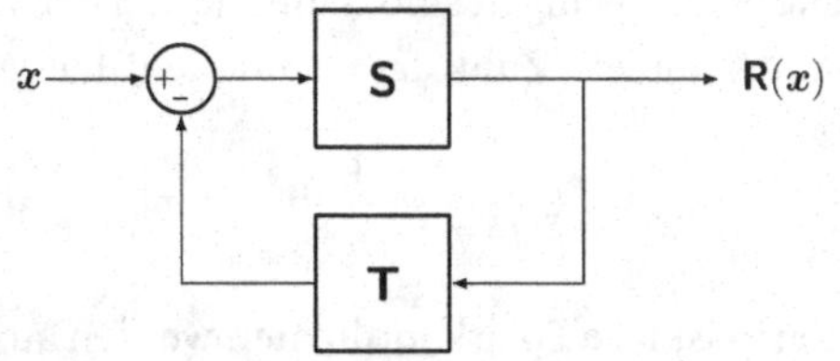

Abb. 3.98 Ein System mit Rückkopplung

Auch hier ist zu prüfen, ob die Hintereinanderschaltungen und die Addition überhaupt definiert sind (siehe dazu Abschn. 3.13.1).

3.13.3 Verknüpfte Systeme mit Rückkoppelung

Gegeben seien zwei LSI-Systeme S und T, die so zu einem System R verknüpft werden sollen wie es in Abb. 3.98 dargestellt ist: Ein von T bestimmter Teil des Ausgangssignals $\mathsf{R}(\boldsymbol{x})$ wird vom Eingangssignal $\boldsymbol{x}$ subtrahiert. Es ist die Systemfunktion Ψ_R zu berechnen.

Die Bestimmung der Systemfunktion Ψ_R des rückgekoppelten Systems gelingt auf recht einfache Weise mit Hilfe der z-Transformation. Wesentlich für die Ableitung ist allerdings die LSI-Eigenschaft der beiden Systeme S und T, und zwar die aus dieser Eigenschaft folgenden Beziehungen $\mathsf{S}(\boldsymbol{x}) = \Delta_\mathsf{S} * \boldsymbol{x}$ und $\mathsf{T}(\boldsymbol{x}) = \Delta_\mathsf{T} * \boldsymbol{x}$. Um die Berechnungen etwas übersichtlicher zu gestalten werden zwei Hilfssignale $\boldsymbol{v}$ und $\boldsymbol{w}$ eingeführt (siehe Abb. 3.99):

$$\begin{aligned} \boldsymbol{v} &= \boldsymbol{x} - \mathsf{T}(\boldsymbol{w}) = \boldsymbol{x} - \Delta_\mathsf{T} * \boldsymbol{w} \\ \boldsymbol{w} &= \mathsf{S}(\boldsymbol{v}) = \Delta_\mathsf{S} * \boldsymbol{v} \end{aligned}$$

Der Übergang zu den z-Transformierten der Hilfssignale liefert

$$\begin{aligned} \mathcal{Z}(\boldsymbol{v}) &= \mathcal{Z}(\boldsymbol{x}) - \mathcal{Z}(\Delta_\mathsf{T})\mathcal{Z}(\boldsymbol{w}) \\ \mathcal{Z}(\boldsymbol{w}) &= \mathcal{Z}(\Delta_\mathsf{S})\mathcal{Z}(\boldsymbol{v}) \end{aligned}$$

Die Kombination beider Gleichungen ergibt

$$\mathcal{Z}(\boldsymbol{w}) = \mathcal{Z}(\Delta_\mathsf{S})\mathcal{Z}(\boldsymbol{x}) - \mathcal{Z}(\Delta_\mathsf{S})\mathcal{Z}(\Delta_\mathsf{T})\mathcal{Z}(\boldsymbol{w})$$

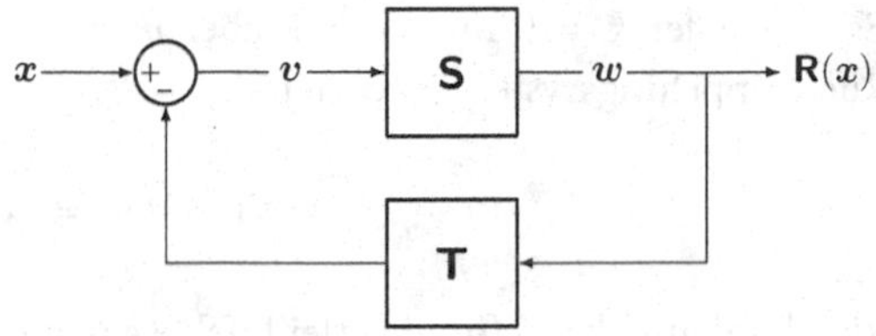

Abb. 3.99 Zur Berechnung des rückgekoppelten Systems

Der Übergang zur Systemfunktion ist nun mit (3.251) möglich. Mit entsprechender Umformung der Gleichung (d. h. Auflösung nach $\mathcal{Z}(\boldsymbol{w})$) und unter Beachtung von $\boldsymbol{w} = \mathbf{R}(\boldsymbol{x})$ erhält man die folgende Beziehung der verschiedenen z-Transformierten:

$$\frac{\mathcal{Z}(\mathbf{R}(\boldsymbol{x}))}{\mathcal{Z}(\boldsymbol{x})} = \frac{\mathcal{Z}(\Delta_{\mathsf{S}})}{1 + \mathcal{Z}(\Delta_{\mathsf{S}})\mathcal{Z}(\Delta_{\mathsf{T}})}$$

Die gesuchte Systemfunktion ist daher

$$\Psi_{\mathsf{R}} = \frac{\Psi_{\mathsf{S}}}{1 + \Psi_{\mathsf{S}}\Psi_{\mathsf{T}}} \tag{3.297}$$

Weil die Frequenzantwort von **R** die Einschränkung der Systemfunktion auf den Einheitskreis ist, gilt die abgeleitete Beziehung auch für die Frequenzantworten:

$$\Theta_{\mathsf{R}} = \frac{\Theta_{\mathsf{S}}}{1 + \Theta_{\mathsf{S}}\Theta_{\mathsf{T}}} \tag{3.298}$$

Wenn ein System **S** rückgekoppelt werden soll, geht man allerdings nicht vom Rückkopplungssignal **T** aus, sondern von seiner Systemfunktion Ψ_{T}. Die einfachste nützliche Rückkopplungssystemfunktion ist eine konstante Funktion

$$\Psi_{\mathsf{T}}(z) = r \quad r \in \mathbb{C} \tag{3.299}$$

Das zugehörige LSI-System **T** ist mit (4.1) und (4.3) leicht zu bestimmen. Offenbar ist $k = 0$ mit $v_0 = 1$ und $m = 0$ mit $u_0 = r$, daher

$$\mathbf{T}(\boldsymbol{x})(n) = r\boldsymbol{x}(n) \tag{3.300}$$

Es wird bei dieser Rückkopplung also ein durch r bestimmter Teil des Ausgangssignals vom Eingangssignal subtrahiert. Soll diese Subtraktion verzögert ausgeführt werden, kann man ausnutzen, dass eine Verzögerung im Signalbereich um eine Position einer Multiplikation im z-Bereich mit z^{-1} entspricht. Eine Verzögerung um d Positionen wird als mit der folgenden Systemfunktion erreicht:

$$\Psi_{\mathsf{T}}(z) = rz^{-d} \quad r \in \mathbb{C} \tag{3.301}$$

Es ist wieder $k = 0$ mit $v_0 = 1$, aber $m = d$ mit $u_m = r$ und $u_\mu = 0$ für $\mu < m$. Das Rückkoppelungssystem ist daher

$$\mathsf{T}(\boldsymbol{x})(n) = r\boldsymbol{x}(n-d) \tag{3.302}$$

Rückkopplung kann für vielerlei Effekte eingesetzt werden. Ein solcher Effekt, nämlich die Stabilisierung eines instabilen Systems, wird im Rest des Abschnitts an einem Beispiel ausführlich erläutert. Das Beispiel-LSI-System **S** hat die Systemfunktion

$$\boldsymbol{\Psi}_{\mathsf{S}}(z) = \frac{1}{1 + z^{-1} + 2z^{-2}}$$

Der Definitionsbereich ist das Äußere des kleinsten Kreises um die beiden Pole (die Nullstellen des Nenners) der Funktion. Eine Differenzengleichung des Systems ist mit dem Zusammenhang von (4.1) und (4.3) rasch gefunden:

$$\mathsf{S}(\boldsymbol{x})(n) = \boldsymbol{x}(n) - \mathsf{S}(\boldsymbol{x})(n-1) - 2\mathsf{S}(\boldsymbol{x})(n-2)$$

Das System ist offenbar kausal, folglich gilt $\boldsymbol{\Delta}_{\mathsf{S}}(\boldsymbol{x})(n) = 0$ für $n < 0$. Die $\boldsymbol{\Delta}_{\mathsf{S}}(\boldsymbol{x})(n)$ für $n \geq 0$ können wegen $\boldsymbol{\Delta}_{\mathsf{S}} = \mathsf{S}(\boldsymbol{\delta})$ mit der Differenzengleichung numerisch bestimmt werden, denn die Startwerte sind bekannt: $\mathsf{S}(\boldsymbol{\delta})(-1) = \mathsf{S}(\boldsymbol{\delta})(-2) = 0$. Das Ergebnis ist in Abb. 3.100 dargestellt. Man beachte die Signalwerte! Es ist $\boldsymbol{\Delta}_{\mathsf{S}}(46) = -12.654.045$, mit zunehmender Tendenz, das System kann nicht stabil sein. Welchen Effekt hat **S** auf die Einheitsstufe $\boldsymbol{u}$? Um $\mathsf{S}(\boldsymbol{u})$ mit der Differenzengleichung berechnen zu können müssen die Startwerte $\mathsf{S}(\boldsymbol{u})(-1)$ und $\mathsf{S}(\boldsymbol{u})(-2)$ bekannt sein. Diese sind leicht zu bekommen. Es sei allgemein $\boldsymbol{x}$ ein Signal mit $\boldsymbol{x}(n) = 0$ für $n < 0$. Dann gilt

$$\mathsf{S}(\boldsymbol{x})(n) = (\boldsymbol{\Delta}_{\mathsf{S}} * \boldsymbol{x})(n) = \sum_{\nu=-\infty}^{\infty} \boldsymbol{x}(\nu)\boldsymbol{\Delta}_{\mathsf{S}}(n-\nu)$$

Es ist $\boldsymbol{\Delta}_{\mathsf{S}}(n-\nu) = 0$ für $n - \nu < 0$ oder $n < \nu$. Es sei $n < 0$. Dann ist $n - \nu < 0$ für $\nu \geq 0$, folglich

$$\mathsf{S}(\boldsymbol{x})(n) = \sum_{\nu=-\infty}^{-1} \boldsymbol{x}(\nu)\boldsymbol{\Delta}_{\mathsf{S}}(n-\nu) = 0$$

wegen $\boldsymbol{x}(\nu) = 0$ für $\nu < 0$. $\mathsf{S}(\boldsymbol{u})$ kann daher wie folgt rekursiv berechnet werden:

$$\mathsf{S}(\boldsymbol{u})(n) = \boldsymbol{u}(n) - \mathsf{S}(\boldsymbol{u})(n-1) - 2\mathsf{S}(\boldsymbol{u})(n-2) \quad \mathsf{S}(\boldsymbol{u})(-1) = \mathsf{S}(\boldsymbol{u})(-2) = 0$$

Auch das Ausgangssignal $\mathsf{S}(\boldsymbol{u})$ wächst sehr schnell, ein kleiner Ausschnitt ist in Abb. 3.101 wiedergegeben. Das Problem ist allerdings, dass diese numerischen Berechnungen keinen Beweis für die Instabilität liefern, nur eine Plausibilität. Um für ein gewisses beschränktes Eingangssignal zu zeigen, dass das Ausgangssignal nicht beschränkt ist, muss man von der

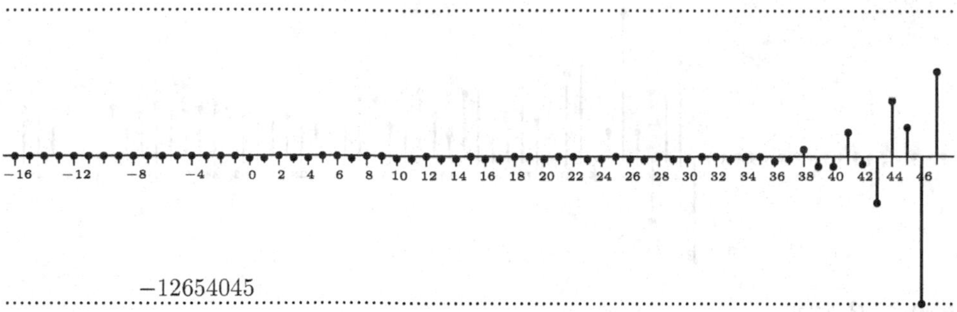

Abb. 3.100 Δ_S

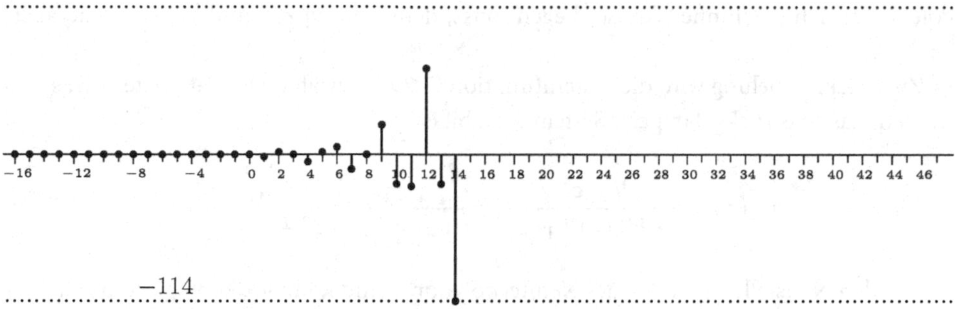

Abb. 3.101 $S(u)$

Rekursionsformel zu einer echten Formel zur Darstellung des Systems übergehen. Man hat also eine Lösung für das Differenzengleichungssystem zu finden. Dazu gibt es Methoden, die den Methoden zur Lösung von gewöhnlichen Differentialgleichungen ähnlich sind (Lösen des homogenen Systems und Auffinden einer partikulären Lösung). Alternativ können jedoch auch die Pole der Systemfunktion bestimmt werden. Liegt einer der Pole nicht im Inneren des Einheitskreises, dann ist das System sicher instabil, wie im Abschn. 3.12 über stabile Systeme abgeleitet wird. Die Bestimmung der Pole kann allerdings schwierig sein, besonders für Systemfunktionen mit einem Nennerpolynom von hohem Grad.[30] Bei einem quadratischen Nennerpolynom mit zwei Polen kann die Lage der Pole relativ zum Einheitskreis jedoch bestimmt werden, ohne die Pole selbst zu berechnen. Man gibt dazu die Systemfunktion nicht als Funktion von z^{-1} sondern von z an:

$$\boldsymbol{\Psi}_S(z) = \frac{1}{1 + z^{-1} + 2z^{-2}} = \frac{z^2}{z^2 + z + 2}$$

Für die beiden Nullstellen v und w des Polynoms $z^2 + z + 2$ gilt nach dem Wurzelsatz von *Vieta*, und zwar nach (A.14), $vw = 2$. Aus $|vw| = 2$ folgt aber, dass mindestens einer der

[30] Die Bestimmung von Polynomnullstellen mit dem QD-Algorithmus wird in Abschn. 6.2 vorgestellt. Dort wird auch ein Beispiel für schlecht zu lokalisierende Nullstellen gegeben.

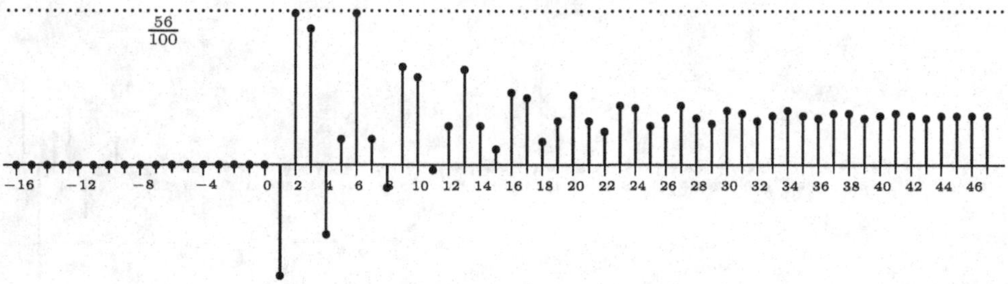

Abb. 3.102 R(u)

Pole außerhalb des Einheitskreises liegen muss, denn mit $|v| < 1$ und $|w| < 1$ gelte auch $|vw| < 1$.[31]

Zur Rückkoppelung wird die Systemfunktion (3.299) gewählt. Der Parameter r ist so zu wählen, dass das rückgekoppelte System **R** stabil ist.

$$\Psi_{\mathsf{R}}(z) = \frac{\Psi_{\mathsf{S}}(z)}{1 + \Psi_{\mathsf{S}}(z)\Psi_{\mathsf{T}}(z)} = \frac{\frac{z^2}{z^2+z+2}}{1 + r\frac{z^2}{z^2+z+2}} = \frac{\frac{z^2}{1+r}}{z^2 + \frac{z}{1+r} + \frac{2}{1+r}}$$

Die beiden Nullstellen v und w des Nennerpolynoms sind komplex konjugiert und haben daher denselben Absolutbetrag: $|v| = |w|$. Aus $|vw| < 1$ folgt daher $|v| < 1$ und $|w| < 1$. Das rückgekoppelte System **R** ist daher nach dem Wurzelsatz von *Vieta* stabil, wenn

$$\frac{2}{1+r} < 1$$

gilt. Wegen $2 < |1 + r| \leq 1 + |r|$ ist das der Fall für $1 < |r|$. Wählt man daher r so, dass $|r| > 1$ gilt, dann ist das rückgekoppelte System **R** stabil.

Zur Bestimmung der Differenzengleichung des Systems **R** wird die Systemfunktion als Funktion von z^{-1} dargestellt:

$$\Psi_{\mathsf{R}}(z) = \frac{\frac{z^2}{1+r}}{z^2 + \frac{z}{1+r} + \frac{2}{1+r}} = \frac{z^2}{(1+r)z^2 + z + 2} = \frac{1}{1 + r + z^{-1} + 2z^{-2}}$$

Daran liest man folgendes ab: Es ist $k = 0$ mit $u_0 = 1$ und $m = 2$ mit $v_0 = 1 + r$, $v_1 = 1$ und $v_2 = 2$. Die Differenzengleichung von **R** ist daher

$$\mathsf{R}(\boldsymbol{x})(n) = \frac{1}{1+r}\left(\boldsymbol{x}(n) - \mathsf{R}(\boldsymbol{x})(n-1) - 2\mathsf{R}(\boldsymbol{x})(n-2)\right)$$

Die dämpfende Wirkung des rückgekoppelten Systems **R** auf den Einheitssprung $\boldsymbol{u}$ ist für den Fall $r = \frac{3}{2}$ in Abb. 3.102 dargestellt.

[31] Aber Achtung: Umgekehrt kann von $|vw| < 1$ nicht auf $|v| < 1$ und $|w| < 1$ geschlossen werden.

Um die Ausführungen dieses Abschnittes nicht zu sehr zu befrachten wurden keine Prüfungen der Definitionsbereiche der Systeme vorgenommen. In der Realität sollten solche Prüfungen jedoch nicht unterlassen werden!

3.13.4 Die Korrektur von Systemeigenschaften mit Allpässen

Ein System **A** mit der Eigenschaft, dass der Betrag seiner Frequenzantwort (d. h. seine Amplitude) überall den Wert Eins annimmt, heißt aus offensichtlichen Gründen Allpass. Für ihn gilt also

$$|\Theta_{\mathbf{A}}| = 1 \tag{3.303}$$

Wird solch ein Allpass **A** hinter ein System **S** geschaltet, wird also **A** ∘ **S** gebildet, so ist der Betrag der Frequenzantwort des zusammengesetzten Systems der Betrag der Frequenzantwort von **S**:

$$|\Theta_{\mathbf{A}\circ\mathbf{S}}| = |\Theta_{\mathbf{A}}|\,|\Theta_{\mathbf{S}}| = |\Theta_{\mathbf{S}}| \tag{3.304}$$

Die Amplitude wird durch das Nachschalten von **A** nicht verändert. Wohl aber können andere Eigenschaften geändert werden, etwa die Phase oder die Stabilität. So ergeben sich Korrekturmöglichkeiten unerwünschter Eigenschaften, beispielsweise kann versucht werden, ein instabiles System zu stabilisieren.

Zuerst stellt sich allerdings die Frage, wie man sich einen Allpass verschaffen kann. Zu diesem Zweck sei A ein komplexes Polynom in z^{-1} mit **reellen** Koeffizienten wie folgt:

$$A(z) = 1 + \sum_{\nu=1}^{n} a_\nu z^{-\nu} = 1 + a_1 z^{-1} + a_2 z^{-2} + \cdots + a_n z^{-n} \qquad a_\nu \in \mathbb{R}$$

Auf dem Einheitskreis gilt für diese Funktion (mit $a_0 = 1$)

$$\overline{A(e^{i\omega})} = \overline{\sum_{\nu=0}^{n} a_\nu e^{-i\omega}} = \sum_{\nu=0}^{n} a_\nu \overline{e^{-i\omega}} = \sum_{\nu=0}^{n} a_\nu e^{i\omega} = A(e^{-i\omega})$$

Daraus folgt

$$\begin{aligned} \left|A(e^{i\omega})\right|^2 &= A(e^{i\omega})\overline{A(e^{i\omega})} = A(e^{i\omega})A(e^{-i\omega}) \\ \left|A(e^{-i\omega})\right|^2 &= A(e^{-i\omega})\overline{A(e^{-i\omega})} = A(e^{-i\omega})A(e^{i\omega}) \end{aligned}$$

Das LSI-System **A** sei nun durch die folgende Systemfunktion gegeben:

$$\Psi_{\mathbf{A}}(z) = z^{-n}\frac{A(z^{-1})}{A(z)} = \frac{z^{-n} + a_1 z^{-n+1} + \cdots + a_n}{1 + a_1 z^{-1} + \cdots + a_n z^{-n}} \tag{3.305}$$

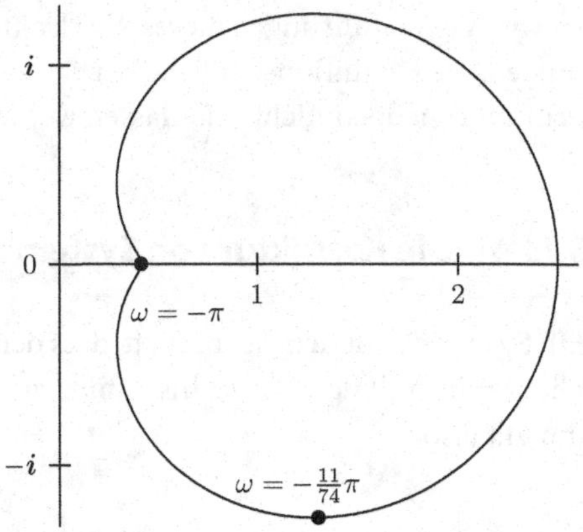

Abb. 3.103 Die Frequenzantwort Θ_S

Weil die Frequenzantwort von **A** die Einschränkung der Systemfunktion von **A** auf den Einheitskreis ist (siehe dazu (3.257) in Abschn. 3.8), erhält man für das Quadrat des Betrages der Frequenzantwort von **A**

$$|\Theta_{\mathsf{A}}(\omega)|^2 = |e^{-in\omega}|^2 \frac{|A(e^{-i\omega})|^2}{|A(e^{i\omega})|^2} = 1$$

Durch (3.305) wird also ein Allpass definiert. Die Systemfunktion ist eine rationale Funktion, deren spezielle Eigenschaft leicht zu merken ist. Im Zähler- und im Nennerpolynom treten dieselben reellen Koeffizienten auf, doch ist ihre Reihenfolge vertauscht. Im Zähler gehören die Koeffizienten zu den absteigenden, im Nenner zu den aufsteigenden Potenzen von z^{-1}.

Die Systemfunktion des Allpasses **A** hat die wichtige Eigenschaft, dass ein reziprokes Argument in einen reziproken Wert übergeht:

$$\Psi_{\mathsf{A}}(z^{-1}) = z^n \frac{A(z)}{A(z^{-1})} = \frac{1}{\Psi_{\mathsf{A}}(z)} \tag{3.306}$$

Ist daher w eine Nullstelle von Ψ_{A}, d. h. eine Nullstelle des Zählerpolynoms, dann ist w^{-1} eine Nullstelle des Nennerpolynoms, d. h. ein Pol von Ψ_{A}, und umgekehrt ist w ein Pol von Ψ_{A}, so ist w^{-1} eine Nullstelle von Ψ_{A}.

Es sei nun ein LSI-System S durch folgende Systemfunktion definiert:

$$\Psi_{\mathsf{S}}(z) = \frac{1 + 4z^{-2}}{1 - 5z^{-1} + 6z^{-2}}$$

Die Pole der Systemfunktion sind die Nullstellen des Polynoms $z^2 - 5z + 6$, nämlich $w_0 = 2$ und $w_1 = 3$. Beide Pole liegen nicht im Inneren des Einheitskreises, das System ist daher nicht stabil. Wie oben schon angemerkt kann man versuchen, durch Nachschalten eines

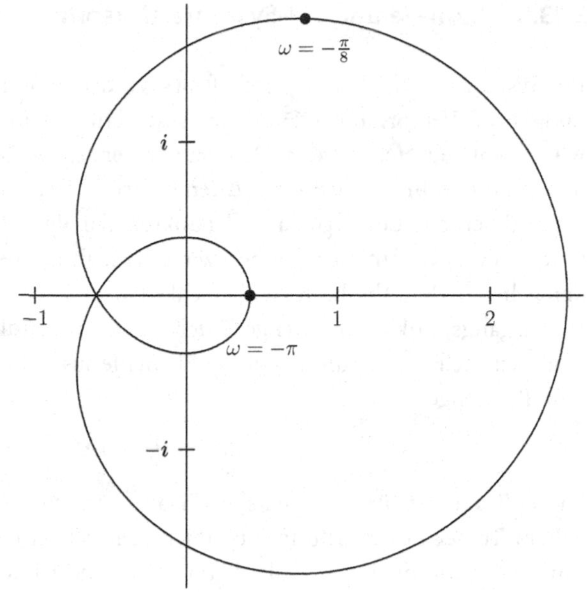

Abb. 3.104 Die Frequenzantwort $\Theta_{\mathbf{A}\circ\mathbf{S}}$

Allpasses **A** ein stabiles System herzustellen, das denselben Amplitudengang besitzt wie das ursprüngliche System **S**. Man macht dazu mit reellen Zahlen a und b den folgenden Ansatz:

$$\Psi_{\mathbf{A}\circ\mathbf{S}}(z) = \Psi_{\mathbf{A}}(z)\Psi_{\mathbf{S}}(z) = \frac{1 + az^{-1} + bz^{-2}}{b + az^{-1} + z^{-2}} \frac{1 + 4z^{-2}}{1 - 5z^{-1} + 6z^{-2}}$$

Wählt man nun $a = -5$ und $b = 6$, dann kann der Zähler von $\Psi_{\mathbf{A}}$ gegen den Nenner von $\Psi_{\mathbf{S}}$ gekürzt werden:

$$\Psi_{\mathbf{A}\circ\mathbf{S}}(z) = \frac{1 + 4z^{-2}}{6 - 5z^{-1} + z^{-2}}$$

Wegen (3.306) sind nun aber die Pole der Systemfunktion $\Psi_{\mathbf{A}\circ\mathbf{S}}$ durch

$$z_0 = w_0^{-1} = \frac{1}{2} \quad \text{und} \quad z_1 = w_1^{-1} = \frac{1}{3}$$

gegeben, die beide im Inneren des Einheitskreises liegen, das neue System ist daher stabil. Es ist jedoch zu beachten, dass sich zwar nicht die Amplitude, wohl aber andere Eigenschaften von **S**, etwa die Phase, geändert haben können.

Tatsächlich wird der Polarwinkel beträchtlich verändert, wie ein Vergleich der Kurven der beiden Frequenzantworten zeigt. Geändert hat sich auch der Durchlaufsinn der Kurve, und zwar von gegen den Uhrzeiger zu mit dem Uhrzeiger (siehe dazu die beiden Abb. 3.103 und 3.104).

3.13.5 Signale und LSI-Systeme als isomorphe Algebren

Ein System, das die LSI-Eigenschaft besitzt, d. h. eine lineare und Shift-invariante Abbildung des $\mathbb{C}$-Vektorraumes $\mathfrak{S}$ in sich, ist strukturell von den Signalen, auf die es angewandt wird, nicht zu unterscheiden. Diese auf den ersten Blick etwas merkwürdige Aussage wird in diesem Abschnitt präzisiert und demonstriert. Dazu muss allerdings von einigen Grundkenntnissen aus der Algebra und Funktionalanalysis Gebrauch gemacht werden. Leser, welche diese Kenntnisse nicht besitzen oder kein Interesse an solchen Fragen haben, werden gebeten, den Abschnitt zu überschlagen.

Ausgangspunkt ist die Menge $\mathfrak{T}$ der Signale mit endlichem Träger. Der Träger eines Signals $\boldsymbol{x}$ ist definiert als die Menge der Elemente aus $\mathbb{Z}$, für die das Signal nicht verschwindet, also die Menge

$$\mathbb{T}_{\boldsymbol{x}} = \{\, n \in \mathbb{Z} \,|\, \boldsymbol{x}(n) \neq 0 \,\}$$

Dieser Träger ist für die Signale aus $\mathfrak{T}$ also endlich. Die Summe zweier Signale mit endlichem Träger besitzt selbstverständlich ebenfalls einen endlichen Träger, und auch die Multiplikation mit einem Skalar kann an der Endlichkeit eines Trägers nichts ändern. Die Menge $\mathfrak{T}$ ist folglich ein Untervektorraum von $\mathfrak{S}$.

Um auch die allwichtige Faltung von Signalen einzubinden kann man vom $\mathbb{C}$-Vektorraum $\mathfrak{T}$ zur $\mathbb{C}$-Algebra $\mathfrak{T}$ übergehen. Eine Algebra ist ein Vektorraum, in dem noch eine dritte assoziative Verknüpfung existiert, die mit der Addition und Skalarmultiplikation verträglich ist. Diese Verknüpfung wird meist multiplikativ geschrieben, die Verträglichkeitsbedingungen sind dann

$$x(y+z) = xy + xz \quad (x+y)z = xz + yz \quad \lambda(xy) = (\lambda x)y = x(\lambda y) \tag{3.307}$$

Darin sind x, y und z Vektoren und λ ist ein Skalar. Diese Bedingungen sind für Signale aus $\mathfrak{T}$ mit der Faltung $*$ als dritter Verknüpfung erfüllt (siehe Abschn. 3.1). Wegen $\boldsymbol{x} * \boldsymbol{y} = \boldsymbol{y} * \boldsymbol{x}$ liegt sogar eine kommutative Algebra vor. Man beachte, dass die Faltung zweier Signale mit endlichem Träger stets existiert, weil die unendliche Reihe (3.4) zu einer endlichen Summe wird. Im Kontrast dazu kann der Vektorraum $\mathfrak{S}$ aller Signale mit $*$ nicht zu einer Algebra gemacht werden, weil die Faltung nicht für alle Signale definiert ist.

Eine weitere Algebra mit $*$ als dritter Verknüpfung ist die Algebra $\mathfrak{A}$ der absolut konvergenten Signale. Ein Signal $\boldsymbol{x}$ ist absolut konvergent, wenn die Reihe

$$\sum_{n=-\infty}^{\infty} |\boldsymbol{x}(n)| \tag{3.308}$$

gegen eine reelle Zahl konvergiert. Es ist sehr leicht zu sehen, dass die Summe zweier absolut konvergenter Signale wieder absolut konvergent ist, von der Skalarmultiplikation ganz zu schweigen: $\mathfrak{A}$ ist ein $\mathbb{C}$-Vektorraum. Um aber auch mit $*$ eine Algebra bilden zu können muss die Faltung für alle Signale $\boldsymbol{x}$ und $\boldsymbol{y}$ aus $\mathfrak{A}$ existieren. Nun ist aber wegen der absoluten Konvergenz von $\boldsymbol{y}$ die Folge $n \mapsto |\boldsymbol{y}(n)|$ beschränkt, etwa durch die positive reelle Zahl M. Es gilt dann

$$\sum_{n=-k}^{k} |\boldsymbol{x}(n)|\,|\boldsymbol{y}(n)| \le M \sum_{n=-k}^{k} |\boldsymbol{x}(n)|$$

Die die Faltungsoperation definierende unendliche Reihe (3.4) konvergiert daher absolut und ist damit erst recht auch ganz gewöhnlich konvergent.

Beide Algebren $\mathfrak{T}$ und $\mathfrak{A}$ enthalten bezüglich des Faltungsoperators $*$ das Einselement $\boldsymbol{\delta}$, denn es ist $(\boldsymbol{\delta} * \boldsymbol{x})(n) = \boldsymbol{\delta}(0)\boldsymbol{x}(n) = \boldsymbol{x}(n)$, also $\boldsymbol{\delta} * \boldsymbol{x} = \boldsymbol{x}$.

Auf der Seite der Systeme ist der Ausgangspunkt der $\mathbb{C}$-Vektorraum $\mathbf{L}_{\mathfrak{S}}$ der Endomorphismen von $\mathfrak{S}$, d. h. der linearen Abbildungen von $\mathfrak{S}$ in sich selbst. Er ist mit der Hintereinanderschaltung $\circ$ von Endomorphismen eine natürliche Algebra. Es ist aber keine kommutative Algebra, weil $\mathsf{S} \circ \mathsf{T}$ von $\mathsf{T} \circ \mathsf{S}$ verschieden sein kann, Beispiele dafür sind leicht zu finden.

Es kommt nun der letzte Schritt, der Übergang zu LSI-Systemen, d. h. zu Systemen aus $\mathbf{L}_{\mathfrak{S}}$, die zusätzlich shift-invariant sind. Nach Abschn. 3.13.1 führen die Addition und das Hintereinanderschalten zweier LSI-Systeme sowie die Multiplikation eines LSI-Systems mit einer komplexen Zahl wieder auf ein LSI-System. Die Menge $\mathbf{S}_{\mathfrak{S}}$ der LSI-Systeme bildet folglich eine Algebra, eine Unteralgebra von $\mathbf{L}_{\mathfrak{S}}$.

Es sei nun $\boldsymbol{d} \in \mathfrak{T}$ ein Signal mit endlichem Träger. Dann existiert für **jedes** Signal $\boldsymbol{x} \in \mathfrak{S}$ die Faltung $\boldsymbol{d} * \boldsymbol{x}$, denn die Faltungssumme degeneriert zu einer endlichen Summe:

$$(\boldsymbol{d} * \boldsymbol{x})(n) = \sum_{\nu=-\infty}^{\infty} \boldsymbol{d}(\nu)\boldsymbol{x}(n-\nu) = \sum_{\nu \in T_d} \boldsymbol{d}(\nu)\boldsymbol{x}(n-\nu)$$

Man kann daher mit $\boldsymbol{d}$ ein neues Signal F_d definieren:

$$\mathsf{F}_d(\boldsymbol{x}) = \boldsymbol{d} * \boldsymbol{x} \tag{3.309}$$

Aus den Eigenschaften der Faltung folgt wieder sofort, dass F_d ein $\mathbb{C}$-lineares System ist. Das so gewonnene System ist aber auch shift-invariant:

$$\begin{aligned}
\mathsf{F}_d(\boldsymbol{x} \circ \sigma_m)(n) &= (\boldsymbol{d} * (\boldsymbol{x} \circ \sigma_m))(n) \\
&= \sum_{\nu=-\infty}^{\infty} \boldsymbol{d}(\nu)\boldsymbol{x}(n-m-\nu) \\
&= (\boldsymbol{d} * \boldsymbol{x})(n-m) \\
&= ((\boldsymbol{d} * \boldsymbol{x}) \circ \sigma_m)(n) \\
&= (\mathsf{F}_d(\boldsymbol{x}) \circ \sigma_m)(n)
\end{aligned}$$

Die F_d sind also LSI-Systeme. Man erhält so eine Abbildung $\mathcal{E}$ von der Algebra $\mathfrak{T}$ der Signale mit endlichem Träger in die Algebra $\mathbf{S}_{\mathfrak{S}}$ der LSI-Systeme über $\mathfrak{S}$:

$$\mathcal{E}\colon \mathfrak{T} \longrightarrow \mathbf{S}_{\mathfrak{S}} \quad \mathcal{E}(x) = \mathsf{F}_x \quad \mathcal{E}(x)(y) = \mathsf{F}_x(y) = x * y \tag{3.310}$$

Dass diese Abbildung $\mathbb{C}$-linear ist ergibt sich wieder direkt aus den Eigenschaften der Faltung. Die Abbildung ist aber auch ein Algebrenhomomorphismus:

$$\begin{aligned}\mathcal{E}(a * b)(x) = \mathsf{F}_{a*b}(x) &= (a * b) * x = a * (b * x)\\ &= \mathsf{F}_a(b * x) = \mathsf{F}_a(\mathsf{F}_b(x))\\ &= (\mathsf{F}_a \circ \mathsf{F}_b)(x) = (\mathcal{E}(a) \circ \mathcal{E}(b))(x)\end{aligned}$$

Es ist also $\mathcal{E}(a * b) = \mathcal{E}(a) \circ \mathcal{E}(b)$ herausgekommen, die Abbildung respektiert die multiplikativen Verknüpfungen der beiden Algebren und ist damit ein Homomorphismus zwischen Algebren. Es ist sogar ein injektiver Homomorphismus. Dazu ist bei einer linearen Abbildung nur zu zeigen, dass der Kern der Abbildung nur aus dem Nullsignal besteht. Das ist natürlich der Fall. Denn ist $x \in \mathbf{Kern}(\mathcal{E})$, dann gilt **für alle** Signale y mit endlichem Träger

$$\mathcal{E}(x)(y) = \mathsf{F}_x(y) = x * y = \mathbf{0}$$

Darin ist $\mathbf{0}$ das Nullsignal. Daraus folgt insbesondere $x * \delta = x = \mathbf{0}$, der Kern von $\mathcal{E}$ besteht daher nur aus dem Nullsignal. Dann ist die Abbildung $\mathcal{E}$ aber eine Einbettung, d. h. die Algebra $\mathfrak{T}$ und ihr Bild $\mathcal{E}[\mathfrak{T}]$ unter der Abbildung $\mathcal{E}$ sind isomorph, beide Algebren sind strukturell nicht zu unterscheiden.

Allerdings ist $\mathcal{E}$ nicht surjektiv, d. h. die Algebra $\mathfrak{T}$ ist nicht isomorph zur Algebra $\mathbf{S}_{\mathfrak{S}}$. Das Bild $\mathcal{E}[\mathfrak{T}]$ ist nämlich leicht anzugeben. Es ist ganz leicht zu zeigen, dass die LSI-Systeme S über $\mathfrak{S}$, deren Einheitsimpulsantwort Δ_{S} einen endlichen Träger besitzt, eine Unteralgebra $\mathbf{T}_{\mathfrak{S}}$ von $\mathbf{S}_{\mathfrak{S}}$ bilden. Offensichtlich ist $\mathcal{E}[\mathfrak{T}] \subset \mathbf{T}_{\mathfrak{S}}$ wegen $\Delta_{\mathcal{E}(x)} = x$. Ist andererseits $\mathsf{S} \in \mathbf{T}_{\mathfrak{S}}$, dann gilt $\mathcal{E}(\Delta_{\mathsf{S}}) = \mathsf{S}$ und daher $\mathsf{S} \in \mathcal{E}[\mathfrak{T}]$. Offensichtlich ist $\mathbf{T}_{\mathfrak{S}}$ eine echte Unteralgebra von $\mathbf{S}_{\mathfrak{S}}$, weil letztere auch Systeme enthält, deren Einheitsimpulsantwort einen unendlichen Träger besitzt, z. B. das System U mit dem Einheitssprung u als Einheitsimpulsantwort.

Es hat sich also folgende Isomorpie herausgestellt :

$$\mathfrak{T} \cong \mathbf{T}_{\mathfrak{S}} \tag{3.311}$$

Die Signale mit endlichem Träger können von den LSI-Systemen, deren Einheitsimpulsantwort einen endlichen Träger besitzt, bezüglich ihrer Algebreneigenschaften nicht unterschieden werden.

Als eine kleine Anwendung dieser Isomorphie erhält man die Aussage, dass $\mathrm{T}_{\mathfrak{S}}$ eine kommutative Algebra ist, für S und T aus $\mathrm{T}_{\mathfrak{S}}$ erhält man nämlich mit $\mathsf{S} = \mathcal{E}(s)$ und $\mathsf{T} = \mathcal{E}(t)$

$$\mathsf{S} \circ \mathsf{T} = \mathcal{E}(s) \circ \mathcal{E}(s) = \mathcal{E}(s * t) = \mathcal{E}(t * s) = \mathcal{E}(t) \circ \mathcal{E}(t) = \mathsf{T} \circ \mathsf{S}$$

Statt des kommutativen Diagramms in Abschn. 3.2.2, das noch die speziellen Systeme I_m enthält, ergibt sich also an dieser Stelle das folgende kommutative Diagramm, dessen Kommutativität für alle Systeme aus $\mathrm{T}_{\mathfrak{S}}$ gilt:

$$\begin{array}{ccc} \mathrm{T}_{\mathfrak{S}} & \xrightarrow{\mathsf{S}} & \mathrm{T}_{\mathfrak{S}} \\ \mathsf{T}\downarrow & & \downarrow\mathsf{T} \\ \mathrm{T}_{\mathfrak{S}} & \xrightarrow[\mathsf{S}]{} & \mathrm{T}_{\mathfrak{S}} \end{array} \qquad \mathsf{T} \circ \mathsf{S} = \mathsf{S} \circ \mathsf{T}$$

Man kann von der Signalseite her auch von einer größeren Klasse von Signalen ausgehen. Wählt man die Algebra $\mathfrak{A}$ der absolut konvergenten Signale, dann ist, für ein $\boldsymbol{a} \in \mathfrak{A}$, die Faltung $\boldsymbol{a} * \boldsymbol{x}$ nicht mehr für jedes beliebige Signal definiert. Man muss auf der Seite der Systeme also zu einer kleineren Klasse von Signalen übergehen. Wählt man dazu $\boldsymbol{a} \in \mathfrak{A}$ selbst, dann ist die Algebra der Systeme $\mathbf{A}_{\mathfrak{A}}$, also die Algebra der LSI-Systeme definiert auf der Algebra derjenigen absolut konvergenten Signale, deren Einheitsimpulsantwort absolut konvergent ist. Das Ergebnis wäre dann

$$\mathfrak{A} \cong \mathbf{A}_{\mathfrak{A}}$$

Die Isomorphie (3.311) gilt nicht nur im algebraischen sondern auch im topologischen Sinne, und zwar wird die Abbildung $\mathcal{E}$ bei geeigneter Normierung der Algebren stetig und sogar isometrisch (d. h. längentreu). Dazu werden die $\mathbb{C}$-Vektorräume $\mathfrak{T}$ und $\mathfrak{A}$ wie folgt mit der Summennorm versehen:

$$\|\boldsymbol{x}\| = \sum_{n=-\infty}^{\infty} \boldsymbol{x}(n) \tag{3.312}$$

Im Fall des Unterraumes $\mathfrak{T}$ von $\mathfrak{A}$ von wird die Reihe natürlich zu einer endlichen Summe über den Träger von $\boldsymbol{x}$.

Eine Algebra, die schon ein normierter Vektorraum mit einer Norm $\|\cdot\|$ ist, ist auch eine normierte Algebra, wenn die Norm mit der Algebrenmultiplikation verträglich ist, d. h. wenn für alle Algebrenelemente x und y die Ungleichung

$$\|xy\| \leq \|x\|\|y\| \tag{3.313}$$

erfüllt ist. Speziell für die Algebra $\mathfrak{A}$ (und damit auch für $\mathfrak{T}$) lautet diese Bedingung wie folgt:

$$\|\boldsymbol{x} * \boldsymbol{y}\| \leq \|\boldsymbol{x}\|\|\boldsymbol{y}\| \tag{3.314}$$

Die Ableitung ist nicht ganz einfach, sie beruht auf dem großen Umordnungssatz für absolut konvergente Reihen:

$$
\begin{aligned}
\|\boldsymbol{x} * \boldsymbol{y}\| &= \sum_{n=-\infty}^{\infty} |(\boldsymbol{x} * \boldsymbol{y})(n)| \\
&= \sum_{n=-\infty}^{\infty} \left| \sum_{\nu=-\infty}^{\infty} \boldsymbol{x}(\nu)\boldsymbol{y}(n-\nu) \right| \\
&\leq \sum_{n=-\infty}^{\infty} \sum_{\nu=-\infty}^{\infty} |\boldsymbol{x}(\nu)|\,|\boldsymbol{y}(n-\nu)| \\
&= \sum_{\nu=-\infty}^{\infty} \sum_{n=-\infty}^{\infty} |\boldsymbol{x}(\nu)|\,|\boldsymbol{y}(n-\nu)| && (*) \\
&= \sum_{\nu=-\infty}^{\infty} |\boldsymbol{x}(\nu)| \sum_{n=-\infty}^{\infty} |\boldsymbol{y}(n-\nu)| \\
&= \sum_{\nu=-\infty}^{\infty} |\boldsymbol{x}(\nu)| \sum_{n=-\infty}^{\infty} |\boldsymbol{y}(n)| && (**) \\
&= \left(\sum_{n=-\infty}^{\infty} |\boldsymbol{y}(n)| \right) \left(\sum_{\nu=-\infty}^{\infty} |\boldsymbol{x}(\nu)| \right) \\
&= \|\boldsymbol{x}\|\,\|\boldsymbol{y}\|
\end{aligned}
$$

Der Übergang zur Zeile $(*)$ erfolgt durch Vertauschen der Summationsreihenfolge einer Doppelreihe nach dem großen Umordnungssatz. Und die Zeile $(**)$ wird aus folgendem Grund erreicht: wenn n die ganzen Zahlen in natürlicher Reihenfolge durchläuft, dann gilt das auch für die $n-\nu$ bei konstantem ν.

Die Algebra $\mathbf{T}_{\mathfrak{S}}$ soll nun so mit einer Norm versehen werden, dass die Abbildung $\mathcal{E}$ stetig ist. Das kann so geschehen, dass die gesuchte Norm direkt von $\mathcal{E}$ induziert wird:

$$
\|\mathsf{S}\| = \|\mathcal{E}^{-1}(\mathsf{S})\| = \|\Delta_{\mathsf{S}}\| \quad \text{für alle } \mathsf{S} \in \mathbf{T}_{\mathfrak{S}} \tag{3.315}
$$

Die Eigenschaften des Isomorphismus $\mathcal{E}$ garantieren, dass auf diese Weise eine Norm auf $\mathbf{T}_{\mathfrak{S}}$ induziert wird. So ist z. B.

$$
\|\mathsf{T} \circ \mathsf{S}\| = \|\Delta_{\mathsf{T}\circ\mathsf{S}}\| = \|\Delta_{\mathsf{T}} * \Delta_{\mathsf{S}}\| \leq \|\Delta_{\mathsf{T}}\|\,\|\Delta_{\mathsf{S}}\| = \|\mathsf{T}\|\,\|\mathsf{S}\|
$$

Dass $\mathcal{E}$ bezüglich beider Normen stetig ist ergibt sich aus der Konstruktion der Norm auf $\mathbf{T}_{\mathfrak{S}}$. Der direkte Beweis ist allerdings sehr einfach: Eine lineare Abbildung ist genau dann stetig, wenn sie beschränkt ist, und das ist bei einer linearen Abbildung genau dann der Fall, wenn sie auf dem Einheitskreis beschränkt ist. Dazu muss es eine positive reelle Zahl M geben mit der Eigenschaft

$$
\|\mathcal{E}(\boldsymbol{x})\| \leq M\|\boldsymbol{x}\|
$$

Das trifft auf $\mathcal{E}$ natürlich zu, und zwar sogar für $M = 1$:

$$
\|\mathcal{E}(\boldsymbol{x})\| = \|\Delta_{\mathcal{E}(\boldsymbol{x})}\| = \|\boldsymbol{x}\|
$$

Der Isomorphismus $\mathcal{E}$ ist also nicht nur stetig, er erhält auch die Norm von Vektoren, d. h. er respektiert Abstände, d. h. er ist sogar eine Isometrie.

In diesen Zusammenhang gehört noch die DFT (siehe Abschn. 3.2.6). Beachtet man nämlich, dass der Körper $\mathbb{C}$ eine Algebra ist, und zwar mit der komplexen Multiplikation als Algebrenmultiplikation, dann ist die DFT ihren Eigenschaften nach ein Algebrenhomomorphismus, z. B. von $\mathfrak{A}$ nach $\mathbb{C}$. Die Faltung von Signalen geht dabei in ein Produkt komplexer Zahlen über:

$$\mathcal{F}(x * y)(\omega) = \mathcal{F}(x)(\omega)\mathcal{F}(y)(\omega)$$

Man kann den Isomorphismus $\mathcal{E}$ dazu verwenden, eine DFT auch für LSI-Systeme zu definieren:

$$\mathcal{F}(\mathsf{S}) = \mathcal{F}(\mathcal{E}^{-1}(\mathsf{S})) = \mathcal{F}(\Delta_{\mathsf{S}})$$

Die Konstruktion digitaler Filter

4

4.1 Systemfunktion und Differenzengleichung

Es werden vornehmlich LSI-Filter F mit einer in z^{-1} rationalen Systemfunktion

$$\boldsymbol{\Psi}_{\mathsf{F}}(z) = \frac{P(z)}{Q(z)} = \frac{\sum_{\kappa=0}^{k} u_\kappa z^{-\kappa}}{\sum_{\mu=0}^{m} v_\mu z^{-\mu}} \tag{4.1}$$

behandelt. Die Berechnung von Amplituden- und Phasengang kann daher nach Abschn. 3.10 erfolgen. Einige Werte lassen sich aber direkt ablesen. Z. B. ist wegen $e^0 = 1$

$$\gamma_{\mathsf{F}}(0) = \boldsymbol{\Psi}_{\mathsf{F}}(1) = \frac{P(1)}{Q(1)} = \frac{\sum_{\kappa=0}^{k} u_\kappa}{\sum_{\mu=0}^{m} v_\mu} \tag{4.2}$$

Nach Abschn. 3.8 gehört zu der Systemfunktion das Filter

$$\begin{aligned} &v_0 \mathsf{F}(\boldsymbol{x})(n) + v_1 \mathsf{F}(\boldsymbol{x})(n-1) + \cdots + v_m \mathsf{F}(\boldsymbol{x})(n-m) \\ &= u_0 \boldsymbol{x}(n) + u_1 \boldsymbol{x}(n-1) + \cdots + u_k \boldsymbol{x}(n-k) \end{aligned} \tag{4.3}$$

Besteht die Systemfunktion nur aus einem Polynom in z^{-1}, dann fügt man das konstante Nennerpolynom $Q(z^{-1}) = 1$ hinzu,

$$\boldsymbol{\Psi}_{\mathsf{F}}(z) = P(z) = \sum_{\kappa=0}^{k} u_\kappa z^{-\kappa} = \frac{\sum_{\kappa=0}^{k} u_\kappa z^{-\kappa}}{1} \tag{4.4}$$

um zu dem folgenden Filter zu gelangen:

$$\mathsf{F}(\boldsymbol{x})(n) = u_0 \boldsymbol{x}(n) + u_1 \boldsymbol{x}(n-1) + \cdots + u_k \boldsymbol{x}(n-k) \tag{4.5}$$

Wird die Systemfunktion mit einer (komplexen) Konstanten multipliziert, ändern sich Lage und Art der Nullstellen und Pole nicht, es ist daher möglich, einen der Koeffizienten zu

H. Schmidt, M. Schwabl-Schmidt, *Digitale Filter*, DOI 10.1007/978-3-658-03523-5_4,

normieren, ohne Einschränkungen befürchten zu müssen, etwa $u_0 = 1$. Wie weiter oben schon bemerkt wurde, ist es allerdings recht lästig, diesen Spezialfall bei allen Berechnungen und Formeln berücksichtigen zu müssen.

Mit der Systemfunktion (4.1) erhält man das kausale Filter (4.3), aber die Systemfunktion lässt sich selbstverständlich so erweitern, dass zu ihr ein antikausales Filter gehört:

$$\boldsymbol{\Psi}_{\mathsf{F}}(z) = \frac{P(z)}{Q(z)} = \frac{\sum_{\kappa=-k'}^{k} u_\kappa z^{-\kappa}}{\sum_{\mu=-m'}^{m} v_\mu z^{-\mu}} \tag{4.6}$$

Das zugehörige Filter ist

$$\begin{aligned} &v_{-m'}\mathsf{F}(\boldsymbol{x})(n+m') + \cdots + v_{-1}\mathsf{F}(\boldsymbol{x})(n+1) \\ &\quad + v_0\mathsf{F}(\boldsymbol{x})(n) + v_1\mathsf{F}(\boldsymbol{x})(n-1) + \cdots + v_m\mathsf{F}(\boldsymbol{x})(n-m) \\ &= u_{-k'}\boldsymbol{x}(n+k') + \cdots + u_{-1}\boldsymbol{x}(n+1) \\ &\quad + u_0\boldsymbol{x}(n) + u_1\boldsymbol{x}(n-1) + \cdots + u_k\boldsymbol{x}(n-k) \end{aligned} \tag{4.7}$$

Diese volle Allgemeinheit wird allerdings nur selten benötigt, meistens ist $m = m'$ und $k = k'$. Das reduziert den Aufwand zur Berechnung der Koeffizienten nahezu um die Hälfte, falls auch noch die Symmetrie $u_{-n} = u_n$ und $v_{-n} = v_n$ für $n \neq 0$ gegeben ist. Ist das der Fall, dann ist wegen $e^{i\vartheta} + e^{-i\vartheta} = 2\cos(\vartheta)$ die Frequenzantwort von F reell:

$$\boldsymbol{\Theta}_{\mathsf{F}}(\omega) = \frac{u_0 + 2\sum_{\kappa=1}^{k} u_\kappa \cos(\kappa\omega)}{v_0 + 2\sum_{\mu=1}^{m} v_\mu \cos(\mu\omega)} \tag{4.8}$$

Auch im schiefsymmetrischen Fall $u_{-n} = -u_n$ und $v_{-n} = -v_n$ für $n \neq 0$ kann die Frequenzantwort wegen $-e^{i\vartheta} + e^{-i\vartheta} = -\boldsymbol{i}2\sin(\vartheta)$ direkt angegeben werden, sie ist jedoch nicht mehr reell:

$$\boldsymbol{\Theta}_{\mathsf{F}}(\omega) = \frac{u_0 - \boldsymbol{i}2\sum_{\kappa=1}^{k} u_\kappa \sin(\kappa\omega)}{v_0 - \boldsymbol{i}2\sum_{\mu=1}^{m} v_\mu \sin(\mu\omega)} = \frac{u_0 - \boldsymbol{i}U}{v_0 - \boldsymbol{i}V} = \frac{u_0 v_0 + UV}{v_0^2 + V^2} + \boldsymbol{i}\frac{u_0 V - v_0 U}{v_0^2 + V^2} \tag{4.9}$$

4.2 Nullstellen und Pole

Das Verhalten eines LSI-Filters F bei einer Frequenz ω wird durch den Wert $\boldsymbol{\Theta}_{\mathsf{F}}(\omega)$ der Frequenzantwort des Filters bestimmt. Soll die Frequenz unterdrückt werden, dann muss ω eine Nullstelle der Frequenzantwort sein: $\boldsymbol{\Theta}_{\mathsf{S}}(\omega) = 0$. Wie weiter oben schon festgestellt wurde, stimmt die Frequenzantwort auf dem Einheitskreis mit der Systemfunktion des Filters überein, d. h. $e^{i\omega}$ muss eine Nullstelle der Systemfunktion sein: $\boldsymbol{\Psi}_{\mathsf{F}}(e^{i\omega}) = 0$. Geht es um die Unterdrückung einer Frequenz, um eine Nullstelle, dann kann also mit der Frequenzantwort oder mit der Systemfunktion gearbeitet werden. Natürlich wird man die Systemfunktion vorziehen, weil sie als komplexe Funktion mehr Möglichkeiten und Freiheiten bietet.

Tatsächlich kann aber das Verhalten der Frequenzantwort mit den Nullstellen der Systemfunktion gesteuert werden. Ist nämlich die Systemfunktion in der (kleinen) Umgebung U_w einer Nullstelle w stetig, dann kann $|\boldsymbol{\Psi}_{\mathsf{F}}(z)|$ für $z \in U_w$ nur kleine Werte annehmen. Je kleiner die Umgebung ist, desto mehr sind auch die Werte der Systemfunktion in dieser Umgebung beschränkt. Wählt man daher die Systemfunktion so, dass sie eine Nullstelle w in der Nähe des Punktes $e^{i\omega}$ auf dem Einheitskreis hat, dann kann der Betrag der Systemfunktion in $e^{i\omega}$, also $|\boldsymbol{\Theta}_{\mathsf{F}}(\omega)|$, nur kleine Werte annehmen. Das sind natürlich noch recht vage Formulierungen, die aber bei einer rationalen Funktion als Systemfunktion auf einfache Art und Weise konkretisiert werden können.

Es genügt allerdings nicht, die Werte der Frequenzantwort mit Nullstellen der Systemfunktion nur verkleinern zu können, es muss auch die gegenpolige Kraft vorhanden sein. Beispielsweise soll bei einem Kerbfilter, das die Frequenz ω unterdrückt, die Frequenzantwort schon bei Frequenzen in nächster Nähe von ω wieder große Werte annehmen, um den übrigen Frequenzverlauf möglichst wenig zu beeinträchtigen. Solch einen Gegenpol gegen die Nullstellen bilden eben die Pole der Systemfunktion. Eine komplexe Zahl w ist ein Pol der Funktion f, wenn w eine Nullstelle von $1/f$ ist, wenn also $1/f(w) = 0$ gilt. Dann hat ein Pol aber die Eigenschaft $\lim_{z\to w} |f(z)| = \infty$, d. h. die Funktion $|f|$ ist in einer (kleinen) Umgebung von w nach unten beschränkt. Legt man daher einen Pol w der Systemfunktion in die Nähe des Punktes $e^{i\omega}$ auf dem Einheitskreis, dann treibt man damit den Betrag der Frequenzantwort in der Nähe von ω oder auch in ω selbst nach oben. Eine Nullstelle bleibt natürlich auch in der Nähe eines Poles eine Nullstelle.

Nullstellen und Pole der Systemfunktion eines Filters **F** können also dazu verwendet werden, die Eigenschaften des Filters festzulegen. Das ist natürlich nur von Vorteil, wenn der Umgang mit Nullstellen und Polen leicht zu bewerkstelligen ist, und das ist gerade bei rationalen komplexen Funktionen der Fall:

$$\boldsymbol{\Psi}_{\mathsf{F}}(z) = \frac{A(z)}{B(z)} = \frac{\sum_{i=0}^{p} a_\kappa z^i}{\sum_{j=0}^{q} b_j z^j} \tag{4.10}$$

Die Nullstellen von $\boldsymbol{\Psi}_{\mathsf{F}}$ sind natürlich die Nullstellen von A, und die Pole von $\boldsymbol{\Psi}_{\mathsf{F}}$ sind die Nullstellen von B. Weil komplexe Polynome vollständig in Linearfaktoren zerfallen, ist es daher leicht, die Systemfunktion durch ihre Nullstellen und Pole zu definieren. A kann z. B. mit seinen Nullstellen w_1 bis w_p wie folgt geschrieben werden:

$$A(z) = a \prod_{i=1}^{p} (z - w_i) = a(z - w_1)\cdots(z - w_p) \tag{4.11}$$

Nun ist die Systemfunktion in (4.1) allerdings als rationale Funktion in z^{-1} gegeben, doch ist eine Zerfällung in Linearfaktoren (mit z^{-1}) auch in dieser Darstellung möglich. Es ist

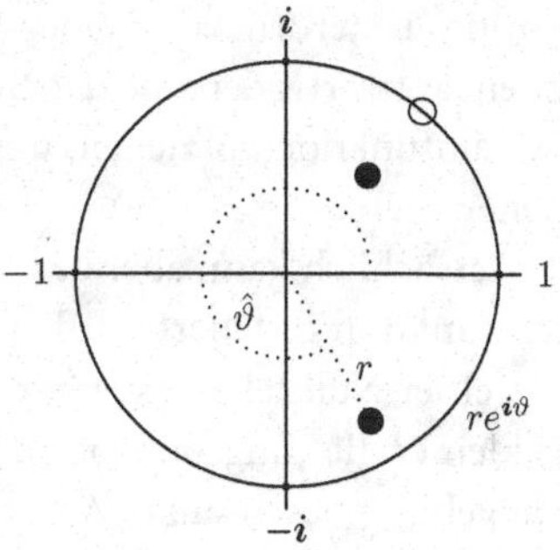

Abb. 4.1 Der Einheitskreis $\mathbf{K}_1$ mit Nullstelle und Pol

nämlich $z - w = 0$ genau dann, wenn $1 - wz^{-1} = 0$ gilt, d. h. das folgende Polynom in z^{-1}

$$R(z) = \prod_{i=1}^{n}(1 - w_i z^{-1}) = (1 - w_1 z^{-1})\cdots(1 - w_n z^{-1}) \tag{4.12}$$

hat die Nullstellen w_1 bis w_n. In welcher Beziehung stehen aber die Nullstellen zu den Koeffizienten in der Darstellung

$$R(z) = \sum_{i=0}^{n} r_i z^{-i}\ ?$$

Diese Frage wird für einen wichtigen Spezialfall unten beantwortet werden. Dieser Spezialfall ergibt sich daraus, dass bei Filtern die Frequenzen ω der dominierende Faktor sind und deshalb die komplexen Zahlen $e^{i\omega}$ auf dem Einheitskreis eine besondere Bedeutung haben. Es empfiehlt sich daher, alle komplexen Zahlen relativ zum Einheitskreis darzustellen, d. h. polare Koordinaten zu verwenden. Jede komplexe Zahl ist dann ein reelles Vielfaches einer komplexen Zahl auf dem Einheitskreis:

$$z = re^{i\vartheta} \qquad r, \vartheta \in \mathbb{R} \text{ mit } r \geq 0 \text{ und } 0 \leq \vartheta < 2\pi \tag{4.13}$$

In Abb. 4.1 ist solch ein Punkt eingezeichnet. Die Größe ϑ kann natürlich in einen Winkel umgerechnet werden, der ϑ zugehörige Winkel $\hat{\vartheta}$ ist gegeben durch

$$\hat{\vartheta} = \frac{\vartheta}{2\pi} 360 \tag{4.14}$$

In dieser Darstellung ist es leicht, eine komplexe Zahl (z. B. einen Pol) in die Nähe einer Zahl $e^{i\omega}$ auf dem Einheitskreis zu bringen, man kann $re^{i\omega}$ mit $r \approx 1$ wählen. Je näher r der 1 kommt, desto näher ist $re^{i\omega}$ an $e^{i\omega}$. Man besitzt damit einen einfach zu variierenden Parameter anschaulicher Bedeutung, denn $re^{i\omega}$ liegt auf dem Strahl vom Nullpunkt zum Punkt $e^{i\omega}$ auf dem Einheitskreis, und r ist die Länge des Strahles, vom Nullpunkt an gemessen.

Die Nullstellen sind in dieser Darstellung gegeben durch $w_i = r_i e^{i\vartheta_i}$, und (4.12) geht damit über in die Produktentwicklung

$$R(z) = \prod_{i=1}^{n}(1 - r_i e^{i\vartheta_i} z^{-1}) = (1 - r_1 e^{i\vartheta_1} z^{-1})\cdots(1 - r_n e^{i\vartheta_n} z^{-1}) \tag{4.15}$$

Wenn der Filter **F** aus einem reellen Eingangssignal ein reelles Ausgangssignal produzieren soll, müssen nach Abschn. 3.8 die Nullstellen und Pole in konjugiert komplexen Paaren vorliegen, man wird daher die Systemfunktion aus den folgenden Funktionen aufbauen:

$$\Phi_{r,\phi}(z) = (1 - re^{i\phi\pi}z^{-1})(1 - re^{-i\phi\pi}z^{-1}) \quad r, \phi \in \mathbb{R} \text{ mit } r \geq 0 \text{ und } 0 \leq \phi < 2 \tag{4.16}$$

Das konjugierte Nullstellenpaar besteht aus $re^{i\phi\pi}$ und $re^{-i\phi\pi}$, denn $\overline{e^{ix}} = e^{-ix}$. Die Systemfunktion (4.1) wird damit zu

$$\boldsymbol{\Psi}_{\mathsf{F}}(z) = \frac{P(z)}{Q(z)} = \frac{\prod_{\nu=1}^{p} \Phi_{r_\nu,\phi_\nu}(z)}{\prod_{\mu=1}^{q} \Phi_{s_\mu,\psi_\mu}(z)} \tag{4.17}$$

mit den Nullstellen $r_\nu e^{i\phi_\nu\pi}$ und $r_\nu e^{-i\phi_\nu\pi}$ und den Polen $s_\mu e^{i\psi_\mu\pi}$ und $s_\mu e^{-i\psi_\mu\pi}$. Wie man durch Ausklammern von z^{-1} erkennt, kommen im Fall $p \neq q$ noch entweder Pole oder Nullstellen hinzu. Im Zähler kann z^{-2p} und im Nenner z^{-2q} ausgeklammert werden, d. h. für $p < q$ hat die Systemfunktion in Nullpunkt eine Nullstelle der Ordnung $q - p$ und bei $p > q$ im Nullpunkt einen Pol der Ordnung $p - q$.

Mit (4.17) lässt sich die Systemfunktion frequenzabhängig aus ihren Nullstellen und Polen aufbauen. Um aber den Filter selbst zu bekommen muss zur Darstellung (4.1) übergegangen werden, d. h. es werden die Koeffizienten u_κ gesucht mit

$$\prod_{\nu=1}^{n} \Phi_{r_\nu,\phi_\nu}(z) = \sum_{\kappa=0}^{2n} u_\kappa z^{-\kappa} \tag{4.18}$$

Man erhält zunächst durch Ausmultiplizieren und zusammenfassen nach Potenzen von z^{-1}

$$\begin{aligned}
\Phi_{r,\phi}(z) &= 1 - r(e^{i\phi\pi} + e^{-i\phi\pi})z^{-1} + r^2 z^{-2} \\
&= 1 - 2r\cos(\phi\pi)z^{-1} + r^2 z^{-2} \\
&= 1 - rc_\phi z^{-1} + r^2 z^{-2}
\end{aligned}$$

mit $c_\phi = 2\cos(\phi\pi)$. Es ist also $u_0 = 1$, $u_1 = rc_\phi$ und $u_2 = r^2$. Damit sind natürlich auch die Koeffizienten von $\Phi_{r,\phi}$ als rationale Funktion in z gegeben:

$$z^2 \Phi_{r,\phi}(z) = r^2 - rc_\phi z + z^2$$

4.3 Anleihen aus der analogen Welt

Die Theorie der analogen Filter wird seit vielen Jahrzehnten entwickelt, sie ist ausgereift und ausgefeilt. Es liegt daher nahe, Filter von der analogen in die digitale Welt zu übertragen. Dazu sind auch einige Verfahren entwickelt worden, wie das wohl am häufigsten angewandte Verfahren der bilinearen Transformation. Diese Transformationen sind jedoch keineswegs trivial, weder im Verständnis noch in der Anwendung. Es ist deshalb sehr zu begrüßen, dass es Veröffentlichungen gibt, die fertige Transformationsergebnisse darbieten. Sehr zu empfehlen ist das Büchlein [All], das für eine Reihe von analogen Filtertpyen die Koeffizienten von rationalen Systemfunktionen (4.1) zur Verfügung stellt. Die folgenden Beispiele eines *Butterworth*-Tiefpassfilters zweiten Grades und einer Bessel-Bandsperre vierten Grades sind diesem Buch entnommen. Wenn es etwa darum geht, unter Zeitdruck einen digitalen Filter zu realisieren, dessen Spezifikationen nicht allzu fordernd sind, ist [All] ein ausgezeichnetes Hilfsmittel.

Man bekommt beim Durchlesen des Bändchens allerdings den Eindruck, als sei das Gebiet der digitalen Filter lediglich ein Teilgebiet der Theorie der analogen Filter. Digitale Filter sind jedoch nicht wie analoge Filter an einen bestimmten Frequenzbereich gebunden. Das liegt schon alleine daran, dass es in der digitalen Welt gar keine Frequenzen im physikalischen Sinne gibt. Dass ein digitales Filter für einen bestimmten Frequenzbereich konstruiert wird bedeutet nur, dass der Parameterbereich des digitalen Filters, z. B. $-\pi \leq \omega < \pi$, als ein bestimmter Frequenzbereich interpretiert wird. Eine Eckfrequenz f wird etwa auf die beiden Parameterwerte $\omega = \frac{\pi}{3}$ und $\omega = -\frac{\pi}{3}$ abgebildet. An dem digitalen Filter ändert sich absolut nichts, wenn statt f die Frequenz $10^6 f$ gewählt wird.

4.3.1 Ein Butterworth-Tiefpass zweiten Grades

Zur Eckfrequenz $\omega_e = \varepsilon\pi, 0 < \varepsilon < \frac{1}{2}$, werden die Koeffizienten u_κ und v_μ mit der Hilfsgröße $\gamma = \tan(\omega_e)$ wie folgt berechnet:

$$
\begin{aligned}
u_0 &= \frac{\gamma^2}{\gamma^2 + \gamma\sqrt{2} + 1} & v_0 &= 1 \\
u_1 &= \frac{2\gamma^2}{\gamma^2 + \gamma\sqrt{2} + 1} & v_1 &= \frac{2(\gamma^2 - 1)}{\gamma^2 + \gamma\sqrt{2} + 1} \\
u_2 &= \frac{\gamma^2}{\gamma^2 + \gamma\sqrt{2} + 1} & v_2 &= \frac{\gamma^2 - \gamma\sqrt{2} + 1}{\gamma^2 + \gamma\sqrt{2} + 1}
\end{aligned}
$$

Wird als Eckfrequenz $0{,}15\pi$ gewählt, erhält man $\gamma = 0{,}509525449494428810513706911251$ und die Koeffizienten errechnen sich zu

$$
\begin{aligned}
u_0 &= 0{,}259616183682499724595524717885 & v_0 &= 1 \\
u_1 &= 0{,}519232367364999449191049435770 & v_1 &= -0{,}747789178258503410135994122169 \\
u_2 &= 0{,}259616183682499724595524717885 & v_2 &= 0{,}272214937925007220606304455903
\end{aligned}
$$

Damit kann die Frequenzantwort von $\mathbf{B}_2$ mit den Mitteln von Abschn. 3.10 berechnet werden. Man erhält die in Abb. 4.2 gezeigte Kurve. Bei einer Durchquerung des Parame-

Abb. 4.2 $\Theta_{B_2}(\omega), -\pi \leq \omega < \pi$

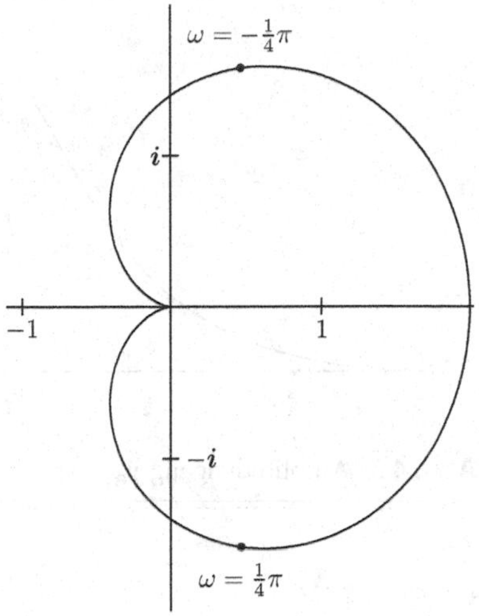

terintervalles $-\pi \leq \omega < \pi$ wird die Kurve einmal durchlaufen. Der Durchlauf beginnt mit $\omega = -\pi$ im Nullpunkt und verläuft weiter im Uhrzeigersinn. Weil die Kurve bei $\omega = 0$ die positive reelle Achse schneidet, macht der Polarwinkel dort einen Sprung der Höhe 2π. Eine Unstetigkeit des Polarwinkels gibt es auch im Nullpunkt bei $\omega = -\pi$, wie eine genauere Betrachtung der Skizze zeigt. Denn durchläuft man vom Punkt $\Theta_{B_2}\left(-\frac{1}{4}\pi\right)$ aus die Kurve rückwärts, strebt der Polarwinkel bei Annäherung des Nullpunktes gegen π. Eine Unstetigkeit ergibt sich allerdings nur, falls $\Phi(0 + 0i) = 0$ gilt, was in vielen Programmen angenommen wird. Notwendig ist das jedoch nicht, man kann auch $\Phi(0 + 0i) = \pi$ annehmen, die Unstetigkeit verschwindet dann.

Abbildung 4.3 zeigt den aus der Kurve abgeleiteten Amplitudengang, Abb. 4.4 den Phasengang, in den die soeben erwähnte Unstetigkeitsstelle als kleine Warnung eingezeichnet ist. Die Lage der Eckfrequenz ω_e ist gestrichelt angedeutet. Über den Amplitudengang lässt sich nicht viel sagen, es ist der normale Gang eines einfachen Tiefpasses. Er zeigt allerdings, dass das Filter die Amplitude der Signale verdoppelt, darauf wird etwas weiter unten noch eingegangen. Der Phasengang hat genau die oben an der Kurve der Frequenzantwort abgelesenen Eigenschaften. Der prominente Sprung ist typisch für Filter, deren Frequenzgangskurve nicht mit einem Start auf der positiven reellen Achse durchlaufen wird, diese daher im Inneren der Kurve mindestens einmal überqueren muss. Denn der Frequenzgang als periodische Funktion erzeugt eine geschlossene Kurve (siehe dazu Kap. 2). Eine Voraussetzung dafür, dass die Verschiebungsfunktion (Abb. 4.5) bei $\omega = 0$ keinen Pol besitzt, d. h. überhaupt beschränkt ist, ist, dass der Phasengang im Nullpunkt verschwindet: $\phi(0) = 0$. Nur dann besteht die Möglichkeit, dass der Grenzwert

$$\lim_{\omega \to 0} \frac{\phi(\omega)}{\omega}$$

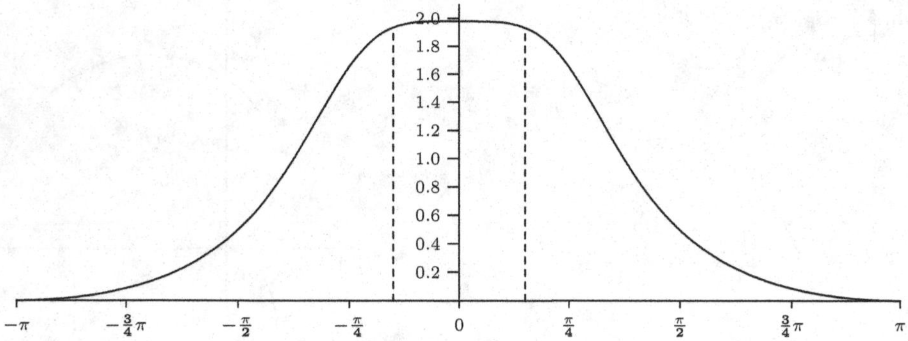

Abb. 4.3 Amplitudengang $\gamma_{\mathbf{B}_2}(\omega)$, $-\pi \le \omega < \pi$

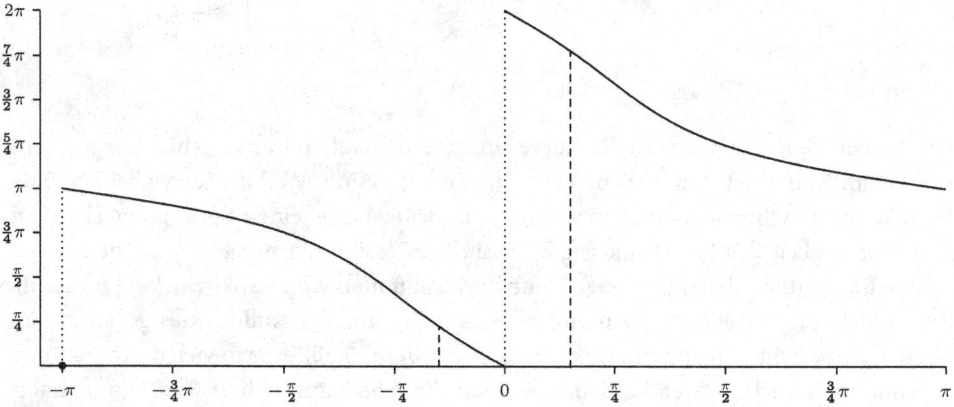

Abb. 4.4 Phasengang $\phi_{\mathbf{B}_2}(\omega)$, $-\pi \le \omega < \pi$

endlich ist und als Funktionswert für Λ im Nullpunkt genommen werden kann. Das ist bei dem Filter $\mathbf{B}_2$ leider nur einseitig (linksseitig) der Fall, die Verschiebungsfunktion kann daher für kleine Kreisfrequenzen ω große Werte annehmen.

Das Ausgangssignal $\mathbf{B}_2(\boldsymbol{x})$ kann nach Abschn. 4.1 an den Koeffizienten der Systemfunktion abgelesen werden:

$$\mathbf{B}_2(\boldsymbol{x})(n) + v_1\mathbf{B}_2(\boldsymbol{x})(n-1) + v_2\,\mathbf{B}_2(\boldsymbol{x})(n-2) = u_0\boldsymbol{x}(n) + u_1\boldsymbol{x}(n-1) + u_2\boldsymbol{x}(n-2)$$

Um von einem AVR-Prozessor verarbeitet werden zu können, sind die Koeffizienten in ein geeignetes Format umzuformen. Das erfolgt ausführlich in Kap. 5.

Zum Abschluss der Analyse des Filters sind noch die Nullstellen und Pole der Systemfunktion, d. h. das Pole-Nullstellendiagramm, zu bestimmen. Die Nullstellen können erraten werden: Wegen $u_1 = 2u_0$ und $u_2 = u_0$ sind die gesuchten Nullstellen die der Funktion $1-2z^{-1}+z^{-2}$, also offensichtlich $z_0 = z_1 = -1$. Die Pole sind nicht so leicht zu bekommen, man muss einen Nullstellenfinder auf das Nennerpolynom der Systemfunktion ansetzen,

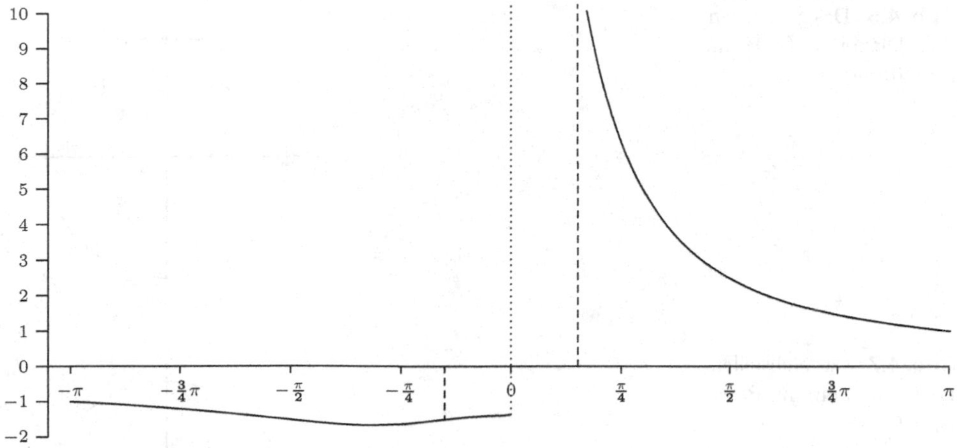

Abb. 4.5 $-\Lambda_{B_2}(\omega), -\pi \leq \omega < \pi$

das man nach Ausklammern von z^{-2} erhält. Der in diesem Buch benutzte Finder (der mit etwa 64 Dezimalstellen rechnet) liefert (auf 30 Dezimalziffern gerundet)

$$w_0 = 0{,}373894589129251705067997061084 + 0{,}363892531037496389696847772049\boldsymbol{i}$$
$$w_1 = 0{,}373894589129251705067997061084 - 0{,}363892531037496389696847772049\boldsymbol{i}$$

Die beiden Pole liegen tief im Inneren des Einheitskreises, das Filter ist daher sehr stabil und wird die Stabilität auch durch die Digitalisierung bei der Implementierung nicht verlieren. Das Pole-Nullstellendiagramm ist in Abb. 4.6 gezeigt, mit der doppelten Nullstelle als Doppelkreis.

Die Variabilität des Filters bezüglich der Eckfrequenz ω_e wird ausschließlich durch die Pole erzeugt. Mit größer werdender Eckfrequenz bewegen sich die Pole immer mehr zur Doppelnullstelle hin. Beispielsweise enthält Abb. 4.7 das Nullstellen-Pole-Diagramm für $\omega_e = 0{,}4\pi$ (siehe aber auch Abb. 4.8). Die Pole sind

$$w_0 = -0{,}571490251269950487560359557 4 + 0{,}293599200951905680768091765 6\boldsymbol{i}$$
$$w_1 = -0{,}571490251269950487560359557 4 - 0{,}293599200951905680768091765 6\boldsymbol{i}$$

Auch dieses Filter ist noch genügend stabil. Mit $\varepsilon \to \frac{1}{2}$ oder $\varepsilon \to 0$ bleibt das Filter zwar theoretisch stabil, die Pole liegen jedoch so nahe am Rand des Einheitskreises, dass die Gefahr besteht, dass das Filter bei der Digitalisierung, die bei der Implementierung vorgenommen werden muss und einen beträchtlichen Genauigkeitsverlust bedeuten kann, seine Stabilität verliert (Näheres dazu in Kap. 5). Beispielsweise erhält man für $\varepsilon = 0{,}001$ folgende Pole:

$$w_0 = 0{,}995557146100826744459744108 83 + 0{,}004423202065532291475237731 83\boldsymbol{i}$$
$$w_1 = 0{,}995557146100826744459744108 83 - 0{,}004423202065532291475237731 83\boldsymbol{i}$$

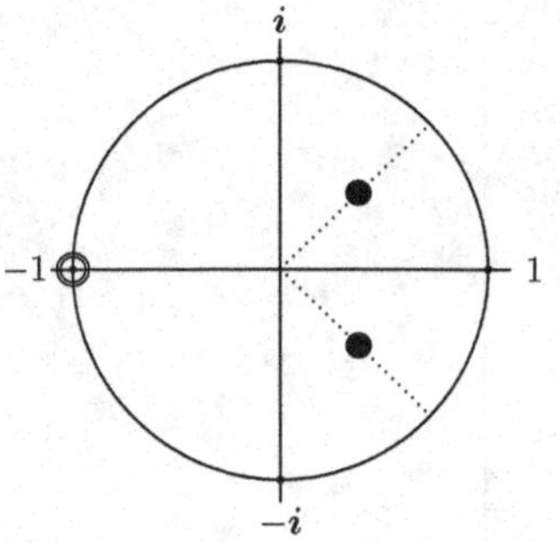

Abb. 4.6 Das Nullstellen-Pole-Diagramm für $\mathbf{B}_2$ mit $\omega_e = 0{,}15\pi$

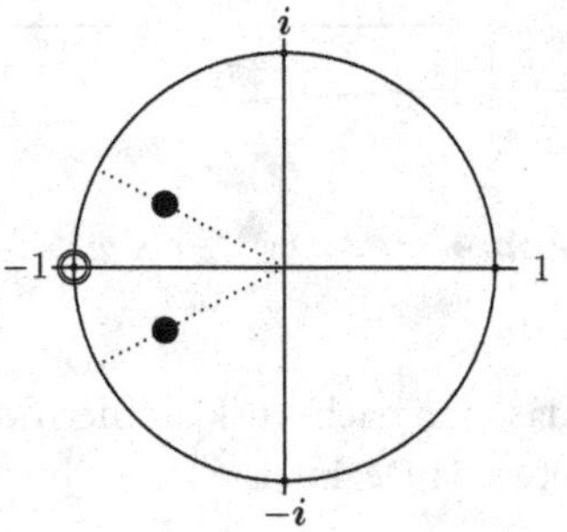

Abb. 4.7 Das Nullstellen-Pole-Diagramm für $\mathbf{B}_2$ mit $\omega_e = 0{,}4\pi$

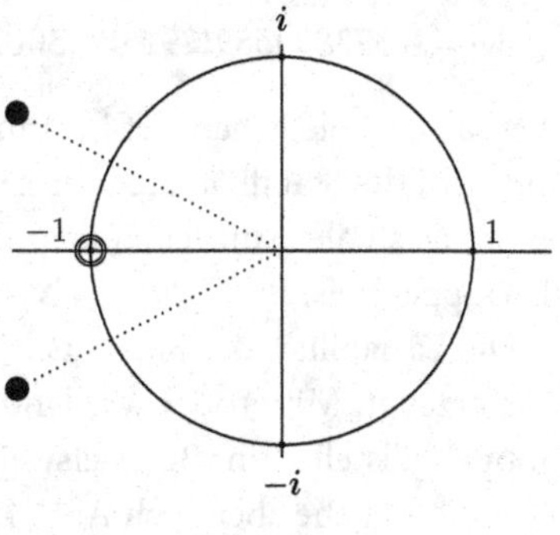

Abb. 4.8 Das Nullstellen-Pole-Diagramm für $\mathbf{B}_2$ mit $\omega_e = 0{,}6\pi$

Der Absolutwert der Pole ist $|w_i| = 0{,}996$. Die Pole liegen nicht nur sehr nahe am Rand des Einheitskreises, sie liegen auch so nahe zusammen, dass sie in einer Skizze nicht mehr unterschieden werden können.

Für $\varepsilon = \frac{1}{2}$ ist das Filter wegen $\tan(\pi/2) = \infty$ nicht definiert. Für $\varepsilon > \frac{1}{2}$ ist das Filter zwar wieder definiert, doch liegen die Pole außerhalb des Einheitskreises und sorgen so für ein nicht stabiles Filter.

Das Ausgangssignal des Filters mit der Einheitsstufe als Eingangssignal ist in Abb. 4.9 zu sehen. Der Tiefpasscharakter des Filters ist daran zu erkennen, denn die scharfe Kante des Eingangssignals wird wegen des Herausfiltern der hohen Frequenzen etwas verschliffen. Von dem geringfügigen Überschwingen direkt nach der Kante abgesehen wird die nachfolgende „Gleichspannung" erwartungsgemäß mit $\gamma_{\mathbf{B}_2}(0) = 1{,}98$ multipliziert.

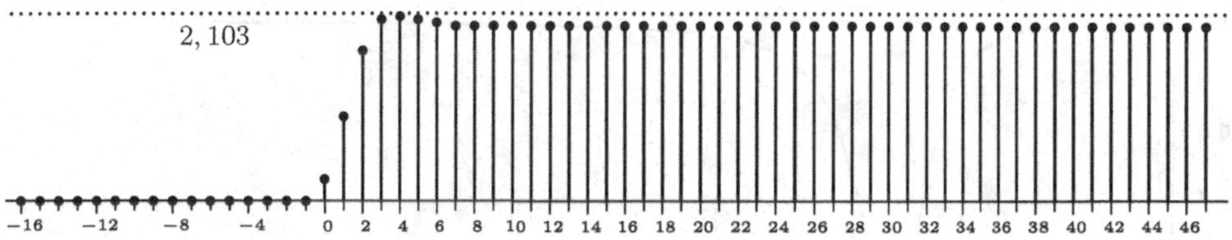

Abb. 4.9 $\mathbf{B}_2(\boldsymbol{u})$ mit $\omega_e = 0{,}15\pi$

4.3.2 Eine Bessel-Bandsperre vierten Grades

Die Koeffizienten der Systemfunktion einer *Bessel*-Bandsperre vierten Grades $\mathbf{B}_4$ wurden mit den Formeln aus [All] **2.2.3.4** berechnet. Das Filter hat die Mittenfrequenz $f_\mathrm{M} = 300$ Hz und die Bandbreite $B = 200$ Hz, bei einer Abtastfrequenz von $f_\mathrm{A} = 2400$ Hz. Die Koeffizienten von (4.1) ergaben sich wie folgt:

$u_0 = 0{,}797307792066600002194334362569$ $\quad v_0 = 0{,}624145502357888893358829257084$

$u_1 = -2{,}255126985852666639847024457494$ $\quad v_1 = -1{,}989357721830466639115579669971$

$u_2 = 3{,}189231168266400008777337450275$ $\quad v_2 = 3{,}159701250041711119807176918328$

$u_3 = -2{,}255126985852666639847024457494$ $\quad v_3 = -2{,}520896249874866640578469245017$

$u_4 = 0{,}797307792066600002194334362569$ $\quad v_4 = 1$

Der Amplitudengang des Filters kann nach Abschn. 3.10 bestimmt werden. Leser, die so etwas wie einen „Potentialtopf" der Quantenphysik erwartet haben, werden von Abb. 4.10 allerdings enttäuscht sein. Die Bandbreite B schreibt nämlich die Breite des Amplitudengangs an den Stellen vor, an welchen der Amplitudengang die horizontale Linie $f \to \frac{\sqrt{2}}{2}\gamma_{\mathbf{B}_4}(0)$ schneidet. Offensichtlich liegt die tatsächliche Bandbreite näher an 100 Hz als an den geforderten 200 Hz.

Um sich vom allgemeinen Wohlverhalten des Filters zu überzeugen empfiehlt es sich, den Amplitudengang für Frequenzen an den Grenzen des Frequenzbereiches zu bestimmen, also für eine Mittenfrequenz nahe $f = 0$ und eine Mittenfrequenz nach der halben Abtastfrequenz $f = 1200$. Außer einer etwas stärkeren Asymmetrie des in Abb. 4.11 dargestellten Amplitudengangs lässt sich für die Mittenfrequenz $f_\mathrm{M} = 100$ Hz nichts nachteiliges feststellen. Bei der Mittenfrequenz $f_\mathrm{M} = 1000$ Hz besitzt der Amplitudengang allerdings einen schmaleren Sperrbereich (Abb. 4.12). Allgemein verringert sich der Sperrbereich mit zunehmender Frequenz. Für größere Frequenzen (relativ zur halben Abtastfrequenz) sollte daher die geforderte Bandbreite erhöht werden, um eine tatsächliche Bandbreite B zu erhalten.

Zur genauen Bestimmung der Bandbreite und des Q-Faktors ist in Abb. 4.13 der Sperrbereich des Amplitudengangs vergrößert gezeichnet. Für die linke Frequenz f_L mit $\gamma_{\mathbf{B}_4}(f_\mathrm{L}) = \sqrt{2}/2$ liest man etwa 240 Hz ab, für die entsprechende rechte Frequenz findet

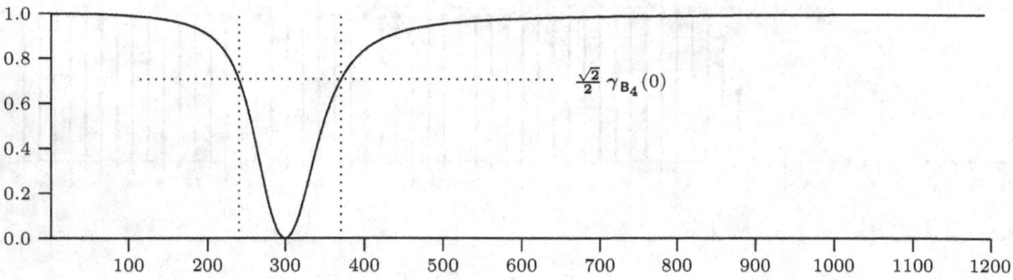

Abb. 4.10 Amplitudengang $\gamma_{B_4}(f)$ $f_M = 300$ Hz

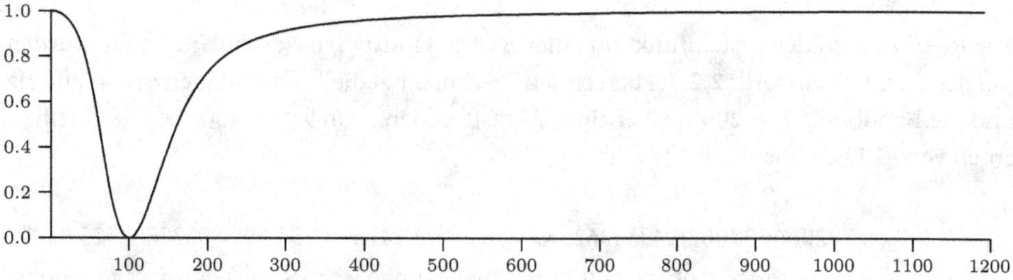

Abb. 4.11 Amplitudengang $\gamma_{B_4}(f)$ $f_M = 100$ Hz

man $f_R = 370$ Hz. Im Zuge der Berechnung des Amplitudengangs lassen sich natürlich genauere Zahlen ermitteln, diese sind $f_L = 239{,}878$ Hz und $f_R = 370{,}513$ Hz. Die echte Bandbreite $\tilde{B}$ und der Q-Faktor errechnen sich daraus als

$$\tilde{B} = f_R - f_L = 130{,}634\,\text{Hz} \qquad Q = \frac{f_M}{\tilde{B}} = 2{,}296$$

Mit den beiden Frequenzen lässt sich auch die Steigung des Amplitudengangs im Sperrbereich abschätzen. Man findet für den linken Teil des Sperrbereiches als Abschätzung für

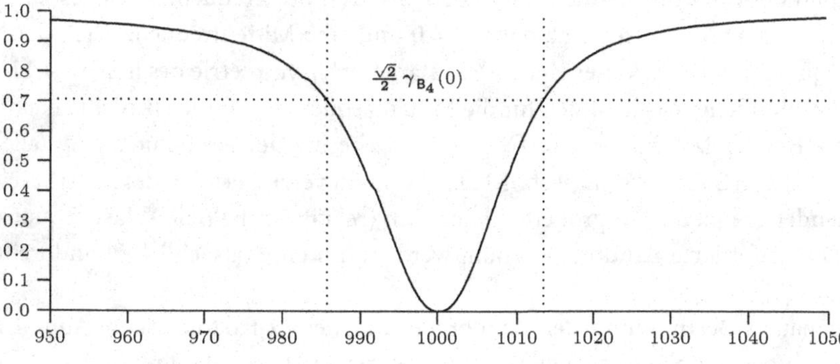

Abb. 4.12 Amplitudengang $\gamma_{B_4}(f)$ $f_M = 1000$ Hz

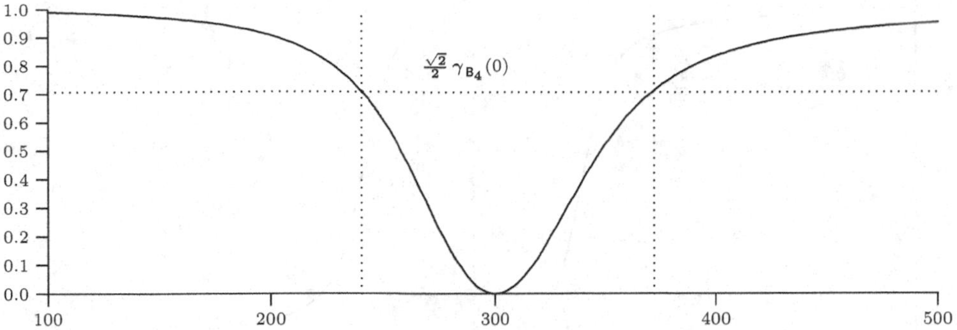

Abb. 4.13 Amplitudengang $\gamma_{B_4}(f)$ $f_M = 300$ Hz

die Ableitung $\gamma'_{B_4}(\omega) \approx -1{,}35$ und im rechten Bereich $\gamma'_{B_4}(\omega) \approx 1{,}35$. Bei der Berechnung ist zu beachten, dass der Amplitudengang nicht wirklich als eine Funktion der Frequenz berechnet wird, sondern als Funktion der Kreisfrequenz ω. Die den Eckfrequenzen entsprechenden Kreisfrequenzen sind $\omega_L = 0{,}261799$ und $\omega_R = 1{,}308997$.

Vor der Berechnung des Phasenganges empfiehlt es sich, die von der Frequenzantwort durchlaufene Kurve zu betrachten (Abb. 4.14). Die Kurve wird zweimal durchlaufen, der zweite Durchlauf beginnt mit $\omega = 0$. Jeder Durchlauf beginnt im Punkt 1 auf der reellen Achse. Der Nullpunkt der komplexen Ebene wird mit $\omega = -\frac{1}{4}\pi$ und $\omega = \frac{1}{4}\pi$ erreicht. Die Kurve wird im Uhrzeigersinn durchlaufen. Die Anzahl der Umläufe lässt sich wieder besser erkennen, wenn die Frequenzantwort mit der „Spiralisierungsfunktion“ $S(\omega) = \frac{1}{2} - \frac{\omega}{2\pi}$ multipliziert wird (Abb. 4.14 rechts, siehe auch Abschn. 3.4). Der zweite Durchgang startet im Punkt $\frac{1}{2}$ der reellen Achse. Mit diesen Informationen kann man schon erkennen, dass es einen Phasensprung der Höhe 2π beim Übergang vom ersten zum zweiten Durchlauf gibt und dass bei jedem Durchlauf die Phase bei 2π beginnt und stetig bis zum Wert 0 abnimmt. Der genaue Phasengang ist in Abb. 4.15 gezeichnet, mit in Frequenzen f des kontinuierlichen Frequenzbandes umgerechnete Kreisfrequenzen ω.[1] Offenbar sind große durch das Filter verursachte Signalverschiebungen für kleine positive Frequenzen zu erwarten, die

Abb. 4.14 $\Theta_{B_4}(\omega)$ und $\Theta_{B_4}(\omega)S(\omega)$, $-\pi \leq \omega < \pi$

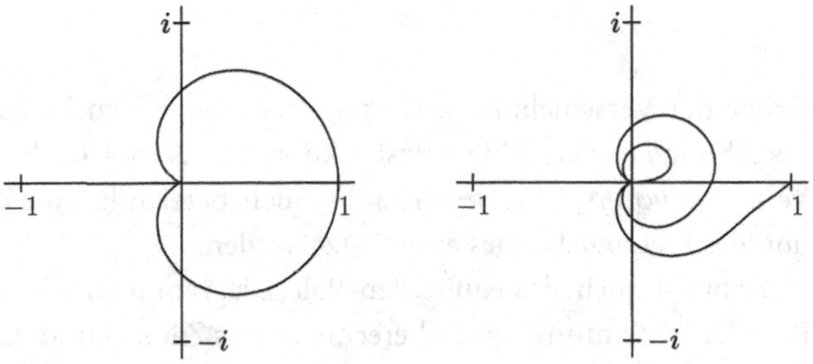

[1] Zur Berechnung des Phasenganges siehe Abschn. 3.10.

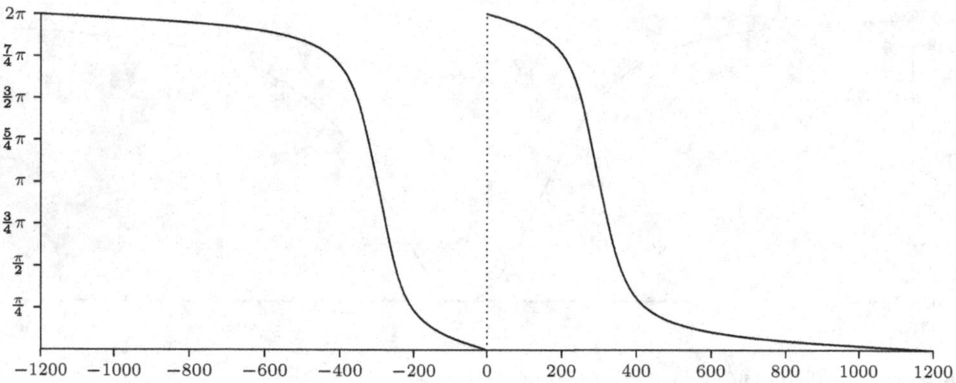

Abb. 4.15 Phasengang $\phi_{\mathbf{B}_4}(f)$

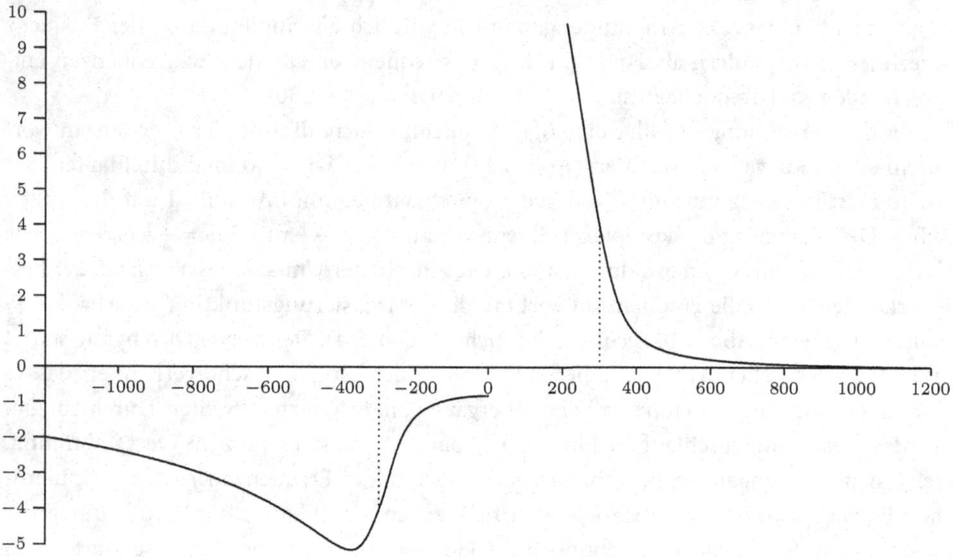

Abb. 4.16 $-\Lambda_{\mathbf{B}_4}(f)$, $-1200 \leq f < 1200$

Größe der Verschiebungen für negative Frequenzen ist dagegen beschränkt. Die genaue Berechnung der Verschiebungsfunktion $\Lambda_{\mathbf{B}_4}$ (Abb. 4.16) bestätigt das. Das sehr viel bessere Verhalten von $\Lambda_{\mathbf{B}_4}$ im negativen Frequenzbereich könnte durch eine andere Transformation des Frequenzbandes ausgenutzt werden.

Es bleibt noch, das Nullstellen-Pole-Diagramm zu bestimmen, d. h. die Nullstellen und Pole der Systemfunktion zu berechnen. Das Zähler- und das Nennerpolynom der Systemfunktion haben beide den Grad 4, die Systemfunktion besitzt daher vier Nullstellen und vier Pole. Die Berechnung der Pole wird ausführlich in Abschn. 6.2 durchgeführt, dort

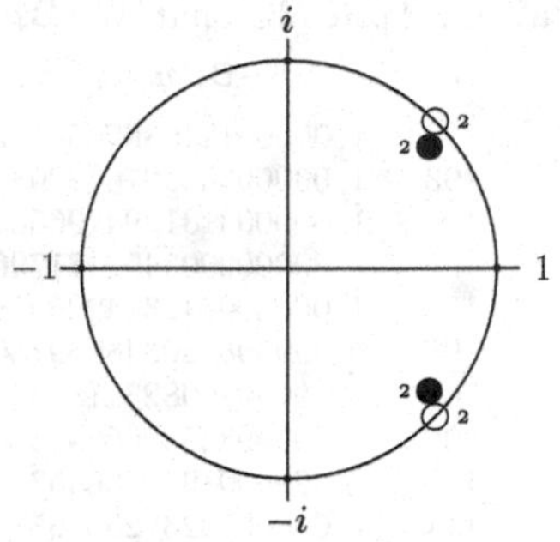

Abb. 4.17 Das Nullstellen-Pole-Diagramm für $\mathbf{B}_4$

werden die folgenden Werte gefunden:

$$\begin{aligned} w_0 = w_1 &= 0{,}6784335411\,1599360289\,0125228149 \\ &\quad + 0{,}5854633202\,2075488985\,6969762759\boldsymbol{i} \\ w_2 = w_3 &= \overline{w_0} \end{aligned}$$

Die Systemfunktion besitzt also zwei Doppelpole. Die Berechnung der Nullstellen ergibt zwei Doppelnullstellen:

$$\begin{aligned} z_0 = z_1 &= 0{,}7071067811\,8654752440\,0844362105 \\ &\quad + 0{,}7071067811\,8654752440\,0844362105\boldsymbol{i} \\ z_2 = z_3 &= \overline{z_0} \end{aligned}$$

Wer öfter numerische Rechnungen für DSP durchführt sieht sofort, dass die Nullstellen Approximationen bekannter Zahlen auf dem Einheitskreis sind:

$$z_0 = z_1 = \frac{\sqrt{2}}{2}(1 + \boldsymbol{i}) = e^{\boldsymbol{i}\frac{\pi}{4}} \qquad z_2 = z_3 = \frac{\sqrt{2}}{2}(1 - \boldsymbol{i}) = e^{\boldsymbol{i}\frac{7\pi}{4}}$$

Die beiden Pole haben den Betrag $|w_0| = |w_2| \approx 0{,}896$, sie liegen damit gut im Inneren des Einheitskreises: Das Filter ist stabil (siehe Abb. 4.17). In der Praxis können sich am Anfang eines gefilterten Signals allerdings Störungen einstellen. Eine Möglichkeit, eine Vorstellung von der Größenordnung der Störungen zu erhalten, besteht darin, das Filter auf ein bekanntes Signal anzuwenden, beispielsweise auf die Einheitsstufe $\boldsymbol{u}$. Wie Tab. 4.1 erkennen lässt, wird der Einheitsstufe ein allerdings sehr kleines periodisches Signal überlagert. Das Filter erzeugt also ein schwaches Rauschen, das mit zunehmendem n geringer wird und schließlich verebbt. Natürlich lässt die bekannte Wirkung auf *ein* Signal keine allgemeinen Schlüsse zu. Will man mehr wissen, muss mit weiteren Signalen experimentiert werden, denn weil das Filter nur numerisch gegeben ist, muss die Wirkung auf jedes Signal numerisch bestimmt werden.

Tab. 4.1 Späte Abschnitte von $\mathbf{B}_4(\boldsymbol{u})$

n	$\mathbf{B}_4(\boldsymbol{u})(n)$	n	$\mathbf{B}_4(\boldsymbol{u})(n)$
102	1,00000124586765551277	402	1,000000000000000000003822029847
103	1,00000302697648208519	403	1,000000000000000000001681794107
104	1,00000318139479650911	404	1,000000000000000000001974602996
105	1,00000200345217179001	405	1,000000000000000000001328297085
106	1,00000024237429597698	406	1,000000000000000000002164834067
107	0,99999872034866978086	407	0,999999999999999999992272177361
108	0,99999800823118932924	408	0,999999999999999999987778916835
109	0,99999825399689733648	409	0,999999999999999999989625650981
110	0,99999919494064535286	410	0,999999999999999999995737739130
111	1,00000032372503673959	411	1,000000000000000000002546305700
112	1,00000112955307063702	412	1,000000000000000000006875886251
113	1,00000131282063647883	413	1,000000000000000000007283772267
114	1,00000088691344689950	414	1,000000000000000000004361671668
115	1,00000013272937369722	415	1,000000000000000000000070109572
116	0,99999943887985539933	416	0,999999999999999999996593634661
117	0,99999911108618228247	417	0,999999999999999999995322172600
118	0,99999924259567838749	418	0,999999999999999999996387934534
119	0,99999970025325286956	419	0,999999999999999999998854657031

4.4 Kerbfilter

Ein ideales Kerbfilter entfernt eine bestimmte Frequenz ω_K aus dem Spektrum eines Signals. Das kann mit einem digitalen Filter **K** annähernd so realisiert werden, dass dessen Systemfunktion mit der Nullstelle $e^{i\omega_\mathrm{K}}$ ausgestattet wird. Dann ist ω_K eine Nullstelle der Frequenzantwort und wird vom Filter unterdrückt. Auf diese Weise lassen sich auch Mehrfachkerbfilter aufbauen, d. h. Filter, die zwei oder mehr einzelne Frequenzen eines Signalspektrums unterdrücken, man hat nur entsprechende Nullstellen der Systemfunktion auf dem Einheitskreis einzuführen.

Um die Ausführungen etwas konkreter zu gestalten wird ein praktisches Beispiel durchgerechnet. Ein Signal wird mit einer Frequenz von $f_\mathrm{A} = 1000\,\mathrm{Hz}$ abgetastet. Es enthält Frequenzanteile bei $f_1 = 120\,\mathrm{Hz}$ und $f_2 = 240\,\mathrm{Hz}$, die mit einem Filter **K** entfernt werden sollen. Die Nullstellen der Systemfunktion von **K** sind $w_1 = e^{i\omega_1}$ und $w_2 = e^{i\omega_2}$, mit[2]

$$\omega_1 = 2\pi\frac{120}{1000} = \frac{6}{25}\pi \quad \omega_2 = 2\omega_1 = \frac{12}{25}\pi.$$

In einem ersten Versuch soll die Systemfunktion nur über die Nullstellen definiert werden. Deren Lage im Nullstellen-Pole-Diagramm kann Abb. 4.18 entnommen werden. Das Ergebnis der weiteren Rechnungen zur Bestimmung der Systemfunktion und des Amplitudengangs ist jedoch enttäuschend, weshalb nur der Amplitudengang in Abb. 4.19 skizziert wird. Die Frequenzen f_1 und f_2 werden zwar eliminiert, aber große Bereiche des übrigen Spektralbereiches nahezu ebenfalls, und von scharfen Übergängen kann natürlich gar keine Rede sein. Auf den Einsatz von Polen kann demnach nicht verzichtet werden. Es wird des-

[2] Mehr dazu in Abschn. 3.5

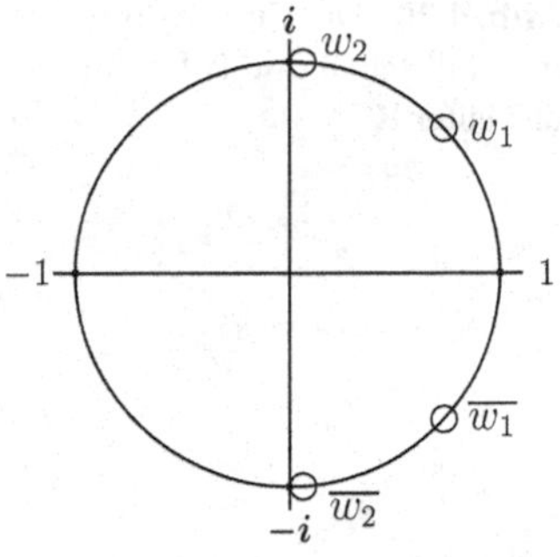

Abb. 4.18 Der Einheitskreis mit Nullstellen für das Filter **K**

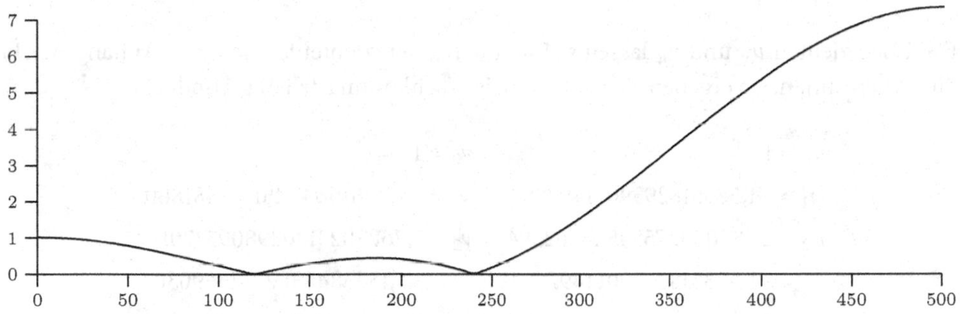

Abb. 4.19 $\Theta_{\mathsf{K}}(\omega)$, **K** nur mit Nullstellen aufgebaut

halb nun jeder Nullstelle w_i ein Pol z_{p_i} zugeordnet. Er liegt auf dem Strahl vom Nullpunkt zur Nullstelle w_i in der Nähe der Nullstelle:

$$z_{p_i} = re^{i\omega_i},$$

mit einem Wert von r in der Nähe von 1. Das Filter wird für $r = 0{,}9$ berechnet, der Amplitudengang für $r = 0{,}8$ ist zu Vergleichszwecken mit angeführt. Das Nullstellen-Polen-Diagramm ist in Abb. 4.20 dargestellt. Wie oben ausgeführt, sollen die Pole den Betrag der Systemfunktion in der Nähe der Nullstellen in die Höhe treiben, um Frequenzen in der Nähe der Nullstellen möglichst wenig zu dämpfen.

Jede Nullstelle w_i wird mit der konjugierten Nullstelle $\overline{w_i}$ ergänzt. Das ist notwendig, weil das Filter reelle Signale erzeugen soll. Nullstellen und Pole müssen in diesem Fall entweder als konjugierte Paare oder einzeln reell auftreten. Es müssen hier Paare sein, denn die einzigen reellen Nullstellen auf dem Einheitskreis sind 1 und −1. Die zwei Nullstellenpaare w_i, $\overline{w_i}$ ergänzt durch die zwei Polpaare z_{p_i}, $\overline{z_{p_i}}$ führen zur folgenden Systemfunktion:

$$\Psi_{\mathsf{K}}(z) = \frac{\Phi_{1,\omega_1}(z)\Phi_{1,\omega_2}(z)}{\Phi_{r,\omega_1}(z)\Phi_{r,\omega_2}(z)} = \frac{\sum_{\nu=0}^{4} u_\nu z^{-\nu}}{\sum_{\mu=0}^{4} v_\mu z^{-\mu}}$$

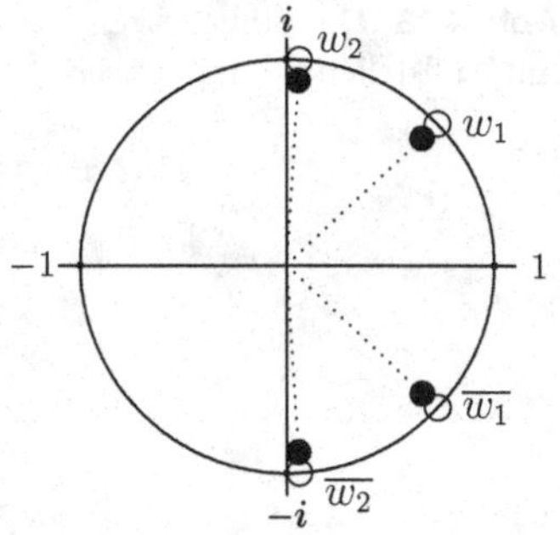

Abb. 4.20 Der Einheitskreis mit Nullstellen und Polen für das Filter **K**

Die Koeffizienten u_ν und v_μ lassen sich mit den Koeffizientenformeln aus Anhang A.1.1 direkt berechnen, sie ergeben sich auf zwanzig Nachkommastellen gerundet zu

$$
\begin{aligned}
u_0 &= 1 & v_0 &= 1\\
u_1 &= -1{,}58351829390144979845 & v_1 &= -1{,}42516646451130481860\\
u_2 &= 2{,}18308927534544362594 & v_2 &= 1{,}76830231302980933701\\
u_3 &= -1{,}58351829390144979845 & v_3 &= -1{,}15438483625415690307\\
u_4 &= 1 & v_4 &= 0{,}6561
\end{aligned}
$$

Der zugehörige Filter **K** ist daher mit auf drei Nachkommastellen gerundeten Koeffizienten

$$
\begin{aligned}
&\mathbf{K}(\boldsymbol{x})(n) - 1{,}425\,\mathbf{K}(\boldsymbol{x})(n-1) + 1{,}768\,\mathbf{K}(\boldsymbol{x})(n-2) - 1{,}154\,\mathbf{K}(\boldsymbol{x})(n-3)\\
&\quad + 0{,}656\,\mathbf{K}(\boldsymbol{x})(n-4)\\
&= \boldsymbol{x}(n) - 1{,}584\,\boldsymbol{x}(n-1) + 2{,}183\,\boldsymbol{x}(n-2) - 1{,}584\,\boldsymbol{x}(n-3) + \boldsymbol{x}(n-4)
\end{aligned}
$$

Die Umsetzung dieser Filterdifferenzengleichung in AVR-Code erfolgt ausführlich in Kap. 5.

Die von der Frequenzantwort durchlaufene Kurve ist in Abb. 4.21 gezeigt. Ein Durchlauf beginnt rechts auf der reellen Geraden, er kann mit Hilfe der kleinen Ziffern verfolgt werden, mit welchen Extremwerte der Kurve in der Reihenfolge des Durchlaufs gekennzeichnet werden. Der Durchlauf erfolgt im Uhrzeigersinn. Weil die positive reelle Achse dreimal überquert wird, besitzt der Polarwinkel drei Sprünge der Höhe 2π. Was auf dem Bild allerdings nicht zu erkennen ist: Die Kurve wird mit sehr verschiedenen „Geschwindigkeiten" durchlaufen. Das soll bedeuten, dass Teile der Kurve mit einem breiten und andere Teile mit einem schmalen Teilintervall des Parameterintervalles durchlaufen werden (man kann es aber am Phasengang in Abb. 4.24 erkennen). Von den Sprüngen abgesehen sollte der Polarwinkel eine glatte Kurve durchlaufen (Abb. 4.24 bestätigt das).

Der Amplitudengang (Abb. 4.22) ist durch die Einführung der Pole stark verbessert worden. Die hier berechnete Version mit $r = 0{,}9$ ist durchgezeichnet, die Version mit $r = 0{,}8$ ist gepunktet. Wie zu erwarten war, verbessern sich die Eigenschaften des Filter

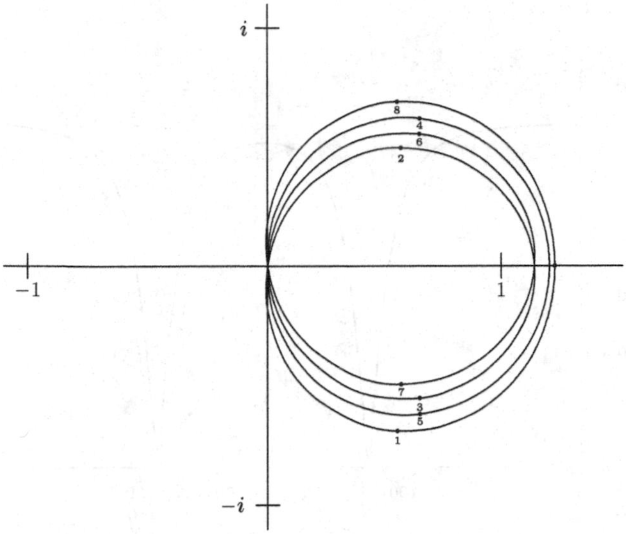

Abb. 4.21 $\Theta_K(\omega)$, $-\pi \le \omega < \pi$

mit zunehmender Größe von r. Zur genaueren Beurteilung ist in Abb. 4.23 eine „Kerbe" mit gestrecktem Frequenzbereich gezeichnet. Man kann z. B. direkt den Q-Faktor ablesen. Dieser ist definiert als der Quotient

$$Q = \frac{\omega_K}{\omega_R - \omega_L}.$$

Darin ist ω_K die herauszufilternde Kerbfrequenz (also hier $\omega_K = 6\pi/25$), ω_L ist die größte Frequenz $\omega < \omega_K$ mit

$$\frac{\sqrt{2}}{2}\gamma_K(0) = \gamma_K(\omega),$$

und ω_R ist die kleinste Frequenz $\omega_K < \omega$ mit dieser Eigenschaft. Es sind die Frequenzen, bei welchen sich die waagrechte Linie $y = \frac{\sqrt{2}}{2}\gamma_K(0)$ und der Amplitudengang schneiden. $\frac{\sqrt{2}}{2} \approx 0{,}707$ entspricht einer Dämpfung von 3 dB. Die beiden Frequenzen lassen sich mit Hilft der gepunkteten Linien im Bild leicht finden. Man erhält $Q \approx 3{,}75$.

Allerdings darf r der Peripherie des Einheitskreises nicht beliebig nahe kommen, wenn das Filter nach der für die Implementierung erforderlichen Digitalisierung stabil bleiben soll (Mehr dazu in Kap. 5). Bei $r = 0{,}9$ sind allerdings noch keine Schwierigkeiten zu erwarten.

Dass das Filter die Amplitude von Frequenzanteilen außerhalb der Dämpfungsbereiche vergrößert kann ebenfalls bei der Implementierung berücksichtigt werden. Genau genommen darf hier von Frequenzen oder Frequenzanteilen gar nicht gesprochen werden, denn der Amplitudengang bei der Kreisfrequenz ω gibt an, wie stark die Amplitude der speziellen exponentiellen Signale $n \mapsto \epsilon_\omega(n)$ verstärkt wird.

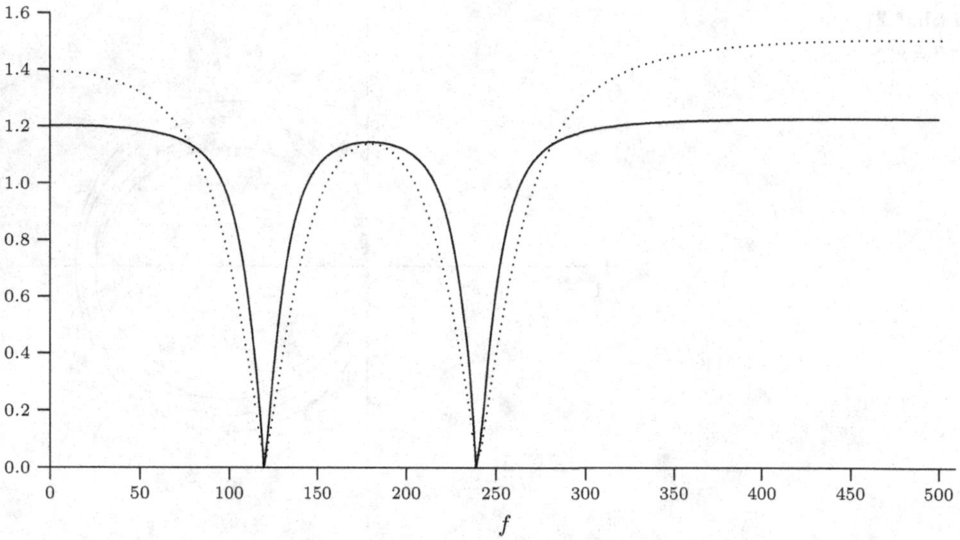

Abb. 4.22 $\gamma_K(f)$, $r = 0{,}9$ und $r = 0{,}8(\cdots)$

Bei der Betrachtung der Frequenzantwort weiter oben wurde schon kurz auf die Gestalt des Phasenganges eingegangen, von der angenommen wurde, dass sie von den drei Rotationswinkelsprüngen bei der Überquerung der positiven reellen Achse geprägt wird. Wie Abb. 4.24 zeigt ist das auch tatsächlich der Fall. Die Steilheit der Kurve nahe den Kerbfrequenzen ±120 Hz und ±240 Hz, die nahezu einem Rotationswinkelsprung gleichen, ist der Frequenzantwort allerdings nicht so einfach abzulesen, denn der Kurve allein ist nicht anzusehen, mit welcher Geschwindigkeit sie durchlaufen wird. Diese Steilheit bedeutet, dass die Ableitung des Phasenganges (auch Gruppenlaufzeit genannt) in der Nähe der Kerbfrequenzen numerisch schwierig zu berechnen ist.

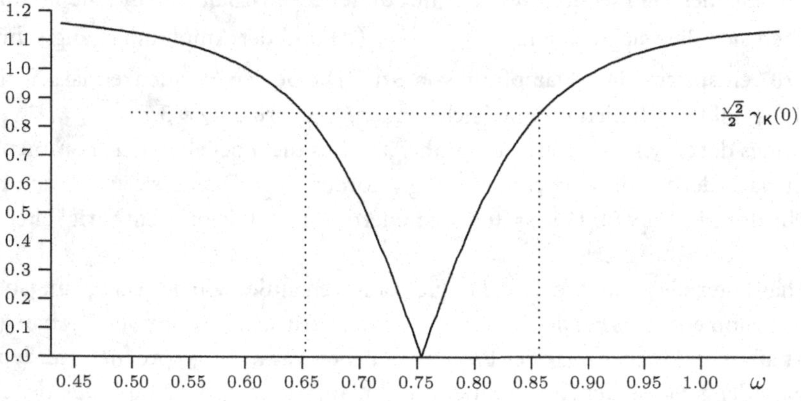

Abb. 4.23 $\gamma_K(\omega)$, $r = 0{,}9$

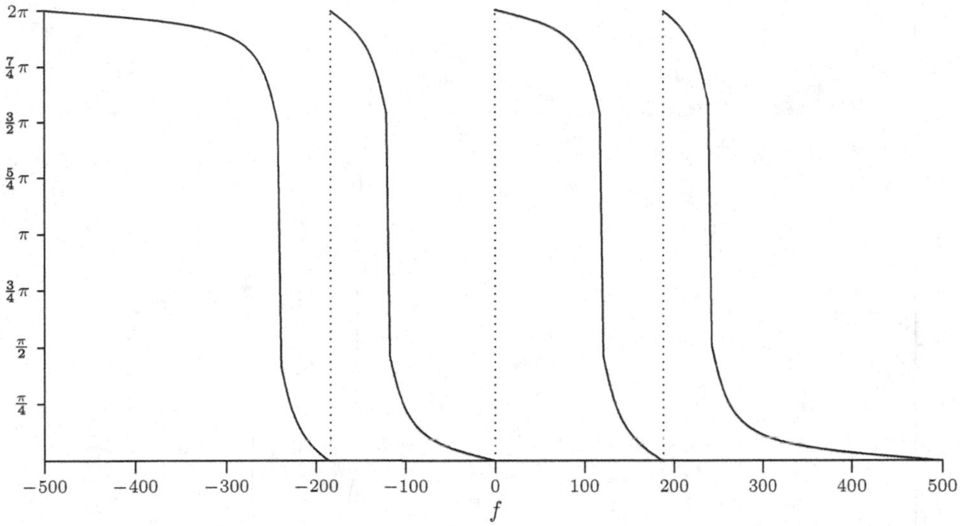

Abb. 4.24 $\phi_{\mathsf{K}}(f)$, $r = 0{,}9$

Die Verschiebungsfunktion Λ_{K}, hier auf Frequenzen f umgerechnet, besitzt einen komplexen Verlauf (siehe Abb. 4.7 und Abb. 4.25) mit der Unendlichkeitsstelle $f = 0$. Sie besitzt natürlich auch die extreme Empfindlichkeit auf kleine Änderungen von Frequenzen in nächster Nähe der Kerbfrequenzen.

Die verschiedenen Gänge sagen Vieles über ein Filter aus, doch sollte man ein Filter auch in der Praxis testen, ehe man es einsetzt. Dazu benötigt man nicht wie bei analogen Filtern zumindest ein Oszilloskop, man hat nur Signale zu definieren und muss dann zur Anwendung des Filters auf das Signal ein wenig rechnen. Man ist dabei nicht einmal an die speziellen Frequenzen gebunden, für die das Filter konstruiert wurde, denn digitale Filter arbeiten mit einem abstraktem Frequenzbereich, hier beim Filter **K** ist es der Bereich $-\pi \leq \omega < \pi$, mit den beiden speziellen Frequenzen $\omega_1 = \frac{6}{25}\pi$ und $\omega_2 = \frac{12}{25}\pi$. Ausgegangen wird von dem kontinuierlichen trigonometrischen Signal (siehe Abb. 4.26)

$$\mathsf{x}(t) = \sum_{\nu=1}^{N} a_\nu \cos(\nu f t \pi)$$

Darin sind N und die Frequenz f noch zu bestimmen, und über die Parameter a_ν kann beliebig verfügt werden. Aus diesem Signal wird das digitale Signal durch Abtasten gewonnen:

$$\boldsymbol{x}(n) = \sum_{\nu=1}^{N} a_\nu \cos(\Omega_\nu n) \qquad \Omega_\nu = \nu f \widehat{T}\pi \tag{4.19}$$

Das Abtastintervall $\widehat{T}$ muss zusammen mit der Frequenz f noch festgelegt werden. Das geschieht so, dass $\Omega_6 = \omega_2$ verlangt wird. Das ergibt sofort $f\widehat{T} = \frac{2}{25}$. Folglich müssen f

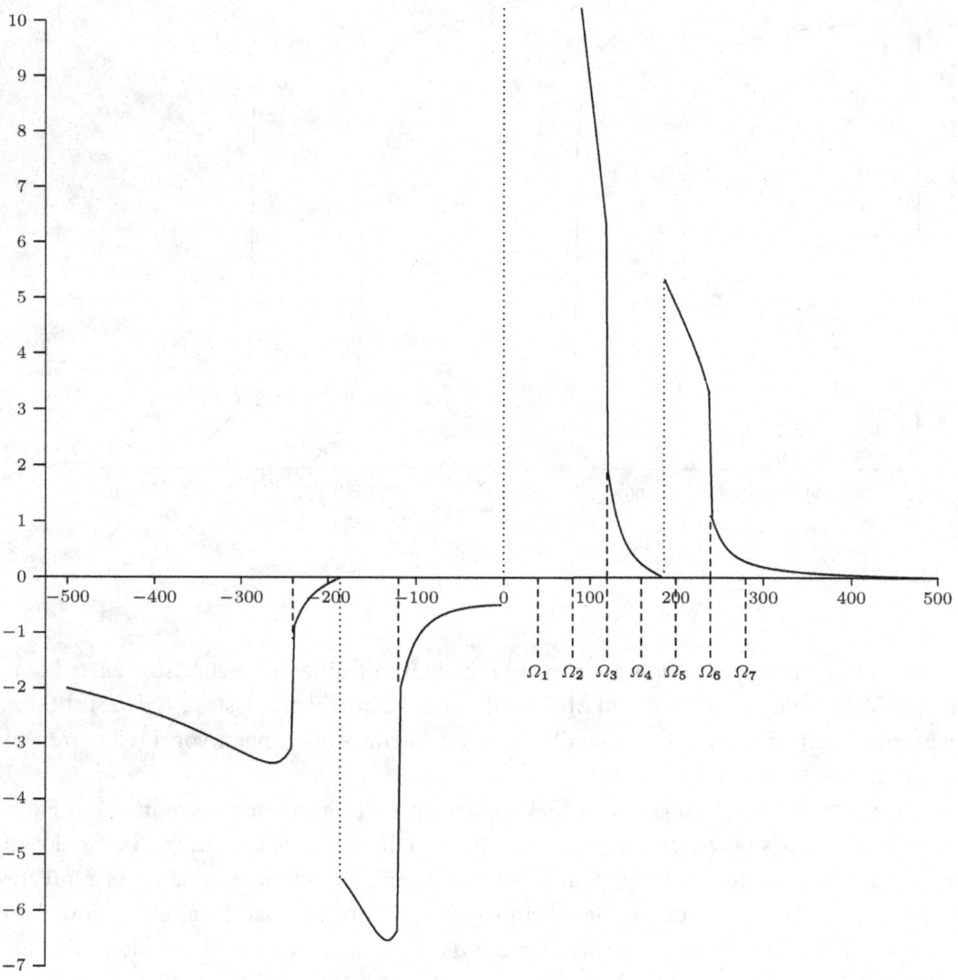

Abb. 4.25 $-\Lambda_K(f)$, $r = 0{,}9$, $-500 \leq f < 500$

und $\widehat{T}$ nicht gesondert festgelegt werden, es genügt, ihr Produkt zu kennen. Nach dem Abschnitt über das Abtasten (Abschn. 3.5) sollte das Spektrum des kontinuierlichen Signals x bandbegrenzt sein, das wird hier so berücksichtigt, dass nur Frequenzen Ω_ν mit $\Omega_\nu < \pi$ zugelassen werden, also Frequenzen, die noch in das abstrakte Frequenzintervall fallen. Das sind offenbar Frequenzen Ω_ν mit der Eigenschaft $\nu \leq 12$, d. h. es ist $N = 12$. Das digitale Signal ist daher

$$\boldsymbol{x}(n) = \sum_{\nu=1}^{12} a_\nu \cos(\Omega_\nu n) = \sum_{\nu=1}^{12} a_\nu \cos\left(\frac{2}{25}\pi \nu n\right) \tag{4.20}$$

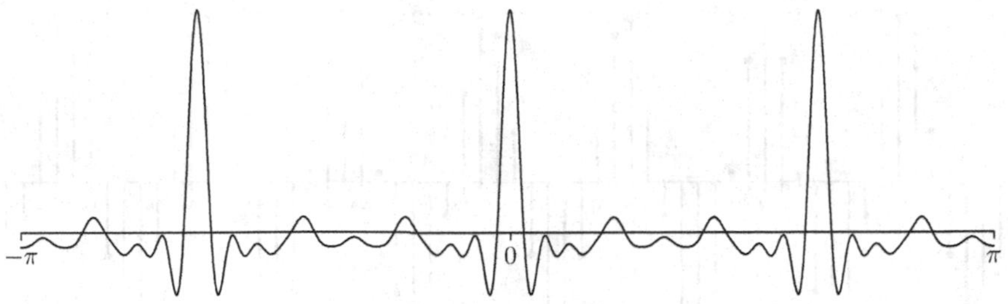

Abb. 4.26 Das kontinuierliche Signal $t \mapsto \mathrm{x}(t)$, $f = 1$

Das Kerbfilter K hat die Kerbfrequenz $\omega_1 = \frac{6}{25}$, und das Signal $\boldsymbol{x}$ enthält ein Teilsignal dieser Frequenz, nämlich (siehe Abb. 4.27)

$$\boldsymbol{x}_3(n) = a_3 \cos(\Omega_3 n)$$

Es liegt nahe, das Kerbfilter auf dieses Signal anzuwenden, um zu testen, wie gut die Frequenz ω_1 tatsächlich unterdrückt wird. Mit $a_3 = \frac{1}{2}$ erhält man das in Abb. 4.28 gezeigte Ergebnis

$$n \mapsto \mathsf{K}(\boldsymbol{x}_3)(n).$$

Danach arbeitet das Filter einwandfrei, schon nach zwei Perioden ($P = 25$) von $\boldsymbol{x}_3$ ist das Signal fast vollständig unterdrückt. Das anfängliche Einschwingen ist natürlich darauf zurückzuführen, dass dem Filter nicht das echte, unendlich lange Signal $\boldsymbol{x}_3$ übergeben werden kann, sondern nur eine Annäherung mit endlicher Geschichte, hier $\boldsymbol{x}_3' = \boldsymbol{x}_3 \boldsymbol{u}_{-16}$, oder ausführlich

$$\boldsymbol{x}_3'(n) = \begin{cases} 0 & \text{falls } n < -16 \\ \boldsymbol{x}_3(n) & \text{falls } n \geq -16 \end{cases}$$

Die $\boldsymbol{x}(-17)$ bis $\boldsymbol{x}(-20)$ werden daher mit Null initialisiert, was einen Sprung am Beginn der Filterung bedeutet. Dass die $\mathsf{K}(\boldsymbol{x})(-17)$ bis $\mathsf{K}(\boldsymbol{x})(-20)$ ebenfalls mit Null initialisiert werden, trägt auch dazu bei. Die Ausschläge am Anfang lassen sich dämpfen, indem die Anfangswerte mit einer Rampe, d. h. einem langsam von Null bis zu $\boldsymbol{x}(-16)$ ansteigenden Signalstück, belegt werden. Allerdings werden solche Anfangsbewegungen wohl nur in seltenen Fällen Schaden anrichten.

Einen Eindruck davon, wie sich das Filter bei anderen Frequenzen verhält, gibt Abb. 4.30. Dort ist die Wirkung des Filters auf das Signal $\boldsymbol{x}_4 \boldsymbol{u}_{-16}$ (siehe Abb. 4.29) zur Nachbarfrequenz Ω_4 gezeigt ($\boldsymbol{x}_4$ sieht aus wie $\boldsymbol{x}_3$, siehe Abb. 4.27). Das Einschwingen ist auch hier zu erkennen, nach seinem Abklingen wird das Eingangssignal nur noch geringfügig verändert, mit dem bloßen Auge zu erkennen ist nur eine geringe Dämpfung. Man kann sicher annehmen, dass von den beiden Kerbfrequenzen weiter entfernte Frequenzen vom Filter etwas verstärkt werden, sonst aber nur wenig Änderung erfahren.

Das Filter K verhält sich also gegenüber den speziellen „elementaren" Signalen $\boldsymbol{x}_\nu$ so, wie es zu erwarten war. Das Verhalten des Filters gegenüber beliebigen anderen Signalen

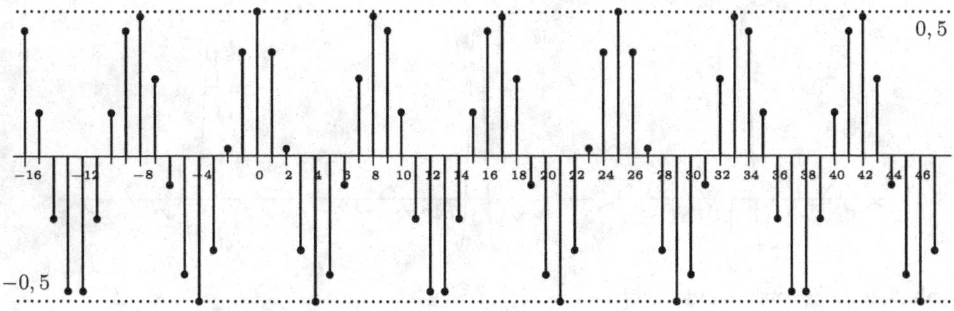

Abb. 4.27 $n \mapsto \boldsymbol{x}_3(n)$ mit Periode $p = 25$

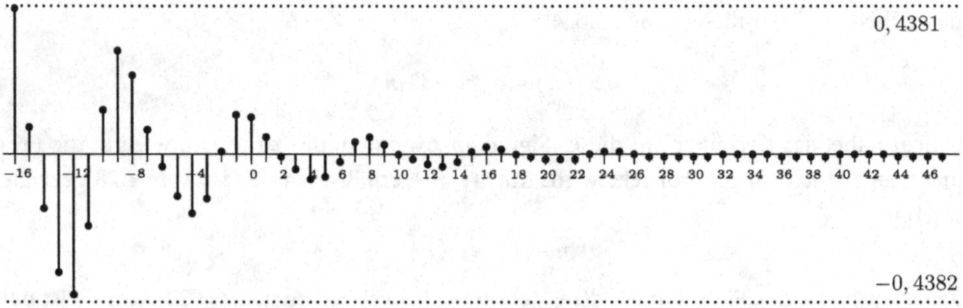

Abb. 4.28 $n \mapsto \mathsf{K}(\boldsymbol{x}_3\boldsymbol{u}_{-16})(n)$

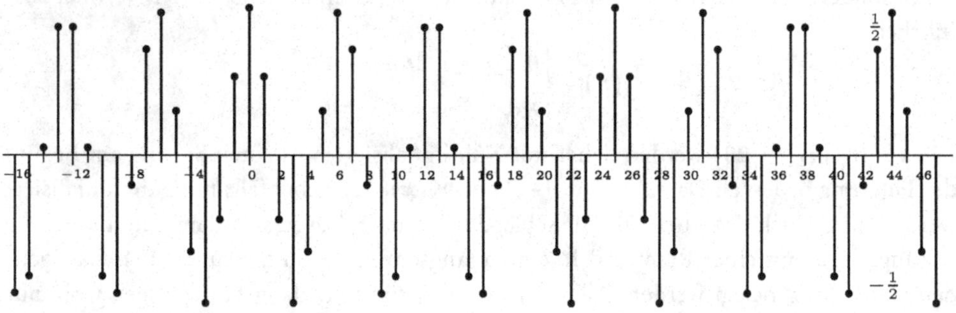

Abb. 4.29 $n \mapsto \boldsymbol{x}_4(n)$ mit Periode $p = 25$

lässt sich daraus jedoch nicht ableiten. Das gilt auch für den Amplitudengang: Die Tatsache, dass die Amplituden der exponentiellen Signale $n \mapsto \boldsymbol{\epsilon}_\omega(n) = e^{in\omega}$ außerhalb der Kerben verdoppelt werden, lässt sich nicht auf allgemeine Signale übertragen. Ein Beispiel dafür ist das Signal (4.20). Dazu müssen die Frequenz f und die Koeffizienten a_ν konkretisiert werden. Als Frequenz wird einfach $f = 1$ gewählt, und die Werte der a_ν, die man als das Spektrum von $\boldsymbol{x}$ interpretieren kann, werden in Abb. 4.31 angegeben. Die bei-

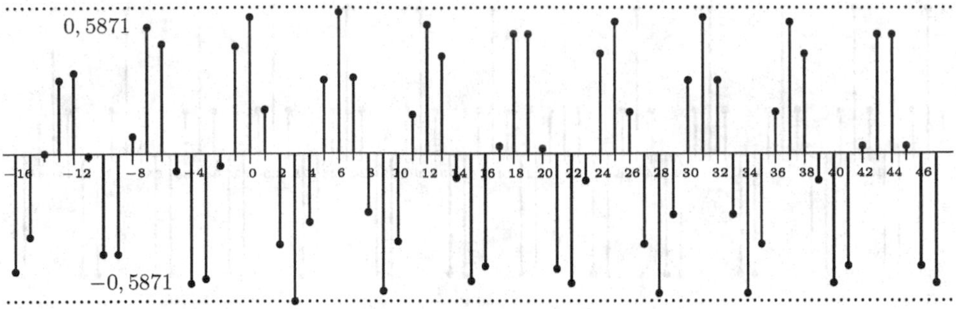

Abb. 4.30 $n \mapsto \mathsf{K}(x_4 u_{-16})(n)$

den Kerbfrequenzen ω_1 und ω_2 sind „Ausreißer" in diesem Spektrum und werden vom Filter eliminiert.[3] Ein Abschnitt des sich so ergebenden Signals $\boldsymbol{x}$ ist in Abb. 4.33 zu sehen. Eine gewisse Ähnlichkeit mit dem kontinuierlichen Signal aus Abb. 4.26 ist noch zu erkennen.

Auch das abgetastete Signal ist periodisch, was keinesfalls allgemeingültig ist.[4] Ein Gegenbeispiel lässt sich schon mit elementaren Signalen konstruieren, z. B. mit einem Rechtecksignal. Zu diesem Zweck sei a eine positive reelle Zahl, über deren Wert später noch verfügt wird. Dann ist die reelle Funktion y wie folgt definiert:

$$\mathrm{y}(t) = \begin{cases} 1 & \text{für } 0 \le t < a \\ 0 & \text{für } a \le t < 2a \end{cases} \quad \text{und} \quad \mathrm{y}(t + 2a) = \mathrm{y}(t)$$

Die im Basisintervall $0 \le t < 2a$ definierte Funktion wird also mit der Periode $P = 2a$ auf ganz $\mathbb{R}$ fortgesetzt. Abgetastet wird mit dem Abtastintervall $T = 2$, d. h. es ist $\boldsymbol{y}(n) = \mathrm{y}(2n)$.

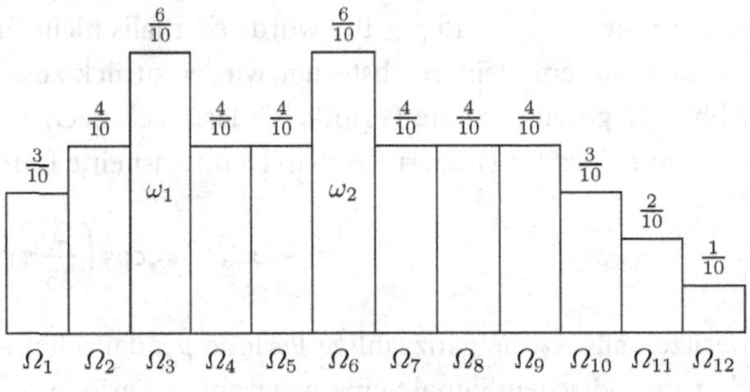

Abb. 4.31 Das „Spektrum" $(a_\nu)_{\nu=1,\ldots,12}$ des Signals $\boldsymbol{x}$

[3] Das Spektrum legt allerdings ein Filter nahe, das die Spektralanteile von ω_1 und ω_2 nur auf das Niveau der Nachbarfrequenzen dämpft.

[4] Siehe auch Abschn. 3.5. Dort wird untersucht, für welche Ω das Signal $n \mapsto \cos(\Omega n)$ periodisch ist.

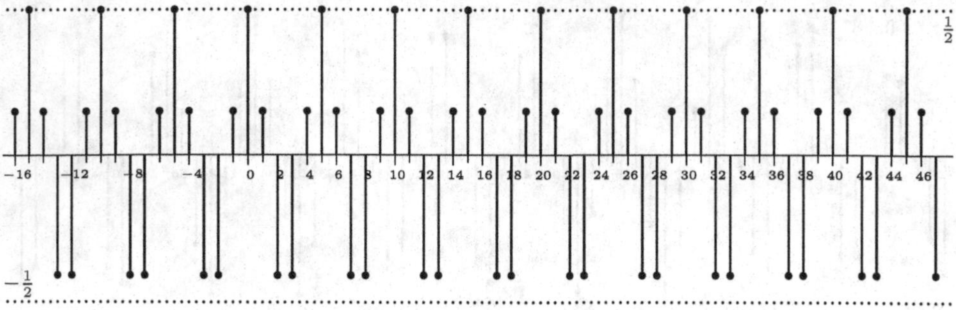

Abb. 4.32 $n \mapsto \boldsymbol{x}_5(n)$ mit Periode $p = 5$

Für das abgetastete Signal gilt offenbar

$$\boldsymbol{y}(n) = \begin{cases} 1 & \text{falls } 2k_n a \leq 2n < (2k_n + 1)a \\ 0 & \text{falls } (2k_n + 1)a \leq 2n < (2k_n + 2)a \end{cases} \qquad \text{für ein } k_n \in \mathbb{N}$$

$\boldsymbol{y}(n)$ kann auch direkt berechnet werden. Ist nämlich $2n = m_n a + \vartheta$, mit $m_n \in \mathbb{N}$ und $0 \leq \vartheta_n < a$, dann gilt offenbar $m_n a \leq 2n < m_n a + a = (m_n + 1)a$, d. h.

$$\boldsymbol{y}(n) = \begin{cases} 1 & \text{falls } m_n = 2k_n \\ 0 & \text{falls } m_n = 2k_n + 1 \end{cases}$$

Als a wird nun eine irrationale Zahl ausgewählt, d. h. $a \notin \mathbb{Q}$, etwa $a = \pi$. Die Werte von $\boldsymbol{y}(0)$ bis $\boldsymbol{y}(99)$ sind dann

1100100100100110110110110010010010011011011011001001001001101101101100100100100110110110110010010010

Eine Periodizität findet man in dieser Folge von Signalwerten nicht. Eine Suche per Programm für $n \leq 10^6$ und $p \leq 100$ wurde ebenfalls nicht fündig.

Nach diesem kleinen Abstecher wieder zurück zum Signal $\boldsymbol{x}$ (eine Komponente ist in Abb. 4.32 gezeigt). Seine Periodizität lässt sich nach Abb. 4.33 vermuten, die Vermutung kann aber leicht verifiziert werden. Denn $\boldsymbol{x}$ ist eine Linearkombination der Signale

$$n \mapsto \boldsymbol{x}_\nu(n) = \cos\left(\frac{2}{25}\pi\nu n\right)$$

Besitzen alle $\boldsymbol{x}_\nu$ die ganzzahlige Periode p_ν, dann hat auch $\boldsymbol{x}$ als Linearkombination solcher periodischen Signale eine ganzzahlige Periode p, nämlich das kleinste gemeinsame Vielfache der Perioden p_ν. Nun gilt aber $\boldsymbol{x}_\nu(n + p_\nu) = \boldsymbol{x}_\nu(n)$ wegen der Periodizität der Cosinusfunktion genau dann, wenn es eine natürliche Zahl k gibt mit

$$\frac{2}{25}\pi\nu n + 2\pi k = \frac{2}{25}\pi\nu n + \frac{2}{25}\pi\nu p_\nu \quad \text{oder} \quad p_\nu = 25\frac{k}{\nu}$$

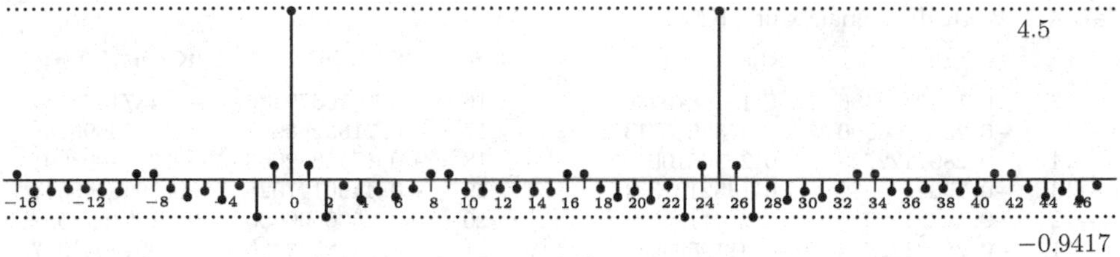

Abb. 4.33 Der Anfang des Signals $\boldsymbol{x}$

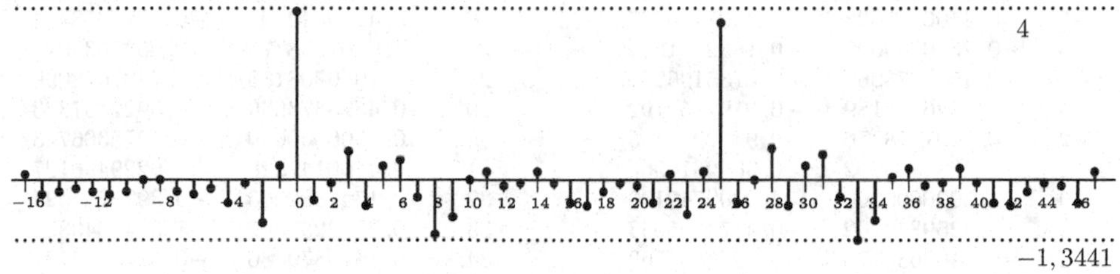

Abb. 4.34 Der Anfang des Signals $\mathsf{K}(\boldsymbol{x}\boldsymbol{u}_{-16})$

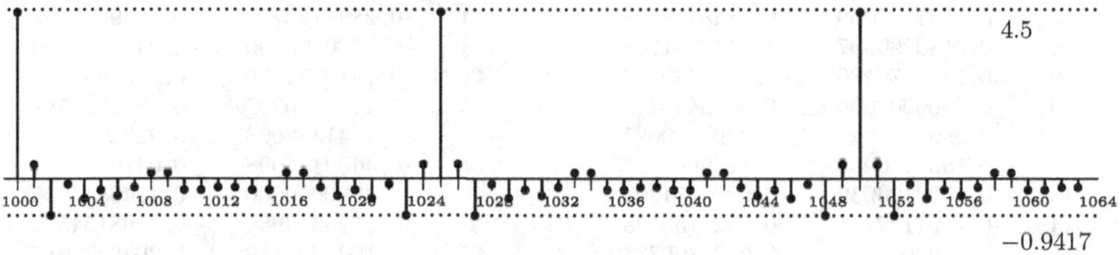

Abb. 4.35 Ein Abschnitt des Signals $\boldsymbol{x}$

Falls ν kein Teiler von 25 ist wählt man $k = \nu$, für $\nu = 5$ wählt man $k = 1$ und für $\nu = 10$ wählt man $k = 2$, um die Perioden $p_\nu = 25$ für $\nu \in \{1, 2, 3, 4, 6, 7, 8, 9, 11, 12\}$ und $p_\nu = 5$ für $\nu \in \{5, 10\}$ zu bekommen. Der Fall $\nu = 3$ lässt sich mit Abb. 4.27 überprüfen und $\nu = 5$ mit Abb. 4.32, die Perioden sind leicht zu erkennen.

Das Signal $\boldsymbol{x}$ ist also tatsächlich periodisch mit einer (ganzzahligen) Periode p, und zwar ist, wie oben schon erwähnt, p das kleinste gemeinsame Vielfache (kgV) der Perioden der $\boldsymbol{x}_\nu$, also das kgV von 5 und 25, d. h. $p = 25$ (siehe Abb. 4.33).

Nach all diesen Abschweifungen aber nun endlich zum gefilterten Signal $\boldsymbol{x}$, und zwar, wieder genau genommen, zum Signal $\mathsf{K}(\boldsymbol{x}\boldsymbol{u}_{-16})$. Beim Betrachen von Abb. 4.34 fällt als erstes auf, dass das Signal ein wenig gedämpft wird (Eine Amplitudenspanne von 5,4417 gegen eine Amplitudenspanne von 5.3441). Das bestätigt die oben gemachte Bemerkung, dass von der Wirkung eines Filters auf die Elementarsignale nicht auf die Wirkung auf ein allgemeines Signal geschlossen werden kann. Als zweites bemerkt man, dass das Ausgangssignal

Tab. 4.2 Werte der Signale $\boldsymbol{x}$ und $\mathsf{K}(\boldsymbol{x}\boldsymbol{u}_{-16})$

n	$\boldsymbol{x}(n)$	$\mathsf{K}(\boldsymbol{x}\boldsymbol{u}_{-16})(n)$	n	$\boldsymbol{x}(n)$	$\mathsf{K}(\boldsymbol{x}\boldsymbol{u}_{-16})(n)$
−16	0,1610879486	0,1610879486	16	0,1610879486	−0,4871372551
−15	−0,2500000000	−0,2755085713	17	0,2183290997	−0,5479096168
−14	−0,2897122728	−0,2196610950	18	−0,1741882063	−0,2223093901
−13	−0,1532126939	−0,1352197394	19	−0,4400147028	−0,0640465644
−12	−0,1532126939	−0,2141139594	20	−0,2500000000	−0,1291918557
−11	−0,2897122728	−0,3116603943	21	−0,4528373960	−0,4914031917
−10	−0,2500000000	−0,2503351789	22	−0,1046708189	0,1892580039
−9	0,1610879486	0,0497904334	23	−0,9407658776	−0,7761799202
−8	0,2183290997	0,0173551247	24	0,4259849202	0,2309188806
−7	−0,1741882063	−0,2098930027	25	4,5000000000	3,7270847455
−6	−0,4400147028	−0,3007376327	26	0,4259849202	−0,5016358404
−5	−0,2500000000	−0,1882171654	27	−0,9407658776	0,0635539017
−4	−0,4528373960	−0,5135196280	28	−0,1046708189	0,7437678096
−3	−0,1046708189	−0,0192659792	29	−0,4528373960	−0,5922307323
−2	−0,9407658776	−0,9470976755	30	−0,2500000000	0,3975306743
−1	0,4259849202	0,3692616966	31	−0,4400147028	0,6229496127
0	4,5000000000	4,0002742190	32	−0,1741882063	−0,3975794624
1	0,4259849202	−0,4174195653	33	0,2183290997	−1,3441040824
2	−0,9407658776	−0,0276654769	34	0,1610879486	−0,8723649171
3	−0,1046708189	0,6894442403	35	−0,2500000000	0,0732019005
4	−0,4528373960	−0,5903690459	36	−0,2897122728	0,2940886526
5	−0,2500000000	0,3356878150	37	−0,1532126939	−0,1124728908
6	−0,4400147028	0,5286599489	38	−0,1532126939	−0,0095662747
7	−0,1741882063	−0,3848102618	39	−0,2897122728	0,3039067792
8	0,2183290997	−1,2317851267	40	−0,2500000000	−0,0455642229
9	0,1610879486	−0,8031429733	41	0,1610879486	−0,5256831858
10	−0,2500000000	0,0498448442	42	0,2183290997	−0,5884898588
11	−0,2897122728	0,2596770627	43	−0,1741882063	−0,2232007600
12	−0,1532126939	−0,1139965027	44	−0,4400147028	−0,0470545603
13	−0,1532126939	−0,0232671302	45	−0,2500000000	−0,1249544406
14	−0,2897122728	0,2626753329	46	−0,4528373960	−0,4898154572
15	−0,2500000000	−0,0592800334	47	−0,1046708189	0,2042278987

nicht mehr periodisch ist, es sei denn, die Periode ist so groß, dass sie in Abb. 4.34 nicht mehr bemerkt werden kann, was allerdings sehr unwahrscheinlich ist. Und die Übereinstimmung der Anfänge von Eingangs- und Ausgangssignal ist eine Täuschung, was anhand von Tab. 4.2 nachgeprüft werden kann. Die Tabelle untermauert auch die Vermutung, dass das Ausgangssignal nicht mehr periodisch ist.

Die ersten sieben „Spektralfrequenzen" Ω_ν sind bei der Verschiebungsfunktion (Abb. 4.25) ebenfalls eingezeichnet, beziehen sich aber auf das Intervall $-\pi \leq \omega < \pi$ statt auf $-500 \leq f < 500$. Die Verschiebungen bei diesen Frequenzen sind jedoch nur für die Elementarsignale $\boldsymbol{\epsilon}_\Omega$, $\boldsymbol{c}_\Omega$ und $\boldsymbol{s}_\Omega$, und die Signale $\boldsymbol{x}_\nu \boldsymbol{u}_{-16}$ sind weit davon entfernt, Elementarsignale zu sein.

Abbildung 4.35 zeigt das Signal $\boldsymbol{x}$ im eingeschwungenen Zustand in einem Abschnitt ab $n = 1000$, und Abb. 4.36 zeigt das Ausgangssignal $\mathsf{K}(\boldsymbol{x}\boldsymbol{u}_{-16})$ in demselben Abschnitt. Hier ist aller Einfluss von $\boldsymbol{u}$ verschwunden, d. h. man sieht eigentlich das Ausgangssignal $\mathsf{K}(\boldsymbol{x})$. Man erkennt auch, dass $\mathsf{K}(\boldsymbol{x})$ wie $\boldsymbol{x}$ die Periode $p = 25$ besitzt. Das Filter verstärkt

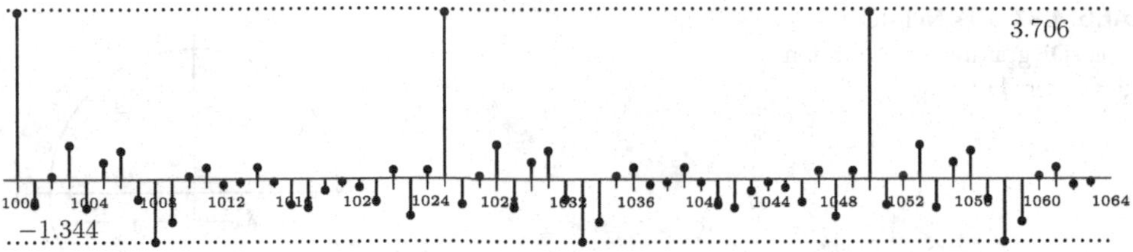

Abb. 4.36 Ein Abschnitt des Signals $\mathbf{K}(\boldsymbol{x}\boldsymbol{u}_{-16})$

die Amplitudendifferenz ein wenig, von 5,442 zu 5,044. Es findet auch keine Verschiebung des Ausgangssignals statt, denn der Faktor $\boldsymbol{u}$ erzwingt eine Synchronisation beider Signale. Es ist nämlich

$$\mathbf{K}(\boldsymbol{x})(0) = \boldsymbol{x}(0) \quad \mathbf{K}(\boldsymbol{x})(1) = \boldsymbol{x}(1) - u_1\boldsymbol{x}(0) + v_1\mathbf{K}(\boldsymbol{x})(0) = \boldsymbol{x}(1) - u_1\boldsymbol{x}(0) + v_1\boldsymbol{x}(0) \approx \boldsymbol{x}(1)$$

Das heißt aber, dass der Verschiebungsfunktion $\Lambda_{\mathbf{S}}$ eines Systems $\mathbf{S}$ nicht die große Bedeutung zukommt, die man ihr zuweisen möchte, bevor man einige praktische Beispiele näher untersucht hat.

4.5 Hochpässe

Auch Hochpässe können durch Vorgabe der Nullstellen und Pole der Systemfunktion konstruiert werden. Versteht man unter einem Hochpass ein System, das nur die allerhöchsten Frequenzen ($\omega \approx \pi$) hindurchlässt oder komplementär nur die allerniedrigsten Frequenzen ($\omega \approx 0$) herausfiltert, dann kann dieses Ziel mit geeigneten Lagen von Nullstellen und Polen der Systemfunktion realisiert werden. Versteht man darunter aber ein System, das alle Frequenzen unterhalb einer Grenzfrequenz ω_G herausfiltert und alle Frequenzen oberhalb der Grenzfrequenz unangetastet hindurchlässt, dann lässt sich dieses Ziel mit einigen wenigen Nullstellen und Polen nicht auf befriedigende Weise erreichen.

Ein Filter, das nur die allerhöchsten Frequenzen hindurchlässt, kann so erhalten werden, dass ein Pol auf die reelle Achse in die Nähe von −1 gelegt wird, um den Absolutwert der Systemfunktion dort in die Höhe zu treiben, und dass eine Nullstelle auf die reelle Achse in die Nähe von 1 gelegt wird. Wenn immer möglich sollten Symmetrien bevorzugt werden, der Pol und die Nullstelle werden daher wie in Abb. 4.37 in eine zum Nullpunkt symmetrische Lage gebracht. Der Abstand δ von Pol oder Nullstelle zum Nullpunkt der Ebenen dient dann als Systemparameter. Man kann vermuten, dass die Eigenschaften des Filters desto besser werden, je mehr sich δ dem Wert 1 annähert, der Stabilität wegen aber nicht zu nahe.

Die Systemfunktion dieses einfachen Filters $\mathbf{H}_1$ ist einfach zu erhalten, es ist eine rationale Funktion aus zwei Polynomen vom Grad 1, wobei das Zählerpolynom die Nullstelle

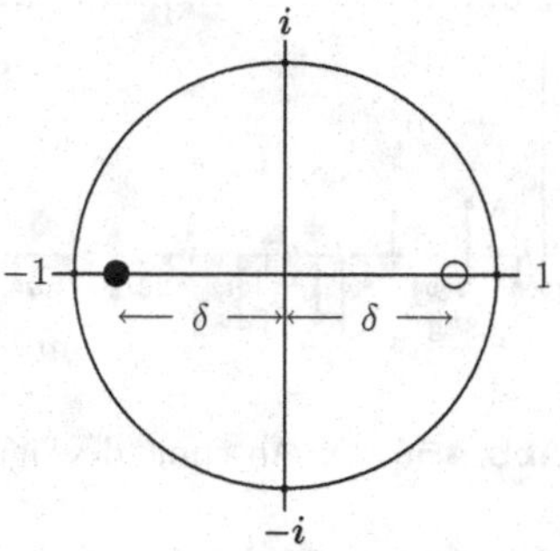

Abb. 4.37 Das Nullstellen-Pole-Diagramm zur Definition des Filters $\mathbf{H}_1$

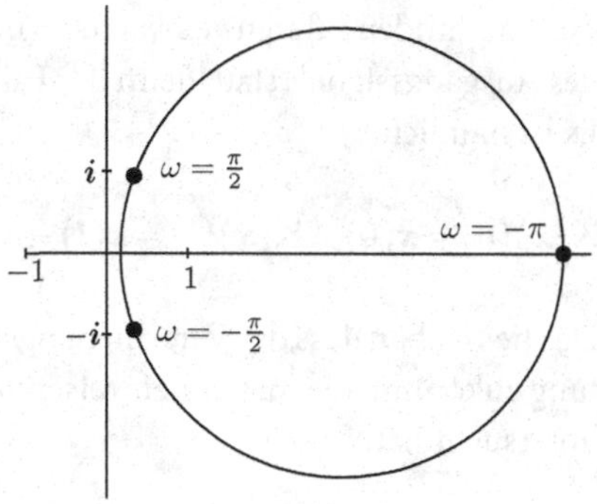

Abb. 4.38 $\omega \mapsto \Theta_{\mathsf{H}_1}(\omega)$, $-\pi \leq \omega < \pi$, $\delta = \frac{7}{10}$

und das Nennerpolynom den Pol bestimmt:

$$\Psi_{\mathsf{H}_1}(z) = \frac{z - \delta}{z + \delta} = \frac{1 - \delta z^{-1}}{1 + \delta z^{-1}} \tag{4.21}$$

Die Koeffizienten der Systemfunktion sind daher (siehe Abschn. 4.1) $u_0 = 1$, $u_1 = -\delta$, $v_0 = 1$ und $v_1 = \delta$. Als Erstes wird damit die Kurve berechnet, welche der Frequenzgang in der komplexen Ebene durchläuft, sie ist in Abb. 4.38 gezeigt. Der Kurvenanfang auf der reellen Achse ($\omega = -\pi$) ist durch einen Punkt gekennzeichnet, die Kurve wird genau einmal im Uhrzeigersinn durchlaufen. Weil dabei die reelle Achse bei $\omega = 0$ einmal überquert wird, macht der Phasenwinkel bei dieser Frequenz einen Sprung der Höhe 2π. Und weil die Kurve einen positiven Abstand zur imaginären Achse hat, wird vom Filter noch ein Anteil der Frequenz $\omega = 0$ (d. h. „Gleichstrom") durchgelassen, der Abstand ist eben dessen Größe.

Beim Durchlauf der Kurve bestimmt der Abstand des laufenden Punktes zum Nullpunkt den Amplitudengang. Simuliert man einen Durchlauf mit einem Lineal oder einem Bleistift, stellt man fest, dass der Amplitudengang die Gestalt einer mehr oder weniger flachen Schüssel hat, und Abb. 4.39 bestätigt das auch (es ist nur die rechte Hälfte skizziert). Wie oben bereits vermutet, wächst die Steilheit der Kurve zu hohen Frequenzen hin mit $\delta \to 1$. Wie groß δ gewählt werden kann, zeigt sich bei der Implementierung: Bei der Digitalisierung muss die Stabilität erhalten bleiben (siehe Abschn. 3.12).

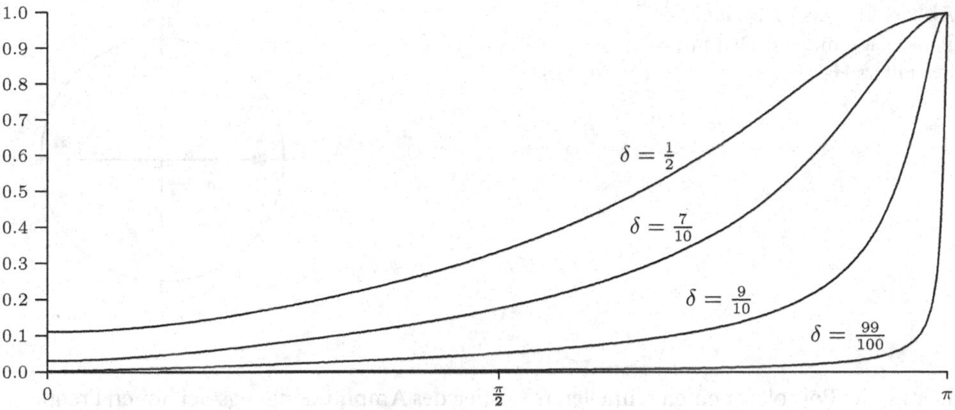

Abb. 4.39 $\omega \mapsto \gamma_{\mathsf{H}_1}(\omega)$, $0 \le \omega < \pi$ (normiert zu $\gamma_{\mathsf{H}_1}(\pi) = 1$)

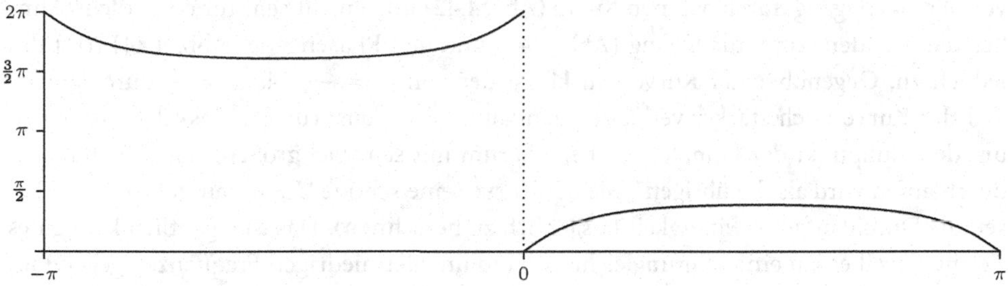

Abb. 4.40 $\omega \mapsto \phi_{\mathsf{H}_1}(\omega)$, $\delta = \frac{7}{10}$

Abgesehen von hohen und niedrigen Frequenzen zeigt der Phasenwinkel einen fast konstanten Verlauf, wie er bisher noch nicht vorgekommen ist (siehe Abb. 4.40). Wegen $\phi_{\mathsf{H}_1}(\omega) \approx 2\pi$ für kleine negative Frequenzen werden die elementaren Exponentialsignale dort stark verschoben, was aber vernachlässigt werden kann, denn eben solche Frequenzen werden herausgefiltert.

Die Differenzengleichung des Filters kann direkt an den Koeffizienten u_κ und v_μ abgelesen werden (siehe z. B. Abschn. 4.1):

$$\mathsf{H}_1(\boldsymbol{x})(n) = \boldsymbol{x}(n) - \delta \boldsymbol{x}(n-1) - \delta \mathsf{H}_1(\boldsymbol{x})(n-1)$$

Die Filterwirkung von $\mathsf{H}_1(\boldsymbol{x})$ ist insbesondere für niedrige Frequenzen nicht besonders gut, allerdings kann von einem solch einfachen System nicht mehr erwartet werden. Eine einfache Methode, die Wirkung des Filters zu verbessern, besteht darin, die Nullstellen und Pole zu verdoppeln. Das entsprechende Pole-Nullstellen-Diagramm (Abb. 4.41) führt auf die folgende Systemfunktion eines Filters H_2:

$$\Psi_{\mathsf{H}_2}(z) = \frac{(z-\delta)^2}{(z+\delta)^2} = \frac{1 - 2\delta z^{-1} + \delta^2 z^{-2}}{1 + 2\delta z^{-1} + \delta^2 z^{-2}}$$

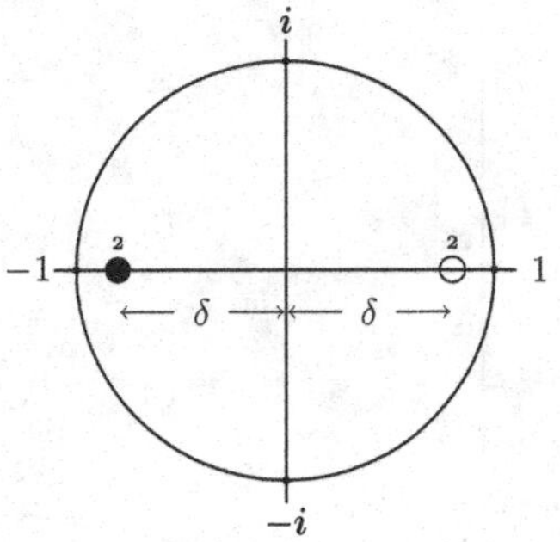

Abb. 4.41 Das Nullstellen-Pole-Diagramm zur Definition des Filters $\mathbf{H}_2$

Der zweite Pol soll für einen schnelleren Anstieg des Amplitudengangs bei hohen Frequenzen und eine stärkere Unterdrückung der niedrigen Frequenzen sorgen. Es ist eine gewisse „Familienähnlichkeit" mit dem Filter $\mathbf{H}_1$ zu vermuten. Allerdings spricht der Verlauf der vom Frequenzgang durchlaufenen Kurve (Abb. 4.42) noch nicht sehr für eine solche Ähnlichkeit, auf den Amplitudengang (Abb. 4.43) und den Phasengang (Abb. 4.44) trifft das jedoch zu. Gegenüber der Kurve von $\mathbf{H}_1$ ist der von $\omega = -\frac{\pi}{2}$ bis $\omega = \frac{\pi}{2}$ durchlaufene Teil der Kurve noch stärker verkürzt. Man kann das so ausdrücken, dass der Kurventeil um den Nullpunkt der komplexen Ebene herum mit sehr viel größerer Geschwindigkeit durchlaufen wird als die übrigen Teile der Kurve (eine schöne Übungsaufgabe für den Leser, die Durchlaufgeschwindigkeit tatsächlich zu berechnen). Das ist eigentlich kein gutes Zeichen, weil es auf eine sehr ungleiche Behandlung der niedrigen Frequenzen gegenüber den Frequenzen des übrigen Frequenzbandes hindeutet. Andererseits werden die niedrigen Frequenzen aber gerade herausgefiltert und haben keinen oder doch wenig Einfluss auf das Ausgangssignal. Tatsächlich werden niedrige Frequenzen mit dem System $\mathbf{H}_2$ besser unterdrückt als mit $\mathbf{H}_1$, wie ein Vergleich der Abb. 4.39 und 4.43 zeigt. Auch ist der Anstieg des Amplitudenganges wie erhofft bei hohen Frequenzen stärker geworden. Der Phasengang von $\mathbf{H}_2$ zeigt wie erwartet eine starke Ähnlichkeit mit dem von $\mathbf{H}_1$. Und tatsächlich sind sich auch die Frequenzgänge beider Systeme ähnlicher als die Skizzen vermuten lassen. Denn die Kurve von $\mathbf{H}_2$ geht nicht durch den Nullpunkt der Ebene (wie auch schon der Amplitudengang zeigt), der Übergang über die reelle Achse verläuft im positiven Bereich der Achse und ist daher der Überquerung der reellen Achse der Kurve von $\mathbf{H}_1$ vergleichbar. Ein Passieren des Nullpunktes der Ebene hätte einen gänzlich anderen Verlauf des Phasenganges zur Folge.

An den Koeffizienten der Systemfunktion kann wieder die Differenzengleichung des (nicht kausalen) Filters abgelesen werden:

$$\mathbf{H}_2(\boldsymbol{x})(n) = \boldsymbol{x}(n) - 2\delta\boldsymbol{x}(n-1) + \delta^2\boldsymbol{x}(n-2) - \delta\mathbf{H}_2(\boldsymbol{x})(n-1) - \delta^2\mathbf{H}_2(\boldsymbol{x})(n-2)$$

Es wird nun ein Hochpass realisiert, der nur sehr niedrige Frequenzen herausfiltert und alle übrigen „hohen" Frequenzen möglichst unverändert passieren lässt. Wie man eine Nullstelle und einen Pol im Einheitskreis so verteilen kann, dass der gewünschte Effekt entsteht,

Abb. 4.42 $\omega \mapsto \Theta_{\mathsf{H}_2}(\omega)$, $-\pi \leq \omega < \pi$, $\delta = \frac{7}{10}$ (verkleinert)

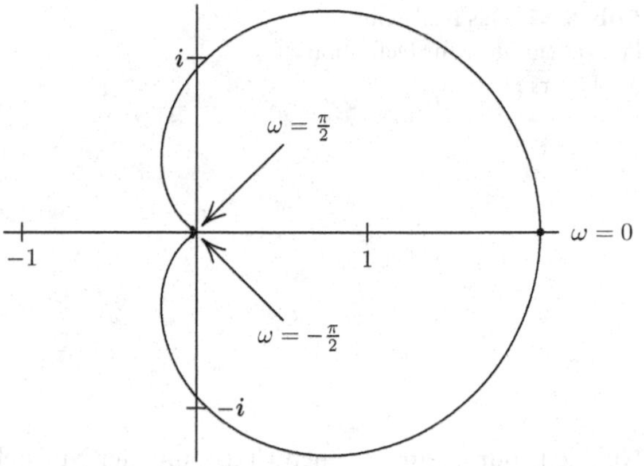

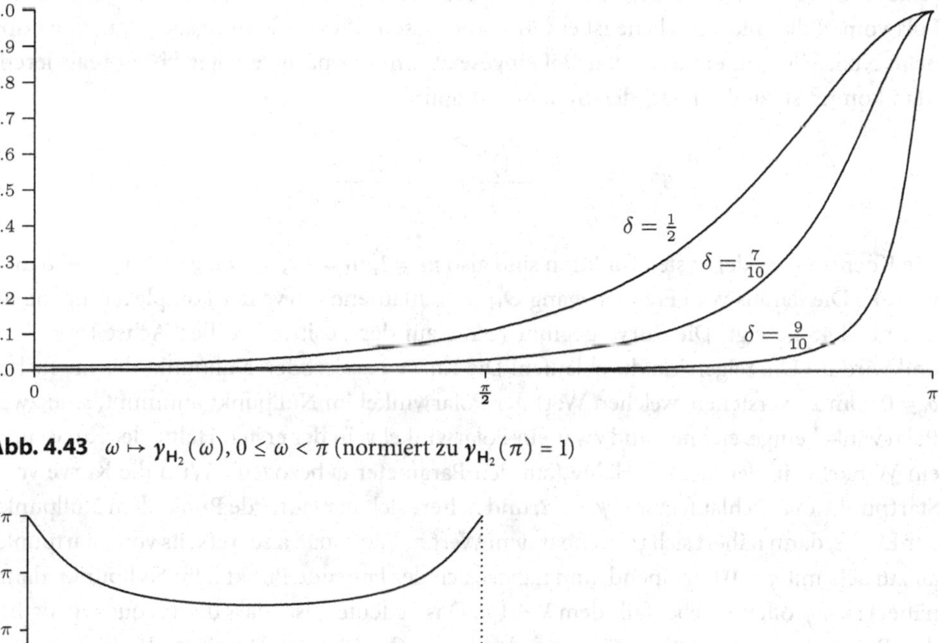

Abb. 4.43 $\omega \mapsto \gamma_{\mathsf{H}_2}(\omega)$, $0 \leq \omega < \pi$ (normiert zu $\gamma_{\mathsf{H}_2}(\pi) = 1$)

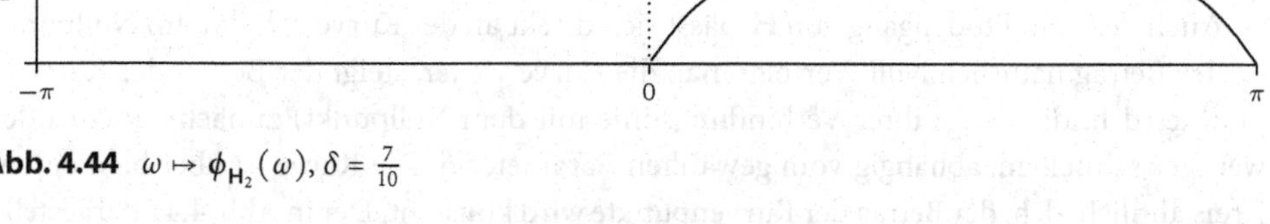

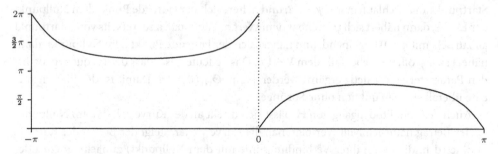

Abb. 4.44 $\omega \mapsto \phi_{\mathsf{H}_2}(\omega)$, $\delta = \frac{7}{10}$

zeigt das Nullstellen-Pole-Diagramm in Abb. 4.45. Die Nullstelle wird auf den Punkt 1 der reelle Achse gelegt, um niedrige Frequenzen zu unterdrücken. Der in direkter Nachbarschaft zur Nullstelle auf die reelle Achse gelegte Pol sorgt dafür, dass sich die Wirkung der

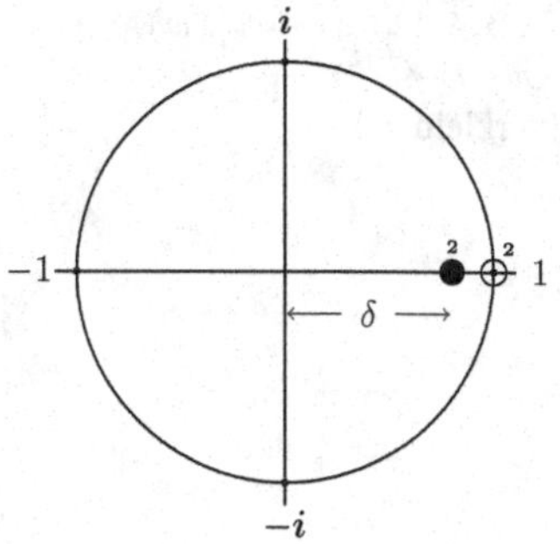

Abb. 4.45 Das Nullstellen-Pole-Diagramm zur Definition des Filters **H**$_3$

Nullstelle nur in einer kleinen Umgebung der Nullstelle entfalten kann. Je näher sich Nullstelle und Pol sind, desto kleiner ist der Einflussbereich der Nullstelle. Der Abstand δ des Pols vom Nullpunkt der Ebene ist ein Maß für diesen Effekt. Allerdings werden eine doppelte Nullstelle und ein doppelter Pol eingesetzt, um das nächste Filter **H**$_3$ zu realisieren. Man kommt so zu der folgenden Systemfunktion:

$$\boldsymbol{\Psi}_{\mathsf{H}_3}(z) = \frac{(z-1)^2}{(z-\delta)^2} = \frac{1-2z^{-1}+z^{-2}}{1-2\delta z^{-1}+\delta^2 z^{-2}}$$

Die Koeffizienten der Systemfunktion sind also $u_0 = 1$, $u_1 = -2$, $u_2 = 1$, $v_0 = 1$, $v_1 = -2\delta$ und $v_2 = \delta^2$. Die daraus vom Frequenzgang $\boldsymbol{\Theta}_{\mathsf{H}_3}$ durchlaufene Kurve der komplexen Ebene ist in Abb. 4.46 gezeigt. Die Kurve beginnt rechts auf der positiven reellen Achse ($\omega = -\pi$) und wird im Uhrzeigersinn durchlaufen. Die Kurve passiert den Nullpunkt der Ebene bei $\omega = 0$. Um zu verstehen, welchen Wert der Polarwinkel im Nullpunkt annimmt, sind zwei Polarwinkel eingezeichnet, und zwar ein Polarwinkel ψ in der ersten Hälfte der Kurve und ein Winkel φ in der zweiten Hälfte (auf den Parameter ω bezogen). Wird die Kurve vom Startpunkt an durchlaufen, mit $\psi = 2\pi$, und nähert sich der laufende Punkt dem Nullpunkt der Ebene, dann nähert sich ψ offenbar dem Wert π. Läuft man andererseits vom Startpunkt an zurück, mit $\varphi = 0$ beginnend, und nähert sich der laufende Punkt dem Nullpunkt, dann nähert sich φ offenbar ebenfalls dem Wert π. Das bedeutet also, dass der Frequenzgang für den Parameter $\omega = 0$ stetig ergänzt werden kann: $\boldsymbol{\Theta}_{\mathsf{H}_3}(0) = \pi$. Damit ist der Phasengang eine überall stetige Funktion ohne Sprünge.

Auch der Amplitudengang von **H**$_3$ lässt sich direkt an der Kurve ablesen. Im Nullpunkt ist der Betrag natürlich Null. Verfolgt man die Kurve weiter, steigt der Betrag der Kurvenpunkte (d. h. die Länge ihrer Verbindungslinie mit dem Nullpunkt) zunächst mehr oder weniger schnell an, abhängig vom gewählten Parameter δ. Die Kurve ist aber bald einem Kreis ähnlich, d. h. der Betrag der Kurvenpunkte wird konstant. Der in Abb. 4.47 dargestellte genau berechnete Verlauf des Betrages der Kurvenpunkte bestätigt diese Beobachtungen. Ergänzt man die nur für den positiven Teil des Parameterintervalls gezeigt Kurve in Gedanken symmetrisch zu $\omega = 0$, so erkennt man, dass das System eigentlich ein Kerbfilter für $\omega = 0$ ist.

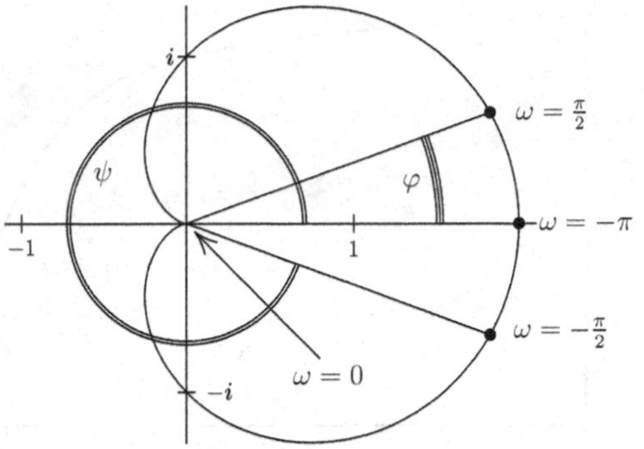

Abb. 4.46 $\omega \mapsto \Theta_{H_3}(\omega)$, $-\pi \le \omega < \pi$, $\delta = \frac{7}{10}$ (verkleinert)

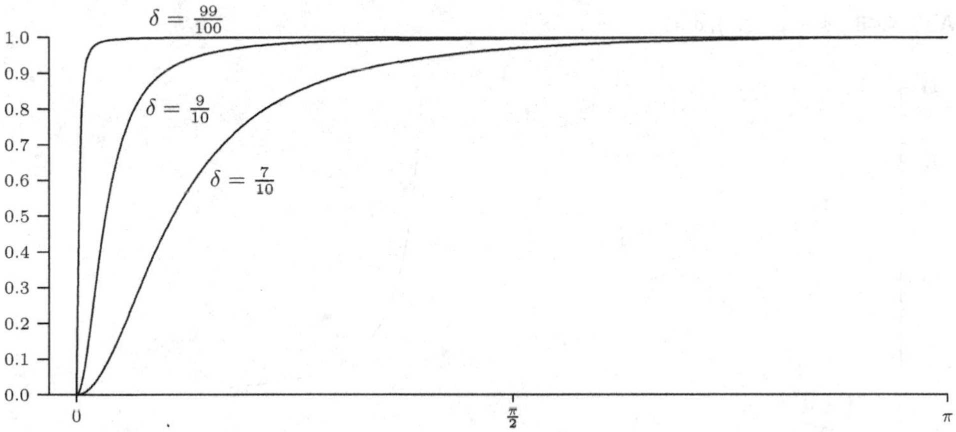

Abb. 4.47 $\omega \mapsto \gamma_{H_3}(\omega)$, $0 \le \omega < \pi$

Wie schon an der Frequenzantwort in Abb. 4.46 festgestellt wurde, beginnt die Phase bei $\omega = -\pi$ mit dem Wert 2π, sinkt stetig ab bis zum Wert π im Nullpunkt, um dann weiter abzusinken bis zum Wert 0 bei $\omega \to \pi$. Der genaue Verlauf des Phasengangs ist in Abb. 4.48 gezeichnet. Offenbar werden Teile der Kurve der Frequenzantwort mit stark unterschiedlichen Geschwindigkeiten durchlaufen, und zwar mit großer Geschwindigkeit um den Nullpunkt herum und mit geringer Geschwindigkeit in den übrigen Teilen der Kurve. Wenn angenommen wird, dass ein System sich desto besser verhält, je mehr die Kurve seiner Frequenzantwort einem mit konstanter Geschwindigkeit durchlaufenem Kreis gleicht, dann ist das Verhalten dieses Filters nicht besonders gut. Allerdings lässt sich das Phasenverhalten eines Systems, das mit Hilfe des Nullstellen-Pole-Diagramm konstruiert wird, nur sehr schwer vorausbestimmen, man ist praktisch auf *trial and error* angewiesen, was auch für das Amplitudenverhalten gilt (und sehr frustrierend sein kann). Die Methode der Filterkonstruktion über das NP-Diagramm ist doch recht grob.

Weil der Phasenwinkel in der Umgebung von $\omega = 0$ weit von Null entfernt ist, hat die Verschiebungsfunktion bei $\omega = 0$ einen Pol (siehe Abb. 4.49), d. h. Basissignale mit niedri-

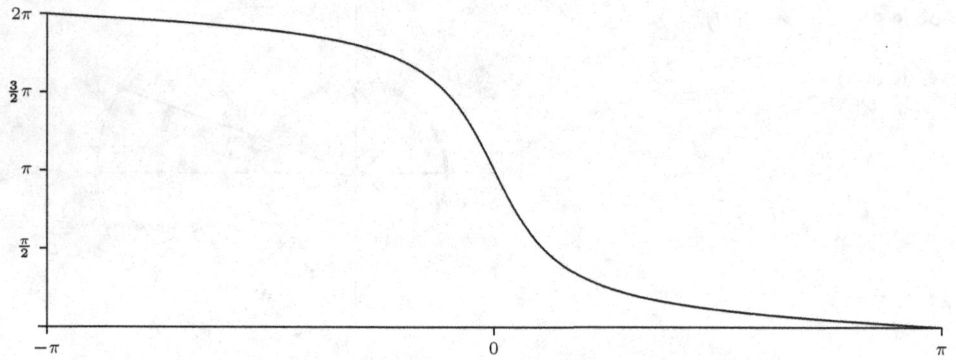

Abb. 4.48 $\omega \mapsto \phi_{\mathbf{H}_3}(\omega)$, $\delta = \frac{7}{10}$

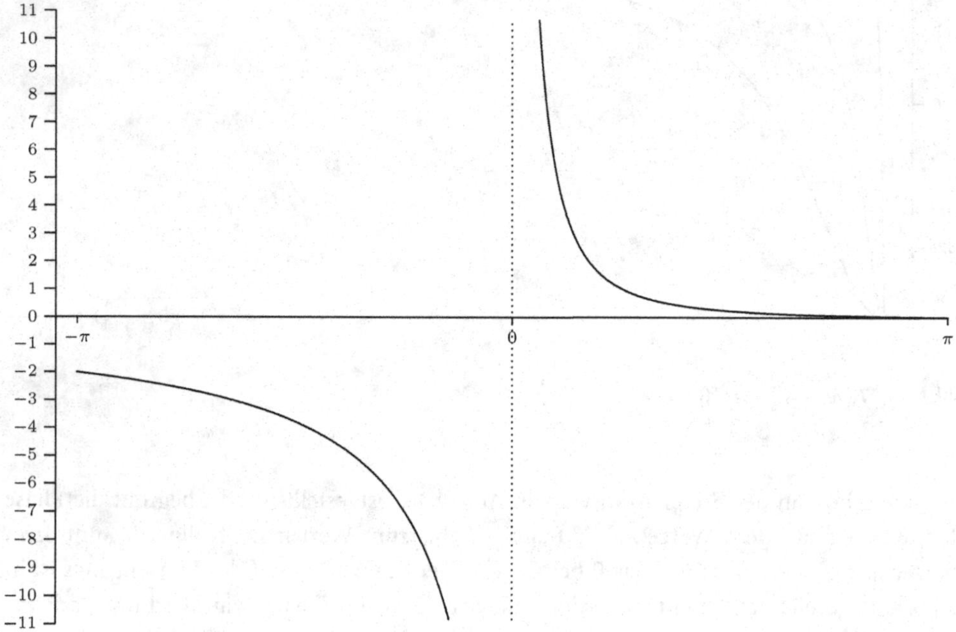

Abb. 4.49 $-\Lambda_{\mathbf{H}_3}(\omega)$, $\delta = \frac{7}{10}$, $-\pi \leq \omega < \pi$

gen Frequenzen werden stark verschoben. Das hat allerdings nur geringe Konsequenzen, weil eben die niedrigen Frequenzen von $\mathbf{H}_3$ herausgefiltert werden.

Die Zahl der Möglichkeiten, Filter mit Nullstellen und Polen von Systemfunktionen zu definieren, ist endlos, aber die Kontrolle der Eigenschaften der so konstruierten Filter ist mehr qualitativ als quantitativ. Man kann zwar oft voraussagen, welche Eigenschaften sich einstellen, wenn ein Pol hierhin und eine Nullstelle dorthin gelegt werden (man kann aber auch oft genug Überraschungen erleben), aber Voraussagen über beispielsweise den nume-

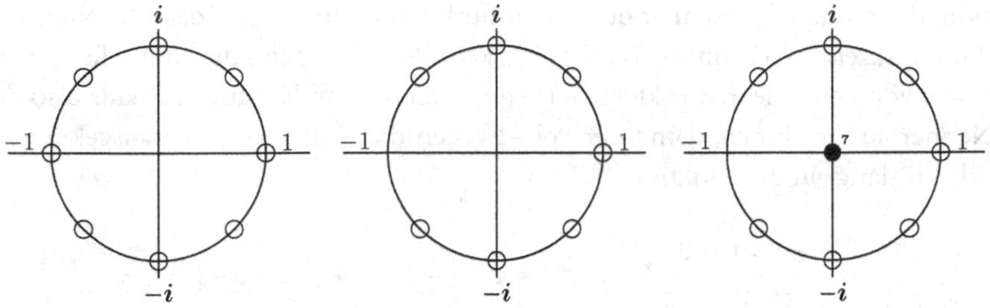

Abb. 4.50 Der Ring aus Nullstellen und der zentrale vielfache Pol

rischen Wert der Steilheit einer Kurve lassen sich durch das Verschieben von Nullstellen und Polen nicht gewinnen. Dazu noch ein etwas komplizierteres Beispiel.

Es ist ein Filter $\mathbf{H}_4$ zu konstruieren, das nur wirklich hohe Frequenzen um π und $-\pi$ herum hindurchlässt und die übrigen Frequenzen möglichst gut unterdrückt. Die offensichtliche Lösung, nämlich einen Pol in die Nähe von −1 zu legen, wurde weiter oben schon umgesetzt. Eine andere Lösung arbeitet mit gleichmäßig auf dem Einheitskreis verteilten Nullstellen (im linken Teil von Abb. 4.50 gezeigt). Dieser Ring aus Nullstellen enthält bei −1 eine Lücke (der mittlere Teil des Bildes). Der Einfluss eines vielfachen Pols im Mittelpunkt des Einheitskreises wird von den Nullstellen des Rings zwar neutralisiert, kann aber seine verstärkende Wirkung bei der Lücke im Nullstellenring, d. h. bei den höchsten Frequenzen, entfalten (rechts in Abb. 4.50). Allerdings kann der Einfluss des zentralen Pols durch die Nullstellen des Ringes sicherlich nur in der näheren Umgebung der Nullstellen selbst ganz aufgehoben werden, denn die kleinen Lücken zwischen den Nullstellen des Ringes erlauben es dem Pol ebenso wie die größere Lücke bei −1 seine verstärkende Wirkung auszuüben. Mit einfacheren Worten: Man hat einen welligen Verlauf des Amplitudenganges zu erwarten, mit den Wellentiefen bei Frequenzen, die den Lagen der Nullstellen auf dem Einheitskreis entsprechen, und den Wellenhöhen bei solchen Frequenzen, die zu den Mittenlagen zwischen den Nullstellen gehören. Mit zunehmender Anzahl von Nullstellen auf dem Kreisrand wird der Einfluss des Pols immer mehr auf eine immer kleiner werdende Umgebung von −1 beschränkt, d. h. die Welligkeit des Amplitudenganges nimmt mit zunehmender Nullstellenzahl ab und der Anstieg bei hohen Frequenzen wird steiler. Diese am Nullstellen-Pole-Diagramm abgelesenen Vermutungen werden sich als zutreffend erweisen.

Zur gleichmäßigen Verteilung von Nullstellen auf dem Einheitskreis liefern die Komplexen Zahlen eine sehr einfache Lösung, nämlich die m-ten Einheitswurzeln. Diese sind definiert als die Nullstellen e_0 bis e_{m-1} der simplen Gleichung $z^m = 1$:

$$z^m = 1 \Longrightarrow z \in \{\mathsf{e}_0, \dots, \mathsf{e}_{m-1}\} \quad \mathsf{e}_\nu = e^{i2\pi\frac{\nu}{m}} \tag{4.22}$$

Weil −1 zu diesen Einheitswurzeln gehören soll, muss m eine gerade Zahl sein, $m = 2k$, denn dann ist $\mathsf{e}_k = e^{i\pi} = -1$. Ist aber $z^m - 1$ das Zählerpolynom der gesuchten Systemfunktion, dann muss der Nenner der Systemfunktion dafür sorgen, dass die Nullstelle e_k vom Einheitskreis verschwindet. Das ist aber kein Problem, denn die Nullstelle −1 wird in $z^m - 1 = 0$ von dem linearen Faktor $z + 1$ repräsentiert, man hat diesen Faktor also nur in den Nenner aufzunehmen, damit der Pol −1 gegen die Nullstelle −1 herausgekürzt wird. Das führt bislang auf die Funktion

$$\frac{z^m - 1}{z+1} = \sum_{\nu=0}^{m-1} (-1)^{\nu+1} z^\nu = z^{m-1} - z^{m-2} + - \cdots + z - 1.$$

Damit ist die Stellung in der Mitte von Abb. 4.50 erreicht. Die Situation des rechten Teils des Bildes mit dem $(m-1)$-fachen Pol in der Mitte des Einheitskreises erhält man natürlich durch Multiplikation der Funktion mit $z^{-(m-1)} = z^{-m+1}$:

$$\frac{z^m - 1}{z^{m-1}(z+1)} = \frac{z^{m-1} - z^{m-2} + \cdots + z - 1}{z^{m-1}} \tag{4.23}$$

Die gesuchte Systemfunktion erhält man daraus durch Übergang von z zu z^{-1}:

$$\boldsymbol{\Psi}_{\mathsf{H}_4}(z) = \frac{1 - z^{-m}}{1 + z^{-1}} = 1 - z^{-1} + z^{-2} - + \cdots + z^{m-2} - z^{m-1} \tag{4.24}$$

Es ist offensichtlich $\boldsymbol{\Psi}_{\mathsf{H}_4}(-1) = m$. Die Polynomkoeffizienten für die Berechnungen sind für den Zähler $u_0 = 1$, $u_1 = \cdots = u_{m-1} = 0$, $u_m = -1$ und für den Nenner $v_0 = \cdots = v_{n-2} = 0$, $v_{n-1} = v_n = 1$. Die mit diesen Koeffizienten berechnete Kurve der Frequenzantwort $\boldsymbol{\Theta}_{\mathsf{H}_4}$ in der komplexen Ebene ist in Abb. 4.51 gezeigt.

Ein Durchlauf der Kurve beginnt bei 1 auf der reellen Achse ($\omega = -\pi$) in Richtung des Uhrzeigers. Der große Anfangsbogen mündet nach dem ersten Nulldurchgang (bei $\omega = -\frac{3}{4}\pi$) in eine Reihe von immer kleiner werdenden Bögen in der negativen Halbebene, gekoppelt mit immer größer werdenden Bögen in der positiven Halbebene. Nach dem letzten Nulldurchgang (bei $\omega = \frac{3}{4}\pi$) endet der Durchlauf in einem zum Anfangsbogen spiegelbildlichen großen Bogen hinüber zum Ausgangspunkt auf der reellen Geraden.

Die positive reelle Gerade wird siebenmal überschritten, hat daher sieben Sprünge der Phase der Höhe 2π zur Folge. Die sieben Nulldurchgänge erzeugen dagegen sieben Sprünge der Phase (d. h. des Polarwinkels) der Höhe π (siehe dazu die Diskussion des Polarwinkels von H_3 in Abschn. 4.5). Dass der Polarwinkel stückweise linear ist mit einheitlicher Steigung vermutet man hier allerdings eher nicht, man kann es anschaulich so deuten, dass die Bögen der Kurve mit einheitlicher konstanter „Winkelgeschwindigkeit" durchlaufen werden.

Der Verlauf der Amplitude (d. h. der Verlauf der Länge des Ortsvektors) kann wieder mit Hilfe eines Lineals verfolgt werden, das am Nullpunkt der Skala mit dem Nullpunkt der komplexen Ebene drehbar verbunden ist: Die Länge des Ortsvektors zum laufenden Punkt der Kurve, den der Schnittpunkt des Lineals mit der Kurve darstellt, kann dann direkt abgelesen werden. Mit etwas Vorstellungsvermögen kann aber auch ohne Hilfsmittel gesehen

Abb. 4.51 $\omega \mapsto \Theta_{H_4}(\omega)$, $-\pi \leq \omega < \pi$ (normiert), $m = 8$

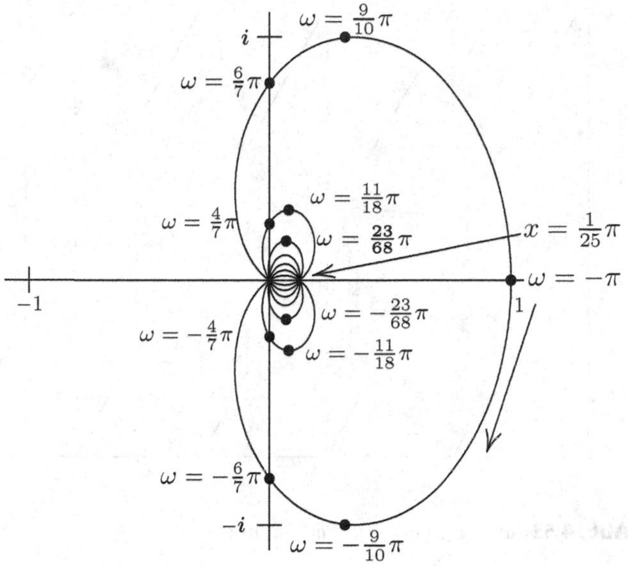

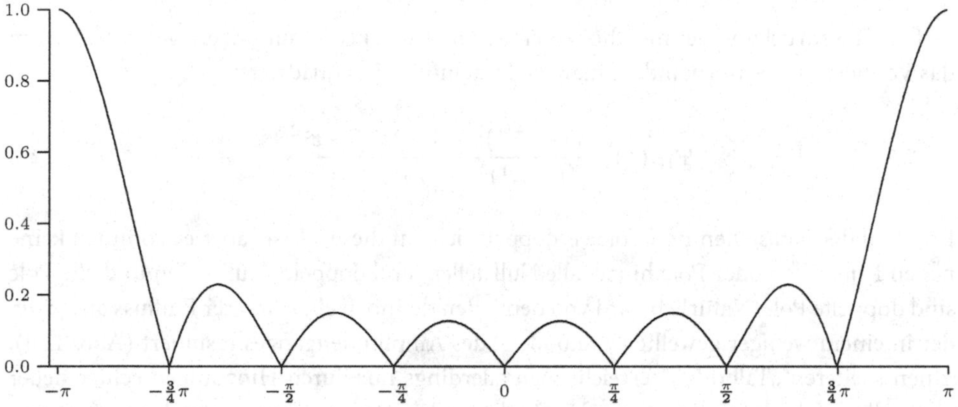

Abb. 4.52 $\omega \mapsto \gamma_{H_4}(\omega)$, $-\pi \leq \omega < \pi$ (normiert), $m = 8$

werden, dass die Bögenstruktur der Kurve zu einer Berg- und Talbahn der Ortsvektorlänge führt.

Eine Skizze des Amplitudenganges ist in Abb. 4.52 gezeigt. Trotz des schon recht hohen Aufwandes (das Zählerpolynom der Systemfunktion hat den Grad 8) ist die Unterdrückung der nichthohen Frequenzen nicht sehr ausgeprägt.

Der Phasengang ist in Abb. 4.53 skizziert. Vergleicht man den Phasengang mit dem Amplitudengang im oberen Bild, dann ist der Zusammenhang der Nullstellen des Amplitudenganges mit den Phasensprüngen der Höhe π beim Phasengang gut zu erkennen. Die Überschreitungen der positiven reellen Achse spiegeln sich allerdings nur in der Phase wider (als Sprünge der Höhe 2π).

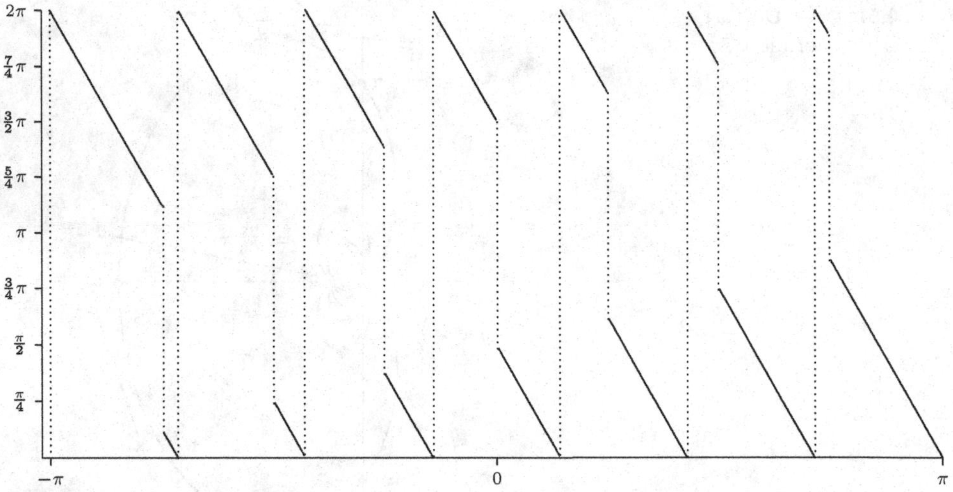

Abb. 4.53 $\omega \mapsto \phi_{\mathsf{H}_4}(\omega), -\pi \le \omega < \pi, m = 8$

Die Unterdrückung der nichthohen Frequenzen von H_4 ist nur ungenügend. Man kann das Verhalten verbessern, indem man die Systemfunktion quadriert:

$$\Psi_{\mathsf{H}_5}(z) = \frac{(1 - z^{-m})^2}{(1 + z^{-1})^2} = \frac{1 - 2z^{-m} + z^{-2m}}{1 + 2z^{-1} + z^{-2}} \tag{4.25}$$

Die Zahl der Nullstellen und Pole verdoppelt sich auf diese Weise, aber es kommen keine neuen Nullstellen oder Pole hinzu, alle Nullstellen sind doppelte Nullstellen und alle Pole sind doppelte Pole. Natürlich wird von den Polen dennoch ein stärkerer Einfluss ausgeübt, der in einem weniger gewellten „Talboden" des Amplitudenganges resultiert (Abb. 4.54). Einen breiteren „Talboden" erreicht man allerdings nur durch Hinzufügen echter neuer Nullstellen, d. h. durch Erhöhung des Grades m des Zählerpolynoms der Systemfunktion (Abb. 4.55). Die Überlegenheit der Einführung echt neuer Nullstellen ist offensichtlich. Die Welligkeit im Dämpfungsbereich wird durch die Vergrößerung der Nullstellenanzahl allerdings nicht wesentlich geringer.

Für das Filter H_4 stehen zwei Darstellungen zur Verfügung, die für den Fall $m = 8$ vorgestellt werden. Die eine ergibt sich aus der Systemfunktion als Polynom

$$\Psi_{\mathsf{H}_4}(z) = 1 - z^{-1} + z^{-2} - z^{-3} + z^{-4} - z^{-5} + z^{-6} - z^{-7}$$

zu

$$\begin{aligned}\mathsf{H}_4(\boldsymbol{x})(n) = \boldsymbol{x}(n) - \boldsymbol{x}(n-1) + \boldsymbol{x}(n-2) - \boldsymbol{x}(n-3) + \boldsymbol{x}(n-4)\\ - \boldsymbol{x}(n-5) + \boldsymbol{x}(n-6) - \boldsymbol{x}(n-7)\end{aligned}$$

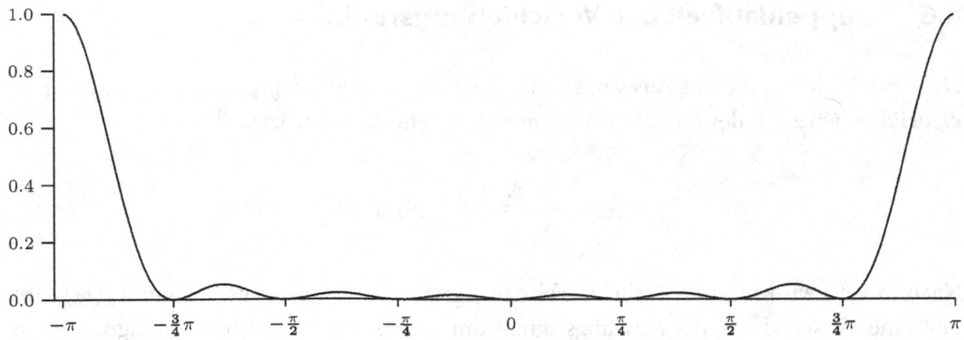

Abb. 4.54 $\omega \mapsto \gamma_{\mathsf{H}_5}(\omega), -\pi \leq \omega < \pi$ (normiert), $m = 8$

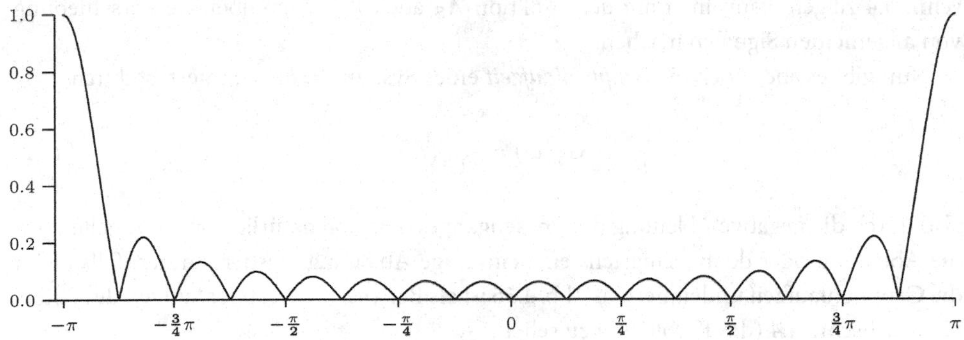

Abb. 4.55 $\omega \mapsto \gamma_{\mathsf{H}_4}(\omega), -\pi \leq \omega < \pi$ (normiert), $m = 16$

Die andere Darstellung entstammt der Systemfunktion als rationale Funktion

$$\Psi_{\mathsf{H}_4}(z) = \frac{1 - z^{-8}}{1 + z^{-1}}$$

und wird zu

$$\mathsf{H}_4(\boldsymbol{x})(n) + \mathsf{H}_4(\boldsymbol{x})(n-1) = \boldsymbol{x}(n) - \boldsymbol{x}(n-8)$$

Aus programmorganisatorischen Gründen ist der letzteren Differenzengleichung der Vorzug zu geben. Kommt es jedoch alleine darauf an, möglichst wenig Speicherplatz zu verbrauchen, dann ist der ersteren Differenzengleichung der Vorzug zu geben. Wie solche Differenzengleichungen in effizienten Programmcode umgesetzt werden können wird in den Abschn. 5.2 und 5.3 vorgestellt.

4.6 Gruppenlaufzeit und Verschiebungsfunktion

Die Verschiebung, die das Ausgangssignal eines LSI-Systems **S** gegen ein Eingangssignal ϵ_ω erfährt, wird mit der Funktion Λ_S gemessen (siehe Abschn. 3.4):

$$\Lambda_\mathsf{S}(\omega) = -\frac{\phi_\mathsf{S}(\omega)}{\omega} \quad \text{für } \omega \neq 0 \tag{4.26}$$

Nach (3.179) wird sie auf natürliche Weise in Signalwertpositionen gemessen: $\Lambda_\mathsf{S}(\omega) = m$ gibt eine Verschiebung des Ausgangssignals um m Positionen. Entsteht ein Signal durch Abtastung, dann entsprechen m Signalwertpositionen natürlich m Abtastungen. Wie die mit Fourier-Entwicklungen von Signalen durchgeführten Modellrechnungen in Abschn. 3.4 zeigen, kann man mit der Funktion Λ_S auch Aussagen über die Verschiebung von allgemeinen Signalen machen.

Nun gibt es aber noch die *Gruppenlaufzeit* eines Systems **S**, die definiert ist durch

$$\mathsf{G}_\mathsf{S}(\omega) = -\phi'_\mathsf{S}(\omega), \tag{4.27}$$

also durch die negative Ableitung des Phasenganges. Das soll natürlich nur dort gelten, wo die Ableitung oder doch wenigstens eine einseitige Ableitung existiert, andernfalls bleibt die Gruppenlaufzeit undefiniert. In Abb. 4.56 ist als Beispiel die Gruppenlaufzeit des Filters **K** aus Abschn. 4.4 (des Kerbfilters) zu sehen.

Der Name der Funktion ist etwas irreführend. In der Physik ist die *Gruppengeschwindigkeit* eine Eigenschaft eines ganzen Wellenpaketes, also eine globale Eigenschaft, die nicht von den Orten und Zeitpunkten der einzelnen Wellen abhängt. Die Gruppenlaufzeit ist aber als Ableitung eine lokale Funktion der Frequenz, kann daher nichts über ein ganzes Signal $\boldsymbol{x}$, aufgefasst als Gruppe seiner Signalwerte $\boldsymbol{x}(n)$, aussagen. Sie soll daher wohl auch die Verschiebung angeben, die das System **S** einem Eingangssignal ϵ_ω aufzwingt, zumal auch in Zeichnungen den Werten der Gruppenlaufzeit die Abtastung als Einheit zugeordnet wird. Allerdings wird das in keinem der Texte über analoge und digitale Filter, die der Autor kennt, so explizit angegeben, es heißt immer nur, die negative Ableitung des Phasenganges ist die Gruppenlaufzeit. Weshalb die Werte der Ableitung einer Funktion, deren Werte selbst in Winkeln oder Grad gemessen werden, dimensionslose Anzahlen sind (die Anzahl von Abtastungen), wird auch nicht erklärt. Bei der Funktion Λ_S ist das offensichtlich: $\phi_\mathsf{S}(\omega)$ ist ein Winkel und ω ist ebenfalls ein Winkel, folglich ist $\Lambda_\mathsf{S}(\omega)$ eine dimensionslose Zahl, die nach Abschn. 3.4 einem Signalindex n aufaddiert wird und daher tatsächlich eine Verschiebung bedeutet. An der Definition (4.27) lässt sich derartiges nicht ablesen. Man kommt der Sache aber näher, wenn man die Definition so formuliert, wie es z. B. bei Physikern und Elektrotechnikern beliebt ist:

$$\mathsf{G}_\mathsf{S}(\omega) = -\frac{d\phi_\mathsf{S}}{d\omega} \tag{4.28}$$

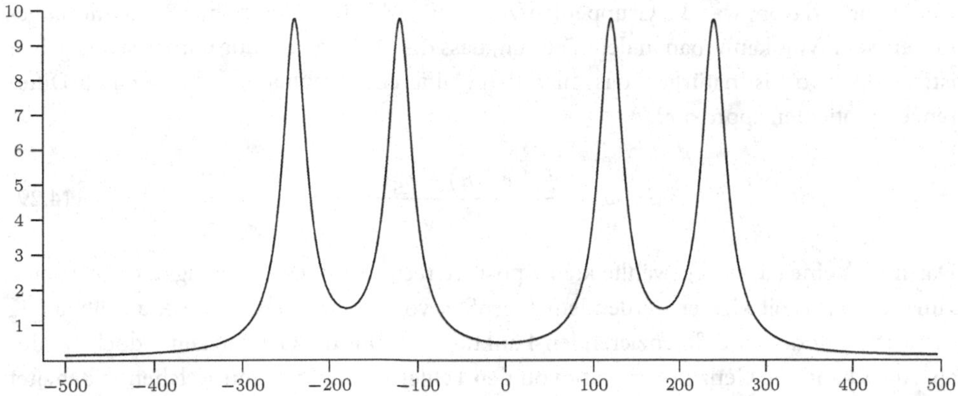

Abb. 4.56 Die Gruppenlaufzeit $\mathbf{G_S}(f) = -\phi'_{\mathbf{K}}(f)$, $r = 0{,}9$, $-500 \le f < 500$

Darin sind $d\phi_{\mathbf{S}}$ und $d\omega$ *Differentiale*,[5] also Größen (um es mit Humor zu nehmen), die so klein sind, dass man ihren Wert vernachlässigen kann, die aber andererseits doch nicht so klein sind, dass man mit ihnen nicht rechnen könnte.[6] D. h. in (4.28) liegt wirklich ein Quotient von (allerdings unendlich kleinen) Winkeln vor, der deshalb dimensionslos ist. Bei der Verschiebungsfunktion wird der Quotient aus $\phi_{\mathbf{S}}$ und ω gebildet, bei der Gruppenlaufzeit aus den Differentialen dieser Größen. Warum der Quotient der Gruppenlaufzeit in Anzahlen von Abtastraten gemessen wird, kann man (4.28) nicht entnehmen.

Jedenfalls sind $\mathbf{G_S}$ und $\Lambda_{\mathbf{S}}$ Funktionen, die bis auf einen seltenen Spezialfall verschieden sind. Man vergleiche dazu die Verschiebungsfunktion $\Lambda_{\mathbf{K}}$ des Kerbfilters **K** in Abb. 4.25 mit seiner Gruppenlaufzeit in Abb. 4.56. Die drei Sprünge des Phasenganges $\phi_{\mathbf{K}}$ erscheinen in der Gruppenlaufzeit nicht mehr, weil in den Sprungstellen die einseitigen Ableitungen existieren und dieselben Werte besitzen.

Nur in einem Fall stimmen $\mathbf{G_S}$ und $\Lambda_{\mathbf{S}}$ überein, nämlich in dem Fall, dass der Phasengang eine (echte) lineare Funktion ist:

$$\phi_{\mathbf{S}}(\omega) = a\omega \qquad a \in \mathbb{R}$$

Schon bei einer affinen Funktion, die in DSP-Kreisen verallgemeinert linear oder auch einfach linear genannt wird, also bei

$$\phi_{\mathbf{S}}(\omega) = a\omega + b \qquad a, b \in \mathbb{R},$$

stimmen die Verschiebungsfunktion und die Gruppenlaufzeit nicht mehr überein:

$$\mathbf{G_S}(\omega) = -a \qquad \Lambda_{\mathbf{S}}(\omega) = -a - \frac{b}{\omega}$$

[5] Zu einer sehr eleganten Abhandlung von Differentialen siehe [Grau] Kap. IV.

[6] Hier kommt unweigerlich die alte Volksweisheit in den Sinn: Die Nürnberger hängen keinen, sie hätten ihn denn.

Unabhängig davon, was die Gruppenlaufzeit nun wirklich ist, kann ihre Berechnung gefordert sein. Was kann man in dem Fall tun, dass der Phasengang nur numerisch gegeben ist? Die Antwort ist natürlich, dass man den „Differentialquotienten" durch einen Differenzenquotienten approximiert:

$$\mathsf{G_S}(\omega) \approx \frac{\phi_{\mathsf{S}}(\omega - h) - \phi_{\mathsf{S}}(\omega + h)}{2h} \tag{4.29}$$

Darin ist h eine passend gewählte kleine positive reelle Zahl. Die Genauigkeit der Approximation wird mit kleiner werdendem h größer, von einem bestimmten h ab (abhängig natürlich von der zu differenzierenden Funktion) nimmt die Genauigkeit jedoch wieder ab. Auch kann die Genauigkeit stark von den Fehlern abhängen, mit welchen ω behaftet ist, die z. B. durch Runden oder Übertragung in ein Fließkommazahlenformat entstanden sind. Flache Funktionspassagen wie etwa bei der Funktion ϕ_{K} bergen die Gefahr der Auslöschung im Zähler von (4.29) mit einem großen Fehler bei der Ableitung als Konsequenz. Man sollte deshalb Programmen, welche die Gruppenlaufzeit berechnen, mit etwas Skepsis entgegentreten. Ganz besonders zu berücksichtigen sind natürlich die Stellen, an welchen der Phasengang nicht differenzierbar ist. Mit etwas Glück (wie bei ϕ_{K}) kommen an solchen Stellen doch vorhandenen einseitigen Ableitungen von selbst heraus, aber verlassen kann man sich darauf nicht!

Am Anfang und am Ende des Parameterintervalls kann die symmetrische Approximation (4.29) nicht immer benutzt werden, dort weist der Phasengang oft Sprünge auf. Man kann dann einseitige Approximationen einsetzen:

$$\mathsf{G_S}(\omega) \approx \frac{\phi_{\mathsf{S}}(\omega) - \phi_{\mathsf{S}}(\omega + h)}{h} \qquad \mathsf{G_S}(\omega) \approx \frac{\phi_{\mathsf{S}}(\omega - h) - \phi_{\mathsf{S}}(\omega)}{h} \tag{4.30}$$

Die linke Formel kommt am linken, die rechte Formel am rechten Parameterrand zum Einsatz.

Man kann auch versuchen, die Genauigkeit der Ableitung mit einem Extrapolationsverfahren zu erhöhen. Näheres dazu ist beispielsweise in [Stoe] Abschn. 3.5 zu finden.

Diese Approximationsformeln können auch dazu verwendet werden, um die Steilheit von Flanken eines numerisch gegebenen Amplitudenganges zu berechnen. In vielen Fällen wird aber wohl eine einfache Abschätzung genügen, die mit Hilfe einer graphischen Darstellung oder mit einigen wenigen Funktionswerten des Amplitudenganges gewonnen wird. Die Möglichkeit einer genauen Bestimmung ist jedoch vorhanden.

4.7 Filter mit stückweise linearem Phasengang

Ein LSI-Filter F hat einen stückweise linearen, Sprünge aufweisenden Phasengang $\omega \mapsto \phi_{\mathsf{F}}(\omega)$, wenn seine Einheitsimpulsantwort Δ_{F} bestimmte Symmetrieforderungen erfüllt. Bevor diese Symmetrien untersucht werden können muss aber noch präzisiert werden, was

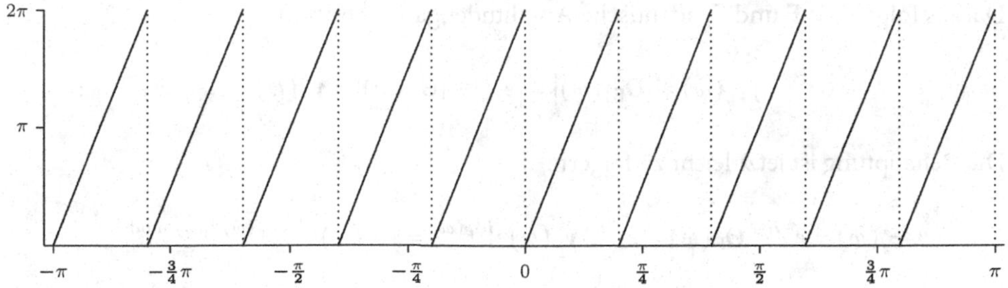

Abb. 4.57 $\omega \mapsto (10\omega) \bmod 2\pi$

unter einer stückweise linearen Funktion zu verstehen ist. Es sei ein Parameterintervall I gegeben. Eine Funktion ψ auf I ist **stückweise linear**, wenn es disjunkte Intervalle I_κ und reelle Zahlen a_κ, b_κ, $\kappa \in \{1, \ldots, k\}$, gibt mit der Eigenschaft

$$I = \bigcup_{\kappa \in \{1,\ldots,k\}} I_\kappa \quad \text{und} \quad \omega \in I_\kappa \Longrightarrow \psi(\omega) = a_\kappa + b_\kappa \omega \tag{4.31}$$

Das Parameterintervall setzt sich also aus Teilintervallen zusammen (die auch zu einem Punkt entarten können), und in jedem dieser Intervalle ist die Funktion eine lineare (genauer: affine) Funktion. Bei **stückweise konstanten** Funktionen auf I ist $b_\kappa = 0$, d. h. ψ ist auf den Teilintervallen eine konstante Funktion. Ein Beispiel für eine schon recht komplexe stückweise lineare Funktion ist in Abb. 3.37 in Abschn. 3.2.5.3 zu sehen. Ein weiteres Beispiel ist die einfache Funktion $\omega \mapsto (10\omega) \bmod 2\pi$ (in Abb. 4.57 dargestellt).

Der Phasengang eines LSI-Filters F besitzt eine Eigenschaft, welche die folgenden Überlegungen sehr vereinfacht. Dazu sei $q \in \mathbb{Z}$ und F_q das Filter mit der Einheitsimpulsantwort $\Delta_{\mathsf{F}_q} = \Delta_{\mathsf{F}} \circ \sigma_q$. Dann gilt

$$\phi_{\mathsf{F}_q}(\omega) = (\phi_{\mathsf{F}}(\omega) - q\omega) \bmod 2\pi \tag{4.32}$$

Das bedeutet also $\phi_{\mathsf{F}_q}(\omega) = \varphi$, wobei φ aus folgender Zerlegung stammt:

$$\phi_{\mathsf{F}}(\omega) - q\omega = 2\pi m + \varphi \quad m \in \mathbb{Z}, 0 \le \varphi < 2\pi$$

Die Anwendung der z-Transformation ergibt nämlich

$$\mathcal{Z}(\Delta_{\mathsf{F}} \circ \sigma_q)(z) = z^{-q} \mathcal{Z}(\Delta_{\mathsf{F}})(z),$$

woraus man durch Übergang auf den Einheitskreis eine entsprechende Gleichung für die Frequenzantwort erhält:

$$\Theta_{\mathsf{F}_q}(\omega) = e^{-iq\omega} \Theta_{\mathsf{F}}(\omega)$$

Daraus folgt, dass F und F_q identische Amplitudengänge besitzen:

$$\gamma_{\mathsf{F}_q}(\omega) = \left|\Theta_{\mathsf{F}_q}(\omega)\right| = \left|e^{-iq\omega}\right|\left|\Theta_{\mathsf{F}}(\omega)\right| = \gamma_{\mathsf{F}}(\omega)$$

Die Behauptung ist jetzt leicht zu folgern:

$$\Theta_{\mathsf{F}_q}(\omega) = e^{-iq\omega}\Theta_{\mathsf{F}}(\omega) = e^{-iq\omega}\gamma_{\mathsf{F}}(\omega)e^{i\phi_{\mathsf{F}}(\omega)} = \gamma_{\mathsf{F}_q}(\omega)e^{i((\phi_{\mathsf{F}}(\omega)-q\omega) \bmod 2\pi)}$$

Nun zur ersten der angekündigten Symmetrieeigenschaften. Ein Signal $\boldsymbol{x}$ heiße finit-nullsymmetrisch, wenn es die folgenden Eigenschaften besitzt:

(i) $\boldsymbol{x}$ ist finit, d. h. es gibt ein $m \in \mathbb{N}$ mit $\boldsymbol{x}(n) = 0$ für $n < -m$ und $m < n$
(ii) Für $0 \leq \mu \leq m$ gilt $\boldsymbol{x}(-\mu) = \boldsymbol{x}(\mu)$

Ein solches Signal hat also nur endlich viele von Null verschiedene Werte, und die Signalwerte für Positionen mit gleichem Absolutwert sind identisch. Ein Signal $\boldsymbol{x}$ heiße finit-symmetrisch um $q \in \mathbb{Z}$, wenn $\boldsymbol{x} \circ \sigma_{-q}$ finit-nullsymmetrisch ist.

Abbildung 4.58 bringt ein Beispiel eines finit-nullsymmetrischen Signals und eines finit-symmetrischen Signals um $q = 34$. Zu beachten ist, dass das Symmetriezentrum des Signals in einer Signalposition eingenommen wird, also bei $\boldsymbol{x}(0)$ oder bei $\boldsymbol{x}(q)$ liegt.

Ein LSI-Filter F mit finit-nullsymmetrischer Einheitsimpulsantwort Δ_{F} besitzt einen stückweise konstanten Phasengang. Es gilt $\phi_{\mathsf{F}}(\omega) \in \{0, \pi\}$.

Zunächst erhält man über die z-Transformation

$$\mathcal{Z}(\Delta_{\mathsf{F}}(z)) = \sum_{\mu=-m}^{m} \Delta_{\mathsf{F}}(\mu)z^{-\mu} = \Delta_{\mathsf{F}}(0) + \sum_{\mu=1}^{m} \Delta_{\mathsf{F}}(\mu)\left(z^{\mu} + z^{-\mu}\right)$$

Der Übergang auf den Einheitskreis liefert dann

$$\begin{aligned}\Theta_{\mathsf{F}}(\omega) &= \mathcal{Z}(\Delta_{\mathsf{F}}(e^{i\omega})) = \Delta_{\mathsf{F}}(0) + \sum_{\mu=1}^{m} \Delta_{\mathsf{F}}(\mu)(e^{i\mu\omega} + e^{-i\mu\omega}) \\ &= \Delta_{\mathsf{F}}(0) + \sum_{\mu=1}^{m} 2\Delta_{\mathsf{F}}(\mu)\frac{1}{2}(e^{i\mu\omega} + e^{-i\mu\omega}) = \Delta_{\mathsf{F}}(0) + \sum_{\mu=1}^{m} 2\Delta_{\mathsf{F}}(\mu)\cos(\mu\omega)\end{aligned}$$

Die Frequenzantwort ist also eine reelle Funktion. Deshalb gilt $\Phi(\Theta_{\mathsf{F}}(\omega)) = 0$ bei $\Theta_{\mathsf{F}}(\omega) \geq 0$ und $\Phi(\Theta_{\mathsf{F}}(\omega)) = \pi$ bei $\Theta_{\mathsf{F}}(\omega) < 0$. Als endliche Summe von Cosinusfunktionen besitzt Θ_{F} im Parameterintervall nur endlich viele Nullstellen, die Funktion $\omega \mapsto \Phi_{\Theta_{\mathsf{F}}}(\omega)$ ist daher stückweise konstant mit den angegebenen Werten.

Ein Beispiel ist das mit (4.34) definierte Filter T, siehe hierzu die Abbildungen in Abschn. 4.8.1. Seine Einheitsimpulsantwort ist offensichtlich finit-nullsymmetrisch, folglich

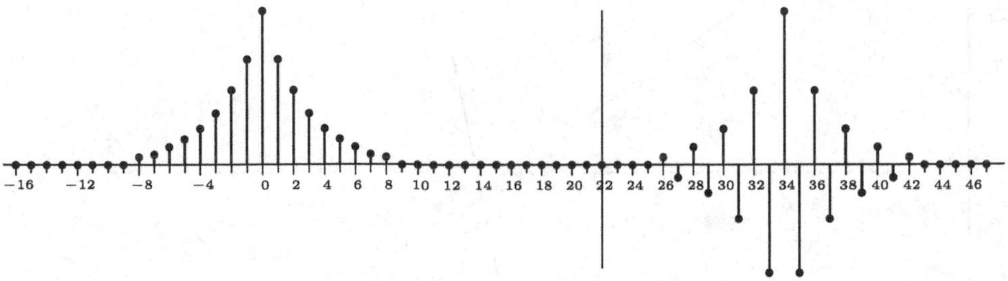

Abb. 4.58 Finit-nullsymmetrisch und finit-symmetrisch um 34

ist sein Phasengang stückweise konstant wie oben beschrieben. Ein Spezialfall ist eine nicht negative Frequenzantwort: $\Theta_{\mathsf{F}}(\omega) \geq 0$ für alle ω aus dem Parameterintervall. Ein solches System hat den Nullphasengang $\Phi_{\Theta_{\mathsf{F}}}(\omega) = 0$.

Ein LSI-Filter **F** mit finit-symmetrischer Einheitsimpulsantwort um ein $q \in \mathbb{Z}$ besitzt einen stückweise linearen Phasengang.

Das Filter F_{-q} ist finit-nullsymmetrisch, also ist $\phi_{\mathsf{F}_{-q}}$ stückweise konstant. Mit (4.32) folgt daraus wegen $\mathsf{F} = (\mathsf{F}_{-q})_q$

$$\phi_{\mathsf{F}}(\omega) = (\phi_{\mathsf{F}_{-q}}(\omega) - q\omega) \bmod 2\pi$$

Ist I_κ eines der Teilintervalle des Parameterintervalls auf welchen $\phi_{\mathsf{F}_{-q}}$ konstant ist, etwa mit der Konstanten c, dann ist $I_\kappa : \omega \mapsto c - q\omega$ eine lineare Funktion, die durch Anwendung von mod 2π zu einer stückweise linearen Funktion werden kann. Auf jeden Fall ist **F** eine stückweise lineare Funktion.

Als ein Beispiel ist in Abb. 4.59 der stückweise lineare Phasengang eines finit-symmetrischen Filters **F** um $q = 2$ gezeichnet. Der Phasengang des finit-nullsymmetrischen Filters F_{-q} ist gestrichelt angedeutet, aus ihm wurde mit (4.32) der Phasengang von **F** konstruiert.

Das Gegenstück zu den finit-symmetrischen Filtern sind die finit-schiefsymmetrischen Filter. Ein Signal $\boldsymbol{x}$ heiße finit-nullschiefsymmetrisch, wenn es die folgenden Eigenschaften besitzt:

(i) $\boldsymbol{x}$ ist finit, d. h. es gibt ein $m \in \mathbb{N}$ mit $\boldsymbol{x}(n) = 0$ für $n < -m$ und $m < n$
(ii) Für $0 \leq \mu \leq m$ gilt $\boldsymbol{x}(-\mu) = -\boldsymbol{x}(\mu)$

Ein solches Signal hat also nur endlich viele von Null verschiedene Werte, und die Signalwerte für Positionen mit gleichem Absolutwert haben denselben Betrag, aber verschiedene Vorzeichen. Ein Signal $\boldsymbol{x}$ heiße finit-schiefsymmetrisch um $q \in \mathbb{Z}$, wenn $\boldsymbol{x} \circ \sigma_{-q}$ finit-nullschiefsymmetrisch ist (solche Signale sind in Abb. 4.60 skizziert).

Auch hier ist $\boldsymbol{x}(0)$ oder $\boldsymbol{x}(q)$ das Zentrum der Symmetrie. Die schiefe Symmetrie hat aber einen starken Einfluss auf das Symmetriezentrum, aus $\boldsymbol{x}(-0) = -\boldsymbol{x}(0)$ folgt nämlich $\boldsymbol{x}(0) = 0$ oder $\boldsymbol{x}(q) = 0$.

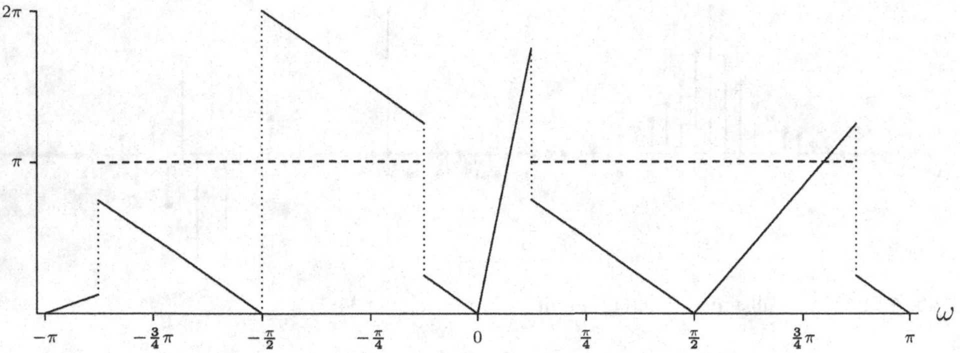

Abb. 4.59 Phasengang eines finit-symmetrischen Filters um $q = 2$

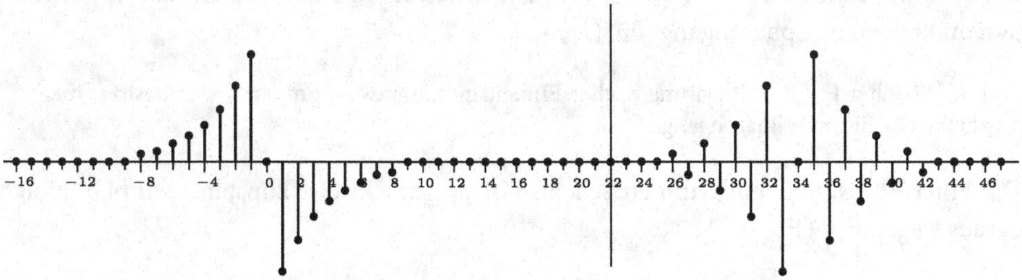

Abb. 4.60 Finit-nullschiefsymmetrisch und finit-schiefsymmetrisch um 34

Für Systeme mit finit-schiefsymmetrischen Einheitsimpulsantworten gelten ähnliche Aussagen wie bei Systemen mit finit-symmetrischen.

Ein LSI-Filter **F** mit finit-nullschiefsymmetrischer Einheitsimpulsantwort Δ_F besitzt einen stückweise konstanten Phasengang. Es gilt $\phi_\mathsf{F}(\omega) \in \{0, \frac{1}{2}\pi, \frac{3}{2}\pi\}$.

Das kann ganz so wie bei der Nullsymmetrie abgeleitet werden, eine völlig analoge Rechnung liefert die folgende Frequenzantwort:

$$\Theta_\mathsf{F}(\omega) = -i\left(\sum_{\mu=1}^{m} 2\Delta_\mathsf{F}(\mu)\sin(\mu\omega)\right)$$

Die Frequenzantwort ist eine rein imaginäre Funktion, woraus sich die behaupteten Konstantwerte direkt ergeben. Natürlich ist auch die folgende Aussage richtig:

Ein LSI-Filter **F** mit finit-schiefsymmetrischer Einheitsimpulsantwort um ein $q \in \mathbb{Z}$ besitzt einen stückweise linearen Phasengang.

Es gibt noch eine weitere Form der Symmetrie von Signalen, bei welcher das Symmetriezentrum nicht bei einer Signalposition liegt. Ein Signal $\boldsymbol{x}$ heiße finit-halbsymmetrisch, wenn es die folgenden Eigenschaften besitzt:

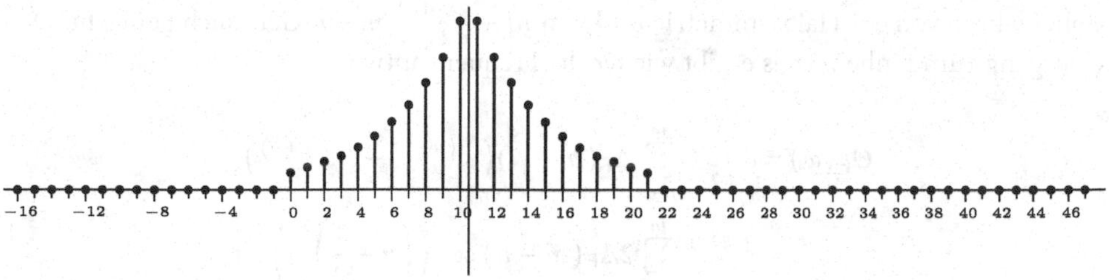

Abb. 4.61 Ein finit-halbsymmetrisches Signal ($m = 10$)

(i) Es gibt ein $m \in \mathbb{N}$ mit $\boldsymbol{x}(n) = 0$ für $n < 0$ und $2m + 1 < n$

(ii) Für $0 \leq \mu \leq m$ gilt

$$\boldsymbol{x}\left(m + \frac{1}{2} - \frac{2\mu + 1}{2}\right) = \boldsymbol{x}\left(m + \frac{1}{2} + \frac{2\mu + 1}{2}\right)$$

Die so definierte Symmetrie ist eine Klappsymmetrie, deren Drehachse genau zwischen $\boldsymbol{x}(m)$ und $\boldsymbol{x}(m + 1)$ verläuft. Sie ist tatsächlich einfach zu verstehen (siehe Abb. 4.61), aber nicht ganz so einfach als formale Definition zu fassen. Man kann wie hier die nicht existierende Signalposition $M = m + \frac{1}{2}$ als Zentrum der Symmetrie einsetzen. Viele Rechnungen vereinfachen sich, wenn der Träger[7] des Signals gerade aus der Menge $\{0, \ldots, 2m + 1\}$ besteht. Wie bei der Nullsymmetrie lässt sich der Begriff wegen (4.32) leicht durch Verschieben verallgemeinern: Es sei $\boldsymbol{x}$ ein Signal mit endlichem Träger und $q = \min\{n \in \mathbb{Z} \mid \boldsymbol{x}(n) \neq 0\}$. Dann heißt $\boldsymbol{x}$ halbsymmetrisch, wenn $\boldsymbol{x} \circ \sigma(-q)$ halbsymmetrisch ist.

Die Tatsache, dass das Symmetriezentrum eines halbsymmetrischen Signals nicht zum Signal gehört, lässt vermuten, dass die Frequenzantwort eines LSI-Filters **F** mit halbsymmetrischer Einheitsimpulsantwort $\boldsymbol{\Delta}_\mathsf{F}$ eine komplexere Struktur besitzt als die Frequenzantwort von Filtern mit symmetrischer Einheitsimpulsantwort. Die Rechnung bestätigt diese Vermutung. Die Anwendung der z-Transformation liefert

$$\begin{aligned}
\mathcal{Z}(\boldsymbol{\Delta}_\mathsf{F}(z) &= \sum_{\mu=0}^{2m+1} \boldsymbol{\Delta}_\mathsf{F}(\mu) z^{-\mu} \\
&= \sum_{\mu=0}^{m} \boldsymbol{\Delta}_\mathsf{F}\left(M - \frac{2\mu + 1}{2}\right) z^{\frac{2\mu+1}{2} - M} + \sum_{\mu=0}^{m} \boldsymbol{\Delta}_\mathsf{F}\left(M + \frac{2\mu + 1}{2}\right) z^{-\frac{2\mu+1}{2} - M} \\
&= \sum_{\mu=0}^{m} \boldsymbol{\Delta}_\mathsf{F}\left(M + \frac{2\mu + 1}{2}\right) \left(z^{\frac{2\mu+1}{2} - M} + z^{-\frac{2\mu+1}{2} - M}\right) \\
&= z^{-M} \sum_{\mu=0}^{m} \boldsymbol{\Delta}_\mathsf{F}(m - \mu)\left(z^{\mu + \frac{1}{2}} + z^{-\mu - \frac{1}{2}}\right)
\end{aligned}$$

[7] Der Träger eines Signals $\boldsymbol{x}$ ist die Menge $\max(\mathbb{T}_{\boldsymbol{x}}) = \{n \in \mathbb{Z} \mid \boldsymbol{x}(n) \neq 0\}$

Dabei wurde von der Halbsymmetrie und von $M + \frac{2\mu+1}{2} = m - \mu$ Gebrauch gemacht. Der Übergang zum Einheitskreis ergibt wieder die Frequenzantwort:

$$\begin{aligned}\boldsymbol{\Theta}_{\mathsf{F}}(\omega) &= e^{-iM\omega}\sum_{\mu=0}^{m}\boldsymbol{\Delta}_{\mathsf{F}}(m-\mu)\left(e^{i(\mu+\frac{1}{2})}+e^{-i(\mu+\frac{1}{2})}\right)\\ &= e^{-iM\omega}\sum_{\mu=0}^{m}2\boldsymbol{\Delta}_{\mathsf{F}}(m-\mu)\cos\left(\left(\mu+\frac{1}{2}\right)\omega\right)\\ &= e^{-iM\omega}V(\omega)\end{aligned}$$

Die Funktion V ist reell und $|V|$ ist natürlich der Amplitudengang des Filters. Eine Frequenzantwort dieser Struktur ist schon bei der Untersuchung des Filters (3.119) sehr genau analysiert worden (in Abschn. 3.2.5.3). Die Funktion $K : \omega \mapsto e^{-iM\omega}$ durchläuft als Kurve in der komplexen Ebene m Vollkreise und einen Halbkreis, deren Radien von $V(\omega)$ variiert werden. Der Polarwinkel von K selbst ist stückweise linear, die Funktion V fügt an ihren Nullstellen Sprünge hinzu. Der Polarwinkel ist also eine stückweise lineare Funktion:

Ein LSI-Filter F mit finit-halbsymmetrischer Einheitsimpulsantwort besitzt einen stückweise linearen Phasengang.

Eine schiefe Symmetrie lässt sich hier natürlich auch einführen und sie hat auch die zu erwarteten Resultate. Hier ist zunächst die Definition: Ein Signal $\boldsymbol{x}$ heiße finit-halbschiefsymmetrisch, wenn es die folgenden Eigenschaften besitzt:

(i) Es gibt ein $m \in \mathbb{N}$ mit $\boldsymbol{x}(n) = 0$ für $n < 0$ und $2m + 1 < n$
(ii) Für $0 \le \mu \le m$ gilt

$$\boldsymbol{x}\left(m+\frac{1}{2}-\frac{2\mu+1}{2}\right) = -\boldsymbol{x}\left(m+\frac{1}{2}+\frac{2\mu+1}{2}\right)$$

Abbildung 4.62 zeigt ein finit-halbschiefsymmetrisches Signal. Die Symmetrieachse verläuft wieder zwischen zwei Signalpositionen. Die Verallgemeinerung auf beliebige Positionen des Trägers wird wie im halbsymmetrischen Fall mit Verschiebung des Trägers in die von der Definition geforderte Position vorgenommen: Es sei $\boldsymbol{x}$ ein Signal mit endlichem Träger und $q = \min\{n \in \mathbb{Z} \mid \boldsymbol{x}(n) \neq 0\}$. Dann heißt $\boldsymbol{x}$ halbschiefsymmetrisch, wenn $\boldsymbol{x} \circ \sigma(-q)$ halbschiefsymmetrisch ist. Als Frequenzantwort errechnet man folgendes:

$$\boldsymbol{\Theta}_{\mathsf{F}}(\omega) = -\boldsymbol{i}e^{-iM\omega}\sum_{\mu=0}^{m}2\boldsymbol{\Delta}_{\mathsf{F}}(m-\mu)\sin\left(\left(\mu+\frac{1}{2}\right)\omega\right) = \boldsymbol{i}e^{-iM\omega}U(\omega)$$

Die Funktion U ist rein reell, für $\omega \mapsto e^{-iM\omega}U(\omega)$ gilt daher alles, was oben über $\omega \mapsto e^{-iM\omega}V(\omega)$ gesagt wurde. Der Faktor $\boldsymbol{i}$ bewirkt nur eine Drehung der von $\boldsymbol{\Theta}_{\mathsf{F}}$ in der komplexen Ebene erzeugten Kurve um $\frac{1}{2}\pi$ (90°).

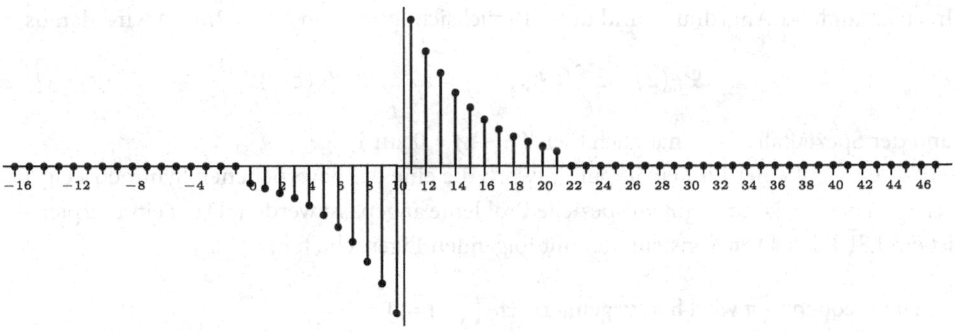

Abb. 4.62 Ein finit-halbschiefsymmetrisches Signal

Die Symmetrieeigenschaften der Einheitsimpulsantworten legen den Systemfunktionen gewisse Beschränkungen auf. Beispielsweise sei **F** ein LSI-System mit finit-schiefsymmetrischer Einheitsimpulsantwort. Dann erhält man unter Ausnutzung der Schiefsymmetrie

$$\Psi_{\mathsf{F}}(z) = \sum_{\mu=-m}^{m} \Delta_{\mathsf{F}}(\mu) = \sum_{\mu=1}^{m} \Delta_{\mathsf{F}}(\mu)(z^{-\mu} - z^{\mu})$$

Ersetzt man in dieser Gleichung z durch z^{-1}, so ergibt sich

$$\Psi_{\mathsf{F}}(z^{-1}) = \sum_{\mu=1}^{m} \Delta_{\mathsf{F}}(\mu)(z^{\mu} - z^{-\mu}) = -\Psi_{\mathsf{F}}(z)$$

Speziell für $z = -1$ kann eine Bedingung für die Systemfunktion abgeleitet werden:

$$\Psi_{\mathsf{F}}(-1) = -\Psi_{\mathsf{F}}(-1) \Longrightarrow \Psi_{\mathsf{F}}(-1) = 0$$

Wegen $\Psi_{\mathsf{F}_q}(z) = z^{-q}\Psi_{\mathsf{F}}(z)$ ist die Bedingung auch bei der finiten Schiefsymmetrie um ein $q \in \mathbb{Z}$ gegeben, denn es gilt $\Psi_{\mathsf{F}}(-1) = (-1)^q \Psi_{\mathsf{F}_q}(-1) = 0$.

Diese Bedingung muss auch ein Filter mit halbsymmetrischer Einheitsimpulsantwort erfüllen. Denn ersetzt man in

$$\Psi_{\mathsf{F}}(z) = z^{-M} \sum_{\mu=0}^{m} \Delta_{\mathsf{F}}(m - \mu)(z^{\mu+\frac{1}{2}} + z^{-\mu-\frac{1}{2}})$$

z durch z^{-1} dann erhält man Folgendes:

$$\Psi_{\mathsf{F}}(z^{-1}) = z^{M} \sum_{\mu=0}^{m} \Delta_{\mathsf{F}}(m - \mu)(-z^{\mu-\frac{1}{2}} + z^{\mu+\frac{1}{2}}) = z^{2M}\Psi_{\mathsf{F}}(z)$$

In etwas anderer Anordnung und unter Berücksichtigung von $2M = 2m + 1$ wird daraus

$$\boldsymbol{\Psi}_{\mathsf{F}}(z) = z^{-2M}\boldsymbol{\Psi}_{\mathsf{F}}(z^{-1}) = z^{-1}z^{-2m}\boldsymbol{\Psi}_{\mathsf{F}}(z^{-1})$$

und der Spezialfall $z = -1$ hat auch hier $\boldsymbol{\Psi}_{\mathsf{F}}(-1) = 0$ zur Folge.

Systeme mit einer Einheitsimpulsantwort, die eine der besprochenen Symmetrieeigenschaften besitzt, können gut an spezielle Probleme angepasst werden. Dazu ein Beispiel. Es ist ein LSI-Filter D zu konstruieren mit folgenden Eigenschaften:

- Die Frequenz $\frac{1}{3}\pi$ wird herausgefiltert: $\boldsymbol{\Theta}_{\mathsf{D}}\left(\frac{1}{3}\pi\right) = 0$
- Die Amplitude niedriger Frequenzen wird nicht verändert: $\boldsymbol{\Psi}_{\mathsf{D}}(1) = 1$
- Die Amplitude hoher Frequenzen wird nicht verändert: $\boldsymbol{\Psi}_{\mathsf{D}}(-1) = 1$

Es wird eine finit-nullsymmetrische Einheitsimpulsantwort gewählt. Daraus folgt, dass die Frequenzantwort $\boldsymbol{\Theta}_{\mathsf{D}}$ eine reelle Funktion ist. Bei $m = 2$ stehen drei Parameter zu Verfügung: $A = \boldsymbol{\Delta}_{\mathsf{D}}(0)$, $B = \boldsymbol{\Delta}_{\mathsf{D}}(1)$ und $C = \boldsymbol{\Delta}_{\mathsf{D}}(2)$. Die Systemfunktion ist

$$\boldsymbol{\Psi}_{\mathsf{D}}(z) = A + B\left(z + \frac{1}{z}\right) + B\left(z^2 + \frac{1}{z^2}\right) = \frac{C + Bz + Az^2 + Bz^3 + Cz^4}{z^2}$$

Die Bedingung $\boldsymbol{\Theta}_{\mathsf{D}}\left(\frac{1}{3}\pi\right) = 0$ bedeutet, dass die Systemfunktion auf dem Einheitskreis die Nullstelle $e^{i\frac{1}{3}\pi}$ und die dazu konjugiert komplexe Nullstelle $e^{-i\frac{1}{3}\pi}$ besitzt, dass sie also den folgenden Faktor enthält:

$$(z - e^{i\frac{1}{3}\pi})(z - e^{-i\frac{1}{3}\pi}) = z^2 - z(e^{i\frac{1}{3}\pi} + e^{-i\frac{1}{3}\pi}) + 1 = z^2 - 2z\cos\left(\frac{1}{3}\pi\right) = z^2 - z + 1$$

Das Zählerpolynom der Systemfunktion hat den Grad vier, das über die beiden Nullstellen gefundene Polynom muss also mit einem drei Parameter a, b und c liefernden quadratischen Polynom $az^2 + bz + c$ ergänzt (d. h. multipliziert) werden:

$$\boldsymbol{\Psi}_{\mathsf{D}}(z) = (az^2 + bz + c)(z^2 - z + 1) = az^4 + (b - a)z^3 + (a - b + c)z^2 + (b - c)z + c$$

Die Bedingung $\boldsymbol{\Psi}_{\mathsf{D}}(1) = 1$ liefert $1 = a + b + c$ und aus der Bedingung $\boldsymbol{\Psi}_{\mathsf{D}}(-1) = 1$ ergibt sich $1 = 3a - 3b + 3c$. Daraus folgt sofort $b = \frac{1}{3}$. Koeffizientenvergleich führt nun zu $a = C$ und $c = C$, also insbesondere $a = c$, und zu $b - a = B$ und $b - c = B$, mit dem Ergebnis $C = \frac{1}{3}$, $B = 0$ und $A = \frac{1}{3}$. Die Systemfunktion und die Frequenzantwort sind daher

$$\boldsymbol{\Psi}_{\mathsf{D}}(z) = \frac{1 + z^2 + z^4}{3z^2} \qquad \boldsymbol{\Theta}_{\mathsf{D}}(\omega) = \frac{1 + e^{i2\omega} + e^{i4\omega}}{3e^{i2\omega}}$$

Die direkt aus der Systemfunktion abgeleitete Frequenzantwort ist für numerische Rechnung nicht geeignet, kann aber leicht in eine einfacher zu berechnende Form gebracht werden:

$$3\boldsymbol{\Theta}_{\mathsf{D}}(\omega) = \frac{1 + e^{i2\omega} + e^{i4\omega}}{e^{i2\omega}} = e^{-i2\omega} + 1 + e^{-i2\omega} = 1 + 2\cos(2\omega)$$

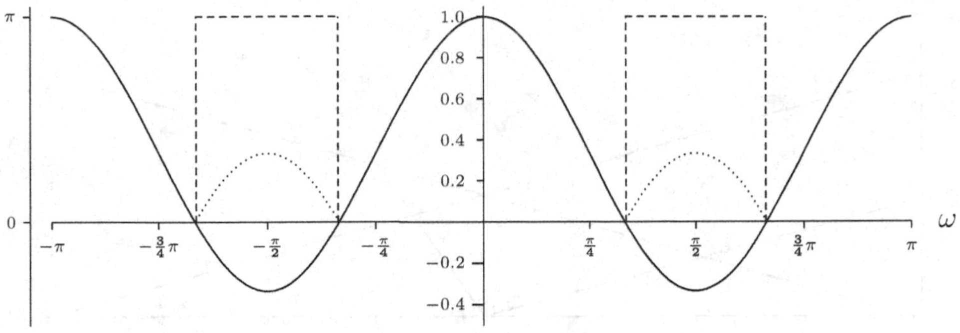

Abb. 4.63 $\Theta_D(\omega) = 1 + 2\cos(2\omega)$, γ_D und ϕ_D

Abbildung 4.63 zeigt die Frequenzantwort, den Amplituden- und den Phasengang. Der Amplitudengang ist gestrichelt, der Phasengang ist dort, wo er nicht mit der Frequenzantwort zusammenfällt, gepunktet. Das Filter verläuft nicht sehr steil, was bei einem so einfach aufgebauten Filter auch nicht zu erwarten war, leider hat sich aber noch eine weitere Nullstelle eingestellt: Die Frequenz $\frac{2}{3}\pi$ wird ebenfalls unterdrückt. Als praktikables Instrument ist dieser Filter natürlich nicht brauchbar, aber es ist auch nur ein Beispiel.[8]

Die obige Berechnung der Frequenzantwort macht es wieder einmal deutlich, dass bei Berechnungen so lange wie möglich mit der komplexen Exponentialfunktion gearbeitet werden sollte. Die direkt aus der Systemfunktion abgeleitete Formel für die Frequenzantwort kann auch durch Übergang zu cartesischen Koordinaten berechnet werden. Man ersetzt $e^{i\vartheta}$ überall durch $\cos(\vartheta) + \boldsymbol{i}\sin(\vartheta)$ und formt die erhaltene Formel, einen Quotienten, durch passende Erweiterungen so um, dass $\boldsymbol{i}$ nicht mehr im Nenner erscheint. Man hat dann reelle Funktionen $P(\omega)$, den Realteil, und $Q(\omega)$, den Imaginärteil, mit $3\Theta_D(\omega) = P(\omega) + \boldsymbol{i}Q(\omega)$. Führt man das durch, erhält man allerdings die folgenden Funktionen P und Q:

$$\begin{aligned} P(\omega) &= \cos(2\omega) + \cos(2\omega)\cos(4\omega) + \sin(2\omega)\sin(4\omega) \\ -Q(\omega) &= \sin(2\omega) + \sin(2\omega)\cos(4\omega) - \cos(2\omega)\sin(4\omega) \end{aligned}$$

Man kann damit numerisch weiterrechnen, es ist aber sehr fraglich, ob tatsächlich im Rahmen der verwendeten Genauigkeit $Q = 0$ herauskommt, denn es kann massive Auslöschung auftreten. Man kann es am Beispiel $\omega = \frac{1}{6}\pi$ erkennen. Man bekommt für die Terme der Summe für $-Q$ folgendes:

$$\begin{aligned} \sin\left(\frac{2}{6}\pi\right) &\approx 0{,}8660254037844386467637231707529361834714026269051903140279034897 26 \\ \sin\left(\frac{2}{6}\pi\right)\cos\left(\frac{4}{6}\pi\right) &\approx -0{,}4330127018922193233818615853764680917357013134525951570139517448630 \\ \cos\left(\frac{2}{6}\pi\right)\sin\left(\frac{4}{6}\pi\right) &\approx 0{,}4330127018922193233818615853764680917357013134525951570139517448631 \end{aligned}$$

[8] Es ist schwierig, Beispiele zu finden, die zugleich einfach, aussagefähig und praxisrelevant sind!

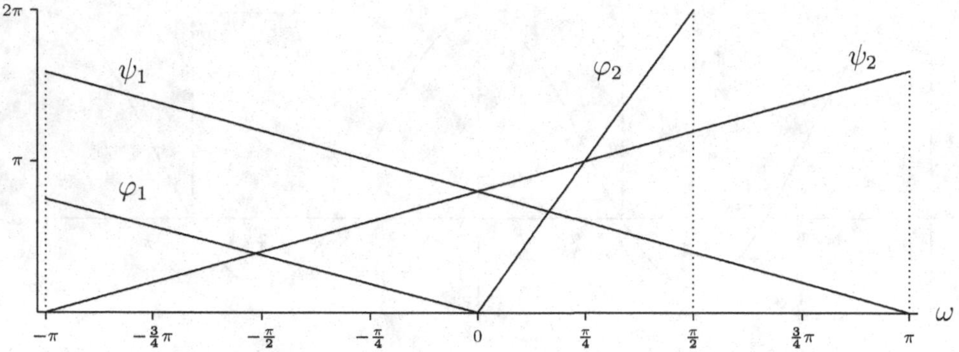

Abb. 4.64 Einige Funktionen $\varphi_i(\omega) = a_i\omega$ und $\psi_i(\omega) = a_i\omega + b_i$

Berechnet man die Summe durch Addition der Terme in der aufgeführten Reihenfolge, so erhält man den sehr guten Wert

$$-Q\left(\frac{1}{6}\pi\right) \approx -0{,}241098399794682390072562792000596568368891710619256415159447538829 6_{10^{-66}}$$

Die große Genauigkeit nützt jedoch gar nichts, wenn die Summe durch Addition in der umgekehrten Reihenfolge bestimmt wird:

$$-Q\left(\frac{1}{6}\pi\right) \not\approx -0{,}8660254037844386467637231707529361834714026269051903140279034897 26$$

Hier hat sich der GAU für numerische Rechnungen eingestellt: Die Auslöschung fast aller Ziffern während einer Subtraktion. Man kann diese Auslöschung natürlich nicht so vermeiden, dass die Summe stets in einer Richtung bestimmt wird, es sind Beispiele zur Auslöschung bei allen möglichen Summenbildungen zu finden.

Bemerkungen zur linearen Phase Es gibt keine auf dem **ganzen** Intervall $-\pi \leq \omega < \pi$ definierte Funktion φ mit Funktionswerten im Intervall $0 \leq \varphi(\omega) \leq 2\pi$, welche die Gestalt $\varphi(\omega) = a\omega$ besitzt, mit einer reellen Zahl a, d. h. es gibt keine auf dem ganzen Intervall definierte lineare Funktion. Denn wegen $\varphi(0) = 0$ kann solch ein φ entweder nur für gewisse $\omega \leq 0$ oder gewisse $\omega \geq 0$ definiert sein (von der Nullphase $\varphi(\omega) = 0$ einmal abgesehen). Das ist in Abb. 4.64, das zwei solcher Funktionen zeigt, deutlich zu sehen. Andererseits gibt es natürlich affine Funktionen $\psi\colon [-\pi, \pi) \longrightarrow [0, 2\pi)$, also $\psi(\omega) = a_i\omega + b_i$ mit reellen Zahlen a_i und b_i. In Abb. 4.64 sind auch zwei affine Funktionen ψ_1 und ψ_2 eingezeichnet. Affine Funktionen werden manchmal als „allgemein linear" oder ähnlich bezeichnet. Mehr als ein stückweise linearer Phasengang, wie er in diesem Abschnitt beschrieben wurde, kann also nicht erreicht werden. Dabei sind die Geradenstücke eigentlich Teile affiner Abbildungen und nur dann echt linear, wenn sie von $\omega = 0$ ausgehen oder dort enden.

Eine Folgerung daraus ist, dass es kein System geben kann, das eine über alle Frequenzen konstante Signalverzögerung ausübt. Eine im ganzen Parameterintervall konstante Signal-

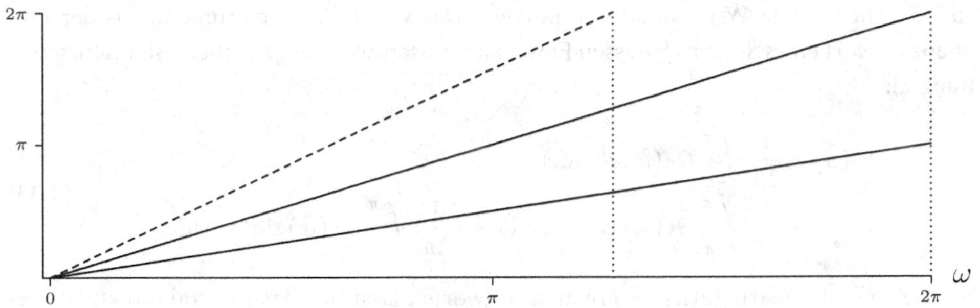

Abb. 4.65 Einige echt lineare Phasengänge mit dem Parameterintervall $0 \leq \omega < 2\pi$

verzögerung ist an einen linearen Polarwinkel gebunden (Näheres dazu in Abschn. 3.4 mit der Definition der Verzögerungsfunktion). Ist der Polarwinkel in einer Umgebung von $\omega = 0$ eine echte affine Funktion, dann kann die Verzögerung sogar beliebig groß werden. Es ist natürlich möglich, dass der Polarwinkel gerade im Durchlassbereich eines Filters echt linear ist, in diesem Fall ist die Signalverzögerung im Durchlassbereich konstant.

Dass es keinen echten linearen Phasengang gibt ist allerdings nur dann richtig, wenn für den Parameter ω ein Intervall (der Länge 2π) gewählt wird, das in seinem Inneren den Parameter $\omega = 0$ enthält oder $\omega = 0$ gar nicht enthält. Geht man dagegen zum Parameterintervall $0 \leq \omega < 2\pi$ über, dann sind echte lineare Phasengänge $\varphi(\omega) = a\omega$ sehr wohl möglich. Die Steigung a dieser Phasengänge ist jedoch beschränkt, es muss $0 \leq a < 1$ gelten, wenn φ auf dem ganzen Intervall $0 \leq \omega < 2\pi$ definiert sein soll. Ein unzulässiger Phasengang ist in Abb. 4.65 gestrichelt eingezeichnet.

▸ Es hängt von der Parametrisierung der Frequenzantwort eines Systems ab, ob das System einen echten linearen Phasengang besitzen kann.

Hierzu ist zu bedenken, dass ein digitales Signal eine Folge komplexer Zahlen ist und dass die Anwendung eines Filters auf ein solches Signal wieder eine Folge komplexer Zahlen erzeugt. Der Übergang zu einem anderen Parameterintervall erzeugt daher keine Änderung eines realen physikalischen Zustandes, andernfalls es auf diesem Wege möglich wäre, ein *perpetuum mobile* zu schaffen!

4.8 Filter mit Wunschfrequenzgängen

Es gibt viele Anwendungen, die verlangen, dass die Frequenzantwort eines Filters einen präzise vorgegebenen Verlauf nimmt. Dazu zählen Entzerrerfilter, die eine einmal vorgenommene Verzerrung rückgängig machen (z. B. RIAA), oder Filter, die eine menschliche Stimme in eine blecherne Roboterstimme verwandeln und dazu das Spektrum des Signals auf ganz bestimmte Weise verändern müssen. Das wesentliche Instrument, aus der Frequenzantwort eines Systems **S** dessen Einheitsimpulsantwort zu gewinnen, ist das folgende Integral:

$$\begin{aligned}\Delta_{\mathsf{S}}(n) &= \frac{1}{2\pi}\int_{-\pi}^{\pi}\Theta_{\mathsf{S}}(\omega)e^{in\omega}\mathrm{d}\omega \\ &= \frac{1}{2\pi}\int_{-\pi}^{\pi}\Theta_{\mathsf{S}}(\omega)\cos(n\omega)\mathrm{d}\omega + \boldsymbol{i}\frac{1}{2\pi}\int_{-\pi}^{\pi}\Theta_{\mathsf{S}}(\omega)\sin(n\omega)\mathrm{d}\omega\end{aligned} \tag{4.33}$$

Bei vielen einfach strukturierten Frequenzantworten lässt sich das Integral direkt auswerten. Die elementaren Verfahren (partielle Integration, Substitutionsregel) dürften vielen Lesern geläufig sein.[9] Manche Integranden sind jedoch zu kompliziert aufgebaut, um direkt ausgewertet zu werden, und viele Integrale sind gar nicht mit elementaren Funktionen darstellbar. In solchen Fällen muss das Integral numerisch berechnet werden. Ein dazu gut geeignetes Verfahren wird in Kap. 6 vorgestellt.

Es spricht natürlich nichts dagegen, auch Filter ganz gewöhnlicher Art, also Hochpässe, Tiefpässe, Bandfilter usw., mit dieser Methode zu konstruieren. Ein ausführliches Beispiel dazu enthält der Abschn. 4.8.1. Das Problem mit der Methode ist jedoch, dass steile Flanken für solche Pässe nur erzielt werden können, wenn viele Signalwerte in den Filterausgang eingehen. Wird ein Filter dagegen mit einer rationalen Systemfunktion aufgebaut, können bei geschickter Wahl der Pole der Systemfunktion steile Flanken mit wenig Aufwand erzielt werden.

4.8.1 Ein idealer Tiefpass

Ein idealer Tiefpass **T** mit der Grenzfrequenz $\omega_\gamma = \frac{1}{3}\pi$ hat als Frequenzantwort eine der einfachsten denkbaren Wunschfunktionen:

$$\Theta_{\mathsf{T}}(\omega) = \begin{cases}1 & \text{für } |\omega| \le \omega_\gamma \\ 0 & \text{für } -\pi \le \omega < -\omega_\gamma \vee \omega_\gamma < \omega \le \pi\end{cases} \tag{4.34}$$

Das Filter ist ideal, weil keinerlei Konzessionen an die Wirklichkeit gemacht werden (Die Flankensteilheit ist ∞ usw.). Abbildung 4.66 zeigt eine Skizze der Frequenzantwort (mit angedeuteter Periodizität). Eine rechteckige Wunschfunktion ist natürlich sehr leicht zu integrieren, und zwar wird (4.33) zu

$$\Delta_{\mathsf{T}}(n) = \frac{1}{2\pi}\int_{-\omega_\gamma}^{\omega_g} e^{in\omega}\mathrm{d}\omega = \frac{1}{n\pi}\frac{e^{in\omega_\gamma} - e^{-in\omega_\gamma}}{2\boldsymbol{i}} = \frac{\sin(n\omega_\gamma)}{n\pi} \qquad n \in \mathbb{Z}$$

Der Fall $n = 0$ ist allerdings gesondert zu behandeln (siehe Abschn. 4.9), es ist $\Delta_{\mathsf{T}}(0) = \frac{1}{3}$. Ein Teil des Signals Δ_{T} ist in Abb. 4.67 gezeigt. Mit bekanntem Δ_{T} kann nun die Wirkung

[9] Eine umfangreiche Formelsammlung zur Integralberechnung ist in [Grad] enthalten.

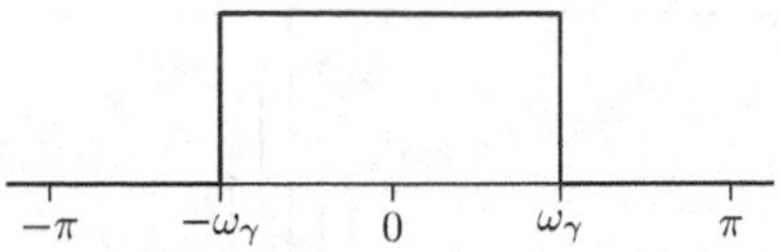

Abb. 4.66 Die Frequenzantwort $\boldsymbol{\Theta}_{\mathsf{T}}$ eines idealen Tiefpasses **T**

des Filters **T** auf ein Signal $\boldsymbol{x}$ als Faltung dargestellt werden:

$$\mathsf{T}(\boldsymbol{x})(n) = (\boldsymbol{\Delta}_{\mathsf{T}} * \boldsymbol{x})(n) = \frac{1}{\pi} \sum_{\nu=-\infty}^{\infty} \frac{\sin(\nu\omega_\gamma)}{\nu} \boldsymbol{x}(n-\nu) \tag{4.35}$$

Wegen $\boldsymbol{\Delta}_{\mathsf{T}}(n) \neq 0$ für $n < 0$ ist das Filter **T** nicht kausal (siehe Abschn. 3.11). Wirklich unbrauchbar macht es jedoch seine Eigenschaft, nicht finit zu sein. Nun konvergiert aber $\boldsymbol{\Delta}_{\mathsf{T}}(n)$ recht schnell gegen Null für $|n| \to \infty$, wie man an Abb. 4.67 erkennen kann. Man kann daher hoffen, eine brauchbare Approximation zu erhalten, wenn die Reihe (4.35) nach einigen Gliedern abgebrochen wird. Diese Hoffnung geht in Erfüllung, allerdings muss doch eine recht hohe Anzahl von Reihengliedern berücksichtigt werden, wenn die Approximation praktischen Wert haben soll. Ein neues Filter T_k wird also so gewonnen, dass $\boldsymbol{\Delta}_{\mathsf{T}}$ auf ein endliches Intervall $-k \le n \le k$ beschränkt wird:

$$\boldsymbol{\Delta}_{\mathsf{T}_k}(n) = \begin{cases} \boldsymbol{\Delta}_{\mathsf{T}}(n) & \text{für } -k \le n \le k \\ 0 & \text{für } n < -k \vee k < n \end{cases} \tag{4.36}$$

Für $\omega_\gamma = \frac{\pi}{3}$ erhält man durch Faltung von $\boldsymbol{\Delta}_{\mathsf{T}_2}$ mit $\boldsymbol{x}$ das folgende Filter:

$$\begin{aligned}
\mathsf{T}_2(\boldsymbol{x})(n) &= (\boldsymbol{\Delta}_{\mathsf{T}_2} * \boldsymbol{x})(n) \\
&= \boldsymbol{\Delta}_{\mathsf{T}}(-2)\boldsymbol{x}(n+2) + \boldsymbol{\Delta}_{\mathsf{T}}(-1)\boldsymbol{x}(n+1) \\
&\quad + \boldsymbol{\Delta}_{\mathsf{T}}(0)\boldsymbol{x}(n) + \boldsymbol{\Delta}_{\mathsf{T}}(1)\boldsymbol{x}(n-1) + \boldsymbol{\Delta}_{\mathsf{T}}(2)\boldsymbol{x}(n-2) \\
&\approx 0{,}138\,\boldsymbol{x}(n+2) + 0{,}278\,\boldsymbol{x}(n+1) + 0{,}333\,\boldsymbol{x}(n) + 0{,}278\,\boldsymbol{x}(n-1) \\
&\quad + 0{,}138\,\boldsymbol{x}(n-2)
\end{aligned}$$

Weil die Einheitsimpulsantwort $\boldsymbol{\Delta}_{\mathsf{T}_2}$ reell und symmetrisch ist, ist die Frequenzantwort $\boldsymbol{\Theta}_{\mathsf{T}_2}$ ebenfalls reell, sie ist gegeben durch

$$\begin{aligned}
\boldsymbol{\Theta}_{\mathsf{T}_2}(\omega) &= \sum_{n=-\infty}^{\infty} \boldsymbol{\Delta}_{\mathsf{T}_2}(n) e^{-in\omega} \\
&= \boldsymbol{\Delta}_{\mathsf{T}}(2)e^{2i\omega} + \boldsymbol{\Delta}_{\mathsf{T}}(1)e^{i\omega} + \boldsymbol{\Delta}_{\mathsf{T}}(0) + \boldsymbol{\Delta}_{\mathsf{T}}(1)e^{-i\omega} + \boldsymbol{\Delta}_{\mathsf{T}}(2)e^{-2i\omega} \\
&= \boldsymbol{\Delta}_{\mathsf{T}}(0) + 2\boldsymbol{\Delta}_{\mathsf{T}}(1)\cos(\omega) + 2\boldsymbol{\Delta}_{\mathsf{T}}(2)\cos(2\omega)
\end{aligned}$$

In der Rechnung ist $e^{i\vartheta} + e^{-i\vartheta} = 2\cos(\vartheta)$ benutzt worden. Die Frequenzantwort zeigt Abb. 4.68. Das Bild enthält auch den Polarwinkel der Frequenzantwort, gestrichelt gezeichnet und mit einem eigenen Maßstab an der linken Seite. Er illustriert die einfache

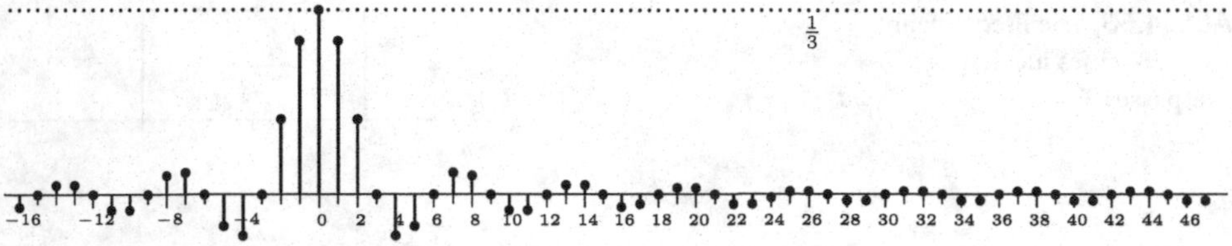

Abb. 4.67 $\Delta_{\mathsf{T}}(n) = \frac{\sin(n\omega_\gamma)}{n\pi}$, $\omega_\gamma = \frac{\pi}{3}$

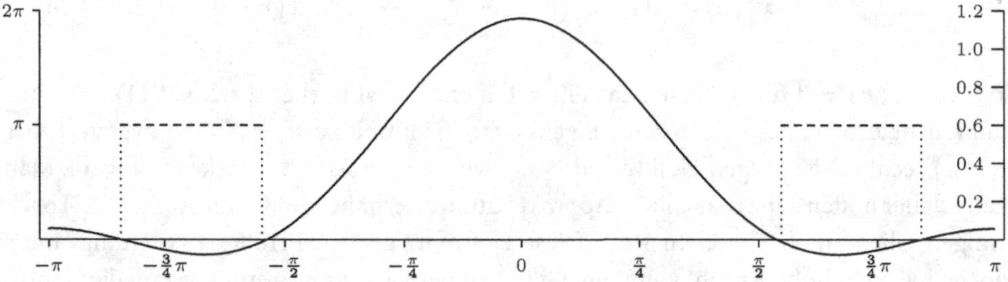

Abb. 4.68 Der Frequenzgang $\omega \mapsto \Theta_{\mathsf{T}_2}(\omega)$ und sein Polarwinkel $\omega \mapsto \Phi_{\mathsf{T}_2}(\omega)$

Tatsache, dass eine positive reelle Zahl den Polarwinkel $\varphi = 0$ und eine negative reelle Zahl den Polarwinkel $\varphi = \pi$ besitzt. Offensichtlich ist T_2 noch sehr weit davon entfernt, eine brauchbare Approximation an T zu sein. Für beliebig großes k sind das Filter T_k und seine Frequenzantwort gegeben durch

$$\mathsf{T}_k(\boldsymbol{x})(n) = (\Delta_{\mathsf{T}_k} * \boldsymbol{x})(n) = \sum_{\kappa=-k}^{k} \Delta_{\mathsf{T}}(\kappa)\boldsymbol{x}(n-\kappa) \tag{4.37}$$

$$\Theta_{\mathsf{T}_k}(\omega) = \Delta_{\mathsf{T}}(0) + 2\sum_{\kappa=1}^{k} \Delta_{\mathsf{T}}(\kappa)\cos(\kappa\omega) \tag{4.38}$$

Der Amplitudengang ist für $k = 20$ in Abb. 4.69 gezeigt. Die Welligkeit kann durch Erhöhen von k beliebig weit unterdrückt werden, nicht beliebig unterdrückt werden kann jedoch das „Aufbäumen vor dem Abgrund" (bekannt als das *Gibbs*sche Phänomen, siehe Abschn. 3.3.3).

Dass die Filter T_k nicht kausal sind, ist zwar für die Implementierung kein echtes Hindernis, es stellt sich allerdings die Frage, ob nicht ein kausales Filter mit einer Frequenzantwort zu finden ist, deren Betrag mit der Wunschfunktion identisch ist. Man werfe zur Beantwortung der Frage einen Blick auf die Einheitsimpulsantwort von T in Abb. 4.67. Z. B. wird T_4 aus T so erhalten, dass alle Werte an den Positionen $n < 4$ und $n > 4$ auf Null gesetzt werden. Verschiebt man nun aber T um vier Positionen nach rechts, d. h. verzögert man Δ_{T} um vier Positionen (Indizes), wie in Abb. 4.70 gezeigt, und setzt dann alle Werte an den Positionen $n < 0$ und $n > 8$ auf Null, dann erhält man die Impulsantwort eines kausalen Filters, und zwar mit derselben Gestalt wie Δ_{T_4}. Die neue Frage ist also jetzt, wie

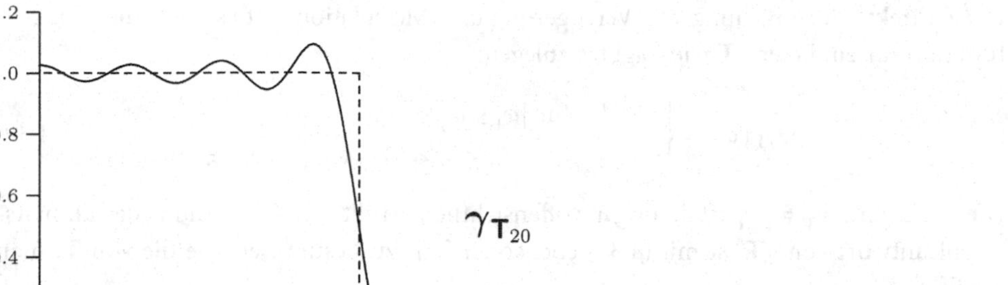

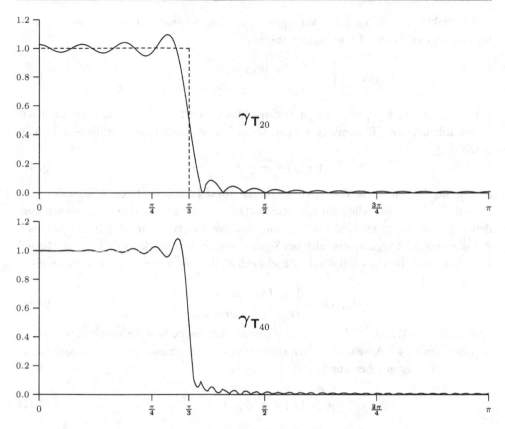

Abb. 4.69 Die Amplitudengänge $\gamma_{T_k}(\omega) = |\Delta_T(0) + 2\sum_{\kappa=1}^{k} \Delta_T(\kappa)\cos(\kappa\omega)|$

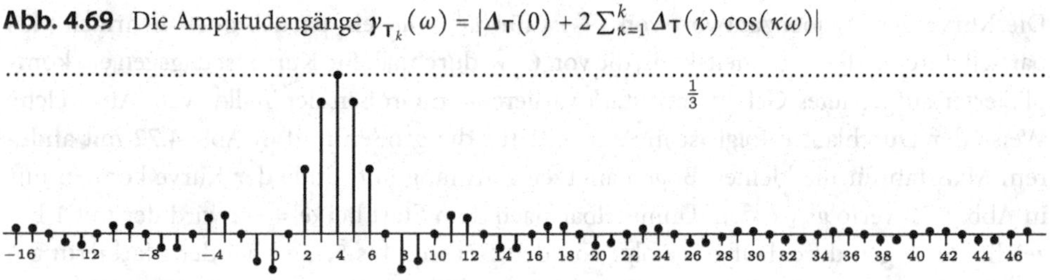

Abb. 4.70 Die Einheitsimpulsantwort Δ_{dT}, $d = 4$, $\omega_\gamma = \frac{\pi}{3}$

ein Filter ${}_d\mathbf{T}$ zu finden ist, dessen Amplitude der von $\mathbf{T}$ und damit der Wunschfunktion gleicht, für das also $\gamma_{\mathbf{T}} = \gamma_{{}_d\mathbf{T}}$ gilt, und deren Einheitsimpulsantwort die um d Positionen verzögerte Einheitsimpulsantwort von $\mathbf{T}$ ist, dass also $\Delta_{{}_d\mathbf{T}}(n) = \Delta_{\mathbf{T}}(n-d)$ gilt. Die Frage ist leicht zu beantworten, wenn man sich an die Eigenschaften der Fourier-Transformation erinnert (Abschn. 3.2.6):

> Eine Verzögerung um d im Zeitbereich ist äquivalent mit einer Multiplikation mit $e^{-id\omega}$ im Frequenzbereich

Diese direkte Entsprechung von Verzögerung und Modulation legt es nahe, die Wunschfunktion für ein Filter ${}_d\mathbf{T}$ wie folgt festzulegen:

$$\boldsymbol{\Theta}_{{}_d\mathsf{T}}(\omega) = \begin{cases} e^{-id\omega} & \text{für } |\omega| \le \omega_\gamma \\ 0 & \text{für } -\pi \le \omega < -\omega_\gamma \vee \omega_\gamma < \omega \le \pi \end{cases} \tag{4.39}$$

Die Forderung $\boldsymbol{\gamma}_\mathsf{T} = \boldsymbol{\gamma}_{{}_d\mathsf{T}}$ ist dafür ganz offensichtlich erfüllt. Die Berechnung der Einheitsimpulsantwort von ${}_d\mathbf{T}$ ist mit (4.33) ebenso einfach zu bestimmen wie die von $\mathbf{T}$, man erhält

$$\boldsymbol{\Delta}_{{}_d\mathsf{T}}(n) = \frac{\sin((n-d)\omega_\gamma)}{(n-d)\pi}, \tag{4.40}$$

also genau die geforderte Verzögerung von $\boldsymbol{\Delta}_\mathsf{T}$ um d Positionen (Abb. 4.70). Prinzipiell kann d eine beliebige reelle Zahl sein, doch soll hier um ganze Positionen verschoben werden, d. h. d ist eine ganze Zahl, und zwar eine positive, weil verzögert, d. h. in den positiven Positionsbereich (Argumentbereich des Signals) verschoben werden soll. Das finite Signal wird dann auch für ein $k > 0$ durch „Abschneiden“ aller Signalwerte von Positionen $n < 0$ und $k < n$ erhalten:

$$\boldsymbol{\Delta}_{{}_d\mathsf{T}_k}(n) = \begin{cases} \boldsymbol{\Delta}_{{}_d\mathsf{T}}(n) & \text{für } 0 \le n \le k \\ 0 & \text{für } n < 0 \vee k < n \end{cases} \tag{4.41}$$

Speziell für den Wert $k = 2d$ ist $\boldsymbol{\Delta}_{{}_d\mathsf{T}_{2d}}$ eine finit-symmetrische Einheitsimpulsantwort um d und hat damit nach Abschn. 4.7 einen stückweise linearen Phasengang. Die Frequenzantwort von $\boldsymbol{\Theta}_{{}_d\mathsf{T}_k}$ ist gegeben durch

$$\boldsymbol{\Theta}_{{}_d\mathsf{T}_k}(\omega) = \sum_{\kappa=0}^{k} \boldsymbol{\Delta}_{{}_d\mathsf{T}_k}(\kappa) e^{-i\kappa\omega} \tag{4.42}$$

Die Kurve der Frequenzantwort von ${}_d\mathbf{T}$ ist für $|\omega| \le \omega_\gamma$ ein partiell oder mehrfach plus partiell durchlaufener Einheitskreis, die von $\boldsymbol{\Theta}_{{}_d\mathsf{T}_k}$ durchlaufene Kurve ist dagegen ein komplizierter aufgebautes Gebilde mit stark variierenden Größen der Teilkurven. Auf welche Weise der Durchlauf erfolgt ist in Abb. 4.71 für die großen und in Abb. 4.72 mit anderem Maßstab für die kleinen Bögen angezeigt. Anfang und Ende der Kurve können nur in Abb. 4.72 verfolgt werden. Unmittelbar nach dem Start bei $\omega = -\pi$ wird der mit 1 bezeichnete Bogen durchlaufen, gefolgt von den Bögen 2 bis 5, und bei der Markierung 6 hat die Wanderung durch den großen Bogen in Abb. 4.71 begonnen. Bei Erreichen der Marke −1 in Abb. 4.72 steht das Verlassen des großen Bogens kurz bevor. Der erste kleine Bogen ist mit −2 markiert, es folgen die Bögen mit den Markierungen −3 bis −5, bis nach Bogen −6 der Durchlauf bei $\omega = \pi$ beendet ist. In Abb. 4.71 ist auch die Passage der Grenzfrequenz ω_γ bezeichnet. Die großen Bögen gehören zu tiefen Frequenzen, die kleinen zu hohen Frequenzen, mit der Grenzfrequenz am Übergang zwischen beiden. Damit lässt sich schon (qualitativ) eine Voraussage machen, welche Gestalt der Amplitudengang besitzt. Zur Größenordnung kann gesagt werden, dass der Betrag im Bereich von $-\frac{1}{4}\pi$ bis $\frac{1}{4}\pi$ nahezu konstant ist und um den Wert 1 herum schwankt. Der Betrag der kleinen Bögen, die offenbar für eine Restwelligkeit im Sperrbereich verantwortlich sind, überschreitet $\frac{1}{10}$ nur wenig.

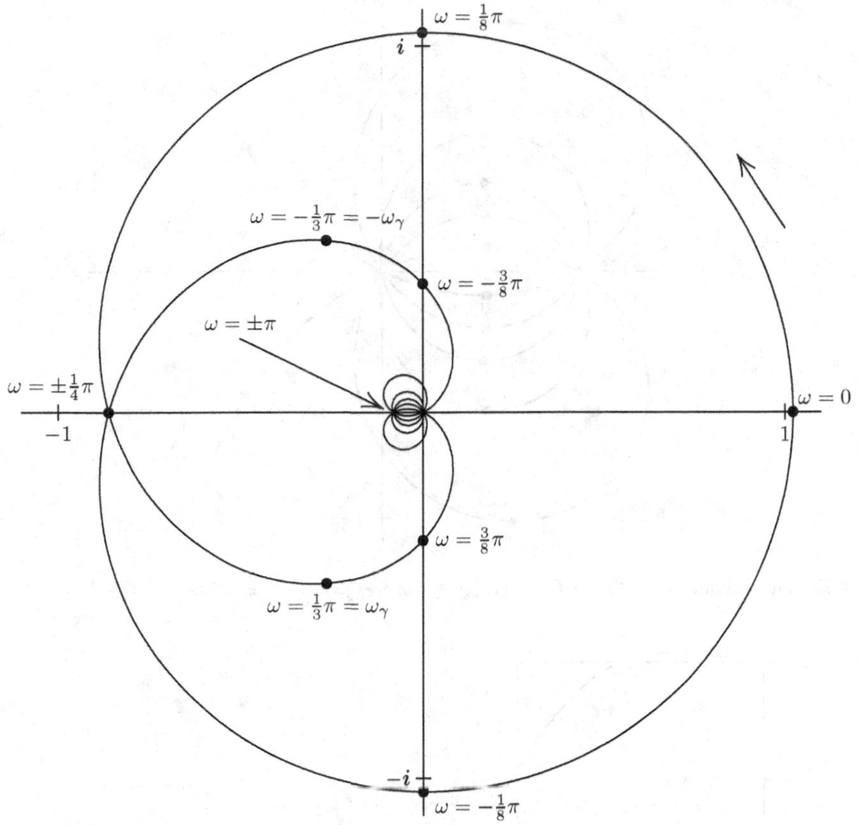

Abb. 4.71 Der Frequenzgang $\omega \mapsto \boldsymbol{\Theta}_{{}_d\mathbf{T}_{2d}}(\omega)$, $-\pi \le \omega < \pi$, $d = 4$

Es ist schon etwas erstaunlich, dass die Aufgabe der Nullsymmetrie der Einheitsfrequenzantwort solch eine starke Wirkung auf die Dynamik der Frequenzantwort hat. Auch liegt hier ein schönes Beispiel dafür vor, dass der Übergang von der Frequenzantwort selbst auf ihren Absolutbetrag (d. h. den Amplitudengang) einen beträchtlichen Informationsverlust bedeuten kann. Der Übergang von Abb. 4.71 und Abb. 4.72 auf Abb. 4.73 ist ein Abstieg vom Zweidimensionalen zum Eindimensionalen, vergleichbar der Schattenprojektion eines dreidimensionalen Würfels auf eine zweidimensionale Ebene. Das ruhige und statische Abb. 4.73 lässt nichts von der turbulenten Szenerie auf der komplexen Ebene erahnen, die auch eine gewisse ästhetische Qualität besitzt.

Zum Vergleich mit dem Amplitudengang von $\mathbf{T}_{20}$ (in Abb. 4.69) ist der Amplitudengang von ${}_d\mathbf{T}_{2d}$ für $d = 20$ in Abb. 4.74 gezeigt. Offensichtlich ist der Versuch gelungen, $\mathbf{T}_k$ durch ein äquivalentes kausales Filter zu ersetzen.

Wie sich die Verschiebung der Einheitsimpulsantwort um d Positionen auswirkt, zeigen der Phasengang (Abb. 4.75) und die Verschiebungsfunktion (Abb. 4.76). Tatsächlich

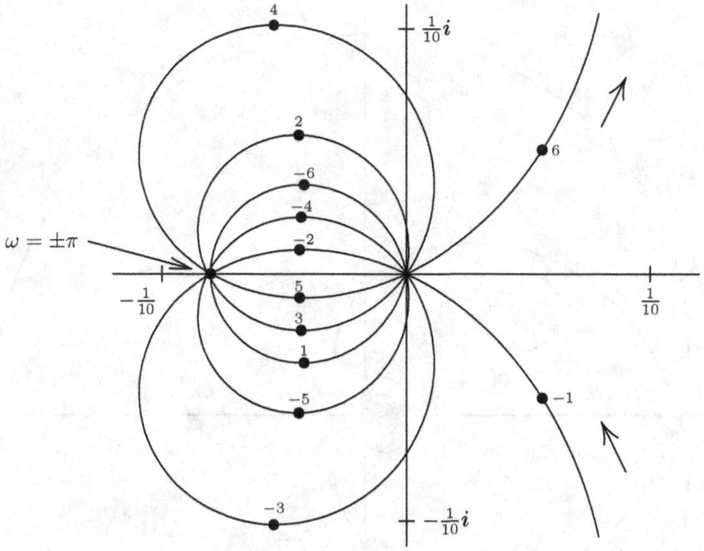

Abb. 4.72 Der Frequenzgang $\omega \mapsto \boldsymbol{\Theta}_{{}_d\mathsf{T}_{2d}}(\omega)$, $-\pi \le \omega \le -\frac{20}{47}\pi$ und $\frac{20}{47}\pi \le \omega < \pi$, $d = 4$

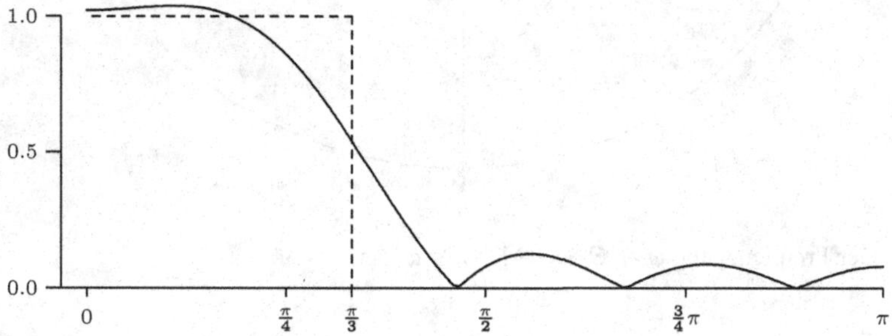

Abb. 4.73 Der Amplitudengang $\omega \mapsto \boldsymbol{\gamma}_{{}_d\mathsf{T}_{2d}}(\omega)$, $-\pi \le \omega < \pi$, $d = 4$

ist die Phase im positiven Frequenzbereich im Durchlassbereich des Filters und noch ein Stück darüber hinaus (echt) linear, was dort auf eine konstante Verschiebung um d Positionen führt. Die Verschiebung der Einheitsimpulsantwort lässt sich daher leicht kompensieren.

Es bleibt noch, die Ursache der Phasensprünge zu erkunden. Die Kurve durchläuft einen Phasensprung von 2π bei $\omega = 0$, d. h. bei der Überquerung der reellen Achse (Abb. 4.71 ganz rechts). Abbildung 4.75 zeigt sechs weitere Phasensprünge, jedoch von der Höhe π. Diese sind allerdings nicht so leicht zu lokalisieren. Man vermutet auch hier Überquerungen der reellen Achse. Es ist jedoch ganz offensichtlich, dass eine Überquerung der negativen reellen Achse keinen Phasensprung erzeugt, eine einfache Skizze zeigt das. Es bleiben also nur die Nulldurchgänge der Kurve. Was bei einem solchen Nulldurchgang ge-

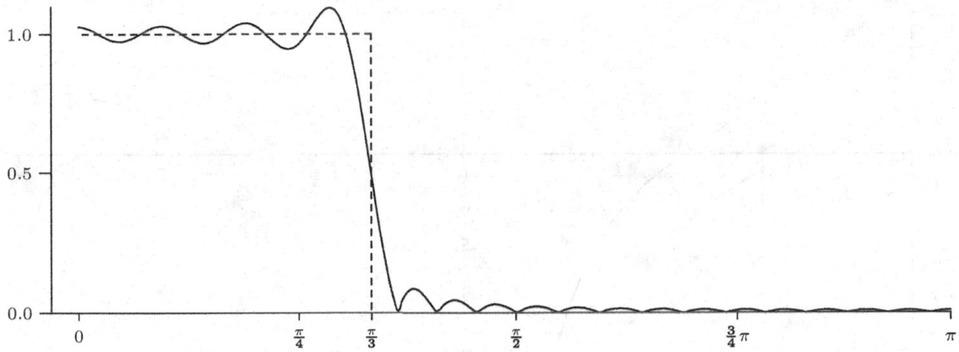

Abb. 4.74 Der Amplitudengang $\omega \mapsto \gamma_{{}_d\mathrm{T}_{2d}}(\omega)$, $-\pi \leq \omega < \pi$, $d = 20$

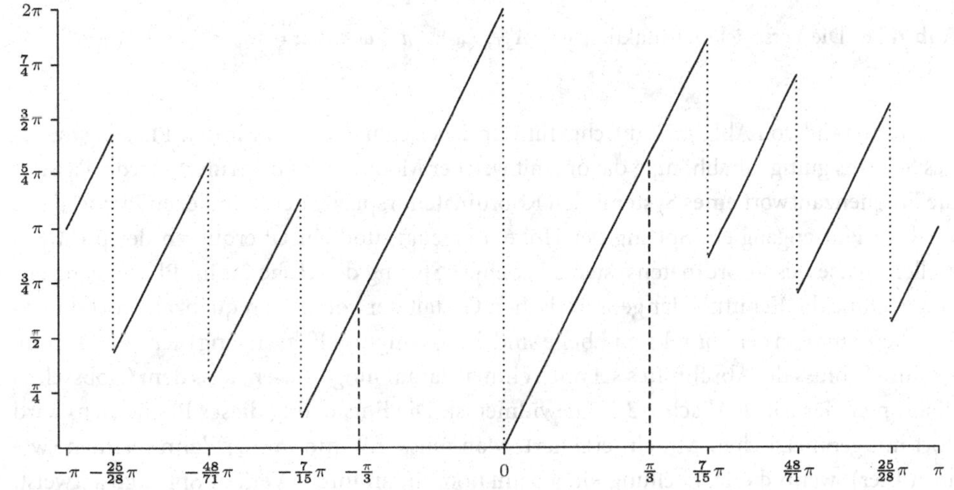

Abb. 4.75 Der Phasengang $\omega \mapsto \phi_{{}_d\mathrm{T}_{2d}}(\omega)$, $-\pi \leq \omega < \pi$, $d = 4$

schieht ist im linken Teil von Abb. 4.77 skizziert. Es soll sich um eine sehr kleine Umgebung des Nullpunktes handeln, in der die (glatte) Kurve durch ein Gradenstück approximiert werden darf. Der Phasenwinkel des Punktes P ist ψ, und daran ändert sich nichts, wenn der Punkt sich auf den Nullpunkt zubewegt. Nach dem Passieren des Nullpunktes in der Position P' beträgt der Phasenwinkel plötzlich φ, und beide Winkel stehen in der Relation $\psi = \varphi + \pi$ zueinander: Der Winkel macht bei der Durchquerung des Nullpunktes der komplexen Ebene tatsächlich einen Sprung der Höhe π. Die Überquerung der positiven reellen Achse ist in Abb. 4.77 rechts gezeigt. Bewegt sich der Punkt P der Kurve auf die Achse zu, dann geht sein Phasenwinkel ψ dem Wert 2π entgegen. Der Phasenwinkel beginnt bei der Überquerung der Achse jedoch wieder bei 0, d. h. er macht einen Sprung der Höhe 2π.

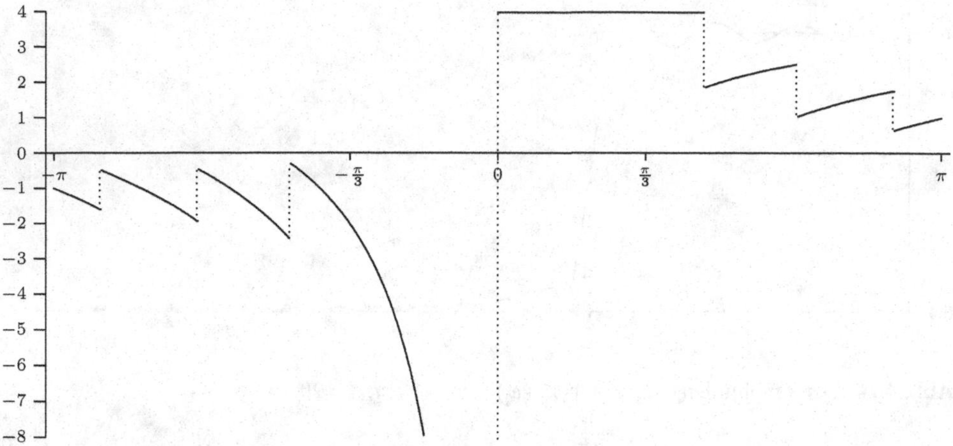

Abb. 4.76 Die Verschiebungsfunktion $\omega \mapsto \Lambda_{{}_dT_{2d}}(\omega)$, $-\pi \le \omega < \pi$, $d = 4$

Die anhand von Abb. 4.77 durchgeführten Überlegungen sind für den Phasengang jedes Systems gültig, unabhängig davon, mit welcher Methode es konstruiert wurde. Passiert die Frequenzantwort eines Systems den Koordinatenursprung der komplexen Ebene, dann wird im Phasengang ein Sprung der Höhe π erzeugt, und ein Überqueren der positiven reellen Achse des Koordinatensystems hat einen Sprung der Höhe 2π im Phasengang zur Folge. Ohne die Kenntnis der geometrischen Gestalt der von der Frequenzantwort durchlaufenen Kurve in der komplexen Ebene sind die Sprünge im Phasengang nicht zu erklären.

Zum Schluss des Abschnittes sei noch einmal darauf hingewiesen, dass dem Gibbsschen Phänomen der ganze Abschn. 3.3.3 gewidmet ist. Die Entstehung dieses Phänomens wird dort mit geometrischen Mitteln erläutert. Man muss mit ihm immer dann rechnen (wie auch hier), wenn die Darstellung einer Funktion, die in ihrem Verlauf Sprünge aufweist, durch ihre Fourier-Reihe nach endlich vielen Gliedern abgebrochen werden muss. Wie dieser Effekt gemildert werden kann wird in Abschn. 3.3.3 ebenfalls diskutiert.

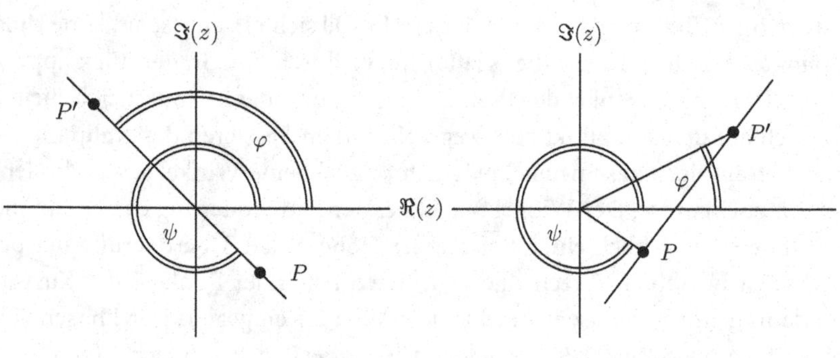

Abb. 4.77 Phasensprünge bei Nulldurchgang und Schneiden der positiven reellen Achse

4.8.2 Eine logarithmische Wunschfunktion

Die zweite Wunschfunktion ist der Frequenzgang eines Hochpasses L mit partiellem logarithmischen Verlauf, und zwar steigt der reelle und symmetrische Frequenzgang beginnend mit der Eckfrequenz $\frac{\pi}{4}$ logarithmisch an (siehe Abb. 4.78). Der von Null verschiedene Teil des Frequenzganges ist also ein Abschnitt einer logarithmischen Kurve und ist wie folgt definiert:

$$\Theta_{\mathsf{L}}(\omega) = \begin{cases} L(-\omega) & \text{für } -\pi \leq \omega \leq -\frac{\pi}{4} \\ 0 & \text{für } \frac{\pi}{4} < \omega < \frac{\pi}{4} \\ L(\omega) & \text{für } \frac{\pi}{4} \leq \omega < \pi \end{cases} \tag{4.43}$$

Darin ist L die Hilfsfunktion

$$L(\omega) = \frac{\ln(1 - 4\pi + 16\omega)}{\ln(1 + 12\pi)} \qquad \frac{\pi}{4} \leq \omega \leq \pi \tag{4.44}$$

Der Faktor $\ln(1 + 12\pi)$ dient natürlich zur Normierung $\Theta_{\mathsf{L}}(\pi) = 1$. Weil ein System mit einer reellen symmetrischen Frequenzantwort eine reelle und symmetrische Einheitsimpulsantwort besitzt, verschwindet der imaginäre Anteil des Integrals (4.33). Ferner folgt aus der Definition der Frequenzantwort, dass die Flächen unter den beiden logarithmischen Kurvenstücken gleich sind. Zu berechnen ist daher das Integral

$$\Delta_{\mathsf{L}}(n) = \frac{1}{\pi \ln(1 + 12\pi)} \int_{\frac{\pi}{4}}^{\pi} \ln(1 - 4\pi + 16\omega) \cos(n\omega) \mathrm{d}\omega \tag{4.45}$$

Man kann versuchen, mit den üblichen Verfahren (partielle Integration, Substitution usw.) das Integral auf ein bekanntes oder elementares Integral zurückzuführen. Im Falle des Gelingens wäre die Wahrscheinlichkeit allerdings groß, dass dieses Integral dann noch numerisch ausgewertet werden muss, etwa weil das erhaltene Integral nur unzureichend in Tabellenform vorliegt. Es liegt daher nahe, das Integral (4.45) direkt numerisch auszuwerten, beispielsweise mit dem Romberg-Verfahren (siehe dazu Kap. 6). Die mit einer solchen Rechnung erhaltene Einheitsimpulsantwort ist in Abb. 4.79 ausschnittweise skizziert und numerisch in Tab. 4.3 präsentiert. Was nicht an der Skizze, wohl aber an der Tabelle abgelesen werden kann, ist, dass $\Delta_{\mathsf{L}}(n)$ mit wachsendem n nur sehr langsam gegen Null geht, dass also viele Signalwerte $\Delta_{\mathsf{L}}(n)$ verwendet werden müssen, um ein Filter zu erhalten, dessen Frequenzantwort der Wunschfunktion genügend nahe kommt. Denn die Faltungsreihe

$$\mathsf{L}(x)(n) = (\Delta_{\mathsf{L}} * x)(n) = \sum_{\nu=-\infty}^{\infty} \Delta_{\mathsf{L}}(\nu) x(n-\nu), \tag{4.46}$$

die es ermöglicht, die Filterwerte $\mathsf{L}(x)$ direkt zu berechnen, muss für den praktischen Einsatz natürlich an einer passenden Stelle abgebrochen werden. Dieser Abbruch ist allerdings

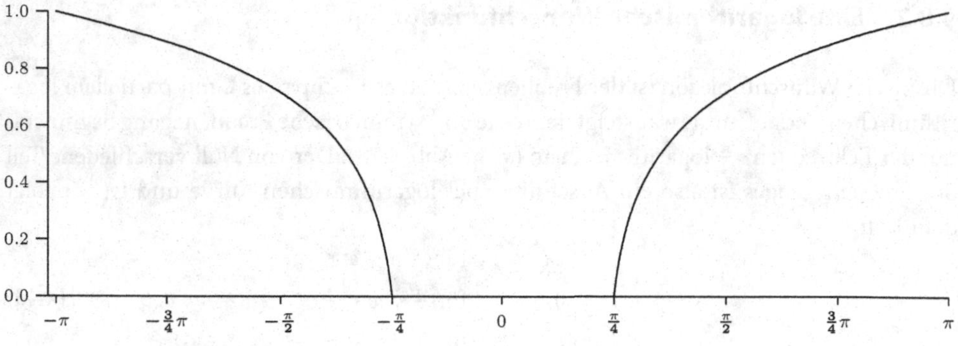

Abb. 4.78 Der Frequenzgang $\omega \mapsto \Theta_{\mathsf{L}}(\omega)$

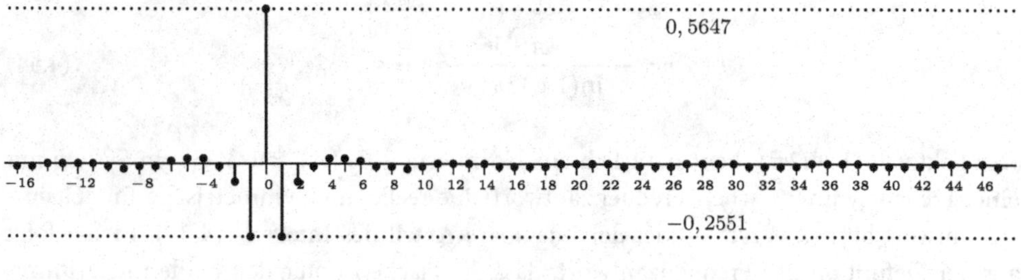

Abb. 4.79 $\Delta_{\mathsf{L}}(n)$

eine sehr grobe Maßnahme mit unerwünschten Reaktionen des Filters, die mit gewissen Techniken abgemildert werden können (beispielsweise durch die Verwendung von Fenstern, siehe dazu [Ham] Kap. 5). Jedenfalls bedeutet dieser Abbruch, dass mit einem $k \geq 1$ zu einem Filter L_k mit der folgenden Einheitsimpulsantwort übergegangen wird:

$$\Delta_{\mathsf{L}_k}(n) = \begin{cases} \Delta_{\mathsf{L}}(n) & \text{für } -k \leq n \leq k \\ 0 & \text{für } n < -k \vee k < n \end{cases} \tag{4.47}$$

Die Frequenzantwort von L_k kann über die Darstellung der Frequenzantwort als Exponentialsumme erhalten werden:

$$\Theta_{\mathsf{L}_k}(\omega) = \sum_{n=-\infty}^{\infty} \Delta_{\mathsf{L}_k}(n) e^{-in\omega} = \sum_{\kappa=-k}^{k} \Delta_{\mathsf{L}}(\kappa) e^{i\kappa\omega} = \Delta_{\mathsf{L}}(0) + 2\sum_{\kappa=1}^{k} \Delta_{\mathsf{L}}(\kappa)\cos(\kappa\omega) \tag{4.48}$$

Der Amplitudengang ist einfach $|\Theta_{\mathsf{L}_k}|$, und weil Δ_{L} offenbar finit-nullsymmetrisch[10] ist, besitzt L_k einen stückweise linearen Phasengang. Daraus, dass der Frequenzgang von L_k reell ist, folgt aber schon unmittelbar, dass der Phasengang stückweise konstant ist, nämlich $\phi_{\mathsf{L}_k}(\omega) = 0$ für $\Theta_{\mathsf{L}_k}(\omega) \geq 0$ und $\phi_{\mathsf{L}_k}(\omega) = \pi$ für $\Theta_{\mathsf{L}_k}(\omega) < 0$.[11]

[10] Siehe dazu Abschn. 4.7.

[11] Zum Polarwinkel siehe Kap. 2.

Tab. 4.3 $\Delta_L(n)$

n	$\Delta_L(n)$	n	$\Delta_L(n)$	n	$\Delta_L(n)$
0	$0,5647418474$	17	$-0,3462239099_{10-2}$	34	$-0,3086977310_{10-3}$
1	$-0,2551408647$	18	$-0,1343603622_{10-2}$	35	$0,4038283708_{10-3}$
2	$-0,6446751993_{10-1}$	19	$0,8098710121_{10-3}$	36	$0,9124622090_{10-3}$
3	$-0,7786304941_{10-2}$	20	$0,2466705159_{10-2}$	37	$0,7653888012_{10-3}$
4	$0,2564034105_{10-1}$	21	$0,2206403952_{10-2}$	38	$0,2837800514_{10-3}$
5	$0,2295182251_{10-1}$	22	$0,1011086816_{10-2}$	39	$-0,3953515606_{10-3}$
6	$0,1328432576_{10-1}$	23	$-0,8075172732_{10-3}$	40	$-0,7121596907_{10-3}$
7	$-0,2083014364_{10-2}$	24	$-0,1702826581_{10-2}$	41	$-0,6700973555_{10-3}$
8	$-0,8806135455_{10-2}$	25	$-0,1720065158_{10-2}$	42	$-0,1813207076_{10-3}$
9	$-0,1021131903_{10-1}$	26	$-0,5877518380_{10-3}$	43	$0,3027146273_{10-3}$
10	$-0,4449187764_{10-2}$	27	$0,5608262127_{10-3}$	44	$0,6382578564_{10-3}$
11	$0,1083137538_{10-2}$	28	$0,1409821173_{10-2}$	45	$0,5228616221_{10-3}$
12	$0,5481917981_{10-2}$	29	$0,1217293057_{10-2}$	46	$0,1772434832_{10-3}$
13	$0,5097889783_{10-2}$	30	$0,4986735631_{10-3}$	47	$-0,2980890812_{10-3}$
14	$0,2648751978_{10-2}$	31	$-0,5482329922_{10-3}$	48	$-0,5139736356_{10-3}$
15	$-0,1289672126_{10-2}$	32	$-0,1050561016_{10-2}$	49	$-0,4720753605_{10-3}$
16	$-0,3241396263_{10-2}$	33	$-0,1019270079_{10-2}$	50	$-0,1149676663_{10-3}$

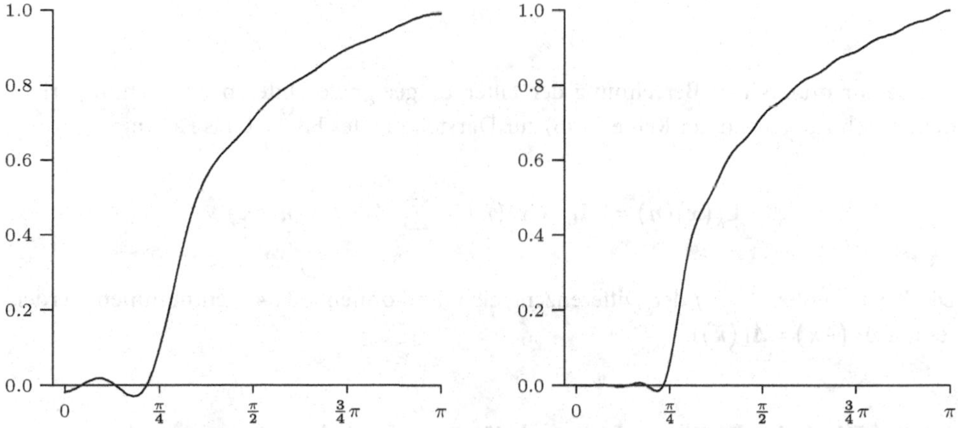

Abb. 4.80 Die Frequenzgänge $\omega \mapsto \Theta_{L_{10}}(\omega)$ und $\omega \mapsto \Theta_{L_{20}}(\omega)$

In Abb. 4.80 sind die Frequenzgänge von $\mathbf{L}_{10}$ und $\mathbf{L}_{20}$ skizziert. Wie oben schon vermutet ist die Approximation mit $k = 10$ noch nicht akzeptabel, und auch die Approximation mit $k = 20$ ist noch recht wellig und daher nicht in jedem Fall praktikabel. Der Übergang zu $k = 30$ schafft aber befriedigende Verhältnisse. Der Verlauf von $\Theta_{L_{30}}$ ist im linken Teil von Abb. 4.81 skizziert. Im rechten Teil des Bildes ist der Verlauf der Frequenzantwort über den zu unterdrückenden Frequenzen im größeren Maßstab dargestellt. Das zu erkennende „Überschwingen" am Beginn des steil aufsteigenden Funktionsteiles ist charakteristisch für Frequenzantworten, die als Summe oder Reihe von Cosinusfunktionen dargestellt werden. Der steile Anstieg wirkt sich schon auf den ankommenden Wellenzug aus, dessen Amplituden vergrößernd, und der Anstieg beginnt natürlich in einem Wellental.

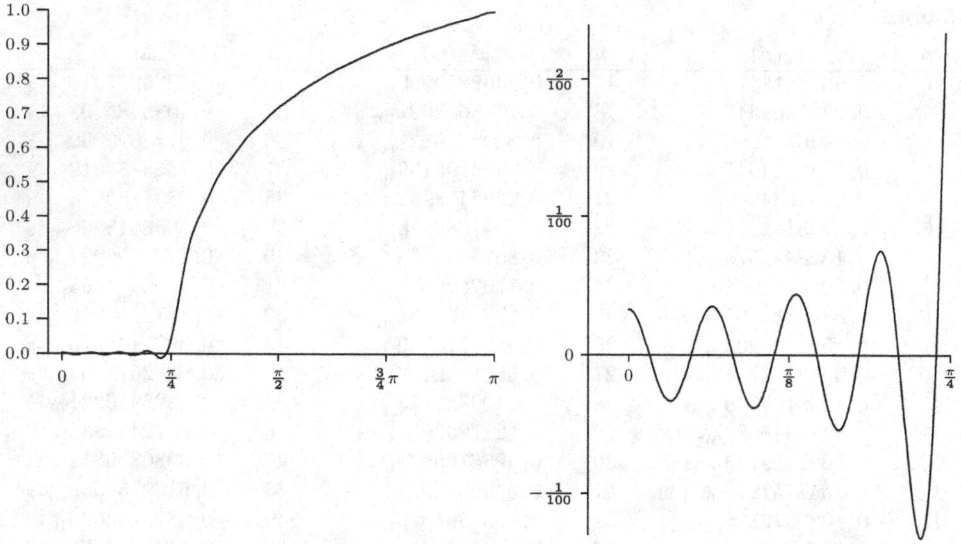

Abb. 4.81 Der Frequenzgang $\omega \mapsto \Theta_{\mathsf{L}_{30}}(\omega)$

Die zur praktischen Berechnung der Filter L_k geeignete Differenzengleichung erhält man durch Abbrechen der Reihe (4.46) zur Darstellung des Filters L als Faltung:

$$\mathsf{L}_k(\boldsymbol{x})(n) = (\Delta_{\mathsf{L}_k} * \boldsymbol{x})(n) = \sum_{\kappa=-k}^{k} \Delta_{\mathsf{L}}(\kappa)\boldsymbol{x}(n-\kappa) \tag{4.49}$$

Die Koeffizienten $\Delta_{\mathsf{L}}(\kappa)$ der Differenzengleichung können Tab. 4.3 entnommen werden (es gilt $\Delta_{\mathsf{L}}(-\kappa) = \Delta_{\mathsf{L}}(\kappa)$).

4.8.3 Die RIAA-Entzerrerkurve als Wunschfunktion

Beim Schneiden der Rillen einer Schallplatte werden aus mechanischen Gründen tiefe Töne gedämpft und hohe Töne verstärkt. Beim Abspielen einer Schallplatte müssen die so erzeugten Verzerrungen beseitigt werden. Erfolgten die Verzerrungen nach der RIAA-Norm, dann muss eine Schaltung, welche das leistet, den folgenden Frequenzgang besitzen:

$$R(\Omega) = \frac{1 + \boldsymbol{i}\Omega T_{\mathrm{M}}}{(1 + \boldsymbol{i}\Omega T_{\mathrm{L}})(1 + \boldsymbol{i}\Omega T_{\mathrm{H}})} \tag{4.50}$$

Das ist der Frequenzgang einer realen Schaltung, er ist deshalb nicht periodisch mit der Periode 2π, zum Durchlauf der von R in der komplexen Ebene gebildeten Kurve muss die Frequenz die gesamte reelle Achse durchlaufen.

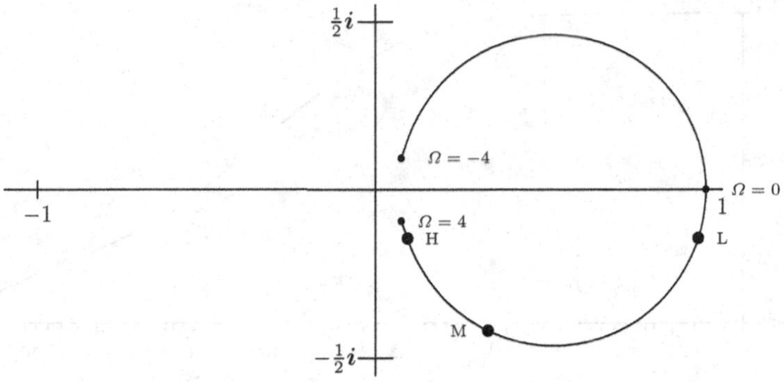

Abb. 4.82 Die Kurve $\Omega \mapsto R(\Omega)$, $-4 \le \Omega \le 4$ [kHz]

Die Zeitkonstanten T_L, T_M und T_H werden hier in Millisekunden gemessen, mit den Werten $T_L = 3{,}18$, $T_M = 0{,}318$ und $T_H = 0{,}075$, die Frequenz Ω in kHz.

Als Erstes sind der Realteil und der Imaginärteil von $R(\Omega)$ zu trennen. Das kann hier auf sehr einfache Weise durch passende Erweiterungen geschehen, man erhält so folgendes:

$$R(\Omega) = \frac{1 + \Omega^2(T_M T_L + T_M T_H - T_L T_H)}{(1 + \Omega^2 T_L^2)(1 + \Omega^2 T_H^2)} + i\Omega \frac{T_M - T_L - T_M - \Omega^2 T_L T_M T_H}{(1 + \Omega^2 T_L^2)(1 + \Omega^2 T_H^2)} \tag{4.51}$$

Mit den nun bekannten Cartesischen Koordinaten kann die Kurve skizziert werden (Abb. 4.82), natürlich nur für einen endlichen Teil des unendlichen Frequenzbandes. Gewählt wurde der Bereich $-4 \le \Omega \le 4$ [kHz], weil sich in ihm alles Wesentliche des Frequenzganges abspielt. Der Start und der Endpunkt sind mit einem Punkt gekennzeichnet, der Durchlauf beginnt also im ersten Quadranten und endet im vierten. Die gleichmäßige Form täuscht, für $\Omega \to \infty$ und $\Omega \to -\infty$ schlängelt sich die Kurve an den Nullpunkt heran (siehe Abb. 4.86), d. h. die Kurve hat keine zur imaginären Achse parallele Asymptote, wie man nach dem gezeigten Kurvenstück vermuten könnte, sie sieht aus wie eine Kugel, die an der linken Seite eine Blase durch den Nullpunkt entwickelt. Es ist sehr einfach zu zeigen, dass $\lim_{\Omega\to\infty} R(\Omega) = 0 + 0i$ gilt und Entsprechendes für $-\infty$. Die drei zu den Zeitkonstanten gehörigen Frequenzen sind ebenfalls durch einen Punkt gekennzeichnet:

$$\Omega_L = \frac{1}{2\pi T_L} \qquad \Omega_M = \frac{1}{2\pi T_M} \qquad \Omega_H = \frac{1}{2\pi T_H}$$

Weil die Kurve die reelle Achse einmal überquert (bei $\Omega = 0$), macht der Phasengang des Frequenzganges bei $\Omega = 0$ einen Sprung der Höhe 2π. Weil die Kurve im gezeigten Teil einem Kreis nicht ganz unähnlich ist, kann man auch vorhersagen, dass der Phasengang in diesem Teil ziemlich konstant ist, von einer Umgebung von $\Omega = 0$ natürlich abgesehen.

An der Darstellung (4.51) kann abgelesen werden, dass der Betrag $|R|$ eine symmetrische Funktion ist, es genügt daher, ihn für positive Frequenzen zu skizzieren. Der Amplituden-

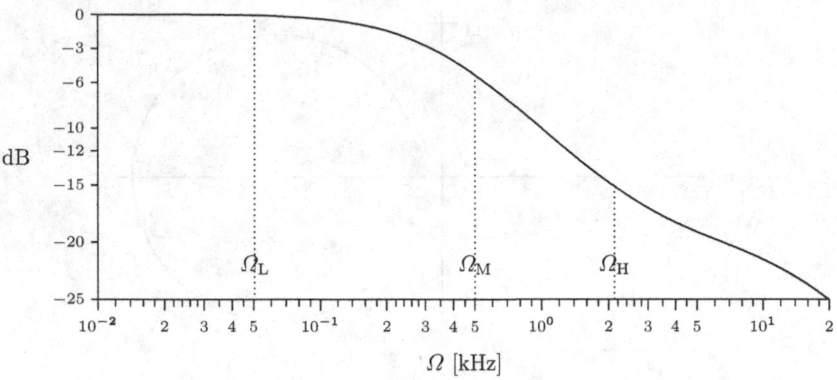

Abb. 4.83 $|R(\Omega)|$, $0 \le \Omega \le 4$, mit logarithmischer Skala

gang wird eigentlich immer mit einer logarithmischen Skala für die Frequenzen gezeichnet (siehe Abb. 4.83), weil nur so seine Feinheiten hervortreten, insbesondere die sanfte Delle um 2kHz herum. Diese ist allerdings in der Skizze des Betrages mit linearer Skala für die Frequenzen (Abb. 4.84) nicht mehr zu sehen, und es ist zu befürchten, dass das noch zu konstruierende Filter solche Feinheiten nicht berücksichtigen kann, wenn man die Anpassung seines Frequenzganges an die Wunschfunktion nicht allzuweit treiben kann oder will.

Der Polarwinkel des Frequenzganges ist in Abb. 4.85 gezeigt. Er hat die weiter oben vermuteten Eigenschaften und wird eigentlich nur der Vollständigkeit halber angegeben, er hat für das Folgende keine Bedeutung.

Zur Konstruktion des digitalen Filters ist nun der Frequenzgang R vom kontinuierlichen Frequenzbereich $-\infty < \Omega < \infty$ auf den digitalen Kreisfrequenzbereich $-\pi \le \omega < \pi$ zu übertragen. Das sollte möglichst ohne Verzerrungen geschehen. Nun gibt es keine verzerrungsfreie (d. h. proportionale) Abbildung eines unendlichen Bereiches auf einen endlichen, was dazu zwingt, von dem unendlichen Bereich $-\infty < \Omega < \infty$ auf einen endlichen Teilbereich $-\Omega_G \le \Omega \le \Omega_G$ überzugehen. Damit wird zwar auch eine Art von

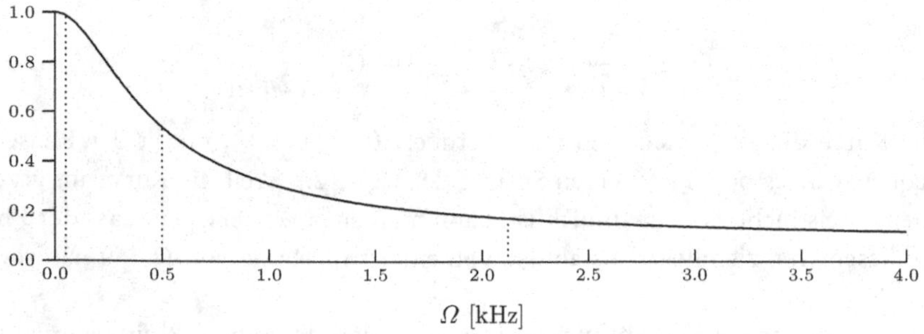

Abb. 4.84 $|R(\Omega)|$, $0 \le \Omega \le 4$

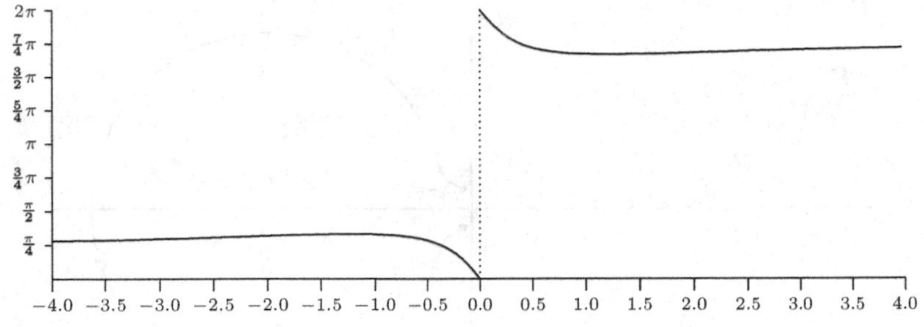

Abb. 4.85 Der Polarwinkel $\Phi(R(\Omega))$, $-4 \leq \Omega \leq 4$

Verzerrung eingeführt, aber jetzt kann proportional übertragen werden, die Kreisfrequenz ω soll sich zur Frequenz Ω so verhalten wie π zu Ω_G:

$$\omega = \Omega \frac{\pi}{\Omega_\text{G}} \tag{4.52}$$

Die Zeitkonstanten T_L, T_M und T_H beziehen sich auf Ω und sind als geänderte Zeitkonstanten τ_L, τ_M und τ_H auf ω zu beziehen. Damit ist der Übergang von der Funktion R zur Funktion r möglich:

$$r(\omega) = \frac{1 + \boldsymbol{i}\omega\tau_\text{M}}{(1 + \boldsymbol{i}\omega\tau_\text{L})(1 + \boldsymbol{i}\omega\tau_\text{H})} \qquad -\pi \leq \omega < \pi \tag{4.53}$$

Die Übertragung der Zeitkonstanten T_L verläuft so, dass zunächst zu ihrer Frequenz Ω_L übergegangen wird. Diese wird bei der Transformation der Frequenzbereiche zu

$$\omega_\text{L} = \Omega_\text{L} \frac{\pi}{\Omega_\text{G}} \quad \text{also} \quad \tau_\text{L} = \frac{1}{2\pi\omega_\text{L}} = T_\text{L} \frac{\Omega_\text{G}}{\pi}.$$

Die übrigen Zeitkonstanten werden ebenso übertragen. Es bleibt noch, die Bereichsgrenze Ω_G zu wählen. Sie sollte einerseits nicht so hoch ausfallen, dass der Teilbereich mit den drei Frequenzen ω_L, ω_M und ω_G im gesamten Kreisfrequenzbereich marginalisiert wird, andererseits sollte natürlich ein praktikabler Frequenzbereich zur Verfügung gestellt werden. Als Kompromiss wurde hier $\Omega_\text{G} = 20\,\text{kHz}$ gewählt. Die mit diesen Größen erhaltene von r durchlaufene Kurve ist in Abb. 4.86 skizziert. Ein Vergleich mit Abb. 4.82 zeigt, dass die beiden von R und r durchlaufenen Kurven sehr gut übereinstimmen. Dass in Abb. 4.82 die beiden Schlenker auf der linken Seite nicht vorhanden sind hat natürlich seinen Grund darin, dass die R-Kurve nur für den Bereich von $-4\,\text{kHz}$ bis $4\,\text{kHz}$ gezeichnet ist. Tatsächlich formen sich diese beiden Schlenker in der Gesamtkurve zu einer geschlossenen durch den Nullpunkt gehenden Blase, wie man mit Abb. 4.87 erkennen kann, in dem diese Schlenker

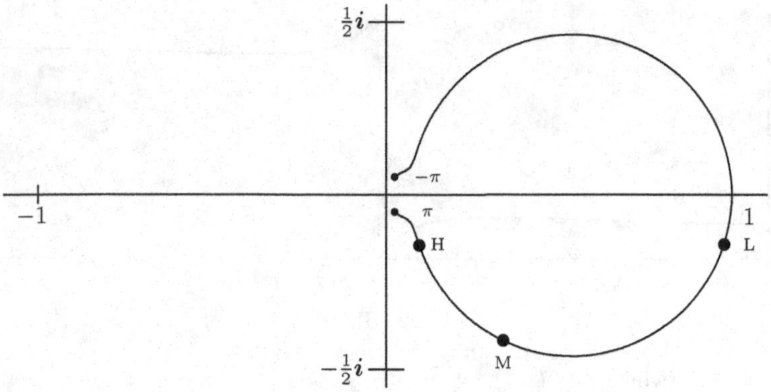

Abb. 4.86 Die Kurve $\omega \mapsto r(\omega)$, $-\pi \leq \omega < \pi$

Abb. 4.87 Die Kurve $\Omega \mapsto R(\Omega)$ für $-50 \leq \Omega \leq -4$ und $4 \leq \Omega \leq 50$ [kHz]

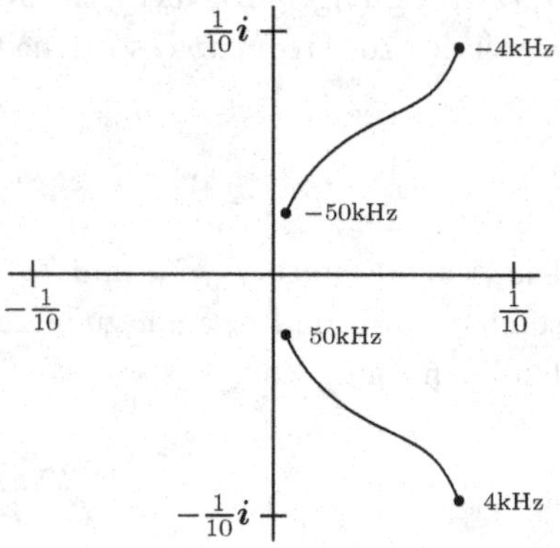

vergrößert dargestellt werden. Die Gesamtkurve ist demnach aus zwei sehr verschiedenen Teilen zusammengesetzt: Der größere kugelförmige Teil gehört zum Frequenzintervall $-4 \leq \Omega \leq 4$ [kHz], das restliche unendliche Frequenzband gehört zu dem kleinen blasenförmigen Fortsatz, der den kugelförmigen Teil mit dem Nullpunkt verbindet. Das steht natürlich im Einklang damit (oder ist die Erklärung dafür), dass der Amplitudengang mit logarithmischer Skala gezeichnet werden muss, wenn wichtige Eigenschaften der Kurve erkennbar sein sollen (Abb. 4.83).

In die r-Kurve sind auch die drei Frequenzen ω_L, ω_M und ω_H eingezeichnet. Im visuellen Vergleich nehmen sie die gleichen Stellen ein wie ihre Gegenstücke Ω_L, Ω_M und Ω_H in der R-Kurve. Wie Tab. 4.4 beweist beruht dieser Eindruck nicht auf einer Täuschung. Lediglich die Koordinaten von Ω_L und ω_L stimmen nicht auf vier Nachkommastellen überein, aber an irgendeiner Stelle muss sich der Übergang von der gesamten Zahlengeraden zu einem endlichen Intervall schließlich bemerkbar machen. Jedenfalls lassen sich die Koordinatenwerte nicht mehr wesentlich verbessern, wie Experimente ergeben liegt $\Omega_G = 20$ kHz nahe am optimalen Wert.

Tab. 4.4 Koordinaten der drei Frequenzen in der R- und der r-Kurve

	Ω/ω	x	y
Ω_L	0,05005	0,9768	−0,2892
ω_L	0,00786	0,9772	−0,2867
Ω_M	0,50050	0,3390	−0,8363
ω_M	0,07862	0,3390	−0,8363
Ω_H	2,12200	0,9614	−0,2916
ω_H	0,33332	0,9614	−0,2916

Die Funktion $r : [-\pi, \pi) \rightarrow \mathbb{C}$ kann durch Replikation zwar auf ganz $\mathbb{R}$ fortgesetzt werden, ist dann jedoch keine periodische Funktion mit der Periode 2π und daher auch nicht der Frequenzgang eines digitalen Filters. Folglich ist die in Abb. 4.88 skizzierte Betragsfunktion $|r|$ von r auch nicht der Amplitudengang eines digitalen Filters. Nun ist aber ein reeller und positiver Frequenzgang eines digitalen Filters sein eigener Amplitudengang, d. h. im Falle eines reellen und positiven Frequenzganges stimmen Frequenzgang und Amplitudengang überein. Die Funktion $|r|$, d. h. die RIAA-Entzerrerkurve, kann daher als Wunschfunktion für den Frequenzgang eines digitalen Filters **R** dienen, und zwar zur Bestimmung der Einheitsimpulsantwort von **R** über das Integral (4.33):

$$\Delta_{\mathbf{R}}(n) = \frac{1}{2\pi} \int_{-\pi}^{\pi} |r(\omega)| \cos(n\omega) \mathrm{d}\omega \tag{4.54}$$

Der imaginäre Teil von (4.33) verschwindet natürlich auch hier. Die numerische Berechnung der Integrale für $n = 0$ bis $n = 64$ erfolgte wieder mit dem Romberg-Verfahren (siehe dazu Kap. 6), die Ergebnisse sind in Tab. 4.5 zu sehen.

Wie auch schon im vorigen Abschnitt muss zu einem Filter $\mathbf{R}_k$ mit finiter Einheitsimpulsantwort übergegangen werden, damit der Filterwert $\mathbf{R}_k(\boldsymbol{x})$ über die Faltungssumme $\Delta_{\mathbf{R}_k} * \boldsymbol{x}$ bestimmt werden kann:

$$\Delta_{\mathbf{R}_k}(n) = \begin{cases} \Delta_{\mathbf{R}}(n) & \text{für } -k \leq n \leq k \\ 0 & \text{für } n < -k \vee k < n \end{cases} \tag{4.55}$$

Die Frequenzantwort von $\mathbf{R}_k$ ergibt sich mit seiner Einheitsimpulsantwort wie folgt (siehe Abb. 4.89):

$$\Theta_{\mathbf{R}_k}(\omega) = \sum_{n=-\infty}^{\infty} \Delta_{\mathbf{R}_k}(n) e^{-in\omega} = \Delta_{\mathbf{R}}(0) + 2 \sum_{\kappa=1}^{k} \Delta_{\mathbf{R}}(\kappa) \cos(\kappa\omega) \tag{4.56}$$

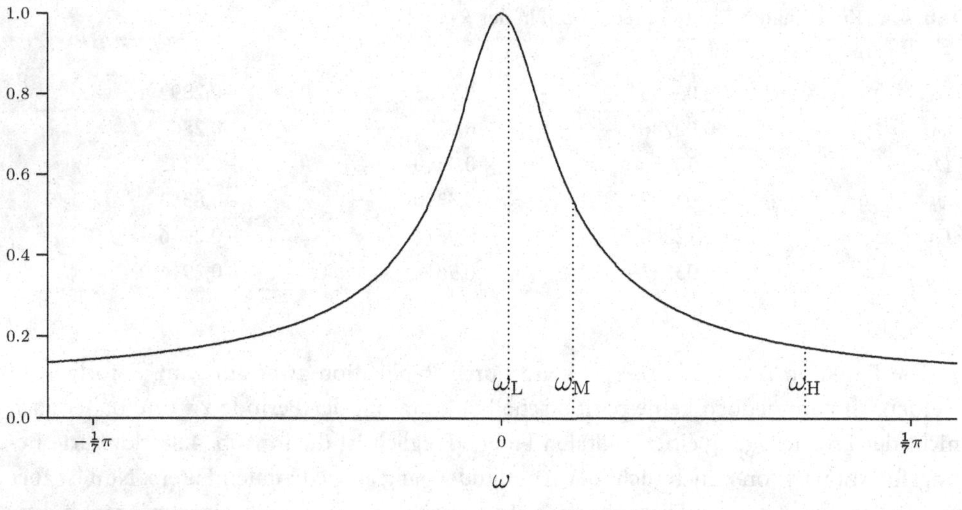

Abb. 4.88 Die Wunschfunktion $\omega \mapsto |r(\omega)|$

Tab. 4.5 $\Delta_R(n)$

n	$\Delta_R(n)$	n	$\Delta_R(n)$	n	$\Delta_R(n)$
0	$0,11971\,37706$	22	$0,5783328196_{10-2}$	43	$0,1529682275_{10-2}$
1	$0,46927\,71291_{10-1}$	23	$0,54168\,49430_{10-2}$	44	$0,14366\,23224_{10-2}$
2	$0,31963\,38682_{10-1}$	24	$0,50483\,36699_{10-2}$	45	$0,13574\,38857_{10-2}$
3	$0,29172\,44804_{10-1}$	25	$0,47344\,18933_{10-2}$	46	$0,12752\,90617_{10-2}$
4	$0,25340\,72868_{10-1}$	26	$0,44182\,88296_{10-2}$	47	$0,12056\,02505_{10-2}$
5	$0,23139\,27176_{10-1}$	27	$0,41481\,64297_{10-2}$	48	$0,11329\,75429_{10-2}$
6	$0,20630\,33045_{10-1}$	28	$0,38756\,49511_{10-2}$	49	$0,10715\,79990_{10-2}$
7	$0,18895\,17005_{10-1}$	29	$0,36423\,05114_{10-2}$	50	$0,10072\,80000_{10-2}$
8	$0,17065\,62938_{10-1}$	30	$0,34064\,10731_{10-2}$	51	$0,95313\,98595_{10-3}$
9	$0,15700\,52314_{10-1}$	31	$0,32041\,64505_{10-2}$	52	$0,89613\,73913_{10-3}$
10	$0,14301\,49084_{10-1}$	32	$0,29992\,34716_{10-2}$	53	$0,84835\,57453_{10-3}$
11	$0,13211\,56001_{10-1}$	33	$0,28234\,35510_{10-2}$	54	$0,79776\,03278_{10-3}$
12	$0,12107\,98176_{10-1}$	34	$0,26448\,46372_{10-2}$	55	$0,75555\,98009_{10-3}$
13	$0,11223\,85752_{10-1}$	35	$0,24916\,51337_{10-2}$	56	$0,71059\,91105_{10-3}$
14	$0,10333\,59633_{10-1}$	36	$0,23355\,86203_{10-2}$	57	$0,67330\,42050_{10-3}$
15	$0,96064\,15381_{10-2}$	37	$0,22017\,94931_{10-2}$	58	$0,63330\,66918_{10-3}$
16	$0,88759\,85651_{10-2}$	38	$0,20650\,77401_{10-2}$	59	$0,60032\,91362_{10-3}$
17	$0,82709\,63166_{10-2}$	39	$0,19480\,05957_{10-2}$	60	$0,56470\,95291_{10-3}$
18	$0,76637\,55293_{10-2}$	39	$0,19480\,05957_{10-2}$	61	$0,53553\,59836_{10-3}$
19	$0,71555\,85928_{10-2}$	40	$0,18279\,73461_{10-2}$	62	$0,50378\,31326_{10-3}$
20	$0,66455\,36135_{10-2}$	41	$0,17253\,57325_{10-2}$	63	$0,47796\,48221_{10-3}$
21	$0,62153\,79196_{10-2}$	42	$0,16197\,63980_{10-2}$	64	$0,44963\,14519_{10-3}$

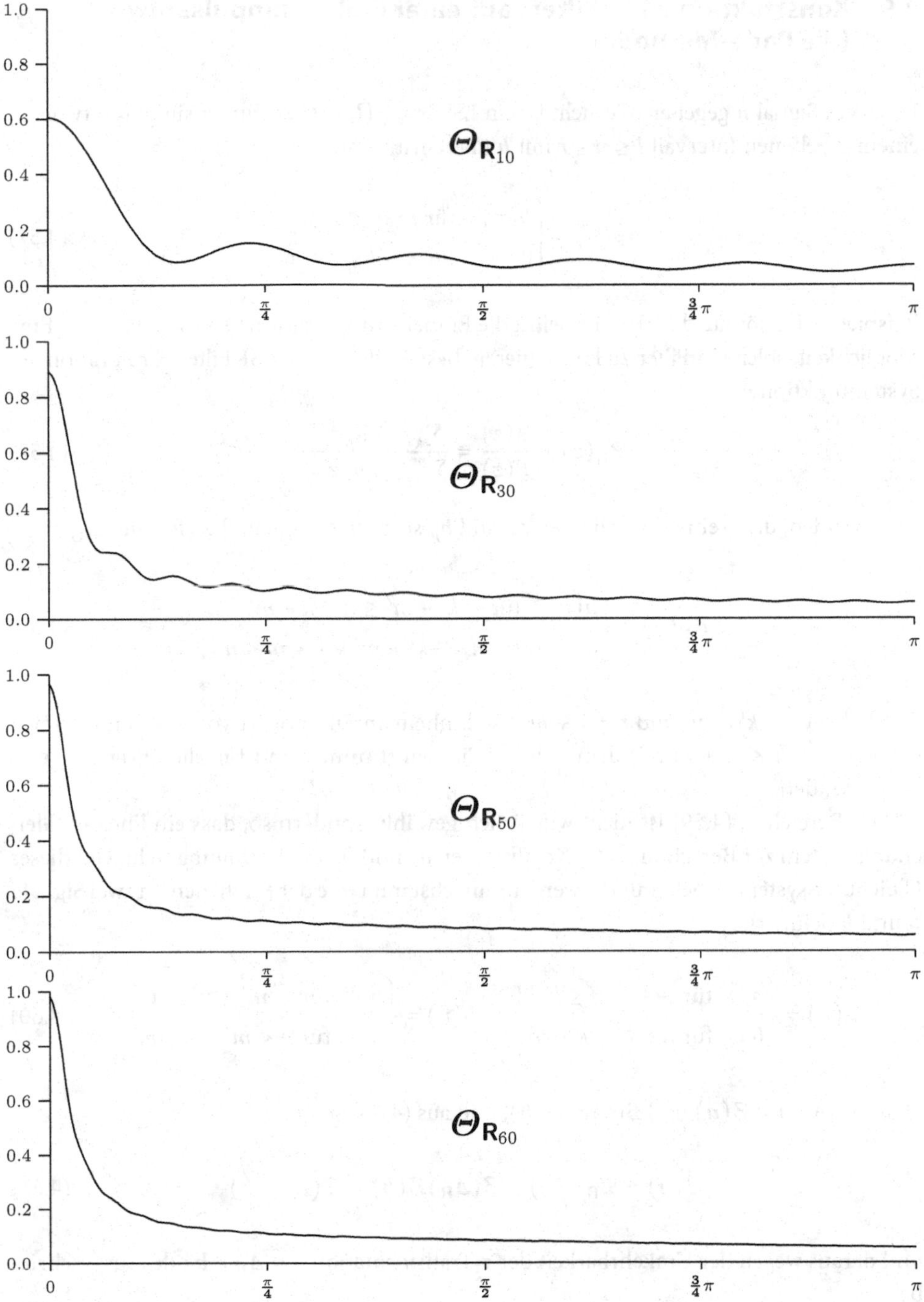

Abb. 4.89 Vier Approximationen an Θ_R

4.9 Konstruktion eines Filters aus einer Einheitsimpulsantwort (die Padé-Methode)

Es sei ein Signal $\boldsymbol{h}$ gegeben. Gesucht ist ein LSI-Filter R, dessen Einheitsimpulsantwort in einem gegebenen Intervall $l \leq n \leq r$ mit $\boldsymbol{h}$ übereinstimmt:

$$\Delta_{\mathsf{R}}(n) = \begin{cases} \boldsymbol{h}(n) & \text{für } l \leq n \leq r \\ 0 & \text{für } n < l \vee r < n \end{cases} \tag{4.57}$$

Beispielsweise könnte das Signal $\boldsymbol{h}$ selbst die Einheitsimpulsantwort eines Filters sein. Eine Möglichkeit, solch ein Filter zu konstruieren, besteht darin, ein LSI-Filter R mit rationaler Systemfunktion

$$\boldsymbol{\Psi}_{\mathsf{R}}(z) = \frac{A(z)}{B(z)} = \frac{\sum_{\kappa=-k'}^{k} a_\kappa z^{-\kappa}}{\sum_{\mu=-m'}^{m} b_\mu z^{-\mu}} \tag{4.58}$$

so zu wählen, d. h. seine Koeffizienten a_κ und b_μ so zu bestimmen, dass folgendes gilt:

$$\Delta_{\mathsf{R}}(n) = \begin{cases} \boldsymbol{h}(n) & \text{für } -k' - m' \leq n \leq k + m \\ 0 & \text{für } n < -k' - m' \vee k + m < n \end{cases} \tag{4.59}$$

Es ist also $l = -k' - m'$ und $r = k + m$: Die Einheitsimpulsantwort von R soll im Bereich $-k' - m' \leq n \leq k + m$ mit dem Signal $\boldsymbol{h}$ übereinstimmen und für alle übrigen $n \in \mathbb{Z}$ verschwinden.

Der Bereich in (4.59) ist nicht willkürlich gewählt, sondern so, dass ein lineares Gleichungssystem zur Berechnung der Koeffizienten a_κ und b_μ zur Verfügung steht. Um dieses Gleichungssystem zu bekommen, werden zunächst mit Hilfe der Koeffizienten zwei Signale $\boldsymbol{a}$ und $\boldsymbol{b}$ definiert:

$$\boldsymbol{a}(n) = \begin{cases} a_n & \text{für } -k' \leq n \leq k \\ 0 & \text{für } n < k' \vee k < n \end{cases} \qquad \boldsymbol{b}(n) = \begin{cases} b_n & \text{für } -m' \leq n \leq m \\ 0 & \text{für } n < m' \vee k < m \end{cases} \tag{4.60}$$

Dann ist $A(z) = \mathcal{Z}(\boldsymbol{a})$ und $B(z) = \mathcal{Z}(\boldsymbol{b})$, und aus (4.58) wird

$$\mathcal{Z}(\boldsymbol{a}) = \boldsymbol{\Psi}_{\mathsf{R}}\mathcal{Z}(\boldsymbol{b}) = \mathcal{Z}(\Delta_{\mathsf{R}})\mathcal{Z}(\boldsymbol{b}) = \mathcal{Z}(\Delta_{\mathsf{R}} * \boldsymbol{b}) \tag{4.61}$$

und daraus wegen der Umkehrbarkeit der z-Transformation $\boldsymbol{a} = \Delta_{\mathsf{R}} * \boldsymbol{b}$ oder ausgeschrieben

$$\boldsymbol{a}(n) = (\Delta_{\mathsf{R}} * \boldsymbol{b})(n) = \sum_{\mu=-m'}^{m} b_\mu \Delta_{\mathsf{R}}(n - \mu) = \sum_{\mu=-m'}^{m} b_\mu \Delta_{\mathsf{T}}(n - \mu) \tag{4.62}$$

Es ist also das folgende lineare Gleichungssystem für die a_κ und b_μ herausgekommen:

$$\sum_{\mu=-m'}^{m} b_\mu \Delta_{\mathsf{T}}(n-\mu) = \begin{cases} a_n & \text{für } -k' \le n \le k \\ 0 & \text{für } -k'-m' \le n < -k' \vee k < n \le k+m \end{cases} \tag{4.63}$$

Dieses Gleichungssystem ist formal identisch mit einem Gleichungssystem, das sich ergibt, wenn die Funktionen einer Padéschen Tafel berechnet werden sollen (siehe Abschn. 6.3). Zur Lösung werden zuerst die b_μ aus dem unteren homogenen Teil des Gleichungssystems (d. h. mit Nullen als Konstanten) bestimmt, der obere Teil des Gleichungssystems ist dann schon nach den a_κ aufgelöst. Wird zur Abkürzung $h_i = \boldsymbol{h}(i)$ gesetzt, mit $h_i = 0$ für $i < -k' - m'$, dann ergibt sich das homogene Gleichungssystem in Matrixgestalt wie folgt:

$$\begin{bmatrix} h_{-k'} & \cdots & h_{-k'-m'} & \cdots & h_{-k'-m'-m} \\ \vdots & & \vdots & & \vdots \\ h_{-k'+m'-1} & \cdots & h_{-k'-1} & \cdots & h_{-k'-m'-1} \\ h_{k+m+1} & \cdots & h_{k+1} & \cdots & h_{k-m+1} \\ \vdots & & \vdots & & \vdots \\ h_{k+m+m} & \cdots & h_{k+m} & \cdots & h_k \end{bmatrix} \begin{bmatrix} b_{-m'} \\ \vdots \\ b_0 \\ \vdots \\ b_m \end{bmatrix} = \begin{bmatrix} 0 \\ \vdots \\ 0 \\ 0 \\ \vdots \\ 0 \end{bmatrix} \tag{4.64}$$

Nun ist allerdings die Zahl der Unbekannten des homogenen Systems (4.64) (die Anzahl der b_μ) durch $m + m' + 1$ gegeben, das Gleichungssystem besteht aber nur aus $m + m'$ Gleichungen. Die fehlende Gleichung kann man über die Normierung der Systemfunktion von **R** gewinnen, etwa durch $b_0 = 1$. Das System (4.64) geht dann über in das folgende Gleichungssystem mit $m + m'$ Gleichungen:

$$\begin{bmatrix} h_{-k'} & \cdots & h_{-k'-m'+1} & h_{-k'-m'-1} & \cdots & h_{-k'-m'-m} \\ \vdots & & \vdots & \vdots & & \vdots \\ h_{-k'+m'-1} & \cdots & h_{-k'} & h_{-k'-2} & \cdots & h_{-k'-m'-1} \\ h_{k+m+1} & \cdots & h_{k+2} & h_k & \cdots & h_{k-m+1} \\ \vdots & & \vdots & \vdots & & \vdots \\ h_{k+m+m} & \cdots & h_{k+m+1} & h_{k+m-1} & \cdots & h_k \end{bmatrix} \begin{bmatrix} b_{-m'} \\ \vdots \\ b_{-1} \\ b_1 \\ \vdots \\ b_m \end{bmatrix} = \begin{bmatrix} -h_{-k'-m'} \\ \vdots \\ -h_{-k'-1} \\ -h_{k+1} \\ \vdots \\ -h_{k+m} \end{bmatrix} \tag{4.65}$$

Hat man dieses Gleichungssystem gelöst, erhält man die a_κ aus dem oberen Gleichungssystem von (4.63), das schon nach den Unbekannten aufgelöst ist:

$$a_\kappa = \sum_{\mu=-m'}^{m} b_\mu h_{\kappa-\mu} \quad \kappa \in \{-k', \ldots, k\} \quad h_{\kappa-\mu} = 0 \text{ bei } \kappa - \mu < 0 \tag{4.66}$$

In der Praxis wird das Gleichungssystem in seiner vollen Allgemeinheit selten benötigt. Besitzt das Signal $\boldsymbol{h}$ Symmetrieeigenschaften, dann kann sich (4.65) beträchtlich vereinfachen. Ist $\boldsymbol{h}$ nullsymmetrisch, d. h. gilt $h_{-i} = h_i$ für $i \neq 0$, oder nullschiefsymmetrisch,

d. h. gilt $h_{-i} = -h_i$ für $i \neq 0$, und setzt man $k' = k = m' = m = q$, so schrumpft das Gleichungssystem auf ein Viertel seiner Größe:

$$\begin{bmatrix} h_q & \cdots & h_1 \\ \vdots & & \vdots \\ h_{2q-1} & \cdots & h_q \end{bmatrix} \begin{bmatrix} b_1 \\ \vdots \\ b_q \end{bmatrix} = \begin{bmatrix} -h_{q+1} \\ \vdots \\ -h_{2q} \end{bmatrix} \qquad a_\kappa = h_\kappa + \sum_{\substack{1 \le \mu \le q \\ \kappa-\mu \ge 0}} b_\mu h_{\kappa-\mu} \qquad \kappa \in \{0, \ldots, q\} \tag{4.67}$$

Denn es müssen nur die b_1 bis b_q berechnet werden, es ist dann $b_{-1} = b_1$ bis $b_{-q} = b_q$ oder $b_{-1} = -b_1$ bis $b_{-q} = -b_q$. Natürlich sollen die a_κ dieselbe Symmetrieeigenschaft besitzen wie die b_μ. Zum einfacheren Verständnis wird noch das System für $q = 2$ mitsamt seiner Lösung präsentiert, für praktische Zwecke, d. h. für eine befriedigende Approximation von $\boldsymbol{\Delta}_\mathsf{R}$ an $\boldsymbol{h}$ dürfte q in den meisten Fällen nicht ausreichen. Das Gleichungssystem (4.67) muss daher numerisch gelöst werden.

$$\begin{bmatrix} h_2 & h_1 \\ h_3 & h_2 \end{bmatrix} \begin{bmatrix} b_1 \\ b_2 \end{bmatrix} = \begin{bmatrix} -h_3 \\ -h_4 \end{bmatrix}$$

$$\begin{aligned} a_0 &= h_0 \\ a_1 &= h_1 + b_1 h_0 \\ a_2 &= h_2 + b_1 h_1 + b_2 h_0 \end{aligned}$$

Die wenigen Schritte zur Lösung des 2×2-Systems seien dem Leser als sehr einfache Übung überlassen, die Lösung ist jedenfalls

$$\begin{aligned} b_2 &= \frac{h_3^2 - h_2 h_4}{h_2^2 - h_1 h_3} \\ b_1 &= -\frac{h_4}{h_3} - \frac{h_1}{h_3} b_2 \end{aligned}$$

Ist $\boldsymbol{h}$ kausal, d. h. gilt $\boldsymbol{h}(n) = 0$ für $n < 0$, dann kommt man ebenfalls auf das Gleichungssystem (4.67), wenn man $m' = k' = 0$ wählt und, um der Systemfunktion dieselbe Anzahl von Nullen und Polen zu geben, $m = k = q$. Ist $\boldsymbol{h}$ kausal, können k' oder m' auch negativ sein.

Man hat allerdings darauf zu achten, ob die Matrix des homogenen Gleichungssystems singulär ist. Dazu ein Beispiel. Es ist eine Systemfunktion zu bestimmen, die eine Nullstelle und drei Pole besitzt:

$$\boldsymbol{\Psi}_\mathsf{R}(z) = \frac{a_0 + a_1 z^{-1}}{1 + b_1 z^{-1} + b_2 z^{-2} + b_3 z^{-3}}$$

Es ist also $k' = m' = 0$, weshalb nur das rechte untere Viertel der Matrix in (4.64) verwendet wird, und $k = 1$ und $m = 3$. Die erste Zeile der Matrix hat die Elemente h_1, h_0 und $h_{-1} = 0$, das gesamte System (fünf Gleichungen mit fünf Unbekannten) ergibt sich zu

$$\begin{bmatrix} h_1 & h_0 & 0 \\ h_2 & h_1 & h_0 \\ h_3 & h_2 & h_1 \end{bmatrix} \begin{bmatrix} b_1 \\ b_2 \\ b_3 \end{bmatrix} = \begin{bmatrix} -h_2 \\ -h_3 \\ -h_4 \end{bmatrix} \qquad a_0 = h_0 \quad a_1 = h_1 + b_1 h_0$$

Speziell für das Signal $\boldsymbol{h}(n) = 2^{-n}\boldsymbol{u}(n)$ erhält man das folgende System:

$$\begin{bmatrix} \frac{1}{2} & 1 & 0 \\ \frac{1}{4} & \frac{1}{2} & 1 \\ \frac{1}{8} & \frac{1}{4} & \frac{1}{2} \end{bmatrix} \begin{bmatrix} b_1 \\ b_2 \\ b_3 \end{bmatrix} = \begin{bmatrix} -\frac{1}{4} \\ -\frac{1}{8} \\ -\frac{1}{16} \end{bmatrix}$$

Die ersten beiden Spalten der Matrix sind linear abhängig, denn multipliziert man die erste Spalte mit 2 erhält man gerade die zweite Spalte. Die Matrix ist daher singulär, die Methode versagt für dieses $\boldsymbol{h}$. Allerdings bestehen die Elemente der Matrix in der Regel aus Fließkommazahlen, eine Singularität ist daher nicht mehr so einfach mit dem bloßen Auge zu entdecken. Weitaus gefährlicher als echt singuläre sind jedoch fast singuläre Matrizen, hier können plausibel aussehende Lösungen sehr weit von der wahren Lösung entfernt sein (siehe dazu etwa [Stoe] oder [Wilk]). Manche Gleichungslöser berechnen automatisch einen Schätzwert für die Determinante der Matrix: Eine kleine Determinante deutet auf eine singuläre oder nahezu singuläre Matrix hin. Eine sehr gute Quelle für Unterprogramme zur Lösung linearer Gleichungssysteme ist [Wlk2], allerdings sind die dort vorgestellten und genauestens erläuterten Unterprogramme sämtlich in der ausgestorbenen Programmiersprache ALGOL geschrieben. Diese Sprache hat ihre Tücken, man hat bei der Umsetzung in eine zeitgenössische Sprache sehr auf der Hut zu sein.

Eine reguläre Matrix bekommt man für das Signal

$$\boldsymbol{h}(n) = 2^{-2}\boldsymbol{\delta}_0(n) + 2^{-1}\boldsymbol{\delta}_2(n) + 2^{n-2}\boldsymbol{u}_2(n)$$

mit den Anfangswerten $h_0 = 2^{-2}$, $h_1 = 2^{-1}$, $h_2 = 1$, $h_3 = 2^{-1}$ und $h_4 = 2^{-2}$:

$$\begin{bmatrix} \frac{1}{2} & \frac{1}{4} & 0 \\ 1 & \frac{1}{2} & \frac{1}{4} \\ \frac{1}{2} & 1 & \frac{1}{2} \end{bmatrix} \begin{bmatrix} b_1 \\ b_2 \\ b_3 \end{bmatrix} = \begin{bmatrix} -1 \\ -\frac{1}{2} \\ -\frac{1}{4} \end{bmatrix}$$

Die Berechnung der Lösung sei wieder dem Leser überlassen, man erhält

$$\boldsymbol{\Psi}_{\mathsf{R}}(z) = \frac{\frac{1}{4} + \frac{3}{8}z^{-1}}{1 - \frac{1}{2}z^{-1} - 3z^{-2} + 6z^{-3}} = \frac{2 + 3z^{-1}}{8 - 4z^{-1} - 24z^{-2} + 48z^{-3}}$$

Ist das Signal $\boldsymbol{h}$ die Einheitsimpulsantwort eines Systems $\mathbf{S}$, dann kann man aus der Tatsache, dass $\boldsymbol{\Delta}_{\mathsf{R}}$ die Einheitsimpulsantwort $\boldsymbol{\Delta}_{\mathsf{S}}$ approximiert, nicht schließen, dass die Frequenzantwort $\boldsymbol{\Theta}_{\mathsf{R}}$ auch die Frequenzantwort $\boldsymbol{\Theta}_{\mathsf{S}}$ approximiert. Ein Gegenbeispiel ist der mit (4.34) definierte Tiefpass $\mathbf{T}$, dessen Frequenzantwort in Abb. 4.66 zu sehen ist. Seine nicht finite Einheitsimpulsantwort ist

$$\boldsymbol{\Delta}_{\mathsf{T}}(n) = \frac{\sin(n\omega_g)}{n\pi} \qquad n \in \mathbb{Z}$$

Tab. 4.6 Die Koeffizienten a_i und b_i von $\boldsymbol{\Psi}_{\mathbf{R}}$

i	b_i	a_i
0	1,00000000000000000000	0,33333333333333333333
1	−4,00000000000000000000	−1,0576688562243730858
2	8,40000000000000000000	1,83517443301186391336
3	−11,20000000000000000000	−1,96908086798359877490
4	10,23076923076923076923	1,41168916435241407693
5	−6,46153846153846153846	−0,65677615320082620402
6	2,74125874125874125874	0,18430237519485042587
7	−0,71048951048951048951	−0,02364565874596187411
8	0,08601398601398601399	0,00000745850150987739

Die Approximation $\boldsymbol{\Delta}_{\mathbf{R}}$ soll über (4.67) berechnet werden, und zwar mit $q = 8$. Die Systemfunktion hat die Gestalt

$$\boldsymbol{\Psi}_{\mathbf{R}}(z) = \frac{\sum_{\kappa=-8}^{8} a_\kappa z^{-\kappa}}{\sum_{\mu=-8}^{8} b_\mu z^{-\mu}}$$

die Frequenzantwort von **R** ist deshalb reell (siehe Abschn. 4.1):

$$\boldsymbol{\Theta}_{\mathbf{R}}(\omega) = \frac{a_0 + 2\sum_{\kappa=1}^{8} a_\kappa \cos(\kappa\omega)}{b_0 + 2\sum_{\mu=1}^{8} b_\mu \cos(\mu\omega)}$$

Die Matrizenkoeffizienten werden mit den $h_i = \boldsymbol{\Delta}_{\mathbf{T}}(i)$ gebildet, mit $h_i = 0$ bei $i < 0$. Lediglich h_0 kann nicht direkt ausgerechnet werden, der Wert muss indirekt erschlossen werden:

$$\lim_{x\to 0} \frac{\sin(x\lambda)}{x} = \lim_{x\to 0} \frac{\lambda\cos(x\lambda)}{1} \quad \Longrightarrow \quad h_0 = \frac{\omega_g}{\pi}$$

Als Beispielgrenzfrequenz ist oben $\omega_g = \frac{\pi}{3}$ gewählt worden (Abschn. 4.8.1). Die Koeffizienten der Systemfunktion für diese Frequenz sind in Tab. 4.6 wiedergegeben, die damit berechnete Frequenzantwort des Filters **R** ist in Abb. 4.90 skizziert. Sie zeigt keinerlei Ähnlichkeiten mit der Frequenzantwort des Filters $\mathbf{A}_8$ in Abb. 4.91. Sie besitzt sogar Singularitäten, was bedeutet, dass die Kurve nur in dem Sinne geschlossen ist, dass sie „über Unendlich verläuft" (siehe auch die Diskussion in Kap. 2). Prinzipiell wäre es möglich, dass die „echte" Frequenzantwort von **R** ganz anders verläuft und die Berechnete ein Artefakt der Gleichungslösung ist, d. h. es könnte eine singuläre oder nahezu singuläre Matrix vorliegen. Das ist jedoch ganz sicher nicht der Fall, weil die berechneten Koeffizienten b_i sämtlich rationale Zahlen sind. Das ist bei b_1 bis b_3 offensichtlich und gilt bei näherem Hinsehen auch für die übrigen Koeffizienten, denn diese besitzen periodische Nachkommastellen und stellen demnach rationale Zahlen dar. Es ist nämlich $b_4 = 10,\overline{230769}$, $b_5 = 6,\overline{461538}$, $b_6 = 2,\overline{741258}$, $b_7 = 0{,}7\overline{104895}$ und $b_8 = 0{,}0\overline{860139}$. Denn die Wahrscheinlichkeit, dass bei der Berechnung der Lösung eines fast singulären Gleichungssystems mit Fließkommaarithmetik als Lösung rationale Zahlen erscheinen ist mikroskopisch klein.

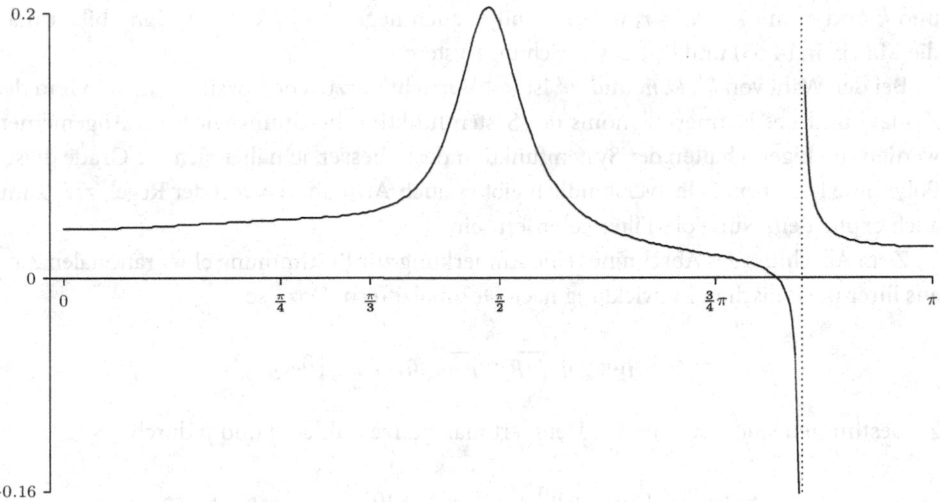

Abb. 4.90 Θ_{R}

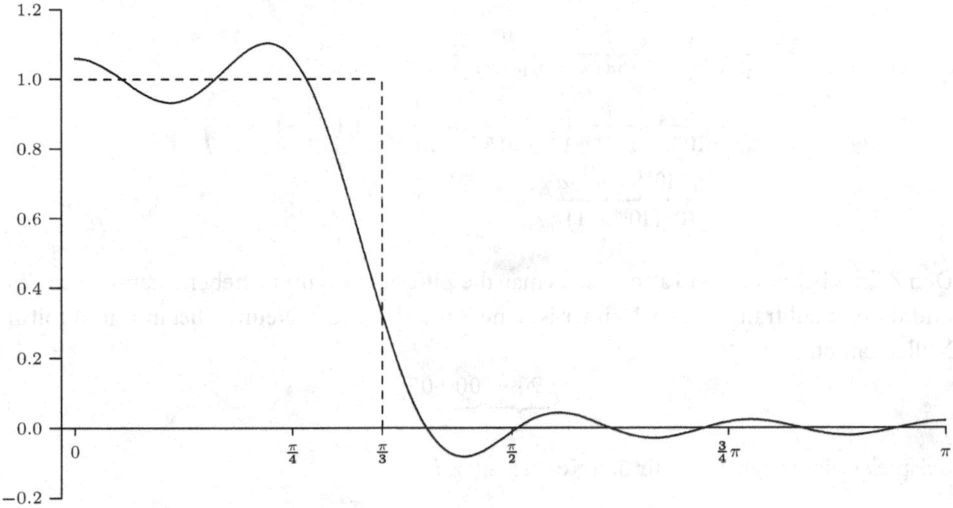

Abb. 4.91 $\Theta_{\mathsf{A}_8}(\omega) = \Delta_{\mathsf{T}}(0) + 2\sum_{\kappa=1}^{8} \Delta_{\mathsf{T}}(\kappa)\cos(\kappa\omega)$

Jedenfalls macht dieses Beispiel deutlich, dass die Approximation eines Filters $\mathbf{Y}$ durch ein Filter $\mathbf{X}$ über die Approximation der Einheitsimpulsantwort $\Delta_{\mathbf{Y}}$ von $\mathbf{Y}$ durch die Einheitsimpulsantwort $\Delta_{\mathbf{X}}$ von $\mathbf{X}$ kein vielversprechender Weg ist.

Die eigentliche Anwendung der Methode verläuft wie folgt. Es ist ein Signal $\boldsymbol{h}$ gegeben mit $\boldsymbol{h}(l) \neq 0$ und $\boldsymbol{h}(r) \neq 0$, aber $\boldsymbol{h}(n) = 0$ für $n < l$ und $\boldsymbol{h}(n) = 0$ für $r < n$. Es soll $l \leq r$ gelten. Man wählt k' und m' mit $k' + m' = l$, wobei k' und m' auch negativ sein können, und k und m mit $k + m = r$, wobei k und m auch negativ sein können. Dann bildet man die Matrix in (4.65) und löst das Gleichungssystem.

Bei der Wahl von k', k, m und m' ist mit Vorsicht vorzugehen, weil damit der Grad des Zähler- und des Nennerpolynoms der Systemfunktion bestimmt wird. Im Allgemeinen werden die Eigenschaften der Systemfunktion desto besser, je näher sich die Grade dieser Polynome kommen. Selbstverständlich gibt es auch Ausnahmen von der Regel, z. B. kann auch explizit ein Nur-Pole-Filter gefordert sein.

Zum Abschluss des Abschnittes eine Anmerkung zur Bestimmung einer rationalen Zahl aus ihrer periodischen Entwicklung nach Dezimalziffern. Dazu sei

$$\frac{u}{v} = 0, q_1 q_2 \cdots q_n \overline{p_1 p_2 \cdots p_m} \qquad q_\nu, p_\mu \in \{0, \ldots, 9\}$$

Zu bestimmen sind also u und v. Definiert man ganze Zahlen q und p durch

$$q = q_1 10^{n-1} + \cdots + q_2 10^1 + q_1 \qquad p = p_1 10^{m-1} + \cdots + p_2 10^1 + p_1$$

so erhält man die folgende Entwicklung in eine geometrische Reihe:

$$\begin{aligned} \frac{u}{v} &= \frac{q}{10^n} + \frac{p}{10^{n+m}} + \frac{p}{10^{n+2m}} + \cdots \\ &= \frac{q}{10^n} + \frac{p}{10^{n+m}} \left(1 + \frac{1}{10^m} + \left(\frac{1}{10^m}\right)^2 + \left(\frac{1}{10^m}\right)^3 + \cdots \right) \\ &= \frac{q \cdot 10^m + p - q}{10^n (10^m - 1)} \end{aligned}$$

Den Zähler bekommt man also so, dass man die Ziffern von q und p nebeneinanderschreibt und dann q subtrahiert. Der Nenner ist eine Zahl, die mit m Neunen beginnt und mit n Nullen endet:

$$\underbrace{99\cdots99}_{m}\underbrace{00\cdots00}_{n}$$

Beispielsweise erhält an so für den Koeffizienten b_7

$$b_7 = 0{,}7\overline{104895} = \frac{7104895 - 7}{9999990} = \frac{3.552.444}{4.999.995}$$

Entfällt die Vorperiode, dann ist natürlich $n = 0$ und $q = 0$:

$$b_4 = 0, \overline{230769} = \frac{230.769}{999.999} = \frac{8547}{37.037}$$

Die Realisierung digitaler Filter mit AVR-Mikrocontrollern

5

In der Theorie bestehen die Eingangs- und Ausgangssignale von Systemen aus komplexen Zahlen. Das hat seinen hauptsächlichen Grund darin, dass die komplexe Exponentialfunktion sehr viel einfacher zu handhaben ist als die trigonometrischen Funktionen. Signale, die aus der wirklichen Welt kommen oder für die wirkliche Welt gedacht sind, also hörbare, sichtbare usw., müssen natürlich mit reellen Zahlen dargestellt werden. Dann können aber auch die Filterkoeffizienten keine komplexen Zahlen sein. Kurz gesagt: Komplexe Rechnung für das Design eines Filters, reelle Rechnung für seine Realisierung.

Reelle Zahlen, d. h. ihre Approximation mit einer Fließkommaarithmetik, erfordern aber ultraschnelle Signalprozessoren, wenn akzeptable Filterzeiten erreicht werden sollen. Zur Verfügung steht jedoch nur ein 8-Bit-Mikrocontroller mit sehr guter Peripherie, aber eher mäßiger Rechenleistung. Hier müsste die Fließkommaarithmetik in Software[1] realisiert werden. Die dabei erreichten Ausführungszeiten lassen eine Anwendung zur digitalen Filterung allerdings nicht zu: Beispielsweise dauert bei [Mss1] eine Addition 160, eine Multiplikation 150, eine Skalierung immerhin noch 50 und eine Division schließlich 320 Takte. Mit dieser Arithmetik sind Filterungen praktisch nur *offline* möglich.

Als eine schnellere Alternative bietet sich Fixkommaarithmetik an. Allerdings erfordert deren Einsatz vom Programmentwickler ein gewisses Maß an Mitdenken. Besonders problematisch ist die Anfälligkeit der Fixkommarechnung für Zahlenbereichsüberlauf, hier ist sehr sorgfältig vorzugehen. Abschnitt 6.5 enthält eine Einführung in die Fixkommarechnung, dort wird insbesondere auch der Überlauf diskutiert. Besonders wichtig: Die Fixkommamultiplikation wird mit den 8-Bit-Multiplikationsbefehlen des Mikrocontrollers realisiert. Schließlich wird in Abschn. 5.1 gezeigt, wie man von den reellen Zahlen der Filterkoeffizienten zu Fixkommazahlen gelangen kann.

[1] Eine Fließkommaarithmetik in Software wird mit ausführlichen Erläuterungen in [Mss1] und [Mss2] implementiert.

H. Schmidt, M. Schwabl-Schmidt, *Digitale Filter*, DOI 10.1007/978-3-658-03523-5_5,

Trotz des Einsatzes von Fixkommaarithmetik können die Filter nicht so implementiert werden, wie sie sich bei der theoretischen Konstruktion ergeben, wenn *online* gefiltert werden soll. Weil Datenspeicherzugriffe bei AVR-Mikrocontrollern recht lange dauern, müssen solche Zugriffe soweit wie möglich vermieden werden. Das gelingt durch den Einsatz einer zirkulären Datenstruktur, die in den beiden präsentierten Programmen auf verschiedene Weise in Programmcode umgesetzt wird.

5.1 Die numerische Berechnung des gefilterten Signals

Das gefilterte Signal besteht aus einer Summe von Produkten, es sollte daher keine Schwierigkeiten bei der Berechnung seiner Werte geben. Das wäre auch wirklich der Fall, wenn die Art und Weise der Berechnung frei wählbar wäre. Man muss jedoch in Betracht ziehen, dass die Berechnungsdauer für einen Wert des gefilterten Signals eine obere Schranke für die Abtastfrequenz darstellt, denn die Zeit zwischen zwei Abtastungen kann nicht kürzer sein als diese Berechnungsdauer, jedenfalls dann nicht, wenn das empfangene Signal mit geringstmöglicher Zeitverzögerung gefiltert weitergeleitet werden soll, d. h. wenn keine Zwischenspeicherung gestattet ist. Es kommt bei der Berechnung der Summe also auf jeden Befehl an, jeder eingesparter Prozessorbefehl bedeutet eine mögliche Erhöhung der Abtastfrequenz!

Hier ist noch einmal die Gleichung zur Darstellung des gefilterten Signalwertes, aus welcher die Summe zur Berechnung von $\mathsf{F}(\boldsymbol{x})(n)$ abgeleitet wird, und zwar in normierter Gestalt mit $v_0 = 1$:

$$\mathsf{F}(\boldsymbol{x})(n) + v_1\mathsf{F}(\boldsymbol{x})(n-1) + \cdots + v_m\mathsf{F}(\boldsymbol{x})(n-m) = u_0\boldsymbol{x}(n) + u_1\boldsymbol{x}(n-1) + \cdots + u_k\boldsymbol{x}(n-k)$$

Die Aufmerksamkeit hat den Produkten $u_i\boldsymbol{x}(n-i)$ und $v_j\mathsf{F}(\boldsymbol{x})(n-j)$ zu gelten, und zwar ist dafür zu sorgen, dass die Multiplikationen ganzzahlig mit dem Multiplikationsbefehl `muls` durchgeführt werden können, im Idealfall natürlich mit einem solchen Befehl. Zu diesem Zweck ist für die Produktfaktoren des Gleichungssystems eine geeignete Datenstruktur zu wählen und die Produktfaktoren sind in diese Datenstruktur umzuformen. Dabei ist ein möglichst kleiner Genauigkeitsverlust anzustreben.

Zunächst sollen die reellen Koeffizienten u_i und v_j der Systemfunktion betrachtet werden. Hier ist ein typisches System solcher Koeffizienten:

$$\begin{aligned}
u_0 &= 1 & v_0 &= 1\\
u_1 &= -1{,}58351829390144979845 & v_1 &= -1{,}42516646451130481860\\
u_2 &= 2{,}18308927534544362594 & v_2 &= 1{,}76830231302980933701\\
u_3 &= -1{,}58351829390144979845 & v_3 &= -1{,}15438483625415690307\\
u_4 &= 1 & v_4 &= 0{,}6561
\end{aligned}$$

Die kürzeste Rechenzeit wird erreicht, wenn die Produkte mit 8-Bit-Arithmetik im Zweierkomplement berechnet werden. Dazu kann man wie folgt gelangen. Man bestimmt das Maximum M der Absolutbeträge der Koeffizienten:

$$M = \max\left\{ |u_i|, |v_j| \mid i \in \{0,\dots,k\}, j \in \{0,\dots,m\}\right\} \tag{5.1}$$

Dann definiert man die positive reelle Zahl λ und die natürliche Zahl q durch

$$M\lambda = 127 \quad q = \lfloor \lambda \rfloor . \tag{5.2}$$

Mit Hilfe der Zahl q werden schließlich ganze Zahlen u_i und v_j im 8-Bit-Bereich (Zweierkomplement, d. h. im Zahlensystem $\mathbb{G}_8$) definiert:

$$\mathsf{u}_i = \begin{cases} \lfloor q\,|u_i| \rfloor & \text{für } u_i \geq 0 \\ -\lfloor q\,|u_i| \rfloor & \text{für } u_i < 0 \end{cases} \qquad \mathsf{v}_j = \begin{cases} \lfloor q\,|v_j| \rfloor & \text{für } v_j \geq 0 \\ -\lfloor q\,|v_j| \rfloor & \text{für } v_j < 0 \end{cases} \tag{5.3}$$

Die Zahlen liegen tatsächlich im angegebenen Bereich:

$$|\mathsf{u}_i| = \lfloor q\,|u_i| \rfloor \leq q\,|u_i| \leq qM \leq \lambda M = 127$$

Die u_i und v_j werden nun durch die folgenden Koeffizienten ersetzt:

$$\tilde{u}_i = \frac{\mathsf{u}_i}{q} \qquad \tilde{v}_j = \frac{\mathsf{v}_j}{q} \tag{5.4}$$

Bei der Berechnung der Summe werden erst die Produkte $\mathsf{u}_i \boldsymbol{x}(n-i)$ und $\mathsf{v}_j \mathbf{F}(\boldsymbol{x})(n-j)$ berechnet und addiert, dann wird die Summe durch q dividiert. Das bedeutet natürlich, dass das ursprüngliche Filter durch das folgende Filter $\tilde{\mathbf{F}}$ ersetzt wird:

$$\tilde{\mathbf{F}}(\boldsymbol{x})(n) + \tilde{v}_1 \tilde{\mathbf{F}}(\boldsymbol{x})(n-1) + \cdots + \tilde{v}_m \tilde{\mathbf{F}}(\boldsymbol{x})(n-m) = \tilde{u}_0 \boldsymbol{x}(n) + \tilde{u}_1 \boldsymbol{x}(n-1) + \cdots + \tilde{u}_k \boldsymbol{x}(n-k)$$

Für die oben angegebenen Koeffizienten erhält man $M = u_2 = 2{,}18308927534544362594$ und damit für den Multiplikator $q = 58$. Das ergibt als Produktfaktoren

$$\begin{array}{ll} \mathsf{u}_0 = 58 & \mathsf{v}_0 = 58 \\ \mathsf{u}_1 = -91 & \mathsf{v}_1 = -82 \\ \mathsf{u}_2 = 126 & \mathsf{v}_2 = 102 \\ \mathsf{u}_3 = -91 & \mathsf{v}_3 = -66 \\ \mathsf{u}_4 = 58 & \mathsf{v}_4 = 38 \end{array}$$

und die Ersatzkoeffizienten, d. h. die Koeffizienten des Ersatzfilters $\tilde{\mathbf{F}}$, berechnen sich aus den Produktfaktoren und aus dem Multiplikator q wie folgt:

$$\begin{aligned}
\tilde{u}_0 &= 1 & \tilde{v}_0 &= 1\\
\tilde{u}_1 &= -1{,}56896551724137931034 & \tilde{v}_1 &= -1{,}41379310344827586207\\
\tilde{u}_2 &= 2{,}17241379310344827586 & \tilde{v}_2 &= 1{,}75862068965517241379\\
\tilde{u}_3 &= -1{,}56896551724137931034 & \tilde{v}_3 &= -1{,}13793103448275862069\\
\tilde{u}_4 &= 1 & \tilde{v}_4 &= 0{,}65517241379310344828
\end{aligned}$$

Nun muss allerdings noch geprüft werden, ob $\mathbf{F}$ tatsächlich durch $\tilde{\mathbf{F}}$ ersetzt werden kann. Und zwar kann $\mathbf{F}$ dann durch $\tilde{\mathbf{F}}$ ersetzt werden, wenn die Nullstellen und Pole der Systemfunktionen der Filter so nahe beieinander liegen, dass die Unterschiede bei den Frequenzen, also Eckfrequenz, Kerbfrequenz usw., im praktischen Einsatz des Filters noch toleriert werden können, und wenn die Ersatzpole noch im Inneren des Einheitskreises liegen. Das lässt sich allerdings **nicht** an den Koeffizienten ablesen. Auch wenn die Koeffizienten recht gut übereinstimmen, wie hier bei den Beispielkoeffizienten,

$$\begin{array}{lll|lllll}
u: & -1{,}5835 & 2{,}1831 & v: & -1{,}4252 & 1{,}7683 & -1{,}1544 & 0{,}6561\\
\tilde{u}: & -1{,}5690 & 2{,}1724 & \tilde{v}: & -1{,}4138 & 1{,}7586 & -1{,}1379 & 0{,}6552
\end{array}$$

folgt daraus nicht, dass auch die Nullstellen und Pole nahe beieinander liegen. Ein Gegenbeispiel liefert das Nennerpolynom

$$Q(z) = (z - 0{,}9)^6 = z^6 + \ldots + 0{,}9^6$$

für einen sechsfachen Pol bei $z_p = 0{,}9$. Wird das konstante Glied des Polynoms Q ersetzt durch das sich nur sehr wenig unterscheidende konstante Glied $0{,}91^6 - 10^{-6}$, wird also zu dem Ersatzpolynom

$$\tilde{Q}(z) = z^6 + \ldots + 0{,}9^6 - 10^{-6}$$

übergegangen, dann gilt für eine Nullstelle w von $\tilde{Q}$

$$0 = \tilde{Q}(w) = Q(w) + 10^{-6} = (w - 0{,}9)^6 - 10^{-6} \quad \text{oder} \quad (w - 0{,}9)^6 = 10^{-6}$$

Jetzt ist allerdings etwas Vorsicht angebracht, denn das Wurzelziehen in $\mathbb{C}$ entspricht nicht genau dem Wurzelziehen in $\mathbb{R}$, d. h. es ist nicht einfach $\sqrt[6]{10^{-6}} = 10^{-1}$. Welches Ergebnis das Wurzelziehen hat kann man über die Polarform errechnen, oder man schreibt

$$\sqrt[6]{10^{-6}} = \sqrt[6]{10^{-6} \times 1} = \sqrt[6]{10^{-6}}\sqrt[6]{1} = 10^{-1}\sqrt[6]{1} = 10^{-1}e^{i2\pi\nu/6},$$

auf diese Weise kommen die 6-ten Einheitswurzel automatisch in das Spiel. Die sechs Nullstellen w_0 bis w_5 ergeben sich damit als

$$w_\nu = 0{,}9 + 0{,}1e^{i2\pi\nu/6} \quad \nu \in \{0, \ldots, 5\}.$$

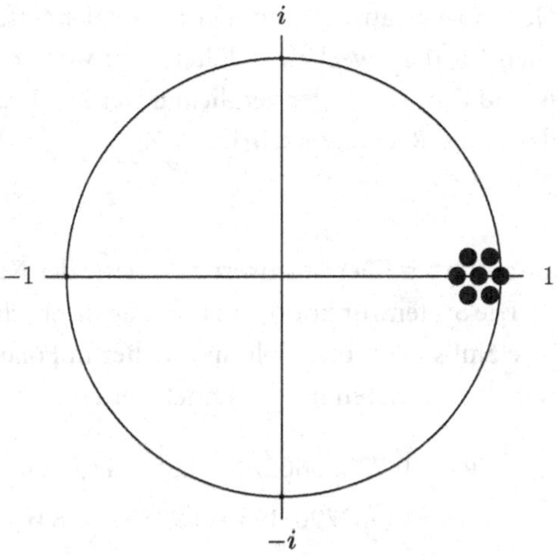

Abb. 5.1 Die Nullstellen von $\tilde{Q}$

Sie liegen im gleichen Abstand auf dem Kreis mit Radius 0,1 um $z_{\mathrm{p}} = 0{,}9$, siehe Abb. 5.1. Die Nullstellen eines Polynoms können also in extremer Weise von den Koeffizienten des Polynoms abhängen. Im Beispiel erbringt eine Änderung eines Koeffizienten von 10^{-6} eine Änderung im Betrag der Nullstellen um das 10^5-fache: $|w_0| = |z_{\mathrm{p}}| + 10^{-1}$. Aus der weitgehenden Übereinstimmung der Koeffizienten zweier Polynome kann daher keine Aussage über den Grad der Übereinstimmung der Nullstellen der Polynome gemacht werden. Und weil die Werte eines Polynoms nicht in extremer Weise von seinen Koeffizienten abhängen, gilt das ebenso für die weitgehende Übereinstimmung der Werte zweiter Polynome. Das Beispiel zeigt das auch, denn für die beiden Polynome gilt $Q(z) - \tilde{Q}(z) = 10^{-6}$.

Zu beachten ist auch, dass eine der Nullstellen auf dem Einheitskreis liegt! Stellt das Polynom $\tilde{Q}$ daher das Nennerpolynom einer Systemfunktion eines Filters dar, sind seine Nullstellen also die Pole der Systemfunktion, dann ist das Filter **nicht stabil**. Kleine Änderungen in den Koeffizienten der Polynome eines Filters können mithin das Filter für die Praxis unbrauchbar machen.

Wenn ein Vergleich der Koeffizienten der Systemfunktionen von F und $\tilde{\mathsf{F}}$ oder ein Vergleich der Systemfunktionen selbst keine Aussage über die Veränderungen der Nullstellen und Pole beim Übergang von F zu $\tilde{\mathsf{F}}$ erlaubt, dann müssen die Nullstellen und Pole der Systemfunktionen direkt untersucht werden. Das ist eigentlich ein nicht ganz einfacher Vorgang,[2] doch wenn die Systemfunktion von F direkt über ihre Nullstellen und Pole festgelegt wird, dann hat man einen Ausgangspunkt zur Berechnung der Nullstellen und Pole der Systemfunktion von $\tilde{\mathsf{F}}$.

Es sei w eine Nullstelle des Zählerpolynoms P der Systemfunktion von F. Dann kann w als ein Startwert für das Newton-Verfahren zur Bestimmung einer Nullstelle $\tilde{w}$ des Zählerpolynomes $\tilde{P}$ der Systemfunktion von $\tilde{\mathsf{F}}$ dienen. Konvergiert das Verfahren nicht nach ein paar Iterationen gegen einen Nullstelle von $\tilde{P}$, wenn also die beiden Nullstellen für das

[2] Sehr gut zu lesen ist der Klassiker [Wilk].

Newton-Verfahren zu weit voneinander entfernt sind, dann kann man annehmen, dass sie auch für die Zwecke des Filterns zu weit voneinander entfernt sind. Andernfalls können w und $\tilde{w}$ miteinander verglichen werden. Das Newton-Verfahren besteht bekanntermaßen darin, die Rechenvorschrift

$$z_{k+1} \leftarrow z_k - \frac{\tilde{P}(z_k)}{\tilde{P}'(z_k)} \tag{5.5}$$

auszuwerten. Der Startwert z_0 ist eine der Nullstellen von P.

Die Systemfunktion von **F** wurde in Abschn. 4.4 mit Hilfe der Funktionen $\Phi_{r,\phi}$ gebildet, ihre Nullstellen und Pole sind daher in Polarkoordinaten bekannt und können in cartesische Koordinaten umgerechnet werden:

$$w_0 = 0{,}7289686274 + 0{,}6845471059\boldsymbol{i} \qquad z_{\mathrm{p}_0} = 0{,}6560717647 + 0{,}6160923953\boldsymbol{i}$$
$$w_1 = 0{,}0627905195 + 0{,}9980267284\boldsymbol{i} \qquad z_{\mathrm{p}_1} = 0{,}0565114676 + 0{,}8982240556\boldsymbol{i}$$

Die übrigen (complex-conjugierten) Nullstellen und Pole können der Symmetrie wegen außer Acht gelassen werden. Das Newton-Verfahren konvergiert bei den beiden Nullstellen rasch:

$$\begin{array}{ll}
0{,}7289686274 + 0{,}6845471059\boldsymbol{i} & 0{,}0627905195 + 0{,}9980267284\boldsymbol{i} \\
0{,}7250082627 + 0{,}6886690028\boldsymbol{i} & 0{,}0594321758 + 0{,}9982153447\boldsymbol{i} \\
0{,}7250323811 + 0{,}6887147821\boldsymbol{i} & 0{,}0594503776 + 0{,}9982312612\boldsymbol{i} \\
0{,}7250323818 + 0{,}6887147779\boldsymbol{i} & 0{,}0594503768 + 0{,}9982312621\boldsymbol{i} \\
0{,}7250323818 + 0{,}6887147779\boldsymbol{i} & 0{,}0594503768 + 0{,}9982312621\boldsymbol{i}
\end{array}$$

Es ist also auf zehn Nachkommadezimalstellen genau $\tilde{w}_0 = 0{,}7250323818 + 0{,}6887147779\boldsymbol{i}$ und $\tilde{w}_1 = 0{,}0594503768 + 0{,}9982312621\boldsymbol{i}$. Der Vergleich der Nullstellen in cartesischen Koordinaten ist jedoch nicht sinnvoll, sie müssen erst in die Gestalt $re^{i\omega}$ umgerechnet werden. Das ist aber schnell geschehen, man erhält wieder mit zehn genauen Nachkommastellen

$$\tilde{w}_0 = 1{,}0000000000e^{0{,}7597149159i}$$
$$\tilde{w}_1 = 1{,}0000000000e^{0{,}1511310874i}$$

Die neuen Nullstellen liegen wieder auf dem Rand des Einheitskreises, jedenfalls im Rahmen der Rechengenauigkeit. In Wirklichkeit sind sie um einen winzigen Betrag nach Außen gerückt, d. h. es ist $r > 1$. Z. B. ist bei $\tilde{w}_0$ der Radius mit sehr viel größerer Genauigkeit gegeben durch $r = 1{,}000000000000000000000000000000023550790871565560463382226907119$. Jetzt könnten die Nullstellen verglichen werden, aber einen wirklich aussagekräftigen Vergleich erhält man erst, wenn auch noch in Frequenzen umgerechnet wird. Diese Umrechnung ergibt

$$w_0 \equiv 120{,}00\,\mathrm{Hz} \qquad w_1 \equiv 240{,}00\,\mathrm{Hz}$$
$$\tilde{w}_0 \equiv 120{,}91\,\mathrm{Hz} \qquad \tilde{w}_1 \equiv 240{,}53\,\mathrm{Hz}$$

Ob diese Abweichungen signifikant sind hängt natürlich von den gegebenen Umständen ab. Jedenfalls sind die Abweichungen im Frequenzbereich (beim Winkel), die schon in der ersten Nachkommastelle beginnen, gewichtiger als die im Koordinatenbereich der Koeffizienten, welche mit einer Ausnahme erst in der dritten Nachkommastelle einsetzen.

Bei den Polen wird ebenso verfahren. Nur kommt es hier besonders darauf an, dass die Pole das Innere des Einheitskreises nicht verlassen. Das Newton-Verfahren konvergiert hier ebenso rasch:

$$
\begin{array}{ll}
0{,}6560717647 + 0{,}6160923953\boldsymbol{i} & 0{,}0565114676 + 0{,}8982240556\boldsymbol{i} \\
0{,}6533506171 + 0{,}6227440232\boldsymbol{i} & 0{,}0534944644 + 0{,}8950718192\boldsymbol{i} \\
0{,}6534367245 + 0{,}6227732300\boldsymbol{i} & 0{,}0534598374 + 0{,}8951012354\boldsymbol{i} \\
0{,}6534367102 + 0{,}6227732269\boldsymbol{i} & 0{,}0534598415 + 0{,}8951012327\boldsymbol{i} \\
0{,}6534367102 + 0{,}6227732269\boldsymbol{i} & 0{,}0534598415 + 0{,}8951012327\boldsymbol{i}
\end{array}
$$

Die Polarkoordinaten der neuen Pole berechnen sich daraus als

$$
\begin{array}{ll}
\tilde{z}_{\mathrm{P}_0} = 0{,}9026771440e^{0{,}7613757954\boldsymbol{i}} & f \equiv 121{,}18\,\mathrm{Hz} \\
\tilde{z}_{\mathrm{P}_1} = 0{,}8966962537e^{1{,}5111422784\boldsymbol{i}} & f \equiv 240{,}51\,\mathrm{Hz}
\end{array}
$$

Die Pole liegen also noch sicher im Inneren des Einheitskreises, der Pol $\tilde{z}_{\mathrm{P}_\nu}$ liegt aber nicht mehr auf dem Strahl vom Nullpunkt zur Nullstelle $\tilde{w}_\nu$.

Ist die Prüfung der Nullstellen und Pole des Ersatzfilters $\tilde{\mathsf{F}}$ zur Zufriedenheit verlaufen, kann es eingesetzt werden. Die Ermittelung eines gefilterten Signalwertes erfolgt dann durch die Berechnung von

$$
F = \mathsf{u}_0\boldsymbol{x}(n) + \mathsf{u}_1\boldsymbol{x}(n-1) + \cdots + \mathsf{u}_4\boldsymbol{x}(n-4) - \mathsf{v}_1\tilde{\mathsf{F}}(\boldsymbol{x})(n-1) - \cdots - \mathsf{v}_4\tilde{\mathsf{F}}(\boldsymbol{x})(n-4) \quad (5.6)
$$

gefolgt von einer Division:

$$
\tilde{\mathsf{F}}(\boldsymbol{x})(n) = \frac{F}{q} \quad (5.7)
$$

Die Division (5.7) stellt natürlich ein Problem dar, denn wenn sie auf die traditionelle Weise, durch Aufrufen eines Divisionsunterprogramms, durchgeführt wird, kann sie länger dauern als die Auswertung von (5.6). Nun wird die Zahl q jedoch zur Konstruktionszeit des Filters ermittelt, ist also zur Ausführzeit des Filters eine bekannte numerische Konstante. Das bedeutet, dass die Division auf die in [Mss6] beschriebene Weise ausgeführt werden kann.

Aber selbst das genügt wahrscheinlich nicht, wenn jeder Takt zählt. Dann bleibt immer noch der Ausweg, die am einfachsten auszuführende Division zu verwenden, nämlich die Division durch eine Zweierpotenz. Dazu wird q durch die größte Zweierpotenz p unterhalb q ersetzt. Im Beispiel, mit $q = 58$, erhält man $p = 2^5 = 32$. Nun wird q oben auf die etwas umständliche Weise gewählt, um den zur Verfügung stehenden Bitbereich (sieben

Bits) möglichst weit auszuschöpfen, um also die neuen Koeffizienten so wenig von den alten abweichen zu lassen wie es eben einzurichten ist, und die Frage ist, ob der Übergang von q zu p zu akzeptablen Koeffizienten führt. Nach einigen durchgerechneten Beispielen kann diese Frage zufriedenstellend beantwortet werden: Der Einsatz von p ist nur selten signifikant schlechter als der von p. Im Beispiel erhält man als Ersatznullstellen

$$\tilde{w}_0 = 1{,}0000000000e^{0{,}7560373147i} \qquad f \equiv 120{,}33\,\text{Hz}$$
$$\tilde{w}_1 = 1{,}0000000000e^{1{,}5170807905i} \qquad f \equiv 241{,}45\,\text{Hz}$$

und als Ersatzpole

$$\tilde{w}_0 = 0{,}8826877284e^{0{,}7647480295i} \qquad f \equiv 121{,}71\,\text{Hz}$$
$$\tilde{w}_1 = 0{,}8956388422e^{1{,}4967976300i} \qquad f \equiv 238{,}22\,\text{Hz}$$

Wenn der Ersatzfilter mit q den Umständen entsprechend gut genug ist, dann gilt das vermutlich auch für das mit p konstruierte Ersatzfilter.

Es ist natürlich auch möglich, eine Zweierpotenz $p = 2^k$ als Divisor direkt zu nutzen. Dazu wird zu einer gegebenen reellen Zahl r (einen der Koeffizienten der Systemfunktion repräsentierend) eine Zahl r im Format $\mathbb{G}_8$ so bestimmt, dass möglichst genau

$$r \approx \frac{\mathsf{r}}{2^k}$$

gilt. Man erhält r durch Runden des Produktes $2^k r$ zur nächstgelegenen ganzen Zahl. Die Größe k ist so zu wählen, dass alle u_i und v_j dem Zahlenformat $\mathbb{G}_8$ angehören. Man beginnt z. B. mit $k = 7$. Gehört eine der Zahlen u_i oder v_j nicht zu $\mathbb{G}_8$, geht man zu $k = 6$ über, usw. Für die obigen Koeffizienten erhält man mit $k = 5$

$$\begin{aligned} \mathsf{u}_0 &= 32 & \mathsf{v}_0 &= 32 \\ \mathsf{u}_1 &= -50 & \mathsf{v}_1 &= -45 \\ \mathsf{u}_2 &= 69 & \mathsf{v}_2 &= 56 \\ \mathsf{u}_3 &= -50 & \mathsf{v}_3 &= -36 \\ \mathsf{u}_4 &= 32 & \mathsf{v}_4 &= 20 \end{aligned}$$

$k = 6$ ist wegen $\mathsf{u}_2 = 136$ noch zu groß. Das Zahlenformat $\mathbb{G}_8$ wird allerdings nicht gut ausgenutzt.

Nach der ausführlichen Behandlung der Koeffizienten der Systemfunktion in den Produkten $u_i\boldsymbol{x}(n-i)$ und $v_j\mathbf{F}(\boldsymbol{x})(n-j)$ gilt es jetzt, eine geeignete Datenstruktur für die Signalwerte zu finden. Der reelle Wert $\boldsymbol{x}(n)$ eines Signals $\boldsymbol{x}$ kann je nach Herkunft des Signals auf mancherlei Weise mit einem endlichen Zahlensystem approximiert worden sein. Ein Signal, das von einer AVR-CPU bearbeitet wird, dürfte wohl mit großer Wahrscheinlichkeit mit dem AVR-eigenen ADC abgetastet worden sein, weshalb Zahlenformate, welche der ADC zur Verfügung stellt, hier zur Basis der Berechnungen erwählt werden.

Da ist zunächst die Größe. Die Abtastungen werden von der Peripherie in 8-Bit- oder 12-Bit-Zahlen umgesetzt, aber in den betreffenden I/O-Registern als Erweiterungen auf 16 Bit angeboten. Dann hat man noch die Wahl, ob die Zahlen im Zweierkomplement dargestellt werden. Im Zusammenhang mit Signalen ist ein Zahlensystem, das auch negative Zahlen kennt, eine ganz natürliche Wahl. Signalwerte werden daher als 8-Bit-Zahlen und als 16-Bit-Zahlen im Zweierkomplement dargestellt, im System $\mathbb{G}_8$ und im System $\mathbb{G}_{16}$. Beide Zahlensysteme sind ganzzahlig, ihre Zahlen müssen natürlich entsprechend interpretiert werden. Beispielsweise könnte der kleinsten Einheit von $\mathbb{G}_8$, also 00000001, ein Wert von einem Mikrovolt, einem Millivolt oder auch 13 Millivolt zugeordnet werden. Für die hier durchgeführten Rechnungen ist aber die Interpretation der Zahlen belanglos.

Der Signalwert $\boldsymbol{x}(n)$ im Zahlensystem $\mathbb{G}_8$ oder $\mathbb{G}_{16}$ wird mit x_n, der Filtersignalwert $\mathsf{F}(\boldsymbol{x})(n)$ mit y_n bezeichnet, es muss also immer aus dem Kontext hervorgehen, mit welchem Filter gerade gerechnet wird:

$$\mathsf{x}_n \longleftrightarrow \boldsymbol{x}(n) \quad \mathsf{y}_n \longleftrightarrow \mathsf{F}(\boldsymbol{x})(n)$$

Die Produkte $u_i\boldsymbol{x}(n-i)$ und $v_j\mathsf{F}(\boldsymbol{x})(n-j)$ gehen damit in die Produkte $u_i\mathsf{x}_{n-i}$ und $v_j\mathsf{y}_{n-j}$ über. Es sind Produkte von zwei Faktoren im Format $\mathbb{G}_8$ oder einem Faktor im Format $\mathbb{G}_8$ und einem zweiten Faktor im Format $\mathbb{G}_{16}$. So wird beispielsweise aus (5.6)/(5.7)

$$\mathsf{y}_n = \frac{1}{q}\left(\mathsf{u}_0\mathsf{x}_n + \mathsf{u}_1\mathsf{x}_{n-1} + \cdots + \mathsf{u}_4\mathsf{x}_{n-4} - \mathsf{v}_1\mathsf{y}_{n-1} - \cdots - \mathsf{v}_4\mathsf{y}_{n-4}\right) \tag{5.8}$$

oder mit konkreten Zahlen

$$\mathsf{y}_n = \mathsf{x}_n + \mathsf{x}_{n-4} + (-50\mathsf{x}_{n-1} + 69\mathsf{x}_{n-2} - 50\mathsf{x}_{n-3} + 45\mathsf{y}_{n-1} - 56\mathsf{x}_{n-2} + 36\mathsf{y}_{n-3} - 20\mathsf{y}_{n-4})2^{-5} \tag{5.9}$$

5.2 Die Implementierung eines Hochpasses

Als AVR-Programm zu realisieren ist der Hochpass mit der Systemfunktion (4.25) in Abschn. 4.5, und zwar mit $m = 16$:

$$\boldsymbol{\Psi}_{\mathsf{H}_5}(z) = \frac{(1-z^{-16})^2}{(1+z^{-1})^2} = \frac{1-2z^{-16}+z^{-32}}{1+2z^{-1}+z^{-2}} \tag{5.10}$$

Durch Übergang von z zu z^{-1} gelangt man zu einer Darstellung der Systemfunktion, an der sich die Nullstellen und Pole direkt ablesen lassen:

$$\begin{aligned}\boldsymbol{\Psi}_{\mathsf{H}_5}(z) &= \left(\frac{z^{16}-1}{z^{15}(z+1)}\right)^2 = \left(\frac{z^{15}-z^{14}+\cdots+z-1}{z^{15}}\right)^2 \\ &= (1-z^{-1}+z^{-2}-z^{-3}+\cdots+z^{-14}-z^{-15})^2 = v(z)^2\end{aligned} \tag{5.11}$$

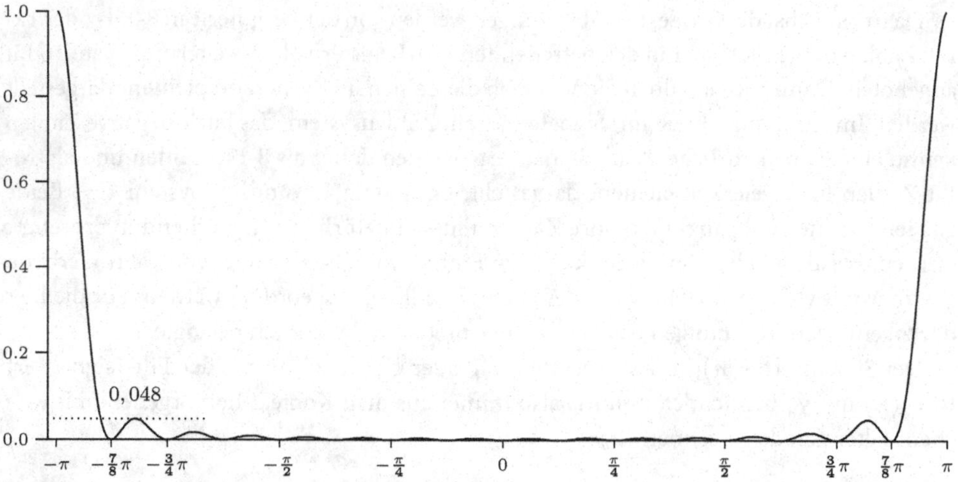

Abb. 5.2 $\omega \mapsto \gamma_{\mathsf{H}_5}(\omega), -\pi \le \omega < \pi$ (normiert), $m = 16$

Diese Systemfunktion ist assoziiert mit der folgenden Differenzengleichung:

$$\mathsf{H}_5(\boldsymbol{x})(n) = \boldsymbol{x}(n) - 2\boldsymbol{x}(n-16) + \boldsymbol{x}(n-32) - 2\mathsf{H}_5(\boldsymbol{x})(n-1) - \mathsf{H}_5(\boldsymbol{x})(n-2) \quad (5.12)$$

Mit den in Abschn. 5.1 eingeführten Datenstrukturen und Bezeichnungen erhält man zur Berechnung des nächsten Ausgangssignalwertes die Gleichung

$$\mathbf{y}_n = \mathbf{x}_n - 2\mathbf{x}_{n-16} + \mathbf{x}_{n-32} - 2\mathbf{y}_{n-1} - \mathbf{y}_{n-2} \quad (5.13)$$

Darin sind die $\mathbf{x}_i$ und $\mathbf{y}_j$ Zahlen im Format $\mathbb{G}_8$, d. h. acht Bit (ein Byte) im Zweierkomplement.

Der Amplitudengang des Filters ist in Abb. 5.2 zu sehen. Er ist allerdings normiert. Tatsächlich ist $\gamma_{\mathsf{H}_5}(\pi) = m^2 = 256$. Das bedeutet, dass nach der Auswertung von (5.13) als Ergebnis das obere Byte des erhaltenen 16-Bit-Ergebnisses zu nehmen ist, weil $\gamma_{\mathsf{H}_5}(\pi) = 1$ gelten soll.

Die Einheitsimpulsantwort des Filters ist definitionsgemäß $\Delta_{\mathsf{H}_5} = \mathsf{H}_5(\boldsymbol{\delta})$. Weiterhin gilt nach (3.250) die Relation $\mathcal{Z}(\mathsf{H}_5(\boldsymbol{\delta})) = \boldsymbol{\Psi}_{\mathsf{H}_5}\mathcal{Z}(\boldsymbol{\delta}) = \boldsymbol{\Psi}_{\mathsf{H}_5}$, d. h. die Einheitsimpulsantwort $\boldsymbol{\Delta}_{\mathsf{H}_5}$ ist die umgekehrte z-Transformierte der Systemfunktion $\boldsymbol{\Psi}_{\mathsf{H}_5}$. Ist daher $\boldsymbol{v}$ die umgekehrte z-Transformierte der Funktion v in (5.11), dann ergibt sich die Einheitsimpulsantwort als $\Delta_{\mathsf{H}_5} = \boldsymbol{v} * \boldsymbol{v}$. Nun hat die Funktion v eine einfache Struktur, sie ist eine Linearkombination von Funktionen $z \mapsto z^{-i}$, deren umgekehrte z-Transformierte natürlich der um i Indexpositionen verschobene Einheitsimpuls ist: $\mathcal{Z}(\boldsymbol{\delta}_i)(z) = z^{-i}$. Daraus folgt direkt

$$\boldsymbol{v} = \boldsymbol{\delta}_0 - \boldsymbol{\delta}_1 + \boldsymbol{\delta}_2 + \cdots + \boldsymbol{\delta}_{14} - \boldsymbol{\delta}_{15}$$

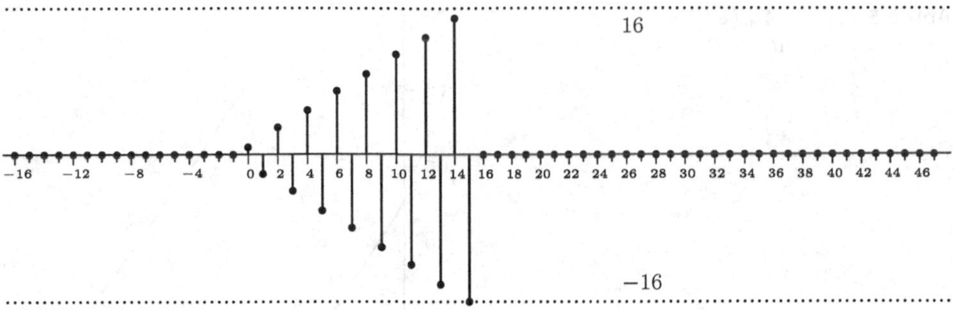

Abb. 5.3 Δ_{H_5}, $m = 16$

Jetzt ist es nicht mehr schwer, die Einheitsimpulsantwort über die Faltung von $\boldsymbol{v}$ mit sich selbst zu berechnen:

$$\Delta_{\mathsf{H}_5}(n) = \sum_{\nu=0}^{15} (-1)^\nu (\nu + 1)\delta_\nu(n) \tag{5.14}$$

Die Einheitsimpulsantwort ist in Abb. 5.3 skizziert. Sie erfüllt zwar keine der in Abschn. 4.7 vorgestellten Symmetrien, ist aber ganz regulär aufgebaut und beinahe klappsymmetrisch zur Achse, weshalb man vermuten kann, dass der Phasengang stückweise linear ist. Diese Vermutung kann sicherlich mit ähnlichen Mitteln wie in Abschn. 4.7 eingesetzt verifiziert werden. Die numerische Rechnung liefert jedenfalls eine stückweise lineare Funktion, auch wenn sie mit sehr hoher Auflösung durchgeführt wird (siehe Abb. 5.4).

Dass der Phasengang ϕ_{H_5} stückweise linear ist bedeutet, dass das Intervall $-\pi \le \omega < \pi$ von Intervallen $\alpha \le \omega < \beta$ (oder $\alpha < \omega \le \beta$ usw.) überdeckt wird, in welchen

$$\phi_{\mathsf{H}_5}(\omega) = a\omega + b$$

gilt. Die Verschiebungsfunktion Λ_{H_5} setzt sich daher aus Hyperbelästen zusammen, mit der (einzigen) Ausnahme $b = 0$, die auf eine Konstante führt. Abbildung 5.5 zeigt deshalb Abschnitte von Hyperbelästen, keine Geradenstücke.

Abb. 5.4 $\omega \mapsto \phi_{\mathsf{H}_5}(\omega)$, $\frac{4}{5}\pi \le \omega < \pi$, $m = 16$

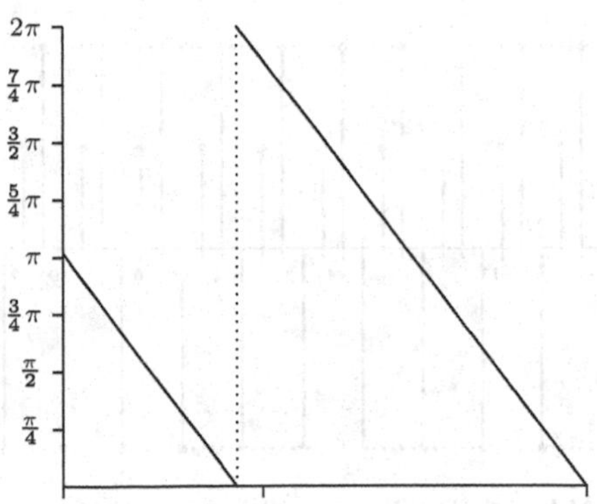

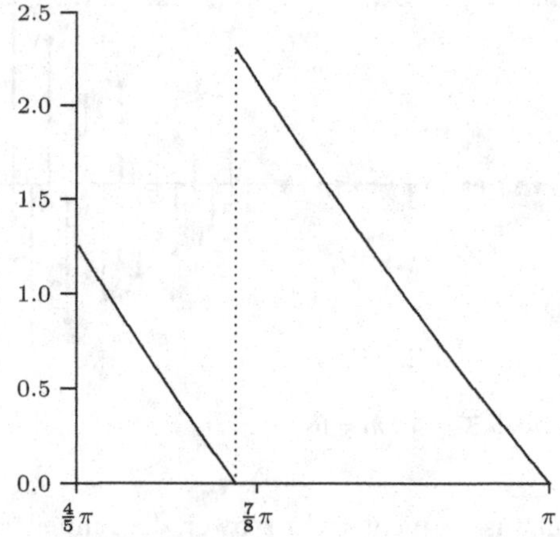

Abb. 5.5 $\omega \mapsto -\Lambda_{\mathsf{H}_5}(\omega)$, $\frac{4}{5}\pi \le \omega < \pi$, $m = 16$

Als Beispiel soll das Filter auf das Signal $\boldsymbol{v}$ in Abb. 5.6 angewandt werden. Das Signal ist durch periodische Fortsetzung gegeben:

$$\boldsymbol{v}(0) = \frac{1}{2}, \quad \boldsymbol{v}(1) = -1, \quad \boldsymbol{v}(2) = 1 \quad \text{und} \quad \boldsymbol{v}(n+3) = \boldsymbol{v}(n), \qquad n \in \mathbb{Z}$$

Das von H_5 erzeugte normierte (d. h. durch 2^8 dividierte) Signal ist in Abb. 5.7 gezeigt. Die Einschwingphase ist deutlich zu erkennen ($n = -16$ bis $n = 15$). Das eingeschwungene Ausgangssignal (ab $n = 16$) ist von der Gestalt her dem Eingangssignalnoch ähnlich, es ist allerdings stark gedämpft und das Vorzeichen ist ausgewechselt.

Setzt man $\mathsf{H}_5(\boldsymbol{x})(n) = 0$ voraus für $n < 0$, dann folgt aus (5.12) für jedes Signal $\boldsymbol{x}$ mit der Periode $p = 16$ sofort $\mathsf{H}_5(\boldsymbol{x})(n) = 0$ für $n \ge 0$. Abbildung 5.8 zeigt ein solches Signal $\boldsymbol{w}$. In Abb. 5.9 ist das vom Filter erzeugte Ausgangssignal dargestellt. Nach der Einschwingphase geht das Ausgangssignal wie erwartet sofort in das Nullsignal über. Die Werte des Ausgangssignals wurden mit Fließkommaaritmetik berechnet, es sind exakte Werte. Beim Einsatz von Festkommaarithmetik können sich merkbare Abweichungen ergeben, denn die Differenzengleichung (5.12) und (5.13) sind natürlich nicht numerisch äquivalent.

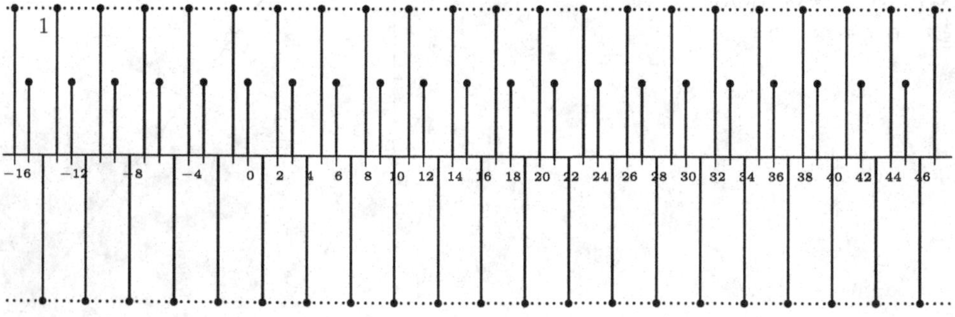

Abb. 5.6 Das Eingangssignal $\boldsymbol{v}$ zu H_5

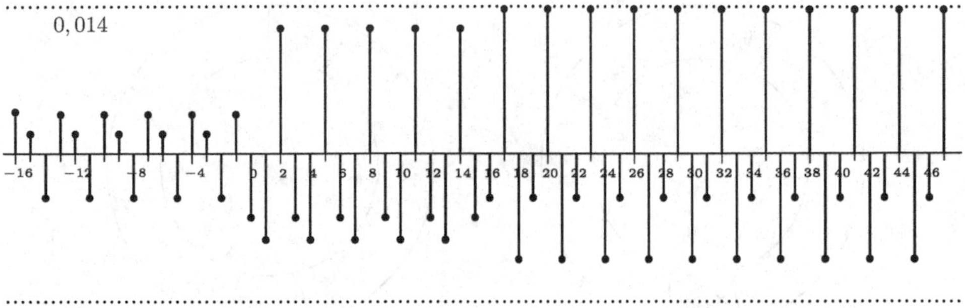

Abb. 5.7 Das normierte Ausgangssignal $\mathsf{H}_5(\boldsymbol{v})$

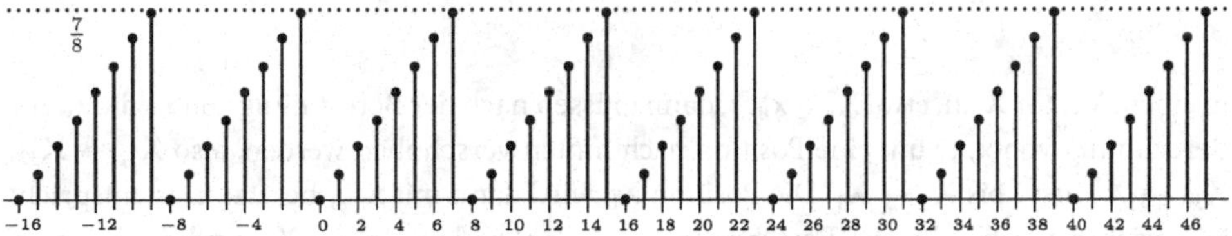

Abb. 5.8 Das Eingangssignal $\boldsymbol{w}$ zu H_5

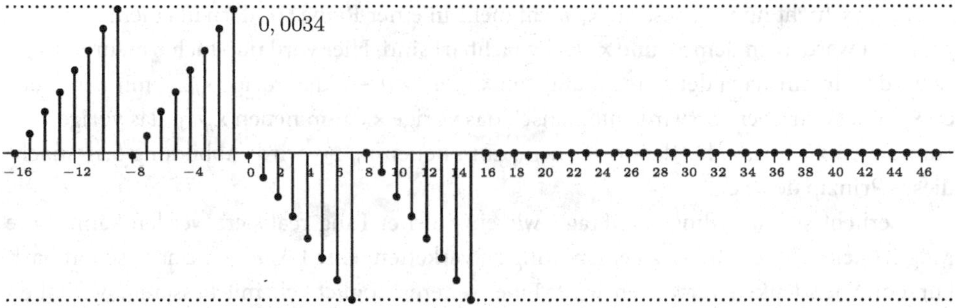

Abb. 5.9 Das normierte Ausgangssignal $\mathsf{H}_5(\boldsymbol{w})$

Mit der Darstellung (5.14) für die Einheitsimpulsantwort des Filters lässt sich H_5 auch direkt formelmäßig darstellen. Es ist nämlich für jedes beliebige Signal $\boldsymbol{x}$

$$\mathsf{H}_5(\boldsymbol{x}) = \boldsymbol{\Delta}_{\mathsf{H}_5} * \boldsymbol{x} = \sum_{\nu=0}^{15} (-1)^\nu (\nu+1) \boldsymbol{x} \circ \boldsymbol{\sigma}_\nu$$

Es folgt jetzt die Umsetzung der Differenzengleichung (5.13) in ein AVR-Assemblerprogramm. Es werden zwei Programme entwickelt, je eines für den Fall $\mathbf{x}_n \in \mathbb{G}_{16}$ und den Fall $\mathbf{x}_n \in \mathbb{G}_8$.

Ein Blick auf die Differenzengleichung zeigt, dass zur Berechnung von $\mathbf{x}_n$ die 32 Werte $\mathbf{x}_{n-1}$ bis $\mathbf{x}_{n-32}$ sowie $\mathbf{y}_{n-1}$ und $\mathbf{y}_{n-2}$ vorrätig gehalten werden müssen. Ordnet man diese $\mathbf{x}_\nu$

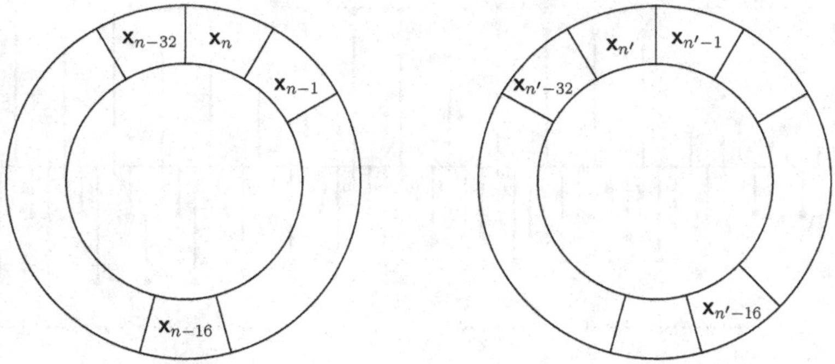

Abb. 5.10 Zum Konzept der zirkulären Schlange

in einem Vektor $\mathbf{X}$ an, etwa $\mathbf{X}_\nu = \mathbf{x}_{n-\nu}$, dann müssen nach der Berechnung von $\mathbf{x}_n$ die $\mathbf{x}_\nu$ zur Berechnung von $\mathbf{x}_{n+1}$ um eine Position nach hinten verschoben werden, also $\mathbf{X}_{31} \to \mathbf{X}_{32}$, $\mathbf{X}_{30} \to \mathbf{X}_{31}$ usw. bis $\mathbf{X}_0 \to \mathbf{X}_1$. Die Position $\mathbf{X}_0$ wird dann mit $\mathbf{x}_{n+1}$ besetzt. Das entspricht 64 Speicherzugriffen bei der Berechnung von $\mathbf{x}_n$, obwohl direkt nur $\mathbf{X}_{16}$ und $\mathbf{X}_{32}$ benötigt werden. Diese unproduktiven Speicherzugriffe lassen sich vermeiden, wenn die $\mathbf{x}_\nu$ nach dem Prinzip der zirkulären Schlange (*circular queue*) verwaltet werden.

Das geschieht nun so, dass die $\mathbf{x}_\nu$ nicht mehr in einer Reihe sondern in einem Kreis angeordnet werden, in dem $\mathbf{x}_n$ und $\mathbf{x}_{n-32}$ benachbart sind. Hier wird nun nichts mehr bewegt, es wird vielmehr nach der Berechnung von $\mathbf{x}_{n'}$, $n' = n + 1$, das vorige $\mathbf{x}_{n-32}$ mit dem neuen $\mathbf{x}_{n'}$ überschrieben. So wird automatisch das vorige $\mathbf{x}_n$ zum neuen $\mathbf{x}_{n'-1}$, das vorige $\mathbf{x}_{n-1}$ zum neuen $\mathbf{x}_{n'-2}$ usw. bis das vorige $\mathbf{x}_{n-31}$ zum neuen $\mathbf{x}_{n'-32}$ wird. Abbildung 5.10 macht dieses Prinzip deutlich.

Es erhebt sich allerdings die Frage, wie ein solcher Ring realisiert werden kann. Eine Möglichkeit wäre es, die $\mathbf{x}_\nu$ zu einem Ring zu verketten, eine Lösung, die aber schon nach kurzem Nachdenken verworfen wird. Eine weitere Möglichkeit mit besserem Verhalten besteht darin, die $\mathbf{x}_\nu$ doch in einem Vektor $\mathbf{X}$ anzuordnen, dessen Elemente aber modulo 33 zu adressieren: Auf $\mathbf{x}_\nu$ wird nicht als $\mathbf{X}_\nu$ sondern als $\mathbf{X}_{\nu \bmod 33}$ zugegriffen. Dazu werden drei Indizes i_0, i_{16} und i_{32} bereitgestellt, mit welchen die laufenden $\mathbf{x}_n$, $\mathbf{x}_{n-16}$ und $\mathbf{x}_{n-32}$ indiziert werden, d. h. es ist $\mathbf{x}_n = \mathbf{X}_{i_0}$, $\mathbf{x}_{n-16} = \mathbf{X}_{i_{16}}$ und $\mathbf{x}_{n-32} = \mathbf{X}_{i_{32}}$. Der Übergang von n auf $n + 1$ geschieht dann mit

$$i_0 \leftarrow (i_0 + 1) \bmod 33 \quad i_{16} \leftarrow (i_{16} + 1) \bmod 33 \quad i_{32} \leftarrow (i_{32} + 1) \bmod 33 \tag{5.15}$$

Die drei Indizes und damit auch ihre Vektorelemente durchlaufen so den Kreis von Abb. 5.10.

Damit ist allerdings ein neues Problem geschaffen, nämlich die möglichst effiziente Berechnung von $i \bmod 33$. Hier liegt der Sonderfall vor, dass 33 der Nachfolger einer Zweierpotenz ist, also allgemein der Fall, $i \bmod m + 1$ zu berechnen für eine Zweierpotenz $m = 2^k$. Wegen der Beziehung $i \bmod m = i \wedge (m - 1)$ ist die Berechnung modulo m mit einem

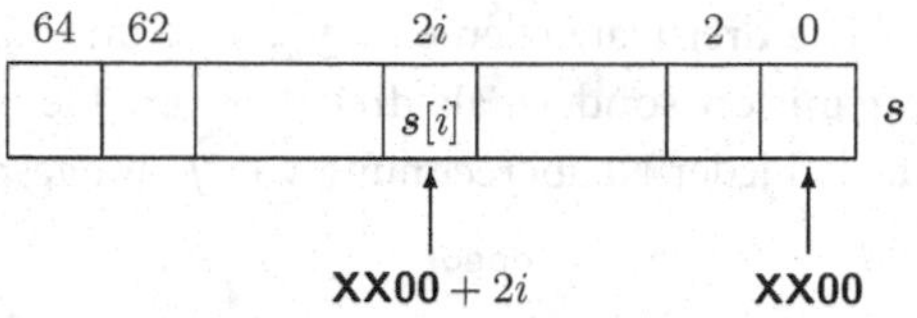

Abb. 5.11 Zur Realisierung der zirkulären Schlange mit $\mathbb{G}_{16}$

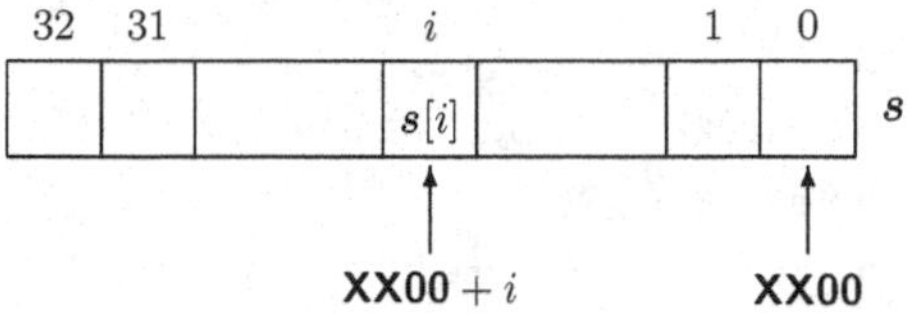

Abb. 5.12 Zur Realisierung der zirkulären Schlange mit $\mathbb{G}_8$

(binären) Computer sehr effizient. Aus der Kenntnis von $r = i \bmod m$ und $q = i \operatorname{div} m$ lässt sich aber $i \bmod m+1$ recht einfach berechnen. Es ist nämlich $0 \le r < m$ und damit $i = mq + r = (m+1)q + r - q$. Nimmt man noch die Relation $q < m$ hinzu,[3] dann gilt $-m < r - q < m$. Gilt daher $0 \le r - q$, so ist $r - q = i \bmod (m+1)$. Ist dagegen $r - q < 0$, dann erhält man $0 < r - q + (m+1) < m+1$, d. h. es ist $i \bmod (m+1) = r - q + (m+1)$.

Soweit das mögliche Vorgehen, wenn $i \bmod 33$ zu einem beliebigen i bestimmt werden soll. Hier ist i jedoch nicht beliebig, sondern es ist $(i+1) \bmod 33$ für $0 \le i \le 33$ zu berechnen, und das bedeutet einfach $(i+1) \bmod 33 = i+1$ für $i < 32$ und $(i+1) \bmod 33 = 0$ für $i = 32$. Das ist sehr einfach zu implementieren.

Im Assemblerprogramm wird die zirkuläre Schlange als ein Wort- oder Bytevektor $\boldsymbol{s}$ realisiert. Ein Vektorelement $\boldsymbol{s}[i]$ besteht also im Falle $\mathbb{G}_{16}$ aus zwei Bytes und nimmt eine Zahl im Format $\mathbb{G}_{16}$ auf, im Falle $\mathbb{G}_8$ sind die Vektorelemente Bytes. Die Differenzengleichung (5.13) kann wegen der Additionen und Shifts natürlich nur im Format $\mathbb{G}_{16}$ ausgewertet werden.

Die drei Indizes i_0, i_{16} und i_{32} werden nicht als separate Variablen bereitgestellt, es ist effizienter, die Startadresse des Vektors $\boldsymbol{s}$ so zu wählen, dass das untere Byte der Adresse, mit welcher auf ein Vektorelement zugegriffen wird, gerade den Index enthält. Das bedeutet also, dass die Startadresse von $\boldsymbol{s}$ von der Gestalt **XX00** sein muss, dabei ist **X** eine beliebige Hexadezimalziffer (siehe dazu Abb. 5.11 und Abb. 5.12). Der Datenspeicher vieler AVR-Prozessoren beginnt bei der Adresse **0100**, man erreicht daher den gewünschten Effekt einfach dadurch, dass der Vektor $\boldsymbol{s}$ das überhaupt erste im Segment `.data` vereinbarte Datenelement ist. Ist das nicht möglich, kann man durch geschickte Anordnung der Programmvariablen mit Hilfe einer Programmauflistung fast immer zu einer Adresse der gewünschten Gestalt kommen. Notfalls muss eine Lücke in Kauf genommen und die Assembleranweisung `.org` benutzt werden.

[3] In der Praxis ist das k in $m = 2^k$ oft die Wortbreite des Computers und q in einem Computerwort enthalten, folglich $q < m$.

Die drei Datenelemente $\mathbf{y}_n$, $\mathbf{y}_{n-1}$ und $\mathbf{x}_{n-2}$ werden natürlich nicht als zirkuläre Liste organisiert sondern als drei Wortvariable im Zahlenformat $\mathbb{G}_{16}$ oder $\mathbb{G}_8$ bereitgehalten, die bei jeder Neuberechnung von $\mathbf{y}_n$ umgespeichert werden.

1		.dseg		

Der Wortvektor der Schlange, die Programmvariablen und ihre *offsets*, Version $\mathbb{G}_{16}$

2		.org	0x0200	
3		.equ	nwH5X = 33	
4	vwH5X:	.byte	2*nwH5X	Der Vektor s mit der Adresse $\xi = \mathcal{A}(s) = $ **XX00**
5	aH516V:			Die Basisadresse β für die folgenden Variablen
6	wH5Y:	.byte	2	$\mathbf{y}_n$
7	wH5Y1:	.byte	2	$\mathbf{y}_{n-1}$
8	wH5Y2:	.byte	2	$\mathbf{y}_{n-2}$
9	pwH5X32:	.byte	2	Die Adressenvariable mit der Adresse ξ_{32} von $\mathbf{x}_{n-32}$
10	pwH5X16:	.byte	2	Die Adressenvariable mit der Adresse ξ_{16} von $\mathbf{x}_{n-16}$
11	pwH5X0:	.byte	2	Die Adressenvariable mit der Adresse ξ_0 von $\mathbf{x}_n$
12	.equ	owH5Y	= wH5Y	- aH516V
13	.equ	owH5Y1	= wH5Y1	- aH516V
14	.equ	owH5Y2	= wH5Y2	- aH516V
15	.equ	opwH5X0	= pwH5X0	- aH516V
16	.equ	opwH5X16	= pwH5X16	- aH516V
17	.equ	opwH5X32	= pwH5X32	- aH516V
18		.cseg		

Die Initialisierung der zirkulären Schlange

19	H516Start:	clr	r0	1	$\mathbf{r}_0 \leftarrow \mathbf{00}$
20		ldi	r16,nwH5X + 3	1	$\mathbf{r}_{16} \leftarrow k = 33 + 3$ (Anzahl Doppelbytes)
21		ldi	r30,LOW(vwH5X)	1	$\mathbf{Z} \leftarrow \lambda = \xi$
22		ldi	r31,HIGH(vwH5X)	1	
23		movw	r25:r24,r31:r30	1	$\mathbf{U} \leftarrow \xi$
24	H516Strt2:	st	Z+,r0	2	$\lambda^* \leftarrow \mathbf{00}, \lambda \leftarrow \lambda + 1$
25		st	Z+,r0	2	$\lambda^* \leftarrow \mathbf{00}, \lambda \leftarrow \lambda + 1$
26		dec	r16	1	$k \leftarrow k - 1$
27		brne	H516Strt2	1/2	falls $k > 0$ zum nächsten Schleifendurchlauf
28		st	Z+,r24	2	$\lambda^* \leftarrow \xi_0 = \xi, \lambda \leftarrow \lambda + 2$
29		st	Z+,r25	2	
30		adiw	r25:r24,32	2	$\mathbf{U} \leftarrow \xi_{16} = \xi + 32$
31		st	Z+,r24	2	$\lambda^* \leftarrow \xi_{16}, \lambda \leftarrow \lambda + 2$
32		st	Z+,r25	2	
33		adiw	r25:r24,32	2	$\mathbf{U} \leftarrow \xi_{32} = \xi + 32 + 32$
34		st	Z+,r24	2	$\lambda^* \leftarrow \xi_{32}, \lambda \leftarrow \lambda + 2$
35		st	Z+,r25	2	
36		ret		4	

Das Unterprogramm zur Berechnung von y_n, Parameter x_n in $r_{17:16}$ zu übergeben

37	DoH516:	push4	r16,r17,r18,r19	4×2	
38		push4	r28,r29,r30,r31	4×2.	
39		ldi	r30,LOW(aH516V)	1	$Z \leftarrow \beta$
40		ldi	r31,HIGH(aH516V)	1	
41		ldd	r28,Z+opwH5X0	2	$Y \leftarrow \xi_0$
42		ldd	r29,Z+opwH5X0+1	2	
43		st	Y+,r16	2	$\xi_0^* \leftarrow x_n,\ \xi_0 \leftarrow \xi_0 + 2$
44		st	Y+,r17	2	
45		cpi	r28,2*nwH5X	1	$\xi_0^\perp = 66?,$ d.h. $i_0 = 33?$
46		skne		1/2	falls wahr:
47		ldi	r28,0	1	$\xi_0^\perp \leftarrow \mathbf{00},$ d.h. $i_0 \leftarrow 0$
48		std	Z+opwH5X0,r28	2	pwH5X0$^* \leftarrow \xi_0$
49		std	Z+opwH5X0+1,r29	2	
50		ldd	r28,Z+opwH5X16	2	$Y \leftarrow \xi_{16}$
51		ldd	r29,Z+opwH5X16+1	2	
52		ld	r18,Y+	2	$r_{19:18} \leftarrow x_{n-16} = \xi_{16}^*,\ \xi_{16} \leftarrow \xi_{16} + 2$
53		ld	r19,Y+	2	
54		cpi	r28,2*nwH5X	1	$\xi_{16}^\perp = 66?,$ d.h. $i_{16} = 33?$
55		skne		1/2	falls wahr:
56		ldi	r28,0	1	$\xi_{16}^\perp \leftarrow \mathbf{00},$ d.h. $i_{16} \leftarrow 0$
57		std	Z+opwH5X16,r28	2	pwH5X16$^* \leftarrow \xi_{16}$
58		std	Z+opwH5X16+1,r29	2	
59		lsl	r18	1	$r_{19:18} \leftarrow 2x_{n-16}$
60		rol	r19	1	
61		sub	r16,r18	1	$r_{17:16} \leftarrow x_n - 2x_{n-16}$
62		sbc	r17,r19	1	
63		ldd	r28,Z+opwH5X32	2	$Y \leftarrow \xi_{32}$
64		ldd	r29,Z+opwH5X32+1	2	
65		ld	r18,Y+	2	$r_{19:18} \leftarrow x_{n-32} = \xi_{32}^*,\ \xi_{32} \leftarrow \xi_{32} + 2$
66		ld	r19,Y+	2	
67		cpi	r28,2*nwH5X	1	$\xi_{32}^\perp = 66?,$ d.h. $i_{32} = 33?$
68		skne		1/2	falls wahr:
69		ldi	r28,0	1	$\xi_{32}^\perp \leftarrow \mathbf{00},$ d.h. $i_{32} \leftarrow 0$
70		std	Z+opwH5X32,r28	2	pwH5X32$^* \leftarrow \xi_{32}$
71		std	Z+opwH5X32+1,r29	2	
72		add	r16,r18	1	$r_{17:16} \leftarrow u = x_n - 2x_{n-16} + x_{n-32}$
73		adc	r17,r19	1	
74		ldd	r18,Z+owH5Y2	2	$r_{19:18} \leftarrow y_{n-2}$
75		ldd	r19,Z+owH5Y2+1	2	
76		sub	r16,r18	1	$r_{17:16} \leftarrow u - y_{n-2}$

77	sbc	r17,r19	1	
78	ldd	r18,Z+owH5Y1	2	$r_{19:18} \leftarrow y_{n-1}$
79	ldd	r19,Z+owH5Y1+1	2	
80	std	Z+owH5Y2,r18	2	$wH5Y2 \leftarrow y_{n-1}$, d. h. $y_{n-2} \leftarrow y_{n-1}$
81	std	Z+owH5Y2+1,r19	2	
82	lsl	r18	1	$r_{19:18} \leftarrow 2y_{n-1}$
83	rol	r19	1	
84	sub	r16,r18	1	$r_{17:16} \leftarrow v = u - y_{n-2} - 2y_{n-1}$
85	sbc	r17,r19	1	
86	ldd	r18,Z+owH5Y	2	$r_{19:18} \leftarrow y_n$
87	ldd	r19,Z+owH5Y+1	2	
88	std	Z+owH5Y1,r18	2	$wH5Y1 \leftarrow y_n$, d. h. $y_{n-1} \leftarrow y_n$
89	std	Z+owH5Y1+1,r19	2	
90	mov	r16,r17	1	$r_{16} \leftarrow v^\top$
91	ldi	r17,0xFF	1	antizipiere $\mathbb{G}_{16}(v) < 0$: $r_{17} \leftarrow$ **FF**, d. h. $\mathbb{G}_{16}(v)/256 < 0$
92	tst	r16	1/2	gilt $\mathbb{G}_{16}(v) < 0$?
93	skmi		1	falls nicht:
94	ldi	r17,0x00	1	$r_{17} \leftarrow$ **00**: $\mathbb{G}_{16}(v)/256 \geq 0$
95	std	Z+owH5Y,r16	2	$wH5Y \leftarrow 2^{-8}v$, das neue y_n
96	std	Z+owH5Y+1,r17	2	
97	pop4	r31,r30,r29,r28	4×2	
98	pop4	r19,r18,r17,r16	4×2	
99	ret		4	zurück in das rufende Programm
100		.dseg		

Der Wortvektor der Schlange, die Programmvariablen und ihre *offsets*, Version $\mathbb{G}_8$

101		.org	0x0300	
102		.equ	nbH5X = 33	
103	vbH5X:	.byte	nbH5X	Der Vektor s mit der Adresse $\xi = \mathcal{A}(s) = $ **XX00**
104	aH58V:			Die Basisadresse β für die folgenden Variablen
105	bH5Y:	.byte	1	y_n
106	bH5Y1:	.byte	1	y_{n-1}
107	bH5Y2:	.byte	1	y_{n-2}
108	pbH5X32:	.byte	2	Die Adressenvariable mit der Adresse ξ_{32} von x_{n-32}
109	pbH5X16:	.byte	2	Die Adressenvariable mit der Adresse ξ_{16} von x_{n-16}
110	pbH5X0:	.byte	2	Die Adressenvariable mit der Adresse ξ_0 von x_n
111	.equ	obH5Y	= bH5Y	- aH58V
112	.equ	obH5Y1	= bH5Y1	- aH58V
113	.equ	obH5Y2	= bH5Y2	- aH58V
114	.equ	opbH5X0	= pbH5X0	- aH58V
115	.equ	opbH5X16	= pbH5X16	- aH58V
116	.equ	opbH5X32	= pbH5X32	- aH58V

	.cseg			

Die Initialisierung der zirkulären Schlange

H58Start:	clr	r0	1	$\mathbf{r}_0 \leftarrow$ **00**
	ldi	r16,nbH5X + 3	1	$\mathbf{r}_{16} \leftarrow k = 33 + 3$ (Anzahl Bytes)
	ldi	r30,LOW(vbH5X)	1	$\mathbf{Z} \leftarrow \lambda = \xi$
	ldi	r31,HIGH(vbH5X)	1	
	movw	r25:r24,r31:r30	1	$\mathbf{U} \leftarrow \xi$
H58Strt2:	st	Z+,r0	2	$\lambda^* \leftarrow$ **00**, $\lambda \leftarrow \lambda + 1$
	dec	r16	1	$k \leftarrow k - 1$
	brne	H58Strt2	1/2	falls $k > 0$ zum nächsten Schleifendurchlauf
	st	Z+,r24	2	$\lambda^* \leftarrow \xi_0 = \xi$, $\lambda \leftarrow \lambda + 2$
	st	Z+,r25	2	
	adiw	r25:r24,16	2	$\mathbf{U} \leftarrow \xi_{16} = \xi + 32$
	st	Z+,r24	2	$\lambda^* \leftarrow \xi_{16}$, $\lambda \leftarrow \lambda + 2$
	st	Z+,r25	2	
	adiw	r25:r24,16	2	$\mathbf{U} \leftarrow \xi_{32} = \xi + 32 + 32$
	st	Z+,r24	2	$\lambda^* \leftarrow \xi_{32}$, $\lambda \leftarrow \lambda + 2$
	st	Z+,r25	2	
	ret		4	

Das Unterprogramm zur Berechnung von $\mathbf{y}_n$, Parameter $\mathbf{x}_n$ in $\mathbf{r}_{16}$ zu übergeben

DoH58:	push4	r16,r17,r18,r19	4×2	
	push4	r28,r29,r30,r31	4×2	
	ldi	r30,LOW(aH58V)	1	$\mathbf{Z} \leftarrow \beta$
	ldi	r31,HIGH(aH58V)	1	
	ldi	r17,0xFF	1	antizipiere $\mathbb{G}_8(\mathbf{x}_n) < 0$: $\mathbf{r}_{17} \leftarrow$ **FF**, d. h. $\mathbb{G}_{16}(\mathbf{x}_n) < 0$
	tst	r16	1	ist $\mathbb{G}_8(\mathbf{x}_n) < 0$?
	skmi		1/2	falls nicht:
	ldi	r17,0x00	1	$\mathbf{r}_{17} \leftarrow$ **00**: $\mathbb{G}_{16}(\mathbf{x}_n) \geq 0$
	ldd	r28,Z+opbH5X0	2	$\mathbf{Y} \leftarrow \xi_0$
	ldd	r29,Z+opbH5X0+1	2	
	st	Y+,r16	2	$\xi_0^* \leftarrow \mathbf{x}_n$, $\xi_0 \leftarrow \xi_0 + 1$
	cpi	r28,nbH5X	1	$\xi_0^{\perp} = 33$?, d. h. $i_0 = 33$?
	skne		1/2	falls wahr:
	ldi	r28,0	1	$\xi_0^{\perp} \leftarrow$ **00**, d. h. $i_0 \leftarrow 0$
	std	Z+opbH5X0,r28	2	pwH5X0* $\leftarrow \xi_0$
	std	Z+opbH5X0+1,r29	2	
	ldd	r28,Z+opbH5X16	2	$\mathbf{Y} \leftarrow \xi_{16}$
	ldd	r29,Z+opbH5X16+1	2	
	ld	r18,Y+	2	$\mathbf{r}_{18} \leftarrow \mathbf{u} = \mathbf{x}_{n-16} = \xi_{16}^*$, $\xi_{16} \leftarrow \xi_{16} + 1$
	ldi	r19,0xFF	1	antizipiere $\mathbb{G}_8(\mathbf{u}) < 0$: $\mathbf{r}_{19} \leftarrow$ **FF**, d. h. $\mathbb{G}_{16}(\mathbf{u}) < 0$
	tst	r18	1	$\mathbb{G}_8(\mathbf{u}) < 0$?

skmi		1/2	falls nicht:
ldi	r19,0x00	1	$\mathbf{r}_{19} \leftarrow$ **00**: $\mathbb{G}_{16}(\mathbf{u}) \geq 0$
cpi	r28,nbH5X	1	$\xi_{16}^{\perp} = 33$?, d. h. $i_{16} = 33$?
skne		1/2	falls wahr:
ldi	r28,0	1	$\xi_{16}^{\perp} \leftarrow$ **00**, d. h. $i_{16} \leftarrow 0$
std	Z+opbH5X16,r28	2	pwH5X16* $\leftarrow \xi_{16}$
std	Z+opbH5X16+1,r29	2	
lsl	r18	1	$\mathbf{r}_{19:18} \leftarrow 2\mathbf{x}_{n-16}$
rol	r19	1	
sub	r16,r18	1	$\mathbf{r}_{17:16} \leftarrow \mathbf{x}_n - 2\mathbf{x}_{n-16}$
sbc	r17,r19	1	
ldd	r28,Z+opbH5X32	2	$\mathrm{Y} \leftarrow \xi_{32}$
ldd	r29,Z+opbH5X32+1	2	
ld	r18,Y+	2	$\mathbf{r}_{18} \leftarrow \mathbf{u} = \mathbf{x}_{n-32} = \xi_{32}^{*}$, $\xi_{32} \leftarrow \xi_{32} + 1$
ldi	r19,0xFF	1	antizipiere $\mathbb{G}_8(\mathbf{u}) < 0$: $\mathbf{r}_{19} \leftarrow$ **FF**, d. h. $\mathbb{G}_{16}(\mathbf{u}) < 0$
tst	r18	1	$\mathbb{G}_8(\mathbf{u}) < 0$?
skmi		1/2	falls nicht:
ldi	r19,0x00	1	$\mathbf{r}_{19} \leftarrow$ **00**: $\mathbb{G}_{16}(\mathbf{u}) \geq 0$
cpi	r28,nbH5X	1	$\xi_{32}^{\perp} = 33$?, d. h. $i_{32} = 33$?
skne		1/2	falls wahr:
ldi	r28,0	1	$\xi_{32}^{\perp} \leftarrow$ **00**, d. h. $i_{32} \leftarrow 0$
std	Z+opbH5X32,r28	2	pwH5X32* $\leftarrow \xi_{32}$
std	Z+opbH5X32+1,r29	2	
add	r16,r18	1	$\mathbf{r}_{17:16} \leftarrow \mathbf{u} = \mathbf{x}_n - 2\mathbf{x}_{n-16} + \mathbf{x}_{n-32}$
adc	r17,r19	1	
ldd	r18,Z+obH5Y2	2	$\mathbf{r}_{18} \leftarrow \mathbf{y}_{n-2}$
ldi	r19,0xFF	1	antizipiere $\mathbb{G}_8(\mathbf{y}_{n-2}) < 0$: $\mathbf{r}_{19} \leftarrow$ **FF**, d. h. $\mathbb{G}_{16}(\mathbf{y}_{n-2}) < 0$
tst	r18	1	$\mathbb{G}_8(\mathbf{y}_{n-2}) < 0$?
skmi		1/2	falls nicht:
ldi	r19,0x00	1	$\mathbf{r}_{19} \leftarrow$ **00**: $\mathbb{G}_{16}(\mathbf{y}_{n-2}) \geq 0$
sub	r16,r18	1	$\mathbf{r}_{17:16} \leftarrow \mathbf{u} - \mathbf{y}_{n-2}$
sbc	r17,r19	1	
ldd	r18,Z+obH5Y1	2	$\mathbf{r}_{18} \leftarrow \mathbf{y}_{n-1}$
ldi	r19,0xFF	1	antizipiere $\mathbb{G}_8(\mathbf{y}_{n-1}) < 0$: $\mathbf{r}_{19} \leftarrow$ **FF**, d. h. $\mathbb{G}_{16}(\mathbf{y}_{n-1}) < 0$
tst	r18	1	$\mathbb{G}_8(\mathbf{y}_{n-1}) < 0$?
skmi		1/2	falls nicht:
ldi	r19,0x00	1	$\mathbf{r}_{19} \leftarrow$ **00**: $\mathbb{G}_{16}(\mathbf{y}_{n-1}) \geq 0$
std	Z+obH5Y2,r18	2	bH5Y2 $\leftarrow \mathbf{y}_{n-1}$, d. h. $\mathbf{y}_{n-2} \leftarrow \mathbf{y}_{n-1}$
lsl	r18	1	$\mathbf{r}_{19:18} \leftarrow 2\mathbf{y}_{n-1}$
rol	r19	1	
sub	r16,r18	1	$\mathbf{r}_{17:16} \leftarrow \mathbf{v} = \mathbf{u} - \mathbf{y}_{n-2} - 2\mathbf{y}_{n-1}$

```
197    sbc    r17,r19             1
198    ldd    r18,Z+obH5Y         2    r18 ← y_n
199    std    Z+obH5Y1,r18        2    bH5Y1 ← y_n, d. h. y_{n-1} ← y_n
200    std    Z+obH5Y,r17         2    bH5Y ← 2^-8 v, das neue y_n
201    pop4   r31,r30,r29,r28     4×2
202    pop4   r19,r18,r17,r16     4×2
203    ret                        4    zurück ins rufende Programm
```

Die zirkuläre Schlange muss natürlich initialisiert werden. Das geschieht in dem Unterprogramm von Zeile *18* bis Zeile *35*. Es ist vor der ersten Berechnung der Differenzengleichung aufzurufen. Initialisiert werden die 33 Vektorelemente $s[i]$, $\mathbf{y}_n$, $\mathbf{y}_{n-1}$ und $\mathbf{y}_{n-2}$ in einer Schleife mit **0000**. Die Vorbereitungen zu dieser Schleife sind wie folgt: Register $\mathbf{r}_0$ wird als Quellenregister für die Speicherzugriffe genutzt und daher in Zeile *18* mit **00** geladen. Register $\mathbf{r}_{16}$ ist der Schleifenzähler k und wird in der nächsten Zeile mit der Anzahl 33 + 3 der Doppelbytes initialisiert, die besucht werden sollen. Der Zugriff auf den Datenspeicher erfolgt mit der Adresse λ in Register **Z**, das deshalb mit der Adresse ξ des Vektors $\boldsymbol{s}$ geladen wird (`vwH5X` im Programm). Vom Unterprogramm müssen auch die Adressen ξ_0, ξ_{16} und ξ_{32} berechnet werden, das geschieht mit Register **U**, das daher ebenfalls mit ξ geladen wird (in Zeile *22*).

Die Schleife in den Zeilen *23–26* ist äußerst simpel. Bei jedem Schleifendurchlauf werden zwei aufeinanderfolgende Speicherbytes mit **00** geladen, dabei wird die Adresse λ in den Zeilen *24–25* parallel zum Speicherzugriff erhöht. Es wird der Schleifenzähler k in $\mathbf{r}_{16}$ heruntergezählt und es wird zum nächsten Schleifendurchlauf zurückgesprungen, falls der Schleifenzähler noch nicht den Wert **00** erreicht hat.

Nach dem Verlassen der Schleife, also in Zeile *27*, enthält Register **Z** die Adresse λ = `pwH5X32`, das ist die Adresse der Variablen (des Zeigers), in der die laufende Adresse ξ_{32} zwischen den Aufrufen von `DoH516` aufbewahrt wird. Die beiden Doppelbytes an der Adresse λ werden in den Zeilen *27–28* mit der Adresse in Register **U**, d. h. mit ξ, geladen. Das bedeutet also $\xi_{32} = \xi$, und **Z** enthält die Adresse λ = `pwH5X16`. In Zeile *29* wird die Adresse in **U** um 32 erhöht, d. h. **U** enthält $\xi + 32$, was $\xi_{16} = \xi + 32$ nach den Zeilen *30–31* ergibt. Danach enthält **Z** die Adresse λ = `pwH5X0`. Die Zeilen *32–34* liefern schließlich $\xi_0 = \xi + 64$. Die zirkuläre Schlange befindet sich nun in ihrem Anfangszustand, der in Abb. 5.13 oben dargestellt ist.

Es wird angenommen, dass das Initialisierungsunterprogramm zu einem Zeitpunkt aufgerufen wird, in dem alle Register der CPU zur freien Verfügung stehen.

Dem Unterprogramm zur Berechnung eines $\mathbf{y}_n$ ab Zeile *36* ist das $\mathbf{x}_n$ im Doppelregister $\mathbf{r}_{17:16}$ zu übergeben. Alle vom Unterprogramm verwendeten Register werden beim Betreten des Unterprogramms in den Stapel gerettet und beim Verlassen aus dem Stapel restauriert (Zeilen *36–37* und Zeilen *96–97*). Weil auf die sechs Variablen in den Zeilen *5–10* über das Register **Z** zugegriffen wird, wird das Register in Zeile *38* mit der Basisadresse β der Variablen geladen.

Der erste vom Unterprogramm durchgeführte Vorgang besteht darin, $\mathbf{x}_n$ an der Adresse ξ_0 abzulegen und die Adresse modulo 33 weiterzuschalten. Folglich wird **Y** in den Zeilen

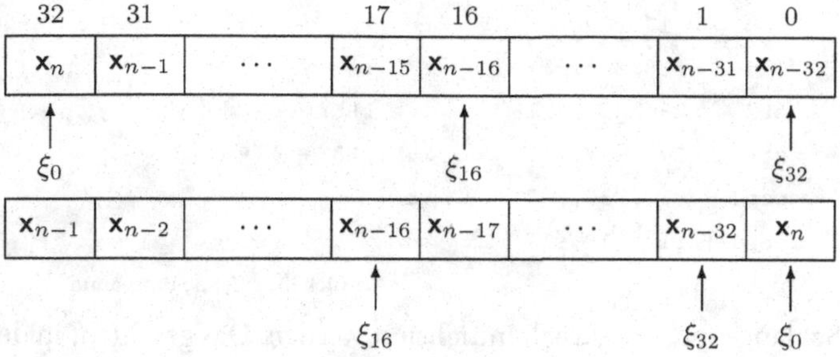

Abb. 5.13 Zur Implementierung der zirkulären Schlange

40–41 mit dem *offset* der Zeigervariablen geladen, die ξ_0 enthält, das Ablegen von $\mathbf{x}_n$ an der Adresse ξ_0 findet dann an den beiden folgenden Zeilen statt. Dabei wird die Adresse ξ_0 in **Y** automatisch um 2 erhöht. Zum Weiterschalten von ξ_0 modulo 33 kann man sich an Abb. 5.11 orientieren. Das untere Byte $\xi_0^{\perp}$ von ξ_0, d. h. Register $\mathbf{r_{28}}$, enthält den doppelten Index $2i_0$. Gilt $2i_0 < 66$, dann ist ξ_0 schon korrekt modulo 33 weitergeschaltet worden, andernfalls muss $\xi_0^{\perp}$ auf den Wert **0** gesetzt werden. In Zeile *44* wird daher der Inhalt von $\mathbf{r_{28}}$ (d. h. $\xi_0^{\perp}$) mit 66 verglichen. Enthält $\mathbf{r_{28}}$ nicht 66, was gleichbedeutend mit < 66 ist, da stets von 0 an heraufgezählt wird, dann wird die nächste Zeile *46* übersprungen, der Inhalt von $\mathbf{r_{28}}$ also nicht mehr geändert. Enthält $\mathbf{r_{28}}$ andererseits 66, dann wird diese Zeile jedoch durchlaufen und $\mathbf{r_{28}}$ dort mit **00** geladen.

Im weiteren Verlauf des Unterprogramms wird das Doppelregister $\mathbf{r_{17:16}}$ als $\mathbb{G}_{16}$-Akkumulator eingesetzt für die Berechnung von $\mathbf{y}_n$. Es enthält jetzt das neue $\mathbf{x}_n$

Als Nächstes wird $2\mathbf{x}_{n-16}$ subtrahiert. Das beginnt in den Zeilen *49–50* damit, dass ξ_{16} in das Register **Y** geladen wird. In den folgenden beiden Zeilen wird ξ_{16}^*, d. h. das alte $\mathbf{x}_{n-16}$, in das Doppelregister $\mathbf{r_{19:18}}$ transferiert. Dabei wird die Adresse ξ_{16} in **Y** automatisch um 2 erhöht. In den Zeilen *53–55* erfolgt dann die schon bekannte Weiterschaltung von ξ_{16} modulo 33. In den darauffolgenden beiden Zeilen wird die neue Adresse ξ_{16} in ihre Zeigervariable `pwH5X16` zurückgeschrieben. In den Zeilen *58–59* wird $\mathbf{x}_{n-16}$ mit 2 multipliziert (links geshiftet) und in den beiden nächsten Zeilen vom $\mathbb{G}_{16}$-Akku $\mathbf{r_{17:16}}$ subtrahiert. Der Akku enthält jetzt also $\mathbf{x}_n - 2\mathbf{x}_{n-16}$.

In den Zeilen *62–72* wird dann $\mathbf{x}_{n-32}$ zum $\mathbb{G}_{16}$-Akku addiert. Die Erläuterungen zu den Zeilen *49–61* können hier fast wörtlich übernommen werden. $\mathbf{r_{17:16}}$ enthält jetzt $\mathbf{u} = \mathbf{x}_n - 2\mathbf{x}_{n-16} + \mathbf{x}_{n-32}$.

In den Zeilen *73–74* wird $\mathbf{r_{19:18}}$ mit $\mathbf{y}_{n-2}$ geladen und in den folgenden beiden Zeilen vom $\mathbb{G}_{16}$-Akku subtrahiert. Dann wird in den Zeilen *77–78* das Doppelregister $\mathbf{r_{19:18}}$ mit $\mathbf{y}_{n-1}$ geladen, worauf $\mathbf{y}_{n-2}$ in seiner Zeigervariable `wH5Y2` mit $\mathbf{y}_{n-1}$ überschrieben wird. In den Zeilen *81–82* wird daraufhin $\mathbf{y}_{n-1}$ mit 2 multipliziert und in den nächsten beiden Zeilen vom Akku subtrahiert. Schließlich wird in den Zeilen *85–86* das Doppelregister $\mathbf{r_{19:18}}$ mit dem alten $\mathbf{y}_n$ geladen und dann in die Zeigervariable von $\mathbf{y}_{n-1}$ geschrieben, d. h. das alte $\mathbf{y}_{n-1}$ wird durch das alte $\mathbf{y}_n$ ersetzt.

Der $\mathbb{G}_{16}$-Akku enthält jetzt $\mathbf{v} = \mathbf{u} - \mathbf{y}_{n-2} - 2\mathbf{y}_{n-1}$. Das neue $\mathbf{y}_n$ entsteht daraus durch Division mit $256 = 2^8$, der Quotient ist also gerade das obere Byte von $\mathbf{v}$. Das Register $\mathbf{r}_{16}$ wird daher in Zeile *89* mit diesem oberen Byte, d. h. mit dem Inhalt von $\mathbf{r}_{17}$, geladen. Nun wird aber $\mathbf{y}_n$ als eine Zahl im Format $\mathbb{G}_{16}$ geführt, d. h. die $\mathbb{G}_8$-Zahl in $\mathbf{r}_{16}$ muss durch Vorzeichenvervielfachung in eine $\mathbb{G}_{16}$-Zahl in $\mathbf{r}_{17:15}$ überführt werden. In Zeile *90* wird zunächst angenommen, dass $\mathbf{v}$ negativ ist, d. h. das Vorzeichenbit von $\mathbf{r}_{16}$ gesetzt ist, und $\mathbf{r}_{17}$ mit negativen Vorzeichen gefüllt. In der nächsten Zeile wird diese Annahme dann getestet. Ist sie wahr, dann wird die Zeile *93* übersprungen, andernfalls wird in dieser Zeile Register $\mathbf{r}_{17}$ mit positiven Vorzeichen geladen. Dopppelregister $\mathbf{r}_{17:16}$ enthält nun das neue $\mathbf{y}_n$, es wird in den Zeilen *94–95* in seine Variable `wH5Y` geschrieben.

Man beachte, dass das Unterprogramm bei jedem Durchlauf dieselbe Anzahl von Prozessortakten konsumiert, unabhängig davon, unter welchen Bedingungen die bedingten Sprünge passiert werden.[4] Es tritt daher kein *jitter* auf, wenn $\mathbf{y}_n$ nach der Berechnung z. B. über einen DAC ausgegeben wird.

Um aus dem vorgestellten Unterprogramm `DoH516` eine $\mathbb{G}_8$-Version zu machen wäre es nur nötig, die ankommenden $\mathbf{x}_n$ in das Format $\mathbb{G}_{16}$ zu transformieren. Weil das auch vor dem Aufruf geschehen könnte, müssten an `DoH516` überhaupt keine Änderungen vorgenommen werden. Hier soll jedoch angenommen werden, dass wegen Speichermangel durchweg das Format $\mathbb{G}_8$ verwendet werden soll, also für die Schlange und für $\mathbf{y}_n$, $\mathbf{y}_{n-1}$ und $\mathbf{y}_{n-2}$. Die Akkumulation muss allerdings auch hier im Format $\mathbb{G}_{16}$ durchgeführt werden, was bedeutet, dass die $\mathbf{x}_\nu$ und $\mathbf{y}_\nu$ vor dem Eingang in die Rechnung in das Format $\mathbb{G}_{16}$ gebracht werden müssen. Die zirkuläre Schlange hat hier die in Abb. 5.12 gezeigte Gestalt.

Die Initialisierung der Schlange unterscheidet sich von der $\mathbb{G}_{16}$-Version nur wenig, statt Doppelbytes sind in der $\mathbb{G}_8$-Version Bytes mit Nullen zu belegen. Die Vorbelegung der Zeigervariablen kann unverändert übernommen werden.

Die Grobstruktur von `DoH516` kann für `DoH58` übernommen werden, werden doch dieselben Rechnungen durchgeführt. Wie oben schon erwähnt muss vor jeder Rechnung eine Formattransformation stattfinden. Eine solche Transformation wird z. B. in den Zeilen *139–142* mit dem Parameter $\mathbf{x}_n$ in $\mathbf{r}_{16}$ nach $\mathbf{r}_{17:16}$ durchgeführt. Am Ende des Unterprogramms gibt es einige Änderungen gegenüber `DoH516`, denn das obere Byte des neuberechneten $\mathbf{y}_n$ kann direkt übernommen werden.

Beide Unterprogramme sind etwa gleich schnell: `DoH516` benötigt 124 und `DoH58` 121 Takte. Darin ist der Unterprogrammaufruf noch nicht enthalten. Die Einsparung an Speicherzugriffen durch die nur halb so große Schlange wird in `DoH58` also durch die Formatumwandlungen zunichte gemacht. Soll das Eingangssignal durch Abtasten entstehen und das Ausgangssignal unmittelbar weitergegeben werden (z. B. an einen DAC), dann gibt die Taktanzahl schon eine obere Schranke für die Abtastfrequenz. Bei einer Taktfrequenz von $f_\mathrm{T} = 16\,\mathrm{MHz}$ erhält man eine Abtastfrequenz von

$$f_\mathrm{A} = \frac{f_\mathrm{T}}{124} = 129\ [\mathrm{kHz}]$$

[4] Zu den Makros `skmi` und `skne` siehe Anhang A.3.

Der CD-Player arbeitet mit einer Abtastfrequenz von 44,1 kHz, die Berechnung von $\mathbf{y}_n$ eines CD-Signals mit `DoH516` belastet den AVR-Prozessor daher nur zu 34 %.

Es ist unbedingt darauf zu achten, dass das Abtasten mit **konstanter Abtastfrequenz** durchgeführt wird, denn so, wie Signale in Abschn. 3.1 definiert sind, haben benachbarte Signalwerte den konstanten Abstand Eins voneinander. In der Praxis bedeutet das, dass mit Interrupts gearbeitet werden muss. Bei MEGA-Controllern ist dafür zu sorgen, dass der ADC-Interrupt nicht verzögert wird, weder durch globales noch durch lokales Verbieten von Interrupts. Bei XMEGA-Controllern ist dem ADC-Interrupt die höchste Prioritätsstufe zuzuteilen.[5]

5.3 Die Implementierung eines Filters mit RIAA-Kennlinie

In diesem Abschnitt wird der Filter $\mathbf{R}_{64}$ mit der RIAA-Entzerrerkurve als Wunschfunktion aus Abschn. 4.8.3 als ein AVR-Assemblerprogramm realisiert. Der Filterwert $\mathbf{R}_{64}(\boldsymbol{x})$ wird wieder über die Faltungssumme $\Delta_{\mathbf{R}_{64}} * \boldsymbol{x}$ berechnet:

$$\mathbf{R}_{64}(\boldsymbol{x})(n) = (\Delta_{\mathbf{R}_{64}} * \boldsymbol{x})(n) = \sum_{\kappa=-64}^{64} \Delta_{\mathbf{R}_{64}}(\kappa)\boldsymbol{x}(n-\kappa) = \Delta_{\mathbf{R}_{64}}(0)\boldsymbol{x}(n) + 2\sum_{\kappa=1}^{64} \Delta_{\mathbf{R}_{64}}(\kappa)\boldsymbol{x}(n-\kappa) \tag{5.16}$$

Die Funktionswerte $\Delta_{\mathbf{R}_{64}}(\kappa)$, $\kappa \in \{0, 1, \ldots, 64\}$, sind in Tab. 4.5 angegeben, sie sind alle positiv und bilden eine absteigende Wertreihe. Für das Programm müssen sie allerdings in das Format $\mathbb{G}_{16}$ überführt werden. Wie das zu geschehen hat hängt natürlich von der Arithmetik ab, mit der sie berechnet wurden. So ist beispielsweise

$$\Delta_{\mathbf{R}_{64}}(0) \approx 0{,}11971377061591836056303715907\,5 \approx \mathbb{G}_{16}(\mathbf{1EA5})2^{-16}$$
$$\Delta_{\mathbf{R}_{64}}(1) \approx 0{,}046927712906024133523722450439 \approx \mathbb{G}_{16}(\mathbf{0C03})2^{-16}$$

Das ist allerdings noch nicht sehr befriedigend, denn mit **1EA5** werden nur 13 der möglichen 15 Bits im Format $\mathbb{G}_{16}$ wirklich genutzt. Es ist besser, die $\Delta_{\mathbf{R}_{64}}(\kappa)$ vor der Umwandlung mit 2^2 zu multiplizieren. Das ergibt

$$\Delta_{\mathbf{R}_{64}}(0) \approx \mathbb{G}_{16}(\mathbf{7A96})2^{-18}$$
$$\Delta_{\mathbf{R}_{64}}(1) \approx \mathbb{G}_{16}(\mathbf{300D})2^{-18}$$

Es sei $\mathbf{d}_n$ das auf das Format $\mathbb{G}_{16}$ gerundete $2^{18}\Delta_{\mathbf{R}_{64}}(n)$ und $\mathbf{x}_n$ ebenfalls im Format $\mathbb{G}_{16}$ entspreche wieder $\boldsymbol{x}(n)$. Dann ist also die folgende Summe zu berechnen:

$$\mathbf{y}_n = \left\lfloor \left(\mathbf{d}_0\mathbf{x}_0 + 2\sum_{\kappa=1}^{64} \mathbf{d}_\kappa \mathbf{x}_{n-\kappa} \right) 2^{-18} \right\rfloor \tag{5.17}$$

[5] Das Arbeiten mit Interrupts bei AVR-Controllern ist ausführlich in [Mss1] beschrieben.

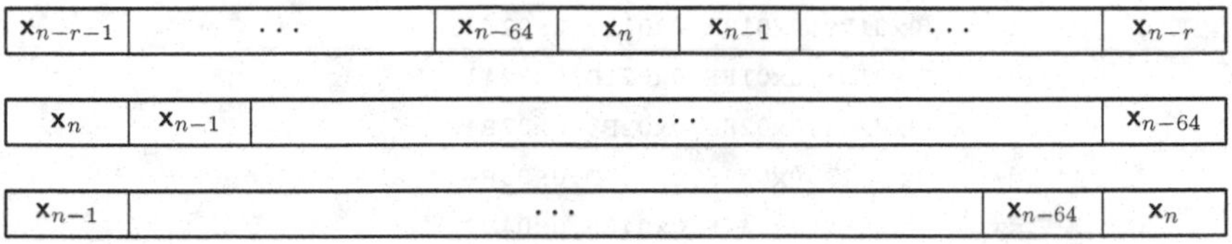

Abb. 5.14 Zur alternativen Implementierung der zirkulären Schlange

Die Produkte $\mathbf{d}_\nu \mathbf{x}_{n-\nu}$ haben das Format $\mathbb{G}_{32}$, entsprechend werden die Summen in der Klammer im Format $\mathbb{G}_{32}$ berechnet. Durch die Rechtsshifts und das Abschneiden des gebrochenen Teils der Summe liegt das Ergebnis $\mathbf{y}_n$ wieder im Format $\mathbb{G}_{16}$ vor. Allerdings ist noch zu prüfen, ob bei den Additionen Überlauf eintreten kann. Es sei dazu M die größte positive im Format $\mathbb{G}_{32}$ darstellbare Zahl ($M = 2^{31} - 1$). Dann ist

$$\Delta_{\mathbf{R}_{64}}(0)M + 2\sum_{\kappa=1}^{64} \Delta_{\mathbf{R}_{64}}(\kappa)M = M\left(\Delta_{\mathbf{R}_{64}}(0) + 2\sum_{\kappa=1}^{64} \Delta_{\mathbf{R}_{64}}(\kappa)\right) < 0{,}9841628535 \cdot M < M$$

Mit der kleinsten negativen mit $\mathbb{G}_{32}$ darstellbaren Zahl (-2^{31}) kann analog abgeschätzt werden. Es kann daher kein $\mathbb{G}_{32}$-Überlauf auftreten.

Vor der Programmierung bleibt noch zu klären, welche Datenstruktur verwendet werden soll. Weil bei der Berechnung der Summe (5.17) auf alle $\mathbf{x}_n$ bis $\mathbf{x}_{n-64}$ zugegriffen werden muss, kann die Schlange aus Abschn. 5.2 hier nicht eingesetzt werden, andernfalls bei jeder Addition in (5.17) ein neuer Index modulo 65 berechnet werden müsste. Tatsächlich kann die zirkuläre Schlange sehr wohl eingesetzt werden, um Umspeicherungen zu vermeiden, nur muss ihre Realisierung auf einem anderen Wege geschehen. Abbildung 5.10 bleibt daher gültig. Die Basis der Realisierung ist auch hier ein Vektor von 65 Zahlen im Format $\mathbb{G}_{16}$, doch wird auf die Vektorelemente nicht über Index modulo 65 zugegriffen. Wie in Abb. 5.14 oben gezeigt, trennt $\mathbf{x}_n$ die $\mathbf{x}_{n-\nu}$ in zwei Teile. Rechts von $\mathbf{x}_n$ befinden sich die $\mathbf{x}_{n-r}$ für $0 \leq r \leq 64$, links von $\mathbf{x}_n$ sind $\mathbf{x}_{n-r-1}$ bis $\mathbf{x}_{n-64}$ zu finden. Der Zugriff auf die ganze Schlange erfolgt erst über den linken und dann über den rechten Teil, beide Male von rechts nach links. Vor der Berechnung des neuen $\mathbf{y}_n$ wird das alte $\mathbf{x}_{n-64}$ mit dem neuen $\mathbf{x}_n$ überschrieben, gefolgt von $r \leftarrow r+1$. Das gilt allerdings nicht in dem Sonderfall $r = 64$, das Vorgehen in diesem Fall ist in Abb. 5.14 durch den Übergang von der Konfiguration in der Mitte zur unteren Konfiguration vorgegeben. Dazu gehört natürlich $r \leftarrow 0$. Setzt man noch $l = 64 - r$, dann gibt es links von $\mathbf{x}_n$ l und rechts von $\mathbf{x}_n$ r Vektorelemente, mit $l + r = 64$.

```
            .cseg
```

Die $\mathbf{d}_n$ als Vektor $\mathbf{D}$ in **umgekehrter** Reihenfolge im ROM

```
vwR64Del:   .dw     0x0076,0x007D,0x0084,0x008C        D64,D63,D62,D61
            .dw     0x0094,0x009D,0x00A6,0x00B1
            .dw     0x00BA,0x00C6,0x00D1,0x00DE
            .dw     0x00EB,0x00FA,0x0108,0x0119
            .dw     0x0129,0x013C,0x014E,0x0164
```

```
            .dw     0x0179,0x0191,0x01A9,0x01C4
            .dw     0x01DF,0x01FF,0x021D,0x0241
            .dw     0x0264,0x028D,0x02B5,0x02E4
            .dw     0x0312,0x0348,0x037D,0x03BB
            .dw     0x03F8,0x043F,0x0486,0x04D9
            .dw     0x052B,0x058C,0x05EC,0x065D
            .dw     0x06CE,0x0754,0x07D9,0x0878
            .dw     0x0917,0x09D6,0x0A95,0x0B7E
            .dw     0x0C66,0x0D87,0x0EA5,0x1014
            .dw     0x117A,0x1359,0x1520,0x17B2
            .dw     0x19F3,0x1DDF,0x20BB,0x300E        D4,D3,D2,D1
            .dw     0x7A96                             D0
            .dseg
```

Der Wortvektor der Schlange mit **beliebiger RAM-Adresse** und die Programmvariablen

```
vwR64X:     .byte   2*65            Der Vektor s der zirkulären Schlange
bR64R:      .byte   1               r
wR64Y:      .byte   2               xn
            .cseg
```

Die Initialisierung der zirkulären Schlange zur Konfiguration von Abb. 5.14 Mitte

```
R64Start:   clr     r0                  1    r0 ← 00
            ldi     r16,2*65            1    r16 ← k = 2 * 65 (Anzahl Bytes von s)
            ldi     r30,LOW(vwR64X)     1    Z ← λ = 𝒜(s)
            ldi     r31,HIGH(vwR64X)    1
R64Strt2:   st      Z+,r0               2    λ* ← 00, λ ← λ + 1
            dec     r16                 1    k ← k − 1
            brne    R64Strt2            1/2  falls k > 0 zum nächsten Schleifendurchlauf
            ldi     r16,64              1    r ← 64
            st      Z,r16               2
            ret                         4
```

Die Multiplikation $r_{5:4:3:2} \leftarrow r_{17:16} \times r_{19:18}$, und zwar $\mathbb{G}_{32} \leftarrow \mathbb{G}_{16} \times \mathbb{G}_{16}$, siehe Abschn. 6.5

```
R64Mul:     clr     r22                 1
            mul     r16,r18             2
            movw    r3:r2,r1:r0         1
            muls    r17,r19             2
            movw    r5:r4,r1:r0         1
            mulsu   r17,r18             2
            sbc     r5,r22              1
            add     r3,r0               1
            adc     r4,r1               1
            adc     r5,r22              1
            mulsu   r19,r16             2
```

45		`sbc`	`r5,r22`	1	
46		`add`	`r3,r0`	1	
47		`adc`	`r4,r1`	1	
48		`adc`	`r5,r22`	1	
49		`ret`		4	
	Das Unterprogramm zur Berechnung von $\mathbf{y}_n$, Parameter $\mathbf{x}_n$ in $\mathbf{r}_{21:20}$ zu übergeben				
50	`DoR64:`	`push4`	`r0,r1,r2,r3`	4×2	
51		`push4`	`r4,r5,r6,r7`	4×2	
52		`push4`	`r8,r9,r16,r17`	4×2	
53		`push4`	`r18,r19,r22,r23`	4×2	
54		`push4`	`r28,r29,r30,r31`	4×2	
55		`clr`	`r6`	1	$\mathbf{A} \leftarrow \mathbf{00000000}$
56		`clr`	`r7`	1	
57		`clr`	`r8`	1	
58		`clr`	`r9`	1	
59		`ldi`	`r30,LOW(2*vwR64Del)`	1	$\mathbf{Z} \leftarrow 2\delta = 2\mathcal{A}(\mathbf{D})$
60		`ldi`	`r31,HIGH(2*vwR64Del)`	1	
61		`ldi`	`r28,LOW(vwR64X)`	1	$\mathbf{Y} \leftarrow \mathcal{A}(\boldsymbol{s})$
62		`ldi`	`r29,HIGH(vwR64X)`	1	
63		`lds`	`r22,bR64R`	2	$\mathbf{r}_{22} \leftarrow r$
64		`inc`	`r22`	1	$\mathbf{r}_{22} \leftarrow r+1$
65		`cpi`	`r22,65`	1	$r = 65?$
66		`sklo`		1/2	falls das wahr ist:
67		`ldi`	`r22,0`	1	$\mathbf{r}_{22} \leftarrow r = 0$
68		`sts`	`bR64R,r22`	2	r zurückschreiben
69		`clr`	`r23`	1	$\mathbf{Y} \leftarrow \xi = \mathcal{A}(\boldsymbol{s}) + 2r$, Adr. des **neuen** $\mathbf{x}_n$
70		`add`	`r28,r22`	1	
71		`adc`	`r29,r23`	1	
72		`add`	`r28,r22`	1	
73		`adc`	`r29,r23`	1	
74		`st`	`Y+,r20`	2	$\xi^* \leftarrow \mathbf{x}_n^{\perp}$, $\xi \leftarrow \xi+1$
75		`st`	`Y+,r21`	2	$\xi^* \leftarrow \mathbf{x}_n^{\top}$, $\xi \leftarrow \xi+1$
76		`ldi`	`r23,64`	1	$\mathbf{r}_{23} \leftarrow k = l = 64 - r$
77		`sub`	`r23,r22`	1	
78		`breq`	`DoR6410`	1/2	falls $l = 0$: Zeilen *79–89* überspringen
79	`DoR6405:`	`ld`	`r16,Y+`	2	$\mathbf{r}_{17:16} \leftarrow \xi^* = \mathbf{x}_{n-(64+k-l)}$, $\xi \leftarrow \xi + 2$
80		`ld`	`r17,Y+`	2	
81		`lpm`	`r18,Z+`	3	$\mathbf{r}_{18} \leftarrow \delta^* = \mathbf{d}_{n-(64+k-l)}^{\perp}$, $\delta \leftarrow \delta+1$
82		`lpm`	`r19,Z+`	3	$\mathbf{r}_{19} \leftarrow \delta^* = \mathbf{d}_{n-(64+k-l)}^{\top}$, $\delta \leftarrow \delta+1$
83		`rcall`	`R64Mul`	3+	$\mathbf{r}_{5:4:3:2} \leftarrow \mathbf{p} = \mathbf{d}_{n-(64+k-l)}\mathbf{x}_{n-(64+k-l)}$
84		`add`	`r6,r2`	1	$\mathbf{A} \leftarrow \mathbf{A} + \mathbf{p}$

85		`adc`	`r7,r3`	1	
86		`adc`	`r8,r4`	1	
87		`adc`	`r9,r5`	1	
88		`dec`	`r23`	1	$k \leftarrow k-1$
89		`brne`	`DoR6405`	1/2	falls $k > 0$ zum nächsten Schleifendurchlauf
90	`DoR6410:`	`lds`	`r23,bR64R`	2	$\mathbf{r}_{23} \leftarrow k = r$
91		`tst`	`r23`	1	$r = 0$?
92		`breq`	`DoR6420`	1/2	falls $r = 0$ Zeilen *93–105* überspringen
93		`ldi`	`r28,LOW(vwR64X)`	1	$\mathbf{Y} \leftarrow \xi = \mathcal{A}(s) = \mathcal{A}(\mathbf{x}_{n-r})$
94		`ldi`	`r29,HIGH(vwR64X)`	1	
95	`DoR6415:`	`ld`	`r16,Y+`	2	$\mathbf{r}_{17:16} \leftarrow \xi^* = \mathbf{x}_{n-k},\ \xi \leftarrow \xi + 2$
96		`ld`	`r17,Y+`	2	
97		`lpm`	`r18,Z+`	3	$\mathbf{r}_{18} \leftarrow \delta^* = \mathbf{d}_{n-k}^{\perp},\ \delta \leftarrow \delta + 1$
98		`lpm`	`r19,Z+`	3	$\mathbf{r}_{19} \leftarrow \delta^* = \mathbf{d}_{n-k}^{\top},\ \delta \leftarrow \delta + 1$
99		`rcall`	`R64Mul`	3+	$\mathbf{r}_{5:4:3:2} \leftarrow \mathbf{q} = \mathbf{d}_{n-k}\mathbf{x}_{n-k}$
100		`add`	`r6,r2`	1	$\mathbf{A} \leftarrow \mathbf{A} + \mathbf{q}$
101		`adc`	`r7,r3`	1	
102		`adc`	`r8,r4`	1	
103		`adc`	`r9,r5`	1	
104		`dec`	`r23`	1	$k \leftarrow k-1$
105		`brne`	`DoR6415`	1/2	falls $k > 0$ zum nächsten Schleifendurchlauf
106	`DoR6420:`	`lpm`	`r18,Z+`	3	$\mathbf{r}_{18} \leftarrow \delta^* = \mathbf{d}_{n}^{\perp},\ \delta \leftarrow \delta + 1$
107		`lpm`	`r19,Z+`	3	$\mathbf{r}_{19} \leftarrow \delta^* = \mathbf{d}_{n}^{\top},\ \delta \leftarrow \delta + 1$
108		`movw`	`r17:r16,r21:r20`	1	$\mathbf{r}_{17:16} \leftarrow \mathbf{x}_n$
109		`rcall`	`R64Mul`	3+	$\mathbf{r}_{5:4:3:2} \leftarrow \mathbf{t} = \mathbf{d}_n\mathbf{x}_n$
110		`lsl`	`r6`	1	$\mathbf{A} \leftarrow 2\mathbf{A}$
111		`rol`	`r7`	1	
112		`rol`	`r8`	1	
113		`rol`	`r9`	1	
114		`add`	`r6,r2`	1	$\mathbf{A} \leftarrow \mathbf{A} + \mathbf{t}$
115		`adc`	`r7,r3`	1	
116		`adc`	`r8,r4`	1	
117		`adc`	`r9,r5`	1	
118		`asr`	`r9`	1	$\mathbf{r}_{9:8} \leftarrow \mathbf{y}_n = \lfloor 2^{-18}\mathbf{A} \rfloor$
119		`ror`	`r8`	1	
120		`asr`	`r9`	1	
121		`ror`	`r8`	1	
122		`sts`	`wR64Y,r8`	2	`wR64Y`$^* \leftarrow \mathbf{y}_n$
123		`sts`	`wR64Y+1,r9`	2	
124		`pop4`	`r31,r30,r29,r28`	4×2	
125		`pop4`	`r23,r22,r19,r18`	4×2	

```
126        pop4   r17,r16,r9,r8        4×2
127        pop4   r7,r6,r5,r4          4×2
128        pop4   r3,r2,r1,r0          4×2
129        ret                         4    zurück in das rufende Programm
```

Vor dem ersten Aufruf von `DuR64` ist das Unterprogramm `R64Start` zur Initialisierung der Schlange aufzurufen. Diese besteht darin, den Vektor $\boldsymbol{s}$ mit Nullen zu füllen und der Variablen r den Wert 65 zuzuweisen. Die Schlange wird daher wie in Abb. 5.14 Mitte eingerichtet. Eine spezielle Lage des Vektors $\boldsymbol{s}$ wird hier nicht benötigt.

Das Unterprogramm `R64Mul` ab Zeile *34* ist das geringfügig modifizierte Unterprogramm aus Abschn. 6.5 in Abschn. 6.5. Es multipliziert zwei gegebene $\mathbb{G}_{16}$-Zahlen in $\mathbf{r}_{17:16}$ und $\mathbf{r}_{19:18}$ zu einem $\mathbb{G}_{32}$-Produkt in $\mathbf{r}_{5:4:3:2}$.

Das Unterprogramm `DoR64` selbst beginnt in Zeile *50*. Es benutzt den mit dem Vierfachregister $\mathbf{r}_{9:8:7:6}$ gebildeten Akkumulator **A** zur Berechnung von $\mathbf{y}_n$, er wird in den Zeilen *55–58* mit **00000000** initialisiert. Daraufhin wird Register **Z** für späteren Zugriff mit dem Befehl `lpm` mit der verdoppelten ROM-Adresse des Vektors **D** geladen. Als Nächstes wird in der Schlange eine Position vorgerückt. Dazu muss die Adresse des neuen $\mathbf{x}_n$ im Schlangenvektor $\boldsymbol{s}$ gefunden werden. Das beginnt in Zeile *61* damit, dass Register **Y** mit der Anfangsadresse von $\boldsymbol{s}$ geladen wird. Die gesuchte Adresse erhält man daraus durch Addition von $2r$ ($\boldsymbol{s}$ ist ein Vektor aus Doppelbytes), allerdings durch Verwendung des zum neuen $\mathbf{x}_n$ gehörigen r. Um dieses neue r zu bestimmen wird in Zeile *63* das alte r in Register $\mathbf{r}_{22}$ eingelesen und in der nächsten Zeile um 1 erhöht. Entsteht dabei $r = 65$, dann entspricht die alte Konfiguration der Schlange dem Mittelteil von Abb. 5.14 und es ist die untere Konfiguration des Bildes herzustellen. Der Test dieser Bedingung wird in Zeile *65* durchgeführt. Ist sie erfüllt, wird die nächste Zeile ausgeführt, die Register $\mathbf{r}_{22}$ mit **00** lädt, also $r = 0$ erzeugt. Ist sie nicht erfüllt, ist der Wert von r in $\mathbf{r}_{22}$ korrekt und die nächste Zeile wird übersprungen. Man beachte, dass der Weg von Zeile *65* zu Zeile *68* **stets** drei Takte dauert, gleichgültig, welcher der beiden Fälle in Zeile *65* entdeckt wird. Das neue r wird dann in seine Variable im RAM geschrieben. In den folgenden Zeilen *69–73* wird $2r$ zur Anfangsadresse von $\boldsymbol{s}$ addiert, indem r zweimal addiert wird. Die Null in Register $\mathbf{r}_{23}$ wird gebraucht, um die Überträge bei diesen Additionen mitzuaddieren. Das Vorrücken in der Schlange ist allerdings noch nicht vollendet, das neue $\mathbf{x}_n$ in $\mathbf{r}_{21:20}$ muss noch an seine Adresse in $\boldsymbol{s}$ geschrieben werden, was in den Zeilen *74–75* geschieht. Danach enthält Register **Y** die Adresse des $\mathbf{x}_{n-64}$ der neuen Schlangenkonfiguration links von $\mathbf{x}_n$.

In den Zeilen *76–78* werden die Vorbereitungen für den Durchlauf des Teilvektors links von $\mathbf{x}_n$ durchgeführt, und zwar wird $l = 64 - r$ in $\mathbf{r}_{23}$ berechnet. Der Inhalt k von $\mathbf{r}_{23}$ wird als Schleifenzähler für den Durchlauf benutzt, er wird also mit l vorbelegt. Stellt sich bei der Berechnung $l = 0$ heraus, kann die Schleife natürlich in die Zeile *90* übersprungen werden. Die Register **Z** und **Y** enthalten bereits die für den Durchlauf benötigten Startadressen.

Die Schleife beginnt in Zeile *79* damit, dass Register $\mathbf{r}_{17:16}$ mit $\mathbf{x}_{n-(64+k-l)}$ und Register $\mathbf{r}_{19:18}$ mit $\mathbf{d}_{n-(64+k-l)}$ geladen wird. In beiden Fällen wird das Adressenregister parallel zum Laden zum nächsten Vektorelement weitergeschaltet. Die beiden Zahlen werden dann miteinander multipliziert und das Produkt zum Akkumulator in Register $\mathbf{r}_{9:8:7:6}$ addiert

(Zeilen *83–87*). Am Ende der Schleife wird der Schleifenzähler k in $\mathbf{r}_{23}$ wie üblich dekrementiert und bei $k > 0$ an den Schleifenanfang zurückgesprungen.

Ab Zeile *90* wird der Durchlauf durch den Teilvektor rechts von $\mathbf{x}_n$ vorbereitet. Register $\mathbf{r}_{23}$ wird wieder mit dem Schleifenzähler k belegt, hier aber mit r vorbesetzt. Bei $r = 0$ kann die nachfolgende Schleife in die Zeile *106* übersprungen werden. Andernfalls wird Register **Y** mit der Anfangsadresse des Vektors $\boldsymbol{s}$ geladen, d. h. mit der Adresse von $\mathbf{x}_{n-r}$. Register **Z** enthält bereits die korrekte Adresse, weil der ROM-Vektor strikt vom Ende zum Anfang durchwandert wird. Die folgende Schleife in den Zeilen *95–105* entspricht völlig der Schleife der Zeilen *79–89*.

Unabhängig davon, wie die beiden Schleifen durchlaufen werden (d. h. ob beide oder nur eine), Register **Z** enthält danach die ROM-Adresse[6] von $\mathbf{d}_n$, das in den Zeilen *106–107* in Register $\mathbf{r}_{29:28}$ geladen wird. Dann wird $\mathbf{x}_n$ von $\mathbf{r}_{21:20}$ nach $\mathbf{r}_{17:16}$ umgeladen, um mit dem Unterprogramm `R64Mul` das Produkt $\mathbf{d}_n\mathbf{x}_n$ berechnen zu können. Gemäß (5.17) wird danach die in $\mathbf{r}_{9:8:7:6}$ akkumulierte Summe durch einen Linksshift verdoppelt und das soeben berechnete Produkt aufaddiert (Zeilen *110–117*). Schließlich werden die oberen 16 Bit des Ergebnisses in Register $\mathbf{r}_{9:8}$ zweimal rechtsgeshiftet, danach enthält das Doppelregister den ganzzahligen Anteil des $\mathbb{G}_{32}$-Ergebnisses (siehe wieder (5.17)). Dieser ganzzahlige Teil ist gerade das neue $\mathbf{y}_n$ und wird in seine Variable geschrieben. Das Einschreiben in die Schlange ist damit abgeschlossen.

Es bleibt noch, die Laufzeit zu bestimmen. Das Taktezählen ist die Einfachheit selbst, man hat nur darauf zu achten, dass die Taktzahlen der Schleifen mit l bzw. r multipliziert werden müssen. Die Sprünge werden allerdings nur $(l-1)$-mal bzw. $(r-1)$-mal durchgeführt. Die scheinbare Abhängigkeit von l und r verschwindet, wenn $l + r = 64$ beachtet wird. Man erhält das folgende Ergebnis:

$$\begin{array}{ll} 2916 & \text{bei } l = 0 \\ 2914 & \text{bei } r = 0 \\ 2916 & \text{bei } l > 0 \text{ und } r > 0 \end{array}$$

Bei der Programmierung wurde darauf geachtet, für die drei möglichen Ablaufsarten gleiche Laufzeiten zu erzielen. Dieses Ziel wurde auch nahezu erreicht. Die beiden Takte Unterschied dürften nur in den allerwenigsten Fällen stören. Sie sind, falls nötig, wie folgt zu beseitigen: Der Sprung in Zeile *92* geht zu einer neuen Marke `DoR6425` am Ende des Programms, dort wird ein relativer Sprungbefehl (z. B. `breq`) zur Marke `DoR6420` in Zeile *106* eingefügt. Der zusätzliche Sprung erbringt die benötigten zwei Takte.

[6] Allerdings nach links geshiftet, mit dem Byteindikatorbit im freigewordenen Bit.

Numerische Verfahren zur Filterkonstruktion 6

6.1 Das Integrationsverfahren nach Romberg

Ein Filter, dessen Frequenzantwort einer vorgegebenen Wunschfunktion folgt, wird am einfachsten durch Auswertung der Integrale (4.33) in Abschn. 4.8 bestimmt. Diese Integrale sind oft zu kompliziert aufgebaut, um direkt ausgewertet zu werden, oder die direkte Auswertung führt nur auf ein Integral, das nicht aus elementareren Funktionen zusammengesetzt ist (z. B. auf ein elliptisches Integral), d. h. diese Integrale müssen mit numerischen Methoden ausgewertet werden. Eine dieser Methoden wird in diesem Abschnitt kurz erläutert, für weitergehende Ausführungen zum Thema siehe [Stoe] oder [Henr]. Es ist also ein Integral

$$\int_a^b f(x)\mathrm{d}x \tag{6.1}$$

numerisch auszuwerten. Als Beispiel dient der wesentliche Teil des Integrals (4.54) für $n = 64$, mit der Vorgabe, das Integral mit 12 korrekten Ziffern auszuwerten:

$$\int_0^\pi A(x)\cos(64x)\mathrm{d}x \tag{6.2}$$

Die Funktion A ist nach (4.53) und mit Hilfe von (4.51) gegeben durch

$$\begin{aligned}
U(x) &= \frac{1 + x^2(\tau_M\tau_L + \tau_M\tau_H - \tau_L\tau_H)}{(1 + x^2\tau_L^2)(1 + x^2\tau_H^2)} \\
V(x) &= x\frac{\tau_M - \tau_L - \tau_M - x^2\tau_L\tau_M\tau_H}{(1 + x^2\tau_L^2)(1 + x^2\tau_H^2)} \\
A(x) &= \sqrt{U(x)^2 + V(x)^2}
\end{aligned}$$

H. Schmidt, M. Schwabl-Schmidt, *Digitale Filter*, DOI 10.1007/978-3-658-03523-5_6,

Für die Zeitkonstanten wurden die folgenden Werte eingesetzt:

$$\tau_L = 0{,}2024450876\,1289086709\,8020147009\,8382685078\,3266938186\,0602807033_{10^{-2}}$$
$$\tau_M = 0{,}2024450876\,1289086709\,8020147009\,8382685078\,3266938186\,0602807033_{10^{-1}}$$
$$\tau_H = 0{,}4774648292\,7568600730\,6651290117\,5430861033\,7893722136\,9346243002$$

Die einfachste Methode mit brauchbaren Ergebnissen, ein Integral (6.1) numerisch zu bestimmen, besteht in der Auswertung der Trapezsumme. Dazu wird das Integrationsintervall $[a, b] = \{x \in \mathbb{R} \,|\, a \le x \le b\}$ in n gleich breite Teilintervalle $[x_\nu, x_{\nu+1}]$ zerlegt:

$$h = \frac{b-a}{n} \qquad x_\nu = a + \nu h \qquad \nu \in \{0, 1, \ldots, n\} \tag{6.3}$$

Die Trapezsumme T_n zu dieser Zerlegung, die oft auch einfach nur mit $T(h)$ bezeichnet wird, ist dann die Summe von Approximationen der Fläche unter der Funktionskurve in jedem Zerlegungsintervall. Und zwar wird die Approximation mit einem geeignet gewählten Trapez ausgeführt:

$$T_n = h\left(\frac{1}{2}f(x_0) + f(x_1) + f(x_2) + \cdots + f(x_{n-1})\frac{1}{2}f(x_n)\right) \tag{6.4}$$

Die Trapezsumme an sich ist leicht zu berechnen und zu programmieren, es kann aber ein Problem sein, die Funktionswerte $f(x_\nu)$ an den Auswertungspunkten x_ν zu erhalten. Die Beispielfunktion ist allerdings einfach zu berechnen. Die Trapezsumme als Annäherung an das Integral (6.1) hat jedoch eine Schwäche: Ihre Genauigkeit wächst im Allgemeinen nur sehr langsam mit der Anzahl der Teilintervalle n. Wie Tab. 6.1 zeigt, ist diese Schwäche beim Beispielintegral vorhanden. Bei $n = 110$ sind erst zwei und bei $n = 1010$ auch erst fünf korrekte Ziffern erreicht, und für $n = 20.010$ Teilintervalle sind 12 korrekte Ziffern noch nicht sicher! Ein Problem ist das allerdings nur, wenn das Berechnen der Funktionswerte sehr zeitraubend ist, wenn also beispielsweise Reihen mit komplizierten Gliedern auszuwerten sind. Für die Beispielfunktion gilt das natürlich nicht, bei einem modernen Laptop erscheint $T_{20.010}$ nahezu augenblicklich, selbst dann, wenn mit der im Buch durchweg verwendeten hochgenauen Dezimalarithmetik (ca. 64 Dezimalstellen) gerechnet wird. Die Beispielfunktion ist jedoch vergleichsweise eine sehr sehr einfach aufgebaute Funktion, es sind durchaus Rechenzeiten vom Minuten- bis zum Stundenbereich möglich. Es ist daher eine bessere Methode angesagt.

Die Romberg-Methode zur Approximation von (6.1), die allerdings ausreichende Differenzierbarkeitseigenschaften voraussetzt, besteht darin, ausgehend von den Trapezsummen T_n, eine Tabelle mit Werten $T_{\nu,\mu}$ aufzubauen (Tab. 6.2). Die Spalten $T_{\bullet,\mu}$ dieser Tabelle konvergieren gegen das Integral, und zwar wächst die Konvergenzgeschwindigkeit mit μ. Die erste Spalte der Tabelle wird von den Trapezsummen zur Intervallbreite $h = 2^{-\nu}(b-a)$

Tab. 6.1 Einige Werte der Trapezsumme für $\int_0^\pi A(x)\cos(64x)\mathrm{d}x$

n	T_n	n	T_n
100	$0,14395\,17594\,35870_{10^{-2}}$	10000	$0,14125\,58760\,91044_{10^{-2}}$
101	$0,14367\,10434\,08048_{10^{-2}}$	10001	$0,14125\,58760\,93149_{10^{-2}}$
102	$0,14341\,89438\,05511_{10^{-2}}$	10002	$0,14125\,58760\,95254_{10^{-2}}$
103	$0,14319\,25299\,73294_{10^{-2}}$	10003	$0,14125\,58760\,97358_{10^{-2}}$
104	$0,14298\,91745\,55927_{10^{-2}}$	10004	$0,14125\,58760\,99461_{10^{-2}}$
105	$0,14280\,65216\,60473_{10^{-2}}$	10005	$0,14125\,58761\,01564_{10^{-2}}$
106	$0,14264\,24584\,22279_{10^{-2}}$	10006	$0,14125\,58761\,03666_{10^{-2}}$
107	$0,14249\,50896\,01414_{10^{-2}}$	10007	$0,14125\,58761\,05767_{10^{-2}}$
108	$0,14236\,27148\,79600_{10^{-2}}$	10008	$0,14125\,58761\,07868_{10^{-2}}$
109	$0,14224\,38085\,64429_{10^{-2}}$	10009	$0,14125\,58761\,09968_{10^{-2}}$
110	$0,14213\,70014\,40343_{10^{-2}}$	10010	$0,14125\,58761\,12067_{10^{-2}}$
⋮	⋮	⋮	⋮
1000	$0,14125\,48317\,92673_{10^{-2}}$	20000	$0,14125\,58839\,86451_{10^{-2}}$
1001	$0,14125\,48339\,03418_{10^{-2}}$	20001	$0,14125\,58839\,86714_{10^{-2}}$
1002	$0,14125\,48360\,07829_{10^{-2}}$	20002	$0,14125\,58839\,86977_{10^{-2}}$
1003	$0,14125\,48381\,05933_{10^{-2}}$	20003	$0,14125\,58839\,87241_{10^{-2}}$
1004	$0,14125\,48401\,97754_{10^{-2}}$	20004	$0,14125\,58839\,87504_{10^{-2}}$
1005	$0,14125\,48422\,83317_{10^{-2}}$	20005	$0,14125\,58839\,87767_{10^{-2}}$
1006	$0,14125\,48443\,62647_{10^{-2}}$	20006	$0,14125\,58839\,88030_{10^{-2}}$
1007	$0,14125\,48464\,35769_{10^{-2}}$	20007	$0,14125\,58839\,88292_{10^{-2}}$
1008	$0,14125\,48485\,02707_{10^{-2}}$	20008	$0,14125\,58839\,88555_{10^{-2}}$
1009	$0,14125\,48505\,63487_{10^{-2}}$	20009	$0,14125\,58839\,88818_{10^{-2}}$
1010	$0,14125\,48526\,18133_{10^{-2}}$	20010	$0,14125\,58839\,89081_{10^{-2}}$

gebildet, d. h. es ist $T_{\nu,0} = T_{2^\nu}$. Die übrigen Spalten $T_{\nu,\mu}, 1 \le \mu \le m$, ergeben sich wie folgt:

$$T_{\nu,\mu} = T_{\nu,\mu-1} - \frac{T_{\nu-1,\mu-1} - T_{\nu,\mu-1}}{4^{\mu-1}} \tag{6.5}$$

Lässt man einige Feinheiten außer Acht, dann stellen sich der Umsetzung in ein Programm sicher keine unüberwindlichen Schwierigkeiten entgegen. Eine der Feinheiten ist die Tatsache, dass man eigentlich nur eine Zeile der Tabelle bei ihrer Berechnung mitführen muss,

Tab. 6.2 Das Romberg-Tableau

$T_{0,0}$					
$T_{1,0}$	$T_{1,1}$				
$T_{2,0}$	$T_{2,1}$	$T_{2,2}$			
$T_{3,0}$	$T_{3,1}$	$T_{3,2}$	$T_{3,3}$		
$T_{4,0}$	$T_{4,1}$	$T_{4,2}$	$T_{4,3}$	$\cdots$	$T_{4,m}$
$T_{5,0}$	$T_{5,1}$	$T_{5,2}$	$T_{5,3}$	$\cdots$	$T_{5,m}$
⋮	⋮	⋮	⋮		⋮
$T_{n,0}$	$T_{n,1}$	$T_{n,2}$	$T_{n,3}$	$\cdots$	$T_{n,m}$

Tab. 6.3 Ein Romberg-Tableau für die Beispielfunktion ($n = 10$, $m = 4$)

ν	$T_{\nu,0}$	$T_{\nu,1}$	$T_{\nu,2}$	$T_{\nu,3}$	$T_{\nu,4}$
0	1,65898799				
1	0,96115951	0,72855002			
2	0,62058445	0,50705943	0,49229339		
3	0,46262001	0,40996520	0,40349226	0,40208272	
4	0,39833911	0,37691214	0,37470860	0,37425172	0,37414258
5	0,37900240	0,37255683	0,37226648	0,37222772	0,37221978
6	0,00282666	−0,12256524	−0,15557338	−0,16395180	−0,16605446
7	0,00141333	0,00094222	0,00917605	0,01179112	0,01248031
8	0,00141239	0,00141208	0,00144340	0,00132066	0,00127960
9	0,00141251	0,00141256	0,00141259	0,00141210	0,00141246
10	0,00141254	0,00141255	0,00141255	0,00141256	0,00141256

doch lohnt es sich bei den heutigen Speichergrößen nicht mehr, einen Gedanken daran zu verschwenden. Eine andere Feinheit ist die weitere Tatsache, dass bei der Berechnung von $T_{\nu,0}$ die Hälfte der dafür benötigten Funktionswerte schon bekannt ist. Sollte die Berechnung der Tabelle unerträglich lange dauern, kann man diese Tatsache berücksichtigen.

Die Tab. 6.3 zeigt ein kleines Romberg-Tableau für das Beispielintegral. Mit den Werten $n = 10$ und $m = 4$ scheinen schon vier wesentliche Ziffern korrekt zu sein. Zu beachten ist allerdings, dass für $n = 10$ die Trapezsumme T_{1024} zu berechnen ist! Es sollte daher m so groß wie möglich gewählt werden, weil der Aufwand zur Berechnung der $T_{\nu,\mu}$, $\mu > 0$, gegenüber dem Aufwand zur Berechnung der $T_{\nu,0}$ vernachlässigbar ist.

Man kann so vorgehen, dass ein Tableau für ein bestimmtes m und $n = m + 2$ berechnet wird. Mit den letzten drei Elementen der Spalte $T_{\bullet,m}$, also mit $T_{m,m}$, $T_{m+1,m}$ und $T_{m+2,m}$, kann man die Genauigkeit der Approximation gut abschätzen. Reicht die erhaltene Anzahl der korrekten wesentlichen Ziffern noch nicht aus, wird m um einen Betrag erhöht, der grob von der erreichten bereits erreichten Genauigkeit abhängt.

Das Beispielintegral mit seiner stark oszillierenden Funktion gehört sicher nicht zu den mit Leichtigkeit berechenbaren Integralen, daher sollte m etwas größer gewählt werden, z. B. $m = 11$. Das ergibt die drei Approximationen in Tab. 6.4. Zehn wesentliche Ziffern sind schon mit Sicherheit korrekt, bei den Ziffern elf und zwölf sind jedoch noch Zweifel angebracht. Das Tableau wird deshalb für $m = 13$ noch einmal berechnet (Tab. 6.5), mit dem Ergebnis, dass sämtliche 15 Ziffern von $T_{13,11}$ schon korrekt waren.

Tab. 6.4 Die letzte Spalte der Romberg-Tabelle ($n = 13$, $m = 11$)

ν	$T_{\nu,11}$
11	$0,14125\,58866\,59712_{10^{-2}}$
12	$0,14125\,58866\,17972_{10^{-2}}$
13	$0,14125\,58866\,18200_{10^{-2}}$

Tab. 6.5 Die letzte Spalte der Romberg-Tabelle ($n = 15$, $m = 13$)

ν	$T_{\nu,13}$
13	$0,14125\,58866\,18200\,40091\,9_{10^{-2}}$
14	$0,14125\,58866\,18200\,33355\,3_{10^{-2}}$
15	$0,14125\,58866\,18200\,33355\,7_{10^{-2}}$

6.2 Der QD-Algorithmus zur Nullstellenbestimmung

Nach Abschn. 3.12 kann man bei einem LSI-System mit rationaler Systemfunktion anhand der Pole der Systemfunktion feststellen, ob das System stabil ist. Zur Untersuchung der Stabilität sind also die Nullstellen eines Polynoms zu finden. Solche Untersuchungen sind insbesondere dann angesagt, wenn ein Filter (mit bekannten Eigenschaften) in AVR-Code realisiert werden soll. Durch die dann notwendige Digitalisierung des Filters entsteht ein neues Filter, dessen Stabilität besonders dann zu testen ist, wenn die Pole des ursprünglichen Filters dicht am Rand des Einheitskreises liegen.

Nun ist die Bestimmung aller Nullstellen eines Polynoms keine ganz einfache Angelegenheit und kann an dieser Stelle nicht gründlich erörtert werden (siehe dazu z. B. [Wilk]). Glücklicherweise können die Pole eines LSI-Filters keine beliebige Lage in der komplexen Ebene annehmen, sondern deren Lagen sind durch die Eigenschaften der Systemfunktion beschränkt: Pole, die nicht auf der reellen Achse liegen, treten stets in konjugierten Paaren auf, liegen also symmetrisch zur reellen Achse: Ist $p = p_x + \boldsymbol{i}p_y$ ein Pol, dann auch $\overline{p} = p_x - \boldsymbol{i}p_y$. Das Nennerpolynom P der Systemfunktion eines Filters vom Grad $m = 2k$ besitzt daher k Paare konjugierter Nullstellen, ein Polynom vom Grad $m = 2k + 1$ besitzt noch eine Nullstelle auf der reellen Achse.

Bei einem Polynom mit solcher Nullstellenstruktur liefert der *Quotienten-Differenzen-Algorithmus* zuverlässig **alle** Nullstellen. Er ist allerdings recht langsam, was bei einem Algorithmus mit diesem Leistungsumfang auch zu erwarten ist, was sich bei dem beschriebenen Einsatzzweck aber wohl kaum störend auswirkt. Er gibt jedoch, falls größere Genauigkeit gewünscht wird, ausgezeichnete Startwerte für schnellere Algorithmen. In vielen Fällen genügen aber schon wenige bekannte Dezimalstellen einer Nullstelle, um das Filter beurteilen zu können.

Mit dem QD-Algorithmus wird ein Tableau aufgebaut, dessen Spalten abwechselnd mit Quotienten und Differenzen berechnet werden, daher also der Name. Die mit Hilfe von Differenzen gebildeten Spalten konvergieren entweder direkt gegen eine Nullstelle oder sie werden paarweise kombiniert, um die Koeffizienten eines quadratischen Polynoms zu liefern, das ein Teiler besagten Polynoms ist und ein konjugiertes Nullstellenpaar liefert. An den mit Quotienten gebildeten Spalten kann abgelesen werden, welcher der beiden Fälle eintritt.

Es ist also ein Polynom vom Grad m mit reellen Koeffizienten v_μ gegeben, für die zunächst $v_\mu \neq 0$ gelten soll:

$$P(z) = v_0 + v_1 z + v_2 z^2 + \cdots + v_{m-1} z^{m-1} + v_m z^m \tag{6.6}$$

Als Beispiel wird das Nennerpolynom N der Systemfunktion des Filters $\mathbf{B}_4$ aus Abschn. 4.3.2 gewählt. Seine Koeffizienten sind gegeben durch

$$v_0 = 0{,}6241455023\,5788889335\,8829257084\,3167664044$$

$$v_1 = -1{,}9893577218\,3046663911\,5579669971\,2112034342$$

$$
\begin{array}{ccccccccccccc}
\cdot & -\frac{v_{m-1}}{v_m} & \cdot & 0 & \cdot & 0 & \cdot & 0 & \cdot & \cdots & \cdot & 0 & \cdot \\
0 & \cdot & \frac{v_{m-2}}{v_{m-1}} & \cdot & \frac{v_{m-3}}{v_{m-2}} & \cdot & \frac{v_{m-4}}{v_{m-3}} & \cdot & \cdots & \cdot & \frac{v_0}{v_1} & \cdot & 0 \\
\cdot & q_{11} & \cdot & q_{12} & \cdot & q_{13} & \cdot & q_{14} & \cdot & \cdots & \cdot & q_{1m} & \cdot \\
0 & \cdot & e_{11} & \cdot & e_{12} & \cdot & e_{13} & \cdot & \cdots & \cdot & e_{1,m-1} & \cdot & 0 \\
\cdot & q_{21} & \cdot & q_{22} & \cdot & q_{23} & \cdot & q_{24} & \cdot & \cdots & \cdot & q_{2m} & \cdot \\
0 & \cdot & e_{21} & \cdot & e_{22} & \cdot & e_{23} & \cdot & \cdots & \cdot & e_{2,m-1} & \cdot & 0 \\
\cdot & q_{31} & \cdot & q_{32} & \cdot & q_{33} & \cdot & q_{34} & \cdot & \cdots & \cdot & q_{3m} & \cdot \\
0 & \cdot & e_{31} & \cdot & e_{32} & \cdot & e_{33} & \cdot & \cdots & \cdot & e_{3,m-1} & \cdot & 0 \\
\cdot & q_{41} & \cdot & q_{42} & \cdot & q_{43} & \cdot & q_{44} & \cdot & \cdots & \cdot & q_{4m} & \cdot \\
0 & \cdot & e_{41} & \cdot & e_{42} & \cdot & e_{43} & \cdot & \cdots & \cdot & e_{4,m-1} & \cdot & 0 \\
\cdot & q_{51} & \cdot & q_{52} & \cdot & q_{53} & \cdot & q_{54} & \cdot & \cdots & \cdot & q_{5m} & \cdot \\
0 & \cdot & e_{51} & \cdot & e_{52} & \cdot & e_{53} & \cdot & \cdots & \cdot & e_{5,m-1} & \cdot & 0 \\
\cdot & q_{61} & \cdot & q_{62} & \cdot & q_{63} & \cdot & q_{64} & \cdot & \cdots & \cdot & q_{6m} & \cdot \\
0 & \cdot & e_{61} & \cdot & e_{62} & \cdot & e_{63} & \cdot & \cdots & \cdot & e_{6,m-1} & \cdot & 0 \\
\vdots & \vdots & \vdots & \vdots & \vdots & \vdots & \vdots & \vdots & & & & \vdots & \vdots \\
\vdots & \vdots & \vdots & \vdots & \vdots & \vdots & \vdots & \vdots & & & \vdots & \vdots & \vdots \\
\cdot & q_{n1} & \cdot & q_{n2} & \cdot & q_{n3} & \cdot & q_{n4} & \cdot & \cdots & \cdot & q_{nm} & \cdot \\
0 & \cdot & e_{n1} & \cdot & e_{n2} & \cdot & e_{n3} & \cdot & \cdots & \cdot & e_{n,m-1} & \cdot & 0
\end{array}
$$

Abb. 6.1 Das QD-Tableau

$$
\begin{aligned}
v_2 &= 3{,}1597012500\,4171111980\,7176918327\,6708000959 \\
v_3 &= -2{,}5208962498\,7486664057\,8469245016\,9875997120 \\
v_4 &= 1
\end{aligned}
$$

Der Aufbau des Tableaus erfolgt von oben her, und nicht von der Seite, um Auslöschung bei Differenzenbildung zu vermeiden. Trotzdem sollten die Rechnungen mit möglichst großer Stellenzahl durchgeführt werden. Das Tableau enthält $2n$ Zeilen und $2m+1$ Spalten, deren Elemente so angeordnet sind wie in Abb. 6.1 gezeigt. Die ersten (oberen) zwei Zeilen werden mit Hilfe der Koeffizienten des Polynoms gefüllt, hier liegt auch die Ursache für die Forderung, dass die Koeffizienten v_1 bis v_m von Null verschieden sein müssen. Im Prinzip ist $v_0 = 0$ möglich, doch wäre dann $z = 0$ eine Nullstelle und man könnte den Grad des Polynoms um 1 verkleinern. Die folgenden Zeilen des Tableaus werden nach den *Rhombusregeln*[1] ermittelt:

$$
q_{\nu+1,\mu} = \left(e_{\nu\mu} - e_{\nu,\mu-1}\right) + q_{\nu\mu} \qquad e_{\nu+1,\mu} = \frac{q_{\nu+1,\mu+1}}{q_{\nu+1,\mu}} e_{\nu\mu} \tag{6.7}
$$

In den inneren Spalten des Schemas bilden die Punkte jeweils den Mittelpunkt eines Rhombus. Liegt der Rhombusmittelpunkt in einer q-Zeile, dann haben die Tabellenelemente an den Enden der unteren linken Seite dieselbe Summe wie die Tabellenelemente an den Enden der rechten oberen Seite des Rhombus. Liegt der Rhombusmittelpunkt dagegen in einer e-Zeile, dann haben die Tabellenelemente an den Enden der unteren linken Seite

[1] Ein Rhombus ist ein Parallelogramm mit gleich langen Seiten.

$e_{\nu 0}$	$q_{\nu 1}$	$e_{\nu 1}$	$q_{\nu 2}$	$e_{\nu 2}$	$q_{\nu 3}$	$e_{\nu 3}$
	4,1666		1,2878		0,5454	
0		−0,5666		−0,2310		0
	3,6000		1,6235		0,7764	
0		−0,2555		−0,1104		0
	3,3444		1,7685		0,8869	
0		−0,1351		−0,0554		0
	3,2093		1,8483		0,9423	
0		−0,0778		−0,0282		0
	3,1314		1,8979		0,9706	
0		−0,0471		−0,0144		0
	3,0842		1,9306		0,9850	
0		−0,0295		−0,0073		0
	3,0547		1,9527		0,9924	
0		−0,0188		−0,0037		0
	3,0358		1,9679		0,9961	
0		−0,0122		−0,0018		0
	3,0236		1,9782		0,9980	
0		−0,0080		−0,0009		0

Abb. 6.2 Das QD-Tableau für $x^3 - 6x^2 + 11x - 6$

dasselbe Produkt wie die Tabellenelemente an den Enden der rechten oberen Seite des Rhombus. Beispielsweise bildet q_{22} die obere, e_{21} die linke, e_{22} die rechte und q_{32} die untere Ecke eines Rhombus, und q_{32} wird mit den übrigen drei Ecken des Rhombus nach der additiven Regel bestimmt: $q_{32} = (e_{22} - e_{21}) + q_{22}$. Die $e_{\nu\mu}$ werden mit den darüberliegenden drei Rhombusecken nach der multiplikativen Regel berechnet, in der gegenüber der additiven Regel die Differenz durch einen Quotienten und die Addition durch eine Multiplikation ersetzt werden. Beispielsweise gilt für den Rhombus, dessen obere Ecke von e_{11} gebildet wird, die Gleichung $e_{11}q_{22} = e_{21}q_{21}$.

Zerfällt das Polynom P vollständig in $\mathbb{R}$, hat P genau m reelle Nullstellen, dann können diese Nullstellen direkt dem Tableau entnommen werden. Das typische Polynom einer Systemfunktion eines Filters hat jedoch(auch) in $\mathbb{R}$ irreduzible quadratische Polynome als Teiler, d. h. quadratische Polynome ohne reelle Nullstellen, und es ist weitere Rechenarbeit nötig, um dieses Polynom zu bestimmen. Man kann sich nach zwei Faustregeln richten:

QD1: Eine q-Spalte, die von zwei gegen Null konvergierenden e-Spalten flankiert wird, konvergiert gegen eine reelle Nullstelle von P.

QD2: Konvergiert eine e-Spalte nicht gegen Null, dann können aus den beiden flankierenden q-Spalten (die selbst nicht konvergieren) zwei konvergierende Zahlenfolgen gebildet werden, deren Grenzwerte die Koeffizienten eines quadratischen Teilerpolynoms von P sind.

Als ein einfaches Beispiel für die erste Faustregel kann das bereits in $\mathbb{R}$ vollständig zerfallende Polynom $P(x) = x^3 - 6x^2 + 11x - 6 = (x-1)(x-2)(x-3)$ dienen. Die ersten neun Zeilen seines QD-Tableaus sind in Abb. 6.2 wiedergegeben. Die drei q-Spalten des Tableaus sind von gegen Null konvergierenden e-Spalten umgeben, wobei die beiden Außenspalten natürlich als solche mitzählen. Sie konvergieren offensichtlich gegen 3, 2 und 1, wenn auch recht langsam. Man erhält so aber sehr gute Ausgangsnäherungen für schnellere Verfahren. Für das Verfahren von Newton z. B. hat man

$$x_0 = q_{81} \quad x_{k+1} = x_k - \frac{P(x)}{P'(x)} = x_k - \frac{x_k^3 - 6x_k^2 + 11x_k - 6}{3x_k^2 - 12x + 11} \tag{6.8}$$

und erhält nach nur einer Iteration des Verfahrens das Ergebnis

3,000791 2,000020 0,999994

Die erste Faustregel führt also direkt zu einer reellen Nullstelle. Was bei Anwendung der zweiten Faustregel auf eine nicht gegen Null konvergierende e-Spalte und ihre benachbarten q-Spalten zu geschehen hat, wird am Beispiel des Polynoms

$$P(z) = z^3 - 3z^2 + 4z - 2 = (z-1)(z-(\boldsymbol{i}+1))(z-(\boldsymbol{i}-1))$$

mit der einen reellen Nullstelle 1 und den beiden Nullstellen $\boldsymbol{i}+1$ und $\boldsymbol{i}-1$ gezeigt. Das Tableau in Abb. 6.3 enthält auch tatsächlich eine von zwei gegen Null konvergierenden e-Spalten flankierte q-Spalte (Die Randspalten werden nicht mehr gezeigt) und eine nicht gegen Null konvergierende e-Spalte. Die Spalte $q_{\bullet 3}$ konvergiert offensichtlich gegen die einzelne reelle Nullstelle 1. Dagegen zeigen die drei Spalten $q_{\bullet 1}$, $e_{\bullet 1}$ und $q_{\bullet 2}$ keinerlei Konvergenzverhalten. Wie aber oben schon erwähnt, lassen sich aus den q-Spalten zwei konvergente Zahlenfolgen bilden, deren Grenzwerte zu den gesuchten Nullstellen führen. Es sei dazu $e_{\bullet\mu}$ eine nicht gegen Null konvergierende e-Spalte des Tableaus, $1 \le \mu \le m-1$. Die flankierenden q-Spalten sind $q_{\bullet\mu}$ und $q_{\bullet,\mu+1}$. Die beiden durch

$$r_{\nu\mu} = q_{\nu+1,\mu} + q_{\nu+1,\mu+1} \quad s_{\nu\mu} = q_{\nu,\mu} q_{\nu+1,\mu+1} \tag{6.9}$$

gebildeten Zahlenfolgen $(r_{\nu\mu})_{\nu\ge 0}$ und $(s_{\nu\mu})_{\nu\ge 0}$ konvergieren dann, etwa mit den Grenzwerten

$$\lim_{\nu\to\infty} r_{\nu\mu} = r_\mu \quad \lim_{\nu\to\infty} s_{\nu\mu} = s_\mu \tag{6.10}$$

Damit sind die beiden gesuchten Nullstellen des Polynoms P als die Nullstellen des folgenden Polynoms gegeben:

$$P_\mu(z) = z^2 - r_\mu z + s_\mu \tag{6.11}$$

Sie lassen sich mit den schon von der Schule her bekannten Formeln leicht angeben:

$$w_{\mu 0} = \frac{1}{2}\left(r_\mu + \sqrt{r_\mu^2 - 4s_\mu}\right) \quad w_{\mu 1} = \frac{1}{2}\left(r_\mu - \sqrt{r_\mu^2 - 4s_\mu}\right) = \overline{w_{\mu 0}} \tag{6.12}$$

Die beiden Folgen des Beispielpolynoms sind in Abb. 6.4 zu sehen. Weitere Rechnungen sind hier nicht nötig, es ist offensichtlich $r_1 = s_1 = 2$. Im Normalfall wird es allerdings nötig

ν	$q_{\nu 1}$	$e_{\nu 1}$	$q_{\nu 2}$	$e_{\nu 2}$	$q_{\nu 3}$	ν
0	1,666666		0,833333		0,500000	
		−0,666666		−0,300000		0
1	1,000000		1,200000		0,800000	
		−0,799999		−0,200000		1
2	0,200000		1,799999		1,000000	
		−7,199999		−0,111111		2
3	−6,999999		8,888888		1,111111	
		9,142857		−0,013888		3
4	2,142857		−0,267857		1,125000	
		−1,142857		0,058333		4
5	1,000000		0,933333		1,066666	
		−1,066666		0,066666		5
6	−0,066666		2,066666		0,999999	
		33,066666		0,032258		6
7	33,000000		−30,967741		0,967741	
		−31,030303		−0,001008		7
8	1,969696		0,061553		0,968749	
		−0,969696		−0,015865		8
9	1,000000		1,015384		0,984615	
		−0,984615		−0,015384		9
10	0,015384		1,984615		1,000000	
		−127,015384		−0,007751		10
11	−126,999999		128,992248		1,007751	
		129,007874		−0,000060		11
12	2,007874		−0,015686		1,007812	
		−1,007874		0,003890		12
13	1,000000		0,996078		1,100392	
		−1,003921		0,003921		13
14	−0,003921		2,003921		0,999999	
		513,003921		0,001956		14
15	513,000000		−510,998043		0,998043	
		−0,511001		−0,000003		15
16	1,998050		0,003902		0,998046	
		−0,998050		−0,000977		16
17	1,000000		1,000975		0,999024	
		−0,999024		−0,000975		17
18	0,000975		1,999024		1,000000	
		2047,000975		−0,000488		18

Abb. 6.3 Das QD-Tableau für $z^3 - 3z^2 + 4z - 2$

sein, eine oder zwei Iterationen des Newton-Verfahrens durchzuführen, natürlich mit den Näherungslösungen (6.12) als Startwerte für das ursprünglichen Polynom P, nicht mit P_μ, dessen Koeffizienten nur annähernd bekannt sind. Das Newton-Verfahren kann auch mit komplexen Zahlen durchgeführt werden. Hier erhält man jedenfalls das Polynom $P_1(z) = z^2 - 2z + 2$ mit den beiden schon bekannten Nullstellen $\boldsymbol{i} + 1$ und $\boldsymbol{i} - 1$.

Wie oben angekündigt wird jetzt die Lage der Pole der Systemfunktion des Filters $\mathbf{B}_4$ bestimmt, also die Lage der Nullstellen des Nennerpolynoms N der Systemfunktion (siehe Abschn. 6.2). Das QD-Tableau von N ist für $n = 48$ in Abb. 6.5 wiedergegeben. N hat den Polynomgrad 4, folglich sind drei Kombinationen für die Nullstellen möglich: Im ers-

Abb. 6.4 Die Folgen $(r_{\nu 1})_{\nu \geq 0}$ und $(s_{\nu 1})_{\nu \geq 0}$ für $z^3 - 3z^2 + 4z - 2$

ν	$r_{\nu 1}$	$s_{\nu 1}$
0	2,500000	2,500000
1	2,200000	1,999999
2	2,000000	1,799999
3	1,888888	1,777777
4	1,875000	1,874999
6	1,933333	1,999999
7	2,000000	2,066666
8	2,032258	2,064516
9	2,031250	2,031249
10	2,015384	1,999999
11	1,999999	1,984615
12	1,992248	1,984496
13	1,992187	1,992187
14	1,996078	1,999999
15	2,000000	2,003921
16	2,001956	2,003913
17	2,001953	2,001953
18	2,000975	1,999999

ten Fall hat N vier reelle Nullstellen, im zweiten Fall hat N zwei reelle Nullstellen und eine komplex konjugiertes Nullstellenpaar, und drittens sind zwei Paare konjugierter Nullstellen möglich. Neben den Außenspalten enthält das Tableau nur noch eine gegen Null konvergierende e-Spalte, nämlich $e_{\bullet 2}$, es gibt daher keine q-Spalte mit gegen Null konvergierenden e-Spalten als Nachbarn, und das bedeutet, dass das Polynom N keine reelle Nullstellen besitzt. Folglich tritt der dritte Fall ein, d. h. N besitzt zwei konjugierte Paare von Nullstellen. Die e-Spalte $e_{\bullet 1}$ enthält keine Nullfolge, also repräsentieren die q-Spalten $q_{\bullet 1}$ und $q_{\bullet 2}$ ein Nullstellenpaar, das andere Nullstellenpaar wird von den q-Spalten $q_{\bullet 3}$ und $q_{\bullet 4}$ repräsentiert, welche die nicht gegen Null konvergierende e-Spalte $e_{\bullet 3}$ flankieren. Die tatsächlich gegen Null konvergierende e-Spalte $e_{\bullet 2}$ ist im Tableau ohne Bedeutung, weil weder $e_{\bullet 1}$ noch $e_{\bullet 3}$ eine gegen Null konvergierenden e-Spalte ist.

Die den q-Spalten zugehörigen Werte der Zahlenfolgen $r_{\bullet 1}$, $s_{\bullet 1}$, $r_{\bullet 3}$ und $s_{\bullet 3}$ sind in Abb. 6.6 aufgelistet. Bei näherer Betrachtung wird offensichtlich, dass die Konvergenz der Folgen noch nicht eingesetzt hat, die Werte oszillieren beträchtlich, und das bedeutet, dass $r_{47,1}$, $s_{47,1}$, $r_{47,3}$ und $s_{47,3}$ noch keine brauchbaren Startwerte für die (jeweiligen) Polynomkoeffizienten r_1, s_1, r_3 und s_3 sein können. Geht man trotzdem von diesen Startwerten aus, in der Hoffnung, brauchbare Werte für die Koordinaten eines der Pole zu bekommen, setzt man also z. B. $r_1 = r_{47,1}$ und $s_1 = s_{47,1}$ und löst das zugehörige quadratische Gleichungssystem mit (6.12), dann bekommt man die Nullstellen

$$-0{,}7738805590\,5654617928\,7386640851 \pm 0{,}9638048405\,3647034508\,5748462773\,i$$

Es genügt natürlich, eine der beiden Nullstellen, etwa die erste, als Startwert für den Newton-Algorithmus zur Bestimmung einer Nullstelle von N, und zwar mit N und nicht mit N_1, zu verwenden. Das Newton-Verfahren steht schon nach dem ersten

ν	$q_{\nu 1}$	$e_{\nu 1}$	$q_{\nu 2}$	$e_{\nu 2}$	$q_{\nu 3}$	$e_{\nu 3}$	$q_{\nu 4}$	ν
0	1, 5990278586	−0, 7851725992	0, 7904747966	−0, 4048743273	0, 4011430911	−0, 3922750973	0, 3966843141	0
1	0, 8138552593	−1, 1295115721	1, 1707730685	−0, 1430795159	0, 4137423211	−0, 7480238644	0, 7889594115	1
2	−0, 3156563127	7, 7191174487	2, 1572051247	0, 0126817302	−0, 1912020273	6, 0130124425	1, 5369832759	2
3	7, 4034611359	−5, 7858293461	−5, 5492305937	−0, 0132756788	5, 8091286849	−4, 6331249541	−4, 4760291666	3
4	1, 6176317898	−0, 7987659495	0, 2233230735	−0, 0706979857	1, 1892794095	−0, 6120045531	0, 1570957875	4
5	0, 8188658403	−0, 9280381814	0, 9513910373	−0, 0481509421	0, 6479728422	−0, 7264083919	0, 7691003406	5
6	−0, 1091723410	15, 5670946042	1, 8312782766	0, 0007962920	−0, 0302846075	35, 8713610868	1, 4955087325	6
7	15, 4579222632	−13, 8320242944	−13, 7350200356	−0, 0020778514	35, 8402801872	−34, 4056632935	−34, 3758523542	7
8	1, 6258979688	−0, 8075687392	0, 0949264073	−0, 0314479219	1, 4366947450	−0, 7139060985	0, 0298109393	8
9	0, 8183292295	−0, 8595935273	0, 8710472246	−0, 0272306392	0, 7542365685	−0, 7039490672	0, 7437170378	9
10	−0, 0412642977	35, 4844353906	1, 7034101126	−0, 0012392015	0, 0775181405	−13, 1463835021	1, 4476661050	10
11	35, 4431710928	−33, 8215950861	−33, 7822644795	−0, 0004793468	−13, 0676261599	14, 6820065585	14, 5940496071	11
12	1, 6215760067	−0, 8103299323	0, 0388512597	−0, 0199241411	16, 1485974544	−0, 7996883569	−0, 0879569513	12
13	0, 8112460743	−0, 8283205690	0, 8292570509	−0, 0200644193	0, 8350955296	−0, 6815547422	0, 7117314056	13
14	−0, 0170744946	79, 4392978336	1, 6375132006	−0, 0021271814	0, 1736052067	−5, 4698865264	1, 3932861478	14
15	79, 4222233390	−77, 8206383983	−77, 8039118144	−0, 0001447437	−5, 2941541383	7, 0909865409	6, 8631726743	15
16	1, 6015849407	−0, 8057077406	0, 0165818401	−0, 0156859025	1, 7969771462	−0, 8989680614	−0, 2278138665	16
17	0, 7958772000	−0, 8165667106	0, 8066036783	−0, 0177684913	0, 9136949873	−0, 6603365389	0, 6711541949	17
18	−0, 0206895106	63, 3614671682	1, 6054018975	−0, 0030008166	0, 2711269397	−3, 2428794550	1, 3314907338	18
19	63, 3407776576	−61, 7792389506	−61, 7590660872	−0, 0001442489	−2, 9687516986	4, 9967570922	4, 5743701888	19
20	1, 5615387069	−0, 7923931380	0, 0200286144	−0, 0146070225	2, 0281496425	−1, 0406356172	−0, 4223869033	20
21	0, 7691455689	−0, 8219288298	0, 7978147299	−0, 0183476241	1, 0021210478	−0, 6420098981	0, 6182487138	21
22	−0, 0527832609	24, 9365701076	1, 6013959356	−0, 0043361040	0, 3784587738	−2, 1378775158	1, 2602586120	22
23	24, 8837868466	−23, 3890178315	−23, 3395102759	−0, 0003260660	−1, 7550826380	4, 1392916015	3, 3981361279	23
24	1, 4947690150	−0, 7695548451	0, 0491814896	−0, 0158091146	2, 3845350294	−1, 2865647136	−0, 7411554736	24
25	0, 7252141699	−0, 8520193870	0, 8029272201	−0, 0219295924	1, 1137794304	−0, 6300208672	0, 5454092400	25
26	−0, 1268052171	10, 9724362064	1, 6330170147	−0, 0067908264	0, 5056881556	−1, 4644311663	1, 1754301073	26
27	10, 8456309893	−9, 4554842680	−9, 3462100181	−0, 0006916752	−0, 9519521842	4, 0610181771	2, 6398612736	27
28	1, 3901467212	−0, 7385557299	0, 1085825746	−0, 0198092778	3, 1097576681	−1, 8558822370	−1, 4211569035	28
29	0, 6515000012	−0, 9377486820	0, 8273290267	−0, 0304966627	1, 2736847090	−0, 6334370026	0, 4347253335	29
30	−0, 2861576907	5, 6842822761	1, 7345810460	−0, 0117927408	0, 6707443690	−1, 0087502479	1, 0681623361	30
31	5, 3981245853	−4, 1714950460	−3, 9614939709	−0, 0009710849	−0, 3262131380	6, 4224454503	2, 0769125841	31
32	1, 2266295392	−0, 7108646424	0, 2090299902	−0, 0283256110	6, 0972033972	−4, 5773358649	−4, 3455328662	32
33	0, 5157648968	−1, 2288251829	0, 8915690216	−0, 0491869005	1, 5481931433	−0, 6853409629	0, 2318029987	33
34	−0, 7130602860	3, 5693359229	2, 0712073040	−0, 0216590466	0, 9120390808	−0, 6891769652	0, 9171439617	34
35	2, 8562756368	−1, 8991979064	−1, 5197876655	0, 0034847599	0, 2445211622	−4, 5273765722	1, 6063209269	35
36	0, 9570777304	−0, 7598059812	0, 3828950009	−0, 0390103467	−4, 2863401699	6, 4786174820	6, 1336974991	36
37	0, 1972717491	−4, 2509419117	1, 1036906354	−0, 0788656733	2, 2312876588	−1, 0014865730	−0, 3449199828	37
38	−4, 0536701626	5, 5325119265	5, 2757668738	−0, 0195628214	1, 3086667591	−0, 5024523010	0, 6565665901	38
39	1, 4788417638	−1, 0336985645	−0, 2763078740	0, 0584657006	0, 8257772795	−0, 7052164345	1, 1590188912	39
40	0, 4451431993	−1, 8945579346	0, 8158563911	0, 0044498470	0, 0620951442	−21, 1721770632	1, 8642353258	40
41	−1, 4494147353	3, 5486512829	2, 7148641727	−0, 0346081534	−21, 1145317659	23, 0993046594	23, 0364123890	41
42	2, 0992365476	−1, 4679774749	−0, 8683952636	0, 0804783859	2, 0193810469	−0, 7194123745	−0, 0628922703	42
43	0, 6312590727	−1, 5814642218	0, 6800605971	0, 1443145071	1, 2194902864	−0, 3873000812	0, 6565201041	43
44	−0, 9502051491	4, 0041340772	2, 4058393261	0, 0412622909	0, 6878756980	−0, 5877103141	1, 0438201854	44
45	3, 0539289281	−2, 0414904470	−1, 5570324600	−0, 0015609671	0, 0589030929	−16, 2787258740	1, 6315304995	45
46	1, 0124384810	−0, 9737180788	0, 4828970197	0, 0524256172	−16, 2182618139	17, 9770284377	17, 9102563736	46
47	0, 0387204022	−37, 9484753000	1, 5090407159	0, 0592800310	1, 7063410065	−0, 7034721022	−0, 0667720640	47
48	−37, 9097548978	39, 5571578547	39, 5167960470	0, 0014154988	0, 9435888732	−0, 4746778253	0, 6367000382	48

Abb. 6.5 Das QD-Tableau für das Nennerpolynom N der Systemfunktion von $\mathbf{B}_4$

Schritt:

$$-0{,}7738805590\,5654617928\,7386640851 + 0{,}9638048405\,3647034508\,5748462773\boldsymbol{i}$$
$$0{,}5820145838\,2143971739\,9109394359 + 0{,}6621842982\,8352783599\,0641427563\boldsymbol{i}$$
$$0{,}5820145838\,2143971739\,9109394359 + 0{,}6621842982\,8352783599\,0641427563\boldsymbol{i}$$

Unter der Annahme, dass die Anfangswerte gut genug waren, sind also zwei der gesuchten Pole der Systemfunktion gegeben durch

$$w_{10} = 0{,}5820145838\,2143971739\,9109394359 + 0{,}6621842982\,8352783599\,0641427563\boldsymbol{i}$$
$$w_{11} = \overline{w_{10}}$$

Es bleiben allerdings Zweifel, die nach nochmaligem Studium von Abb. 6.6 stärker werden. Die Schwankungen sind sehr stark und es deutet nichts darauf hin, dass sie bei $\nu = 47$ nachgelassen hätten. Die Rechnungen werden deshalb noch einmal durchgeführt, und zwar mit bedeutend höherem n, nämlich mit $n = 400$, in der Hoffnung, dass diese Zahl groß genug ist, um die Frage nach der Konvergenz eindeutig beantworten zu können. Wie Abb. 6.7

Abb. 6.6 Die Teilfolgen $(r_{\nu\mu})_{0\le\nu\le 47}$ und $(s_{\nu\mu})_{0\le\nu\le 47}$, $\mu \in \{1,3\}$, für N von $\mathbf{B}_4$

ν	$r_{\nu 1}$	$s_{\nu 1}$	$r_{\nu 3}$	$s_{\nu 3}$
0	2, 3895026552	2, 5195040814	0, 797827405	0
1	1, 9846283279	1, 8720987528	1, 202701732	0, 3164856171
2	1, 8415488119	1, 7556527362	1, 345781248	0, 6359150281
3	1, 8542305422	1, 7516496680	1, 333099518	0, 8558258512
4	1, 8409548634	1, 6533636957	1, 346375197	0, 9125896458
5	1, 7702568776	1, 5390003865	1, 417073182	0, 9146751990
6	1, 7221059355	1, 4995712248	1, 465224125	0, 9690490440
7	1, 7229022276	1, 4994842918	1, 464427832	1, 0410591984
8	1, 7208243761	1, 4673650256	1, 466505684	1, 0684324173
9	1, 6893764542	1, 4162339132	1, 497953606	1, 0684943600
10	1, 6621458149	1, 3939502851	1, 525184245	1, 0918827154
11	1, 6609066133	1, 3940014199	1, 526423447	1, 1313035889
12	1, 6604272664	1, 3770118464	1, 526902794	1, 1493885584
13	1, 6405031253	1, 3447033371	1, 546826935	1, 1493463965
14	1, 6204387059	1, 3284261557	1, 566891354	1, 1635270335
15	1, 6183115245	1, 3284624763	1, 569018536	1, 1914825110
16	1, 6181667808	1, 3169666095	1, 569163279	1, 2060817245
17	1, 6024808783	1, 2918443043	1, 584849182	1, 2060487498
18	1, 5847123869	1, 2777027671	1, 602617673	1, 2165764091
19	1, 5817115703	1, 2777648525	1, 605618490	1, 2402349907
20	1, 5815673214	1, 2686280129	1, 605762739	1, 2539618368
21	1, 5669602988	1, 2458185817	1, 620369761	1, 2539009079
22	1, 5486126747	1, 2317065880	1, 638717385	1, 2629316808
23	1, 5442765707	1, 2319354617	1, 643053489	1, 2860544321
24	1, 5439505047	1, 2238217047	1, 643379555	1, 3007891038
25	1, 5281413900	1, 2001907300	1, 659188670	1, 3005474382
26	1, 5062117976	1, 1842870788	1, 681118262	1, 3091698754
27	1, 4994209711	1, 1851481910	1, 687909089	1, 3349465786
28	1, 4987292958	1, 1776465366	1, 688600764	1, 3528734184
29	1, 4789200180	1, 1501087339	1, 708410042	1, 3518904394
30	1, 4484233553	1, 1302373832	1, 738906705	1, 3605020343
31	1, 4366306144	1, 1336119667	1, 750699446	1, 3930774208
32	1, 4356595295	1, 1283699294	1, 751670531	1, 4175699127
33	1, 4073339184	1, 0936248982	1, 779996142	1, 4133500314
34	1, 3581470179	1, 0682560215	1, 829183042	1, 4199159929
35	1, 3364879713	1, 0837002275	1, 850842089	1, 4650274618
36	1, 3399727313	1, 0936536625	1, 847357329	1, 4998188416
37	1, 3009623846	1, 0563177284	1, 886367675	1, 4784443780
38	1, 2220967112	1, 0407597591	1, 965233349	1, 4649889298
39	1, 2025338898	1, 1200609846	1, 984796170	1, 5167694961
40	1, 2609995904	1, 2065225045	1, 926330470	1, 5394431757
41	1, 2654494374	1, 2085033236	1, 921880623	1, 4304493512
42	1, 2308412840	1, 2586648912	1, 956488776	1, 3279408405
43	1, 3113196699	1, 4276080602	1, 876010390	1, 3257642552
44	1, 4556341770	1, 5187079022	1, 731695883	1, 2729285769
45	1, 4968964680	1, 4795002608	1, 690433592	1, 1222901813
46	1, 4953355008	1, 4747331780	1, 691994559	1, 0549694950
47	1, 5477611181	1, 5278108903	1, 639568942	1, 0829268173

zeigt, trügt diese Hoffnung nicht! Alle Spalten streben definitiv einem Grenzwert zu, wenn auch sehr sehr langsam. $r_{47,1}$, $s_{47,1}$, $r_{47,3}$ und $s_{47,3}$ sind jetzt exzellente Startwerte für die (jeweiligen) Polynomkoeffizienten r_1, s_1, r_3 und s_3. Setzt man $r_1 = r_{397,1}$ und $s_1 = s_{397,1}$ und löst das zugehörige quadratische Gleichungssystem mit (6.12), dann bekommt man die Nullstellen

$$-0{,}7486238372\,8593753273\,2507543575 \pm 0{,}8518836801\,8578918836\,5872517933\boldsymbol{i}$$

Auch hier steht das Newton-Verfahren schon nach dem ersten Schritt:

$$\begin{aligned}
&-0{,}7486238372\,8593753273\,2507543575 + 0{,}8518836801\,8578918836\,5872517933\boldsymbol{i}\\
&0{,}6784335411\,1599360289\,0125228149 + 0{,}5854633202\,2075488985\,6969762759\boldsymbol{i}\\
&0{,}6784335411\,1599360289\,0125228149 + 0{,}5854633202\,2075488985\,6969762759\boldsymbol{i}
\end{aligned}$$

Zwei der gesuchten Pole der Systemfunktion sind daher gegeben durch

$$\begin{aligned}
w_{10} &= 0{,}6784335411\,1599360289\,0125228149 + 0{,}5854633202\,2075488985\,6969762759\boldsymbol{i}\\
w_{11} &= \overline{w_{10}}
\end{aligned}$$

Abb. 6.7 Die Teilfolgen $(r_{\nu\mu})_{380\leq\nu\leq397}$ und $(s_{\nu\mu})_{380\leq\nu\leq3977}$, $\mu \in \{1,3\}$, für N von $\mathbf{B}_4$

ν	$r_{\nu 1}$	$s_{\nu 1}$	$r_{\nu 3}$	$s_{\nu 3}$
380	1, 4981926971	1, 2868609314	1, 6891373634	1, 2447536398
381	1, 4981879116	1, 2868591888	1, 6891421488	1, 2449237327
382	1, 4982179045	1, 2867981354	1, 6891121560	1, 2450378044
383	1, 4981350958	1, 2866217225	1, 6891949647	1, 2450394905
384	1, 4980012953	1, 2865020793	1, 6893287651	1, 2450985626
385	1, 4979628494	1, 2864998007	1, 6893672110	1, 2452692821
386	1, 4979651925	1, 2864524513	1, 6893648680	1, 2453850906
387	1, 4978683632	1, 2863012403	1, 6894616973	1, 2453872964
388	1, 4977254080	1, 2862048636	1, 6896046524	1, 2454331344
389	1, 4976755444	1, 2862253126	1, 6896545161	1, 2455795412
390	1, 4976726493	1, 2862118964	1, 6896574112	1, 2456728737
391	1, 4975836725	1, 2861033344	1, 6897463879	1, 2456530695
392	1, 4974533649	1, 2860455427	1, 6898766956	1, 2456660627
393	1, 4974136874	1, 2861011827	1, 6899163731	1, 2457712113
394	1, 4974257575	1, 2861303266	1, 6899043030	1, 2458271931
395	1, 4973628651	1, 2860696501	1, 6899671954	1, 2457732955
396	1, 4972619559	1, 2860530680	1, 6900681045	1, 2457450661
397	1, 4972476745	1, 2861434543	1, 6900823859	1, 2458038401

Um die Koordinaten der beiden restlichen Pole zu bekommen setzt man $r_3 = r_{397,3}$ und $s_3 = s_{397,3}$ und löst das zugehörige quadratische Gleichungssystem

$$P_3(z) = z^2 - r_3 z + s_3 = 0$$

mit (6.12), um die folgenden Nullstellen zu bekommen:

$$-0{,}8450411929\,9554049590\,4613910927 \pm 0{,}7291839427\,0171275165\,3286952540\boldsymbol{i}$$

Wie es zu erwarten war steht auch hier das Newton-Verfahren schon nach dem ersten Schritt:

$$\begin{aligned} -0{,}8450411929\,9554049590\,4613910927 + 0{,}7291839427\,0171275165\,3286952540\boldsymbol{i}\\ 0{,}6784335411\,1599360289\,0125228149 + 0{,}5854633202\,2075488985\,6969762759\boldsymbol{i}\\ 0{,}6784335411\,1599360289\,0125228149 + 0{,}5854633202\,2075488985\,6969762759\boldsymbol{i} \end{aligned}$$

Die restlichen beiden der gesuchten Pole der Systemfunktion sind daher gegeben durch

$$\begin{aligned} w_{30} &= 0{,}6784335411\,1599360289\,0125228149 + 0{,}5854633202\,2075488985\,6969762759\boldsymbol{i}\\ w_{31} &= \overline{w_{30}} \end{aligned}$$

Die gefundenen Pole sind doppelte Pole, das erklärt, weshalb der QD-Algorithmus Schwierigkeiten hat (Abb. 6.6), sie zu trennen. Dass oben bei der ersten Berechnung ein falscher Pol herauskam zeigt, dass die Spalten der $r_{\nu\mu}$ und $s_{\nu\mu}$ mehr als ein vages Konvergenzverhalten erkennen lassen müssen.

Die beiden Poleder Systemfunktion haben den Betrag $|w_{10}| = |w_{30}| \approx 0{,}896$ und liegen damit gut im Inneren des Einheitskreises (siehe Abb. 6.8).

Abb. 6.8 Die Pole der Systemfunktion von $\mathbf{B}_4$

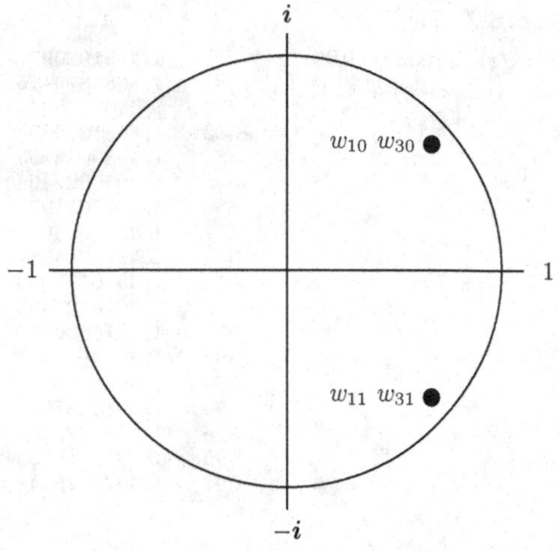

6.3 Die Padésche Tafel

Die in Abschn. 4.9 behandelte Methode zur Konstruktion eines digitalen Filters ist nach dem Mathematiker Padé benannt. Padé starb allerdings schon im Jahre 1953 im hohen Alter und konnte daher noch keinen Beitrag zur Theorie der digitalen Filter leisten. tatsächlich ist die Methode nur deshalb nach ihm benannt, weil das zentrale Gleichungssystem in Abschn. 4.9 formal identisch ist mit dem Gleichungssystem, auf das man geführt wird, wenn die Padésche Tafel einer Funktion berechnet werden soll. Diese Tafel dient zur Approximation von reellen oder komplexen Funktionen und hat nur indirekt einen Nutzen für die Konstruktion digitaler Filter, nämlich dann, wenn – wie in Abschn. 4.8 – das Integral einer Funktion numerisch zu bestimmen ist. Die Padé-Approximation führt bei Funktionen, die in eine Potenzreihe entwickelt werden können, im Allgemeinen zu besseren Ergebnissen als das einfache Abschneiden der Potenzreihe, weshalb sie hier kurz vorgestellt wird. Beispielsweise erhält man für die Exponentialfunktion die Approximation

$$E(x) = \frac{12 + 6x + x^2}{12 - 6x + x^2},$$

welche die wichtige Eigenschaft $e^{-x}e^x = 1$ der Exponentialfunktion nachahmt: $E(-x)E(x) = 1$.

Gegeben sei eine **formale** Potenzreihe $\mathcal{P}$, also eine Potenzreihe, die nicht unbedingt konvergieren muss:

$$\mathcal{P}(x) = \sum_{\rho=0}^{\infty} p_\rho x^\rho = p_0 + p_1 x + \cdots + p_\rho x^\rho + \cdots \tag{6.13}$$

Für $\mu, \nu \in \mathbb{N}$ – die Padésche Tafel ist also unendlich! – sind nun ein Polynom $\boldsymbol{U}^{\mathcal{P}}_{\mu\nu}$ vom Grad μ und ein Polynom $\boldsymbol{V}^{\mathcal{P}}_{\mu\nu}$ vom Grad ν gesucht mit der Eigenschaft

$$\begin{aligned} \mathcal{P}(x)\boldsymbol{V}^{\mathcal{P}}_{\mu\nu}(x) - \boldsymbol{U}^{\mathcal{P}}_{\mu\nu}(x) &= \mathcal{Q}^{\mathcal{P}}_{\mu\nu}(x) \\ &= \sum_{\rho=\mu+\nu+1}^{\infty} q_\rho x^\rho = q_{\mu+\nu+1}x^{\mu+\nu+1} + q_{\mu+\nu+2}x^{\mu+\nu+2} + \cdots \end{aligned} \tag{6.14}$$

Das **formale** Produkt der Potenzreihe $\mathcal{P}$ mit dem Polynom $\boldsymbol{V}^{\mathcal{P}}_{\mu\nu}$ ergibt wieder eine formale Potenzreihe, von der durch formale Subtraktion des Polynoms $\boldsymbol{U}^{\mathcal{P}}_{\mu\nu}$ zu einer Potenzreihe $\mathcal{Q}^{\mathcal{P}}_{\mu\nu}$ übergegangen wird, in der die Potenzen x^0 bis $x^{\mu+\nu}$ unterdrückt sind. Es ist dann

$$\mathcal{P}(x) - \frac{\boldsymbol{U}^{\mathcal{P}}_{\mu\nu}(x)}{\boldsymbol{V}^{\mathcal{P}}_{\mu\nu}(x)} = x^{\mu+\nu+1}\frac{\sum_{\rho=0}^{\infty} q_{\mu+\nu+1+\rho}x^\rho}{\boldsymbol{V}^{\mathcal{P}}_{\mu\nu}(x)} \tag{6.15}$$

Ist die Potenzreihe $\mathcal{P}$ konvergent und kann der Quotient auf der rechten Seite von (6.15) für $|x| < 1$ durch eine Konstante nach oben abgeschätzt werden, dann ist in diesem Bereich durch die rationale Funktion

$$\boldsymbol{T}^{\mathcal{P}}_{\mu\nu}(x) = \frac{\boldsymbol{U}^{\mathcal{P}}_{\mu\nu}(x)}{\boldsymbol{V}^{\mathcal{P}}_{\mu\nu}(x)} \tag{6.16}$$

eine Approximation an die von $\mathcal{P}$ repräsentierte Funktion P gegeben. Die Padésche Tafel besteht nun gerade aus den *Tafelbrüchen* $\boldsymbol{T}^{\mathcal{P}}_{\mu\nu}$. Man kann sich in der Regel auf die Tafelbrüche mit $\mu = \nu$ oder $|\mu - \nu| = 1$ konzentrieren, sie haben die besten Eigenschaften.

Es geht nun darum, das Zählerpolynom $\boldsymbol{U}^{\mathcal{P}}_{\mu\nu}$ und das Nennerpolynom $\boldsymbol{V}^{\mathcal{P}}_{\mu\nu}$ des Tafelbruchs, und das bedeutet ihre Koeffizienten, zu bestimmen:

$$\boldsymbol{U}^{\mathcal{P}}_{\mu\nu}(x) = \sum_{\rho=0}^{\mu} u_\rho x^\rho \qquad \boldsymbol{V}^{\mathcal{P}}_{\mu\nu}(x) = \sum_{\rho=0}^{\nu} v_\rho x^\rho$$

Das geschieht natürlich mit (6.14). Nach der Durchführung der formalen Rechnungen auf der linken Seite werden die Koeffizienten der Potenzreihen auf der linken und rechten Seite von (6.14) verglichen. Das führt auf das folgende System von linearen Gleichungen:

$$\begin{aligned} u_0 &= p_0 v_0 \\ u_1 &= p_1 v_0 + p_0 v_1 \\ &\cdots \\ u_{\nu-1} &= p_{\nu-1}v_0 + p_{\nu-2}v_1 + \cdots + p_{\nu-\mu+1}v_\mu \\ u_\nu &= p_\nu v_0 + p_{\nu-1}v_1 + \cdots + p_{\nu-\mu}v_\mu \end{aligned} \tag{6.17}$$

$$
\begin{aligned}
0 &= p_{\nu+1}v_0 + p_\nu v_1 + \cdots + p_{\nu-\mu+1}v_\mu \\
0 &= p_{\nu+2}v_0 + p_{\nu+1}v_1 + \cdots + p_{\nu-\mu+2}v_\mu \\
&\cdots \\
0 &= p_{\nu+\mu-1}v_0 + p_{\nu+\mu-2}v_1 + \cdots + p_{\nu-1}v_\mu \\
0 &= p_{\nu+\mu}v_0 + p_{\nu+\mu-1}v_1 + \cdots + p_\nu v_\mu
\end{aligned}
\tag{6.18}
$$

Darin sei $p_\rho = 0$ gesetzt für $\rho < 0$. Das Gleichungssystem (6.17)–(6.18) ist formal identisch mit dem Gleichungssystem (4.63) in Abschn. 4.9. Aus dieser Tatsache leitet sich der Name des dort beschriebenen Verfahrens ab, die Padésche Methode zur Konstruktion eines digitalen Filters stammt also nicht von Padé.

Zu dem homogenen System (6.18) gehören die $\mu + 1$ unbekannten v_0 bis v_μ, das System besitzt aber nur μ Gleichungen. Man kann daher über eine Unbekannte verfügen. Setzt man z. B. $v_0 = 1$, dann ist $\boldsymbol{V}^{\mathcal{P}}_{\mu\nu}$ mit Sicherheit nicht das Nullpolynom, die Tafelbrüche $\boldsymbol{T}^{\mathcal{P}}_{\mu\nu}$ sind damit stets definiert.

Für den Fall $\mu = \nu = 2$ kann die allgemeine Lösung des Systems direkt aus Abschn. 4.9 übernommen werden. Man erhält

$$
\begin{aligned}
v_0 &= 1 & u_0 &= p_0 v_0 \\
v_1 &= -\frac{p_3}{p_2} - \frac{p_1}{p_2}\frac{p_3^2 - p_2 p_4}{p_2^2 - p_1 p_3} & u_1 &= p_1 v_0 + p_0 v_1 \\
v_2 &= \frac{p_3^2 - p_2 p_4}{p_2^2 - p_1 p_3} & u_2 &= p_2 v_0 + p_1 v_1 + p_0 v_2
\end{aligned}
$$

Als ein einfaches Beispiel soll der Tafelbruch $\boldsymbol{T}^{\mathcal{J}_n}_{22}$ der Funktion $\mathbf{J}_n$ im Spezialfall $n = 5$ bestimmt werden. Diese Funktion ist wie folgt definiert:

$$
\mathbf{J}_n(x) = \left(\frac{2}{x}\right)^n J_n(x) = \sum_{\nu=0}^{\infty} \frac{(-1)^\nu}{4^\nu \nu!(\nu+n)!} x^{2\nu}
\tag{6.19}
$$

Darin ist J_n die Besselfunktion zur ganzzahligen Ordnung n. Die Besselfunktionen werden in Wissenschaft und Technik oft eingesetzt und sind daher vielmals tabelliert und approximiert worden. Über ihre Eigenschaften kann man sich in [AbSt] oder in [MOS] informieren.

Ausgangspunkt zur Bestimmung des Tafelbruchs $\boldsymbol{T}^{\mathcal{J}_5}_{22}$ ist die Potenzreihe $\mathcal{J}_5$:

$$
\mathcal{J}_5(x) = \sum_{\rho=0}^{\infty} \frac{(-1)^\rho}{4^\rho \rho!(\rho+5)!} x^{2\rho}
\tag{6.20}
$$

Die für den Tafelbruch benötigten Koeffizienten p_0 bis p_4 sind daher gegeben durch

$$
p_0 = \frac{1}{5!} \quad p_1 = 0 \quad p_2 = -\frac{1}{4 \times 6!} \quad p_3 = 0 \quad p_4 = \frac{1}{32 \times 7!}
$$

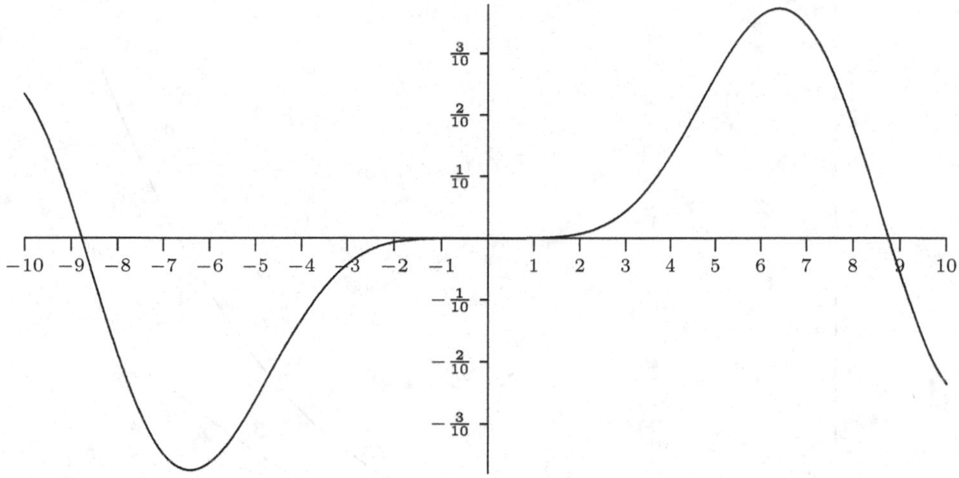

Abb. 6.9 Die Besselfunktion J_5

Setzt man die Koeffizienten in die Lösungsformeln für das 2×2-Gleichungssystem ein, erhält man die folgende Lösung:

$$\begin{aligned} v_0 &= 1 & u_0 &= \frac{1}{5!} \\ v_1 &= 0 & u_1 &= 0 \\ v_2 &= -\frac{1}{56} & u_2 &= -\frac{5}{2 \times 7!} \end{aligned}$$

Nach etwas Verschönerungsrechnen ergibt sich daraus der gesuchte Tafelbruch als

$$T_{22}^{\mathcal{J}_5}(x) = \frac{84 - 5x^2}{2016 - 36x^2}. \tag{6.21}$$

Ein Blick auf Abb. 6.9 lässt erkennen, dass J_5 und damit auch $\mathbf{J}_5$ im Bereich $-1 \leq x \leq 1$ leicht zu approximierende Funktionen sind. Der Aufwand über den Tafelbruch zum Zwecke der Approximation in diesem Bereich lohnt daher nicht, denn rationale Funktionen als Approximanten können ihre größere Flexibilität erst dann ausspielen, wenn der Approximationsbereich von einer Singularität (z. B. einem Pol) beeinflusst wird. Tatsächlich ist die Approximationsleistung von $T_{22}^{\mathcal{J}_5}$ auch nur mäßig (siehe Abb. 6.10), man erhält eine Approximation mit beträchtlich kleinerem Fehler durch das Abbrechen der Potenzreihe schon nach dem zweiten Glied. Aber der Approximationszweck des Tafelbruchs ist hier eben nur ein Nebenaspekt.

Abschließend noch ein Hinweis: Zur Berechnung der Besselfunktionen von ganzzahliger Ordnung mit großer Genauigkeit hat sich die folgende Integraldarstellung bewährt:

$$J_n(x) = \frac{1}{\pi} \int_0^{\pi} \cos(x \sin(\vartheta) - n\vartheta) d\vartheta \tag{6.22}$$

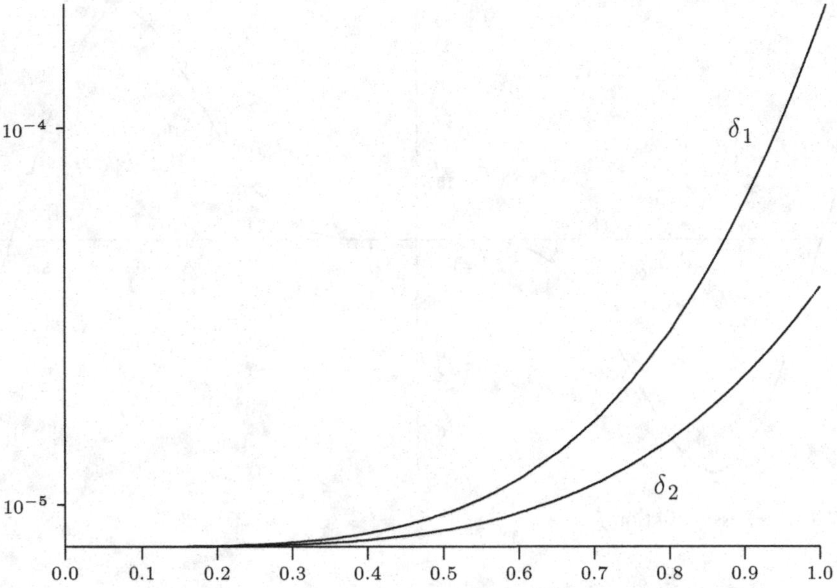

Abb. 6.10 Die Fehler $\delta_1(x) = \mathbf{J}_5(x) - \boldsymbol{T}_{22}^{\mathcal{J}_5}(x)$ und $\delta_2(x) = \mathbf{J}_5(x) - \frac{1}{5!} + \frac{1}{4\times 6!}x^2$

Der Einsatz des Romberg-Verfahrens liefert z. B. für $n = 15$ und $m = 14$ mit 44 wesentlichen Ziffern

$$J_5(1) \approx 0{,}00024975773021123443137506554098804519815836778$$

Mit größer werdendem x steigt der Aufwand. Für $x = 10$ bekommt man mit $n = 16$ und $m = 15$ noch

$$J_5(10) \approx -0{,}234061528186793640443694941645777786463519 59$$

Bei $x = 100$ liefert $n = 19$ und $m = 18$ nur noch

$$J_5(100) \approx -0{,}74195736964513920834135049 81302$$

eine Vergrößerung von n und m bringt keine Verbesserung der Genauigkeit mehr.

6.4 Partialbruchzerlegung

Rationale Funktionen, d. h. Quotienten $\frac{P}{Q}$ zweier Polynome P und Q, sind in vielen Gebieten von Wissenschaft und Technik zu finden. In diesem Buch spielen sie geradezu eine dominante Rolle. Sie sind allerdings schwierig zu handhaben, besonders bei höheren Polynomgraden. Man kann sie jedoch in Summen einfacherer rationaler Funktionen zerlegen.

Das ist besonders einfach bei komplexen Polynomen, weil diese vollständig in ein Produkt von Linearfaktoren (d. h. von Polynomen vom Grad 1) zerfallen. Ein Beispiel für solch eine Zerlegung ist

$$\frac{4}{z^4-1} = \frac{1}{z-1} - \frac{1}{z+1} + \frac{i}{z-i} - \frac{i}{z+i}$$

Es seien P und Q komplexe Polynome, d. h. Polynome mit komplexen Koeffizienten, und zwar sei P von kleinerem Grad als Q, und Q habe mindestens den Grad 1:

$$P(z) = p_0 + p_1 z + p_2 z^2 + \cdots + p_m z^m \tag{6.23}$$

$$Q(z) = q_0 + q_1 z + q_2 z^2 + \cdots + q_n z^n \tag{6.24}$$

Es gilt also $m < n$ und $n \geq 1$. Q zerfällt als komplexes Polynom vollständig in Linearfaktoren:

$$Q(z) = (z-r_1)^{n_1}(z-r_2)^{n_2}(z-r_3)^{n_3}\cdots(z-r_k)^{n_k} \quad n_1+n_2+n_3+\cdots+n_k = n \tag{6.25}$$

Es gibt nun eindeutig bestimmte komplexe Zahlen $c_{\kappa\nu}$, $\kappa \in \{1,\ldots,k\}$, $\nu \in \{1,\ldots,n_k\}$, mit

$$\frac{P(z)}{Q(z)} = \sum_{\kappa=1}^{k}\sum_{\nu=1}^{n_k} \frac{c_{\kappa\nu}}{(z-r_\kappa)^\nu} \tag{6.26}$$

Beispielsweise erhält man für $n_1 = 2$ und $n_2 = 3$ die folgende Zerlegung:

$$\frac{P(z)}{Q(z)} = \frac{c_{11}}{z-r_1} + \frac{c_{12}}{(z-r_1)^2} + \frac{c_{21}}{z-r_2} + \frac{c_{22}}{(z-r_2)^2} + \frac{c_{23}}{(z-r_2)^3}$$

Die Koeffizienten $c_{\kappa\nu}$ können über Grenzprozesse gewonnen werden, man kann sie aber auch, wie es hier geschehen soll, als Lösung eines linearen Gleichungssystem erhalten. Die Partialbruchzerlegung wird so numerisch zugänglich, was auch unbedingt erforderlich ist, weil die Nullstellen r_κ in der Praxis der digitalen Filter oft numerisch bestimmt werden müssen.

Um das Gleichungssystem für die Koeffizienten zu erhalten wird jeder Summand in (6.26) so mit einem Polynom $Q_{\kappa\nu}$ erweitert, dass die Summanden den gemeinsamen Nenner $Q(z)$ haben:

$$\frac{P(z)}{Q(z)} = \sum_{\kappa=1}^{k}\sum_{\nu=1}^{n_k} \frac{c_{\kappa\nu}Q_{\kappa\nu}(z)}{Q(z)} \quad \text{oder} \quad P(z) = \sum_{\kappa=1}^{k}\sum_{\nu=1}^{n_k} c_{\kappa\nu}Q_{\kappa\nu}(z) \tag{6.27}$$

$Q_{\kappa\nu}(z)$ ist ein Produkt von Faktoren $(z-r_i)^j$. Das Polynom auf der rechten Seite der Gleichung wird nach Potenzen von z zusammengefasst, der Vergleich der sich so ergebenden

Polynomkoeffizienten mit den Koeffizienten von P liefert ein lineares Gleichungssystem für die $c_{\kappa\nu}$. Ein Beispiel wird den Vorgang etwas erhellen, und zwar für $m = 3$, $n = 4$ und $n_1 = n_2 = 2$. Die beiden Polynome sind in diesem Fall gegeben durch

$$\begin{aligned} P(z) &= p_0 + p_1 z + p_2 z^2 + p_3 z^3 \\ Q(z) &= (z - r_1)^2 (z - r_2)^2 \end{aligned}$$

und die gesuchte Partialbruchzerlegung ist

$$\frac{P(z)}{Q(z)} = \frac{c_{11}}{z - r_1} + \frac{c_{12}}{(z - r_1)^2} + \frac{c_{21}}{z - r_2} + \frac{c_{22}}{(z - r_2)^2}$$

Offenbar sind die Erweiterungspolynome $Q_{\kappa\nu}$ hier gegeben durch

$$\begin{aligned} Q_{11}(z) &= (z - r_1)(z - r_2)^2 & Q_{12}(z) &= (z - r_2)^2 \\ Q_{21}(z) &= (z - r_1)^2 (z - r_2) & Q_{22}(z) &= (z - r_1)^2 \end{aligned}$$

Erweitern mit diesen Polynomen und Weglassen von Q führt daher auf die Polynomgleichung

$$P(z) = c_{11}(z - r_1)(z - r_2)^2 + c_{12}(z - r_2)^2 + c_{21}(z - r_1)^2 (z - r_2) + c_{22}(z - r_1)^2$$

Die rechte Seite wird nun ausmultipliziert und nach Potenzen von z geordnet. Dann liefert der Koeffizientenvergleich dieses lineare Gleichungssystem für die $c_{\kappa\nu}$:

$$\begin{aligned} p_0 &= -r_1 r_2^2 c_{11} + r_2^2 c_{12} - r_1^2 r_2 c_{21} + r_1^2 c_{22} \\ p_1 &= (2r_1 r_2 + r_2^2) c_{11} - 2r_2 c_{12} + (2r_1 r_2 + r_1^2) c_{21} - 2r_1 c_{22} \\ p_2 &= -(r_1 + 2r_2) c_{11} + c_{12} - (2r_1 + r_2) c_{21} + c_{22} \\ p_3 &= c_{11} + c_{21} \end{aligned} \tag{6.28}$$

In dem häufig auftretenden Fall, dass das Polynom Q nur einfache Nullstellen besitzt, kann das Gleichungssystem ohne große Mühe (d. h. mit geringer Rechenleistung) in voller Allgemeinheit bestimmt werden. Es gilt also $n_1 = \cdots = n_k = 1$, weshalb einfach c_κ statt $c_{\kappa 1}$ geschrieben wird. Für $k = 3$ führt das nur aus Linearfaktoren bestehende Polynom

$$Q(z) = (z - r_1)(z - r_2)(z - r_3)$$

auf die Zerlegung

$$\frac{P(z)}{Q(z)} = \frac{c_1}{z - r_1} + \frac{c_2}{z - r_2} + \frac{c_3}{z - r_3}$$

Die Erweiterungen der Summanden auf der rechten Seite auf den gemeinsamen Nenner $Q(z)$ erbringt die Polynomgleichung

$$\begin{aligned}P(z) &= (z-r_2)(z-r_3)c_1 + (z-r_1)(z-r_3)c_2 + (z-r_1)(z-r_2)c_3\\ &= z^2c_1 + z(-r_2-r_3)c_1 + r_2r_3c_1\\ &\quad + z^2c_2 + z(-r_1-r_3)c_2 + r_1r_3c_2\\ &\quad + z^2c_3 + z(-r_1-r_2)c_3 + r_1r_2c_3\end{aligned}$$

Das Gleichungssystem kann durch Koeffizientenvergleich unmittelbar abgelesen werden:

$$\begin{aligned}p_2 &= c_1 + c_2 + c_3\\ -p_1 &= (r_2+r_3)c_1 + (r_1+r_3)c_2 + (r_1+r_2)c_3\\ p_0 &= r_2r_3c_1 + r_1r_3c_2 + r_1r_2c_3\end{aligned}$$

Für $k = 4$ geht man entsprechend vor und erhält das folgende Gleichungssystem:

$$\begin{aligned}p_3 &= c_1 + c_2 + c_3 + c_4\\ -p_2 &= (r_2+r_3+r_4)c_1 + (r_1+r_3+r_4+)c_2 + (r_1+r_2+r_4)c_3 + (r_1+r_2+r_3)c_4\\ p_1 &= (r_2r_3+r_2r_4+r_3r_4)c_1 + (r_1r_3+r_1r_4+r_3r_4)c_2\\ &\quad + (r_1r_2+r_1r_4+r_2r_4)c_3 + (r_1r_2+r_1r_3+r_2r_3)c_4\\ -p_0 &= r_2r_3r_4c_1 + r_1r_3r_4c_2 + r_1r_2r_4c_3 + r_1r_2r_3c_4\end{aligned}$$

Die beiden Fälle $k = 3$ und $k = 4$ reichen aus, um auf das Bildungsgesetz der Koeffizienten des Gleichungssystems für allgemeines k zu schließen, und zwar $k = 3$ als Vorbild für ungerades und $k = 4$ als Vorbild für gerades k.

Als Beispiel werden die beiden Polynome $P(z) = 1$ und $Q(z) = z^4 - 1$ herangezogen. Die Nullstellen von Q sind sehr leicht zu erraten als $r_1 = 1$, $r_2 = -1$, $r_3 = \boldsymbol{i}$ und $r_4 = -\boldsymbol{i}$, es ist daher $Q(z) = (z-1)(z+1)(z-\boldsymbol{i})(z+\boldsymbol{i})$. Man erhält folgendes Gleichungssystem:

$$\begin{aligned}0 &= c_1 + c_2 + c_3 + c_4\\ 0 &= c_1 - c_2 + \boldsymbol{i}c_3 - \boldsymbol{i}c_4\\ 0 &= c_1 + c_2 - c_3 - c_4\\ -1 &= c_1 - c_2 - \boldsymbol{i}c_3 + \boldsymbol{i}c_4\end{aligned}$$

Die Lösung ist $4c_1 = 1$, $4c_2 = -1$, $4c_3 = \boldsymbol{i}$ und $4c_4 = -\boldsymbol{i}$ und ergibt die Partialbruchzerlegung am Anfang des Abschnitts.

Ist die Bedingung $m < n$ nicht erfüllt, d. h. gilt $m \geq n$, muss dividiert werden, um die Bedingung wieder gültig zu machen. Dazu werden zwei Polynome

$$U(z) = u_0 + u_1z + u_2z^2 + \cdots + u_{m-n}z^{m-n} \tag{6.29}$$

$$V(z) = v_0 + v_1z + v_2z^2 + \cdots + v_{n-1}z^{n-1} \tag{6.30}$$

berechnet mit der Eigenschaft

$$P = QU + V \quad \text{oder} \quad \frac{P}{Q} = U + \frac{V}{Q} \tag{6.31}$$

Das Polynom V hat einen kleineren Grad als das Polynom Q, die aus V und Q gebildete rationale Funktion hat daher eine wie oben beschriebene Partialbruchzerlegung. In dem Fall, dass P und Q denselben Grad besitzen (d. h. bei $n = m$) degeneriert das Polynom U zur Konstanten u_0.

Die Polynome U und V können mit der bekannten Polynomdivision berechnet werden. In der Praxis sind die Koeffizienten der Polynome allerdings oft von einem Programm berechnet worden und sind numerisch gegeben. Ist das der Fall, dann können die beiden Polynome mit einem Programm berechnet werden, das von dem folgenden Algorithmus abgeleitet ist:

```
1  for k = m − n downto 0 do
2      u_k ← p_{n+k}
3      for j = n + k − 1 downto k do
4          p_j ← p_j − u_k q_{j−k}
5      end
6  end
```

Der Algorithmus überschreibt $p0$ bis p_{n-1} mit v_0 bis v_{n-1}. Zu beachten ist, dass $q_0 = 1$ vorausgesetzt wird! Ist das nicht gegeben, dann ist die zweite Zeile wie folgt zu ersetzen:

$$u_k \leftarrow \frac{p_{n+k}}{q_n}$$

Als numerisches Beispiel wird die Systemfunktion der *Bessel*-Bandsperre vierten Grades $\mathbf{B}_4$ aus Abschn. 4.3.2 herangezogen. Hier ist $n = m = 4$, und die Koeffizienten sind gegeben durch

$$p_0 = 0{,}79730779206660000219433436 2569 \qquad q_0 = 0{,}6241455023578888933588292570 84$$

$$p_1 = -2{,}2551269858526666398470244574 94 \qquad q_1 = -1{,}9893577218304666391155796699 71$$

$$p_2 = 3{,}1892311682664000087773374502 75 \qquad q_2 = 3{,}1597012500417111198071769183 28$$

$$p_3 = -2{,}2551269858526666398470244574 94 \qquad q_3 = -2{,}5208962498748666405784692450 17$$

$$p_4 = 0{,}7973077920666000021943343625 69 \qquad q_4 = 1$$

Weil das Zähler- und das Nennerpolynom von demselben Grad sind, sind mit dem oben angegebenen Algorithmus ein Polynom U vom Grad 0 und ein Polynom V vom Grad 3 zu finden, für die (6.31) gilt. Das Ergebnis ist

$$u_0 = 1{,}2774389770566972384623194970 19$$

$$v_0 = -0{,}4801311849900972362679851344 51$$

$$v_1 = 0{,}9651641408535472353228842535 05$$
$$v_2 = -0{,}8470943643916509866819709674 69$$
$$v_3 = 0{,}2861561073222863201988884449 12$$

6.5 Der Einsatz von Fixkommaarithmetik

Eine in einem Computerwort gespeicherte Bitfolge, etwa 1011 1101, kann viele verschiedene Bedeutungen haben. Geht es um numerische Bedeutungen, so kann man sich mit Vorteil einer **Darstellungsfunktion**[2] bedienen, um den numerischen Wert der Bitfolge zu bezeichnen. Die einfachste Darstellungsfunktion für Bitfolgen $\mathfrak{b}_{n-1}\cdots\mathfrak{b}_1\mathfrak{b}_0$ ist

$$\mathbb{K}_n(\mathfrak{b}_{n-1}\cdots\mathfrak{b}_0) = \sum_{\nu=0}^{n-1} \mathfrak{b}_\nu 2^\nu, \tag{6.32}$$

die einer Bitfolge ihren **natürlichen** Zahlenwert zuordnet. So ist z. B.

$$\mathbb{K}_4(1011) = 1 \times 2^3 + 0 \times 2^2 + 1 \times 2^1 + 1 \times 2^0 = 8 + 2 + 1 = 11$$

oder auch für eine größere Bitanzahl

$$\mathbb{K}_{16}(1000000000000001) = 1 \times 2^{15} + 1 = 32.769.$$

Die Sache wird komplizierter, wenn auch negative Zahlenwerte dargestellt werden sollen. Hier hat man zwar prinzipiell die Wahl unter einer Vielzahl von Darstellungen, aber bei Mikroprozessoren und Mikrocontrollern wird nahezu ausnahmslos die Darstellung im **Zweierkomplement** verwendet. Diese Zweierkomplementdarstellung einer Bitfolge $\mathfrak{b}_{n-1}\cdots\mathfrak{b}_1\mathfrak{b}_0$ ist

$$\mathbb{G}_n(\mathfrak{b}_{n-1}\cdots\mathfrak{b}_0) = -\mathfrak{b}_{n-1}2^{n-1} + \sum_{\nu=0}^{n-2} \mathfrak{b}_\nu 2^\nu \tag{6.33}$$

Z. B. ist $\mathbb{G}_8(10000001) = -2^8+1 = -127$ und $\mathbb{G}_8(11111111) = -2^8+\sum_{\nu=0}^{7} 2^\nu = -2^8+2^8-1 = -1$. Man vergleiche mit den natürlichen Werten dieser Bitfolgen, nämlich $\mathbb{K}_8(10000001) = 129$ und $\mathbb{K}_8(11111111) = 255$.

Um die Anzahl der Symbole nicht ausufern zu lassen kann die Menge der mit $\mathbb{G}_n$ darstellbaren ganzen Zahlen ebenfalls mit $\mathbb{G}_n$ bezeichnet werden, Verwechslungen sind nicht zu befürchten. Es ist daher $x \in \mathbb{G}_n$ genau dann, wenn es eine Bitfolge $\mathfrak{b} = \mathfrak{b}_{n-1}\cdots\mathfrak{b}_0$ gibt mit $x = \mathbb{G}_n(\mathfrak{b})$. An (6.33) kann abgelesen werden, dass das kleinste Element von $\mathbb{G}_n$ mit der Bitfolge 100⋯00 und das größte mit 011⋯11 dargestellt wird:

$$x \in \mathbb{G}_n \Rightarrow -2^{n-1} = \mathbb{G}_n(100\cdots00) \le x \le 2^{n-1} - 1 = \mathbb{G}_n(011\cdots11) \tag{6.34}$$

[2] Fixkommaarithmetik mit AVR wird ausführlich mit vielen Programmen in [Mss] behandelt.

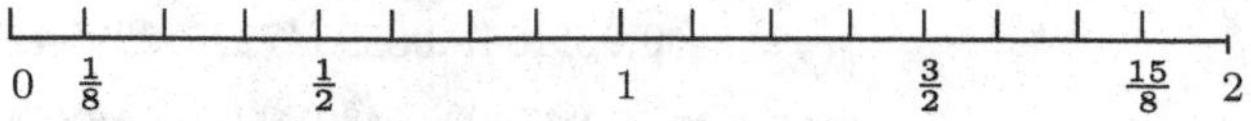

Abb. 6.11 Das Zahlengitter $\mathbb{K}_{1,3}$

Leider ist die Menge $\mathbb{G}_n$ nicht symmetrisch bezüglich Null, denn es ist ja $-2^{n-1} \in \mathbb{G}_n$, aber $-(-2^{n-1}) = 2^{n-1} \notin \mathbb{G}_n$.

Die Darstellungsfunktion $\mathbb{K}_{n,m}$ gestattet auch die Darstellung rationaler Zahlen, die einen gebrochenen Anteil besitzen. Sie ist wie folgt definiert:

$$\mathbb{K}_{n,m}(\mathfrak{b}_{n-1}\cdots\mathfrak{b}_{-m}) = \sum_{\nu=-m}^{n-1} \mathfrak{b}_\nu 2^\nu. \tag{6.35}$$

Oder ausgeschrieben

$$\mathbb{K}_{n,m}(\mathfrak{b}_{n-1}\cdots\mathfrak{b}_{-m}) = \mathfrak{b}_{n-1}2^{n-1} + \cdots + \mathfrak{b}_1 2^1 + \mathfrak{b}_0 + \frac{\mathfrak{b}_{-1}}{2} + \frac{\mathfrak{b}_{-2}}{4} + \cdots + \frac{\mathfrak{b}_{-m}}{2^m}.$$

Die Zahl n in $\mathbb{K}_{n,m}$ bedeutet offenbar die Anzahl der Binärziffern vor dem Binärkomma, und m ist die Zahl der Binärziffern hinter dem Binärkomma. Insbesondere ist $\mathbb{K}_{n,0} = \mathbb{K}_n$, und $\mathbb{K}_{0,m}$ stellt Zahlen dar, die nur einen gebrochenen Anteil besitzen.

$\mathbb{K}_{n,m}$ sei auch wieder die Menge der rationalen Zahlen, die mit $\mathbb{K}_{n,m}$ dargestellt werden können. Weil offensichtlich der größte Darstellungswert für das Bitmuster aus lauter Einsen erhalten wird, lassen sich die Grenzen von $\mathbb{K}_{n,m}$ leicht angeben:

$$0 \le \mathbb{K}_{n,m}(\mathfrak{b}_{n-1}\cdots\mathfrak{b}_{-m}) \le \sum_{\nu=-m}^{n-1} 2^\nu = \sum_{\nu=0}^{n-1} 2^\nu + \sum_{\nu=-m}^{-1} 2^\nu = 2^n + \sum_{\nu=0}^{m} 2^{-\nu} - 1 = 2^n - \frac{1}{2^m}$$

In Abb. 6.11 ist die Menge $\mathbb{K}_{1,3}$ auf die Zahlengerade aufgetragen. Es veranschaulicht die Tatsache, dass die Elemente von $\mathbb{K}_{n,m}$ ein Zahlengitter mit der Gitterbreite 2^{-m} bilden.

Der nächste Schritt gibt nun die Darstellungsfunktion $\mathbb{G}_{n,m}$, die auch negative rationale Zahlen mit gebrochenem Anteil erfasst:

$$\mathbb{G}_{n,m}(\mathfrak{b}_{n-1}\cdots\mathfrak{b}_{-m}) = -\mathfrak{b}_{n-1}2^{n-1} + \sum_{\nu=-m}^{n-2} \mathfrak{b}_\nu 2^\nu \tag{6.36}$$

In etwas anderer Schreibweise wird (6.36) möglicherweise leichter verständlich:

$$\mathbb{G}_{n,m}(\mathfrak{b}_{n-1}\cdots\mathfrak{b}_{-m}) = \begin{cases} \sum_{\nu=-m}^{n-2} \mathfrak{b}_\nu 2^\nu & \text{falls } \mathfrak{b}_{n-1} = 0 \\ \sum_{\nu=-m}^{n-2} \mathfrak{b}_\nu 2^\nu - 2^{n-1} & \text{falls } \mathfrak{b}_{n-1} = 1 \end{cases} \tag{6.37}$$

Betrachtet man (6.36) etwas genauer, so erkennt man, dass man man die kleinste darstellbare Zahl für die Bitfolge $\mathfrak{b} = 10\cdots0$ und die größte darstellbare Zahl für die Bitfolge $\mathfrak{b} = 01\cdots1$

erhält. Die Anwendung der Summmenformeln für Zweierpotenzen ergibt damit:

$$x \in \mathbb{G}_{n,m} \Longrightarrow -2^{n-1} \leq x \leq 2^{n-1} - \frac{1}{2^m}, \tag{6.38}$$

Die kleinste mit $\mathbb{G}_{n,m}$ darstellbare Zahl ist daher $\mathbb{G}_{n,m}(100\cdots00) = -2^{n-1}$, die größte ist $\mathbb{G}_{n,m}(011\cdots11) = 2^{n-1} - 2^{-m}$. Die folgende Definition liegt also nahe: Sind x und y zwei mit $\mathbb{G}_{n,m}$ darstellbare Zahlen, also $x, y \in \mathbb{G}_{n,m}$, und gilt für eine arithmetische Operation $*$

$$x * y < -2^{n-1} \quad \text{oder} \quad 2^{n-1} - 2^{-m} < x * y, \tag{6.39}$$

so ist bezüglich $\mathbb{G}_{n,m}$ ein **Überlauf** eingetreten. Das Operationsergebnis $x * y$ hat das Intervall, in dem alle mit $\mathbb{G}_{n,m}$ darstellbaren Zahlen liegen, nach oben oder nach unten verlassen. Das ist gewöhnlich eine Fehlerbedingung, manchmal ist es aber auch sinnvoll, das übergelaufene Ergebnis einfach durch die jeweils kleinste oder größte darstellbare Zahl zu ersetzen. Dieser Vorgang heißt **Sättigung**. Ein Beispiel dazu kann in der Computergraphik bei der Manipulation der Helligkeitswerte von Pixeln gefunden werden.

Bei der Berechnung der Ausgangssignalwerte digitaler Filter sind Überläufe natürlich zu vermeiden. Es gibt Fälle, in welchen Überläufe nicht auftreten können, etwa dann, wenn eine gewichtete Summe zu berechnen ist und die Gewichte garantieren, dass das Ergebnis innerhalb gewisser Schranken bleibt. Andererseits gibt es Fälle, in welchen Überläufe garantiert auftreten, beispielsweise dann, wenn das Filter die Amplitüde des Signals zu sehr verstärkt.

Wenn mit Überläufen in einem Zahlendarstellungssystem $\mathbb{G}_{n,m}$ zu rechnen ist, muss zu einem System $\mathbb{G}_{n+k,m}$ übergegangen werden, mit dem ein größerer Zahlenbereich dargestellt werden kann. Das geschieht durch Vorzeichenvervielfältigung, für eine Bitfolge $\mathfrak{a} = \mathfrak{a}_{n+k-1}\cdots\mathfrak{a}_{-m}$ gilt nämlich

$$\mathbb{G}_{n+k,m}(\mathfrak{a}_{n+k-1}\cdots\mathfrak{a}_{-m}) = \mathbb{G}_{n,m}(\mathfrak{a}_{n-1}\cdots\mathfrak{a}_{-m}) \Longleftrightarrow \mathfrak{a}_{n+k-1} = \cdots = \mathfrak{a}_{n-1}. \tag{6.40}$$

Das ist leicht auszurechnen und wird der Kürze wegen nur für den Fall $k = 1$ gezeigt. Es sei zunächst die linke Seite von (6.40) richtig. Ausgeschrieben ist das

$$-\mathfrak{a}_n 2^n + \sum_{\nu=-m}^{n-1} \mathfrak{a}_\nu 2^\nu = -\mathfrak{a}_{n-1} 2^{n-1} + \sum_{\nu=-m}^{n-2} \mathfrak{a}_\nu 2^\nu.$$

Die Summe auf der rechten Seite hebt sich heraus, und es bleibt $-\mathfrak{a}_n 2^n + \mathfrak{a}_{n-1} 2^{n-1} = -\mathfrak{a}_{n-1} 2^{n-1}$, also $2\mathfrak{a}_{n-1} 2^{n-1} = \mathfrak{a}_n 2^n$ oder $\mathfrak{a}_{n-1} = \mathfrak{a}_n$. Nun sei umgekehrt die rechte Seite von (6.40) richtig. Damit erhält man

$$\begin{aligned}\mathbb{G}_{n+1,m}(\mathfrak{a}) &= -\mathfrak{a}_n 2^n + \sum_{\nu=-m}^{n-1} \mathfrak{a}_\nu 2^\nu = -\mathfrak{a}_{n-1} 2^n + \sum_{\nu=-m}^{n-1} \mathfrak{a}_\nu 2^\nu \\ &= \mathfrak{a}_{n-1}(2^{n-1} - 2^n) + \sum_{\nu=-m}^{n-2} \mathfrak{a}_\nu 2^\nu = -\mathfrak{a}_{n-1} + \sum_{\nu=-m}^{n-2} \mathfrak{a}_\nu 2^\nu = \mathbb{G}_{n,m}(\mathfrak{a}_{n-1}\cdots\mathfrak{a}_{-m})\end{aligned}$$

Eine Bitfolge behält demnach bei einer Vergrößerung der Bitzahl vor dem Binärkomma ihren Wert, wenn das Vorzeichen vervielfacht wird. Umgekehrt kann eine Bitfolge

$$\underbrace{\mathfrak{a}_{n-1}\cdots\mathfrak{a}_{n-1}}_{k+1}\,\mathfrak{a}_{n-2}\cdots\mathfrak{a}_{-m}$$

als eine zu $\mathbb{G}_{n,m}$ gehörige Bitfolge mit vervielfältigtem Vorzeichen betrachtet werden. Natürlich gibt (6.40) nicht nur an, wie zu $\mathbb{G}_{n,m}$ gehörige Bitfolgen $\mathfrak{a} = \mathfrak{a}_{n-1}\cdots\mathfrak{a}_{-m}$ in zu $\mathbb{G}_{n+k,m}$ gehörige Bitfolgen $\mathfrak{a}' = \mathfrak{a}_{n+k-1}\cdots\mathfrak{a}_{-m}$ verlängert werden müssen, es liefert auch eine einfache Möglichkeit, Überlauf bezüglich $\mathbb{G}_{n,m}$ zu entdecken: Man rechnet in $\mathbb{G}_{n+1,m}$, dann ist genau dann ein Überlauf eingetreten, wenn die beiden höchsten Bits verschieden sind.

Bei der Ausführung digitaler Filter sind im Wesentlichen Summen der folgenden Art zu berechnen:

$$y = \sum_{\nu=0}^{n} a_\nu x_\nu \tag{6.41}$$

Darin sind die x_ν Signalwerte und die a_ν gewisse Filterkoeffizienten. Die Signalwerte seien beschränkt, es gelte also etwa $|x_\nu| \le S$. Das ist natürlich immer der Fall, wenn die x_ν zu $\mathbb{G}_n$, $\mathbb{G}_{n,m}$ usw. gehören. Dann kann garantiert werden, dass auch die Summe y beschränkt ist, $|y| \le S$, sofern die folgende Bedingung erfüllt ist:

$$\sum_{\nu=0}^{n} |a_\nu| \le 1 \tag{6.42}$$

Das ergibt sich aus der einfachen Abschätzung

$$|y| \le \sum_{\nu=0}^{n} |a_\nu|\,|x_\nu| \le S \sum_{\nu=0}^{n} |a_\nu| \le S$$

Gehören daher die x_ν zu $\mathbb{G}_n$, dann gilt das unter dieser Bedingung auch für die Summe y. Und weil (6.42) natürlich $|a_\nu| \le 1$ zur Folge hat, gilt auch $|a_\nu|\,|x_\nu| \le S$, d. h. auch bei der Berechnung der Produkte in (6.41) kann Überlauf nicht vorkommen. Auch bei der Summenbildung in (6.41) ist kein Überlauf möglich, denn für $1 \le m < n$ gilt

$$\left|\sum_{\nu=0}^{m} a_\nu x_\nu\right| \le \sum_{\nu=0}^{m} |a_\nu|\,|x_\nu| \le \sum_{\nu=0}^{n} |a_\nu|\,|x_\nu| \le S \sum_{\nu=0}^{n} |a_\nu| \le S$$

Allerdings ist y wirklich als Summe der Produkte $a_\nu x_\nu$ zu berechnen. Ein Gegenbeispiel bietet schon die Berechnung von

$$\frac{1}{2}x_0 + \frac{1}{2}x_1 = \frac{x_0 + x_1}{2}$$

Mit $x_0 = x_1 = \mathbb{G}_{1,15}(\mathbf{8000}) = -1$ erhält man $x_0 + x_1 = -2 = \mathbb{G}_{2,15}(\mathbf{10000})$. Weil die beiden Vorzeichen von **10000** nicht übereinstimmen liegt ein $\mathbb{G}_{1,15}$-Überlauf vor. Nach der anschließenden Division durch Zwei ist das Ergebnis der Gesamtrechnung zwar wieder in $\mathbb{G}_{1,15}$, aber das innerhalb von $\mathbb{G}_{1,15}$ berechnete Ergebnis **0000** ist natürlich falsch!

Kann man keine allgemeine Aussage wie (6.42) über die Filterkoeffizienten a_ν machen, welche Überlauf generell oder wenigstens partiell ausschließt, müssen die Additionen in (6.41) auf Überlauf geprüft werden. Ob auch die Multiplikationen auf Überlauf getestet werden müssen hängt von der Art der gewählten Zahlendarstellung ab.

Bestehen die Multiplikationen in (6.41) aus einfachen Shifts, wie bei dem Filter aus Abschn. 5.2, kann abhängig vom Umfang des RAM nahezu jeder AVR-Mikrocontroller eingesetzt werden. Ist das nicht der Fall, müssen zur Berechnung der Produkte in (6.41) die AVR-Multiplikationsbefehle zur Verfügung stehen. Deren Einsatz wird nun diskutiert.

Im Falle $a_\nu \in \mathbb{G}_8$ und $x_\nu \in \mathbb{G}_8$ ist natürlich bei der Multiplikation kein Überlauf möglich. Für die Abtastung ist hier der ADC auf acht Bit im Zweierkomplement eingestellt. Der zu verwendende AVR-Befehl ist `muls`, d. h. die Bitfolge $\mathfrak{p} = \mathfrak{p}_{15} \cdots \mathfrak{p}_1 \mathfrak{p}_0$ in $a_\nu x_\nu = \mathbb{G}_{16}(\mathfrak{p})$ wird mit `muls` erzeugt.

Allerdings gibt das Zahlenformat $\mathbb{G}_8$ für die Filterkoeffizienten nur eine sehr beschränkte Genauigkeit bei der Filterberechnung her. Sind daher sämtliche a_ν nicht negativ, sollte für sie zum Zahlenformat $\mathbb{K}_8$ übergegangen werden. Man gewinnt so ein Bit Genauigkeit. Auch hier ist kein Überlauf bei der Multiplikation möglich. Der zuständige AVR-Befehl ist `mulsu`.

Sind nur einige wenige der Filterkoeffizienten a_ν von Null verschieden oder ist ihre Anzahl überhaupt klein, muss die Addition der Produkte daher nicht in einer Schleife erfolgen, dann kann für sie ebenfalls das Zahlenformat $\mathbb{K}_8$ gewählt werden, denn bei negativem a_ν kann $|a_\nu|$ subtrahiert werden.

Es wird nun die Konstellation $a_\nu \in \mathbb{G}_{16}$ und $x_\nu \in \mathbb{G}_8$ analysiert. Das Problem ist offensichtlich, herauszufinden, wie das Produkt $\mathfrak{p}$ aus $a = \mathbb{G}_{16}(\mathfrak{a})$ und $x = \mathbb{G}_8(\mathfrak{x})$ mit Hilfe der Prozessorbefehle `mul`, `muls` und `mulsu` berechnet werden kann:

$$ax = \mathbb{G}_{16}(\mathfrak{a})\mathbb{G}_8(\mathfrak{x}) = \mathbb{G}_{24}(\mathfrak{p})$$

Man beginnt damit, das Produkt auf der Darstellungsseite, also $\mathbb{G}_{16}(\mathfrak{a})\mathbb{G}_8(\mathfrak{x})$, in Bestandteile aus $\mathbb{K}_8$ und $\mathbb{G}_8$ zu zerlegen:

$$\begin{aligned}
ax &= \left(-2^{15}\mathfrak{a}_{15} + \sum_{\nu=0}^{14} \mathfrak{a}_\nu 2^\nu\right)\left(-2^7\mathfrak{x}_7 + \sum_{\nu=0}^{7} \mathfrak{x}_\nu 2^\nu\right) \\
&= \left(-2^{15}\mathfrak{a}_{15} + \sum_{\nu=8}^{14} \mathfrak{a}_\nu 2^\nu + \sum_{\nu=0}^{7} \mathfrak{a}_\nu 2^\nu\right)\left(-2^7\mathfrak{x}_7 + \sum_{\nu=0}^{7} \mathfrak{x}_\nu 2^\nu\right) \\
&= -2^{15}\mathfrak{a}_{15}\left(-2^7\mathfrak{x}_7 + \sum_{\nu=0}^{7} \mathfrak{x}_\nu 2^\nu\right) \\
&\quad + 2^8\left(-2^7\mathfrak{x}_7 + \sum_{\nu=0}^{7} \mathfrak{x}_\nu 2^\nu\right)\sum_{\nu=0}^{6} \mathfrak{a}_{\nu+8} 2^\nu \\
&\quad + \left(-2^7\mathfrak{x}_7 + \sum_{\nu=0}^{7} \mathfrak{x}_\nu 2^\nu\right)\sum_{\nu=0}^{7} \mathfrak{a}_\nu 2^\nu
\end{aligned}$$

Die Zerlegung in die gewünschten Anteile ist noch nicht perfekt, sie gelingt aber mit einer Addition von Null an passender Stelle:

$$-2^{15}\mathfrak{a}_{15}\left(-2^7\mathfrak{x}_7 + \sum_{v=0}^{7}\mathfrak{x}_v 2^v\right) = 2^8\left(-2^7\mathfrak{a}_{15} + \sum_{v=0}^{6}\mathfrak{a}_{v+8}2^v - \sum_{v=0}^{6}\mathfrak{a}_{v+8}2^v\right)\left(-2^7\mathfrak{x}_7 + \sum_{v=0}^{7}\mathfrak{x}_v 2^v\right)$$

$$= 2^8\left(-2^7\mathfrak{a}_{15} + \sum_{v=0}^{6}\mathfrak{a}_{v+8}2^v\right)\left(-2^7\mathfrak{x}_7 + \sum_{v=0}^{7}\mathfrak{x}_v 2^v\right)$$

$$- 2^8\left(-2^7\mathfrak{x}_7 + \sum_{v=0}^{7}\mathfrak{x}_v 2^v\right)\sum_{v=0}^{6}\mathfrak{a}_{v+8}2^v$$

Der störende Faktor $\mathfrak{a}_{15}$ ist damit beseitigt. Wird die eben gefundene Zerlegung in die oben berechnete Zerlegung eingesetzt, dann annullieren sich einige Terme und man erhält die folgende Darstellung des Produktes ax:

$$ax = 2^8\left(-2^7\mathfrak{a}_{15} + \sum_{v=0}^{6}\mathfrak{a}_{v+8}2^v\right)\left(-2^7\mathfrak{x}_7 + \sum_{v=0}^{7}\mathfrak{x}_v 2^v\right) + \left(-2^7\mathfrak{x}_7 + \sum_{v=0}^{7}\mathfrak{x}_v 2^v\right)\sum_{v=0}^{7}\mathfrak{a}_v 2^v$$

$$= 2^8\mathbb{G}_8(\mathfrak{a}^\top)\mathbb{G}_8(\mathfrak{x}) + \mathbb{G}_8(\mathfrak{x})\mathbb{K}_8(\mathfrak{a}^\perp)$$

Es wird nun mit dem Befehl `muls` eine Bitfolge $\mathfrak{u} = \mathfrak{u}_{15}\cdots\mathfrak{u}_1\mathfrak{u}_0$ und mit `mulsu` eine Bitfolge $\mathfrak{v} = \mathfrak{v}_{15}\cdots\mathfrak{v}_1\mathfrak{v}_0$ so berechnet, dass gilt

$$\mathbb{G}_8(\mathfrak{a}^\top)\mathbb{G}_8(\mathfrak{x}) = \mathbb{G}_{16}(\mathfrak{u}) \qquad \mathbb{G}_8(\mathfrak{x})\mathbb{K}_8(\mathfrak{a}^\perp) = \mathbb{G}_{16}(\mathfrak{v})$$

Es ist $2^8\mathbb{G}_{16}(\mathfrak{u}) = \mathbb{G}_{24}(\mathfrak{u}_{15}\cdots\mathfrak{u}_1\mathfrak{u}_0\,00000000)$. Die andere Bitfolge $\mathfrak{v}$ muss dagegen in das Format $\mathbb{G}_{24}$ propagiert werden. Das geschieht über Vorzeichenvervielfältigung wie folgt:

$$\mathfrak{v}_{15} = 0 \quad \mathfrak{v}_{15}\cdots\mathfrak{v}_1\mathfrak{v}_0 \longrightarrow 00000000\,\mathfrak{v}_{15}\cdots\mathfrak{v}_1\mathfrak{v}_0$$

$$\mathfrak{v}_{15} = 1 \quad \mathfrak{v}_{15}\cdots\mathfrak{v}_1\mathfrak{v}_0 \longrightarrow 11111111\,\mathfrak{v}_{15}\cdots\mathfrak{v}_1\mathfrak{v}_0$$

Im Falle $\mathfrak{v}_{15} = 1$ ist also zu $\mathfrak{v}$ die Bitfolge

$$\mathfrak{q} = 11111111\underbrace{00\cdots00}_{16}$$

zu addieren. Nun ist aber $\mathfrak{q}$ offenbar das Zweierkomplement von 2^{16}, d. h. es kann auch 2^{16} von $\mathfrak{v}$ subtrahiert werden.

Das Ergebnis der Multiplikation $ax = \mathbb{G}_{16}(\mathfrak{a})\mathbb{G}_8(\mathfrak{x}) = \mathbb{G}_{24}(\mathfrak{p})$ steht jetzt fest, es ergibt sich als die Binärsumme zweier mit `muls` und `mulsu` berechneter Bitfolgen, möglicherweise gefolgt von einer Subtraktion von 2^{16}:

$$\mathfrak{p} = \mathfrak{u}_{15}\cdots\mathfrak{u}_1\mathfrak{u}_0\,00000000 + 00000000\,\mathfrak{v}_{15}\cdots\mathfrak{v}_1\mathfrak{v}_0 - ?\langle\mathfrak{v}_{15} = 1\rangle 2^{16} \qquad (6.43)$$

Das folgende AVR-Assemblerprogramm erwartet $\mathfrak{a}$ in $\mathbf{r}_{17:16}$ und $\mathfrak{x}$ in $\mathbf{r}_{18}$. Das Produkt $\mathfrak{p}$ wird im Dreifachregister $\mathbf{r}_{5:4:3}$ abgelegt. Als zusätzliche Register werden nur $\mathbf{r}_0$ und $\mathbf{r}_1$ benutzt.

```
1  clr    r3               1   r3 ← 00 zur Addition und Subtraktion von S.c
2  muls   r17,r18          2   r1:0 ← u
3  movw   r5:r4,r1:r0      1   r5:4 ← u
4  mulsu  r18,r16          2   r1:0 ← v, S.c ← v15
5  sbc    r5,r3            1   r5:4:3 ← 2^8 u − 2^16 falls S.c = 1
6  add    r4,r1            1   v addieren
7  adc    r5,r3            1
8  mov    r3,r0            1
```

Was in dem kleinen Programm abläuft lässt sich zusammen mit (6.43) besser verfolgen. Es ist so eingerichtet, dass Register $\mathbf{r}_3$ das untere Byte des Produktes $\mathfrak{p}$ erst im letzten Befehl zugewiesen wird. Das Register steht daher im übrigen Programm zur freien Verfügung und wird dazu benutzt, das Übertragsbit zu addieren und zu subtrahieren. Es wird zu diesem Zweck in Zeile *1* mit dem Wert **00** geladen.

In Zeile *2* wird das Produkt $\mathfrak{u}$ mit dem Befehl `muls` im Doppelregister $\mathbf{r}_{1:0}$ erzeugt und in der nächsten Zeile an seinen Bestimmungsort $\mathbf{r}_{5:4}$ kopiert. Anschließend wird das Produkt $\mathfrak{v}$ mit dem Befehl `mulsu` im Doppelregister $\mathbf{r}_{1:0}$ abgelegt. Dieser Befehl tut allerdings noch etwas mehr, er kopiert das Vorzeichenbit des erzeugten Produktes, also $\mathfrak{v}_{15}$, in das Übertragsbit. Weil das Übertragsbit von den folgenden arithmetischen Befehlen verändert wird, muss es sofort verwendet werden, um zu entscheiden, ob 2^{16} zu subtrahieren ist. Diese Entscheidung wird aber nicht explizit mit einem bedingten Sprung getroffen, sondern implizit, indem das Übertragsbit selbst von Bit $\mathfrak{p}_{16}$ des allerdings noch nicht fertiggestellten Produktes $\mathfrak{p}$ subtrahiert wird. Nach (6.43) ist der Ort von $\mathfrak{p}_{16}$ das untere Bit von $\mathbf{r}_5$, in Zeile *5* wird daher tatsächlich das Übertragsbit von diesem Bit subtrahiert. Hat das Übertragsbit den Wert 0, dann geschieht in dieser Zeile nichts, es wird nur **00** von $\mathbf{r}_5$ subtrahiert. Hat das Übertragsbit dagegen den Wert 1, dann wird in der Zeile von (dem noch nicht fertigen) $\mathfrak{p}$ die Zahl 00000001 00000000 00000000 subtrahiert, d. h. gerade 2^{16}.

Man kann die Subtraktion von 2^{16} auch vom Vorzeichen von $\mathfrak{x}$ abhängig machen, denn $\mathfrak{v}$ enthält sein Vorzeichen von $\mathfrak{x}$. Man benötigte so jedoch einen Befehl mehr, um das Vorzeichenbit von $\mathbf{r}_{18}$ in das Übertragsbit zu kopieren. Diese Aufgabe erledigt der Befehl `mulsu` zusätzlich neben der eigentlichen Multiplikation.

Es bleibt noch, $\mathfrak{u}$ zu addieren. Wirklich addiert werden muss nur das obere Byte von $\mathfrak{u}$, und zwar zu den oberen beiden Bytes von $\mathfrak{p}$, d. h. zu $\mathbf{r}_{5:4}$. Das geschieht in den Zeilen *6–7*. Um das Übertragsbit von der Addition in Zeile *6* zu $\mathbf{r}_5$ zu addieren, wird in Zeile *7* von der Tatsache Gebrauch gemacht, dass $\mathbf{r}_3$ immer noch **00** enthält. In der letzten Zeile wird schließlich das untere Byte von $\mathfrak{p}$ mit dem unteren Byte von $\mathfrak{v}$ geladen: Das Produkt $\mathfrak{p}$ ist damit fertiggestellt.

Zehn Prozessortakte dank der Multiplikationsbefehle für eine 16×8-Multiplikation ist ein recht guter Wert für einen 8-Bit-Prozessor. Wichtig für die Anwendung in digitalen

Filtern ist auch, dass **jeder** Durchlauf des Programmstückes zehn Takte dauert und insbesondere nicht vom Vorzeichen der Multiplikanden abhängt.

Die Konstellation $a_\nu \in \mathbb{G}_{16}$ und $x_\nu \in \mathbb{G}_{16}$ kann mit denselben Mitteln untersucht werden wie die vorige. Die Analyse ist jedoch beträchtlich komplizierter und wird hier nicht durchgeführt, es wird nur das Ergebnis[3] angegeben:

$$\begin{aligned}\mathbb{G}_{16}(\mathfrak{a})\mathbb{G}_{16}(\mathfrak{x}) &= \mathbb{K}_8(\mathfrak{a}^\perp)\mathbb{K}_8(\mathfrak{x}^\perp) + 2^8\mathbb{G}_8(\mathfrak{a}^\top)\mathbb{K}_8(\mathfrak{x}^\perp) + 2^8\mathbb{K}_8(\mathfrak{a}^\perp)\mathbb{G}_8(\mathfrak{x}^\top)\\ &\quad + 2^{16}\mathbb{G}_8(\mathfrak{a}^\top)\mathbb{G}_8(\mathfrak{x}^\top)\\ &= \mathbb{K}_{16}(\mathfrak{b}) + 2^8\mathbb{G}_{16}(\mathfrak{c}) + 2^8\mathbb{G}_{16}(\mathfrak{d}) + 2^{16}\mathbb{G}_{16}(\mathfrak{e})\end{aligned}$$

Das gesuchte Produkt $\mathfrak{p}$ wird also durch binäre Addition der folgenden Bitfolgen erhalten:

$$\begin{aligned}\widehat{\mathfrak{b}} &= 0000000\,0000000\,\mathfrak{b}_{15}\mathfrak{b}_{14}\cdots\mathfrak{b}_1\mathfrak{b}_0\\ \widehat{\mathfrak{c}} &= \mathfrak{c}_{15}\mathfrak{c}_{15}\mathfrak{c}_{15}\mathfrak{c}_{15}\mathfrak{c}_{15}\mathfrak{c}_{15}\mathfrak{c}_{15}\mathfrak{c}_{15}\,\mathfrak{c}_{15}\mathfrak{c}_{14}\cdots\mathfrak{c}_1\mathfrak{c}_0\,0000000\\ \widehat{\mathfrak{d}} &= \mathfrak{d}_{15}\mathfrak{d}_{15}\mathfrak{d}_{15}\mathfrak{d}_{15}\mathfrak{d}_{15}\mathfrak{d}_{15}\mathfrak{d}_{15}\mathfrak{d}_{15}\,\mathfrak{d}_{15}\mathfrak{d}_{14}\cdots\mathfrak{d}_1\mathfrak{d}_0\,0000000\\ \widehat{\mathfrak{e}} &= \mathfrak{e}_{15}\mathfrak{e}_{14}\cdots\mathfrak{e}_1\mathfrak{e}_0\,0000000\,0000000\end{aligned}$$

In der Praxis wird man nicht $\widehat{\mathfrak{c}}$ erzeugen, sondern $0000000\,\mathfrak{c}_{15}\mathfrak{c}_{14}\cdots\mathfrak{c}_1\mathfrak{c}_0\,0000000$ addieren und 2^{24} bei $\mathfrak{c}_{15} = 1$ subtrahieren. Ebenso wird auch mit $\widehat{\mathfrak{d}}$ verfahren. Die Bitfolge $\mathfrak{b}$ wird mit dem Befehl `mul`, $\mathfrak{c}$ und $\mathfrak{d}$ werden mit `mulsu` und $\mathfrak{e}$ wird mit `muls` erzeugt.

Das nachfolgende Programmstück ist so aufgebaut wie das vorangehende. Das gilt auch für die Parameter: Beim Eintritt in das Programmstück muss a in $\mathbf{r}_{17:16}$ und x in $\mathbf{r}_{19:18}$ enthalten sein. Diese Reihenfolge kann natürlich vertauscht werden. Das Ergebnis wird im Vierfachregister $\mathbf{r}_{5:4:3:2}$ erzeugt. Neben den Registern $\mathbf{r}_0$ und $\mathbf{r}_1$, die von den Multiplikationsbefehlen eingesetzt werden, wird noch ein weiteres Register benötigt. Die Wahl ist auf $\mathbf{r}_6$ gefallen, aber es kann durch jedes Register ersetzt werden, das beim Betreten des Programmstückes gerade frei ist.

```
mul    r16,r18        2   r1:0 ← b
movw   r3:r2,r1:r0    1   r3:2 ← b
muls   r17,r19        2   r1:0 ← e
movw   r5:r4,r1:r0    1   r5:4 ← e
clr    r6             1   r6 ← 00 zur Addition und Subtraktion von S.c
mulsu  r17,r18        2   r1:0 ← c, S.c ← c15
sbc    r5,r6          1   2^24 subtrahieren, falls c15 = 1, r6 enthält 00
add    r3,r0          1   c zu p addieren
adc    r4,r1          1
adc    r5,r6          1   Übertrag addieren (r6 enthält 00)
mulsu  r19,r16        2   r1:0 ← d, S.c ← d15
sbc    r5,r6          1   2^24 subtrahieren, falls d15 = 1, r6 enthält 00
add    r3,r0          1   d zu p addieren
adc    r4,r1          1   Übertrag addieren (r6 enthält 00)
adc    r5,r6          1
```

[3] Interessierte Leser finden diese Analyse in [Mss] **4.4.3.2**.

Die Bemerkungen zum vorigen Programmstück können hier fast wörtlich übernommen werden. Die Laufzeit von 19 Prozessortakten ist allerdings fast doppelt so lang.

Zu einer Bitfolge $\mathfrak{b}_{n-1}\cdots\mathfrak{b}_1\mathfrak{b}_0$ soll diejenige Bitfolge $\mathfrak{a}_{n-1}\cdots\mathfrak{a}_1\mathfrak{a}_0$ bestimmt werden, die den negativen Wert darstellt:

$$\mathbb{G}_n(\mathfrak{b}_{n-1}\cdots\mathfrak{b}_0) = -\mathbb{G}_n(\mathfrak{a}_{n-1}\cdots\mathfrak{a}_0)$$

Man kann zu diesem Zweck das **Einerkomplement** nutzen. Das Einerkomplement einer Binärziffer ist definiert als die Ergänzung zu $\mathtt{1}$:

$$\overline{\mathfrak{b}} + \mathfrak{b} = \mathtt{1}$$

Es ist also $\overline{\mathtt{0}} = \mathtt{1}$ und $\overline{\mathtt{1}} = \mathtt{0}$. Bei einer Bitfolge wird das Einerkomplement bitweise angewandt:

$$\overline{\mathfrak{b}_{n-1}\cdots\mathfrak{b}_0} = \overline{\mathfrak{b}}_{n-1}\cdots\overline{\mathfrak{b}}_0$$

Die Anwendung auf die Negation ergibt sich aus der folgenden Eigenschaft des Einerkomplements, die auf einfache Weise zu bestätigen ist:

$$\mathbb{G}_n(\mathfrak{b}_{n-1}\cdots\mathfrak{b}_0) + \mathbb{G}_n(\overline{\mathfrak{b}_{n-1}\cdots\mathfrak{b}_0}) = -1, \tag{6.44}$$

Das daraus resultierende Verfahren zur Negation wird auf das darstellende Bitmuster und nicht auf die dargestellte Zahl angewandt: Um zur Bitfolge $\mathfrak{b}_{n-1}\cdots\mathfrak{b}_0$ mit $x = \mathbb{G}_n(\mathfrak{b}_{k-1}\cdots\mathfrak{b}_0)$ die Bitfolge $\mathfrak{a}_{n-1}\cdots\mathfrak{a}_0$ mit $-x = \mathbb{G}_n(\mathfrak{a}_{n-1}\cdots\mathfrak{a}_0)$ zu finden, ist auf $\mathfrak{b}_{n-1}\cdots\mathfrak{b}_0$ das Einerkomplement anzuwenden und auf das entstandene Bitmuster eine 1 aufzuaddieren. Diese Addition hat natürlich im Binärsystem zu geschehen.

Um z. B. das Bitmuster $\mathfrak{a}$ zu finden mit $\mathbb{G}_n(\mathfrak{a}) = -1$ wird von $\mathbb{G}_n(\mathfrak{b}) = \mathbb{G}_n(\mathtt{00}\cdots\mathtt{01}) = 1$ ausgegangen. Die Anwendung des Einerkomplementes auf $\mathfrak{b}$ liefert das Bitmuster $\mathfrak{c} = \mathtt{11}\cdots\mathtt{10}$, die Binäraddition von $\mathtt{1}$ zu $\mathfrak{c}$ ergibt dann das gesuchte Bitmuster $\mathfrak{a} = \mathtt{11}\cdots\mathtt{11}$. Man kann sich durch Einsetzen in (6.33) davon überzeugen, dass tatsächlich $\mathbb{G}_n(\mathtt{11}\cdots\mathtt{11}) = -1$ gilt.

Die Inhalte der Register $\mathbf{r}_0$ bis $\mathbf{r}_{31}$ können als Bitfolgen $\mathfrak{b}_7\cdots\mathfrak{b}_0$ mit der Darstellungsfunktion $\mathbb{G}_8$ interpretiert werden. In diesem Fall kann mit dem AVR-Befehl `neg` das Bitmuster $\mathfrak{a}_7\cdots\mathfrak{a}_0$ mit $\mathbb{G}_8(\mathfrak{a}_7\cdots\mathfrak{a}_0) = -\mathbb{G}_8(\mathfrak{b}_7\cdots\mathfrak{b}_0)$ in das Register geladen werden.

Andererseits können die Registerinhalte auch als Bitfolgen mit der Darstellungsfunktion $\mathbb{K}_8$ interpretiert werden. Ist das der Fall, dann wird mit dem AVR-Befehl `com` das Bitmuster $\overline{\mathfrak{b}_7\cdots\mathfrak{b}_0}$ des Einerkomplementes in das Register geladen.

Werden Registerinhalte zu Bitfolgen zusammengefasst, die mit $\mathbb{K}_{16}$, $\mathbb{K}_{24}$ usw. interpretiert werden, dann kann zur Berechnung des Einerkomplementes der Befehl `com` auf die einzelnen Register angewandt werden. Das ist bei der Interpretation der Inhalte der zusammengefassten Register mit $\mathbb{G}_{16}$, $\mathbb{G}_{24}$ usw. natürlich nicht möglich. Hier ist erst das Einerkomplement mit `com` zu berechnen und dann mit den Befehlen `add` und `adc` eine $\mathtt{1}$ zu addieren. Als zweite Möglichkeit kann auch von Null subtrahiert werden.

Das eben beschriebene Verfahren zur Negation von mit $\mathbb{G}_n$ dargestellten Bitfolgen kann auch auf Bitfolgen angewandt werden, die rationale Zahlen repräsentieren, deren Zahlenwert also mit $\mathbb{G}_{n,m}$ gegeben wird. Das folgt unmittelbar aus der folgenden Beziehung:

$$\mathbb{G}_{n,m}(\mathfrak{a}) + \mathbb{G}_{n,m}(\overline{\mathfrak{a}}) = -\frac{1}{2^m} \tag{6.45}$$

Anhang

A.1 Entwicklungskoeffizienten und Tabellen

A.1.1 Die Koeffizienten der Entwicklung von $\prod_{\nu=1}^{n} \Phi_{r_\nu,\phi_\nu}$

Dieses Kapitel enthält die Koeffizienten u_ν der Entwicklungen

$$\prod_{\nu=1}^{n} \Phi_{r_\nu,\phi_\nu}(z) = \sum_{\kappa=0}^{2n} u_\kappa z^{-\kappa} \tag{A.1}$$

für $n = 2$ bis $n = 4$. Offenbar kommt bei allen folgenden Entwicklungen von Produkten von $\Phi_{r,\phi}$ das Ergebnis $u_0 = 1$ heraus, deshalb wird u_0 bei den folgenden Auflistungen der Koeffizienten nicht mehr angeführt.

Die Koeffizienten der Entwicklung von $\Phi_{r_1,\phi_1}(z)$

$$\begin{aligned} -u_1 &= rc_\phi \\ u_2 &= r^2 \end{aligned}$$

Die Koeffizienten der Entwicklung von $\Phi_{r_1,\phi_1}(z)\Phi_{r_2,\phi_2}(z)$

$$\begin{aligned} -u_1 &= r_1 c_{\phi_1} + r_2 c_{\phi_2} \\ u_2 &= r_1^2 + r_1 r_2 c_{\phi_1} c_{\phi_2} + r_2^2 \\ -u_3 &= r_1^2 r_2 c_{\phi_2} + r_1 r_2^2 c_{\phi_1} \\ u_4 &= r_1^2 r_2^2 \end{aligned}$$

H. Schmidt, M. Schwabl-Schmidt, *Digitale Filter*, DOI 10.1007/978-3-658-03523-5,

Die Koeffizienten der Entwicklung von $\Phi_{r_1,\phi_1}(z)\Phi_{r_2,\phi_2}(z)\Phi_{r_3,\phi_3}(z)$

$$
\begin{aligned}
-u_1 &= r_1 c_{\phi_1} + r_2 c_{\phi_2} + r_3 c_{\phi_3}\\
u_2 &= r_1^2 + r_2^2 + r_3^2 + r_1 r_2 c_{\phi_1} c_{\phi_2} + r_1 r_3 c_{\phi_1} c_{\phi_3} + r_2 r_3 c_{\phi_2} c_{\phi_3}\\
-u_3 &= r_1^2 r_2 c_{\phi_2} + r_1 r_2^2 c_{\phi_1} + r_1^2 r_3 c_{\phi_3} + r_2^2 r_3 c_{\phi_3} + r_1 r_3^2 c_{\phi_1} + r_2 r_3^2 c_{\phi_2} + r_1 r_2 r_3 c_{\phi_1} c_{\phi_2} c_{\phi_3}\\
u_4 &= r_1^2 r_2^2 + r_1^2 r_3^2 + r_2^2 r_3^2 + r_1^2 r_2 r_3 c_{\phi_2} c_{\phi_3} + r_1 r_2^2 r_3 c_{\phi_1} c_{\phi_3} + r_1 r_2 r_3^2 c_{\phi_1} c_{\phi_2}\\
-u_5 &= r_1^2 r_2^2 r_3 c_{\phi_3} + r_1^2 r_2 r_3^2 c_{\phi_2} + r_1 r_2^2 r_3^2 c_{\phi_1}\\
u_6 &= r_1^2 r_2^2 r_3^2
\end{aligned}
$$

Die Koeffizienten der Entwicklung von $\Phi_{r_1,\phi_1}(z)\Phi_{r_2,\phi_2}(z)\Phi_{r_3,\phi_3}(z)\Phi_{r_4,\phi_4}(z)$

$$
\begin{aligned}
-u_1 &= r_1 c_{\phi_1} + r_2 c_{\phi_2} + r_3 c_{\phi_3} + r_4 c_{\phi_4}\\
u_2 &= r_1 r_2 c_{\phi_1} c_{\phi_2} + r_1 r_3 c_{\phi_1} c_{\phi_3} + r_2 r_3 c_{\phi_2} c_{\phi_3} + r_1 r_4 c_{\phi_1} c_{\phi_4} + r_2 r_4 c_{\phi_2} c_{\phi_4} + r_3 r_4 c_{\phi_3} c_{\phi_4}\\
&\quad + r_1^2 + r_2^2 + r_3^2 + r_4^2\\
-u_3 &= r_1^2 r_2 c_{\phi_2} + r_1 r_2^2 c_{\phi_1} + r_1^2 r_3 c_{\phi_3} + r_2^2 r_3 c_{\phi_3} + r_1 r_3^2 c_{\phi_1} + r_2 r_3^2 c_{\phi_2}\\
&\quad + r_1^2 r_4 c_{\phi_4} + r_2^2 r_4 c_{\phi_4} + r_3^2 r_4 c_{\phi_4} + r_1 r_4^2 c_{\phi_1} + r_2 r_4^2 c_{\phi_2} + r_3 r_4^2 c_{\phi_3}\\
&\quad + r_1 r_2 r_3 c_{\phi_1} c_{\phi_2} c_{\phi_3} + r_1 r_2 r_4 c_{\phi_1} c_{\phi_2} c_{\phi_4} + r_1 r_3 r_4 c_{\phi_1} c_{\phi_3} c_{\phi_4} + r_2 r_3 r_4 c_{\phi_2} c_{\phi_3} c_{\phi_4}\\
u_4 &= r_1^2 r_2 r_3 c_{\phi_2} c_{\phi_3} + r_1 r_2^2 r_3 c_{\phi_1} c_{\phi_3} + r_1 r_2 r_3^2 c_{\phi_1} c_{\phi_2} + r_1^2 r_2 r_4 c_{\phi_2} c_{\phi_4}\\
&\quad + r_1 r_2^2 r_4 c_{\phi_1} c_{\phi_4} + r_1^2 r_3 r_4 c_{\phi_3} c_{\phi_4} + r_2^2 r_3 r_4 c_{\phi_3} c_{\phi_4} + r_1 r_3^2 r_4 c_{\phi_1} c_{\phi_4}\\
&\quad + r_2 r_3^2 r_4 c_{\phi_2} c_{\phi_4} + r_1 r_2 r_4^2 c_{\phi_1} c_{\phi_2} + r_1 r_3 r_4^2 c_{\phi_1} c_{\phi_3} + r_2 r_3 r_4^2 c_{\phi_2} c_{\phi_3}\\
&\quad + r_1^2 r_2^2 + r_1^2 r_3^2 + r_2^2 r_3^2 + r_1^2 r_4^2 + r_2^2 r_4^2 + r_3^2 r_4^2 + r_1 r_2 r_3 r_4 c_{\phi_1} c_{\phi_2} c_{\phi_3} c_{\phi_4}\\
-u_5 &= r_1^2 r_2^2 r_3 c_{\phi_3} + r_1^2 r_2 r_3^2 c_{\phi_2} + r_1 r_2^2 r_3^2 c_{\phi_1} + r_1^2 r_2^2 r_4 c_{\phi_4} + r_1^2 r_3^2 r_4 c_{\phi_4} + r_2^2 r_3^2 r_4 c_{\phi_4}\\
&\quad + r_1^2 r_2 r_4^2 c_{\phi_2} + r_1 r_2^2 r_4^2 c_{\phi_1} + r_1^2 r_3 r_4^2 c_{\phi_3} + r_2^2 r_3 r_4^2 c_{\phi_3} + r_1 r_3^2 r_4^2 c_{\phi_1} + r_2 r_3^2 r_4^2 c_{\phi_2}\\
&\quad + r_1^2 r_2 r_3 r_4 c_{\phi_2} c_{\phi_3} c_{\phi_4} + r_1 r_2^2 r_3 r_4 c_{\phi_1} c_{\phi_3} c_{\phi_4} + r_1 r_2 r_3^2 r_4 c_{\phi_1} c_{\phi_2} c_{\phi_4} + r_1 r_2 r_3 r_4^2 c_{\phi_1} c_{\phi_2} c_{\phi_3}\\
u_6 &= r_1^2 r_2^2 r_3 r_4 c_{\phi_3} c_{\phi_4} + r_1^2 r_2 r_3^2 r_4 c_{\phi_2} c_{\phi_4} + r_1 r_2^2 r_3^2 r_4 c_{\phi_1} c_{\phi_4}\\
&\quad + r_1^2 r_2 r_3 r_4^2 c_{\phi_2} c_{\phi_3} + r_1 r_2^2 r_3 r_4^2 c_{\phi_1} c_{\phi_3} + r_1 r_2 r_3^2 r_4^2 c_{\phi_1} c_{\phi_2}\\
&\quad + r_1^2 r_2^2 r_3^2 + r_1^2 r_2^2 r_4^2 + r_1^2 r_3^2 r_4^2 + r_2^2 r_3^2 r_4^2\\
-u_7 &= r_1^2 r_2^2 r_3^2 r_4 c_{\phi_4} + r_1^2 r_2^2 r_3 r_4^2 c_{\phi_3} + r_1^2 r_2 r_3^2 r_4^2 c_{\phi_2} + r_1 r_2^2 r_3^2 r_4^2 c_{\phi_1}\\
u_8 &= r_1^2 r_2^2 r_3^2 r_4^2
\end{aligned}
$$

A.1.2 Die Berechnung der Fourier-Entwicklung des Wellenzuges w

Tatsächlich wird nicht die Fourier-Entwicklung der Funktion w aus Abschn. 3.4 berechnet, sondern die Entwicklung von $\mathrm{v}(t) = \mathrm{w}(t) + \frac{1}{2}$ (siehe Abb. A.1). Die Entwicklung von w ergibt sich daraus direkt ohne weitere Rechnung. Natürlich hat v wie w die Periode $T = 2$, zudem ist v eine gerade Funktion, $\mathrm{v}(-t) = \mathrm{v}(t)$, weshalb die Fourier-Entwicklung

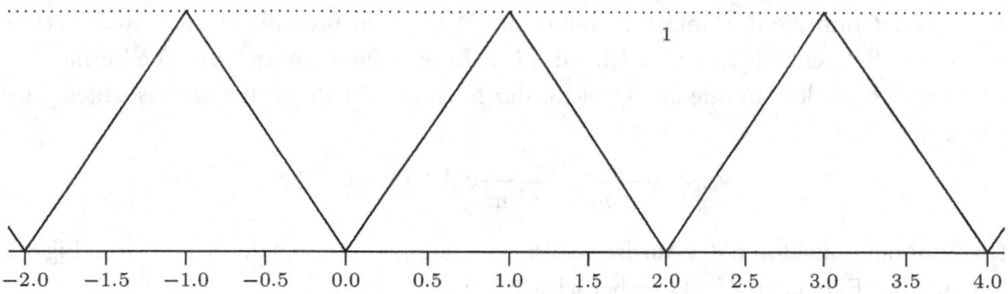

Abb. A.1 Der „Wellenzug" $\mathsf{v} = \mathsf{w} + \frac{1}{2}$

eine reine Cosinusreihe ist. Zu berechnen sind also die Koeffizienten v_m der Reihenentwicklung

$$\mathsf{v}(t) = \sum_{m=-\infty}^{\infty} \mathsf{v}_m e^{i2\pi m \frac{t}{T}} \tag{A.2}$$

die durch das Integral

$$\mathsf{v}_m = \frac{1}{T} \int_0^T \mathsf{v}(t) e^{-i2\pi m \frac{t}{T}} \mathrm{d}t \tag{A.3}$$

gegeben sind. Die Funktion besteht im Hauptperiodenintervall $0 \leq t \leq 2$ aus den beiden Geradenstücken $t \mapsto t$ für $0 \leq t \leq 1$ und $t \mapsto -t + 2$ für $1 \leq t \leq 2$, das Integral wird daher in drei einfach zu berechnende Integrale aufgespalten:

$$\mathsf{v}_m = \frac{1}{2} \int_0^1 t e^{-i\pi m t} \mathrm{d}t - \frac{1}{2} \int_1^2 t e^{-i\pi m t} \mathrm{d}t + \int_1^2 e^{-i\pi m t} \mathrm{d}t$$

Das erste Integral unterscheidet sich vom zweiten nur durch die Integrationsgrenzen, die Berechnung ist daher auf zwei Integrale reduziert. Der Wert des dritten Integrals ergibt sich aus der Ableitungsregel $(e^{\lambda x})' = \lambda e^{\lambda x}$:

$$\int_1^2 e^{-i\pi m t} \mathrm{d}t = -\frac{1}{i\pi m} e^{-i\pi m t} \bigg|_1^2 = \frac{i}{\pi m} e^{-i\pi m t} \bigg|_1^2 = \frac{i}{\pi m} \left(e^{-i2\pi m} - e^{-i\pi m} \right)$$

Man muss sich nur daran erinnern, dass $\frac{1}{i} = -i$ gilt. Die übrigen Integrale werden mit Hilfe der partiellen Integration ermittelt, die sich aus der Produktregel der Differentiation ableitet:

$$\begin{aligned} \int_a^b t e^{-i\pi m t} \mathrm{d}t &= t \frac{1}{-i\pi m} e^{-i\pi m t} \bigg|_a^b - \int_a^b \frac{1}{-i\pi m} e^{-i\pi m t} \mathrm{d}t \\ &= \frac{bi}{\pi m} e^{-i\pi m b} - \frac{ai}{\pi m} e^{-i\pi m a} + \frac{1}{\pi^2 m^2} \left(e^{-i\pi m b} - e^{-i\pi m a} \right) \end{aligned}$$

Man ersetzt nun die drei Integrale durch ihre Werte und fasst die entstehenden Terme in solche, die $\boldsymbol{i}$ enthalten, und solche, die $\boldsymbol{i}$ nicht enthalten, zusammen. Die Terme mit $\boldsymbol{i}$ heben sich in der Summe auf, es bleibt der folgende Ausdruck für die gesuchten Koeffizienten:

$$\mathsf{v}_m = -\frac{1}{2\pi^2 m^2} + \frac{1}{\pi^2 m^2} e^{-\boldsymbol{i}\pi m}(1 - e^{-\boldsymbol{i}\pi m})$$

Die Exponentialfaktoren des Ausdrucks verschwinden, wenn man die elementaren Eigenschaften der Exponentialfunktion berücksichtigt:

$$\begin{aligned} e^{-\boldsymbol{i}\pi m} &= \cos(\pi m) + \boldsymbol{i}\sin(\pi m) \\ &= \cos(\pi m) = \begin{cases} 1 & \text{falls } m \equiv 0\,(2) \\ -1 & \text{falls } m \equiv 1\,(2) \end{cases} \end{aligned}$$

Das ergibt nun einerseits für gerades m

$$\mathsf{v}_m = -\frac{1}{2\pi^2 m^2} + \frac{1}{2\pi^2 m^2} = 0 \quad \text{falls } m \equiv 0\,(2)$$

und andererseits für ungerades m

$$\mathsf{v}_m = -\frac{1}{2\pi^2 m^2} - \frac{3}{2\pi^2 m^2} = -\frac{2}{\pi^2 m^2} \quad \text{falls } m \equiv 1\,(2)$$

Die bisherigen Rechnungen gelten allerdings nur für $m > 0$, der Fall $m = 0$ muss gesondert behandelt werden:

$$\mathsf{v}_0 = \frac{1}{2}\int_0^1 t\mathrm{d}t - \frac{1}{2}\int_1^2 t\mathrm{d}t + \int_0^1 \mathrm{d}t = \frac{1}{2}$$

Die gesuchte Fourier-Entwicklung ist damit

$$\begin{aligned} \mathsf{v}(t) &= \frac{1}{2} - \frac{2}{\pi^2} \sum_{\substack{m=-\infty \\ m\equiv 1\,(2)}}^{\infty} \frac{1}{m^2} e^{\boldsymbol{i}2\pi m \frac{t}{2}} \\ &= \frac{1}{2} - \frac{2}{\pi^2} \sum_{\substack{m=-\infty \\ m\equiv 1\,(2)}}^{\infty} \frac{1}{m^2} e^{\boldsymbol{i}\pi m t} \end{aligned}$$

und für die Funktion w erhält man schließlich

$$\mathsf{w}(t) = \mathsf{v}(t) - \frac{1}{2} = -\frac{2}{\pi^2} \sum_{\substack{m=-\infty \\ m\equiv 1\,(2)}}^{\infty} \frac{1}{m^2} e^{\boldsymbol{i}\pi m t}$$

Mit einigen weiteren (elementaren) Umformungen gelangt man zur prognostizierten reinen Cosinusreihenentwicklung:

$$\begin{aligned}
\mathrm{w}(t) &= -\frac{2}{\pi^2} \sum_{\substack{m=1 \\ m\equiv 1\,(2)}}^{\infty} \frac{1}{m^2}\left(e^{i\pi mt} + e^{-i\pi mt}\right) \\
&= -\frac{2}{\pi^2} \sum_{\substack{m=1 \\ m\equiv 1\,(2)}}^{\infty} \frac{2}{m^2}\left(\frac{1}{2}e^{i\pi mt} + \frac{1}{2}e^{-i\pi mt}\right) \\
&= -\frac{4}{\pi^2} \sum_{\substack{m=1 \\ m\equiv 1\,(2)}}^{\infty} \frac{1}{m^2}\cos(m\pi t) \\
&= -\frac{4}{\pi^2} \sum_{m=1}^{\infty} \frac{1}{(2m-1)^2}\cos((2m-1)\pi t)
\end{aligned}$$

Ein einfacher Test ist die Berechnung von $\mathrm{w}(0)$ direkt und über die Reihenentwicklung:

$$-\frac{1}{2} = \mathrm{w}(0) = -\frac{4}{\pi^2}\sum_{m=1}^{\infty}\frac{1}{(2m-1)^2} = -\frac{4}{\pi^2}\frac{\pi^2}{8} = -\frac{1}{2}$$

Die Werte von Reihen wie $\sum_{m=1}^{\infty}(2m-1)^{-2}$ kann man z. B. in [Grad] finden.

Und zum Schluss die Reihenentwicklung ausgeschrieben:

$$\mathrm{w}(t) = -\frac{4}{\pi^2}\left(\cos(\pi t) + \frac{1}{3^2}\cos(3\pi t) + \frac{1}{5^2}\cos(5\pi t) + \frac{1}{7^2}\cos(7\pi t) + \dots\right)$$

A.1.3 Tabelle der Sigma-Faktoren in Fixkommaformaten

$$\sigma_{\kappa,k} = \frac{\sin(\pi\frac{\kappa}{k})}{\pi\frac{\kappa}{k}} \qquad -k \le \kappa \le k$$

$$\sigma_{-\kappa,k} = \sigma_{\kappa,k} \quad \sigma_{0,k} = 1 \quad \sigma_{k,k} = 0 \quad 0 \le \sigma_{\kappa,k} \le 1$$

Tabelleneinträge in den Zahlenformaten $\mathbb{K}_{0,16}$ und $\mathbb{K}_{0,32}$

Umwandlung in die Zahlenformate $\mathbb{G}_{0,15}$ und $\mathbb{G}_{0,31}$ durch einen logischen Rechtsshift, d. h. einen Rechtsshift mit nachgezogener Null.

Tab. A.1 Tabelle der Sigma-Faktoren $\sigma_{\kappa,k}$, $18 \leq k \leq 25$

κ	$k = 18$		$k = 19$		$k = 20$		$k = 21$		κ
1	FEB4	FEB3C86F	FED6	FED5C94D	FEF3	FEF2D388	FF0C	FF0BD2D1	1
2	FAD5	FAD530E3	FB5C	FB5C0728	FBCF	FBCF488A	FC33	FC32915A	2
3	F476	F4764525	F5A1	F5A1470C	F6A1	F6A13C58	F77E	F77E0077	3
4	EBB5	EBB4A965	EDBD	EDBD796D	EF7C	EF7C39C7	F0FE	F0FE3BEA	4
5	E0B9	E0B8F5D6	E3D1	E3D17A7E	E67B	E67B214D	E8C9	E8C974A1	5
6	D3B6	D3B5D5F2	D806	D8066EDB	DBC0	DBBFB05F	DEFC	DEFB9651	6
7	C4E7	C4E6F0CD	CA8D	CA8CF777	CF72	CF71EA4A	D3B6	D3B5D5F2	7
8	B490	B48FA0EB	BB9C	BB9C413D	C1BF	C1BF6580	C71E	C71E2B17	8
9	A2FA	A2F9836E	AB71	AB70F55D	B2DB	B2DA80AA	B95F	B95EB66D	9
10	9073	9072E723	9A4C	9A4C1007	A2FA	A2F9836E	AAA5	AAA5181B	10
11	7D4D	7D4D24DF	8872	8871A3CF	9256	9255AF16	9B22	9B21B8D3	11
12	69DB	69DAEAF9	7628	7627905A	812A	812A43AA	8B07	8B0708D2	12
13	566F	566E85EF	63B4	63B4332A	6FB3	6FB37E28	7A89	7A88B80E	13
14	4358	43583066	515D	515D1976	5E2E	5E2D94BB	69DB	69DAEAF9	14
15	30E4	30E4743A	3F66	3F65B9FA	4CD4	4CD3B5C4	5931	59316F53	15
16	1F5B	1F5AA61C	2E0E	2E0E3D52	3BDF	3BDF0E71	48BF	48BEF472	16
17	0EFC	0EFB8442	1D92	1D925B31	2B86	2B85DD79	38B4	38B44A55	17
18			0E28	0E28524B	1BFB	1BFA9648	2940	293FAABE	18
19					0D6B	0D6B189B	1A8C	1A8C0F4C	19
20							0CC1	0CC09757	20
	$k = 22$		$k = 23$		$k = 24$		$k = 25$		
1	FF21	FF217EA8	FF34	FF34679E	FF45	FF4500DA	FF54	FF53A6FD	1
2	FC89	FC88B292	FCD4	FCD3E52D	FD16	FD15EEFD	FD50	FD503D89	2
3	F83E	F83DB975	F8E5	F8E54502	F979	F978871E	F9FB	F9FAA3B0	3
4	F24E	F24DF897	F374	F373C1F2	F476	F4764525	F55B	F55AE9E5	4
5	EACC	EACBEAFE	EC8F	EC8EDF1A	EE1C	EE1C4686	EF7C	EF7C39C7	5
6	E1CF	E1CEDCD7	E44A	E44A3322	E67B	E67B214D	E86D	E86CB600	6
7	D773	D7729510	DABD	DABD25CF	DDA7	DDA6B06D	E03D	E03D51A3	7
8	CBD7	CBD6EEAA	D003	D002A0BB	D3B6	D3B5D5F2	D702	D7019F8B	8
9	BF1F	BF1F633A	C439	C438B476	C8C2	C8C233FB	CCD0	CCCF9A4F	9
10	B173	B172888D	B780	B780334B	BCE8	BCE7DD61	C1BF	C1BF6580	10
11	A2FA	A2F9836E	A9FC	A9FC4328	B045	B044FF16	B5EB	B5EB08ED	11
12	93DF	93DF71CB	9BD2	9BD1E83A	A2FA	A2F9836E	A96E	A96E26CE	12
13	8451	8450CE8B	8D28	8D2789EB	9527	9526B075	9C66	9C65ADAA	13
14	747B	747AD186	7E24	7E247403	86EF	86EEC2B3	8EF0	8EEF8704	14
15	648B	648ACE18	6EF0	6EF055B9	7875	78748597	812A	812A43AA	15
16	54AE	54AD92D0	5FB3	5FB2C08A	69DB	69DAEAF9	7335	7334C6CC	16
17	450F	450ECCA5	5093	5092A8A2	5B45	5B44A300	652E	652DF0B9	17
18	35D8	35D87021	41B6	41B5E8A3	4CD4	4CD3B5C4	5734	57344A6A	18
19	2732	27322AC1	3341	3340CA83	3EA9	3EA92008	4966	4965B2BC	19
20	1941	1940DEA8	2556	25559726	30E4	30E4743A	3BDF	3BDF0E71	20
21	0C26	0C262A9A	1814	18142E35	23A4	23A38104	2EBC	2EBBFBCA	21
22			0B9A	0B99A79E	1702	1701FE74	2217	22168AAF	22
23					0B19	0B1942D1	1607	1606FA38	23
24							0AA3	0AA37C4A	24

Tab. A.2 Tabelle der Sigma-Faktoren $\sigma_{\kappa,k}$, $2 \le k \le 17$

κ	$k=2$		$k=3$		$k=4$		$k=5$		κ
1	A2FA	A2F9836E	D3B6	D3B5D5F2	E67B	E67B214D	EF7C	EF7C39C7	1
2			69DB	69DAEAF9	A2FA	A2F9836E	C1BF	C1BF6580	2
3					4CD4	4CD3B5C4	812A	812A43AA	3
4							3BDF	3BDF0E71	4
	$k=6$		$k=7$		$k=8$		$k=9$		
1	F476	F4764525	F77E	F77E0077	F979	F978871E	FAD5	FAD530E3	1
2	D3B6	D3B5D5F2	DEFC	DEFB9651	E67B	E67B214D	EBB5	EBB4A965	2
3	A2FA	A2F9836E	B95F	B95EB66D	C8C2	C8C233FB	D3B6	D3B5D5F2	3
4	69DB	69DAEAF9	8B07	8B0708D2	A2FA	A2F9836E	B490	B48FA0EB	4
5	30E4	30E4743A	5931	59316F53	7875	78748597	9073	9072E723	5
6			2940	293FAABE	4CD4	4CD3B5C4	69DB	69DAEAF9	6
7					23A4	23A38104	4358	43583066	7
8							1F5B	1F5AA61C	8
	$k=10$		$k=11$		$k=12$		$k=13$		
1	FBCF	FBCF488A	FC89	FC88B292	FD16	FD15EEFD	FD84	FD83F9DC	1
2	EF7C	EF7C39C7	F24E	F24DF897	F476	F4764525	F626	F62619C5	2
3	DBC0	DBBFB05F	E1CF	E1CEDCD7	E67B	E67B214D	EA28	EA280AB9	3
4	C1BF	C1BF6580	CBD7	CBD6EEAA	D3B6	D3B5D5F2	D9F4	D9F43713	4
5	A2FA	A2F9836E	B173	B172888D	BCE8	BCE7DD61	C619	C6196169	5
6	812A	812A43AA	93DF	93DF71CB	A2FA	A2F9836E	AF45	AF44C278	6
7	5E2E	5E2D94BB	747B	747AD186	86EF	86EEC2B3	963B	963AEFD4	7
8	3BDF	3BDF0E71	54AE	54AD92D0	69DB	69DAEAF9	7BD0	7BCFDCE1	8
9	1BFB	1BFA9648	35D8	35D87021	4CD4	4CD3B5C4	60DE	60DE515D	9
10			1941	1940DEA8	30E4	30E4743A	463F	463F366A	10
11					1702	1701FE74	2CC1	2CC11BF5	11
12							1520	152054D2	12
	$k=14$		$k=15$		$k=16$		$k=17$		
1	FDDB	FDDB5EF3	FE22	FE21ED8E	FE5C	FE5BB537	FE8C	FE8B9E24	1
2	F77E	F77E0077	F894	F8944192	F979	F978871E	FA36	FA361554	2
3	ED19	ED18DB0A	EF7C	EF7C39C7	F173	F173484F	F316	F3160C6C	3
4	DEFC	DEFB9651	E317	E3169CDC	E67B	E67B214D	E951	E950A764	4
5	CD92	CD91B2D5	D3B6	D3B5D5F2	D0D0	D0D045DD	DD19	DD18A07F	5
6	B95F	B95EB66D	C1BF	C1BF6580	C8C2	C8C233FB	CEAD	CEAD0DB9	6
7	A2FA	A2F9836E	ADA9	ADA8BDC8	B6AE	B6AD89DD	BE58	BE57DAC9	7
8	8B07	8B0708D2	97F4	97F3A60F	A2FA	A2F9836E	AC6C	AC6C0201	8
9	7234	72347FCC	812A	812A43AA	8E15	8E153257	9944	99439001	9
10	5931	59316F53	69DB	69DAEAF9	7875	78748597	853D	853D7F8C	10
11	40AA	40A9B01A	5294	5293DBF3	628D	628D3707	70BB	70BB7BD9	11
12	2940	293FAABE	3BDF	3BDF0E71	4CD4	4CD3B5C4	5C20	5C1F9835	12
13	1387	1387074D	263E	263E3179	37B8	37B82461	47CA	47CA0C1E	13
14			1227	1226FEAE	23A4	23A38104	3417	341702A9	14
15					10F5	10F50C14	215D	215C8B60	15
16							0FE9	0FE8B9E2	16

Tab. A.3 Tabelle der Sigma-Faktoren $\sigma_{\kappa,k}$, $26 \le k \le 33$

κ	$k = 26$		$k = 27$		$k = 28$		$k = 29$		κ
1	FF61	FF60A536	FF6C	FF6C3915	FF77	FF76955D	FF80	FF7FE440	1
2	FD84	FD83F9DC	FDB2	FDB21759	FDDB	FDDB5EF3	FE00	FE0077BD	2
3	FA6E	FA6E2939	FAD5	FAD530E3	FB31	FB3176D0	FB84	FB846CC1	3
4	F626	F62619C5	F6DB	F6DB75FE	F77E	F77E0077	F810	F8103B58	4
5	F0B5	F0B55ABD	F1CD	F1CD227D	F2C8	F2C81D11	F3AA	F3AA17BF	5
6	EA28	EA280AB9	EBB5	EBB4A965	ED19	ED18DB0A	EE5A	EE59E51D	6
7	E28D	E28CB76E	E49F	E49E9B2F	E67B	E67B214D	E829	E82924A2	7
8	D9F4	D9F43713	DC9A	DC9986CE	DEFC	DEFB9651	E123	E122E13D	8
9	D071	D0717BC1	D3B6	D3B5D5F2	D6A9	D6A88323	D954	D953980D	9
10	C619	C6196169	CA06	CA05A4C1	CD92	CD91B2D5	D0C9	D0C91DCD	10
11	BB02	BB0276D8	BF9D	BF9C958B	C3C8	C3C84E86	C793	C7928175	11
12	AF45	AF44C278	B490	B48FA0EB	B95F	B95EB66D	BDC0	BDBFEC4E	12
13	A2FA	A2F9836E	A8F5	A8F4E2CD	AE68	AE685842	B362	B3627FD6	13
14	963B	963AEFD4	9CE3	9CE364E3	A2FA	A2F9836E	A88C	A88C31A7	14
15	8924	8923F0C0	9073	9072E723	9727	97273B6C	9D50	9D4FA5CF	15
16	7BD0	7BCFDCE1	83BC	83BBA6CF	8B07	8B0708D2	91C0	91C007DE	16
17	6E5A	6E5A3275	76D6	76D624AD	7EAF	7EAEC966	85F1	85F0E30A	17
18	60DE	60DE515D	69DB	69DAEAF9	7234	72347FCC	79F6	79F5F9C7	18
19	5377	5377361B	5CE2	5CE253B5	65AE	65AE232B	6DE3	6DE31D29	19
20	463F	463F366A	5004	50044FEA	5931	59316F53	61CC	61CC046C	20
21	3950	394FC045	4358	43583066	4CD4	4CD3B5C4	55C4	55C4250B	21
22	2CC1	2CC11BF5	36F4	36F47090	40AA	40A9B01A	49DF	49DE8BA8	22
23	20AA	20AA31E6	2AEF	2AEE83D3	34C7	34C7543B	3E2E	3E2DB634	23
24	1520	152054D2	1F5B	1F5AA61C	2940	293FAABE	32C3	32C36F9D	24
25	0A37	0A3710D9	144C	144BAFF2	1E25	1E24A7DB	27B1	27B0AD55	25
26			09D3	09D2EE80	1387	1387074D	1D05	1D056F02	26
27					0976	09762B75	12D1	12D0A092	27
28							0920	091FFF02	28

κ	$k = 30$		$k = 31$		$k = 32$		$k = 33$		κ
1	FF88	FF884903	FF90	FF8FE159	FF97	FF96C662	FF9D	FF9D0D80	1
2	FE22	FE21ED8E	FE40	FE403625	FE5C	FE5BB537	FE75	FE74BFAB	2
3	FBCF	FBCF488A	FC13	FC130F50	FC51	FC509E73	FC89	FC88B292	3
4	F894	F8944192	F90C	F90BDA1C	F979	F978871E	F9DC	F9DB920D	4
5	F476	F4764525	F52F	F52F59A8	F5D8	F5D7A204	F671	F6711545	5
6	EF7C	EF7C39C7	F084	F0839E10	F173	F173484F	F24E	F24DF897	6
7	E9AE	E9AE723A	EB10	EB0FF907	EC52	EC51F025	ED78	ED77F5B9	7
8	E317	E3169CDC	E4DD	E4DCF02F	E67B	E67B214D	E7F6	E7F5BA4D	8
9	DBC0	DBBFB05F	DDF4	DDF42D2A	DFF7	DFF767FC	E1CF	E1CEDCD7	9
10	D3B6	D3B5D5F2	D660	D6606B97	D8D0	D8D045DD	DB0C	DB0BD03F	10
11	CB06	CB06511F	CE2D	CE2D6518	D110	D1102174	D3B6	D3B5D5F2	11
12	C1BF	C1BF6580	C568	C567BB8C	C8C2	C8C233FB	CBD7	CBD6EEAA	12
13	B7F0	B7F03A8E	BC1D	BC1CE1A5	BFF2	BFF275DA	C37A	C379CA11	13
14	ADA9	ADA8BDC8	B25B	B25B0214	B6AE	B6AD89DD	BAAA	BAA9B54B	14
15	A2FA	A2F9836E	A831	A830E572	AD01	AD00A75D	B173	B172888D	15
16	97F4	97F3A60F	9DAE	9DADD71B	A2FA	A2F9836E	A7E1	A7E093DE	16
17	8CA9	8CA8A53F	92E2	92E1893E	98A6	98A63952	9E01	9E008B2B	17
18	812A	812A43AA	87DC	87DBF84C	8E15	8E153257	93DF	93DF71CB	18
19	758A	758A64DC	7CAD	7CAD4E07	8355	83550D44	898B	898A8596	19
20	69DB	69DAEAF9	7166	7165C467	7875	78748597	7F0F	7F0F29BE	20
21	5E2E	5E2D94BB	6616	66158891	6D82	6D825AAA	747B	747AD186	21
22	5294	5293DBF3	5ACD	5ACC9E1C	628D	628D3707	69DB	69DAEAF9	22
23	471F	471ED4DA	4F9B	4F9AC2D8	57A4	57A397FE	5F3D	5F3CC9D9	23
24	3BDF	3BDF0E71	448F	448F534C	4CD4	4CD3B5C4	54AE	54AD92D0	24
25	30E4	30E4743A	39B9	39B9302C	422B	422B6C33	4A3A	4A3A2723	25
26	263E	263E3179	2F27	2F26A4EF	37B8	37B82461	3FEF	3FEF10ED	26
27	1BFB	1BFA9648	24E5	24E54FB8	2D87	2D86BF30	35D8	35D87021	27
28	1227	1226FEAE	1B02	1B020AC8	23A4	23A38104	2C02	2C01E85E	28
29	08D0	08CFBBE5	1189	1188D798	1A1A	1A19FEBC	2277	22768FBB	29
30			0885	0884CBC7	10F5	10F50C14	1941	1940DEA8	30
31					083F	083EAB8F	106B	106AA102	31
32							07FD	07FCE86C	32

A.2 Formelsammlung

Formel A.1 *Im Buch verwandte trigonometrische Formeln. Für reelle x und y gilt*

$$\sin(2x) = 2\sin(x)\cos(x) \tag{A.4}$$

$$\sin(x+y) = \sin(x)\cos(y) + \cos(x)\sin(y) \tag{A.5}$$

$$\sin(x+y)\sin(x-y) = \sin(x)^2 - \sin(y)^2 \tag{A.6}$$

$$\cot(x-y) = \frac{\sin(y-x)}{\sin(x)\sin(y)} \tag{A.7}$$

Formel A.2 *Bei der Auswertung von Summen wie $\sum_{\nu=-n}^{n} e^{i\nu\omega}$ auftretende Formeln.*

$$\frac{\sin\left((2k+1)\frac{x}{2}\right)}{\sin\left(\frac{x}{2}\right)} = 1 + 2\sum_{\kappa=1}^{k}\cos(\kappa x) \tag{A.8}$$

$$\int \frac{\sin\left((2k+1)\frac{x}{2}\right)}{\sin\left(\frac{x}{2}\right)}\mathrm{d}x = x + 2\sum_{\kappa=1}^{k}\frac{\sin(\kappa x)}{\kappa} \tag{A.9}$$

Formel A.3 *Geometrische Summen. Für $z \in \mathbb{C}$ gilt*

$$\sum_{\nu=-n}^{n} z^{\nu} = \frac{z^{-n} - z^{n+1}}{1-z} \tag{A.10}$$

Speziell für $z = e^{ia}$, also $z^{\nu} = e^{i\nu a}$, erhält man

$$\sum_{\nu=-n}^{n} e^{i\nu a} = \frac{e^{-ina} - e^{i(n+1)a}}{1-e^{ia}} \tag{A.11}$$

Formel A.4 *$z^m - 1$ ist ohne Rest durch $z - 1$ teilbar:*

$$(1 + z + z^2 + z^3 + \cdots + z^{m-1})(z-1) = z^m - 1 \tag{A.12}$$

Formel A.5 *Vietasche Wurzelsätze*

Sind u und v die Nullstellen der quadratischen Gleichung $z^2 + az + b = 0$ mit komplexen Koeffizienten a und b, dann gelten die folgenden Beziehungen:

$$u + v = -a \tag{A.13}$$

$$uv = b \tag{A.14}$$

Formel A.6 *u und v sind von Null verschiedene komplexe Zahlen.*

$$\sum_{\nu=1}^{n} \frac{1}{(u+(\nu-1)v)(u+\nu v)} = \frac{n}{u(u+nv)} = \frac{1}{u(\frac{u}{n}+v)} \tag{A.15}$$

Formel A.7 *$u = a + ib$ und $v = c + id$ sind komplexe Zahlen, es sei $v \neq 0$. Dann ist der Quotient $\frac{u}{v}$ der beiden Zahlen gegeben durch*

$$\frac{u}{v} = \frac{a + \boldsymbol{i}b}{c + \boldsymbol{i}d} = \frac{ac + bd}{c^2 + d^2} + \boldsymbol{i}\frac{bc - ad}{c^2 + d^2} \tag{A.16}$$

Formel A.8 *Zusammenhänge zwischen der Exponentialfunktion und trigonometrischen und hyperbolischen Funktionen*

$$e^z = e^{x+iy} = e^x(\cos(y) + \boldsymbol{i}\sin(y)) \tag{A.17}$$

$$\sin(z) = \frac{e^{iz} - e^{-iz}}{2\boldsymbol{i}} \qquad \cos(z) = \frac{e^{iz} + e^{-iz}}{2} \tag{A.18}$$

$$\sinh(z) = \frac{e^z - e^{-z}}{2} \qquad \cosh(z) = \frac{e^z + e^{-z}}{2} \tag{A.19}$$

Formel A.9 *Die komplexe Konjugation im Zusammenhang mit der Exponentialfunktion und den trigonometrischen und hyperbolischen Funktionen*

$$\overline{e^z} = e^{\overline{z}} \tag{A.20}$$

$$\overline{\sin(z)} = \sin(\overline{z}) \qquad \overline{\cos(z)} = \cos(\overline{z}) \tag{A.21}$$

$$\overline{\sinh(z)} = \sinh(\overline{z}) \qquad \overline{\cosh(z)} = \cosh(\overline{z}) \tag{A.22}$$

A.3 Bezeichnungen

$\mathbf{r}_0$ bis $\mathbf{r}_{31}$	Die 32 Register für allgemeinen Gebrauch (*GPR*)
$\mathfrak{r}_0$ bis $\mathfrak{r}_{31}$	Die *Inhalte* der 32 Register.
$\mathbf{r}_{1:0}$ bis $\mathbf{r}_{31:30}$	Die aus den Registern $\mathbf{r}_0$ bis $\mathbf{r}_{31}$ zu bildenden Doppelregister
$\mathfrak{r}_{1:0}$ bis $\mathfrak{r}_{31:30}$	Die Werte der Doppelregister, z. B. $\mathfrak{r}_{1:0} = \mathfrak{r}_1 2^8 + \mathfrak{r}_0$
X	Das Doppelregister $\mathbf{r}_{27:26}$
$\mathfrak{X}$	Der Wert des Doppelregisters $\mathbf{r}_{27:26}$
Y	Das Doppelregister $\mathbf{r}_{29:28}$
$\mathfrak{Y}$	Der Wert des Doppelregisters $\mathbf{r}_{29:28}$
Z	Das Doppelregister $\mathbf{r}_{31:30}$
$\mathfrak{Z}$	Der Wert des Doppelregisters $\mathbf{r}_{31:30}$
$\mathbf{r}_0.0$ bis $\mathbf{r}_{31}.7$	Bit 0 des Registers $\mathbf{r}_0$ usw. bis Bit 7 von $\mathbf{r}_{31}$
S	Das Statusregister
S.i	Das globale Interruptfreigabebit

S.$\mathfrak{t}$ — Das temporäre Speicherbit

S.$\mathfrak{h}$ — Das „halbe“ Übertragsbit

S.$\mathfrak{v}$ — Das Überlaufbit

S.$\mathfrak{n}$ — Das Negativbit

S.$\mathfrak{s}$ — Das Vorzeichenbit

S.$\mathfrak{z}$ — Das Nullbit

S.$\mathfrak{c}$ — Das Übertragsbit

$\mathcal{I}(\alpha)$ — Der Inhalt der Adresse α

α^* — An die Sprache **C** angelehnt der Inhalt der Adresse α

$\alpha\langle\mathtt{oXyz}\rangle$ — Der Inhalt der Adresse $\alpha + \mathtt{oXyz}$. Darin ist α die Adresse eines Speicherobjekts eines bestimmten Typs und $\mathtt{oXyz}$ ist die relative Adresse (*offset*) eines Teiles davon. An Stelle der Adresse α kann auch ein Doppelregister stehen.

$\mathcal{A}(\mathtt{v})$ — Die Adresse der Variablen $\mathtt{v}$

$\mathtt{0}, \mathtt{1}$ — Die Binärziffern $\mathtt{0} = 0$ und $\mathtt{1} = 1$

0 bis **9**, **A** bis **F** — Die Hexadezimalziffern **0** = 0 bis **F** = 15

$\mathfrak{a}$, $\mathfrak{b}$ usw. — Kleine Frakturbuchstaben bezeichnen meist Bits und Bitfolgen

$|r|$ — Der Absolutbetrag der rationalen Zahl r, also $|r| = r$ falls $r \geq 0$, $r = -r$ falls $r < 0$

$\lfloor r \rfloor$ — Der ganzzahlige Anteil der rationalen Zahl r, z. B. $\lfloor \frac{3}{2} \rfloor = 1$ aber $\lfloor -\frac{3}{2} \rfloor = -2$

$\langle r \rangle$ — Der gebrochene Anteil der rationalen Zahl r, z. B. $\langle \frac{3}{2} \rangle = 1/2$

u div v — Der ganzzahlige Anteil des Quotienten $\frac{u}{v}$ zweier ganzer Zahlen u und v, also u div $v = \lfloor \frac{u}{v} \rfloor$

$?\langle L \rangle$ — Ist der logische Ausdruck L wahr, dann ist $?\langle L \rangle = 1$, andernfalls ist $?\langle L \rangle = 0$. Z. B. ist $?\langle 1 \leq 2 \rangle = 1$, $?\langle 1 > 2 \rangle = 0$, $?\langle 1 \leq 2 \vee 1 > 2 \rangle = 1$ usw.

$\mathbb{K}_n$ — $\mathbb{K}_n(\mathfrak{b})$ ist der natürliche Wert der Bitfolge $\mathfrak{b} = \mathfrak{b}_{n-1}\cdots\mathfrak{b}_0$:

$$\mathbb{K}_n(\mathfrak{b}_{n-1}\cdots\mathfrak{b}_0) = \sum_{\nu=0}^{n-1} \mathfrak{b}_\nu 2^\nu$$

$\mathbb{K}_{n,m}$ — $\mathbb{K}_{n,m}(\mathfrak{b})$ ist der Wert der Bitfolge $\mathfrak{b} = \mathfrak{b}_{n-1}\cdots\mathfrak{b}_0\mathfrak{b}_{-1}\cdots\mathfrak{b}_{-m}$ als nicht-negative Fixkommazahl mit n Bits vor und m Bits nach dem Binärkomma:

$$\mathbb{K}_{n,m}(\mathfrak{b}_{n-1}\cdots\mathfrak{b}_{-m}) = \sum_{\nu=-m}^{n-1} \mathfrak{b}_\nu 2^\nu$$

Mit $\mathbb{K}_{n,m}$ wird auch das Zahlenformat selbst bezeichnet, d. h. eine Bitfolge im Format $\mathbb{K}_{n,m}$ ist eine nicht-negative Fixkommazahl mit n Bits vor und m Bits nach dem Binärkomma:

$\mathbb{G}_n$ — $\mathbb{G}_n(\mathfrak{b})$ ist der Wert der Bitfolge $\mathfrak{b} = \mathfrak{b}_{n-1}\cdots\mathfrak{b}_0$ einer im Zweierkomplement verschlüsselten Zahl:

$$\mathbb{G}_n(\mathfrak{b}_{n-1}\cdots\mathfrak{b}_0) = -\mathfrak{b}_{n-1}2^{n-1} + \sum_{\nu=0}^{n-2} \mathfrak{b}_\nu 2^\nu$$

$\mathbb{G}_{n,m}$	$\mathbb{K}_{n,m}(\mathfrak{b})$ ist der Wert der Bitfolge $\mathfrak{b} = \mathfrak{b}_{n-1}\cdots\mathfrak{b}_0\mathfrak{b}_{-1}\cdots\mathfrak{b}_{-m}$ einer im Zweierkomplement verschlüsselten Fixkommazahl mit n Bits vor und m Bits nach dem Binärkomma $$\mathbb{G}_{n,m}(\mathfrak{b}_{n-1}\cdots\mathfrak{b}_{-m}) = -\mathfrak{b}_{n-1}2^{n-1} + \sum_{\nu=-m}^{n-2} \mathfrak{b}_\nu 2^\nu$$ Mit $\mathbb{G}_{n,m}$ wird auch das Zahlenformat selbst bezeichnet.
$w^\top$	Das obere Byte des 16-Bit-Wortes w. Bei $w \in \mathbb{G}_{16}$ ohne das Vorzeichenbit.
$w^\perp$	Das untere Byte des 16-Bit-Wortes w
$f^\diamond$	Die Spiegelung einer komplexen Funktion $f : \mathbb{R} \to \mathbb{C}$ an der imaginären Achse, d. h. $f^\diamond(x) = f(-x)$.
$\mathbf{K}_r$	Der Kreis $\{ z \in \mathbb{C} \mid \lvert z\rvert = r \}$ um den Nullpunkt der komplexen Ebene (r reell und ≥ 0). $\mathbf{K}_1$ ist der *Einheitskreis.*
$\mathbf{dom}(f)$	Der Definitionsbereich (*domain*) $\mathbf{dom}(f)$ einer Abbildung f ist die Menge $$\mathbf{dom}(f) = \Big\{ x \mid \bigvee_y (x,y) \in f \Big\}$$
$\mathbf{ran}(f)$	Der Bildbereich (*range*) $\mathbf{ran}(f)$ einer Abbildung f ist die Menge $$\mathbf{ran}(f) = \Big\{ y \mid \bigvee_x (x,y) \in f \Big\}$$
$\circ$	Der binäre Operator zur Hintereinanderausführung zweier Abbildungen: $(g \circ f)(x) = g(f(x))$
$\mathfrak{S}$	Der $\mathbb{C}$-Vektorraum der komplexen Signale $\boldsymbol{x}\colon \mathbb{Z} \to \mathbb{C}$
$\mathfrak{B}$	Der Unterraum der beschränkten Signale von $\mathfrak{S}$
$\mathfrak{A}$	Der Unterraum der absolut summierbaren Signale von $\mathfrak{S}$
$\mathfrak{R}$	Der Unterraum der rechtsseitigen Signale von $\mathfrak{S}$
$\mathfrak{L}$	Der Unterraum der linksseitigen Signale von $\mathfrak{S}$
$\mathbb{T}_{\boldsymbol{x}}$	Der Träger $\mathbb{T}_{\boldsymbol{x}} = \{n \in \mathbb{Z} \mid \boldsymbol{x}(n) \neq 0\}$ eines Signals $\boldsymbol{x}$
$\boldsymbol{\delta}$	Der Einheitsimpuls mit $\boldsymbol{\delta}(0) = 1$ und $\boldsymbol{\delta}(n) = 0$ für $n \in \mathbb{Z} \setminus \{0\}$
$\boldsymbol{\delta}_m$	Der Einheitsimpuls mit $\boldsymbol{\delta}(m) = 1$ und $\boldsymbol{\delta}(n) = 0$ für $n \in \mathbb{Z} \setminus \{m\}$ und $m \in \mathbb{Z}$
$\boldsymbol{u}$	Der Einheitssprung mit $\boldsymbol{u}(n) = 1$ für $n \geq 0$ und $\boldsymbol{u}(n) = 0$ für $n < 0$
$\boldsymbol{u}_m$	Der Einheitssprung mit $\boldsymbol{u}(n) = 1$ für $n \geq m$ und $\boldsymbol{u}(n) = 0$ für $n < m$ und $m \in \mathbb{Z}$
$\boldsymbol{p}_c$	Das Potenzsignal $\boldsymbol{p}_c(n) = c^n$ mit $c \in \mathbb{C}$
$\boldsymbol{\epsilon}_\omega$	Das exponentielle Signal $\boldsymbol{\epsilon}_\omega(n) = e^{in\omega} = \cos(n\omega) + \boldsymbol{i}\sin(n\omega)$, $\omega \in \mathbb{R}$
σ_m	Die Shift-Funktion $\sigma_m : \mathbb{Z} \longrightarrow \mathbb{Z}$ mit $\sigma_m(n) = n - m$ und $m \in \mathbb{Z}$
μ_m	Die modulo-Funktion $\mu_m : \mathbb{Z} \longrightarrow \mathbb{Z}$ mit $m \in \mathbb{N} - \{0\}$. $\mu_m(n)$ ist das eindeutig bestimmte $r \in \mathbb{N}$ mit $0 \leq r < m$ so, dass $n = qm + r$ gilt, mit einem ebenfalls eindeutig bestimmten $q \in \mathbb{Z}$

$x^\diamond$	Die Spiegelung eines Signals am Nullindex, d. h. $x^\diamond(n) = x(-n)$. Auch *Zeitumkehr* genannt.
$*$	Der Faltungsoperator. Die Faltung (das Faltungssignal) $x * y$ zweier Signale x und y ist definiert durch $$(x * y)(n) = \sum_{\nu=-\infty}^{\infty} x(n)y(n-\nu)$$
$\lVert\cdot\rVert$	Die Norm eines Vektorraumes
ρ	Der Absolutbetrag $\rho(z)$ einer komplexen Zahl z
Φ	Der Polarwinkel $\Phi(z)$ einer komplexen Zahl z
Δ_{S}	Die Einheitsimpulsantwort $\Delta_{\mathsf{S}} = \mathsf{S}(\delta)$ des Systems S
Θ_{S}	Die Frequenzantwort des LSI-Systems S $$\Theta_{\mathsf{S}}(\omega) = \sum_{\nu=-\infty}^{\infty} \Delta_{\mathsf{S}}(\nu)e^{-i\nu\omega}$$
γ_{S}	Der Amplitudengang des LSI-Systems S $$\gamma_{\mathsf{S}}(\omega) = \rho(\Theta_{\mathsf{S}}(\omega)) = \lvert\Theta_{\mathsf{S}}(\omega)\rvert$$
ϕ_{S}	Der Phasengang des LSI-Systems S $$\phi_{\mathsf{S}}(\omega) = \Phi(\Theta_{\mathsf{S}}(\omega))$$
$\mathcal{F}(x)$	Die diskrete Fourier-Transformierte $\mathcal{F}(x) : H \longrightarrow \mathbb{C}$, mit $H \subset \mathbb{R}$, des Signals x $$\mathcal{F}(x)(\omega) = \sum_{n=-\infty}^{\infty} x(n)e^{-in\omega}$$
F_f	Die Fensterfunktion des Fensters (d. h. Signals) f (seine Fourier-Entwicklung) $$\mathsf{F}_f(\omega) = \sum_{n=-\infty}^{\infty} f(n)e^{in\omega}$$
$\mathcal{Z}(x)$	Die z-Transformierte $\mathcal{Z}(x)$: $D \longrightarrow \mathbb{C}$, $D \subset \mathbb{C}$, des Signals x $$\mathcal{Z}(x)(z) = \sum_{n=-\infty}^{\infty} x(n)z^{-n}$$
$\mathcal{D}\langle x\rangle$	Der Definitionsbereich der z-Transformierten $\mathcal{Z}(x)$
Ψ_{S}	Die Systemfunktion $\Psi_{\mathsf{S}} = \mathcal{Z}(\Delta_{\mathsf{S}})$ des LSI-Systems S
I_m	Das spezielle LSI-System $\mathsf{I}_m(x) = x \circ \sigma_m$, d. h. $\mathsf{I}_m(x)(n) = x(n-m)$

$\mathsf{T}_{\langle n \rangle}$ Die einem auf ganz $\mathfrak{S}$ definierten LSI-System $\mathsf{T} : \mathfrak{S} \longrightarrow \mathfrak{S}$ zugeordneten **endlichen** Indexmengen $\mathsf{T}_{\langle n \rangle} \subset \mathbb{Z}$:

$$\mathsf{T}(\boldsymbol{x})(n) = \sum_{m \in \mathsf{T}_{\langle n \rangle}} \boldsymbol{x}(m)(\mathsf{T}(\boldsymbol{\delta}) \circ \sigma_m)(n) = \sum_{m \in \mathsf{T}_{\langle n \rangle}} \boldsymbol{x}(m)\mathsf{T}(\boldsymbol{\delta})(n-m)$$

$\mathbb{N}$ Die Menge der natürlichen Zahlen $\mathbb{N} = \{0, 1, 2, 3, \ldots\}$

$\mathbb{N}_+$ Die Menge der positiven natürlichen Zahlen $\mathbb{N} = \{1, 2, 3, \ldots\}$

$\mathbb{Z}$ Die Menge der ganzen Zahlen $\mathbb{N} = \{\ldots, -3, -2, -1, 0, 1, 2, 3, \ldots\}$

$\mathbb{R}$ Die Menge der reellen Zahlen

$\mathbb{C}$ Die Menge der komplexen Zahlen

$\mathbb{C}^*$ Der kompakte Abschluss oder die stereographische Projektion $\mathbb{C}^* = \mathbb{C} \cup \{\infty\}$

$A \setminus B$ Das relative Mengenkomplement oder die Mengendifferenz $A \setminus B = \{x \mid x \in A \wedge x \notin B\}$

$\aleph_0$ Die Kardinalzahl der Menge der natürlichen Zahlen (Aleph null): $\aleph_0 = \|\mathbb{N}\|$

Eine Funktionsauswertung wie $f(x)$ bindet stärker als jeder andere mathematische Operator. Das bedeutet beispielsweise

$$\sin(x)^2 = (\sin(x))^2 \tag{A.23}$$

Die oft gesehene Schreibweise $\sin^2 x$ kann besonders bei zusammengesetzten Argumenten leicht zu Missverständnissen führen.

Bei zwei möglichen Interpretationen einer Formel wird in der Regel durch Klammersetzung die gewünschte Interpretation erzwungen. Beispielsweise wird $(g \circ f)(x)$ statt einfach $g \circ f(x)$ geschrieben, weil auch die Interpretation $g \circ (f(x))$ möglich ist, falls es sich bei $f(x)$ um eine Abbildung handelt. Z. B. ist mit irgendeiner komplexen Funktion g bei $g \circ \mathcal{Z}(\boldsymbol{x})$ natürlich die Interpretation $g \circ (\mathcal{Z}(\boldsymbol{x}))$ gemeint, denn die z-Transformierte eines Signals ist eine komplexe Funktion. Dagegen ist $(g \circ \mathcal{Z})(\boldsymbol{x})$ hier sinnlos.

In den Programmen werden die folgenden Präfixe für Assemblervariablen und Marken benutzt:

`a` Absolute Adresse (Assemblervariable)
`o` *Offset*, d. h. relative Adresse (Assemblervariable)
`i` Index (Assemblervariable)
`b` Byte (Marke)
`w` Wort (Marke)
`p` Adresse (Marke)

Die Präfixe `b`, `w` und `p` kennzeichnen Speicherelemente, im Gegensatz zu den Präfixen `a`, `o` und `i`, die im Konstantenfeld von Assembler- oder Maschinenbefehlen verwendet werden.

Lokal werden weitere Präfixe eingesetzt, z. B. `cbc` für *callback chain*.
Beispiele:

```
        .equ    aXyz = bOpq
        .equ    oXyz = 2
        .equ    iXyz = 3
        sts     aXyz,r0              2   Bytezugriff absolut
        std     Z+oXyz,r1            2   Bytezugriff über offset
        std     Z+2*iXyz,r16         2   Wortzugriff über Index
        std     Z+2*iXyz+1,r17       2
        .dseg
bOpq:   .byte   1                        Bytevariable
wOpq:   .byte   2                        Wortvariable
        .cseg
pOpq:   .dw     bOpq                     Adressenvariable (ebenfalls Wort)
```

Literatur

[AbSt] Abramowitz M, Stegun I (Hrsg) (1964) Handbook of Mathematical Functions with Formulas, Graphs, and Mathematical Tables National Bureau of Standards, Applied Mathematics Series, Bd. 55. U.S. Government Printing Office, Washington, DC

[Aho] Aho AV, Sethi R, Ullmann JD (1986) Compilers. Principles, Techniques and Tools. Addison-Wesley Publishing Company, Reading, Massachusetts

[All] Allred R (2010) Digital Filters For Everyone. Creative Arts & Sciences House, Indian Harbour Beach

[BaNa] Bachmann G, Narici L (2000) Functional Analysis. Dover Publications, Inc., Mineola, New York

[Dett] Dettmann JW (1984) Applied Complex Variables. Dover Publications, Inc., New York

[Grad] Gradshteyn IS, Ryzhik IM (1965) Table of Integrals, Series and Products. Academic Press, New York and London

[Grau] Grauert H, Fischer W (1968) Differential- und Integralrechnung II. Springer-Verlag, New York Heidelberg Berlin

[Ham] Hamming RW (1998) Digital Filters. Dover Publications, Mineola

[Henr] Henrici P (1982) Essentials of Numerical Analysis with Pocket Calculator Demonstrations. John Wiley & Sons, New York

[Hes] Hess W (1993) Digitale Filter. B.G. Teubner, Stuttgart

[Jack] Jackson LB (1986) Digital Filters and Signal Processing. Kluver Academic Publishers, Boston, Dordrecht, Lancaster

[Knop] Knopp K (1964) Theorie und Anwendung der unendlichen Reihe, 5. Aufl. Springer-Verlag, Berlin Göttingen Heidelberg New York

[Monk] Monk JD (1969) Introduction to Set Theory. McGraw-Hill Book Company, New York

[MOS] New York: Springer Verlag Magnus W, Oberhettinger F, Soni RP (1966) Formulas and Theorems for the Special Functions of Mathematical Physics. Springer Verlag, New York

[Sch] Schmidt J (1966) Mengenlehre I. Bibliographisches Institut, Mannheim

[Mss] Schwabl-Schmidt M (2007) Programmiertechniken für AVR-Mikrocontroller. Elektor-Verlag, Aachen

[Mss1] Schwabl-Schmidt M (2009) Systemprogrammierung für AVR-Mikrocontroller. Elektor-Verlag, Aachen

[Mss2] Schwabl-Schmidt M (2011) Systemprogrammierung II für AVR-Mikrocontroller. Elektor-Verlag, Aachen

[Mss3] Schwabl-Schmidt M (2010) AVR-Programmierung Buch1. Elektor-Verlag, Aachen

[Mss4] Schwabl-Schmidt M (2010) AVR-Programmierung Buch2. Elektor-Verlag, Aachen

[Mss5] Schwabl-Schmidt M (2011) AVR-Programmierung Buch3. Elektor-Verlag, Aachen

[Mss6] Schwabl-Schmidt M (2012) AVR-Programmierung Buch4. Elektor-Verlag, Aachen

[Stoe] Stoer J (2005) Numerische Mathematik 1. Springer-Verlag, Berlin-Heidelberg

[Wilk] Wilkinson JH (1969) Rundungsfehler. Springer-Verlag, New York Heidelberg Berlin

[Wlk2] Wilkinson JH, Reinsch C (1971) Linear Algebra. Springer-Verlag, New York Heidelberg Berlin

Sachverzeichnis

Q

R

S